全国高等学校建筑学学科专业指导委员会
推荐教学参考书

图解绿色建筑

程大金 | Francis Dai-Kam Ching 著
伊恩 · M. 夏皮罗 | Ian M.Shapiro
刘丛红 译

Green Building Illustrated

本书受到以下科研项目支持：
科技部国家国际科技合作专项项目（2014DFE70210）
国家自然科学基金（51338006，51178292）
教育部高等学校学科创新引智计划（B13011）

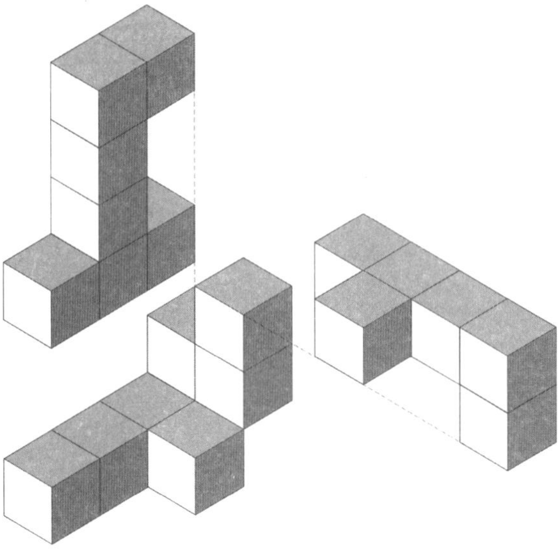

WILEY 天津大学出版社 TIANJIN UNIVERSITY PRESS

图书在版编目（CIP）数据

图解绿色建筑 /（美）程大金，伊恩 · M. 夏皮罗著；刘丛红译 .
— 天津：天津大学出版社，2017.6

ISBN 978-7-5618-5882-0

Ⅰ . ①图… Ⅱ . ①程… ②伊… ③刘… Ⅲ . ①生态建筑 – 图解
Ⅳ . ① TU-023

中国版本图书馆 CIP 数据核字（2017）第 159810 号

出版发行	天津大学出版社
地　　址	天津市卫津路 92 号天津大学内（邮编：300072）
电　　话	发行部：022-27403647
网　　址	publish.tju.edu.cn
印　　刷	廊坊市海涛印刷有限公司
经　　销	全国各地新华书店
开　　本	210mm×285mm
印　　张	17.25
字　　数	550 千
版　　次	2017 年 6 月第 1 版
印　　次	2017 年 6 月第 1 次
定　　价	69.00 元

目 录　　Contents

V	中文版序言 | Preface to Chinese Edition
VI	译序 | Translator's Preface
VII	序言 | Preface
VIII	致谢 | Acknowledgments
1	1 引言 | Introduction
13	2 基本原则 | First Principles
25	3 规范、标准和指南 | Codes, Standards, and Guidelines
35	4 社区与场地 | Community and Site
57	5 建筑体型 | Building Shape
73	6 建筑细部设施 | Near-Building Features
83	7 外围护结构 | Outer Envelope
113	8 非空调空间 | Unconditioned Spaces
125	9 内围护结构 | Inner Envelope
137	10 热分区和热分层 | Thermal Zoning and Compartmentalization
145	11 照明和其他电力负荷 | Lighting and Other Electric Loads
159	12 热水和冷水 | Hot and Cold Water
167	13 室内环境质量 | Indoor Environmental Quality
187	14 制热与制冷 | Heating and Cooling
205	15 可再生能源 | Renewable Energy

211 16 材料 | Materials

227 17 进度、流程及可承担性 | Schedules, Sequences, and Affordability

233 18 绿色设计与建造的质量 | Quality in Green Design and Construction

253 19 结论 | Conclusion

259 LEED® 2009 绿色建筑认证项目 |

LEED® 2009 Green Building Certification Program

260 LEED® 4 绿色建筑认证项目 |

LEED® 4 Green Building Certification Program

261 专业词汇 | Glossary

265 参考文献 | Bibliography

GREEN BUILDING ILLUSTRATED

Preface to Chinese Edition

As always, I am extremely grateful to Liu Daxin of the Tianjin University Press for again offering me the opportunity to address architecture and design students and faculty in the People's Republic of China through his publication of my works.

Following on *Architecture: Form, Space and Order and Interior Design Illustrated*, this Chinese edition of *Green Building Illustrated* embodies the same approach that I have taken in all of my works—outlining the fundamental elements of an essential subject in architectural design illustrating the principles and concepts that govern their use in practice. In this particular case, we are concerned with exploring fundamental concepts in green design and construction, developing strategies to reduce the environmental impact of buildings, and providing a healthy environment within buildings.

I am privileged and honored to be able to offer this text and I hope it not only teaches but also inspires the reader to achieve the highest success in their future endeavors.

Francis Dai-Kam Ching
Professor Emeritus
University of Washington
Seattle, Washington
USA

中文版序言

我一如既往地非常感谢天津大学出版社刘大馨编辑给我提供这样的机会，得以再次向中国建筑和设计专业的师生们出版我的作品。特别感谢天津大学刘丛红教授及其团队对于书稿文字专业、精准的翻译。

继《建筑：形式、空间和秩序》《图解室内设计》之后，这部中文版的《图解绿色建筑》继续遵循了以往我所有著述中业已采用的相同方法，在建筑教育中揭示本质性主题的基础要素，以图解形式阐释统御实践用途的原则与概念。在此种情况下，我们关注于探索绿色设计与构建中的基础概念，开发设计策略降低建筑物对环境的影响，从而提供一个健康的建筑环境。

我为能奉献此书深感荣幸，并且希望它不仅是传授知识，也可以激发读者通过自己未来的努力，实现最大的成就。

程大金
华盛顿大学荣誉教授
华盛顿州，西雅图
美国

译序 Translator's Preface

面对环境污染、气候变化、资源枯竭等严峻问题，占据能耗与碳排放近三分之一的建筑业别无选择，绿色建筑已经成为继现代建筑之后的一场新的全球化革命。设计是建筑项目的第一步，很大程度上决定了建筑节能减排的潜力。设计绿色建筑需要改变传统思维模式，需要新的方法和工具，需要更新到绿色建筑的知识体系中，需要与其他专业很好地协同……

《图解绿色建筑》一书较好地体现了上述理念，全面系统地梳理了绿色建筑的基本原则、法规标准；按照从外到内的设计程序阐述了各个环节中的建筑性能提升要素、策略及细节；针对以往在建筑方案设计阶段常常不被重视的设备系统、可再生能源、建筑材料等内容，清晰阐述了它们与绿色建筑设计施工之间的关联；同时对设计流程、经济性及施工质量等广为关注的话题也进行了讨论分析。本书深入浅出、言简意赅，保持了经典的图示结构，为建筑学专业学生和从业人员向绿色建筑设计转型提供了必备的策略和有效工具。

本书是科技部国家国际科技合作专项项目（2014DFE70210）、国家自然科学基金（51338006，51178292）、教育部高等学校学科创新引智计划（B13011）等科研项目成果的组成部分，感谢基金项目的支持和督促，使我们在绿色建筑的研究中又前进一步。

我工作室的四名研究生为本书初稿的翻译花费了很多时间和心血，她们是：博士研究生吴迪（第7章至第9章）、硕士研究生贾佳（第10章至第12章）、硕士研究生杨丹凝（第13章至第15章）、硕士研究生程坦（第16章至第18章），其他章节的初稿翻译以及全书整体校核工作由我本人完成。在此向她们表示感谢，相信她们在此过程中肯定也是受益良多。

感谢我的女儿陈一文，在本书的翻译过程中，正值女儿准备英语水平考试，很多长句的翻译都是在女儿的帮助下得以落稿。看到女儿已经能为我的工作助一臂之力，非常欣慰！感谢家人的宽容，让我把更多的时间精力投入翻译工作。另外，感谢天津大学出版社各位编辑的辛勤劳动！

刘丛红

于天津大学建筑学院

序言 Preface

绿色建筑是一个相对较新的领域。绿色建筑的目标是提供建筑物内部健康的环境，同时大大降低建筑的环境影响。本书意在介绍绿色建筑的范畴，探究绿色设计与绿色建造中的各种基本概念，为该领域的从业者提供指导。

建筑设计与建造关乎多项抉择，包括项目之初的创意抉择、设计过程中的评估抉择、与业主商谈的抉择、绘图过程中的文件精选以及建造过程中的措施精选。我们希望通过本书为绿色建筑设计和建造提供更多的选择。

本书从探究绿色建筑的目标和明确绿色建筑的内涵开始，植根于减少建筑相关的碳排放、应对不断升级的气候变化这一目标。各种规范、标准、指南的引入，无一不在呼唤绿色建筑的深层定义。

对绿色设计的系统化探索应按照“由外到内”的顺序展开，从社区和场地到建筑围护结构的各层，再到室内采光、采暖、制冷等方面绿色性能的检验。还涉及其他相关话题，如：水体保护、室内环境质量安全、材料节约和可再生能源。

谈到与能源相关的话题，需要引入许多基本的物理原则，这些原则综合在一起被称为“建筑科学”。比如：应用热传导的基本原则来描述建筑的热损耗以及减少这类热损耗；我们之所以研究照明的方方面面，是因为其与照明能耗、人类互动和照明工效学有关；流体力学的基本原理可以解释诸如有浮力的气流通过建筑产生的“烟囱效应”等建筑相关现象；热力学的基本原理被用于高效地产生和传递热量、为了制冷而排出建筑内的热量以及提高与其相关的效率，达到节能的目的。

精细的插图将这些原理和讨论转化为对绿色建筑设计和建造的具体指导。本书汇集了大量优秀实践，使从业者能够足够灵活地设计和建造绿色建筑，实现业主的梦想。这些图集还可以继续扩充，为绿色建筑提供更多可行的选择。

最后是关于实施质量的讨论，用来探究设计和建造如何能最有效地达成绿色设计与建造的目标。

建议读者把书中的方法当作工具。一栋建筑为了达到绿色，不是非得采纳书中所有的方法不可。本书并不全面，因为涵盖所有关于绿色建筑的进展、方法和产品是非常困难的，故而本书着力于解读工具和策略，使从业者能够以此为契机进行发明创造，设计并建造出高性能的绿色建筑。

致谢　Acknowledgments

首先感谢弗洛伦斯·巴韦耶（Florence Baveye）所做的研究和概念绘图工作、马里纳·伊塔博雷·塞维诺（Marina Itaborai Servino）所做的核实和计算工作。进一步的审核是由扎克·赫斯（Zac Hess）和丹尼尔·克拉克（Daniel Clark）完成的。对于罗杰·贝克（Roger Beck），我要致以双重感谢，感谢他40年前鼓励我写书，同时感谢他40年后审阅我的手稿。感谢北卡罗来纳大学夏洛特分校（University of North Carolina at Charlotte）的莫纳·阿则贝贾尼（Mona Azarbayjani）和环境保护署水体资源办公室（EPA/Office of Water）的乔纳森·安吉尔（Jonathan Angier）审阅我的手稿。我的妻子达利娅·塔米尔（Dalya Tamir）、女儿肖莎娜·夏皮罗（Shoshana Shapiro），还有苏珊·加尔布雷斯（Susan Galbraith）、德尔德雷·韦维尔（Deirdre Waywell）、里萨·赖恩（Theresa Ryan）、简·施瓦茨伯格（Jan Schwartzberg）、丹尼尔·罗森（Daniel Rosen）、西拉·奈曼（Shira Nayman）、本·迈尔斯（Ben Myers）、布里奇特·米兹（Bridget Meeds）以及考特尼·罗亚尔（Courtney Royal）都给本书提出了宝贵意见。感谢卢·沃格尔（Lou Vogel）和纳特·古德尔（Nate Goodell）为本书提供调试资料，感谢贾维尔·罗莎（Javier Rosa）和约西·布朗斯尼克（Yossi Bronsnick）为本书提供结构设计资料，感谢约米特·西尔特（Umit Sirt）为本书提供建模资料。感谢尼克尔·赛西（Nicole Ceci）在早期阶段所做的能源分析。感谢泰特姆工程公司（Taitem Engineering）的所有同事，他们的研究、观测和讨论是构成本书的重要组成部分。感谢苏·施瓦茨（Sue Schwartz），让我使用她的卡尤加湖滨公寓（apartment on Cayuga Lake）专心写作。感谢约翰·威利出版社（John Wiley）的保罗·道格斯（Paul Drougas）的审慎编纂。感谢我的家人——达利娅、肖莎娜、塔玛（Tamar）和诺亚（Noa），感谢他们始终如一的支持。感谢我的妈妈艾尔萨·夏皮罗（Elsa Shapiro），茶余饭后她聆听本书日积月累的进展，她是我的共鸣板。最后，也是最为重要的，感谢我的合作者程大金先生（Francis D.K. Ching），他的工作成果是奉献给世界的一份礼物。我的同事，里萨·赖恩说得好：“我们要活在‘弗兰克’（程大金昵称）的图画中。”弗兰克为本书所做的图解、指导、布局、协作和编辑，使本书终成现实。

公制单位　Metric Equivalents

国际单位制是全球接受的物理单位系统，采用米、克、秒、安培、开氏度和坎德拉（candela）作为长度、质量、时间、电流、温度和光照强度的基本单位。为了使读者熟悉国际单位制，本书按照以下规则给出公制单位：

- 除特殊说明外，括号中的全部数字以毫米为单位。
- 3 英寸及 3 英寸以上的长度，写成公制单位时，约简为 5 毫米的相应倍数。
- 标称尺寸直接转换，如：标称尺寸 2 英寸 ×4 英寸转换为 51 毫米 ×100 毫米，尽管其实际尺寸是$1\frac{1}{2}$英寸 × $3\frac{1}{2}$ 英寸，应当被转换为 38 毫米 ×90 毫米的形式。
- 3487 毫米表示为 3.487 米。
- 除此之外的公制长度单位都会特别指出。

1

引言
Introduction

在短短几年的时间里，关于可持续性（sustainability）和绿色建筑（green building）的动态讨论已经遍及规划、设计和建造领域。在设计公司和施工现场，我们正在学着分享新的目标、新的标准，甚至一种全新的设计语言。对于许多人来说，我们的职业生涯因为我们学习这种新语言的含义和方法而得到极大丰富。对于其他人而言，问题接踵而至：所有这一切是如何发生的？它究竟会怎样？

可持续性是对事物长久存在的一种承诺——使建筑物生命周期延长且终生可用，使用各种形态的可再生能源，使社区得以延续。绿色建筑的作用就是把可持续性的承诺变成现实。

与可持续性承诺和号召履行承诺并行的，是科学家们对环境风险的坚持不懈的警示，而这些环境风险正在被我们自己的观测所证实。然而，我们必须迎难而上而不是回避这些风险，我们必须积极面对并努力逆转风险，共同权衡后果，同时想方设法化解风险。最终，这可能是对可持续性的最大的承诺——即反思我们面临的环境问题并想方设法战胜困难的动力。

面对环境挑战　Facing Environmental Challenges

某些环境危机促使我们重新评估我们规划、设计和建造房子的方法。使用化石能源造成的空气污染和水污染、核电厂事故产生放射性尘埃和已经出现的以及潜在的气候变化的灾难统统指向减少能源使用这一迫切需求。有毒化学物质导致的人类疾病迫使我们重新审视高强度使用化学物质特别是在建筑材料中的危害。

特别值得关注的是气候变化。由1300多名来自美国和其他国家的科学家组成的政府间气候变化专门委员会（Intergovernmental Panel on Climate Change，简称“IPCC”）报告指出：“气候系统正在变暖是不容置疑的，因为观测结果明确显示全球平均空气温度和海洋温度正在上升，大面积冰雪融化，海平面正在上升。”根据政府间气候变化专门委员会的报告，气候变化的影响已经显现并且预计只会变得更糟糕。气候变化的后果还包括下面这些极端的气象情况，如飓风活跃，高温热浪频繁、持续时间长且温度越来越高；升温导致冰雪融化、海岸和内地的洪涝灾害频发；升温引发动植物物种变化，失去生物多样性；升温还导致水源供应量减少，对人类生活、农业用水和能源生产产生负面影响。

1.01　从太空获得的地球影像清楚地表明地球上的生命非常脆弱，1990年来自“旅行者1号”宇宙飞船（Voyager 1 spacecraft）的图像就是证明。宇航员卡尔·萨根（Carl Sagan）将地球形容为苍白的蓝点（the pale blue dot），说“那里是我们所知的唯一家园”（来源：NASA）。

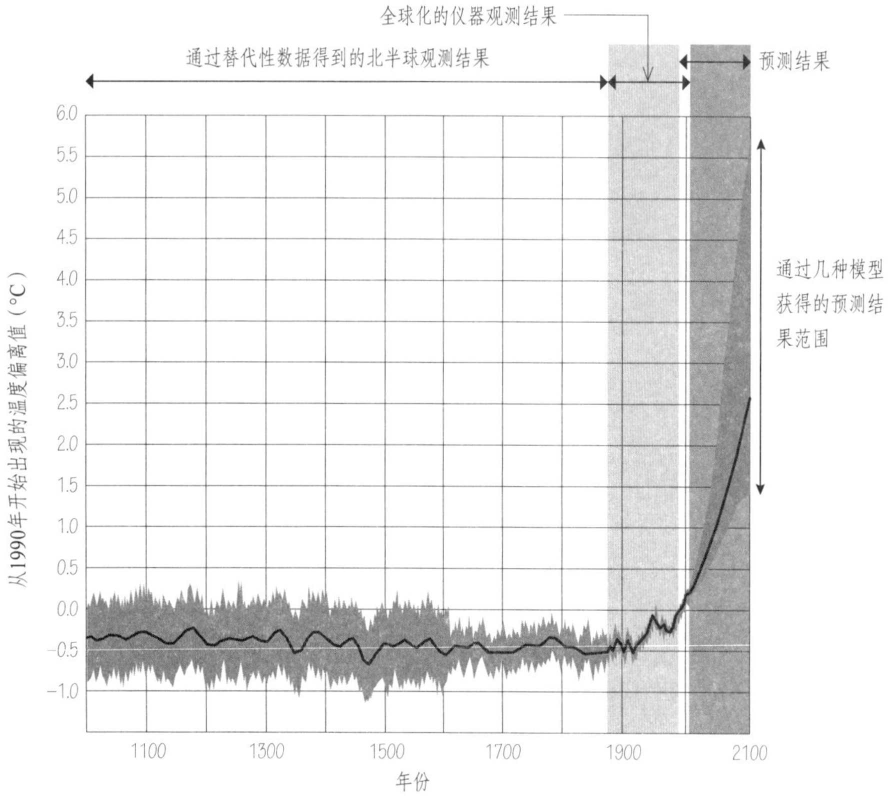

1.02　从1000年到2100年地表温度的变化（来源：IPCC）。

气候变化的主要原因是温室气体浓度越来越高，人类活动，诸如砍伐森林、滥用土地，特别是燃烧化石能源是温室气体增加的根源。这一发现已被所有主要工业化国家的科学委员会认可。

温室气体是升腾到大气中的排放物，充当热毯，吸收热量并向各个方向发射出去，其主要成分是含有少量二氧化碳（CO_2）、甲烷（CH_4）、氧化亚氮（N_2O）的水蒸气。这些再辐射物中下沉的部分被称为“温室效应”，用来维持地表和底层大气的平均温度为59 °F（15 °C），从而维持生命的正常运行。如果没有这种自然的温室效应，我们所谓的地球上的生命将难以存活。

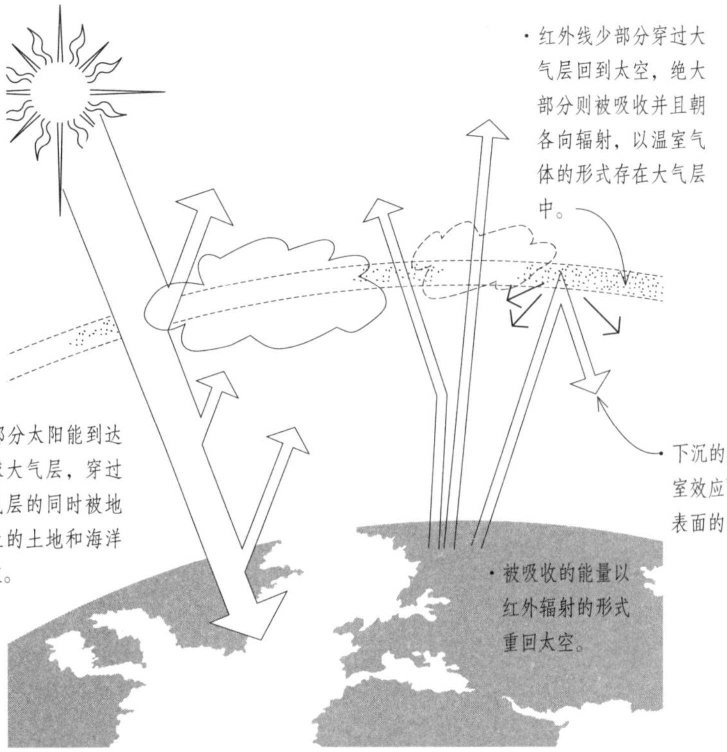

·红外线少部分穿过大气层回到太空，绝大部分则被吸收并且朝各向辐射，以温室气体的形式存在大气层中。
·大部分太阳能到达地球大气层，穿过大气层的同时被地球上的土地和海洋吸收。
·下沉的红外辐射就是所谓“温室效应”，近地大气层和地球表面的温度因此升高。
·被吸收的能量以红外辐射的形式重回太空。

1.03　温室效应。

然而，从工业革命开始，化石能源的燃烧总量不断增长，导致大气中的二氧化碳、甲烷、氧化亚氮的浓度越来越高，加剧了自然界的温室气体效应，引起全球变暖和气候变化。

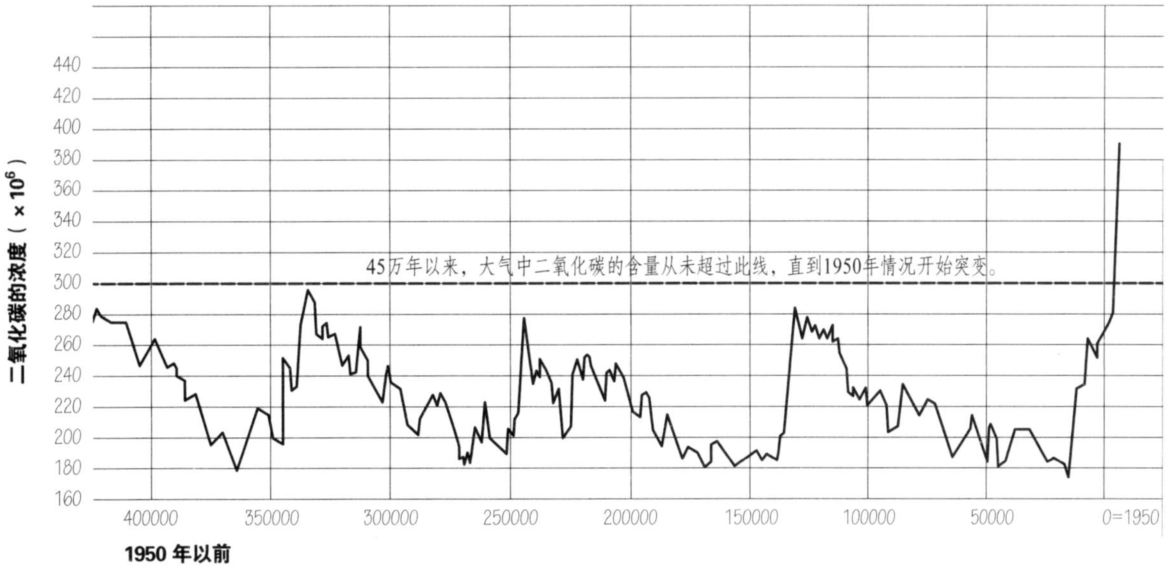

1.04　通过对冰芯（ice cores）中所含的大气样本和近年来大气样本的直接检测，证明了自工业革命以来，大气中二氧化碳的浓度一直在升高（来源：美国国家海洋和大气管理局（NOAA，National Oceanic and Atmospheric Administration））。

来自美国能源信息部（U.S. Energy Information Administration）的数据表明，在美国建筑每年的能耗和温室气体排放量几乎占了全部能耗和温室气体排放量的一半；从世界范围看，这一比例可能更高。与任何可持续设计的话题都相关的事实是，建筑行业的大部分能耗与其说归因于材料生产阶段或建筑施工过程，不如说来源于建筑运行阶段，比如建筑采暖、制冷和采光。这意味着，为了减少建筑生命周期中使用和维护过程产生的能耗和温室气体排放，合理地设计、选址和塑造建筑形状以及结合高效采暖、制冷、通风和采光策略是非常必要的。

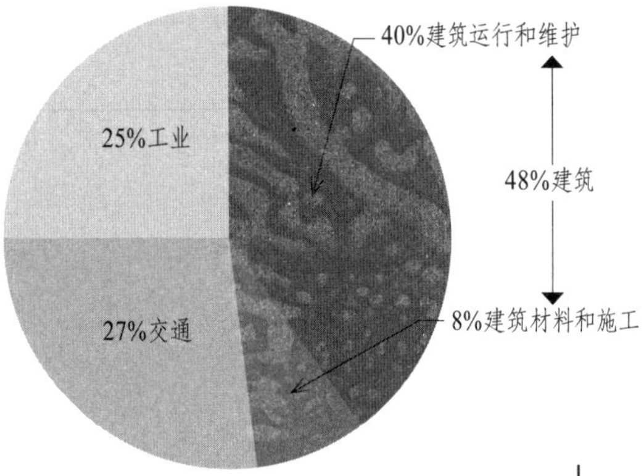

1.05 美国能耗划分。与建筑相关的能耗已被确认为温室气体的主要来源之一，其中最重要的是二氧化碳（美国能源信息部）。

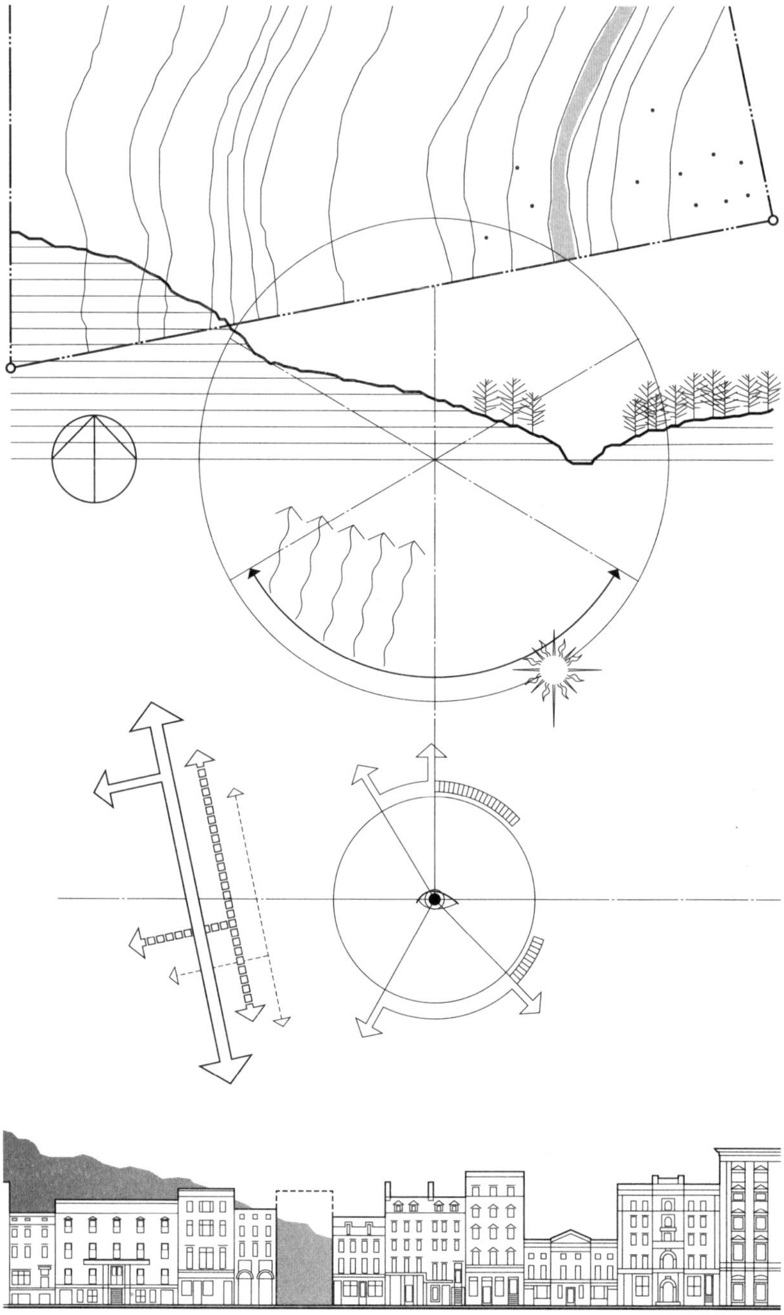

1.06 选址正确、高效节能的建筑也能在其他领域减少碳排放量，比如降低生产和运输建材的能耗、建筑之间人员来往的交通能耗。而且，由于建筑节能而减少的支出，能够用来弥补减少碳排放量所需的初始投资。

新资讯、新风险、新机遇

New Information, New Risks, New Opportunities

随着气候变化和其他环境风险的显现，过去几十年中，各种类型的建筑研究都更加关注建筑是如何运行的，建筑在环境性能方面为什么不如人意，更为重要的是，建筑如何避免在应对环境方面的失败。由多重环境风险汇集而成的需求、建筑运行以及可持续发展方面的新资讯，为建筑设计方法的变革提供了新机遇。绿色建筑的领域是崭新而无比丰富的。新机遇在于设计和建造过程中要强调能源和资源效率的提高，减少有害化学物质的使用，并且这一切都在可承受的范畴内进行。

然而，在绿色建筑设计和建造过程中有很多潜在的危险和意想不到的困难。虽然引进新产品或声称绿色的方法很容易，但实际上它们可能是低效的，或者过于昂贵以至于失去机会投资于其他性价比更高的措施。我们面临的挑战是运用常识，拒绝象征性的、引人注目的或者低效的建筑措施，同时保持开放心态，接纳新兴的、可能有效的理念和工具。以批判的思维审视新理念，同时灵活地适应迅速发生的变革，这两点都是必不可少的。

绿色建筑设计不能简单地聚焦于在建筑物上附加绿色设施使建筑变绿。虽然提升保温隔热性能会改善建筑节能效果，增设太阳能光伏发电系统能够减少用电量，从而减少对不可再生资源的消耗，然而，通过明智审慎的设计可以获得更多，优秀的设计不是简单的技术叠加，而是本质上更加有机与融合。比如，我们可以为室内设施选择反光性更强的表面，目的是在保证同样室内光环境的前提下减少人工光源；我们可以选择外表面积比较小的建筑形体，那么在同样建筑面积的情况下，其能耗会低于形态复杂的建筑形体。

由于我们总是很在意设计和建造成果的美学特性，我们可能会问：对于建成环境，绿色设计的美学效果是什么？值得庆幸的是，美并不需要为建筑变绿而牺牲和让步。绿色建筑会挑战传统的美学观念但同时为我们提供一个新评价美学观念、重新审视建筑的美应该如何定义以及探索新建筑形式美的机遇。

红外热像图

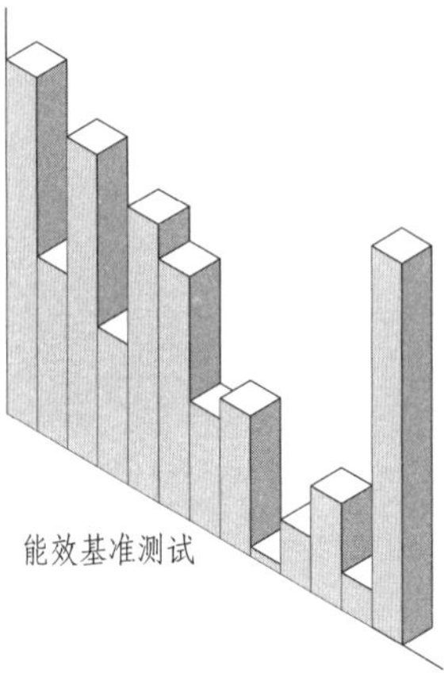

能效基准测试

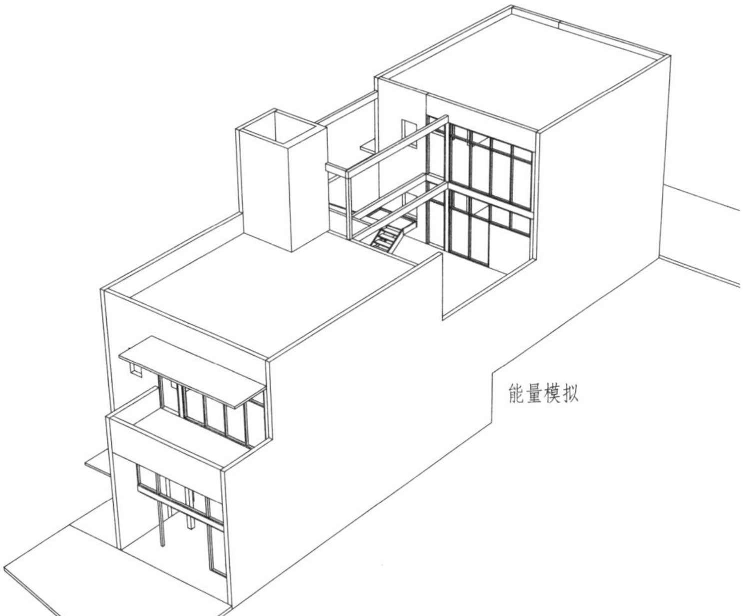

能量模拟

1.07 每年都有新方法、新工具和新产品问世，为建筑节能、节材提供支持。

什么是绿色建筑？ What Is a Green Building?

本书中，“什么是绿色建筑”这一问题被反复提到。这一问题有很多形式：绿色建筑是比其传统状态更绿的建筑吗？绿色建筑是达到某项绿色建筑评价标准的建筑吗？绿色建筑是对环境和人类健康负面影响较小或无负面影响的建筑吗？所有建筑都应当是绿色的吗？绿色建筑是一种短暂的热潮吗？绿色建筑多年后还是绿色吗？

“什么是绿色建筑”的答案还在不断发展变化中。根据某项绿色建筑评价标准被认定为绿色的一些建筑，实际上却是高能耗的建筑或者以某种方式污染环境的建筑。反之，很多零能耗（zero-energy）或近零能耗（near-zero-energy）的建筑虽然设计和建造都很成功，却没有被任何评价体系认定为绿色。这样说并非质疑所有获得绿色认证的建筑（certified green buildings）的环境性能。绿色建筑标准和认证系统为可持续设计的发展进步做出了巨大贡献并将继续促进绿色建筑的发展。虽然如此，绿色建筑认证对于确保建筑的高水平节能和低水平污染而言，依然还是任重道远。

美国绿色建筑委员会标识图案

森林管理委员会的版权标识

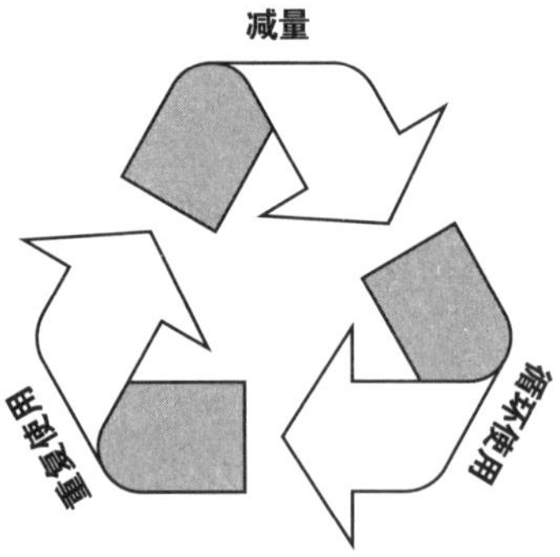

1.08 绿色材料、绿色进程、绿色实践的标志。

与“什么是绿色建筑”这一问题并行的是一个相似却完全不同的问题，“什么是更绿的建筑”。在建筑设计的很多特定领域，可以通过考量多种可选方案中哪一种更绿来确定不同方法的相对优劣。我们不赞成绿色设计中很少的提升或部分的改善，实现真正意义上的绿色建筑这一总体目标才是最重要的。然而，在我们规划一栋建筑的过程中，面对多种设计抉择时，“这种方法更绿色吗”是一个有效的问题，一个值得不断追问的问题，而不是追求符合某项特定的绿色建筑规范、标准或导则。

绿色建筑的目标 Green Building Goals

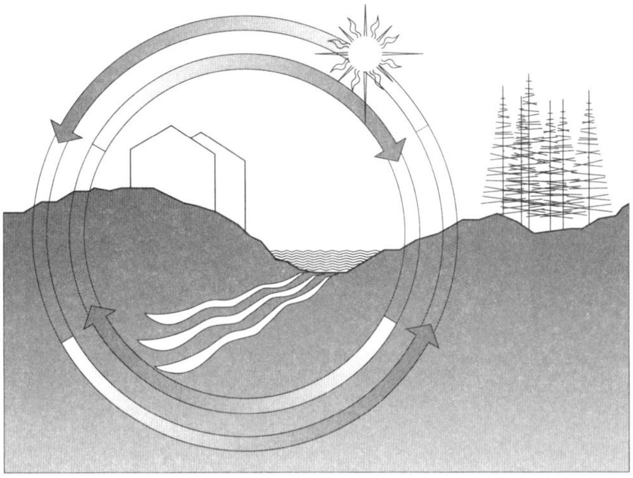

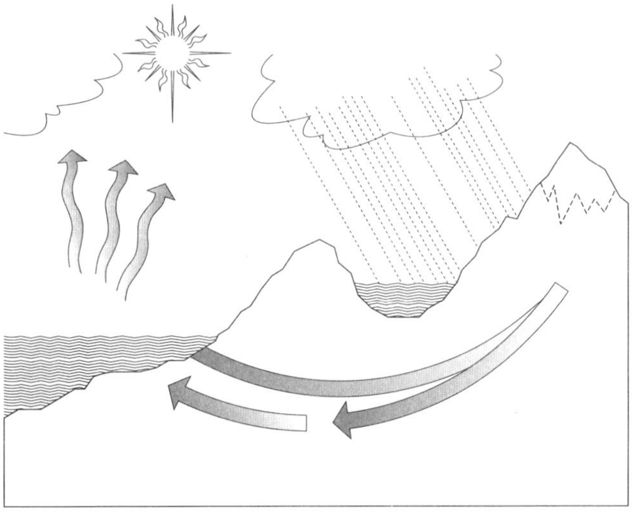

有很多目标促成绿色建筑的规划和设计。

也许最广泛的共识性目标是应对环境恶化：

- 通过节能、减少温室气体排放、生物过程固碳来缓解全球变暖。生物过程固碳包括重新造林和湿地修复等。
- 减小开采煤炭、天然气、石油（包括原油泄漏）和削山采煤造成的环境影响，减小采用水力压裂法开采天然气带来的相关污染。
- 减少空气、水和土壤污染。
- 保护清洁水源。
- 减少破坏夜间生态系统的灯光污染。
- 保护自然栖息地和生物多样性，特别关注濒危物种。
- 阻止农田不必要和不可逆地转变为非农业用地。
- 保护土壤表层，降低洪涝影响。
- 减少垃圾填埋用地。
- 降低核污染的风险。

1.09 通过节约，减少污染物，保护水源、自然资源和自然生境来减缓环境恶化。

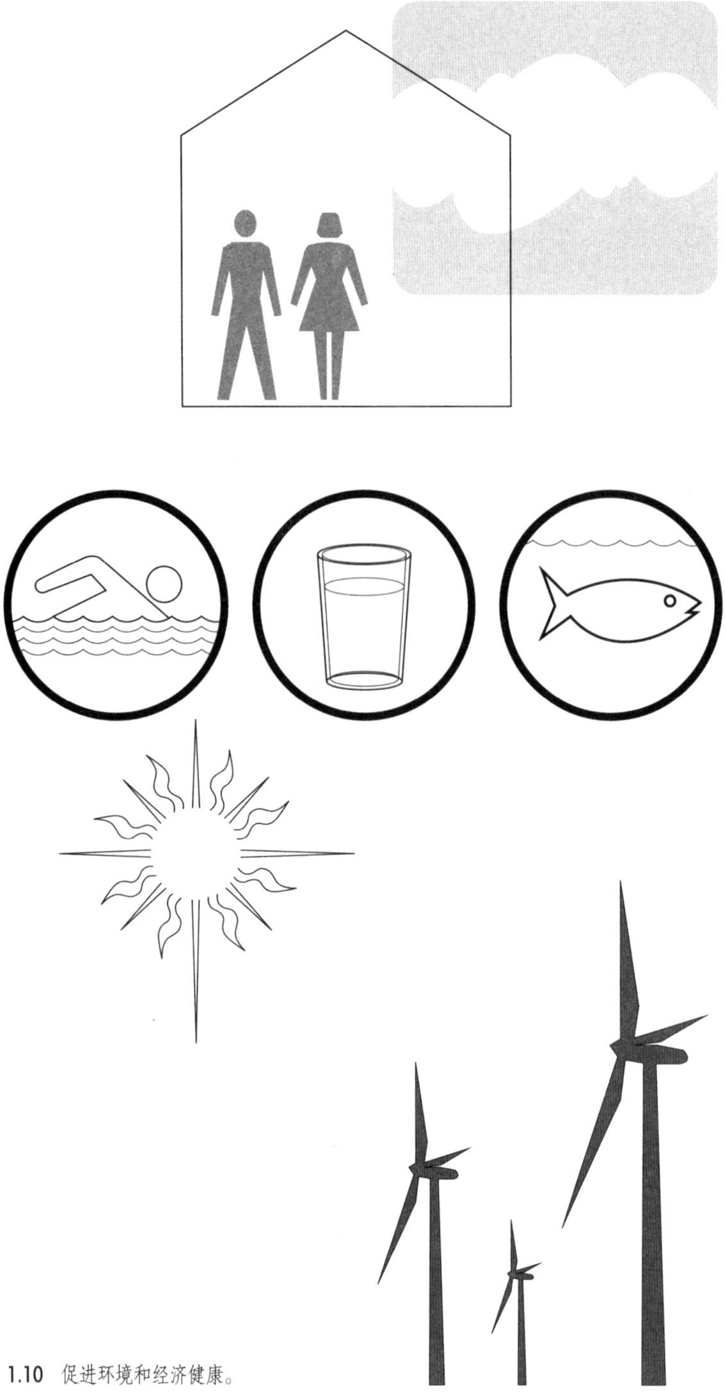

1.10 促进环境和经济健康。

绿色建筑的目标包括为人们提供更舒适和健康的环境：

- 提高室内空气质量；
- 提高室内水源质量；
- 提升热舒适性；
- 减少噪声污染；
- 提升精神状态。

有些目标可能被认为本质上具有经济性的特点：

- 减少能源消耗；
- 提高生产率；
- 创造绿色就业；
- 增加市场吸引力；
- 改善公共关系。

有些目标可能被认为本质上具有政治性的特点：

- 减少对外国燃料资源的依赖；
- 提升国家竞争力；
- 避免不可再生资源（如石油、煤炭和天然气）的损耗；
- 减少电网压力和电力中断的风险。

有些人将绿色建筑的目标扩展到包括社会目标的层面：

- 遵循劳动公平的实践；
- 为残疾人提供出入便利；
- 保护消费者；
- 保护公共用地；
- 保护历史建筑；
- 提供经济适用的居所。

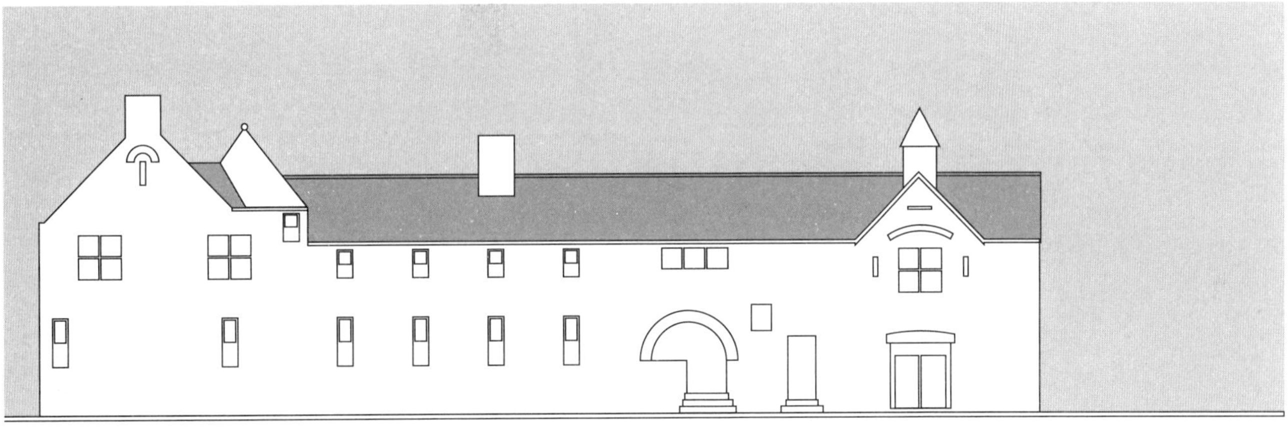

1.11 满足社会目标。

有些目标反映了人类精神方面的特殊需要：

- 表达人类与地球和自然之间根深蒂固的关系以及人类对地球和自然的热爱；
- 自力更生，自食其力；
- 满足对美的诉求。

有些目标可能表述得不是非常明确，但是代表了我们某些并不高贵的需求，比如对于名誉和地位的需求。

无论这些既定目标是如何分组的，关于这些目标的定义以及如何确定它们的优先顺序却始终是一个持续且有效的话题。在大多数情况下，绿色建筑的打造会以一种和谐之道支持一个或多个目标的达成。然而，有时候在两个或多个目标之间会发生冲突，这些冲突的和解是一个至关重要的去伪存真的过程，让我们明确作为人类什么是重要的。

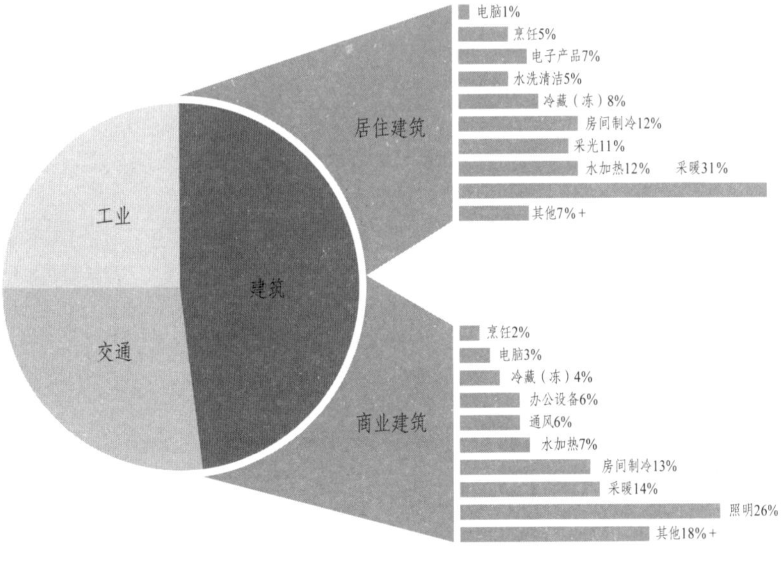

1.12 美国能耗构成（来源：DOE）。降低能耗和相关的碳排放，在我们规划、设计、建造建筑的过程中仍然是最为重要的。

面对科学家给出的、几乎众口一词的气候变化结果以及气候变化的负面影响，比如动植物种群的变化、低洼地区更加频繁的洪涝灾害、极地冰川的消退等等，绿色建筑领域的主要焦点毋庸置疑，还是降低能耗和相关的碳排放。

绿色建筑设计方法 Approaches to Green Building

在绿色建筑设计和建造过程中，选用常识法很有帮助。绝大多数节能和节水技术策略的效果可以通过量化指标来权衡，因此能够指导我们的决策。有危险的材料大家一般都知道且容易识别，可以避免。在权衡某些更为复杂的措施时，常识也会很有用，如指导新技术的选择、避免无效设计。当我们面对绿色设计和建造过程中出现的多种选择和未知状况时，这种权衡利弊的过程就会出现。

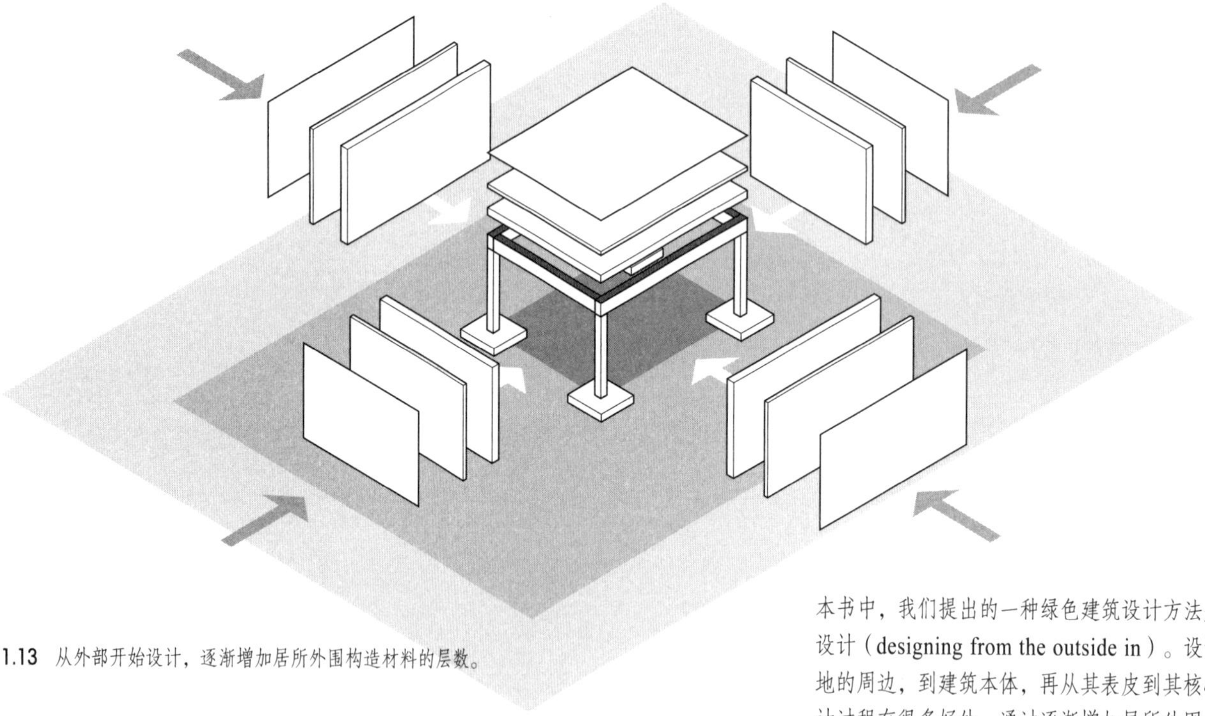

1.13 从外部开始设计，逐渐增加居所外围构造材料的层数。

本书中，我们提出的一种绿色建筑设计方法是从外到内的设计（designing from the outside in）。设计始于建筑场地的周边，到建筑本体，再从其表皮到其核心，这样的设计过程有很多好处。通过逐渐增加居所外围构造材料的层数以及通过确保层与层之间的整体性和连续性，可以有效地减少各种能量负荷。如此一来，绿色建筑性能提升的累积效果可以实际地减少建设成本，这样，建筑不仅节能、节水、节材，而且建设的成本会更低。

基于建筑科学某些引人注目的新进展，本书聚焦于绿色建筑的设计策略而不是符合某些规范、标准和导则的特定要求。然而本书提出的原则和方法，希望足够健全，目标在于满足和超越现有规范、标准和导则的要求，可以用于所有类型的建筑，无论是木构架的住宅还是钢筋混凝土的高层建筑。

绿色建筑设计的各种标准，大体上与本书建议的由外到内的设计方法吻合。然而，很多现存的绿色建筑标准计算目标建筑相对于假想的参照建筑的节能数据，或者聚焦于单位建筑面积的用能，对建筑形体不以为然。绿色建筑标准一般不会质疑建筑面积和建筑形体本身。在由外到内的设计中，每一个环节都受到质疑，包括建筑面积和建筑形体。

有些绿色建造方式采用某种特殊的设计方案，投资于改良建造方法（比如使用更多保温隔热材料的厚重墙体、更严格的建造过程、更节能的窗户或者更高效的采暖设施），把节能10%、20%、30%作为目标。虽然这种方法完全有效，但是它可以通过一种更完善的途径得到提升，不是设计一栋改良的传统建筑，而是设计一种满足人类相同需求但类型完全不同的建筑，这种新建筑的目标是最大限度地减少用能，最好是净零能耗，并且自始至终关注成本和经济性。

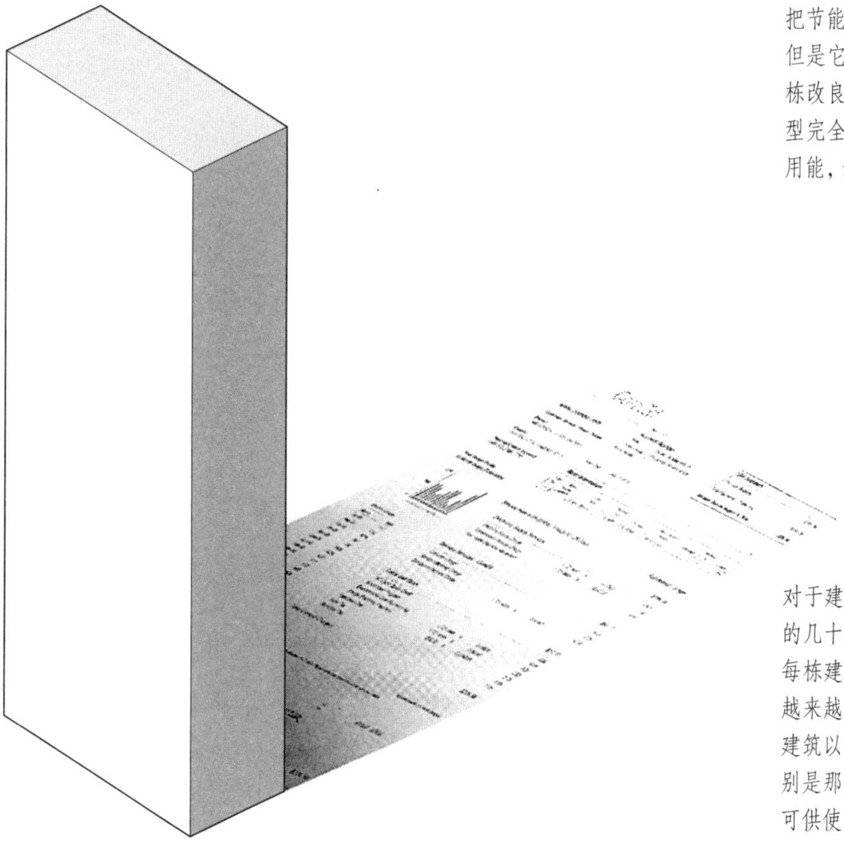

1.14 我们可以通过费用清单追踪其用能情况。

对于建筑的绿色性能，从其费用清单上可见一斑，在未来的几十年内都将如此。鉴于近年来的在线数据库可以追踪每栋建筑的用能情况，对建筑用能情况进行广泛的对比，越来越多的人开始通过费用清单判断建筑的绿色性能。对建筑以往表现的鉴定结果已经开始对浪费能源的建筑，特别是那些声称绿色的建筑产生越来越大的影响。好消息是可供使用的设计和建造节能建筑的工具越来越多，挑战来源于这些工具的应用。

针对建筑形式和功能，在建筑设计领域出现了一个新维度：性能。除了满足使用者的需求，具有视觉、意识和精神的感染力之外，建筑物还必须保证不仅现在运转良好而且经年累月运转良好，降低能源和资源的消耗，同时提供高水准的舒适条件，保证使用者身心健康。一方面，建筑设计已经增加了一系列额外的约束条件；另一方面，明确一个更高标准的机会出现了，把工作做得更好，不要奢侈的、不健康的建筑。

我们邀请读者一起履行绿色建筑的承诺，从现在开始尽可能地降低建筑的环境影响，最大限度地节能、节水、节材。让我们履行绿色建筑的承诺，降低建筑成本的同时创造更舒适、更有利于健康的环境。让我们履行绿色建筑的承诺，使建筑更好地与我们的社区和自然世界融合在一起。让我们履行绿色建筑的承诺，我们会因此而感到骄傲。

那么就让我们大胆地表达这些承诺吧！

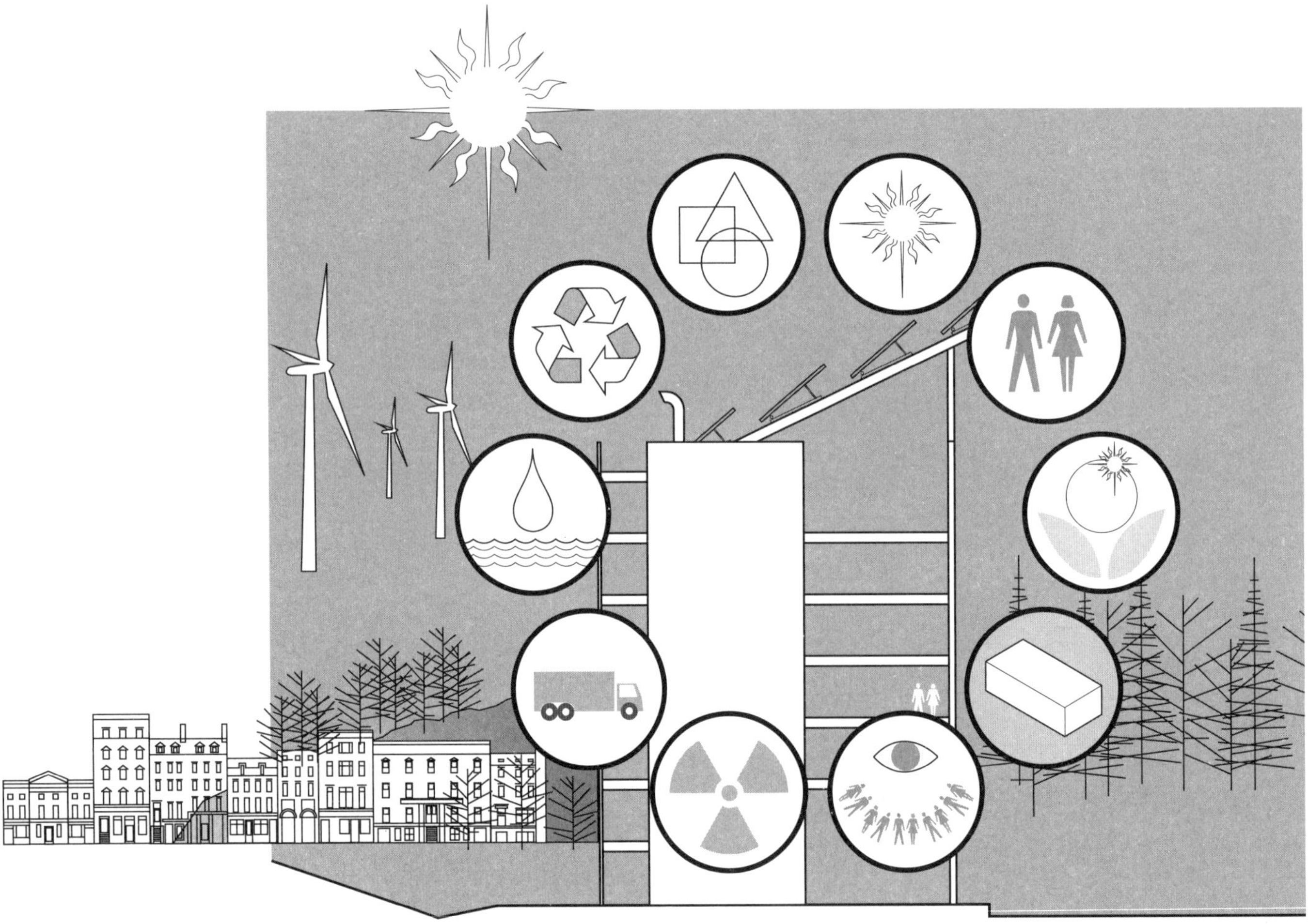

2

基本原则

First Principles

什么是绿色建筑？在引言部分我们了解了建筑对自然环境的重大影响以及减小这些影响的可能性，这不仅需要降低建筑的能耗和水耗，还要减少建造过程中消耗的材料和资源总量。减小建筑对自然环境的影响是绿色建筑的一个主要目标。

让一栋建筑变绿，还有其他事情要做吗？在讨论绿色建筑及其众多规范、标准的时候，我们发现还有一些普遍接受的目标与减小建筑的环境影响并不直接相关。这些目标包括：提高室内空气质量、提供建筑室内外景观、提升热舒适性能。因此我们可以并且应当扩大绿色建筑的定义，使其涵盖与人类健康息息相关的室内环境设计。

让我们从以下关键定义开始：绿色建筑是可以大幅减小对自然环境影响的建筑，是能够提供有利于人类健康的室内环境的建筑。

然而，另外一些问题接踵而至：当我们说到“大幅减小环境影响”（substantially reduced impact on the natural environment）的时候，减小的幅度到底是多少呢？为了获知环境影响减小的幅度，我们是否具有衡量建筑绿色性能的某种方法呢？如果有这样的方法，我们依据什么来衡量呢？我们是否可以将目标建筑与一个大小相同、形状相同、符合某种现行规范或标准的假想建筑进行对比，用相对指标来衡量建筑的绿色性能？或者我们可以通过对比一栋类型相似的其他建筑来衡量目标建筑的绿色性能？

与以下内容对比来衡量一栋建筑的绿色性能：

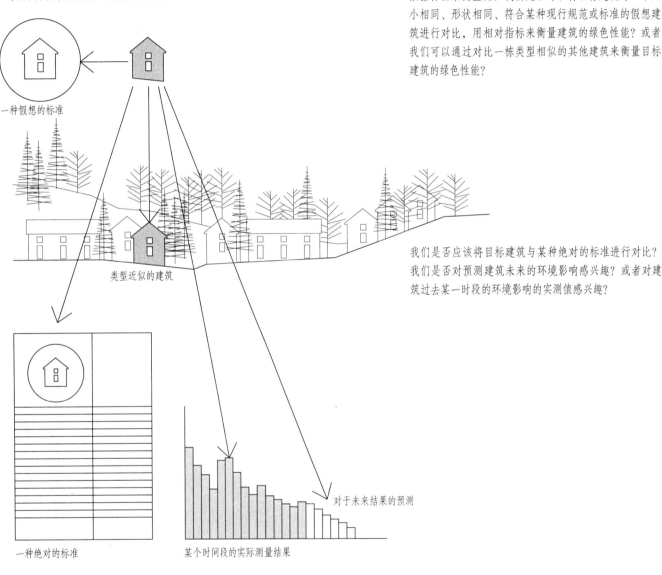

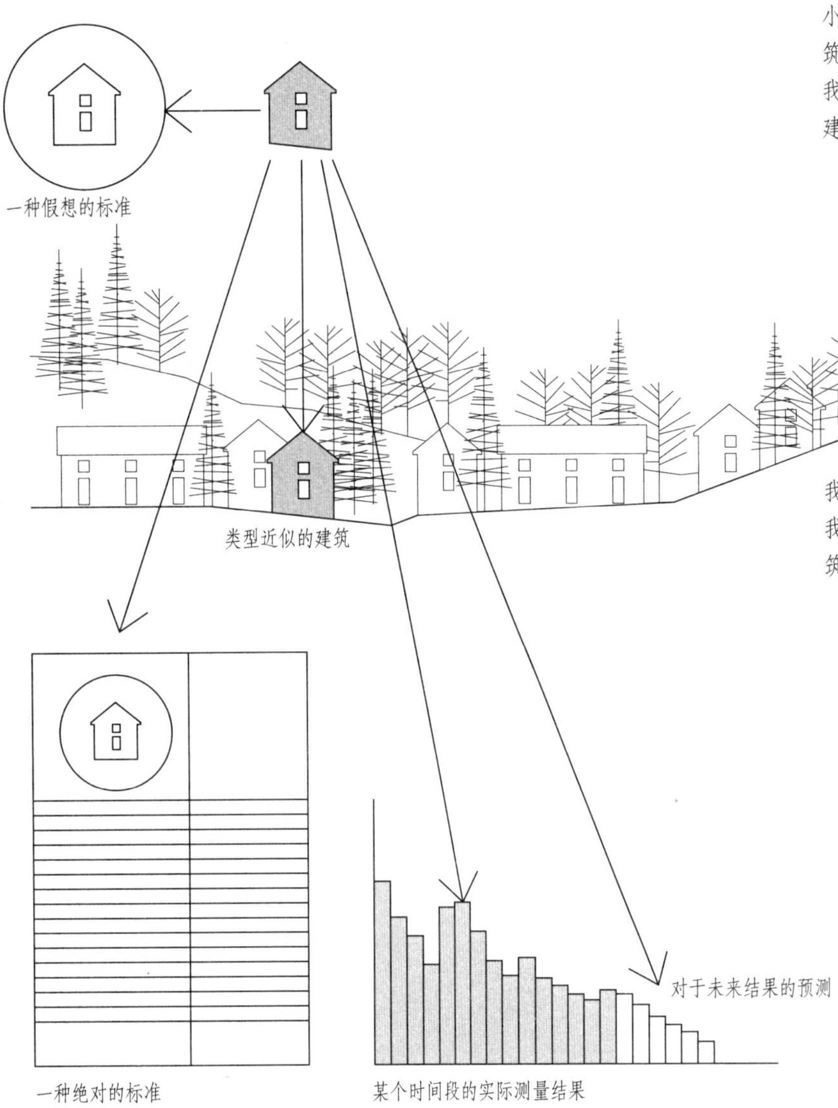

2.01 我们应当如何衡量一栋建筑的绿色性能？

我们是否应该将目标建筑与某种绝对的标准进行对比？我们是否对预测建筑未来的环境影响感兴趣？或者对建筑过去某一时段的环境影响的实测值感兴趣？

这些都是很重要的问题，是绿色建筑领域一直纠结的问题。我们将以人类的特有方式循序渐进地解答这些问题，尽管这一过程充满困难和挑战。

相对绿色和绝对绿色 Relative and Absolute Green

“我们应该采用什么基准？”为了回答这一问题，我们通常可以采用这样的方法：将拟建的绿色建筑与一栋大小和形状相同的假想建筑进行对比，假想建筑在设计和建造过程中没有任何绿色特征，但满足现行建筑规范和普遍认同的建造标准。我们姑且把这种方法称为“绿色建筑设计的相对方法”。对比假想的、没有绿色性能的相同建筑物，这种设计方法的目标是大幅减小建筑物的环境影响，同时有效促进人类健康。然而，另外一个重要问题出现了：我们是否也要实地检测建筑物的环境影响和促进健康的状况呢？比如建筑物是否满足了每平方米能耗和水耗的特定目标值，甚至是否达到零能耗和水耗的标准。

在用能和用水领域，建筑物消耗的未来预测很有价值，能够对决策和标准起到指导作用。另一广泛的共识是，除了预测之外还要检测建筑物实际的能耗和水耗，主动展示节水、节能的效果而不是仅仅依赖于预测。

其他领域，比如节材和室内环境质量，其确定和测试相较于能耗和水耗稍显困难，尽管如此我们在绿色构成要素方面已经取得长足的进步，正在努力达成共识。洞悉绿色构成要素能够帮助我们设定目标，并检验我们达到目标的程度。

“什么是绿色建筑”这一问题的答案将不断变化演进，正如怎样的自然环境影响是可以被接受的，怎样的健康水平是人类渴望的，我们的标准是什么。事实上，有效地设计和建造绿色建筑，可能需要不停地追问“什么是绿色建筑”并且孜孜以求共识性的答案。

建筑设计与建造的宏图伟业充满挑战。任何一栋建筑都需要做出成百上千个决策，在项目策划、建筑形式、建造质量、经济投入、工程进度和法规规范方面不断地权衡取舍。绿色建筑则面临更大的挑战，因其具有更多的限制和难于达到的性能目标。设计和建造一栋经济实惠的绿色建筑——一栋满足使用者需求、性能良好的建筑，一栋不损害环境的建筑，一栋有益于人类健康，同时满足业主预算的建筑，就是绿色建筑的终极挑战。卓有成效的指导纲领有时会帮助我们应对如此众多的挑战。

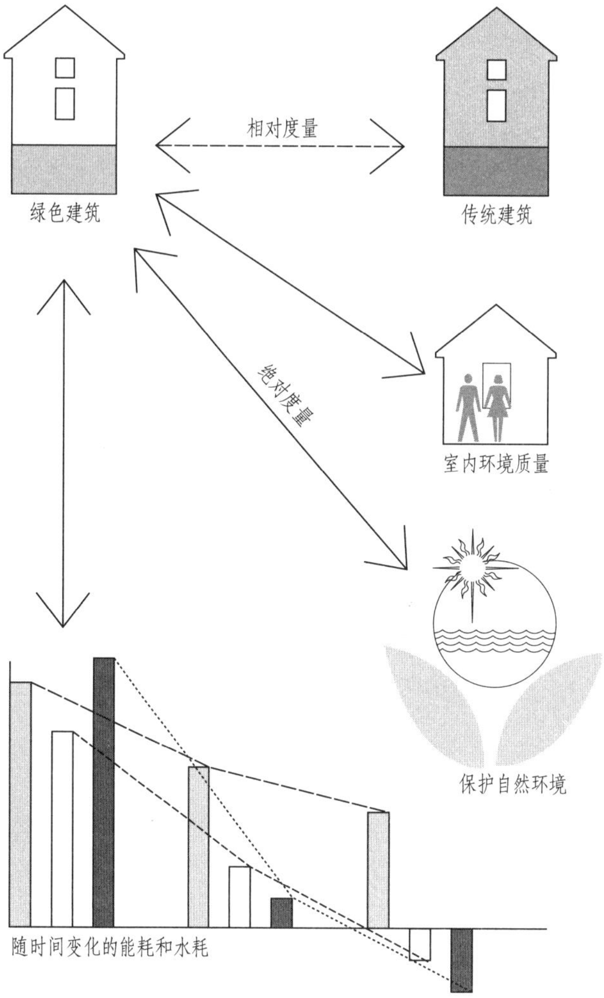

2.02 相对与绝对的绿色性能。

负荷与保护层 Loads and Layers

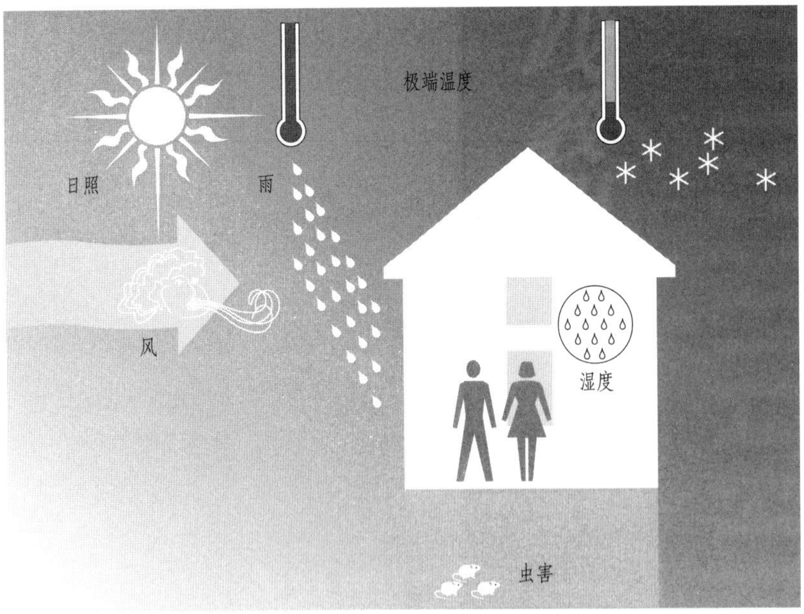

2.03 各种负荷。

建筑为使用者提供庇护所，使其免受各种户外因素的影响，这些户外因素我们可以称之为负荷。这些负荷往往以应力或压力的形式作用于我们居住的建筑和我们的日常生活。其中一项重要的负荷就是极端温度，抵御极端温度是建筑采暖或制冷的主要原因。除了极端温度之外，我们还要躲避其他户外因素，比如狂风暴雨和炎炎烈日。我们需要抵御来自太阳紫外线的侵袭，它会引发皮肤癌、损坏艺术品和建筑材料。有些负荷的影响则更加微妙，比如湿度，它会危及人体健康、侵蚀人类的财产。有些负荷则比较简单，比如黑暗。有些负荷来自于活生生的动物，比如昆虫、老鼠等啮齿类动物、鸟类以及其他动物。而有些负荷则来自于人类的活动，比如噪声、空气污染和灯光污染等。

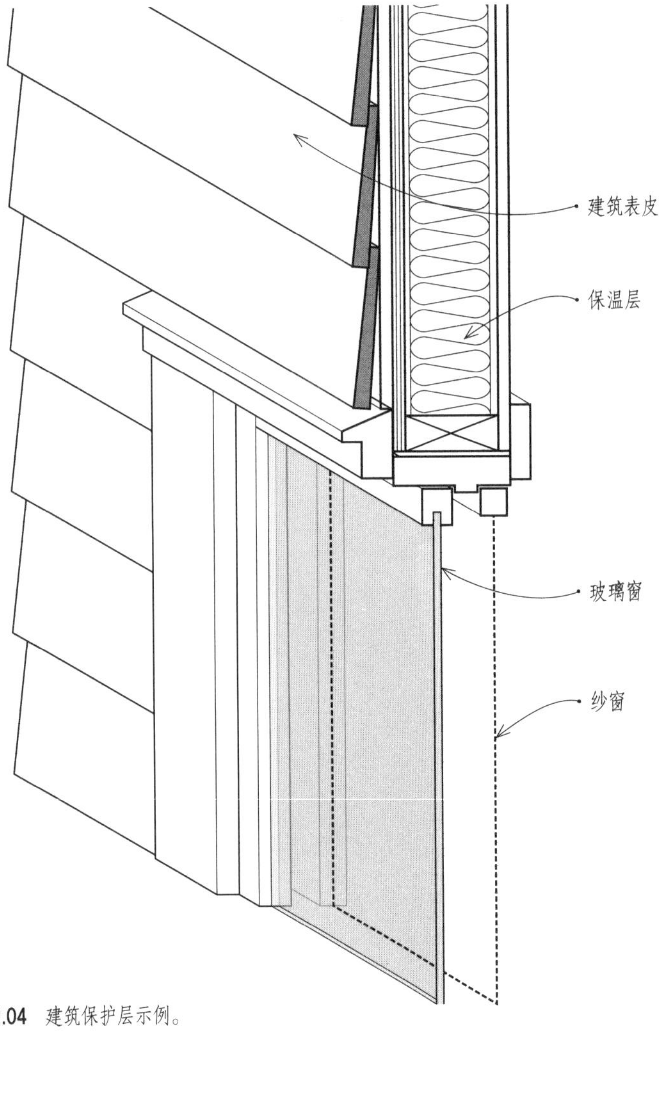

2.04 建筑保护层示例。

建筑对我们而言很重要，因为建筑是我们生活、工作、教书、学习、购物的地方，也是社交活动和重要事件的聚集场所。我们同样意识到，建筑的基本功能是提供一个能够应对世上各种负荷的庇护所。

我们把居所的保护层定义为抵御各种负荷的建筑要素。建筑墙体中的保温层用来减小外界极端温度的影响。建筑表皮作为保护层起到遮风避雨、拦截紫外线和其他负荷的作用。

有些建筑的保护层是经过刻意选择的，目的是让我们想得到的要素通过，同时过滤掉其他负荷。比如玻璃窗让日光进入建筑的同时可以避免极端温度的影响，纱窗在透过新鲜空气的同时把昆虫拒之门外。

绿色设计的一个原则是利用多层屏蔽提升建筑应对负荷的效率。例如，空气渗透被认为是建筑采暖和制冷负荷的主要原因。如果气流首先受到树木或其他风屏障的阻挡而减速，隔气层和密封条就能更好地抵御因气流而引起的渗透。换而言之，树木可以作为保护层发挥有效的作用。同样道理，密实性良好的墙体结合密封性很好的窗框和带有密封垫的电器插座，空气就难以找到进入建筑的缝隙，因为墙体各保护层有序结合，共同抵御了气流的渗透。

绿色设计的另一个原则是通过各种保护层由外向内进行建筑设计。在上面那个示例中，可以用来抵御气流和空气渗透的全系列保护层包括：

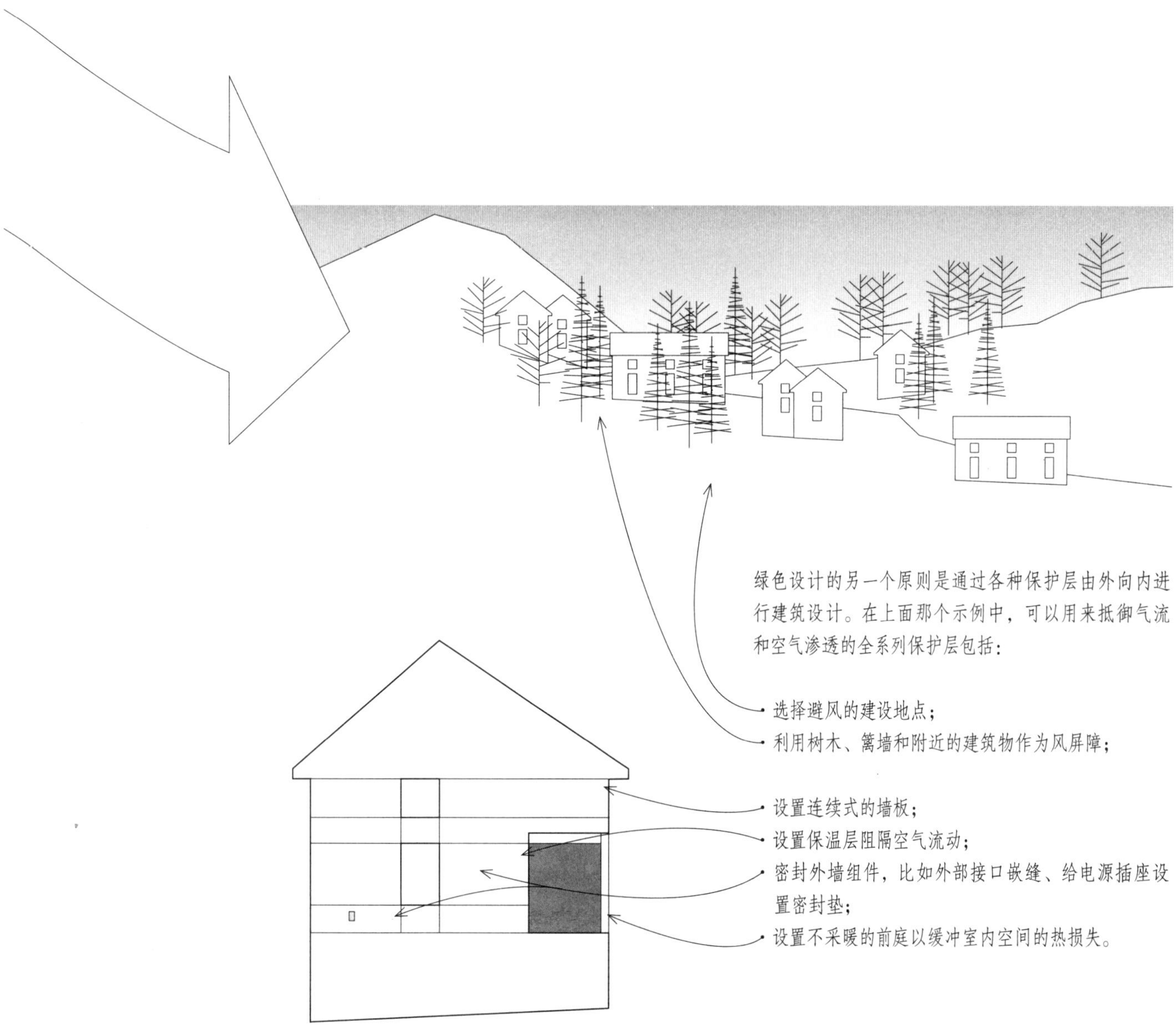

• 选择避风的建设地点；
• 利用树木、篱墙和附近的建筑物作为风屏障；
• 设置连续式的墙板；
• 设置保温层阻隔空气流动；
• 密封外墙组件，比如外部接口嵌缝、给电源插座设置密封垫；
• 设置不采暖的前庭以缓冲室内空间的热损失。

2.05 防御风和空气渗透。

从远离建筑物的环境开始由外而内的设计方法，类似于从源头解决问题而不是试图消除症状。如果一栋房子的症状是寒冷、四处透风，消除症状的做法是采取加热的方法，这种方法虽然简单，但是效率很低。从源头解决问题的做法是采用多层屏蔽的结构化方法减弱风荷载、阻止渗透。由外到内的工作方法类似于处理健康问题时医学上所主张的“预防胜于服药”。

能够帮助建筑物抵御负荷的多层屏蔽，其优先排序由外向内包括以下层次：

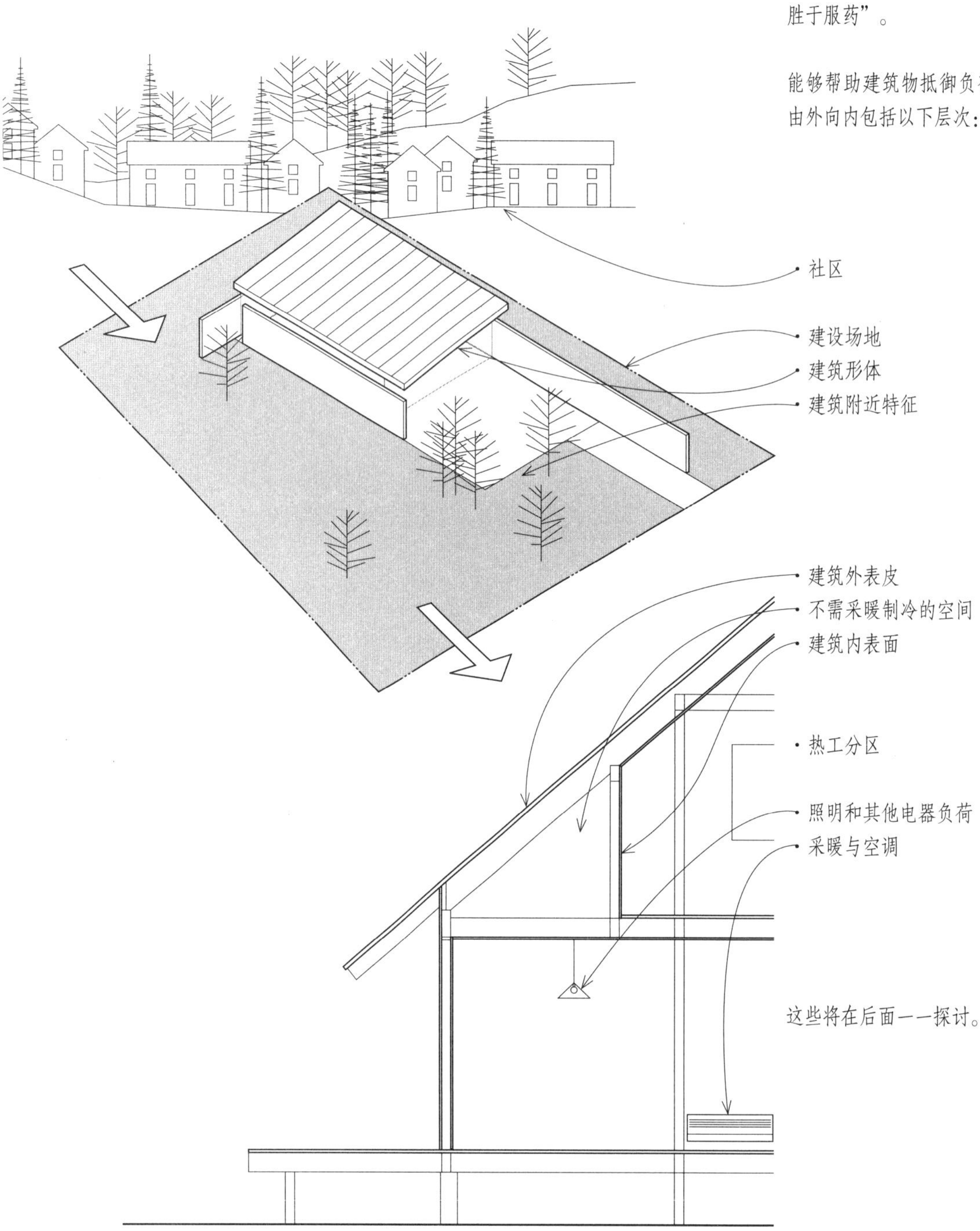

这些将在后面一一探讨。

2.06 保护层的先后顺序。

连续性 Continuity

绿色设计的另一个原则是不仅要设计坚固耐用的保护层，而且要保证每个保护层的连续性。近年来已经达成共识：建筑物热边界层的连续性是非常重要的。当保护层中断或不连续时，其性能会被明显削弱。大多数传统建筑中都存在着此类保护层不连续的问题。例如，在坡屋顶建筑的阁楼楼板中就发现了这种不连续性问题，包括“未覆盖的墙槽”，灯具固定架、排风扇、管道通风口、烟囱等设施周边没有密封的空隙和不严实的阁楼舱口。

建筑物中的实体空隙并不是热边界被打断的唯一原因。热桥也会导致保温层的不连续性，所谓“热桥”（thermal bridge）是指传导性材料刺穿或打断墙体、楼板或屋顶构件中的保温层。比如，框架墙内的木材或金属立柱就会成为热桥，使热量穿墙而过。

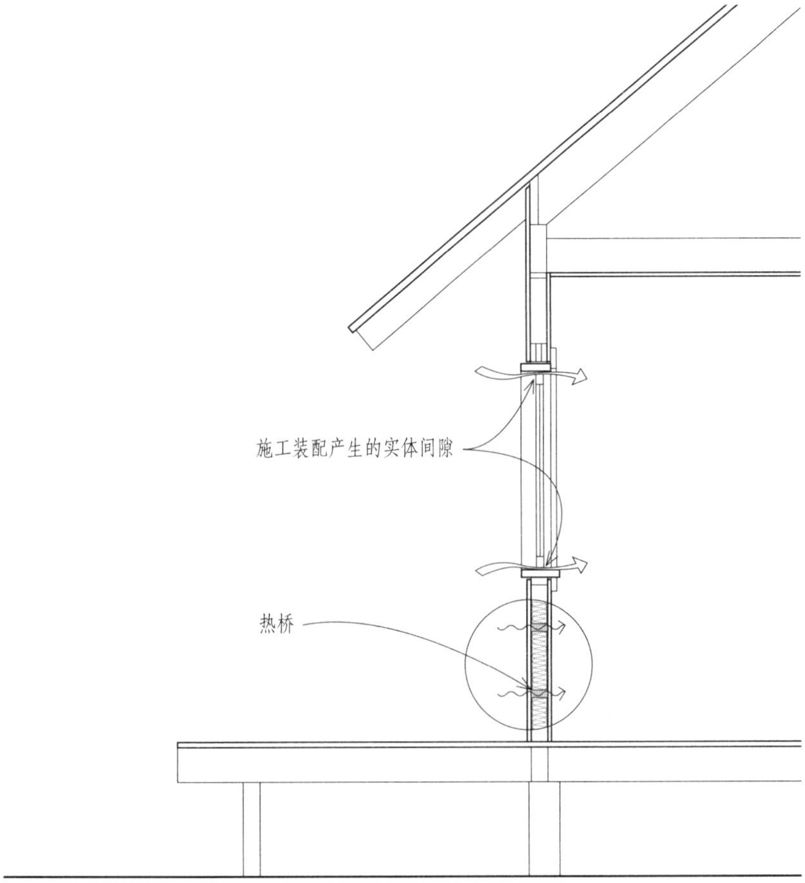

2.07 无论是实体缝隙还是热桥都会造成热边界的中断，从而减弱保护层的作用。

仅在墙体、楼板和屋顶一侧设置的裸露保温层是典型的弱保温层。比如，地下室的顶棚或管道井常常出现保温层断开的情况。阁楼中的支撑墙常常仅在一面设保温层，这种情况下保温层很容易受损或滑落。即使保温材料原封不动，气流也会很容易地沿着保温材料流动到室内温度比较低的墙面，从而加速空间的热损失。

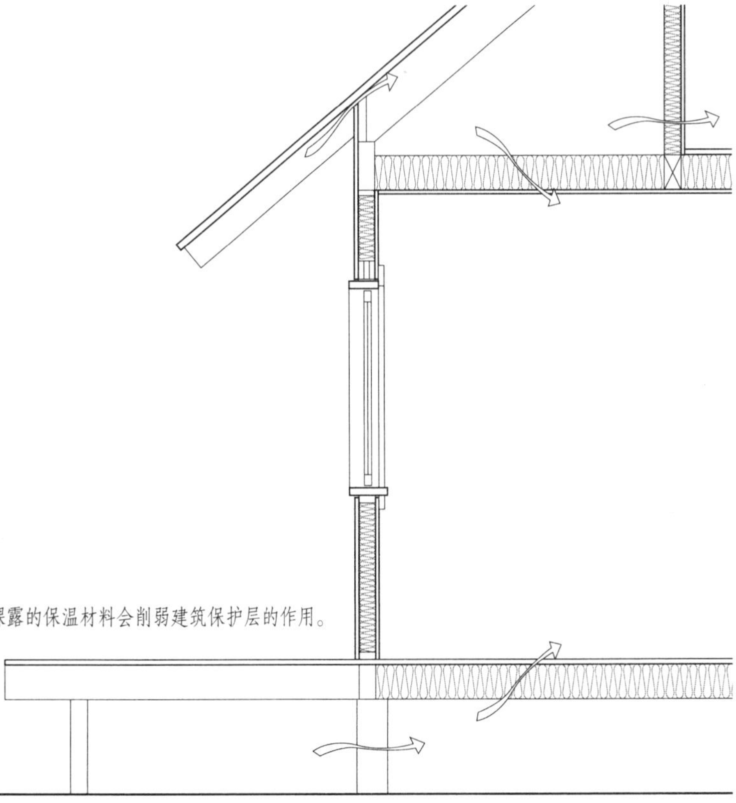

2.08 裸露的保温材料会削弱建筑保护层的作用。

弱保护层从一开始就不合格，有天生缺陷。我们把开始性能良好，经过一段时间后性能变差的保护层称为“非稳定保护层”（nonrobust layer）。一扇隔热性能良好的门，带有密封条、门帘和防风门，开始时性能良好，是很好的保护层。然而随着时间的推移，门框会变形、下沉，门帘会移位，门框周边的填缝剂会收缩开裂，密封条会受压或脱落，由于弹簧失效防风门可能难以关严。门就是一组非稳定组件，经年累月的磨损会削弱其保护层的功能。

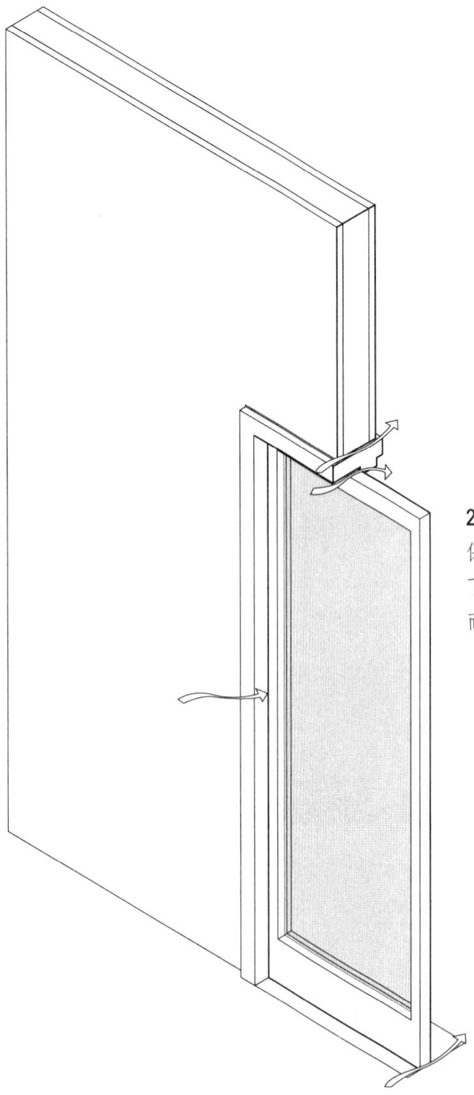

2.09 一般来讲，墙体是稳定的保护层，而作为保护层的门在长期使用过程中会出现门框变形、下沉，填缝剂收缩开裂以及门帘失效的情况，从而减弱其屏蔽作用。

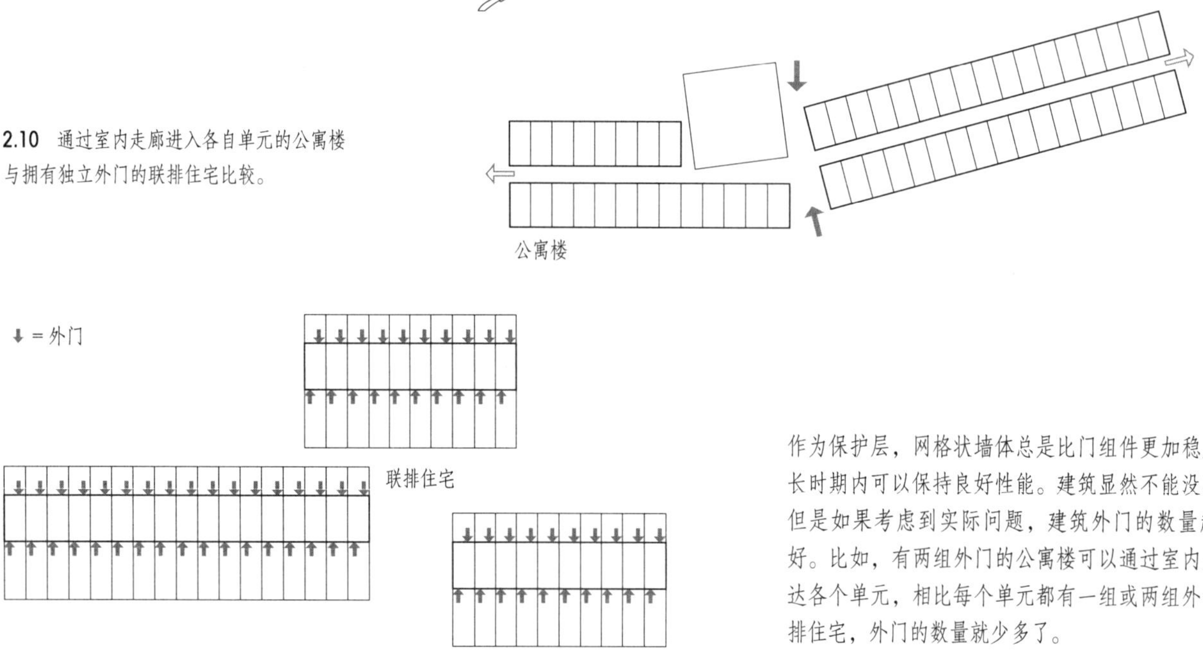

2.10 通过室内走廊进入各自单元的公寓楼与拥有独立外门的联排住宅比较。

作为保护层，网格状墙体总是比门组件更加稳定，在长时期内可以保持良好性能。建筑显然不能没有门，但是如果考虑到实际问题，建筑外门的数量越少越好。比如，有两组外门的公寓楼可以通过室内走廊到达各个单元，相比每个单元都有一组或两组外门的联排住宅，外门的数量就少多了。

整体设计 Holistic Design

绿色设计的另一个原则是整体规划，把建筑物和其所处的环境看作一个整体，从外向内设计时考量所有要素。能源使用和浪费也有多种途径。比如，采暖需要消耗能源，因为建筑围护结构传导和渗透存在热损失。为了大幅度地降低此类能源损耗，建筑物必须作为一个整体对待，所有损耗必须降到最低。

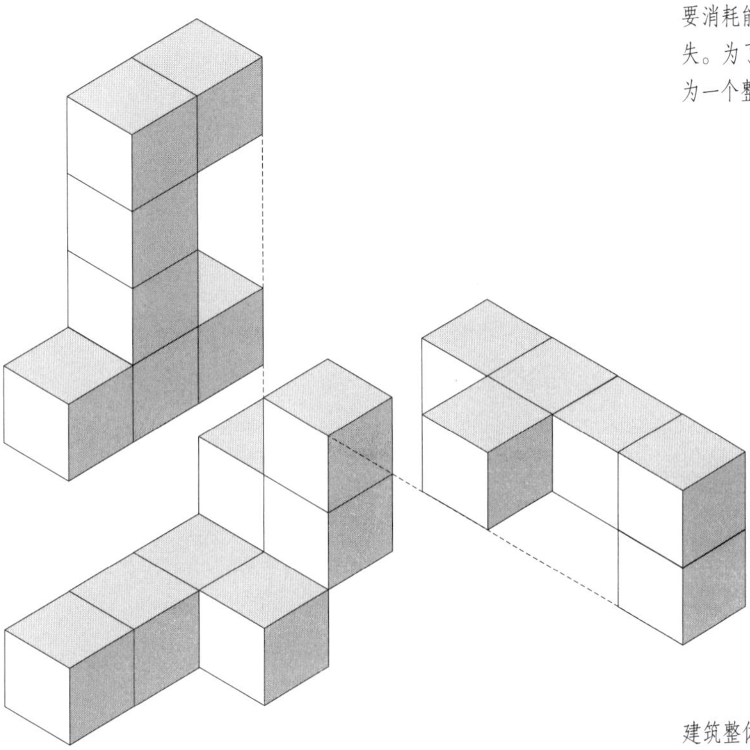

建筑整体化处理是指从很多小措施入手改进建筑，所有小改进汇集到一起成为重要的整体。如果窗户的热阻很差，如果阁楼构件四面漏风，如果采暖设备的分配系统效率低下，那么即使12英寸（305毫米）厚的超级保温墙体也不能保证建筑物的节能效果。经常可以见到，绿色建筑采用了一种非常引人注目的绿色组件，但是能耗依然很高，就是因为对建筑的整体性能关注不够。

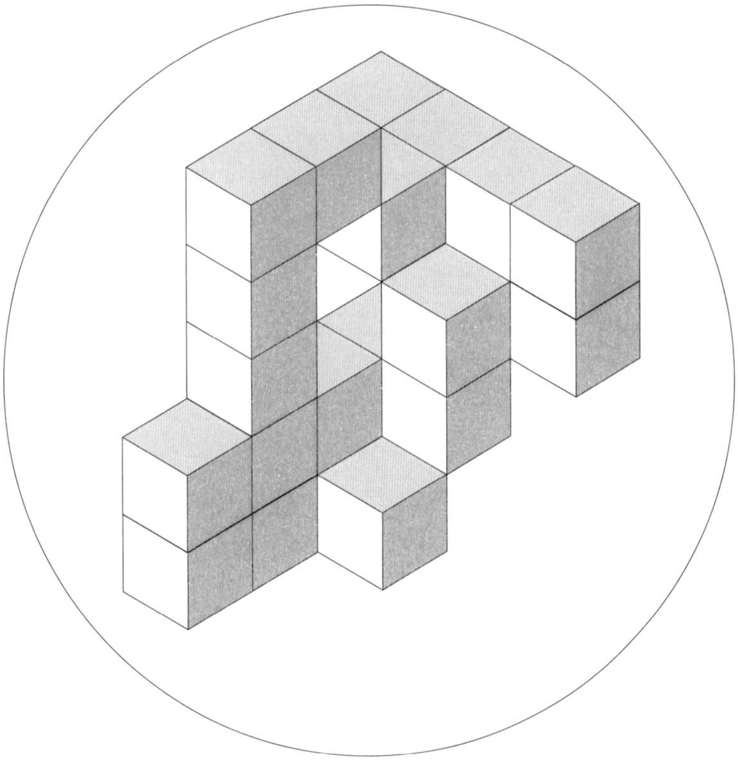

2.11 正如搭积木，行之有效的绿色设计需要大量小措施的积累，其成败完全取决于对业主的关注点是否充分理解，是否能够很好地应对复杂的挑战，使建筑既绿色又经济。

整合设计 Integrated Design

在绿色建筑领域，“整合设计”已经成为一种越来越普遍的工作方法，有时也被称作“集成设计”（integrative design）。在整合设计中，项目的参与者包括甲方、建筑师、工程师、咨询顾问和承包商，他们组成一个团队，从项目的起始阶段就一起工作。这种合作方式的目标是，保证项目的所有利益相关方都对建筑的绿色性能做出贡献，重要观点和需求在方案设计之初就被考虑在内。整合设计已经为绿色建筑设计做出了非常重要的贡献，其中最显著的成果是推动了建筑能效的早期评估。

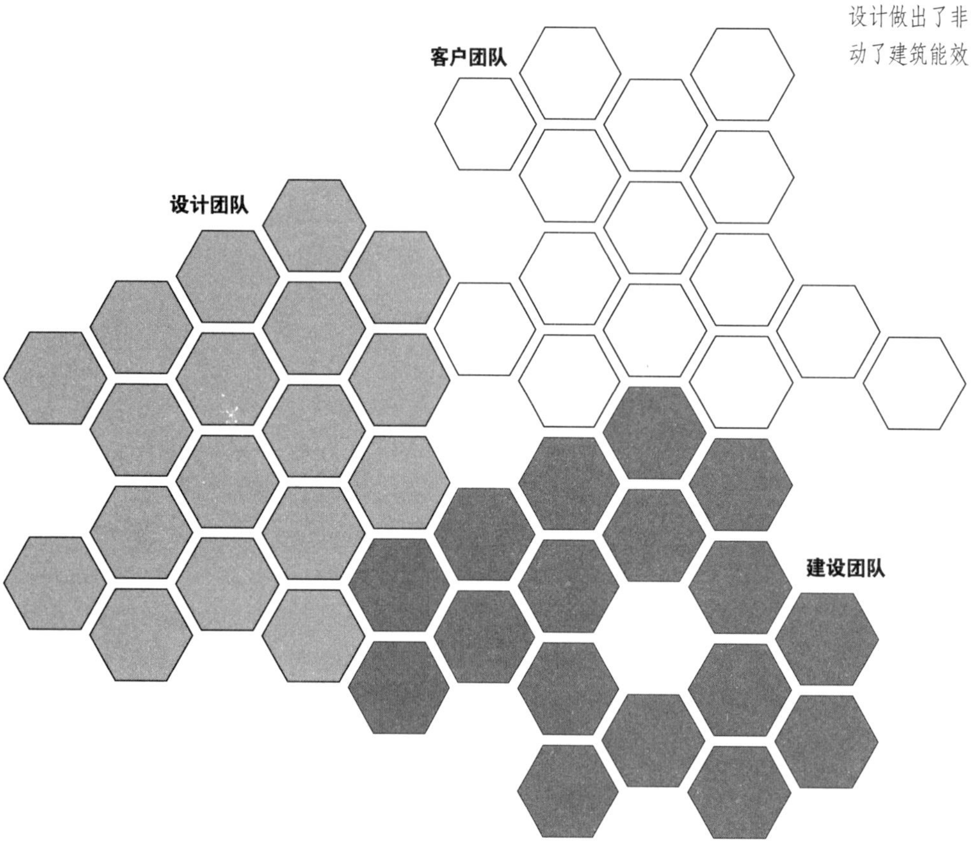

2.12 整合设计让利益相关的各方都参与进来一同工作，强调客户、设计和建设团队之间的联系和交流。

在由外向内进行设计时，我们并非不重视后期设计步骤，比如照明、采暖、空调系统的布局和规格。由各方参与的早期研讨是至关重要的。我们只是建议这些设计问题不能等到流程的最后才确定。

我们将阐明如何在早期就清晰且尽可能详细地理解业主的目标，包括哪些空间需要控制温度、建筑的预期使用人数和使用时间，等等。这些早期的决策会对其他决策产生很大影响，比如采用何种采暖和制冷系统，而采暖和制冷系统又会影响到其他决策，比如建筑物的高度以及是否需要设备空间。这就是整合设计的大概意思，整合设计让建筑物的各部分协同工作，而不是作为拼合设计的独立碎片。

可承担性　Affordability

可承担性一直在房屋的设计和建造中发挥着核心作用。建筑物是社会上耗资最大的项目之一。经济适用的住房表明一个社会有能力为穷人提供居所。房屋拥有者已经成为实现梦想的代名词。建造房屋的资本投入非常巨大，以至于倾其所有也不能一次付清，所以不得不借贷。那是一种特殊类型的贷款，需要几十年才能还清，这种贷款就是抵押贷款。

对绿色设计和建造而言，成本具有阻碍和机遇双重含义。有一种普遍性的看法认为绿色建筑会提高成本，因此只有那些能够负担增量成本（the added cost）的业主才能实现绿色建筑。这种看法其实是绿色建筑最大的障碍之一。

一种观点正在逐渐形成，那就是要从全生命周期的角度分析建筑成本，把绿色建筑预期寿命内低成本运行的费用考虑在内。绿色建筑的能源成本明显低于按照传统方式建成的建筑。有些绿色化的改造措施，比如地热采暖和制冷，与传统方法相比，能够明显降低建筑的维护费用。还有实例表明绿色建筑中人们的工作效率明显提高，这归功于良好的室内空气质量、热舒适性和视觉舒适度，因此长年累月带来的经济利益会抵消初建时期的高成本投入。

一项关于绿色策略的研究表明，绿色策略能够带来很多改进，事实上既能降低能源成本，又能降低建造成本。比如，如果顶棚不是特别高，材料和建造成本就会降低，照明所需的灯具就会减少，采暖与制冷设备数量也会相应减少。

绿色设计和建造并非成本高低的问题，其目标是真实地评估增加的建造成本与节省的建造成本、增加的运行成本与节省的运行成本，最终认识到实际投入成本与预期成本之间的关系。如果绿色建筑能够超越先行先试者的范畴并且说服那些担心绿色建筑成本增加而否定绿色建筑的人，可承担性最好在设计讨论时予以解决。

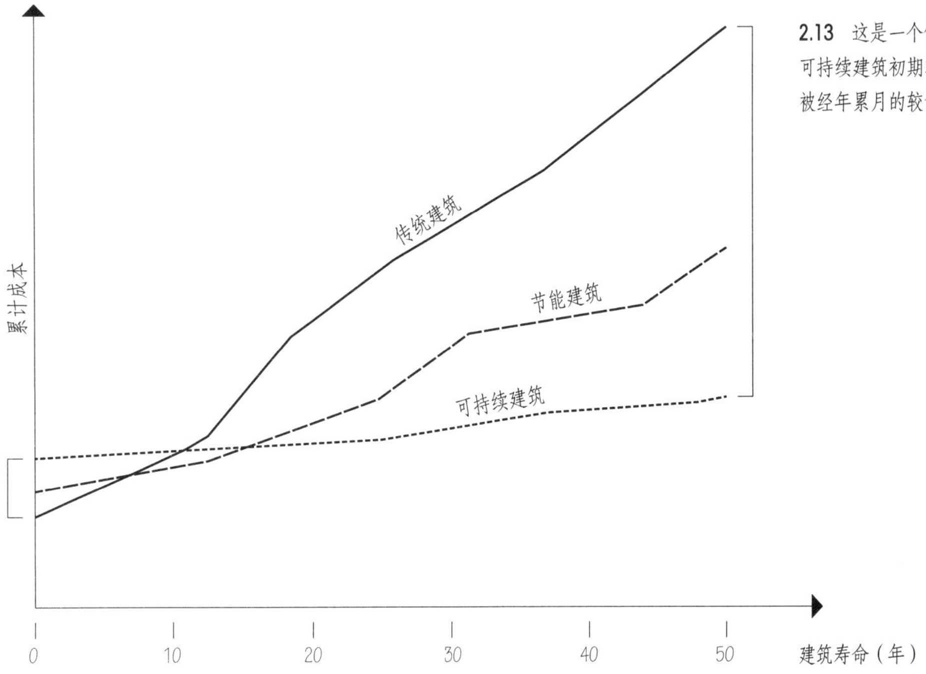

2.13　这是一个假设的图示，显示节能和可持续建筑初期较高的建设成本，是如何被经年累月的较低运行成本抵消的。

能耗模拟 Energy Modeling

由于建筑设计是一个精细有序的过程，因此通过拟建建筑的能耗模型来检验其能耗协调情况相对比较容易。墙体设计、窗体设计、建筑形态、采暖系统选择以及其他概念设计参数的协调，一天之内就能完成。更高效的能耗模型能够检验诸如采光、能耗控制等系统具体的协调情况，这种能耗模型建模和解读的时间都会更长一些，尽管如此，相比建筑生命周期的能源消费而言，这类模拟还是值得的。有了能耗模拟，就不需要再猜测建筑设计优化带来的节能效果。能耗模拟应被视为绿色建筑设计的关键环节。

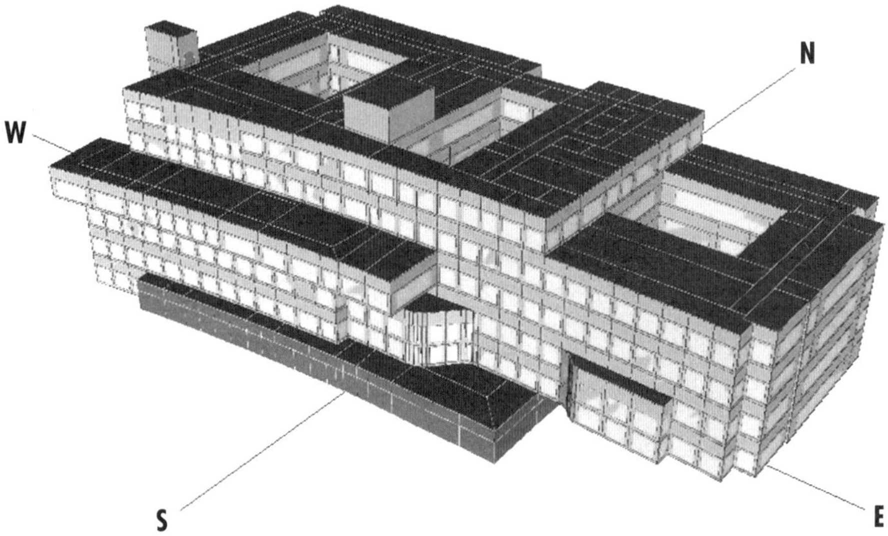

2.14 VA 心理健康与研究综合体（VA Mental Health and Research Complex），西雅图，华盛顿，斯坦泰克建筑与咨询公司（Stantec Architecture and Consulting）。能耗模拟利用计算机软件分析建筑物中多项热工要素，包括墙体及建筑表皮其他部分的材料；建筑的规模、形体、朝向；建筑如何使用、如何运行；地域性气候；系统性能；不同时间段内的用能情况。

3

规范、标准和指南
Codes, Standards, and Guidelines

近年来已经开发出多种绿色建筑规范、标准和指南，其中每一项都反映出对于保护环境和人类健康的可贵承诺。它们虽然在观念和价值上各有侧重，但都推动了绿色建筑的发展前行，当然正如人类自身一样，它们在某些方面也不尽完善。

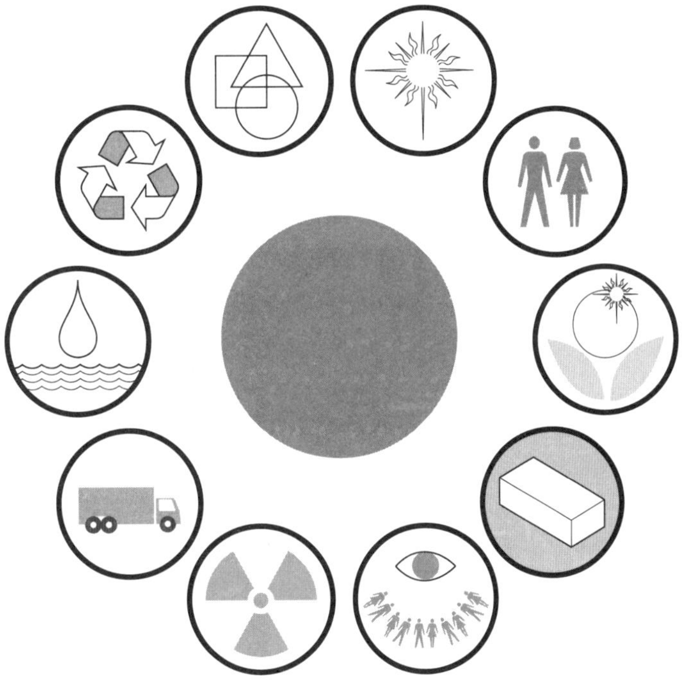

绿色建筑规范、标准和指南主要包括基地选择、节水、节能、材料选择和室内环境质量等条款。有些（但不是全部）法案中还包括声学、安全保障、历史文化意义、美学等条款。

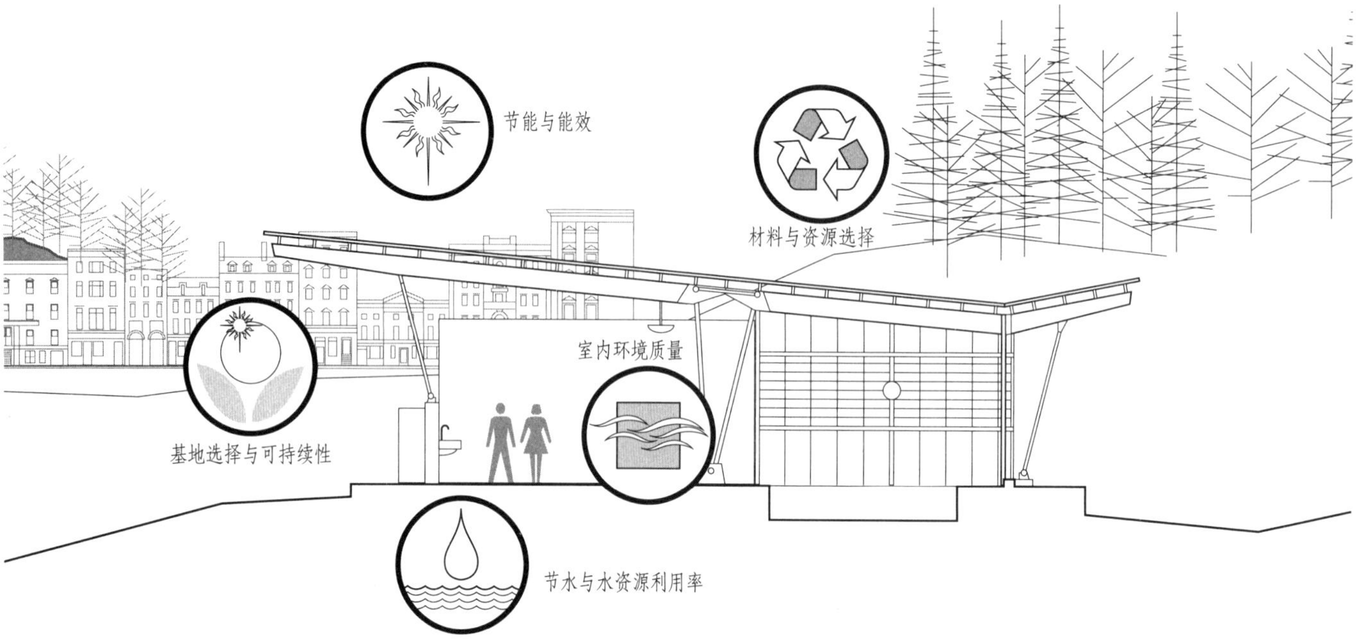

3.01 绿色建筑条款的典型分类。

能源与大气（可得分数 33）

[ ] 前提条件1 基本调试及检验（必选）
[ ] 前提条件2 最低能效性能（必选）
[ ] 前提条件3 建筑整体能源计量（必选）
[ ] 前提条件4 基础制冷剂管理（必选）
[ ] 得分点1 强化调试 6
[ ] 得分点2 优化能效性能 18
[ ] 得分点3 先进的能源计量 1
[ ] 得分点4 需求反馈 2
[ ] 得分点5 可再生能源产量 3
[ ] 得分点6 强化制冷剂管理 1
[ ] 得分点7 绿色能源与碳交易 2

3.02 能源与大气，是 LEED 4 评价体系中环境影响类别之一，共有四个前提条件是参评项目必须满足的，但不得分。另外还有七项得分点，如果满足了这些得分点，将会获得通过 LEED 认证所需要的分数。

许多这类体系都设置了一组绝对要求（即必备条件）以及一组独立的最佳实践系列，目标是达到某一层次规定的门槛。判定的尺度或者是打分体系，或者是节能方面的目标能耗情况。隐含在这种方法中的共识是，绿色建筑评定应包含强制性要求和可选项。强制性要求代表着绿色建筑必须跨越的门槛。在识别建筑特色时，为了体现灵活性和均衡性，通常会提供可选项清单，从中可以选择其他提升建筑性能的措施。这些措施附带的分数将被累计，目标是获得足够的分数以使建筑获得绿色认证，或者进一步提升获得更高等级的绿色认证。

这些打分体系在促进绿色建筑设计方面起到了积极的作用。也许是迎合了人类在调节自我、寻求组织体系、渴望识别性、进行文献记录、享受竞赛乐趣等方面以某种方式进行组合的需要，打分体系已经变成绿色建筑设计行为的一个主要焦点。

本书承认，打分体系对绿色建筑研究、绿色建筑科学和绿色建筑艺术起到了积极的促进作用。本书不想纠结于打分体系的合规性，相反，本书的目标是探求绿色建筑设计的表达策略，解决一些更加令人烦恼的问题，比如绿色建筑设计的真正含义是什么。我们还希望发现打分体系中的弱点，给出一些方法使建筑被设计得更“绿色”，而不是过于注重绿色建筑本身在相关规范、标准和指南中的得分值。

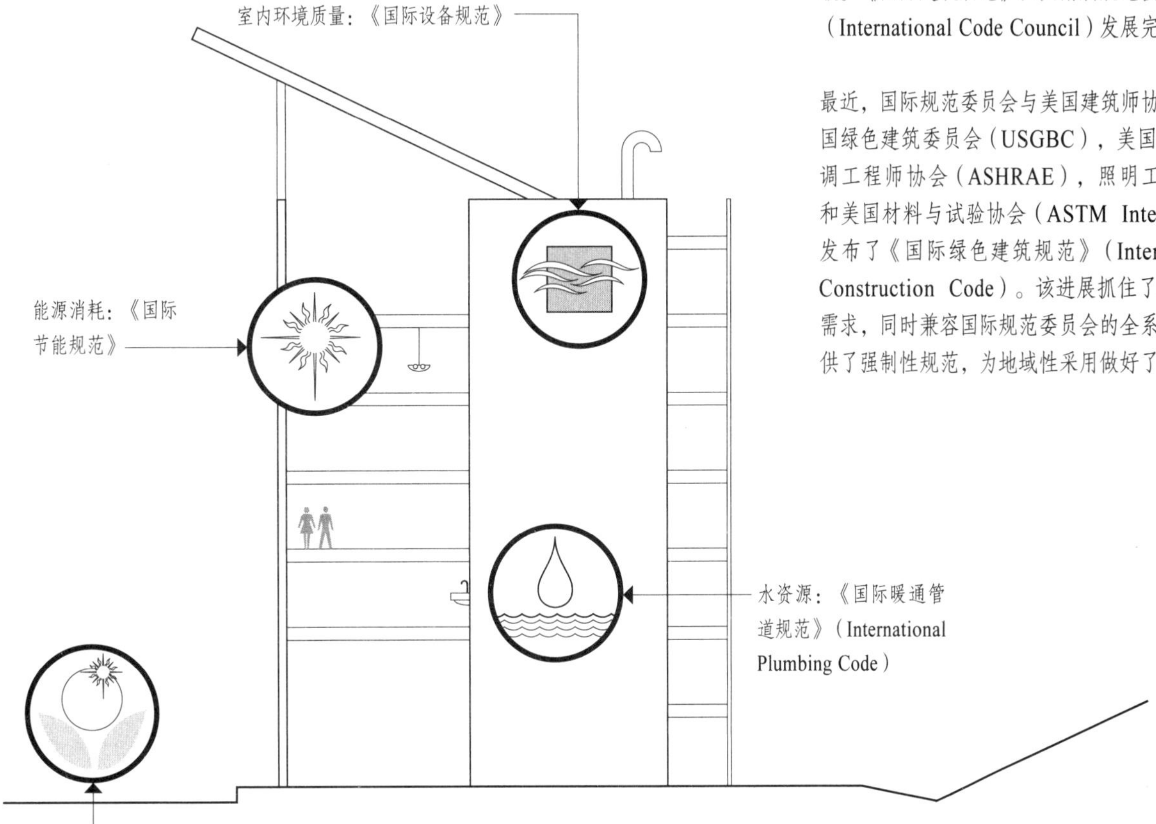

3.03 作为绿色建筑规范的《国际建筑规范》。

规范 Codes

我们先从《国际建筑规范》（International Building Code，简称“IBC”）及其相关的规范开始，这在绿色规范的讨论中可能有点出乎意料，因为《国际建筑规范》是美国大多数建设工程规范的基础。《国际建筑规范》包含数量广泛的绿色设计条款，包括《国际节能规范》（International Energy Conservation Code）中对节约能源的规定，《国际设备规范》（International Mechanical Code）中对通风和节水的规定。这些构成要素最初通过1978年的加州《T24》[译注]和1983年的《能耗模型规范》（Model Energy Code）得以广泛传播并在过去20年间逐渐发展起来，是今日绿色建筑标准的先驱。

这些建筑规范的条款都是有益的借鉴，因为在大多数情况下，它们是绿色建筑规范、标准和指南的底线。就像在绿色建筑条款中一样，IBC在很多司法体系中本身就是一项法律。任何绿色建筑方向的努力至少都会利用建筑规范的要求，同时倡导实施其中的绿色条款。《国际建筑规范》及其附属规范被国际规范委员会（International Code Council）发展完善并延续下来。

最近，国际规范委员会与美国建筑师协会（AIA），美国绿色建筑委员会（USGBC），美国采暖、制冷与空调工程师协会（ASHRAE），照明工程协会（IES）和美国材料与试验协会（ASTM International）联合发布了《国际绿色建筑规范》（International Green Construction Code）。该进展抓住了绿色建筑的广泛需求，同时兼容国际规范委员会的全系列建筑规范，提供了强制性规范，为地域性采用做好了准备。

[译注] 加州《T24》是《加州法规》（California Code of Regulations，简称“CCR”）的第24部分。CCR是自1978年加州议会延续至今的最新规则。

标准 Standards

能源与环境设计先锋（Leadership in Energy and Environmental Design，简称“LEED®”）绿色建筑认证体系在绿色建筑标准中占据重要位置，起初是在美国，后来逐渐影响到世界。该体系有五个主要的得分领域——可持续场地、资源利用率、能源与大气、材料与资源、室内环境质量——它们已经成为绿色建筑设计宝典中的重要组成部分。美国绿色建筑委员会开发了这一评价体系，与其成员（包括联邦/州立/当地机构、供应商、建筑师、工程师、承包商和建筑业主）达成共识。为应对新信息和反馈意见，LEED 体系一直不间断地得到评估和改进。2003 年 7 月，加拿大得到美国绿色建筑委员会的授权，根据加拿大的环境特点调整 LEED 评价体系。

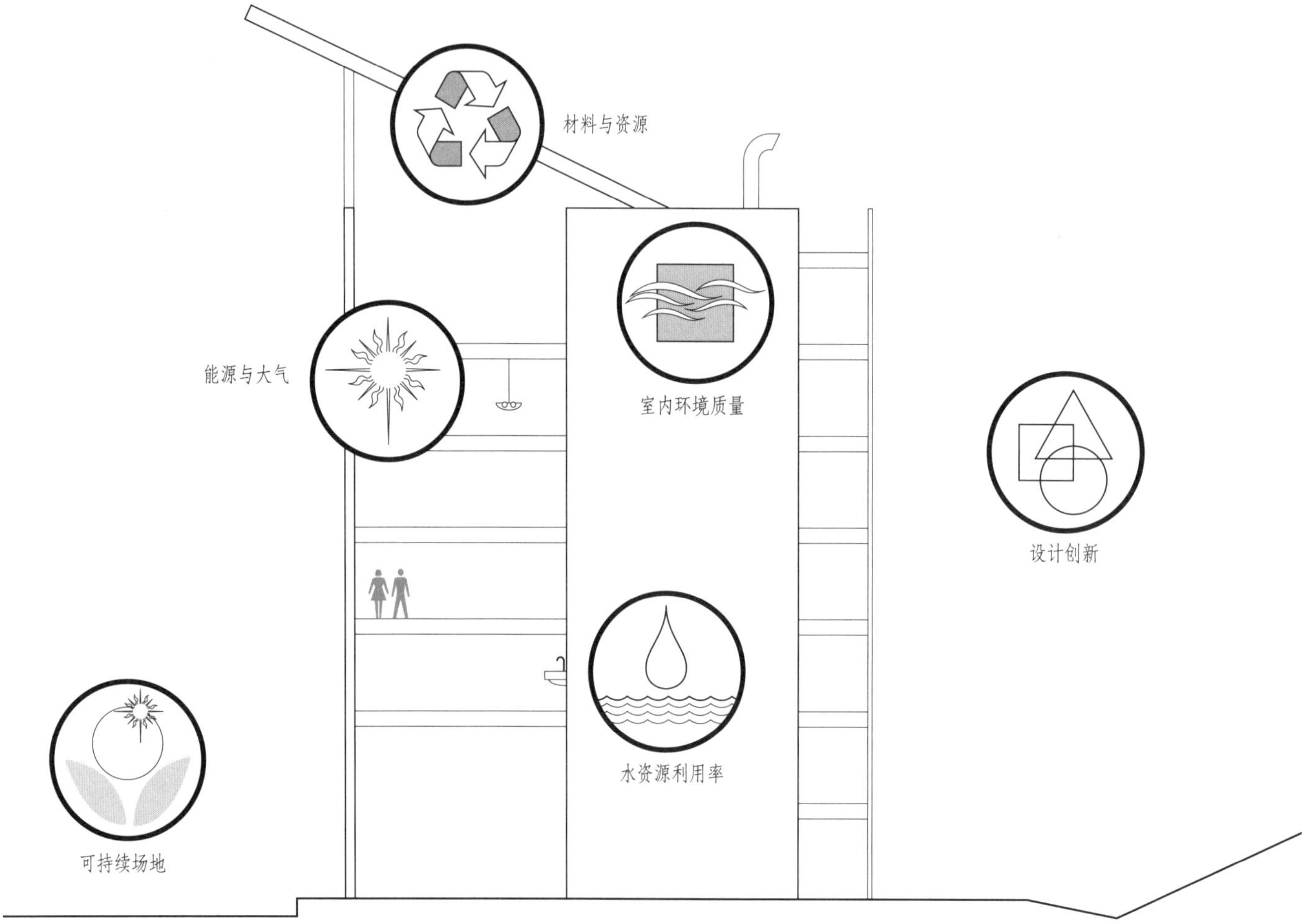

3.04 LEED绿色建筑认证体系核心要求领域。

LEED 从新建建筑评价体系扩充出来既有建筑、社区、开发商驱动的核心与表皮（core-and-shell）建筑、租户驱动的建筑室内等众多评价体系以及适用于特定领域的评价体系，如住宅、学校、医疗、商业零售等，使 LEED 评价体系达到不同寻常的广度和范畴。

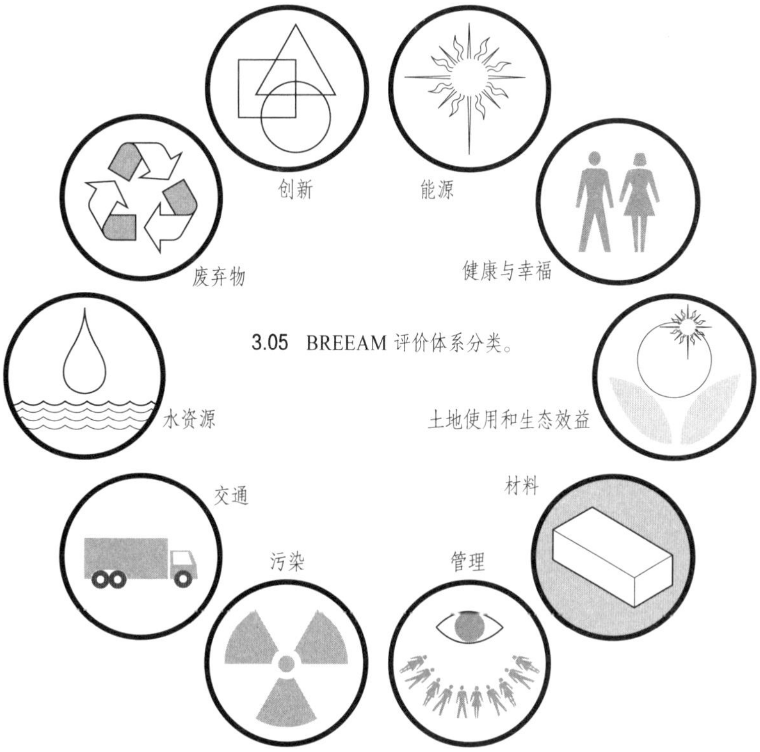

3.05 BREEAM 评价体系分类。

建筑研究所环境评估方法（Building Research Environmental Assessment Method，简称“BREEAM”）是由英国建筑研究所（Building Research Establishment，简称“BRE”）建立的一个评价体系，用来衡量和评价非居住类建筑的可持续性和环境性能，包括以下方面的评估：管理、健康与幸福、能源、交通、水资源、材料与废弃物、土地使用和生态效益、污染情况。BREEAM 评价建筑包括以下几个级别的认证：通过、良好、优秀、优异、杰出（Pass，Good，Very Good，Excellent，and Outstanding）。这个绿色建筑评价体系发布于 1990 年，是最早的评价体系之一，已被广泛采用。BREEAM 在欧洲得到了广泛的应用，在世界其他地区的建筑领域也发挥了重要作用。BREEAM 的一些方法已被借鉴到 LEED 评价体系和其他规范、指南和标准中。

另外一项绿色标准是《不含低层住宅的高性能绿色建筑设计标准》（Standard for the Design of High-Performance Green Buildings Except Low-Rise Residential Buildings），由 ASHRAE 与 USGBC、照明工程协会（IES）联合开发，正式成为《ANSI/ASHRAE/USGBC/IES 标准条款 189.1》。该标准提供了简单的合规性选项和更灵活的性能选项，以标准规范语言开发，以便联邦政府、各州和地方机构都可以方便地采用。该标准本身并非设计指南，目的是作为现行绿色建筑评价体系的补充，而不是与其竞争。尽管该标准特别强调节能，它还是针对可持续场地、水资源利用效率、室内环境质量、大气影响、材料与资源、施工与运行方案等制定了最低要求。

3.06 绿色地球在线环境评价与认证体系的商标图案。

绿色地球（Green Globes）是一个针对商业建筑的在线环境评价与认证体系，是 LEED 评价体系之外的一个经济实惠且最新的评价体系。绿色地球评价体系聚焦于包括建筑设计、运行和管理在内的全生命周期的评估，包括以下七个部分：项目管理，场地，能源，水，资源、建筑材料与废弃物，废气与废水排放，室内环境。绿色地球评价体系源自 BREEAM，现已获得加拿大业主与管理者协会（Building Owners and Managers Association，简称“BOMA”）和美国绿色建筑行动组织（Green Building Initiative，简称“GBI”）的拓展。

被动屋（Passivhaus，即 Passive House 的简写）是一个在欧洲发展起来的标准体系，目标是最大限度地提高建筑的能效和减少其生态足迹。虽然这一名称最初是针对居住建筑，但现在被动屋标准中的原则也可以用于商业建筑、工业建筑和公共建筑。被动屋标准的长处在于其方法的简洁性：将卓越的蓄热性能和气密性与热回收通风系统相结合，建造超低能耗的建筑，热回收通风系统用来提供室内环境质量所需要的新鲜空气。被动屋标准确立的极低的能耗目标刚好符合当今降低温室气体排放的迫切要求。这个标准既包括可以预测的设计目标——最大能源需求 120 千瓦时 / 平方米（11.1 千瓦时 / 平方英尺）——也包括实际运行目标：在 50 帕斯卡的风压下，渗透率不大于每小时 0.60 空气交换次数。后者转译为以下条件：建筑细部必须精心设计以限制空气渗透，明确了渗透在用能过程中的特殊地位和对建筑的不良影响。

3.07 被动屋的要求和建议。

被动屋标准要求极低的渗漏水平、极高的保温性能和最少的热桥，窗子的传热系数（U-factor）很低。为了达到这一标准，建筑必须具有：

- 全年最大制冷用能 15 千瓦时 / 平方米（1.39 千瓦时 / 平方英尺）；
- 全年最大供热用能 15 千瓦时 / 平方米（1.39 千瓦时 / 平方英尺）；
- 满足所有目标的最大用能 120 千瓦时 / 平方米（11.1 千瓦时 / 平方英尺）；
- 在 50 帕斯卡的风压下，渗透率不大于每小时 0.60 空气交换次数。

热舒适性是通过采取以下措施来获得的：

- 高性能的保温且热桥最少；
- 被动太阳得热和室内热源；
- 卓越的气密性；
- 良好的室内空气质量，由带有高效热回收装置的全屋机械通风系统提供。

一项广泛用于住宅设计的标准是《按揭行业国家家庭住宅能耗评级体系标准》(Mortgage Industry National Home Energy Rating Systems Standard),由住宅能源服务网络(Residential Energy Services Network,简称“RESNET”)和国家州级能源官员协会(National Association of State Energy Officials)联合开发。该标准常被称为“家庭住宅能耗评级体系”(Home Energy Rating System,简称“HERS”),在美国已被广泛采用。HERS 虽然强调节能,但在室内环境质量这一项上保留了多项要求,特别是在湿度控制、通风和燃烧器具的安全性方面。HERS 通过引进第三方广泛参与评价、第三方职业认证、能耗预测的确认、视察和检测竣工房屋等措施,直接关注品质保证。LEED 住宅评价体系已把 HERS 作为能量需求的参照标准。

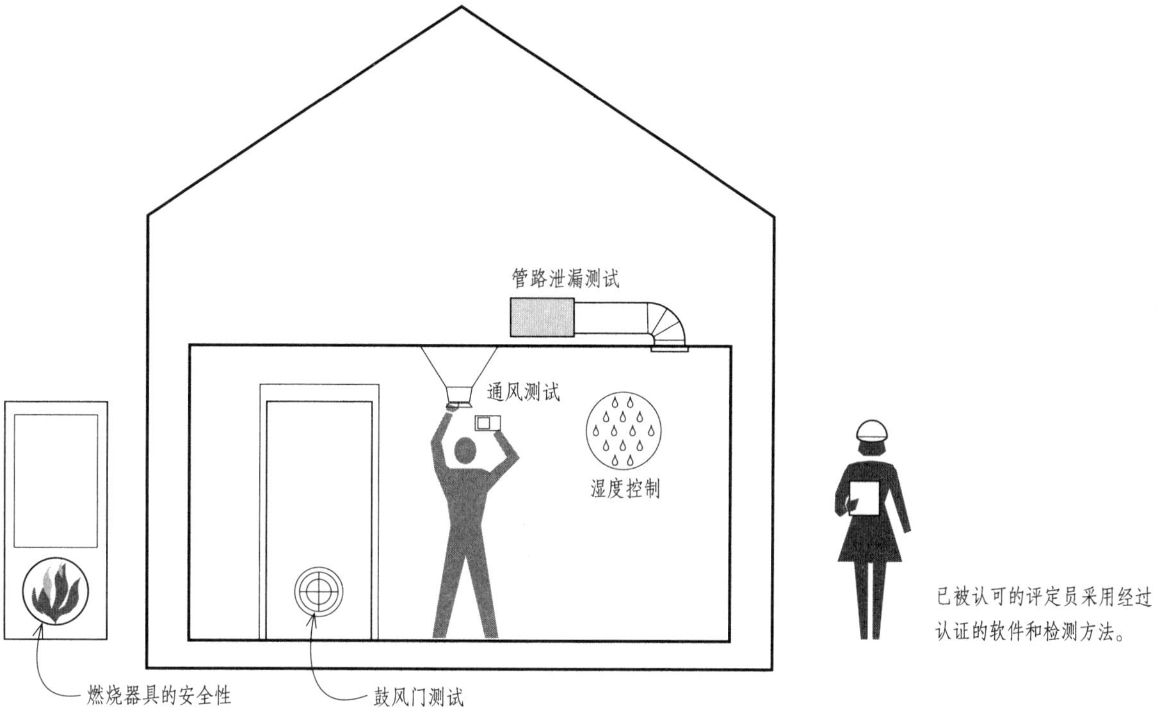

3.08 HERS评级体系要求。

《生存建筑挑战》（Living Building Challenge，简称“LBC”）是针对可持续规划、设计和建设的一项新标准，由国际生活未来研究院（International Living Future Institute）创建并执行，该标准针对各种尺度的开发，从建筑到基础设施、景观和社区。LBC 与众不同之处在于，它主张净零能耗（net-zero energy use）、净零水耗（net-zero water use）以及经过最少 12 个月的连续利用，实现彻底的现场废物处理。该标准在绿色建筑其他方面还提出了一些更大胆的条款，比如场地的选择与维护、材料选择、人体健康等。值得特别关注的是该标准把美学和公平引入绿色建筑设计领域。

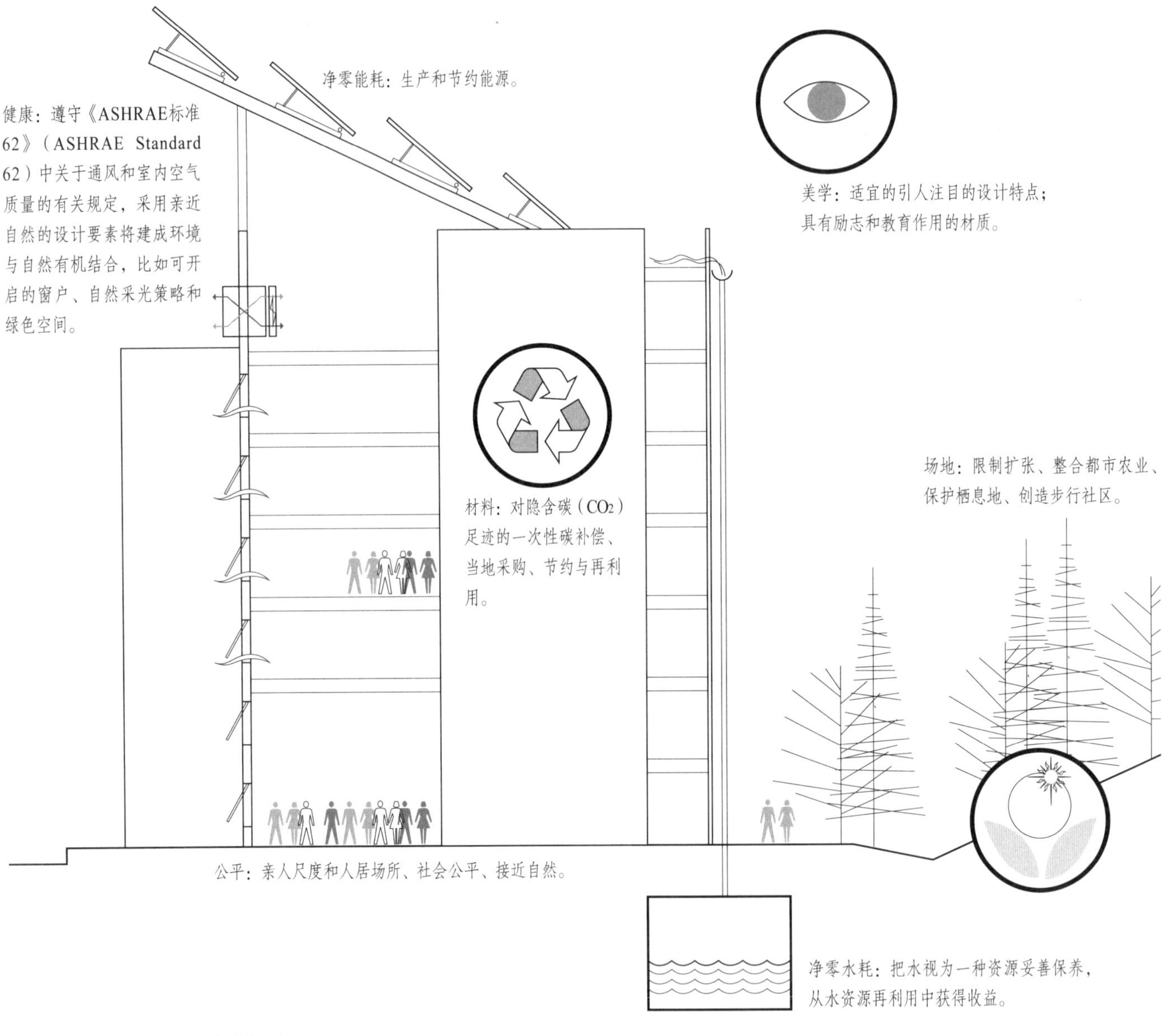

净零能耗：生产和节约能源。
健康：遵守《ASHRAE标准62》（ASHRAE Standard 62）中关于通风和室内空气质量的有关规定，采用亲近自然的设计要素将建成环境与自然有机结合，比如可开启的窗户、自然采光策略和绿色空间。
美学：适宜的引人注目的设计特点；具有励志和教育作用的材质。
材料：对隐含碳（CO_2）足迹的一次性碳补偿、当地采购、节约与再利用。
场地：限制扩张、整合都市农业、保护栖息地、创造步行社区。
公平：亲人尺度和人居场所、社会公平、接近自然。
净零水耗：把水视为一种资源妥善保养，从水资源再利用中获得收益。

3.09 LBC标准的目标。

指南 Guidelines

联邦和州立机构、大学、非政府组织、私营公司以及市政当局已经开发出很多绿色建筑指南。

《居住环境指南》（Residential Environmental Guidelines）就是其中一个绿色指南，由纽约的休·利奥·凯里炮台公园市政管理局（the Hugh Leo Carey Battery Park City Authority）开发，1999 年完成，2000 年首次发布。像 LEED 认证体系一样，该指南包括节能、提升室内环境质量、节约材料和资源、节水和场地管理等内容，此外还包括教育、运行和维护相关内容。

有些指南仅限于绿色设计的特殊领域。《可持续场地倡议》（the Sustainable Sites Initiative）就是一例，该倡议由美国景观建筑师协会（the American Society of Landscape Architects，简称“ASLA”）、奥斯丁（Austin）得克萨斯大学的伯德·约翰逊女士野花中心（the Lady Bird Johnson Wildflower Center）、美国植物园（the United States Botanic Garden）联合提出。仿照 LEED 认证体系，这些指南更加深入地探究了场地的环境敏感性，阐明各种生态系统服务（比如授粉）的益处，明确表达了对绿色场地各项原则的强烈主张，并通过一系列常规的先决条件和得分情况，展示了大量的最佳实践案例。

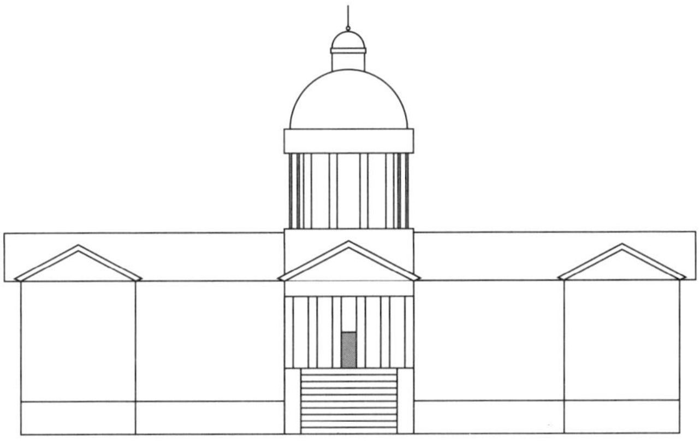

州政府

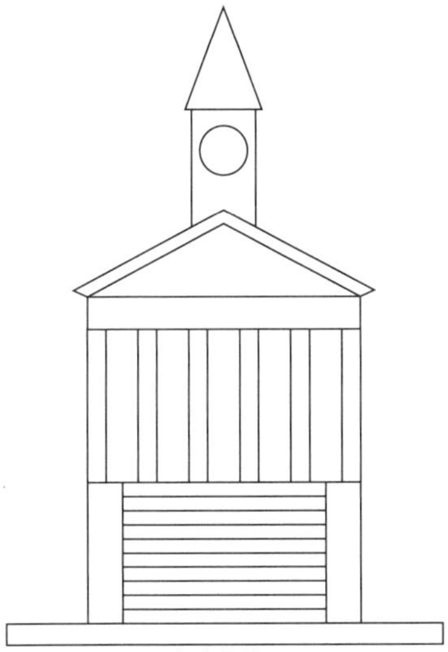

市政当局

大学

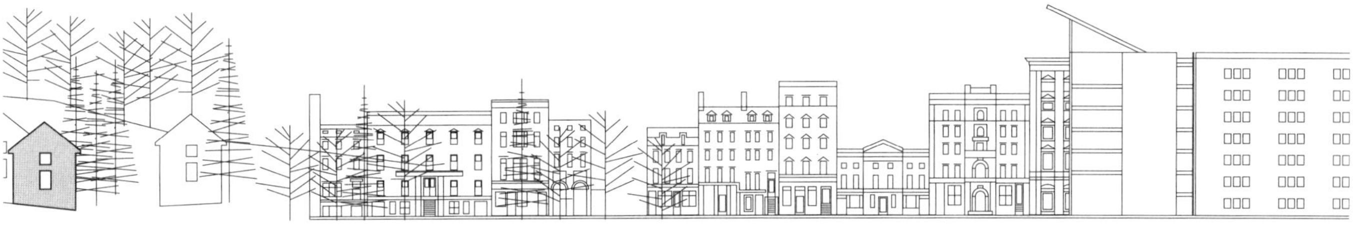

开发项目

3.10 采用特定的绿色建筑指南的实体。

《2030 挑战》 The 2030 Challenge

绿色设计中最引人注目的一个领域可能是建筑节能了。这有两方面的原因：20 世纪 70 年代历史性的能源危机以及目前气候变化的危险。一项获得了特殊关注的指南是《2030 挑战》，由“建筑 2030”（Architecture 2030）发行。“建筑 2030”是一个环境倡导组织，由被动式太阳能建筑师先锋爱德华·马斯瑞尔（Edward Mazria）在 2002 年创立。

受到美国能源部（the U.S. Department of Energy，简称“DOE”）、USGBC、ASHRAE 和 AIA 的支持，《2030 挑战》呼吁所有的新建筑、开发项目、更新改造项目，其设计用能值要低于常规项目化石能源消耗量的一半，同时每年改造等量的现存建筑以达到类似的标准。《2030 挑战》进一步提出化石能源减量标准，2015 年减少 70%，2020 年减少 80%，2025 年减少 90%，到 2030 年，所有新建筑达到碳中性（carbon-neutral），即建造和运行都不再使用化石能源或排放温室气体的能源。

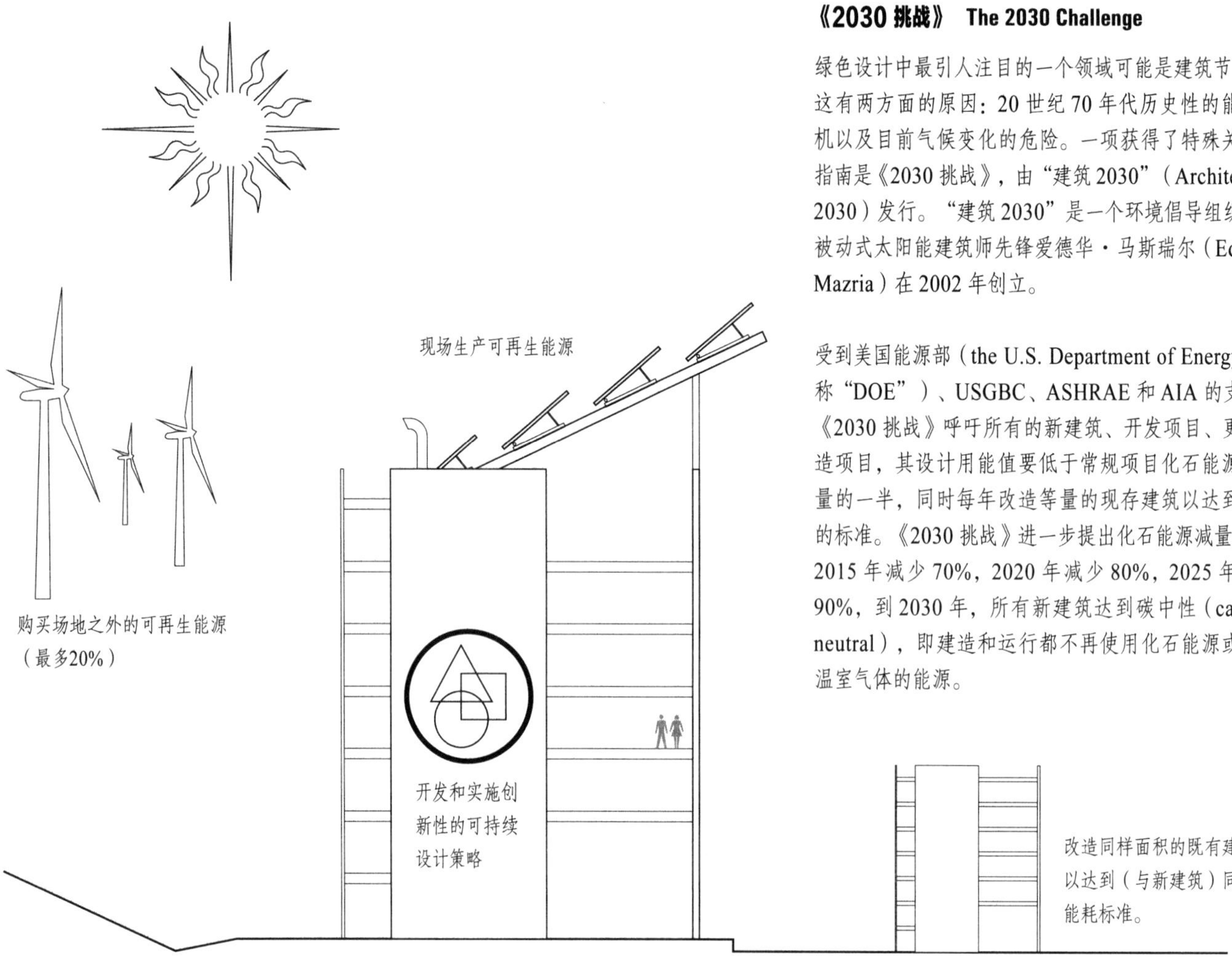

3.11 降低并最终扭转由化石燃料燃烧产生的温室气体排放增速的策略。

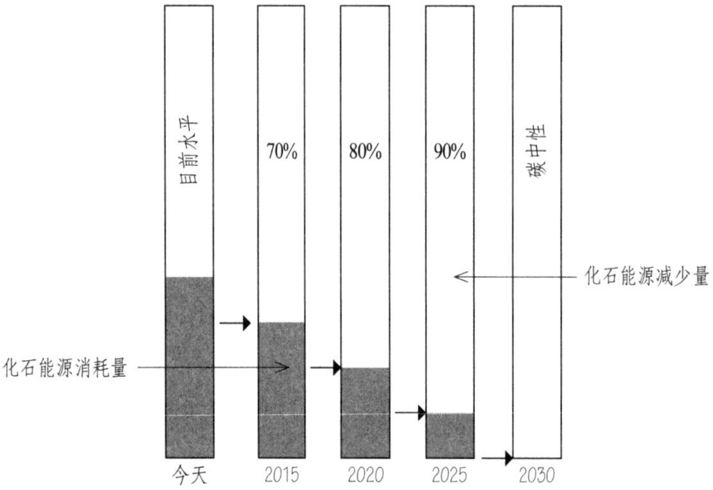

3.12 《2030挑战》设定的目标。

4

社区与场地

Community and Site

建筑所在的社区和场地，会提供各种信息，并影响到拟建建筑的各个方面。

绿色建筑在社区和场地选择方面的基本目标包括保护场地的敏感性、保护未开发的场地、修复和再利用以往开发过的场地、降低对动植物的影响、促进社区交往、在环境和能耗方面降低交通带来的不利影响。

这些目标的真实含义在于对自然界的深深敬畏，在开发区域与未开发区域之间寻求平衡，而不是把自然界仅仅看作人类生活环境的资源。同时，我们还必须注意降低灯光污染，减少建设垃圾，管理雨洪，节约用水。

有趣的是，在一个项目的早期阶段，有足够多的选项可以大幅地降低能耗和水耗以及改善未来建筑的室内环境质量。这些选项与建筑室内状况和室外做法息息相关，它们将被深入探究并成为贯穿本书的起始主题。

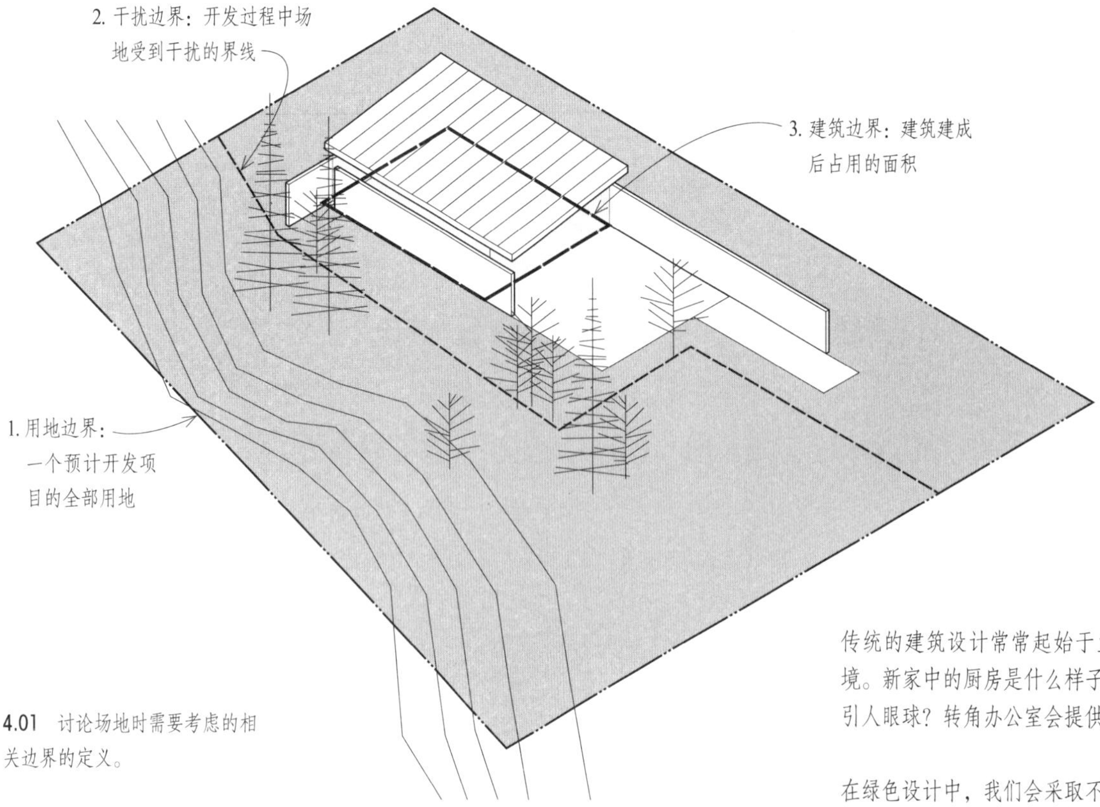

4.01 讨论场地时需要考虑的相关边界的定义。

传统的建筑设计常常起始于业主在假想建筑中身临其境。新家中的厨房是什么样子？新办公楼的门厅是否吸引人眼球？转角办公室会提供怎样的景观？

在绿色设计中，我们会采取不同的方法。我们的行程始于将建筑物置于社区中的场景，而不是想象我们在一个未建建筑中的场景。建筑坐落哪里，临近学校、工厂还是社区中心？交通方式怎样？公共交通是否可达？

自内而外的工作方法

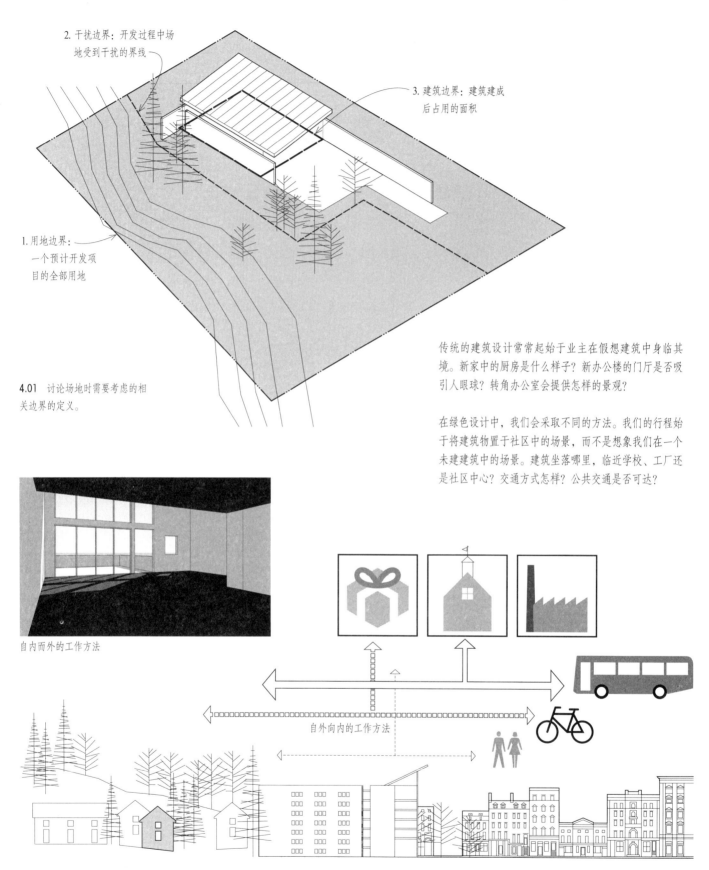

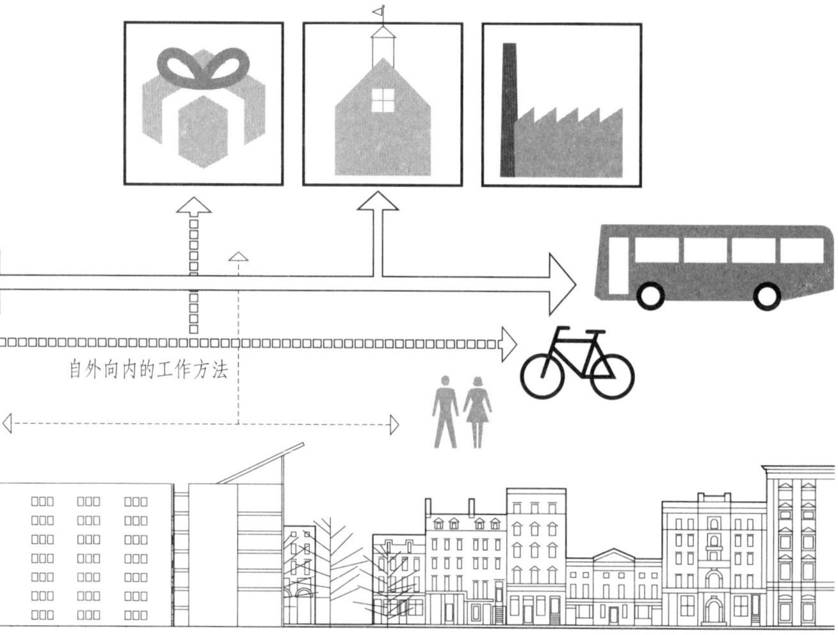

4.02 实现自外向内建筑设计的方法——考虑建筑在社区中的位置——而不是自内而外。

由于我们试图将建筑置于社区中考量，所以我们会问改造市中心的废弃建筑是否优于在未开发的乡村新建建筑，我们会问在现有城市环境中是否有可用的迁空场地，或者我们会问临近公共交通的场地是否可用，即使是在郊区或农村。我们会与当地的规划部门协商，了解是否还有其他社区开发项目正在进行，以缓解新建工程的环境影响。我们尝试从社区的角度而不是从个体的角度展开思考。

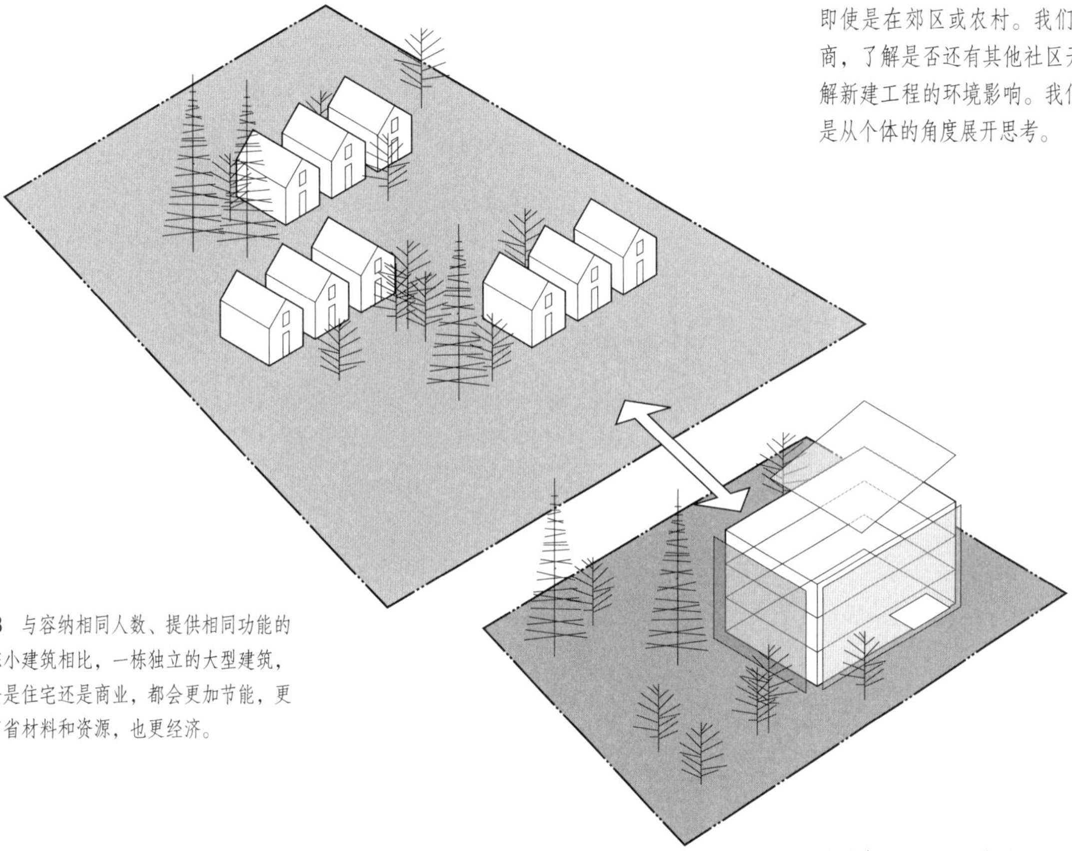

4.03 与容纳相同人数、提供相同功能的多栋小建筑相比，一栋独立的大型建筑，无论是住宅还是商业，都会更加节能，更加节省材料和资源，也更经济。

建筑中的居民不是仅有的用能者，他们的能耗大小取决于建筑地点的远近。除了能源供给方式和能源设备以外，人们用能的多少也取决于建筑与社区中心和工作地点的距离。同样，泵水和电力输送的能源需求量随着建筑地点与社区中心距离的增加而增大。

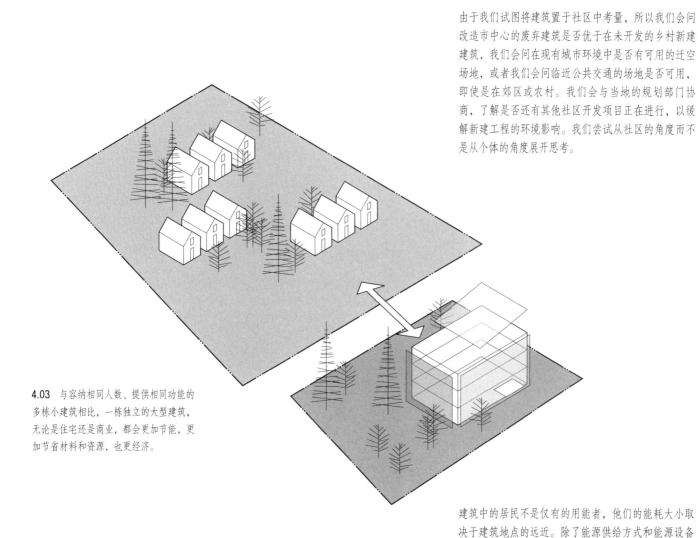

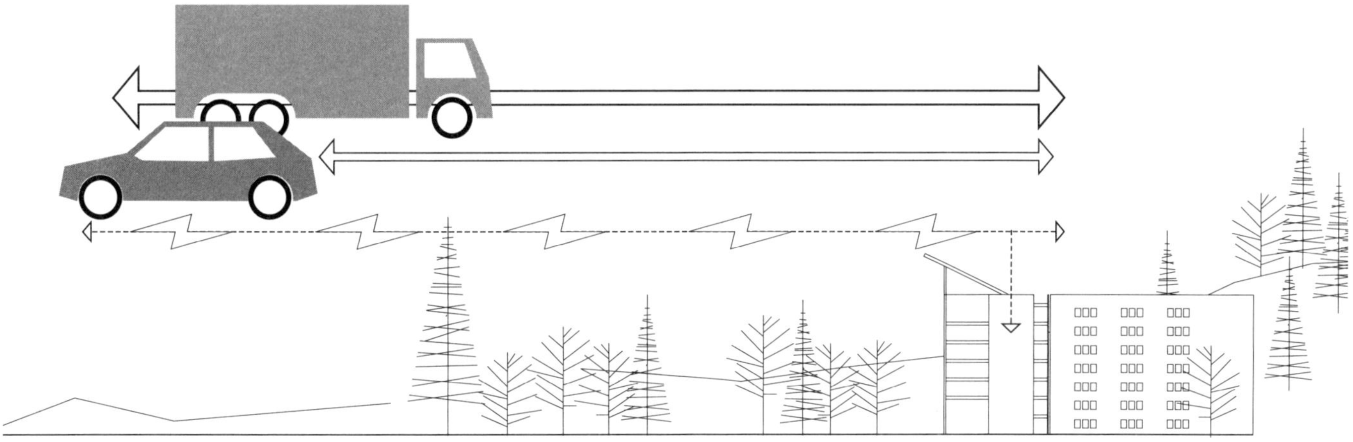

4.04 用于交通的能源消耗——上下班通勤和配送——公共用品运输到远方。

当我们首先聚焦于社区这一概念时，建筑学中所谓“场所”（place）的方方面面就开始发挥作用。气候区对于绿色建筑设计的影响深远。无论是寒冷、炎热还是混合型气候——比如湿热气候或者干热气候——都会对建筑设计产生影响。气候区对建筑负荷的影响主要是室外温度、室外湿度和太阳辐射。这些影响很重要，会完全改变相同建筑类型在不同气候区中的设计方案。建筑气候的差别会影响到建筑设计的所有方面，包括墙体材料和构造、窗子的朝向与大小、供热系统的选择以及因为建筑外围护结构露点温度的不同而选择不同的潮湿控制方法等。地域性的微气候能够进一步影响白天阳光照射的时间、雨水量、局地风速和适合环境的植被类型。

地域性的水文地理情况在建筑物的环境影响中占有重要位置，对建筑物本身也有影响，比如对建筑室内环境质量的影响。从植被情况到前期开发情况等场地的其他条件都会增加建筑的环境影响以及环境对建筑物的作用。

首先聚焦于社区，我们能够确定绿色建筑各项选择的环境影响，这些选择超越了建筑物本身，并且使社区建设所选择的策略对每一栋建筑的长期影响降到最小。

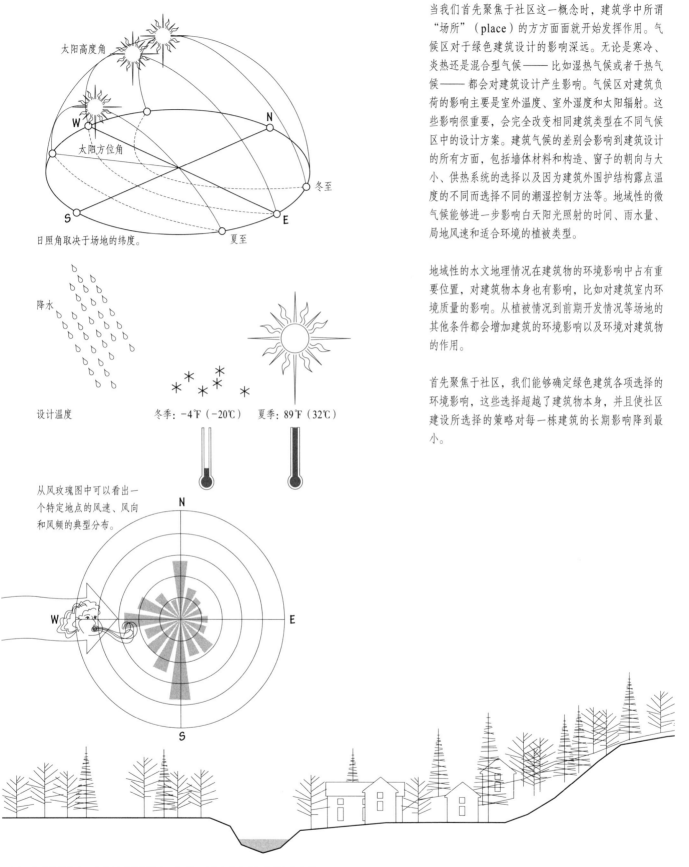

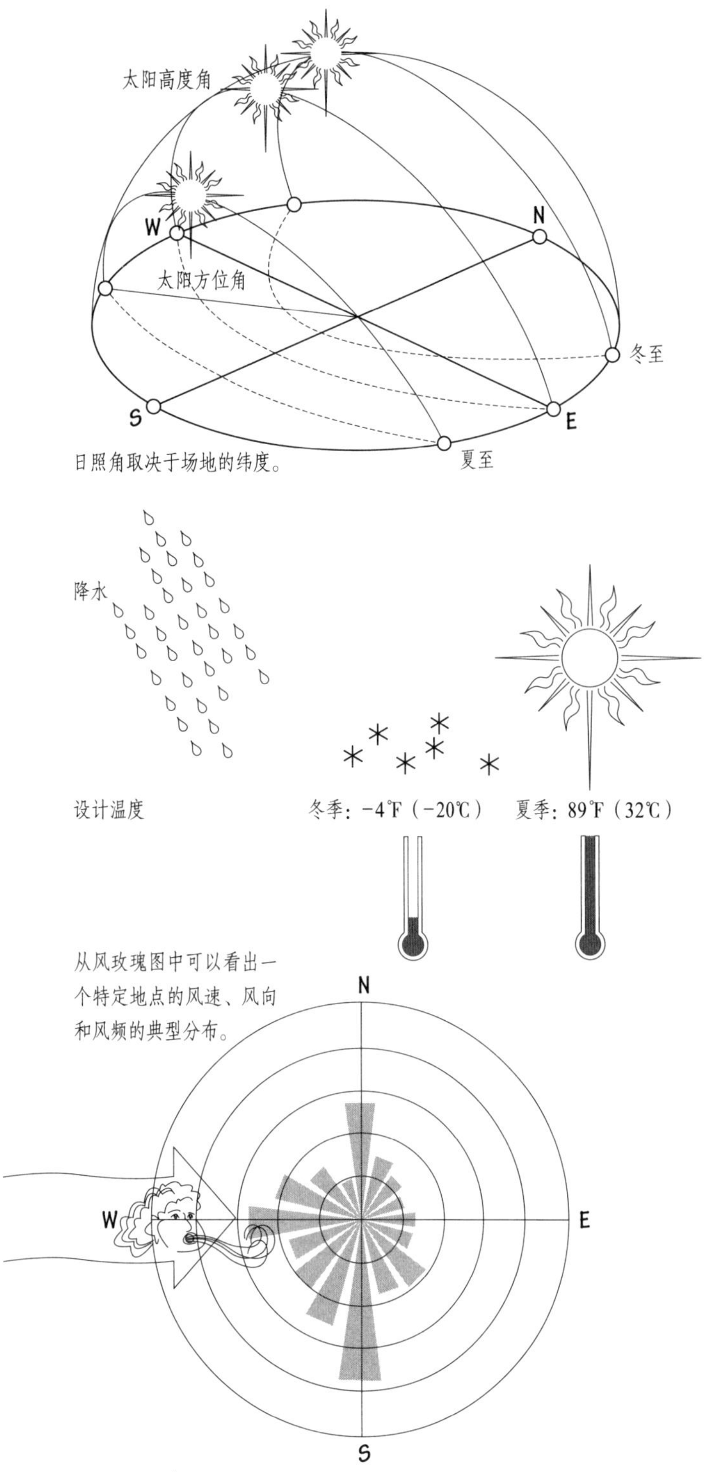

4.05 在建筑设计中，我们需要考虑纬度、地形以及特定地点和场地的主导气候。

在设计阶段的早期，业主的目标就已经确立。《业主的项目要求》（the Owner's Project Requirements）文件，详见本书第18章“绿色设计与建造的质量”，是所有参与方书写并达成一致的文件。在设计过程的起始阶段清晰地确定业主的要求，能够获得绿色设计方面的实质性进展。对很多业主而言，建筑开发常常是一种新鲜的体验，并且这一过程会成为业主终生难忘的学习经历，对于设计人员和建设者也是一次教学机会。在绿色建筑进程中，选择和权衡比比皆是，为业主澄清项目要求，也是澄清业主价值观的一种训练。关于社区和场地选择的初次讨论是澄清问题的最佳时间。

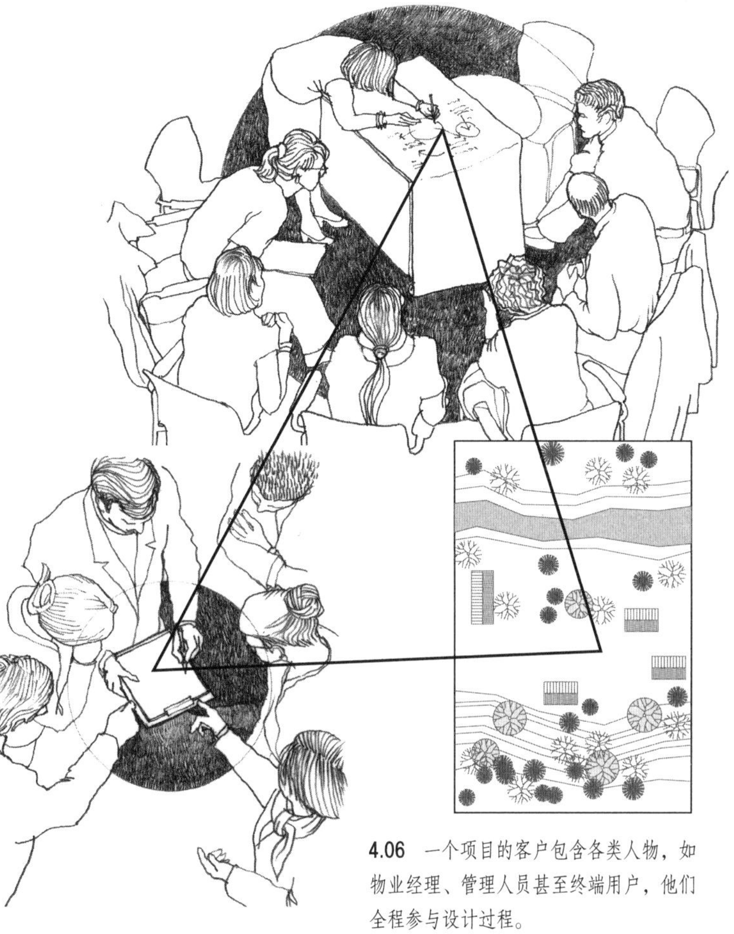

4.06 一个项目的客户包含各类人物，如物业经理、管理人员甚至终端用户，他们全程参与设计过程。

大型讨论会将社区与场地的评估进一步延伸到街区和城镇以及加强彼此之间联系的绿色方法。虽然这些话题超出了本书的范畴，但是与建筑物特定基地的选择高度相关。精致增长理论（the theory of smart growth）的焦点是以社区为中心的发展，依托于强大的可持续性基础。LEED开发了一套针对街区的绿色评价体系，提出了很多绿色特征，比如密度、连通性和步行街道。其中很多要点与建筑物特定的选择、需要、对社区和场地周边可能产生的影响密切相关，对任何绿色建筑项目都有很大的借鉴价值。

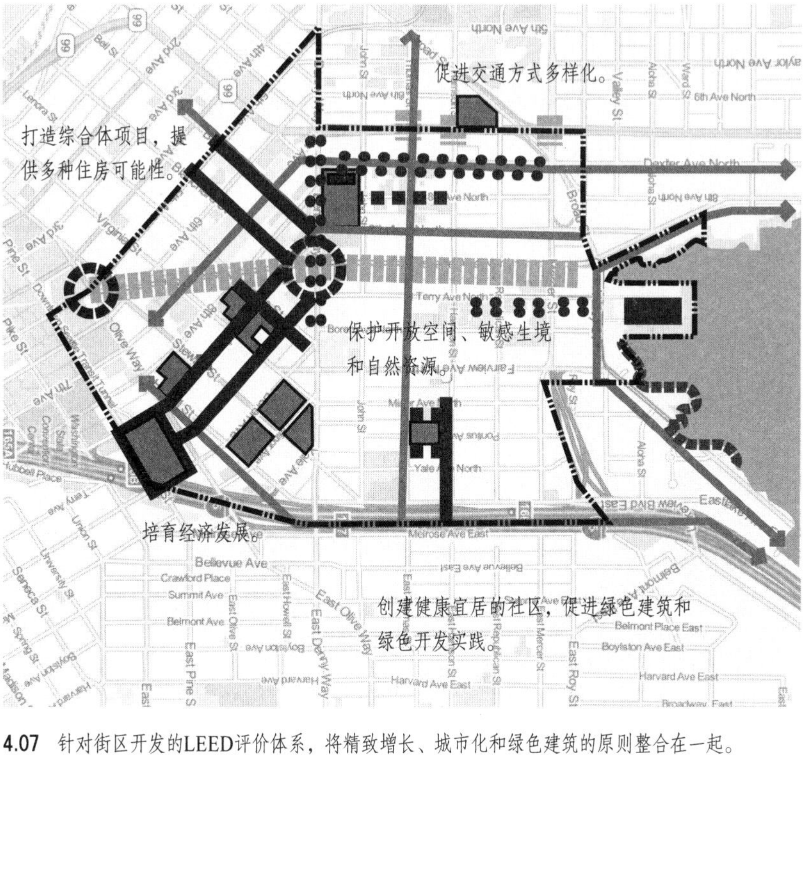

4.07 针对街区开发的LEED评价体系，将精致增长、城市化和绿色建筑的原则整合在一起。

4.08 能被称为“敏感场地”的区域。

4.09 在保护区域，只有用于教学、讲解或保护行为的房子才能例外地获得批准。

保护敏感场地 Protection of Sensitive Sites

绿色建筑项目优先保护敏感场地。敏感场地的界定一般由联邦法律或法规控制，主要包括这些地方：基本农田、公园绿地、洪涝风险区、濒危物种栖息地、主要沙丘、原始森林、湿地、其他水体和保护区。

保护敏感场地从基地选址前研读一份详细的场地清单开始，接下来是场地开发之前研读关于敏感场地特点的文件。保护意味着不在这些区域搞开发，同时要避开周围作为保护层的缓冲区域。所谓“开发”，不仅包括建造房屋，而且包括修建道路、公园和其他基础设施。

经常会有例外的建设情况，主要是用来支撑主题区域或者与主题区域直接相关的建设项目。比如在某一保护区内，由特定组织或机构指定位置后，出于保护的目的可能会建造一座房子。有时候这种特许建造的房子用来教学或讲解自然过程；其他时候，例外建设仅限于那些对保护这一区域具有积极支持作用的房子。至于公园，有时候也会获准建设房屋，前提是在开发区域以外建设了同样规模或更大规模的公园，而且一般来讲，公园建设必须临近用地边界。

在美国，确定敏感场地的依据包括由美国农业部（the U.S. Department of Agriculture，简称“USDA”）所做的基础农田测绘、美国联邦紧急事务管理署（the Federal Emergency Management Agency，简称“FEMA”）掌握的洪泛区信息、美国鱼类及野生动物保护局（the Fish and Wildlife Service，简称“FWS”）提供的濒危物种栖息地详细目录和美国陆军工程兵团（the U.S. Army corps of Engineers）提供的湿地确认导则。

保护与修复 Preservation and Restoration

绿地（greenfield）被定义为从未开发过的区域。棕地（brownfield）是指废弃的或未充分利用的工业和商业设施，这些设施具有实际的或可察觉的环境污染。灰地（greyfield）是指曾经开发过但没有被污染的区域，不需要整治，但残留着可见的开发痕迹和基础设施，如空置的房屋、器具和柏油路。曾经被开发过，但既不属于灰地也不属于棕地的场地，被宽泛地称为“已开发场地”（previously developed site）。需要注意的是，已开发地、耕地或林地通常被认定为“绿地”。

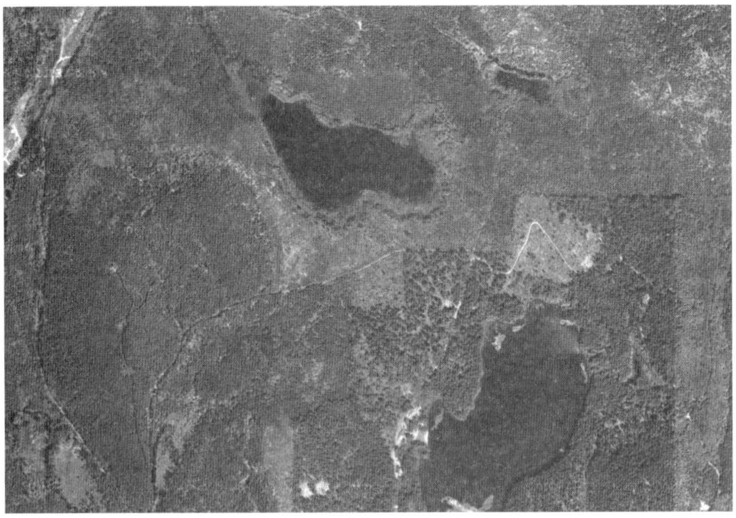

绿地

灰地

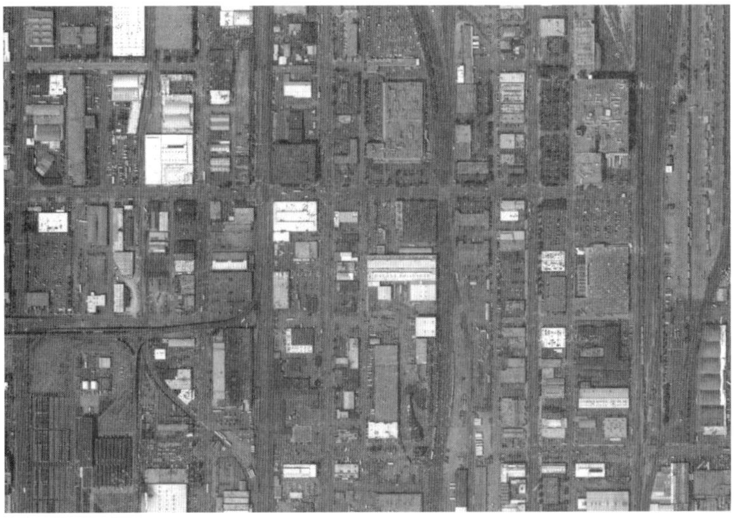

棕地

4.10 场地开发的分类。

在绿色建筑项目中，修复和再利用棕地被认为是积极的做法，因为它实现了两个特定的目标。第一，它避免了占用绿地或敏感场地进行开发建设；第二，其开发过程包括治理环境污染。同样道理，利用灰地和其他已开发场地进行建设也是受到鼓励的。

为了保护未开发的区域，不鼓励绿地上的开发建设。绿地开发不受鼓励的程度，在不同标准规范中的规定是不一样的，触及绿色建筑争论的核心。LEED没有直接反对绿地开发，取而代之的是鼓励棕地再开发，提高城市密度，限制车行道、停车场和建筑物周边区域的绿地开发。《国际绿色建筑规范》提供全部管辖权来禁止绿地开发。《生存建筑挑战》不允许任何形式的绿地开发。

非但不鼓励甚至还禁止绿地开发的言论，引起的有关场地问题的争论可能是最大的：下一步，除了先前已经建设的地方以外，我们确实需要随处建设吗？

保护自然特征 Protection of Natural Features

获准在绿地上开发的项目，应将场地干预的影响降到最低。似乎正在形成共识，将此类干预控制在：建筑物不超过40英尺（12米）的范围，人行道和道路不超过15英尺（4.5米）的范围。虽然各种规范和标准的限定有所不同或者对其进行了补充说明。

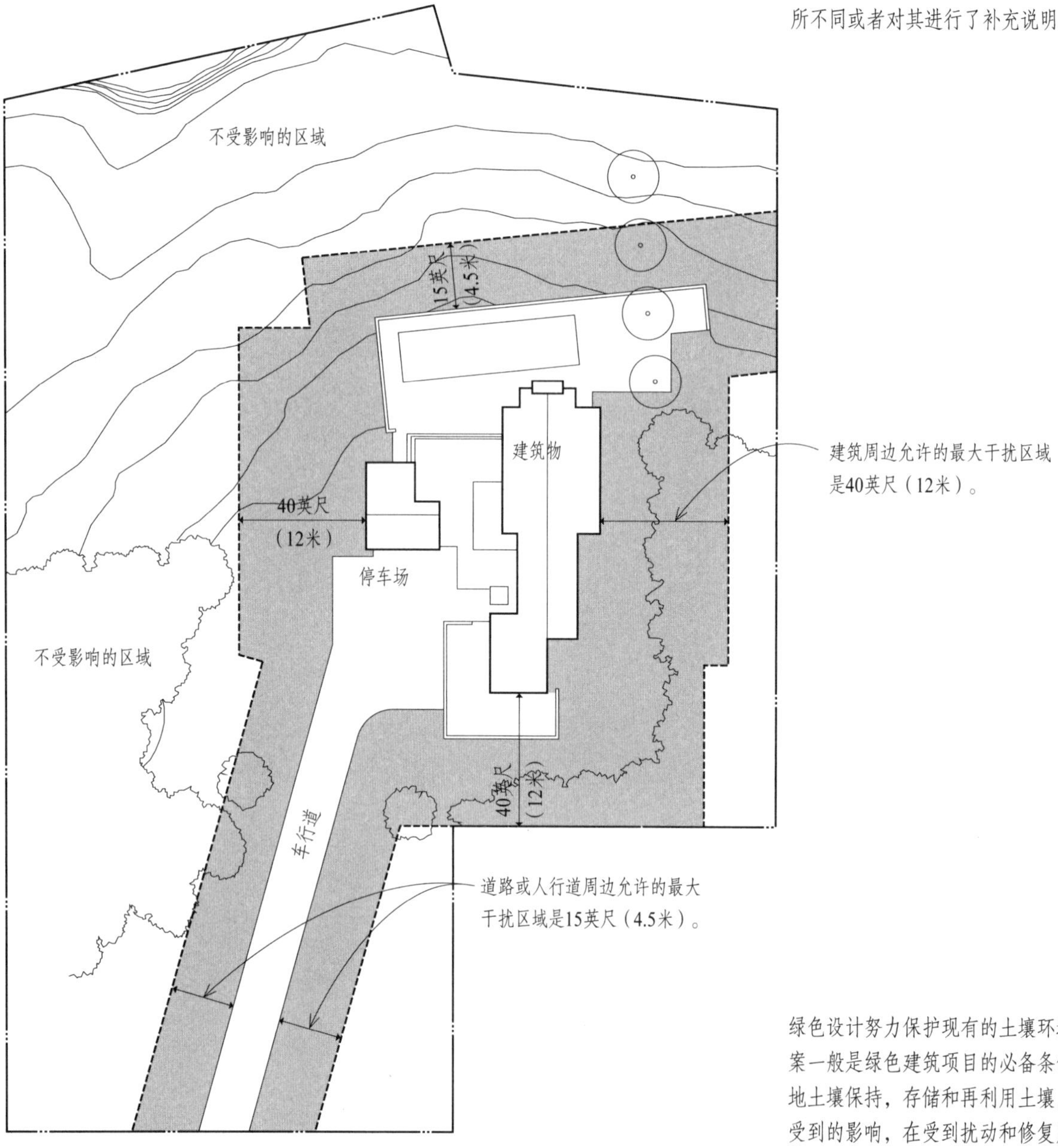

4.11 在绿地上建设时对场地干扰区域的限定。

绿色设计努力保护现有的土壤环境。书面的土壤保护方案一般是绿色建筑项目的必备条件。具体策略包括：原地土壤保持，存储和再利用土壤，建设过程中修复土壤受到的影响，在受到扰动和修复后的土壤上再次种植，精心规划建设进程和停车区域，制定措施防止建设过程中的土壤滑坡和风力侵蚀。要求运到建设地点的表层土不能取自敏感区域。

植被保护和场地再植，也希望依据植物吸碳的特点来安排。

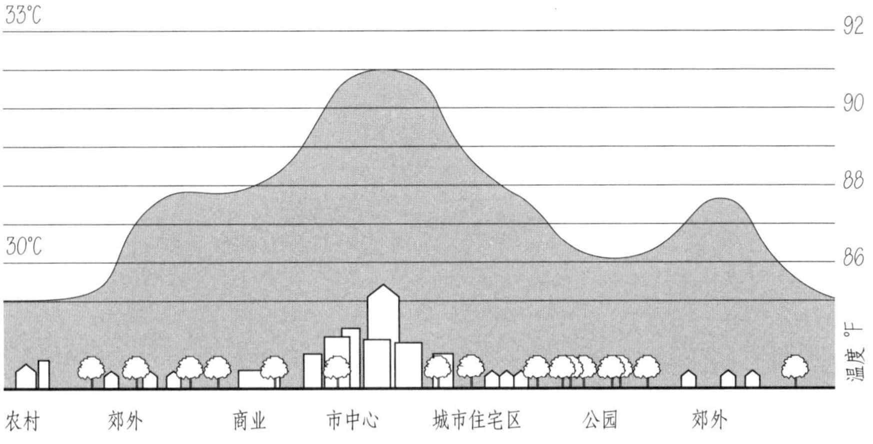

4.12 热岛效应来自建筑和硬质景观造成的温度升高。

热岛效应（heat island effect）是指城市中的建筑物和硬质景观吸收并保留入射的太阳辐射的现象。当这些热量向周边环境释放的时候，就会形成比较明显的热岛效应，致使城市区域的温度高于周边乡村。建筑用能以及建筑阻碍风带走热量的能力等都会导致热岛效应的增强。

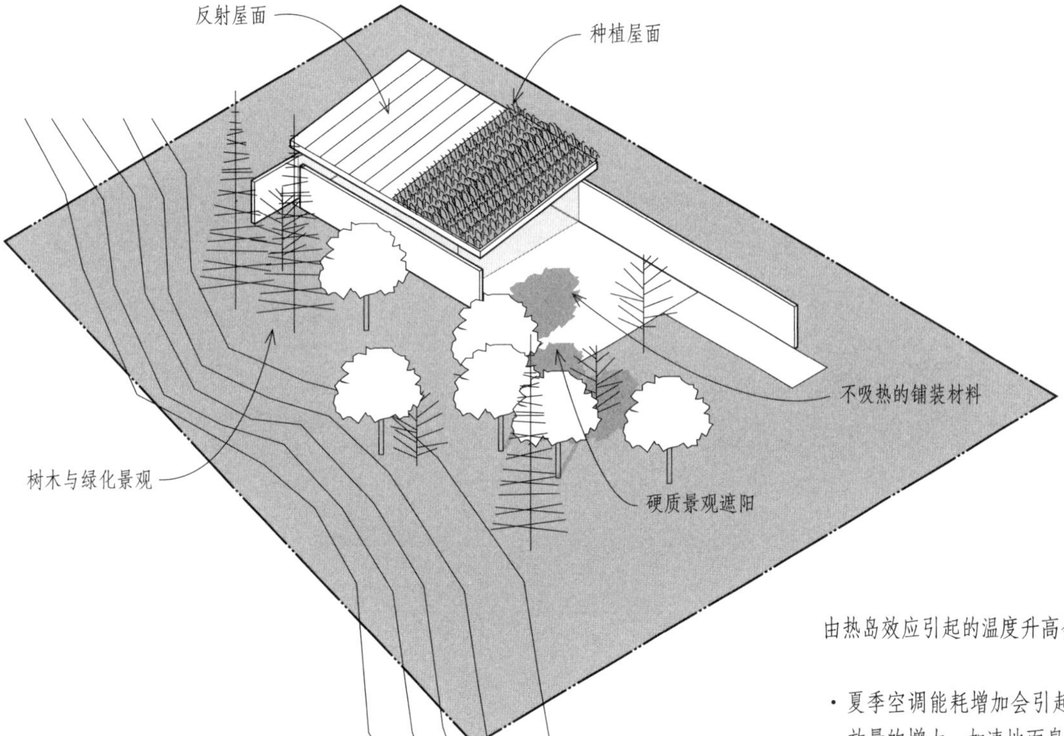

4.13 减缓热岛效应的方法包括采用浅色的、阳光反射率高的屋顶和绿植屋顶。没有屋顶的地方可以选择用不吸热材料进行铺装，种植树木和植被为停车场和其他硬质景观遮阳。

由热岛效应引起的温度升高会以这些方式影响到社区：

- 夏季空调能耗增加会引起空气污染物和温室气体排放量的增大，加速地面臭氧层的形成。
- 温度升高会导致中暑，增加热死亡率。
- 热量流经雨水管会引起河道、池塘、湖泊的水温升高，加重水生态系统的负担。

场地垃圾管理 Site Waste Management

在清理建设场地的过程中，会产生很多垃圾，这些垃圾通常在建筑材料入场之前就存在了。场地垃圾包括碎石、泥土和植被等。绿色建筑项目应避免把这些垃圾运送到垃圾填埋场或敏感场地。同样，危险的垃圾应以避免危害环境的方式处理掉。绿色建筑项目应有处理建筑场地垃圾的方案，最好与建材垃圾管理方案整合在一起，这一点将在后面讨论。

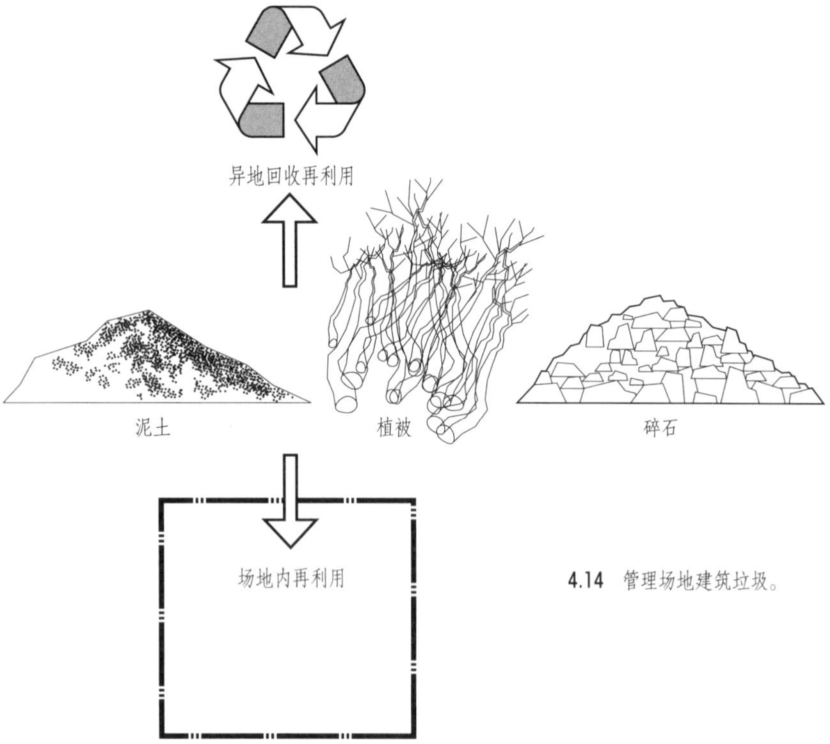

4.14 管理场地建筑垃圾。

避免将垃圾运到垃圾填埋场

避免将垃圾运到敏感场地，如湿地

运输问题 Transportation Issues

场地选择会影响交通方式并最终影响交通能耗和污染，除此之外，还可以进一步讨论促进绿色交通的方式。

精心的场地规划应与鼓励低污染交通方式的设施相结合。具体实例包括安装自行车支架与自行车存储和遮蔽设施相结合，以及为行人提供步道。因为行人和骑自行车的人安全了，就会带动更多人步行或骑自行车，所以提供人行道、专用自行车道和现场交通标志是非常必要的。

美国平均碳排放

交通方式	CO_2 的排放量 / 乘客英里（磅）
小轿车（单人乘坐）	0.96
公共汽车	0.65
通勤铁路	0.35
自行车，步行	0.00

4.15 不同交通方式的碳排放水平不同。

LEED评价标准鼓励骑自行车出行，场地设有自行车支架，且建筑物内设有淋浴和更衣设施才能获得相应分值，这点已经成为绿色标准的典范，目的是让骑自行车的通勤者在长途骑行后有机会梳洗。

为节能车、共乘车、低排放车辆和小型车提供优先车位，会促进节能型机动车的发展。建立充电站会支持电动车的发展。

选址临近公交站也会促进交通节能，另外限制停车位的数量不仅带来交通节能，还会减少基地铺装量。

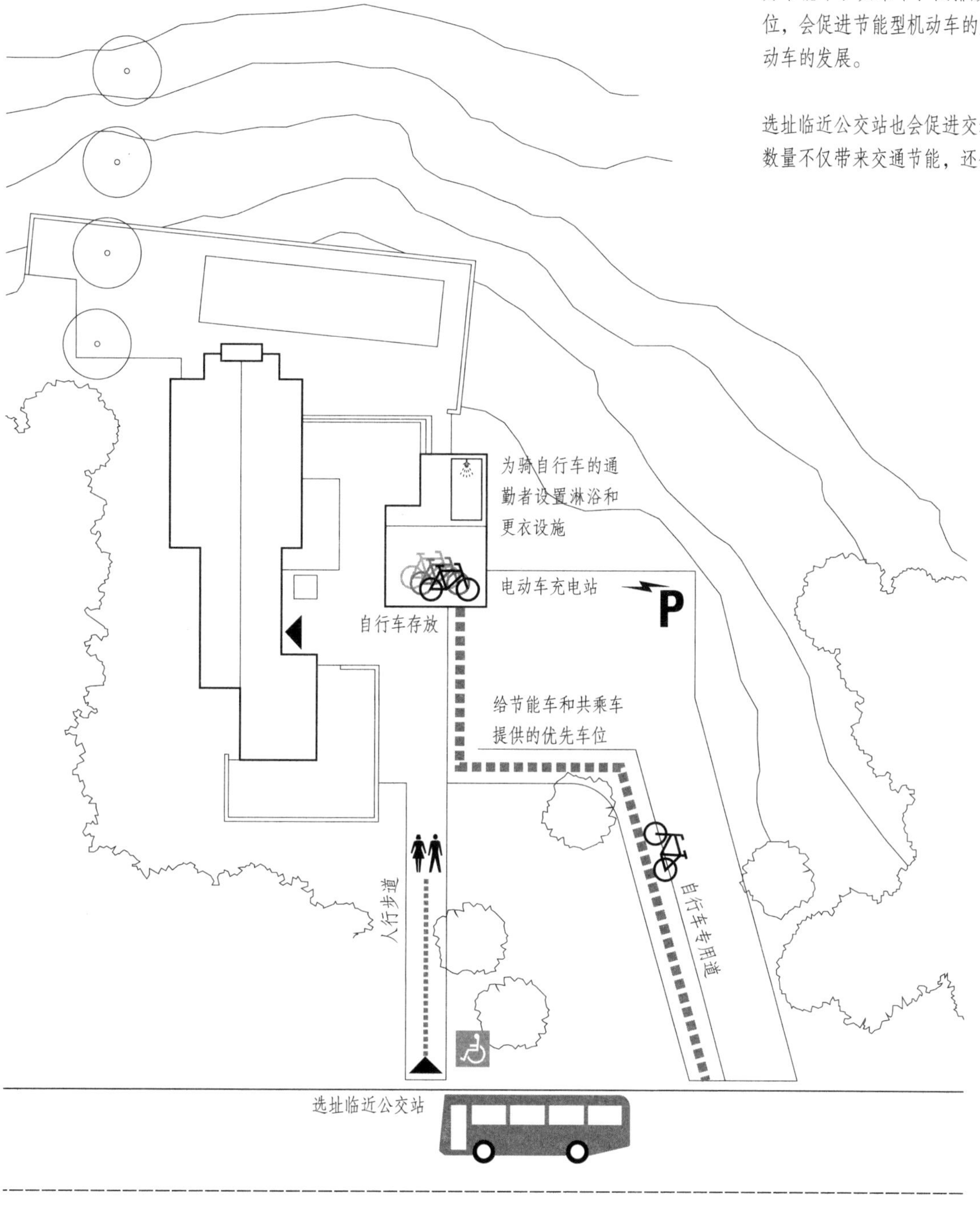

4.16 鼓励低污染交通方式的方法。

减少灯光污染 Minimizing Light Pollution

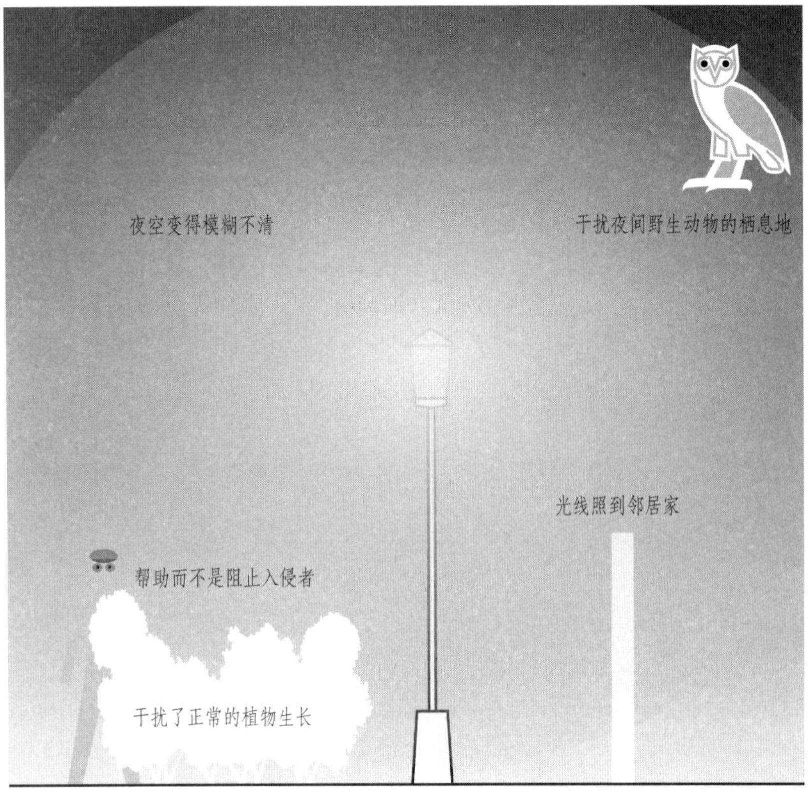

4.17 夜间照明会以多种方式影响室外环境。

灯光污染是指将人工照明引入室外环境。其副作用有很多：灯光污染扰乱了日夜交替的自然模式和动植物以及人类习以为常的生命节奏，干扰了睡眠周期的自然节律，干扰了植物的正常生长，干扰了夜间野生动物的栖息地。

灯光污染影响了夜间观测天空和星系的能力，从一户到另一户令人讨厌的光束，带来光骚扰，引发邻里间的矛盾。灯光污染会带来安全隐患，比如司机遇到的眩光和临时盲区。灯光污染浪费能源，带来一连串的环境和经济负面影响。

用于监控的夜间照明实际上会增加安全风险。虽然室外照明会让人产生安全的感觉，但是研究表明夜间照明可能不会降低犯罪率。夜里的长明灯不能发出犯罪行为的信号，而由运动传感器控制开关的夜间照明则有可能变成信号，阻止入侵者。室外照明还会引起眩光和阴影，从而掩饰了入侵者的进入。

降低或消除灯光污染的策略包括选择可以减少漏光的光控装置，定向控制光线向下而不是发散或照向天空。还有很多设计方法可以减少灯光污染，比如指定以道路照明取代灯杆型区域照明；采用灯杆型照明（pole-mounted lighting）取代壁挂式照明（wall-mounted lighting）；将停车场、附属房屋等室外设施集中起来，同时靠近其服务的主要建筑；设计低位照明，消除朝天灯光；指定一些控制装置，比如使室外灯光大部分时间处于关闭状态的运动传感器。安装措施包括让照明设施朝下发光，安装室外照明控制器，如运动传感器延时装置和定时照明装置。还有一种选择是尽可能不设室外照明。

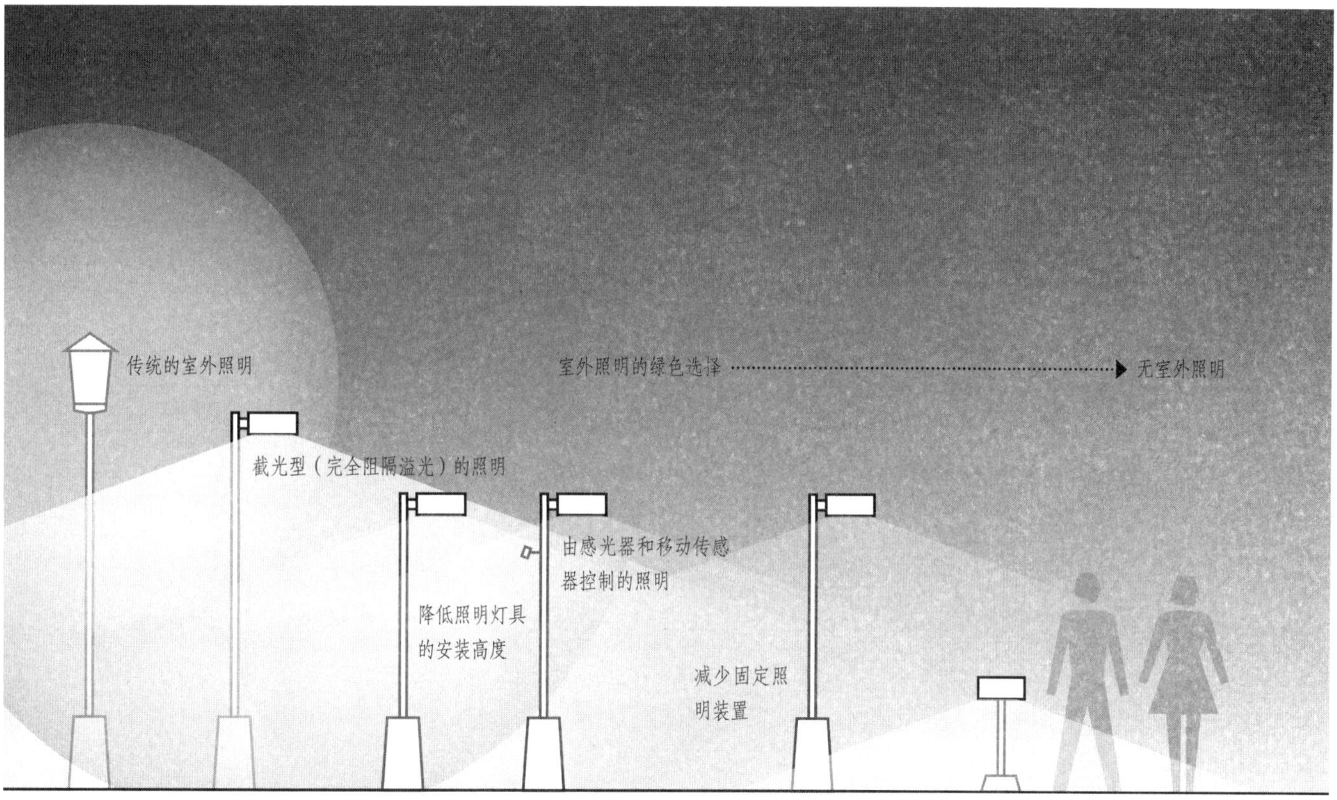

4.18 减轻夜间照明影响的设计选项。

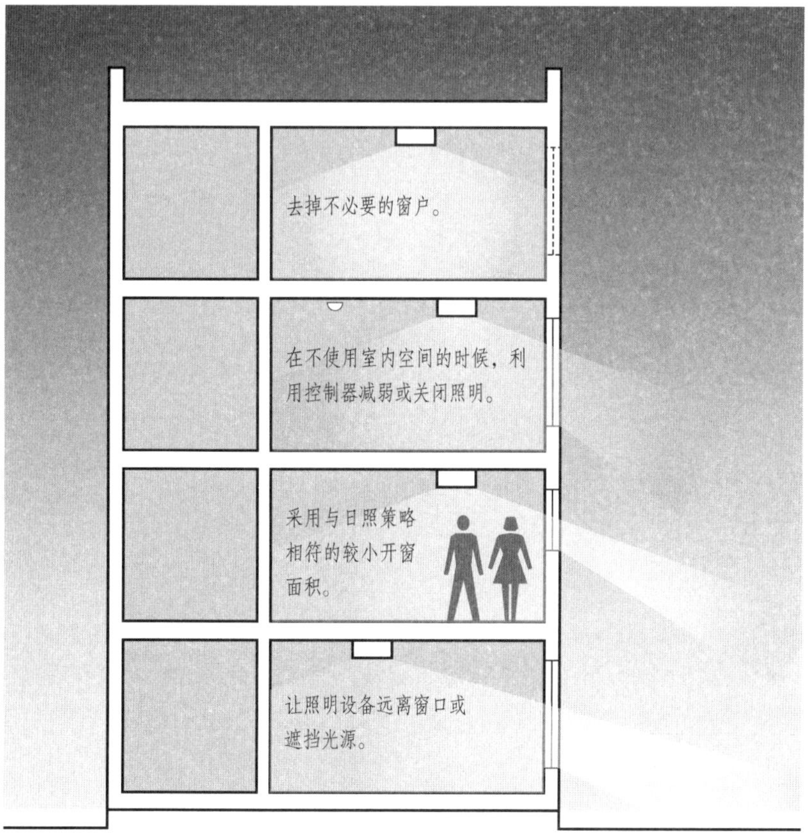

去掉不必要的窗户。
在不使用室内空间的时候，利用控制器减弱或关闭照明。
采用与日照策略相符的较小开窗面积。
让照明设备远离窗口或遮挡光源。

一个相关的议题是关于从室内溢露到室外的光线的。解决这一问题的方法包括：安装照明控制器，在不需要的时候关掉灯；在深夜时段减弱室内的照明强度；在不需要窗子的空间避免开窗，比如楼梯井或工具区；在不需要大窗的区域减小开窗面积；调整光源和窗户的相对位置；在近窗区域降低光照强度，遮挡光源；避免灯光直接照向室外。

4.19 减少光从建筑室内空间溢露到室外的方法。

场地策略与建筑用能

Site Strategies and Energy Use

场地选取对建筑用能的影响很大。一栋暴露在山顶上不受保护的建筑与受到树林和邻近建筑物遮挡的建筑相比，用能明显增多。这是因为冬天的寒风带走了建筑的热量，夏天的风会把室外的热空气吹进建筑。计算机模拟显示，一栋完全暴露的建筑与一栋遮挡良好的建筑相比，用能相差12%。研究表明，在苏格兰有树木遮挡的办公建筑在采暖用能方面每年节省4%以上。

除了树木遮挡，建筑防风还可以通过周边建筑、库房、棚屋、围栏、防护墙、缓坡、或疏或密的灌木丛等设施的合理布局来实现。

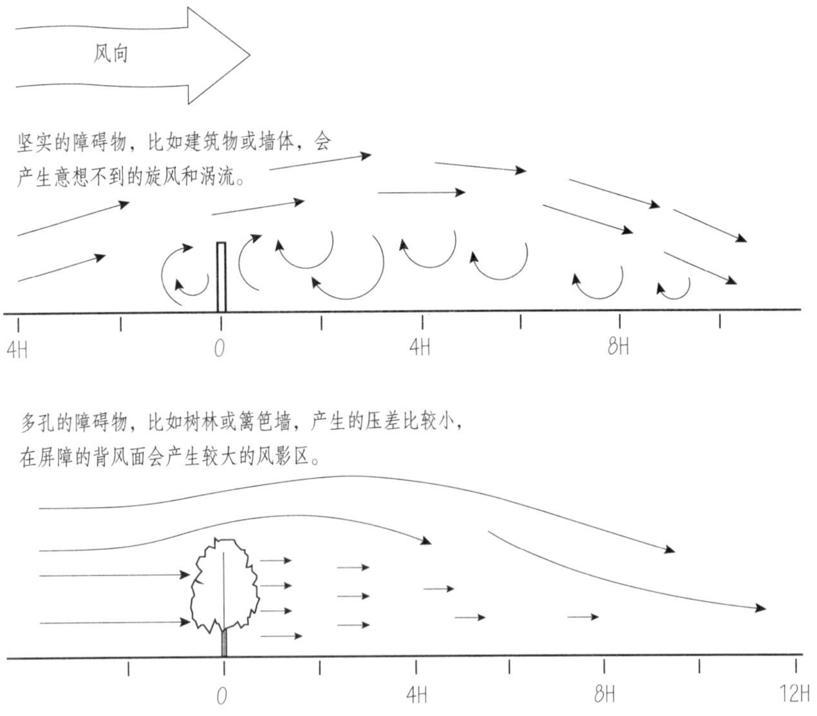

风向
坚实的障碍物，比如建筑物或墙体，会
产生意想不到的旋风和涡流。
4H
0
4H
8H
多孔的障碍物，比如树林或篱笆墙，产生的压差比较小，
在屏障的背风面会产生较大的风影区。
0
4H
8H
12H

4.20 树木、构筑物、篱笆墙以及其他形式的屏障，能降低背风面的风速。在屏障高度5~8倍的范围之内，风速降低最为明显。H=屏障高度。

同样，采用落叶树木为建筑提供遮阳，可以减少建筑夏季的太阳得热，同时使建筑获得冬季太阳得热。大量研究表明，树木遮阳可节约高达18%的制冷能耗，而且由于树木挡风可以降低建筑的制热能耗，与其相关的节能量取决于树木的数量和位置。

场地规划不仅关乎景观和自然样貌。建筑物常常需要在场地安装室外设备，如空调冷凝器、冷却塔、带基座的变压器等。

与建筑物不同，室外的空调和热泵设备、冷却塔和变压器在不被植物和构筑物遮挡的情况下才能高效运转。

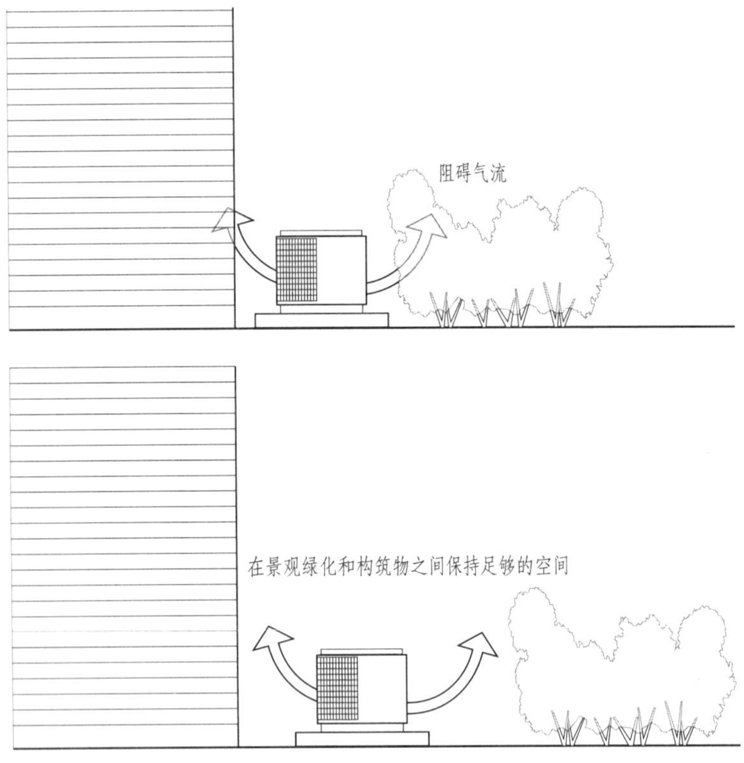

4.21 植物、墙体和其他阻碍气流的设施，如果布置在热泵和空调冷凝器的周边，会带来能耗的增加。

对空调机而言，尤其是如果建筑物的空调系统也是由热泵提供采暖的话，遮挡问题至关重要。有三种不同的风险，其中任何一种风险都会导致系统能耗增加20%以上：

· 由植物或其他障碍物造成的空气循环不畅；
· 由灰尘或花粉造成的热交换器污染；
· 废气回流。

前两种风险会减缓空气流动，因此降低空调系统的热交换能力。减弱的气流会带来制冷的压力，从而迫使冷凝器一直工作，由此带来耗电量的增加。有时候为了遮挡室外设备，常会把设备贴近建筑物或用灌木遮挡。随着灌木不断生长，热交换器被植物叶子覆盖，导致耗电量增加。将室外设备与建筑物或植被之间保持距离就会解决这些问题。为了便于清理，需要在设备附近配有用软管连接的水龙头。

虽然废气回流问题有所不同，但结果是一样的。因为空调冷凝器把室内热量排放到室外，冷凝器排出的气流是热的。空调器在制热模式下，相反的情形发生了，室外设备变成了热泵，从室外空气中吸收热量输送到室内，室外设备排出的气流是冷的。如果这种气流再循环或者再次进入压缩器，无论是制冷还是制热的模式下，能耗量都会显著增加。把室外设备放在围合或者半围合的地点，比如门廊下面、楼梯井中或者封闭的阳台上，都会导致气体回流和能耗增加。

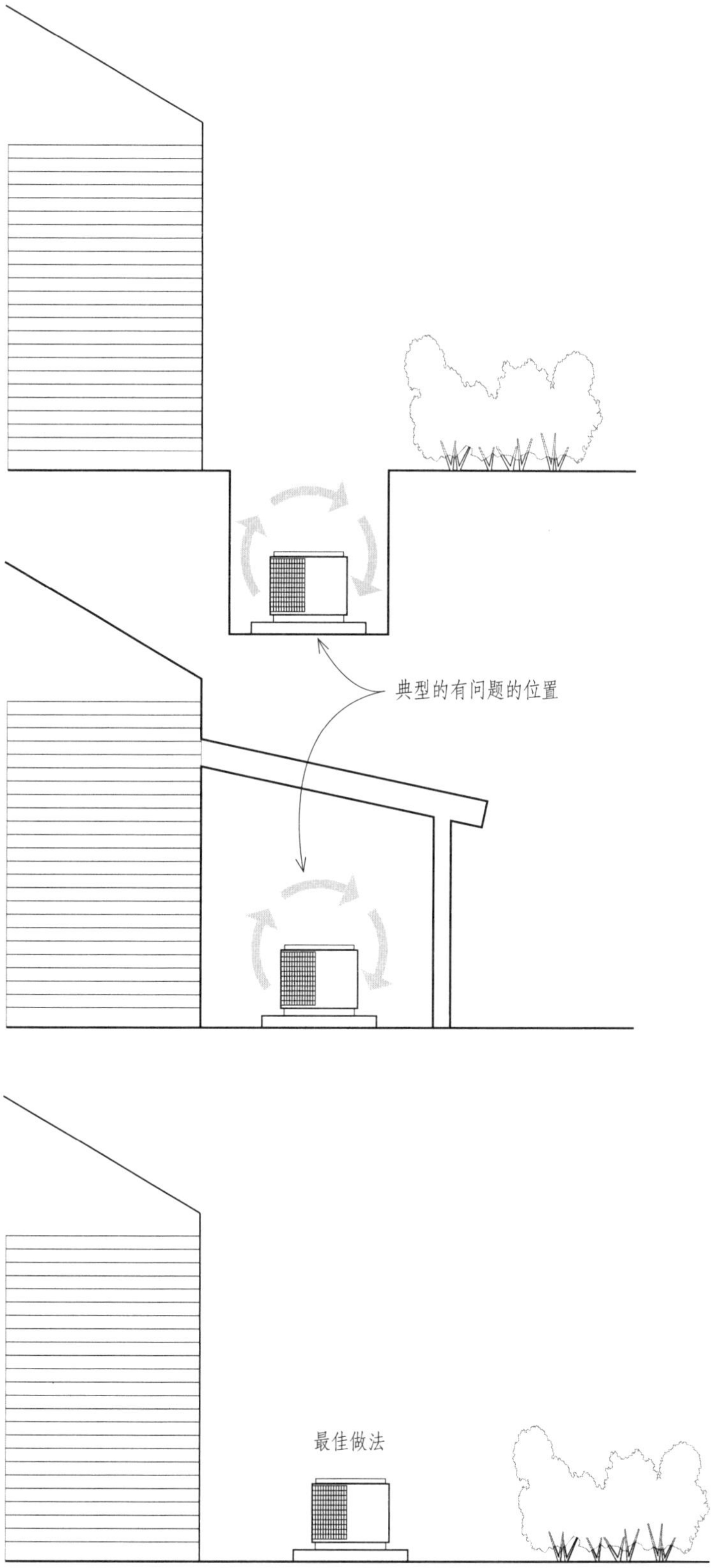

4.22 热泵和空调冷凝器不要安放在所排出气体可能回流进入设备的地方，这样无疑会增加能耗。

场地水资源保护、管理与品质提升 Site Water Conservation, Management, and Quality Enhancement

利用缓冲区将水体和湿地与建设场地分开从而使其得到保护，除此之外，绿色项目的目标还包括减轻雨水径流的负面环境影响，减少建设场地的室外饮用水使用。

不透水的表面、建筑物以及传统的雨洪排水系统，会在自然水文循环路径的周边形成高速的支流，阻止雨水渗透到土地里。这会带来许多问题，包括土壤侵蚀、生境受损、洪涝灾害、水体污染、含水层枯竭、给流经的水体带来物理或化学损害。同时，已经被输送到基地的用水，通常是饮用水，被用来灌溉或喷泉，这样的用水方法只会引起地表冲刷量的增加，使上述问题更加严重。

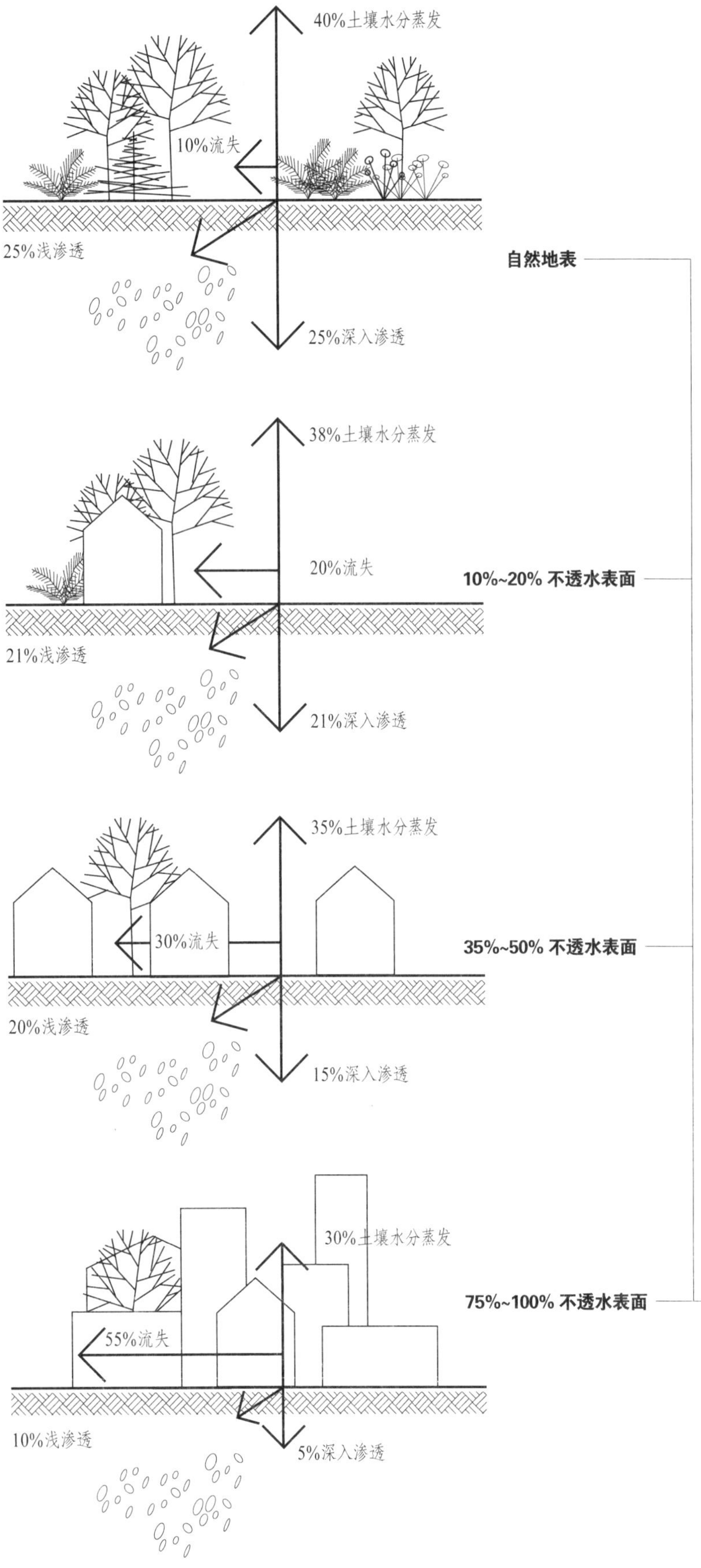

4.23 与城市化进程相关的水循环变化。
来源：美国环境保护署（Environmental Protection Agency）

雨水径流量
Quantity of Storm Water Runoff

径流是指流经铺装地面的雨水，它增加了雨水管网系统的负荷，并使雨流路径上洪涝灾害和水流冲蚀的风险加大。地表径流会在流过路径上带走表面污染物。径流还会因为自然水文过程而减少雨水的循环。一般而言，雨水流经表层土壤和底层土壤时会得到有效过滤，而速度过大的地表径流深入土壤时会逐渐降低流速，这一过程会破坏地下含水层，减弱土壤的过滤能力。

根据由内而外的思路，选择场地时应尽量利用公共交通和非机动交通，降低硬质铺装停车位的需求，通过社区连通和紧凑型开发降低场地停车的需求。

减少地面径流量的另一项策略是促进地表渗透，将不透水地面换成透水材料，比如透水铺装、透水沥青、透水混凝土和植被景观等。

降低地表径流的其他方法包括场地雨水回收、雨水再利用、用于非饮用目的的灌溉和冲厕等。

最后，我们的目标是保持场地开发前后水文状况的相似，尽可能把水留在场地内。

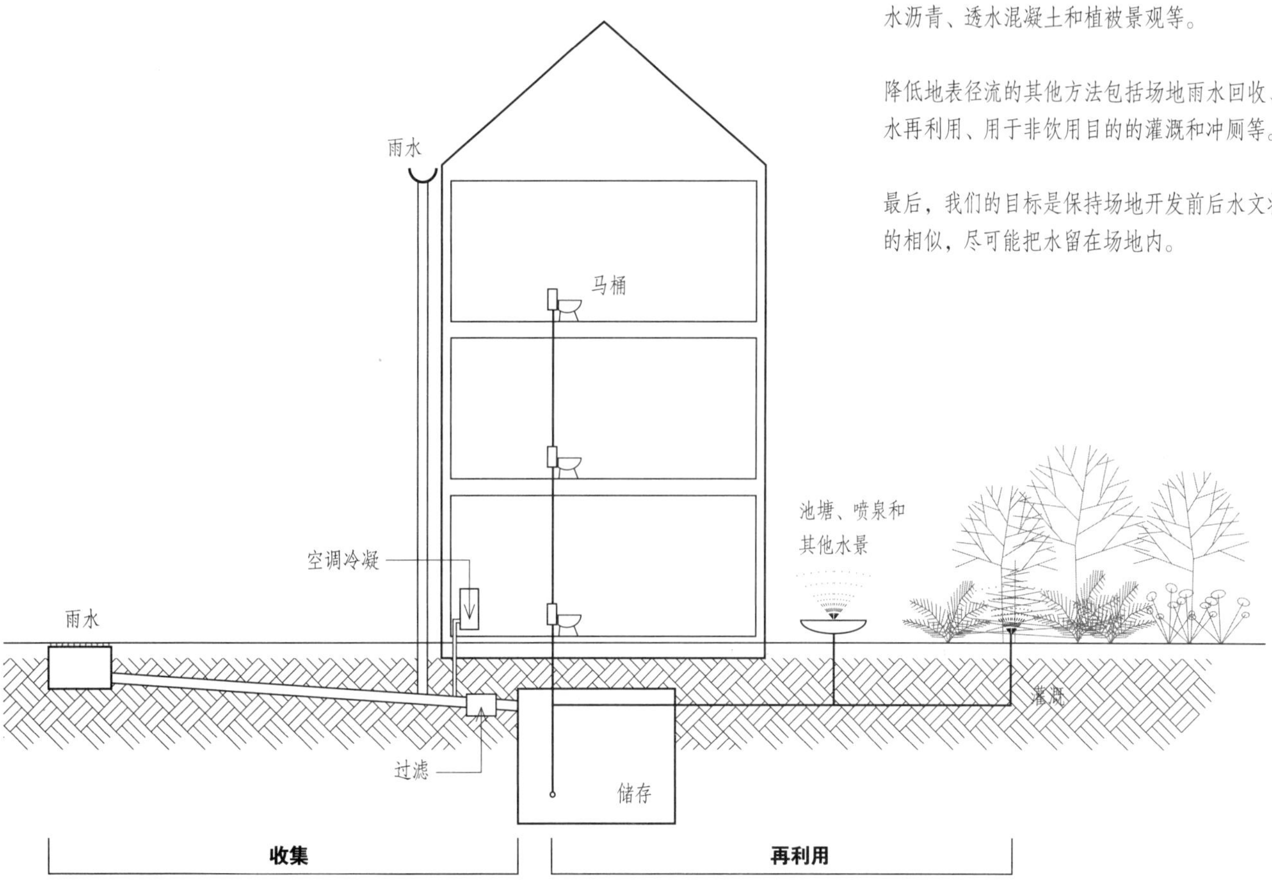

4.24 通过收集和再利用减少雨水流失。

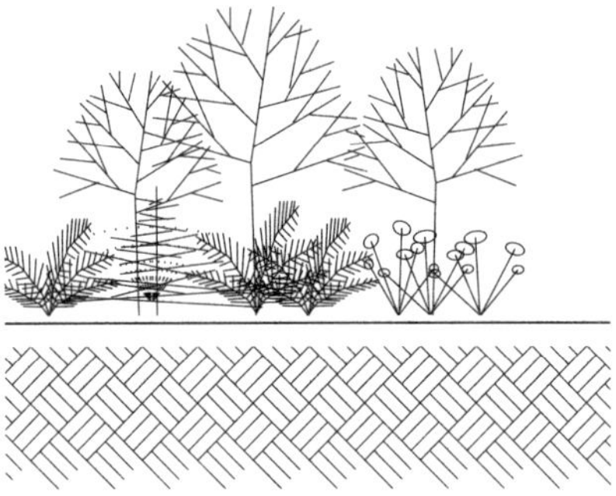
本地植物或耐受力强的植物会减少除草剂的使用。

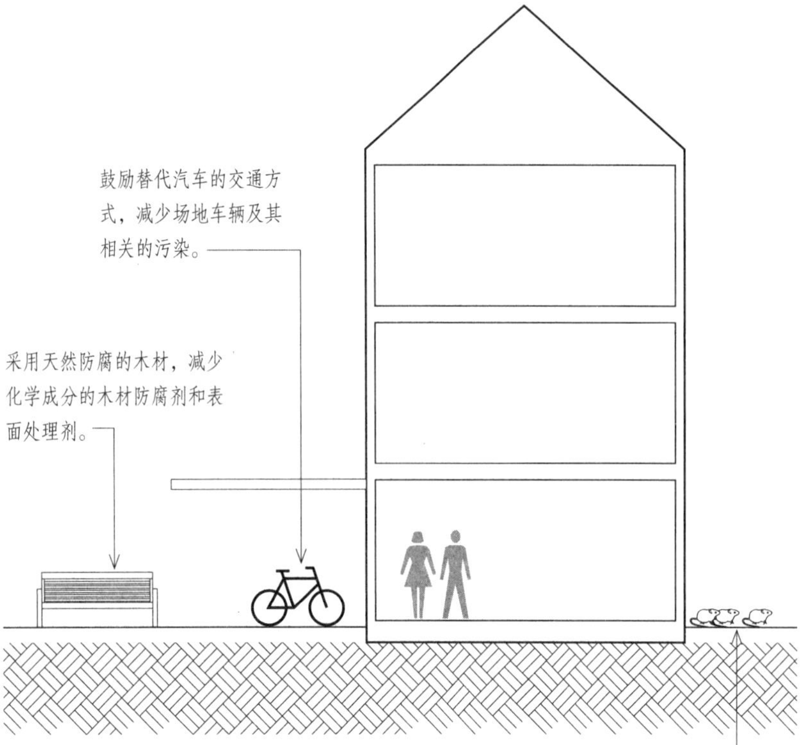

鼓励替代汽车的交通方式，减少场地车辆及其相关的污染。
采用天然防腐的木材，减少化学成分的木材防腐剂和表面处理剂。
用综合害虫管理技术来减少杀虫剂的使用。

4.25 提高雨水径流质量的策略。

雨水径流质量
Quality of Storm Water Runoff

我们不仅要降低雨水径流量，还要提高雨水径流质量。这样做的好处是可以改善场地内水质以便再利用，同时提升场地外下游河道、湖泊、海洋等的水质。水质提升有益于动植物的自然栖息地，对人类的用水也同样有益。

通过水体总量管理，水质已经得到一定的提升。降低雨水径流的总量和流速就会减少其夹带的污染物，比如杀虫剂、重金属、油脂、生物垃圾、废物以及其他沉积物。

下一步是减少污染源。需要重申一下，已经迈出的重要一步是场地设计开始前的场地选择。需要特别指出的是，建筑场地临近社区中心或者在社区中心范围内，而且能够方便地抵达公交系统，就会减少机动车出行的需求，从而减少与机动车相关的污染，例如轮胎在场地行驶留下的油脂。

绿色建筑的场地还应减少现场的污染源。建筑内部产生的污染源将在第13章“室内环境质量”中讨论。建筑物外部的现场污染源包括杀虫剂、除草剂、杀菌剂、化肥、动物粪便以及室外构筑物和设施的表面处理剂。现在已有处理这些污染源的成熟方法，比如害虫综合管理和有机园艺等方法。

绿色建筑的挑战演变成：在建造过程中以及建筑完工以后，建筑设计如何才能最好地支持这些实践？我们可以采用那些不需要高毒性处理或表面处理的室外构筑物、室外设施和材料。我们鼓励景观绿化选择耐受力强的本地植物，减少杀虫剂、除草剂、杀菌剂和化肥的用量。总而言之，涉及减少污染源时要遵循“少就是多”的原则，即减少室外构筑物、减少人工景观绿化意味着降低各种化学品的使用量。

如果雨水携带污染物不可避免，那么我们就应该鼓励雨水过滤，在雨水径流通过表层土壤进入深层土壤的过程中对其进行过滤。

必须特别注意，施工过程中应尽量减少沉积物和其他杂质的产生和夹带。建设过程本身就具有破坏性，因而产生了很大的污染量，即使污染是暂时的，也会造成严重的、持久的环境损害。污染源包括冲洗卡车或其他设备上的混凝土。混凝土冲洗最好在场地外进行，如果冲洗过程在场地内则需远离水体或雨水管道，排放到防护良好的临时坑里，临时坑可被打开以便转移场地污水集中处理。冲洗混凝土的废水以及其他废弃物处理的方法应在建设说明中做出明确规定。沉积物缓冲区可以用来防止沉积物扩散到场地之外或流到敏感区域。

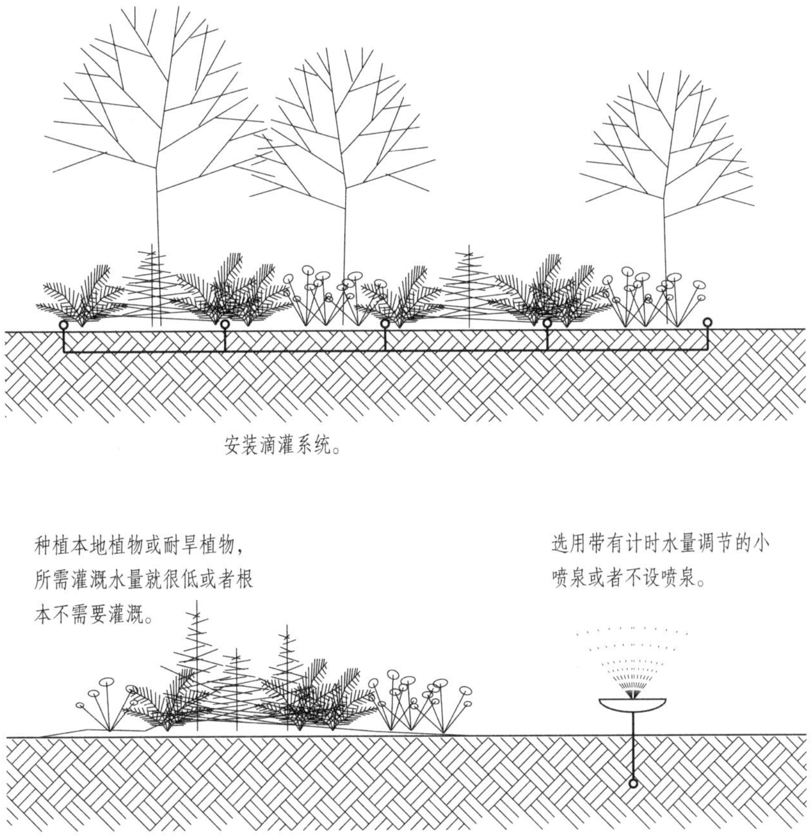

安装滴灌系统。
种植本地植物或耐旱植物，所需灌溉水量就很低或者根本不需要灌溉。
选用带有计时水量调节的小喷泉或者不设喷泉。

4.26 减少场地上输送水用量的方法。

输送水 Transported Water

输送水是指被运送到建筑场地的用水，或者是由市政水网提供的饮用水，或者是从地下含水层抽取的井水，通常这些水源都是在场地外，加以输送而至。

输水的一个主要目标是减少饮用水用于其他非饮用项目，减少饮用水资源的消耗，降低泵水的能耗需求，减少水处理中化学物质的应用，从而减少径流量。减少使用管网供水的策略包括采取节水措施，在合适的情况下尽量使用非饮用水。

使用高耐受性植物和本地物种营造景观，可以减少场地上饮用水的用量，因为这些物种的浇灌用水量很低。更高效的灌溉方法，比如滴灌（drip irrigation）以及可以根据天气做出调整的灌溉系统都会大幅减少水资源消耗。装饰性的喷泉也能通过设计减少用水量，比如选择流速低的喷泉，池面较小、蒸发量小的喷泉等。程序控制的喷泉或定时开放的喷泉也能减少用水量，因为所有喷泉不会同时工作。喷泉用水计量也会帮助我们控制用水量。

室外水对室内环境质量的影响 Impact of Outdoor Water on Indoor Environmental Quality

缺乏管理的地表水会对室内环境质量产生负面影响。严重的室内环境质量问题，如霉变，都是由水侵入建筑机体、湿度过大引起的。水的入侵不仅来自落到屋顶和墙面的雨水，也可能是地表水流入地下室这类地方引起的。这种情况一旦发生很难处理，建筑中的居民会出现过敏症状，闻到令人讨厌的异味，经受霉菌引起的其他不良反应。在出现霉菌之前，通过阻止地表水流入建筑，是比较容易解决这些问题的。

提供透水面层，让地表水渗入土壤而不是流向建筑。我们通过场地分类形成一个保护层，让地表水的流向远离建筑。安装基础排水系统作为第二个保护层，在水渗入建筑之前，利用碎石、排水垫、带孔排水管来收集和转移地下水。室外防水层是第三个保护层。室内的防水和排水措施是最后的选择，但是我们不想依赖这些措施；我们希望由外而内解决这一问题。在源头阻止这一问题会更高效，比问题已经形成需要从内部解决更高效。

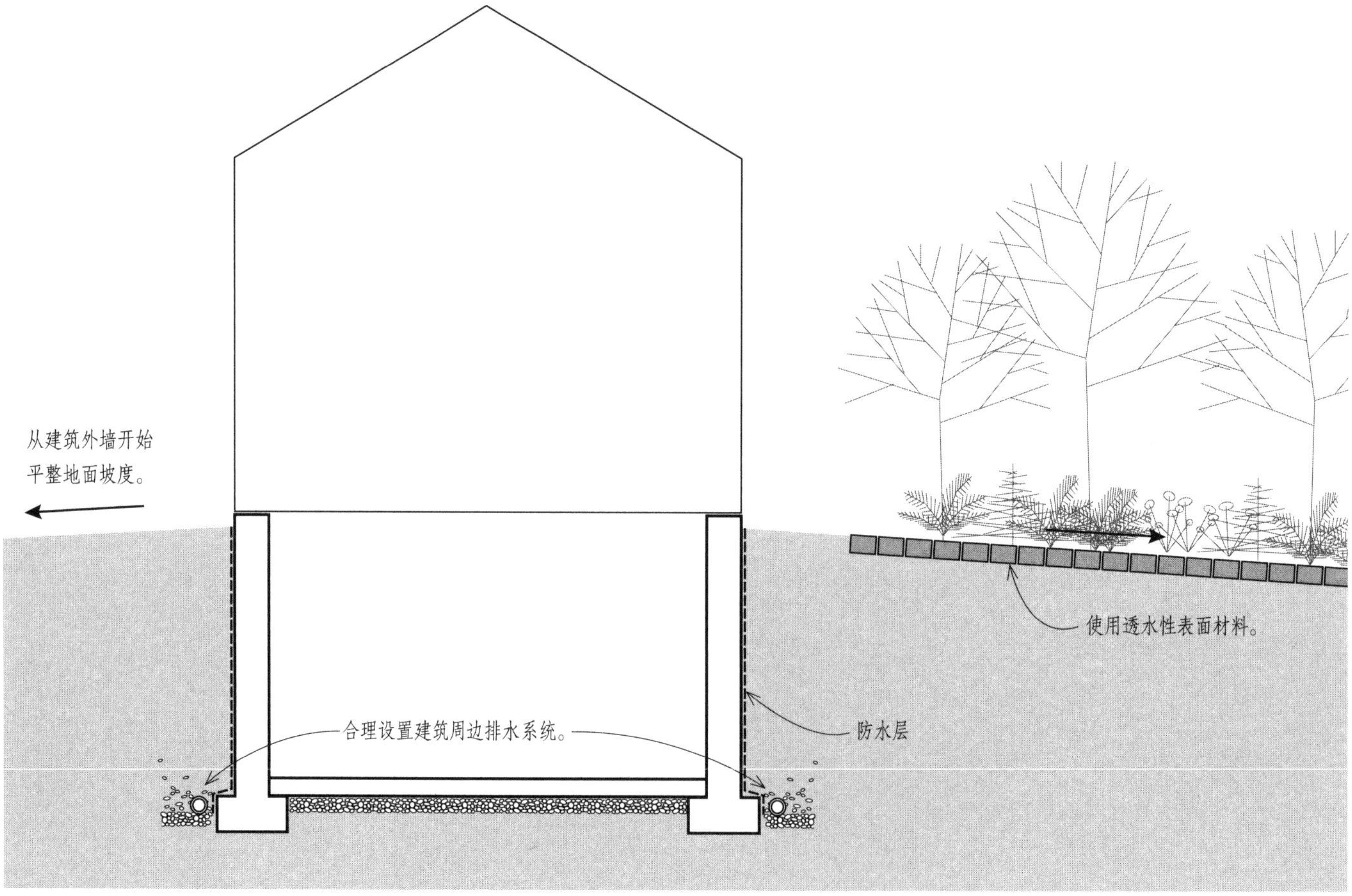

从建筑外墙开始
平整地面坡度。
使用透水性表面材料。
合理设置建筑周边排水系统。
防水层

4.27 阻止室外水渗入建筑的策略。

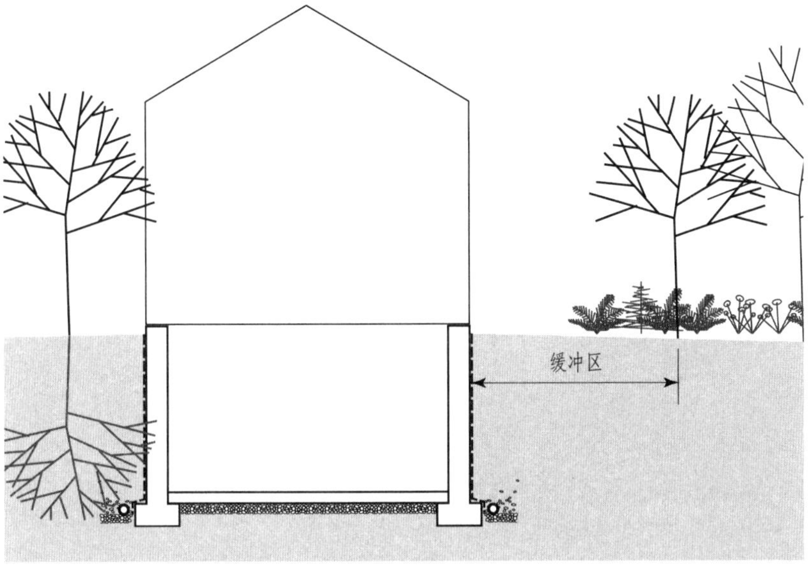

4.28 在建筑物与周边植被之间设置缓冲区是非常明智的，否则树木或灌木的根系和树枝会破坏并刺穿建筑外围护结构。

其他场地问题 Other Site Issues

有趣的是，树木和其他植被虽然对建筑避风遮阳很有帮助，但是如果离建筑太近则会增加室内湿度，并带来其他室内环境质量问题。树木和植被的根系、树枝会威胁到建筑结构。藤类植物能穿透防风窗，将窗子和窗框分开，并对建筑的壁板和屋顶造成更大的损害。建筑物需要一个缓冲区来保护自身免受这类植物的伤害，这个缓冲区也是一个保护层。唯一例外大概是刻意种植的绿化屋面，具有降低热岛效应、减缓雨水径流、吸收空气中二氧化碳的作用。绿化屋顶专题将在第七章“外围护结构”中阐述。

绿色场地设计还能提高室内环境质量，使建筑内部免受污物和潮湿的影响，这点能从居民的鞋子上得到验证。

有效的屏障系统始于建筑自身的建造方法，包括合理选择景观材料和植被，选用有质感的铺装材料而不是碎石，设置有效的污物清除装置或者入口脚垫，或者在所有入口处蹭掉鞋上的污物。我们甚至可以考虑在主入口外面放置鞋刷，所有这些措施都会大幅降低污物进入建筑的可能性，并且每项措施都作为一道屏障把污物和潮湿挡在外面。

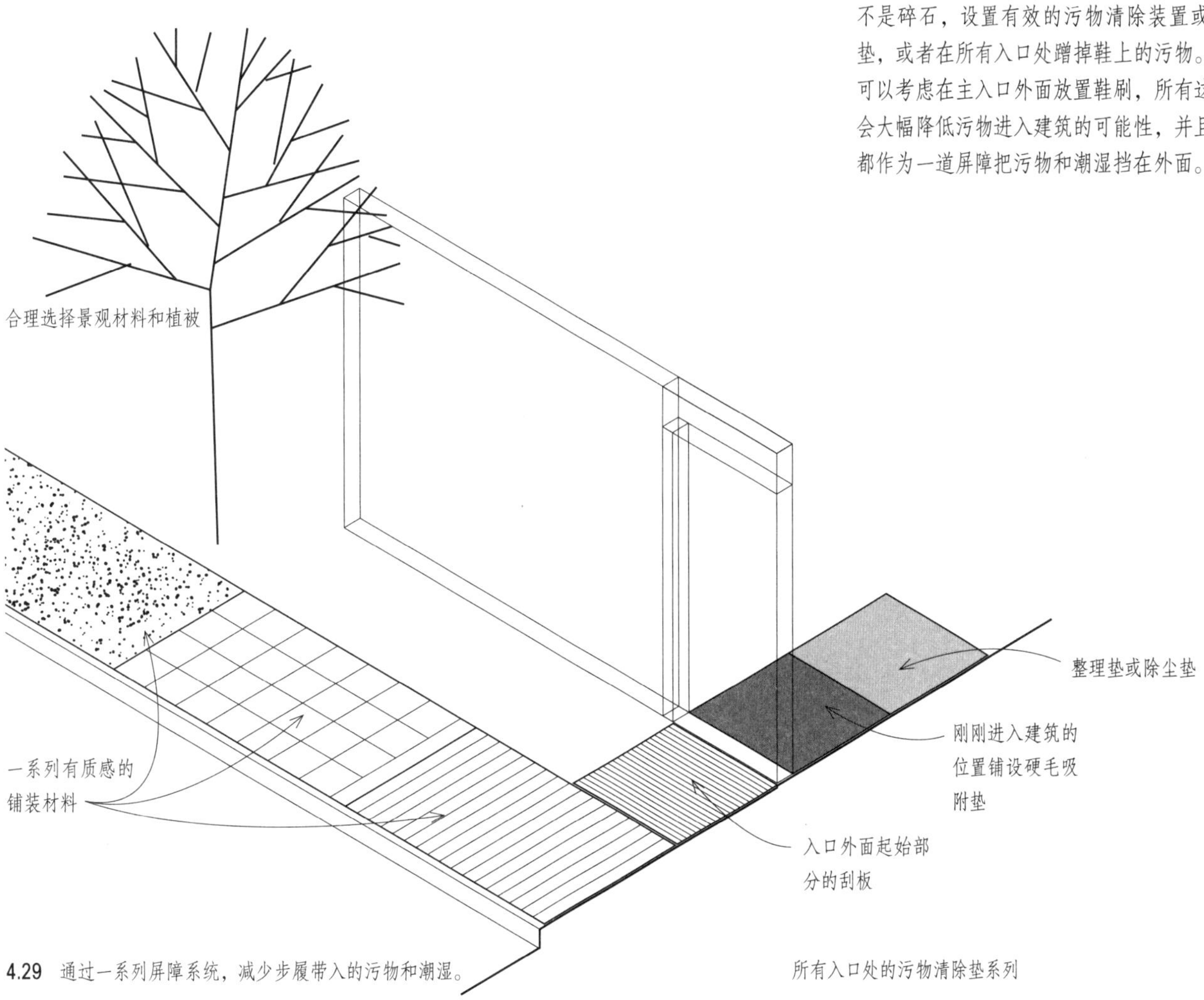

4.29 通过一系列屏障系统，减少步履带入的污物和潮湿。

如果封闭环路的地源热泵也在考虑范围之内，早期的土壤环境评估必须做，用来全面衡量这些热泵的效力。比如，如果土壤的热传导性差，打井的区域就会扩大，闭环地源热泵系统的费用就会很高。

这里又出现了另外一个问题，即传统的草坪是否适合绿色建筑场地。草坪的维护需要化肥、杀虫剂和其他化学药品。草坪在干燥的气候中需要浇灌，除草时能耗集中。岩石花园、本地植物和透水铺装可以替代传统的草坪。

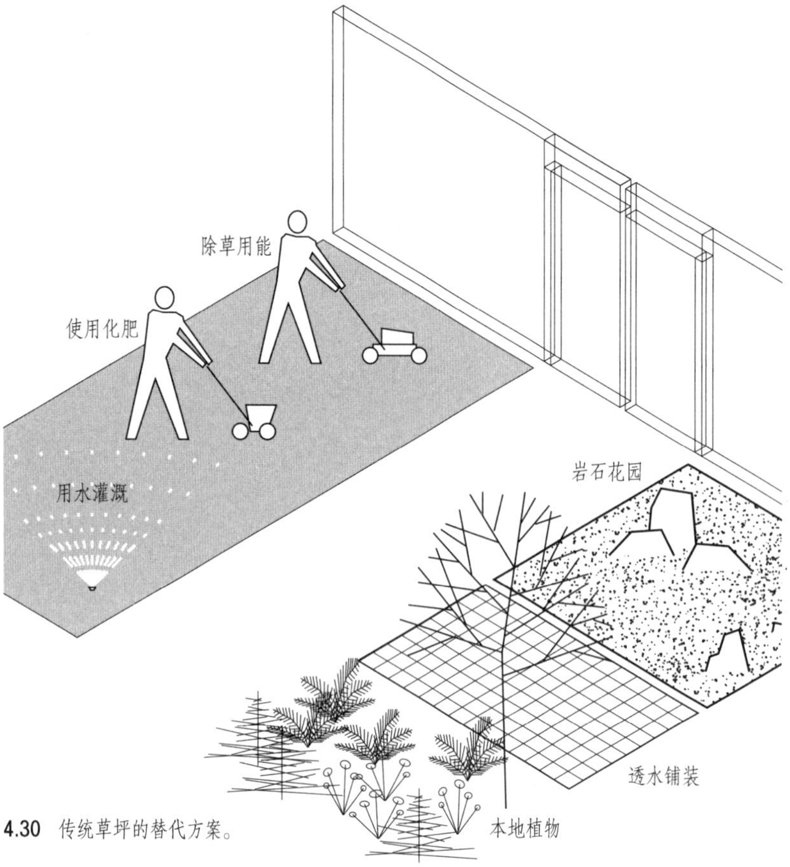

4.30 传统草坪的替代方案。

场地与可再生能源 Site and Renewable Energy

与场地相关的最后一点是可再生能源。出于各种原因，太阳能板的最佳位置是安装在建筑屋顶。然而，当屋顶不能容纳大量太阳能板的时候，一个选择就是把太阳能板安装在场地的地面上。考虑太阳能板的场地规划必须研究阴影情况，包括树木和周围建筑可能带来的潜在阴影。如果我们打算通过种树来给建筑挡风，这些树木与建筑之间要有足够的距离以免遮挡太阳能板。

同样，如果考虑使用风车，进行可行性研究的最佳时间是场地选择和规划阶段。在地面上安装太阳能板和风车，必须考虑它们与建筑之间的距离，使挖沟和架线的费用在合理范围内。最后，可再生能源部件安装在地面上的美学效果可能比较敏感，应在场地设计过程的初期通过效果图加以判断。

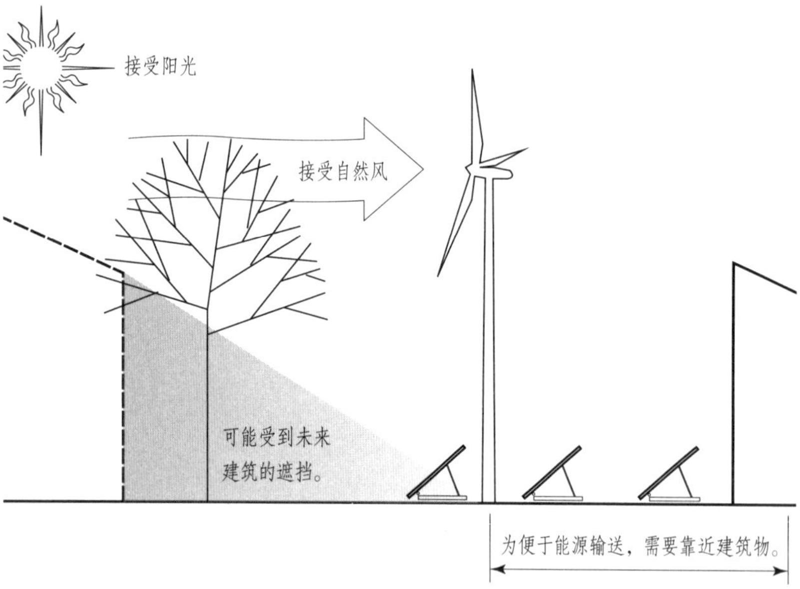

4.31 场地设计需要考虑风车和地面铺设太阳能板。

5

建筑体型
Building Shape

谈到建筑体型，我们指的是建筑物坐落于基地面积之上的突出部分以及建筑的规模、高度、层数和建筑物的整体外形。传统意义上讲，关于这些问题的讨论聚焦于建筑的朝向，即建筑与阳光、街道和景观之间的关系。这里，我们不仅要审视建筑的朝向，还需要研究建筑的两个几何特性：建筑面积和建筑外表面面积。这两个特性对建筑能耗、材料消耗、可承担性等影响很大。

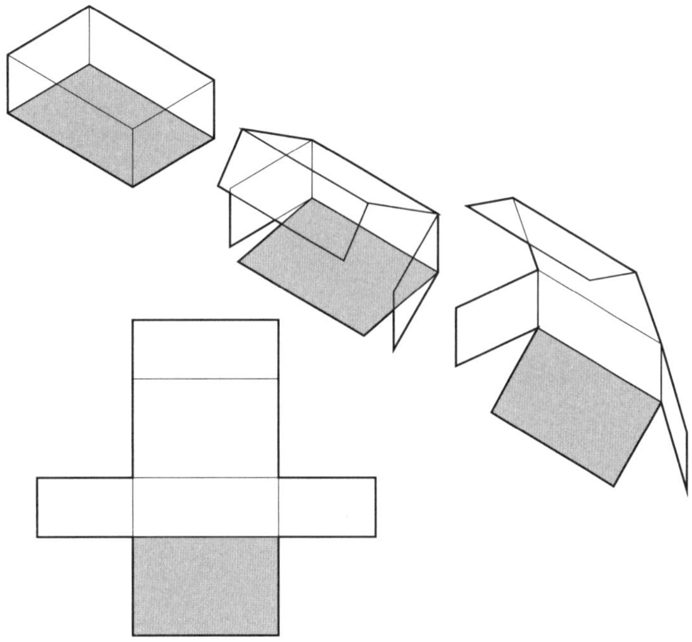

建筑面积 Floor Area

简单地讲，建筑平面的面积会影响建筑材料使用和能源消耗，因为建筑面积越大不仅需要更多的建造材料，而且需要更多的能耗来满足采暖、制冷、采光、通风等需求，这些能耗都随建筑面积成比例增长。

一栋建筑到底应该多大面积，这个问题与绿色建筑设计紧密关联。比如，美国住宅的平均面积从1973年的1660平方英尺（154平方米）增加到2008年的峰值2520平方英尺（234平方米），面积增长超过50%。典型美国住宅的面积大约是荷兰典型住宅的2倍，是日本典型住宅的2倍多，几乎是英国典型住宅的3倍，而美国的户均人口与这些国家相同，都是平均每户2.5人。即使适度减小建筑面积，同时完全保持其功能需求，都会大幅度降低能源和材料的消耗，降低建筑成本。

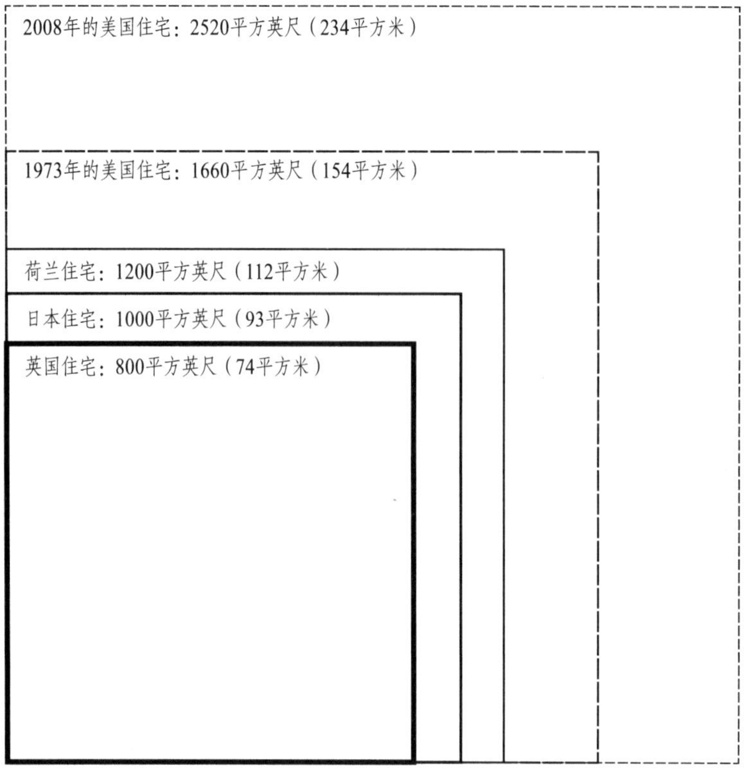

5.01 平均住宅面积。

LEED的居住建筑评价体系，即LEED住宅评估系统，认可建筑面积与能耗的关系，并调整得分来奖励小型住宅。然而，大多数绿色建筑评价体系并不奖励面积较小的建筑。

通过对建筑面积的简短讨论可以得到以下结论，这些结论虽然看上去不言而喻但值得反复强调：小房子与大房子相比能耗低、用材少。减少房间面积、增加人员密度是建筑变小的一种方法，同时还有其他方法可以做到这一点，包括创造性地应用存储空间，把不需要采暖制冷的空间移到热围护结构以外。

表面积 Surface Area

第二个建筑几何特性，即表面积，在减少建筑能耗方面起着决定作用。所谓表面积特指接触室外环境的建筑外表面的面积。冬季建筑的热量散失与建筑的表面积成正比。夏季表面积对制冷需求的影响很大。因为绝大多数建筑能耗主要来自采暖和制冷，所以表面积成为建筑节能的一个关键指标。

同样，减少建筑的表面积对于降低材料消耗和建设成本意义重大，因为建筑外墙和屋顶是集中用材的部位。

建筑表面积对建筑能耗的影响，可以从控制热损失的热传导方程中看出来：

热损失（Heat loss）=（A/R）×（$T_{室内}-T_{室外}$）
其中：
A表示建筑物的外表面积；
R表示热阻；
$T_{室内}$和$T_{室外}$分别指室内、室外空气温度。

以往，为了减少热损失，绿色建筑设计的重点是提高外围护结构的热阻或材料热阻值（resistance value）。这是有意义的，同时也是行之有效的。在设计过程中，建筑表面积（A）可能没有得到应有的重视，尽管表面积具有同样重要的作用。此外，增大热阻意味着材料用量增加、建设成本提高，与此相反，减少外表面积不仅会降低热损失，还会减少材料用量、降低建造成本。

建筑面积的重要性前面已经讨论过。现在假设一栋建筑的建筑面积已经最终确定，能够满足特定的建筑目标，一个有趣的指标是建筑的表面积与其建筑面积的比率。不同建筑体型可以通过这一指标进行比较。我们把建筑表面积与建筑面积的比率定义为面积系数（area ratio）。面积系数越大，单位建筑面积的采暖与制冷能耗就越高。

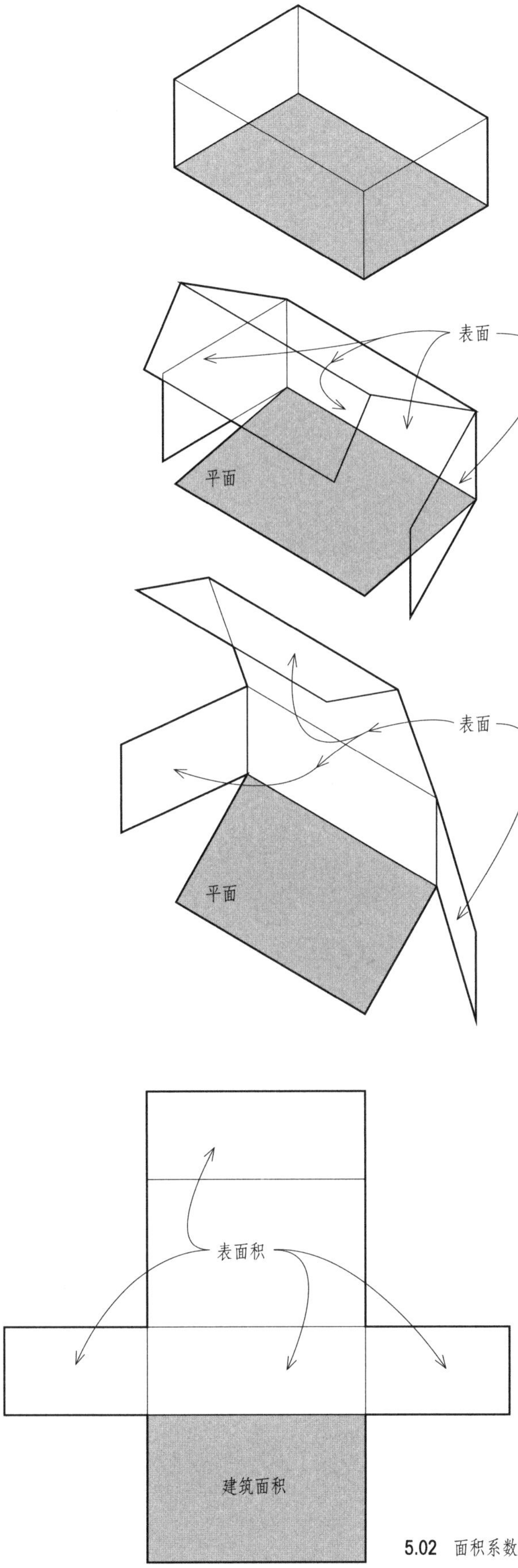

5.02 面积系数=表面积/建筑面积。

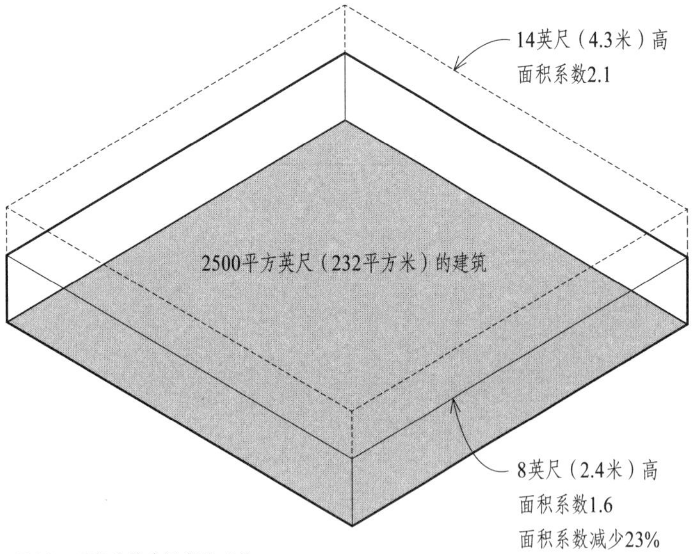

5.03 面积系数为层高的函数。

例如，一座单层、方形、平屋顶，建筑面积2500平方英尺（232平方米）的建筑，我们可以检验房屋高度从14英尺减到8英尺（从4.3米到2.4米）的效果。14英尺高度的面积系数是2.1，8英尺高度的面积系数则刚过1.6。顶棚高度降低以及较小的面积系数对能耗的影响如何呢？面积系数减少23%，则采暖能耗降低27%。面积系数对能耗的影响很大，节能率与面积系数变化率在数值上差别不大。事实上，节能率略高于面积系数减少率。在建筑设计中，从一系列空间高度中审视和选择的机会并不少见。例如，典型的超市顶棚高度范围为12~18英尺（3.7~5.5米），然而8英尺以上的空间基本不会用到，因为它超过了人能达到的高度。绿色建筑设计并不是要求顶棚高度一定很低，但是对于过高空间的需求会认真审查。高高的顶棚下常常是低效的空间，降低顶棚高度能为降低能耗、减少材料使用量、节约建设成本提供重大潜力，而对建筑功能却毫无损伤。

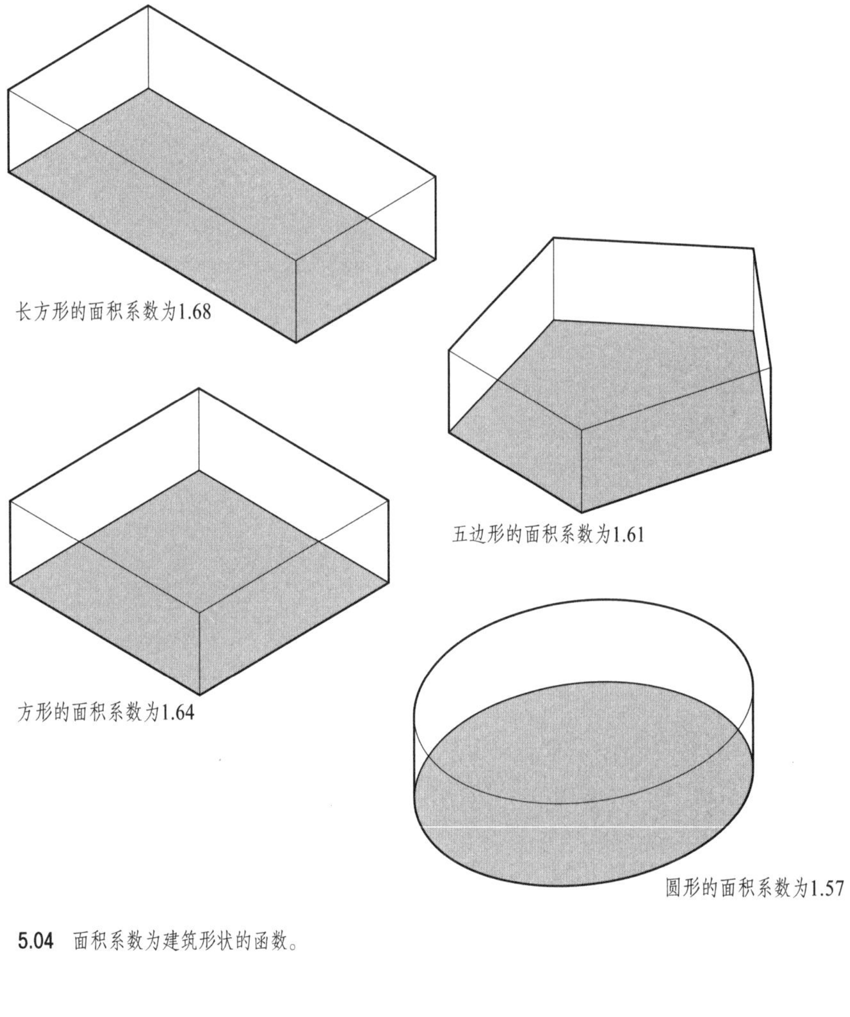

5.04 面积系数为建筑形状的函数。

我们可以单层、8英尺高（2.4米）、建筑面积为2500平方英尺（232平方米）的建筑为例，检验不同形状建筑的情况。特别考虑以下建筑平面形状：方形、长宽比为2:1的长方形、五边形、八边形和圆形。长方形建筑的面积系数为1.68，正方形建筑的面积系数则是1.64，五边形、八边形、圆形建筑的面积系数分别为1.61、1.58和1.57。虽然后面三种形状是罕见的，但我们还是可以看到圆形平面、柱状体量的建筑面积系数最小。这种比较更重要的意义在于，我们发现几种形状的面积系数差别并不大。既然形状对面积系数的影响较小，我们就可以灵活选用这些形状。

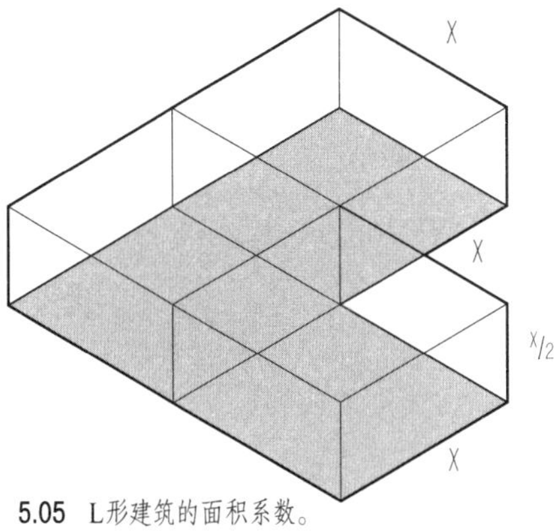

5.05 L形建筑的面积系数。

建筑面积=3×X^2
表面积=7×X^2
面积系数=7/3=2.33

复杂的形状对面积系数和能耗的影响很大。L形平面常见于居住建筑和公共建筑中。比如，三个比邻的正方形构成一栋单层L形平面的建筑，如果建筑高度是正方形边长的一半，这一比例通常适合规模不大的L形建筑，则面积系数为2.33。同样建筑面积情况下的简单正方形平面，面积系数为2.15，与L形平面相比面积系数减少8%。选用简单的建筑形状比L形建筑更加节能。

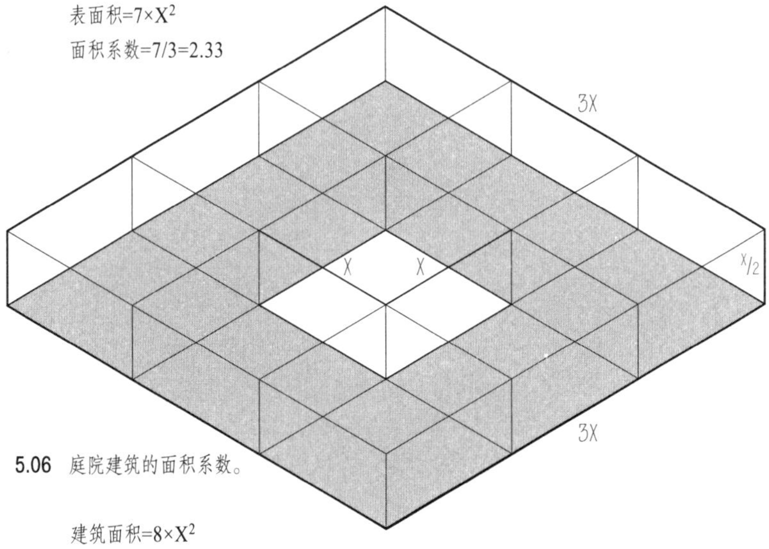

5.06 庭院建筑的面积系数。

建筑面积=8×X^2
表面积=16×X^2
面积系数=16/8=2

带有庭院的平面是另外一种常见的建筑形式。假设一栋方形建筑，中央是正方形庭院，方形建筑的边长是庭院边长的3倍，同样是单层建筑，高度为庭院边长的一半，那么庭院建筑的面积系数刚好是2。相比而言，没有庭院的方形建筑，在建筑面积相同的情况下，面积系数是1.71，与庭院建筑相比，面积系数减少14%。

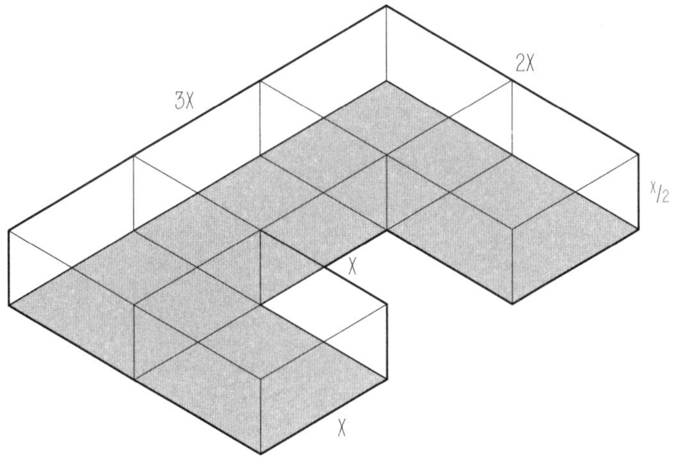

5.07 C字形建筑的面积系数。

建筑面积=5×X^2
表面积=11×X^2
面积系数=11/5=2.20

如果建筑形状为C字形，而不是方形，则其面积系数与庭院建筑的情形相仿，同样减少14%。形状复杂的建筑比形状简单的建筑成本高，C字形建筑据说比简单的方形或长方形建筑的造价高3.5%。

接下来看看被称为“联排住宅”（row housing）的居住建筑会有哪些好处。联排住宅是指把建筑单元并排连接成一栋建筑。我们以一栋独立的两层长方形住宅为例，其建筑面积为1600平方英尺（149平方米），宽20英尺（6.1米），进深40英尺（12.2米），每层层高为9英尺（2.7米），那么其面积系数为1.85。两栋独立的建筑并排在一起，比如双拼住宅（duplex），其面积系数显著下降了24%，为1.40。两栋建筑拼接起来，共用的分户墙使建筑暴露部分的表面积大大减少。拼接第三个单元面积系数降为1.25，拼接第四个单元面积系数为1.18，拼接第五个单元面积系数为1.13，拼接第六个单元面积系数为1.10。与独栋建筑相比，六个单元组合的建筑面积系数减少了41%。我们还注意到，从独栋到两个单元拼接，面积系数减少量最为显著。

即使我们不会扩展为六个单元的建筑，两个单元的双拼住宅也比独栋住宅效率高很多。然而，双拼住宅（面积系数比独栋住宅低24%）与六单元拼接住宅（面积系数比独栋住宅低41%）的差别依然显著。联排住宅节省了可观的材料、能源和建设成本。我们知道联排住宅中的共用分户墙可能会影响采光和景观，这在特定的项目中可能不被接受。然而，这种方法可以用于许多建筑类型，比如商业零售建筑，只需要在店面部分安装玻璃窗，不能开窗的共用墙体可以满足商品货架的要求。

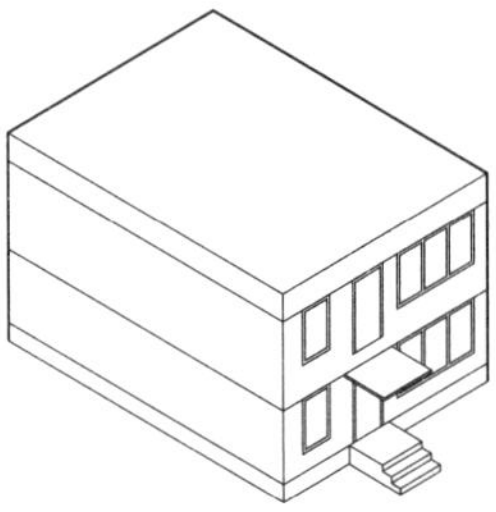
独栋建筑的面积系数为1.85

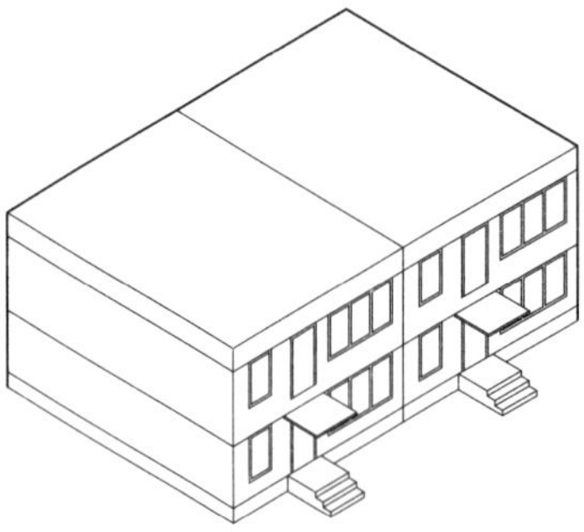
双拼住宅的面积系数为1.40

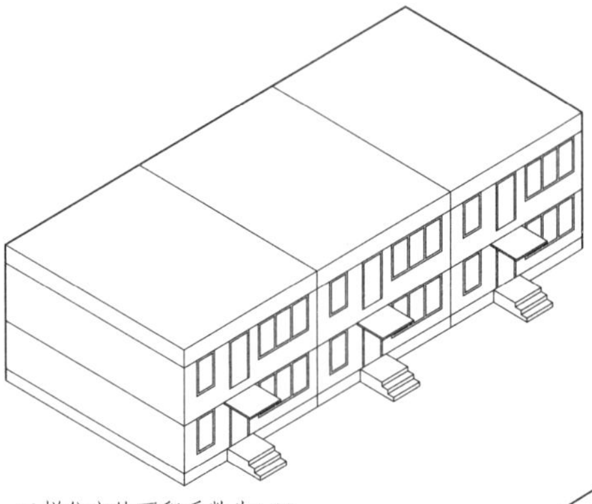
三拼住宅的面积系数为1.25

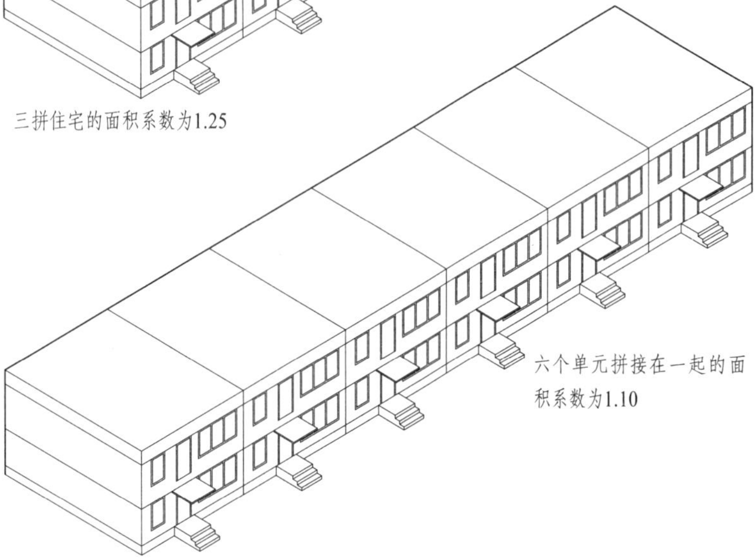
六个单元拼接在一起的面积系数为1.10

5.08 联排住宅的面积系数。

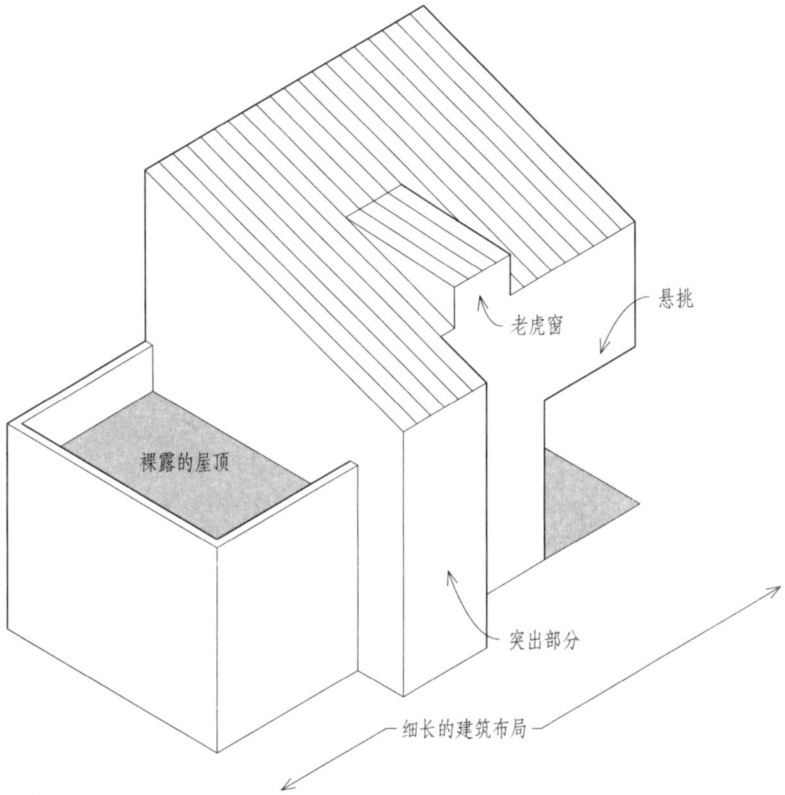

5.09 增加面积系数的建筑元素。

今天的建筑，面积系数到底是多少呢？典型的小建筑，比如住宅，面积系数通常是2.0~3.0。现实中的建筑因为在简单的形体上增加了大量突出物、线脚、悬挑、老虎窗、裸露的楼板以及其他复杂构件，面积系数明显增大。在同样建筑面积的情况下，减少建筑形体上面的复杂构件，达到面积系数1.5是没有问题的，简单的建筑形体能耗肯定低。鉴于简单的形体用材少、建造成本低，我们基于绿色设计和可承担性，开始研究"简化"这一偏好。对某些建筑而言，简单的建筑形体可能不受欢迎，但是对于那些接受简单主张的建筑，节能潜力和节省的造价将是可观的。

坡屋顶也会影响面积系数。比如，一栋边长20英尺（6.1米）、高9英尺（2.7米）的方形独栋建筑，如果屋顶的一边抬高9英尺成为坡顶，那么其面积系数比9英尺高的平顶建筑增加36%。同样，如果屋顶是拱形的，中间升高9英尺，其面积系数比平屋顶建筑增加17%。

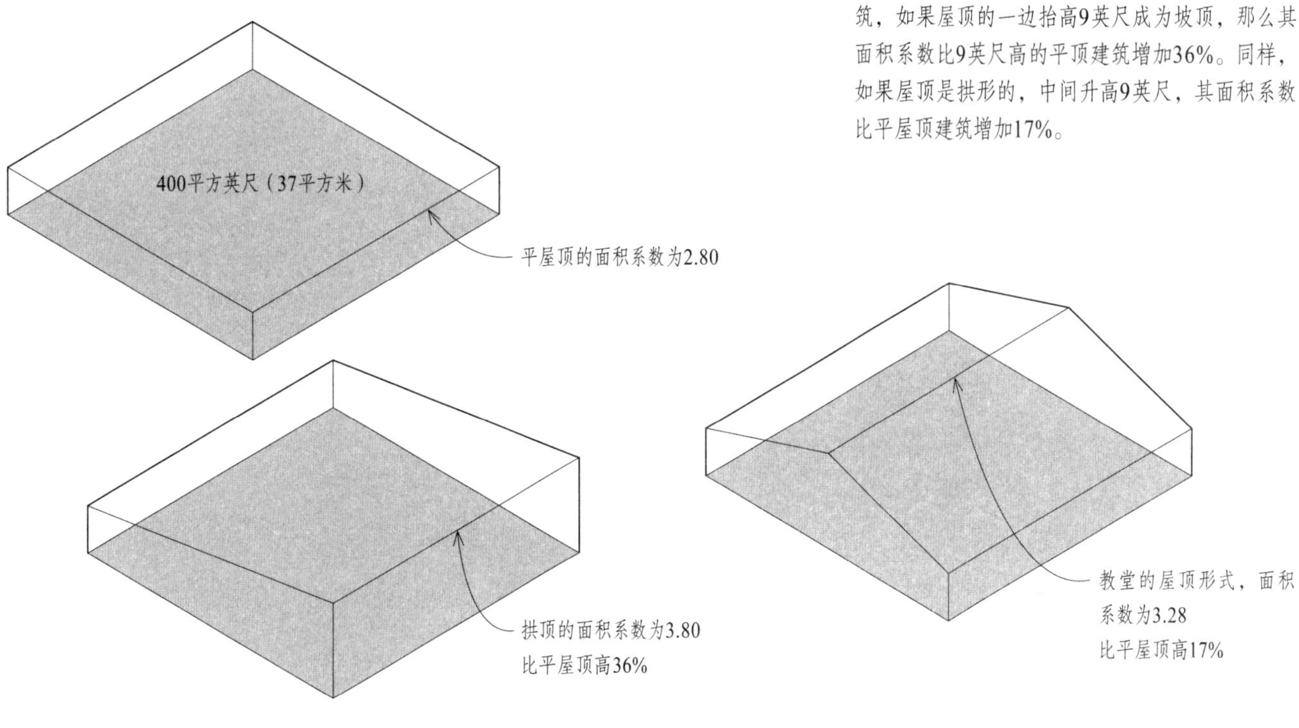

5.10 不同屋顶形式的面积系数。

面积系数还受到建筑层数的影响。我们还是以一栋简单的方形建筑为例，建筑面积2500平方英尺（232平方米）、高8英尺（2.4米）。此处的2500平方英尺指的是整栋建筑的面积，不是一层投影的面积。在这个例子中，2500平方英尺的面积均分给各楼层。如果建筑为单层，则面积系数为1.64；如果是两层的结构，则面积系数为1.41；如果是三层结构，则面积系数为1.44。可以清楚地看到把同样的建筑面积分成较小的两层，比大面积的单层建筑有好处，因为在两层建筑中，暴露的屋顶面积减小了。但是，随着建筑升高到三层，体量变得又高又瘦，暴露的外墙成为主导因素，使面积系数又开始增加。这表明对于建筑面积2500平方英尺的房子而言，两层是最佳层数。

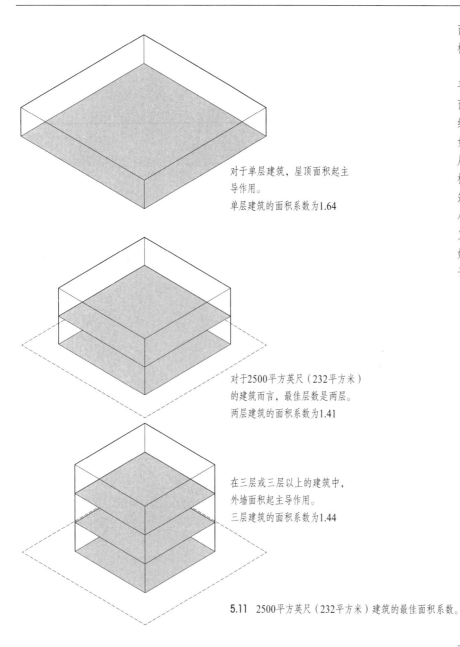

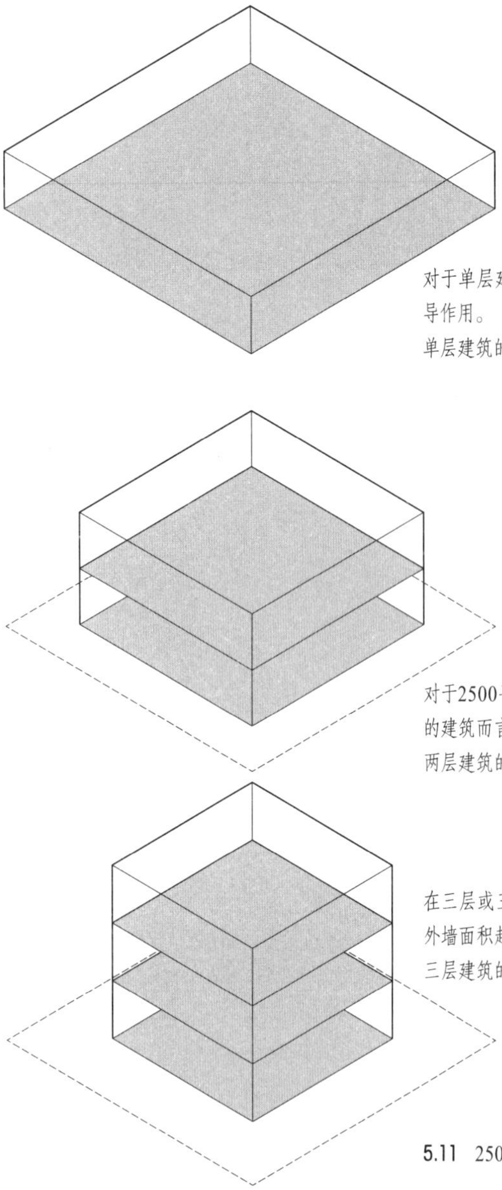

对于单层建筑，屋顶面积起主导作用。
单层建筑的面积系数为1.64
对于2500平方英尺（232平方米）的建筑而言，最佳层数是两层。
两层建筑的面积系数为1.41
在三层或三层以上的建筑中，外墙面积起主导作用。
三层建筑的面积系数为1.44

5.11 2500平方英尺（232平方米）建筑的最佳面积系数。

5.12 最佳层数与建筑面积的函数关系。

建筑面积，平方英尺（平方米）	最佳层数
< 1000 (93)	1
1000~5000 (93~465)	2
5000~10000 (465~929)	3
10000~30000 (929~2787)	4
30000~60000 (2787~5574)	5
60000~100000 (5574~9290)	6
100000~150000 (9290~13935)	7
150000~240000 (13935~22297)	8

建筑层高不同，则最佳层数略有变化。此表层高设定为10英尺。

对于单层建筑而言，建筑面积在1000平方英尺（93平方米）以内，高度不超过10英尺（3米）时，面积系数最小。建筑面积从大约1000~5000平方英尺（93~465平方米）时，最佳层数是两层；从5000~10000平方英尺（465~929平方米）时，最佳层数是三层；从10000~30000平方英尺（929~2787平方米）时，最佳层数是四层；依此类推。建筑面积200000平方英尺（18580平方米）时，最佳层数为八层。需要指出的是，能带来最小面积系数的最佳层数随着总建筑面积增加，建筑内部空间会需要一个核心筒。

有些建筑，比如公寓和酒店，因为视线的需要，不能有内部的核心筒。我们把这些建筑称为“表皮主导”.（envelope-dominated）的建筑。有些高层建筑必须保证良好的视线，内部不能有过多的不采光的核心筒空间，这类建筑的面积系数随着建筑高度和层数增加而降低。例如，一栋50英尺×200英尺（15米×61米）的建筑，10英尺（3米）层高，每层建筑面积10000平方英尺（929平方米），如果是单层建筑则面积系数为1.5，两层建筑则面积系数降为1；10层建筑的面积系数为0.6；20层建筑的面积系数是0.55。对于表皮主导的建筑，如果仅从面积系数的角度考量，则建筑越高，面积系数越小。

然而，随着建筑升高，有两个不相关的因素会对面积系数降低带来的节能效果产生影响：树木和周边建筑挡风效果缺失；烟囱效应增强——冬季由温度差引起的驱动力使空气向建筑上部流动。对于表皮主导的建筑，比如公寓和旅馆，最佳高度是中层区间，即面积系数刚好低于一层到两层建筑的面积系数，而烟囱效应和迎风面尚未变成主导力量。

关于建筑高度的另外一个限制因素是屋顶面积能否满足太阳能系统的需要。绿色建筑希望获得净零能耗的效果，但往往缺乏足够的场地空间。研究表明，当建筑高于两层时，由于屋顶面积有限，采用屋顶太阳能为建筑供电的可能性变小了。

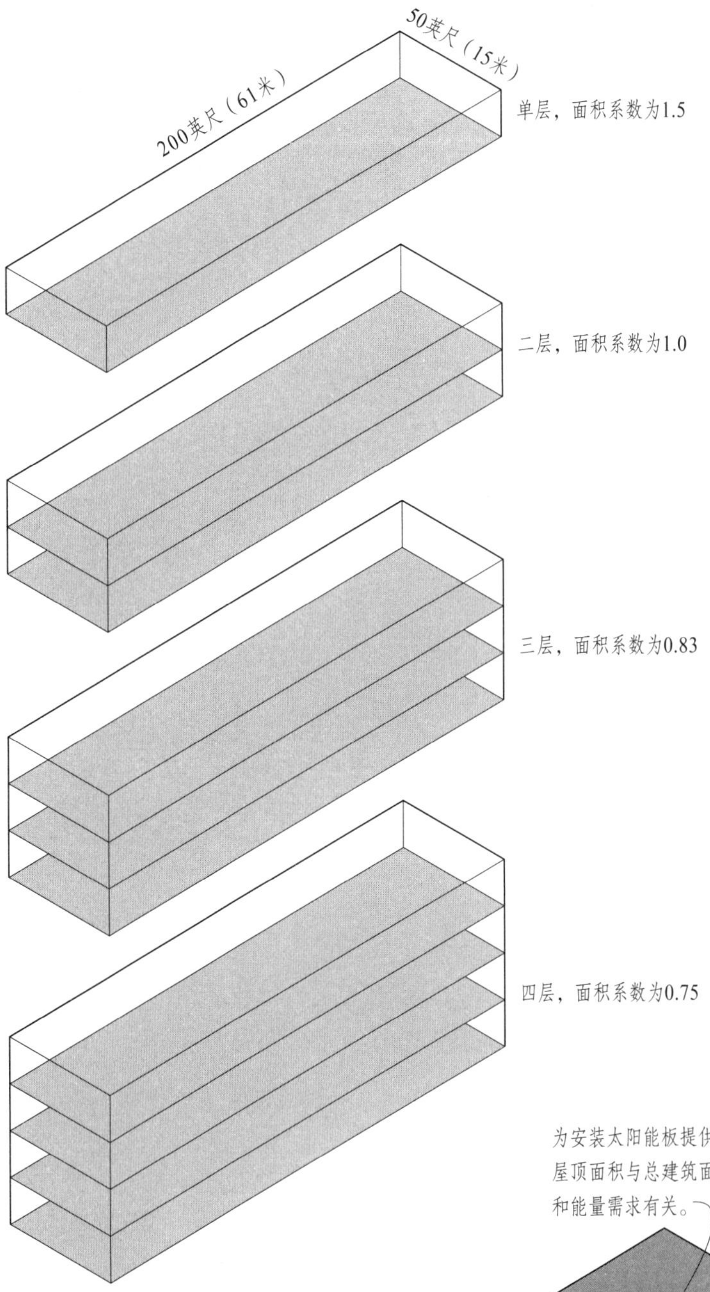

5.13 在基底面积一定的情况下，面积系数随着层数的增加而减小。

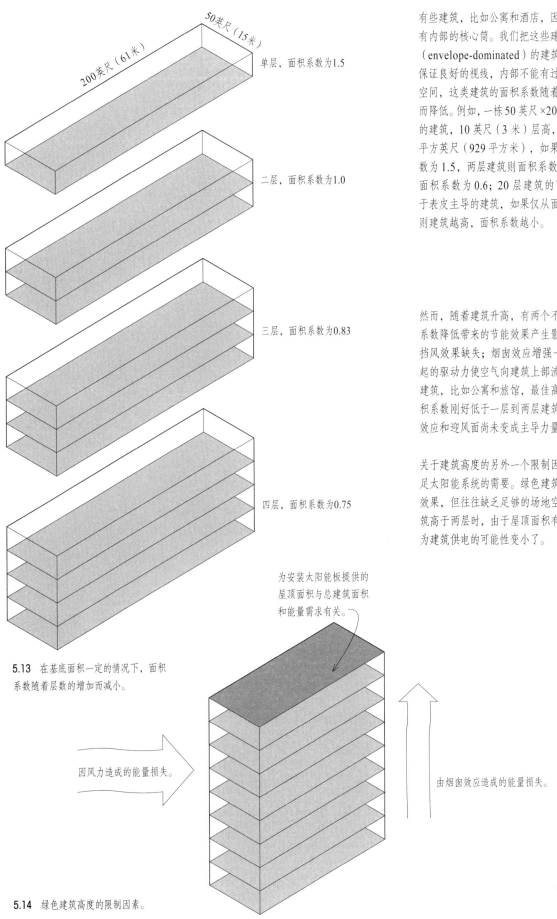

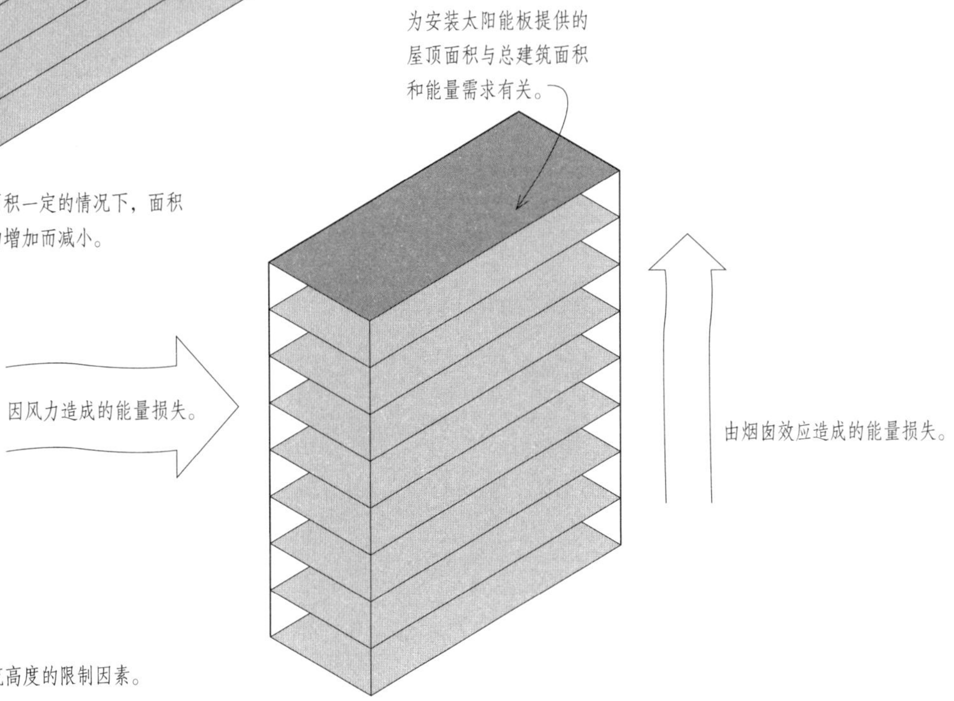

为安装太阳能板提供的屋顶面积与总建筑面积和能量需求有关。
因风力造成的能量损失。
由烟囱效应造成的能量损失。

5.14 绿色建筑高度的限制因素。

表皮主导的建筑，比如公寓或旅馆，都有视线的要求，它们有一个共性问题：双面负荷的走廊和单面负荷的走廊哪个更好？答案是有双面负荷走廊的建筑，其面积系数要小很多。假设一栋公寓建筑200英尺（61米）长，五层高，里面是20英尺（6.1米）进深的公寓、5英尺（1.5米）宽的走廊、10英尺（3米）层高。如果该建筑是单面负荷的走廊，其面积系数为1.1，如果改为双面负荷的走廊，面积系数会减少32%，达到0.74。可以采用走廊不到建筑尽头的方法，提升双面负荷方案的优势。

对于这类表皮主导的建筑，另一项策略是减少室内空间沿外墙的长度。这意味着应该设计进深大、房间长边垂直于外墙的建筑。

以上面的建筑为例，五层高、具有双面负荷走廊的建筑面积系数为0.74。假设走廊每侧有8个房间，每个房间都是20英尺×25英尺（6.1米×7.6米），25英尺那边沿着外墙。如果我们变换一下每个房间的方向，让20英尺长的那边沿着外墙，保持房间面积不变，则房间与外墙垂直方向的进深变为25英尺。建筑整体进深加大，长度变短，每个房间面积仍然是500平方英尺（46平方米）。外墙长度减少使面积系数减少7.5%，为0.69。这就是建筑尺度的一个小小改变带来的结果，外墙可以开窗的长度稍微缩减，但从表面上看所有窗户的面积都保持不变。这一做法有效地降低了采暖和制冷能耗，因为在保持房间面积不变的情况下，建筑的表面积减少了。还要指出，因为走廊变短会减少采光能耗，总建筑面积和外墙面积也相应减少，从而节省了建造成本。

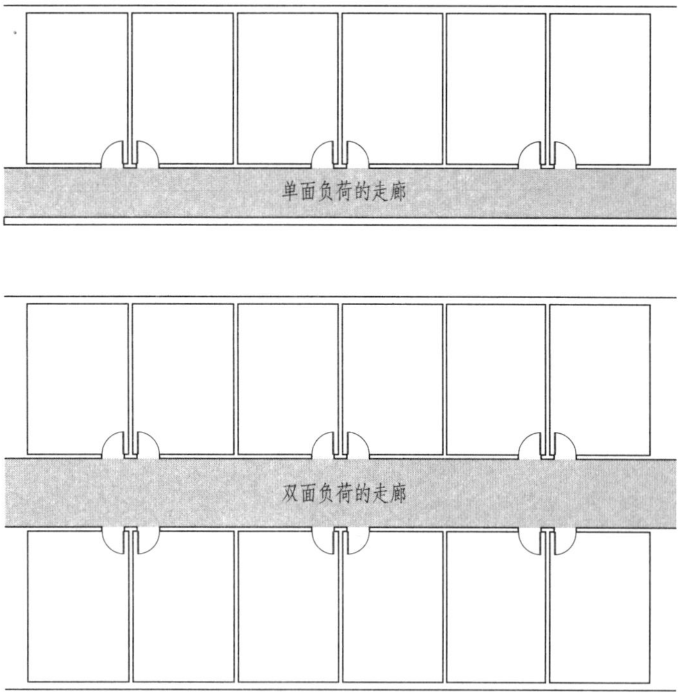

5.15 与相似情况下带有单面负荷走廊的建筑相比，带有双面负荷走廊的建筑的面积系数较低。

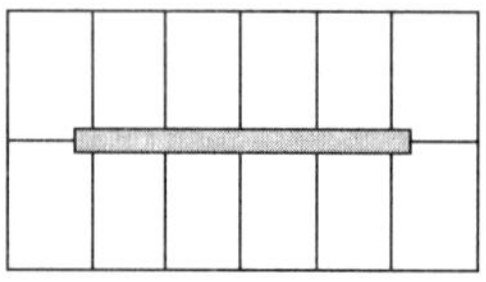

可以采用走廊不到建筑尽头的方法，进一步提升节能潜力。

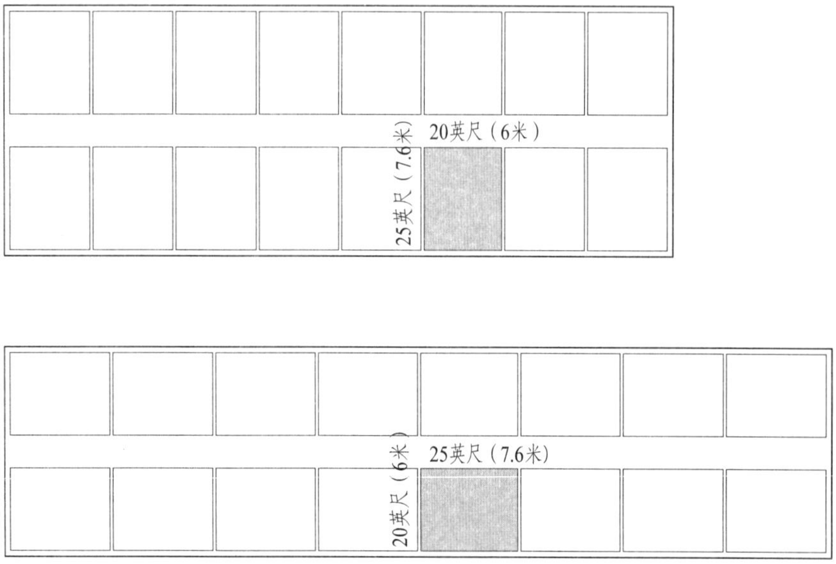

5.16 如果采用与外墙垂直方向的更大进深，即使可用的建筑面积保持不变，建筑的面积系数也会降低，从而更加节能，减少建造成本。

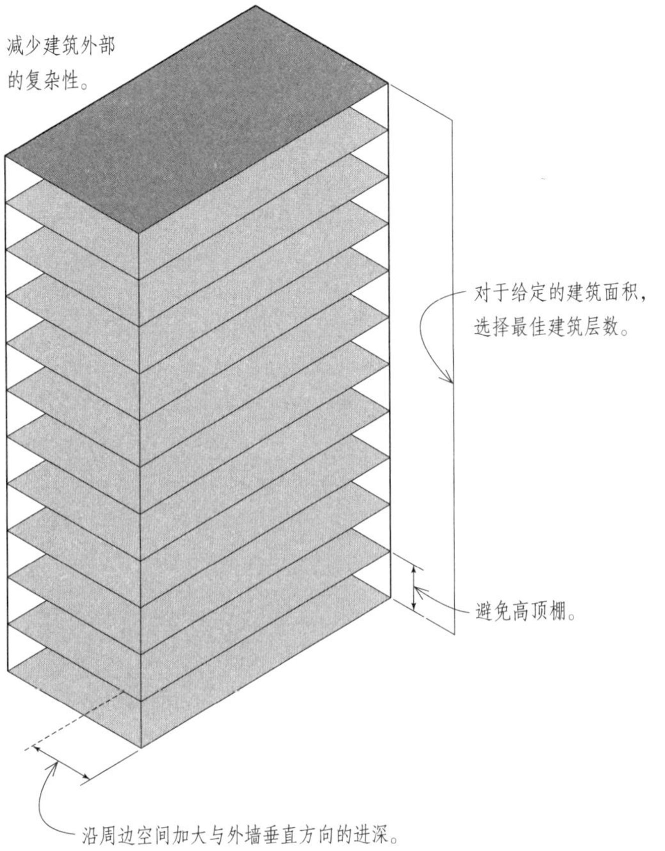
减少建筑外部
的复杂性。
对于给定的建筑面积，
选择最佳建筑层数。
避免高顶棚。
沿周边空间加大与外墙垂直方向的进深。

5.17 降低建筑面积系数的方法。

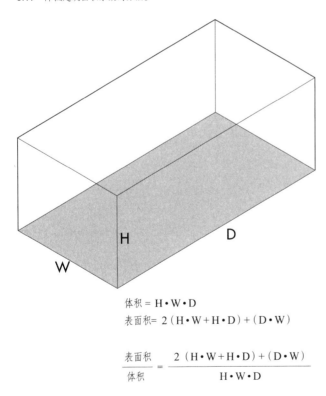

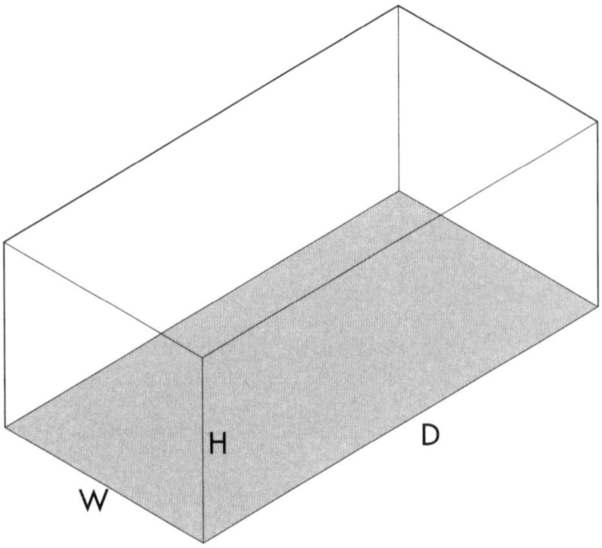
H
D
W

体积 = H•W•D

表面积= 2（H•W+H•D）+（D•W）

$$\frac{表面积}{体积} = \frac{2（H \cdot W + H \cdot D）+（D \cdot W）}{H \cdot W \cdot D}$$

5.18 体形系数。

我们已经看到建筑表面积与其建筑面积的比率对能耗的影响非常之大。可以采用很多策略来减小面积系数，包括降低层高、避免高顶棚；采用联排建筑布局或者把多个小房子连成一栋大房子；对于特定的建筑面积采用最佳层数；针对建筑外墙采用较大的进深；减少建筑表面的复杂性。

保持较小的面积系数还有很多其他好处。顶棚不高可以降低人工照明的用能。同时也会提升舒适度，因为温度分层较低，这会进一步降低能耗。简单的屋顶形状会为太阳能板提供便利。

应用面积系数的最佳时机是在同样建筑面积或同样人员密度的前提下进行方案比选时。比较建筑面积不同或人员密度不同的建筑的面积系数是错误的。例如，一栋四间卧室的住宅，面积3000平方英尺（279平方米），与另外一栋1500平方英尺（139平方米）的四间卧室住宅相比，前者的面积系数可能更小，但是大房子的小面积系数并不表示大房子更节能。减少建筑面积应该先于考量面积系数。只有建筑面积和人员密度已经确定，才是设法减少面积系数的最佳时刻。

对于某些建筑形态，较小的面积系数导致外墙面积减小，从而影响视线和采光。视线的要求在任何时间和任何地点都应该获得满足。然而，通常情况下都会找到减小面积系数同时满足视线需求，保证采光方面节能的设计选项。减小面积系数的方法应被视为一种有用的辅助工具，常备于绿色建筑设计师的工具箱里，而不是一种不顾建筑设计效果的呆板做法。

有些建筑设计人员选用体形系数（surface-to-volume ratio，表面积与体积的比率），而不是表面积与建筑面积的比率（surface-to-floor area ratio），作为应该降低的度量标准。表面积与建筑面积的比率具有无量纲的特点，因此在两种常用的度量体制中是相同的（国际单位和英制单位），而体形系数会随着长度测量单位的不同而变化。体形系数会因为顶棚高度增加而减小，可能人为地误导为高大空间更节能。总而言之，无论是表面积与建筑面积之比的面积系数还是表面积与体积之比的体形系数，都意识到建筑外表面积的重要影响以及减少外表面积的重要性。

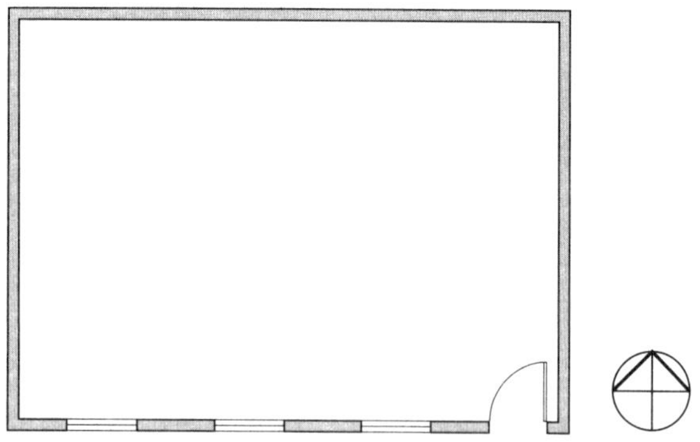

5.19 如果只在建筑物的一面开窗，那么窗户应该朝南。

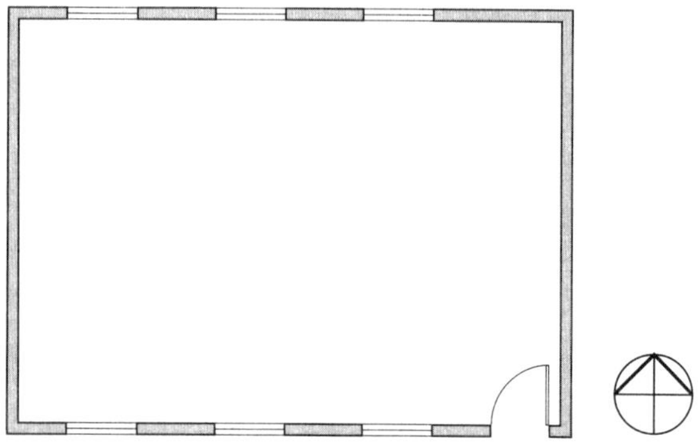

5.20 如果建筑物对边设有大小近似的窗户，那么应该是南北两边开窗。

朝向 Orientation

我们已经研究了建筑面积和房子形态对建筑能耗的强大影响，我们现在转向“朝向”，即建筑面对的方向。朝向影响到冬季建筑物能够获得多少太阳得热（solar gain），反之夏季因为不想要的太阳得热需要付出多少制冷量。朝向还会影响到通过建筑物的气流量，因为不同朝向风压不同。

在此我们聚焦于既没有被动式太阳能特性如蓄热体或其他形式的储能构件，又没有被动式太阳能控制装置（如夜间保温窗）的建筑。我们聚焦于采暖和制冷，关于采光另行讨论。

为了优化建筑朝向，最好根据计算机模拟做出决定。计算机模拟可以很快完成，而且许多模拟软件都能让建筑旋转，因此可以快速检测不同朝向的效果。首先，模拟的结果看上去能够自圆其说，因为我们可以看到一个方形建筑，如果四边开窗相同，那么就没有最佳朝向。例如，上述方形建筑的主入口朝向任何一个主要方向，建筑用能量总是相同的。因此，优化建筑朝向的重点在于那些各方向开窗面积不同的建筑，与太阳得热和热损失相关。

在北半球，如果建筑的四边之中只有一边开窗，能耗需求最低的朝向一般是窗户朝南。无论建筑处在寒冷地区（采暖为主）还是炎热地区（制冷为主），这一点都是正确的。需要注意的是，结论并非表述为“在南面墙上尽可能多开窗……”而是“如果窗户只能开在一面墙上，最好把窗户开在南向的墙上”。

如果窗户需要开在两面相对的墙体上，则在南、北墙面上开窗的建筑能耗低于在东、西墙面上开窗的能耗。其节能效果在温暖的气候中更为显著。

如果需要在建筑的相邻两边开设窗户，那么窗户开在东向和南向时能耗最低，在温暖气候区和寒冷气候区都是如此。其次是窗户开在西向和南向，其能耗效果也大体相同。如果窗户需要设在建筑的相邻两边，最好不要开在北向和东向，或者北向和西向。开窗位置导致的节能效果在温暖气候区和寒冷气候区大体相同。

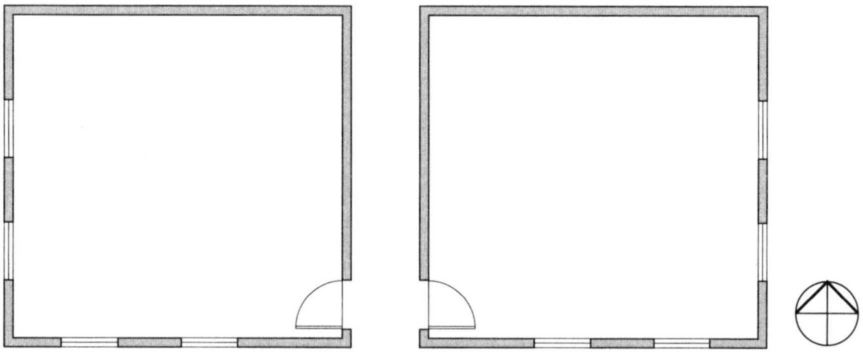

5.21 建筑相邻两边开窗，窗户应该开在南向和西向或者南向和东向。

上面的实例都是聚焦于方形建筑。对于一栋各边窗墙比（window-to-wall ratio）相同的长方形建筑而言，肯定是长边上的开窗面积大，其结果与方形建筑对边开窗的结论相同：建筑长轴为东西向，且南北向开窗面积大于东西向时，建筑能耗最低。需要进一步澄清的是，结论不是“在南北两个方向尽可能多开窗……”，而是“在一栋长方形建筑中，如果各边窗墙比相同，建筑的长轴为东西方向时，则建筑朝向最优”。与以采暖为主的北方相比，这一结论在以制冷为主的南方更显著。

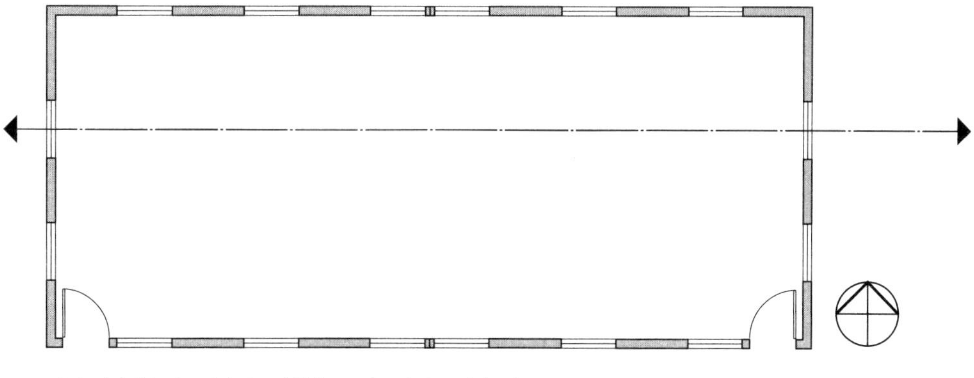

5.22 长方形建筑如果四边窗户分布均匀，主朝向应该沿着东西轴线。

上述讨论不包括与风向有关的朝向问题，比如需要微风穿堂而过的时候。通风最好的朝向可能与太阳得热和热损失的最佳朝向不同。

绿色建筑标准与建筑形态
Green Building Standards and Building Shape

两项不同的绿色建筑标准采用不同的方法，对于建筑形态给出了有趣但不同的结论。

LEED评价体系把建筑设计方案与相同形状的参照建筑相比。假想的参照建筑与LEED参评建筑形态相同，但没有绿色特性，如隔热性能良好的墙体。LEED参评建筑比参照建筑更节能，因而得分，参评建筑不会因为更节能的形体而得分。

参照建筑或基准建筑与参评LEED的建筑形状相同，但没有绿色特性。

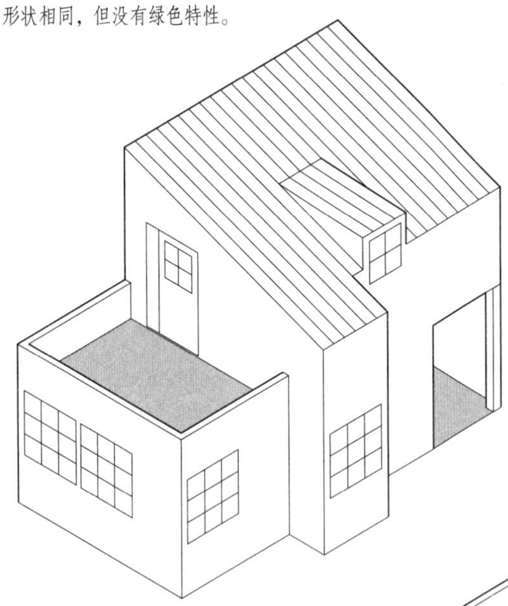

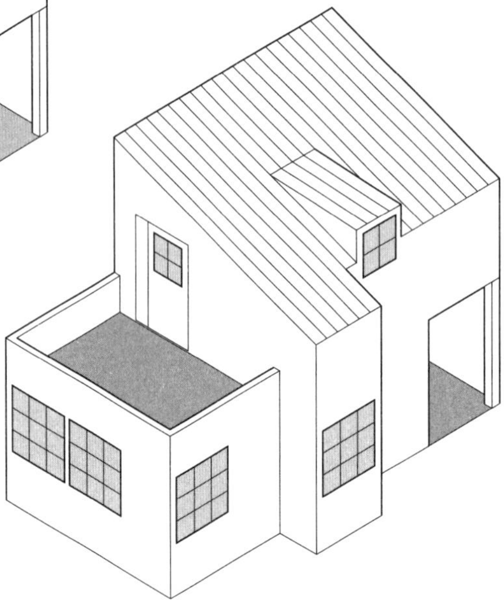

LEED参评建筑与参照建筑形态相同，只是增加了一些绿色特性，如保温性能良好的表皮、高性能的窗体以及高效的采暖系统等。

5.23 LEED认证的建筑，因为其预计用能或能耗模拟值低于参照建筑而得分。

5.24 一个极端的例子：一栋又高又瘦的建筑只有一个房间，其能耗会低于同样形状的参照建筑，但是如果该建筑不这样高的话，就会更加节能。

我们看一个极端的例子，一栋单层办公建筑，建筑面积1000平方英尺（93平方米），只有一个房间，顶棚高度为100英尺（30米）。这栋建筑如果保温性能良好就能得到LEED能耗方面的重要分值，甚至可能得到LEED最高等级——白金级的分值，但是其单位面积的能耗其实是很高的。

与LEED评价体系形成对照的是被动屋（Passivhaus）体系，Passivhaus强调单位建筑面积的用能。如果用Passivhaus来评价的话，上面的实例得分不高，实际上可能会因为其单位建筑面积能耗高而得不到认证。但是Passivhaus聚焦于建筑面积，使其容易产生其他的问题。

来看另外一个极端的实例，一栋单层建筑面积很大，比如一栋独立住宅建筑面积100000平方英尺（9290平方米）。如果这栋大房子有保温性能良好的墙体及屋顶、高密闭性和小面积开窗，它会很好地符合Passivhaus的能耗标准。再次强调，Passivhaus的能耗标准依据的是单位建筑面积的能耗。然而，如果这栋房子里只住着四个人，与普通住宅相比，其能耗的费用会非常高。

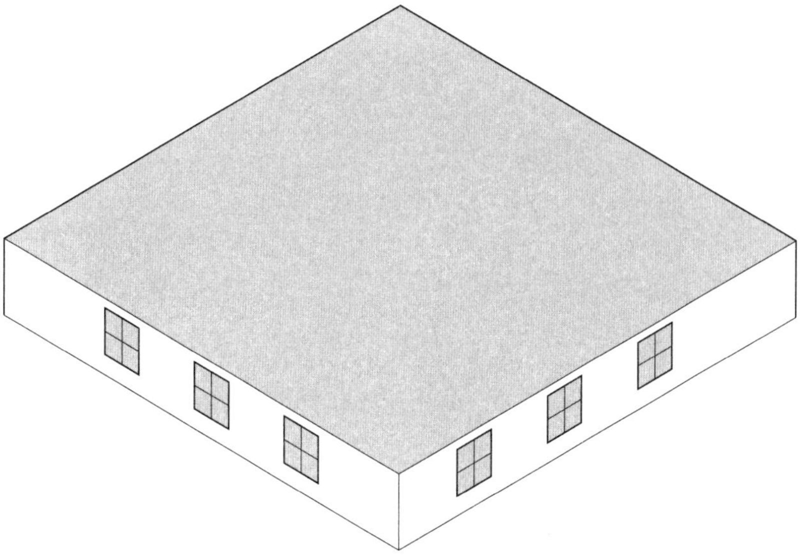

5.25 一个极端的实例：一栋面积大、低矮的平屋顶建筑，单位建筑面积能耗很低，但是这栋房子的能耗可能高于形状并不简单的另外一栋建筑。

从前面两例中可以看到，LEED评价体系和Passivhaus体系在建筑规模和形态方面各有弱点。有趣的是，又高又瘦的建筑能满足LEED标准但仍然能耗很高；而一栋大面积、低矮的平屋顶房子会满足Passivhaus的要求，其能耗也很高。事实上，一栋大面积、低矮的平屋顶房子在LEED评价体系中也会得到不错的分值，但实际能耗很高，尽管LEED住宅评价体系（LEED for Homes）对住宅面积做了规定，会处罚那些面积超标的建筑但是对建筑高度却没有规定。其他的评价体系也有同样问题。HERS与LEED相仿，根据参照建筑确定评价等级，而能源之星评价体系（ENERGY STAR）类似于Passivhaus，根据建筑面积评定等级。

建筑形态对能耗的影响大于墙体的热阻值、窗户的传热系数或其他热工性能。这就是需要早期检查并仔细推敲建筑形态的原因。建筑形态会主宰建筑能耗，不论墙体的保温性能多么好，采暖系统多么高效，也不论有多少节能设施设在建筑物中。

其成败在于提出正确的问题。不要询问这样的问题："我们应该选择怎样的建筑形状才能满足需要，然后使建筑逐渐变绿？"我们应该扪心自问："怎样才能用一个独特的绿色建筑形态来满足我们的需要？"

如果我们审查很多已经获得认证的建筑，其趋势可能是完全相反的。这些建筑可能声称"我们可以做到绿色，同时与众不同"，获得认证的绿色建筑形态常常是复杂的或者又高又瘦，面积系数很高。通过高效的独立构件，如热阻值很高的墙体、传热系数很低的窗户，这些建筑能够宣称它们不是在"刷绿"（greenwashing），这个词的意思是采用虚假或肤浅的方法来达到绿色。但是这些基本的建筑形态常常是完全无效的。因此除了"刷绿"之外，我们遇到了另外一个风险，我们暂且称之为溅绿（greensplashing），即引人注目的绿色建筑设计名义上是绿色的，甚至会被认证为绿色，但实际上完全无效，因为它们拥有复杂的形体或者在其他方面低效的形态。

核心空间与周边空间
Core Spaces versus Perimeter Spaces

大型建筑，比如巨大的办公建筑和室内商场，中心会形成没有外墙和屋顶的核心空间。这种内部空间全年一般只需要制冷，即使建筑是在寒冷气候区。

当室外空气温度低于室内空气温度时，制冷只需要把室外空气引入室内。一些热泵系统也能把热量从核心转移到周边区域，当核心空间需要制冷，同时周边空间需要采暖的时候，这种热泵系统会在很大程度上提高节能效果。核心主导的建筑特点引起了一系列问题：如果建筑拥有不需采暖的大型核心空间，对于建筑节能真的有益吗？核心部分的建筑面积与周边空间的建筑面积是否存在最佳比例？在经济性方面是否有好处呢？

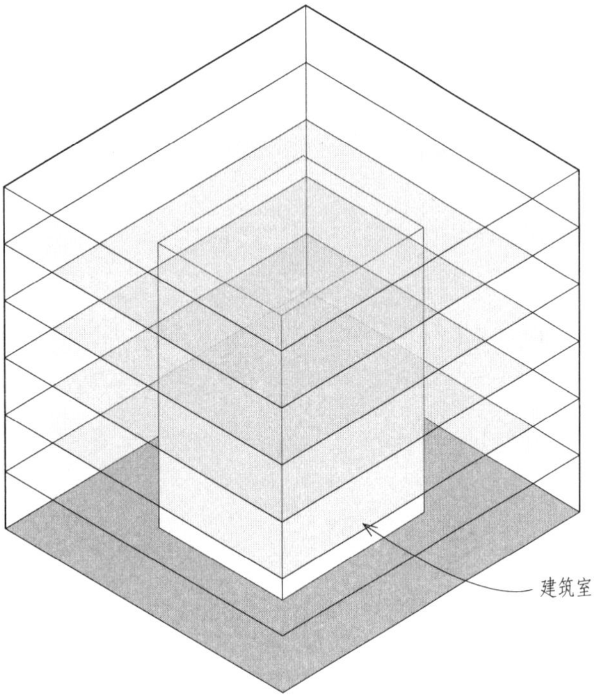

5.26 大型建筑通常会在内部空间中形成没有外墙、楼板和屋顶的核心。

存在这样一个问题，即核心空间产生热量时并非总是周边空间需要热量的时候。周边空间一般只在冬季需要供热，而核心空间却是全年产热的。因为没有阳光并且人工照明和设备使用率降低，所以周边空间夜间需要更多热量，而许多建筑的核心空间，比如写字楼，通常是在白天上班时间产生更多的热量。尽管如此，核心空间产热用于周边空间采暖还是具有很大潜力的。对于一栋特定的建筑，核心与周边空间之间的平衡需要通过能耗模型才能给出明确的分析。

如果能够接受任何特定的绿色建筑都在室内空间设置核心——换而言之，接受没有窗户、没有风景和采光的核心空间，用热泵把核心空间的热量传递到周边——这种核心空间就会很高效。值得一提的是，设有室内核心空间也会降低每平方英尺的建造成本。核心区域不需要昂贵的外部围护设施，而无论是墙体还是屋顶都有保温、抵御天气变化的要求，都需要表皮、窗户和外门等。

那么室内核心空间的面积越大越好吗？答案应该是否定的。如果核心部分的面积增加到周边区域面积的2倍或更大，有些情况就会发生。首先，核心空间产生的热量超过了周边区域的需要量，那么同时制冷和采暖的双重目的优势就不复存在了。其次，当室外温度低的时候，可以提供给核心空间的室外自然制冷就需要经过更大的距离，风扇电机和热泵的次生功率就会增加。最后，核心空间变得很大，建筑物中大多数使用者会失去与室外环境的联系，因为没有自然采光也看不到外面，室内环境质量也会恶化。那么，如果大面积的核心空间能够被接受的话，计算机模拟结果可以有效地解答有关能耗的问题。在某些特定条件下，增加核心面积可能在能耗和经济性方面都获得重要收益。

6

建筑细部设施

Near-Building Features

建筑细部设施包括突出物、雨棚、太阳能板、阳台和百叶窗等构造和装置。很多这样的设施可加以有效利用形成附加的保护层。然而如果使用不当，一些建筑细部设施会无意间增加建筑的能耗。

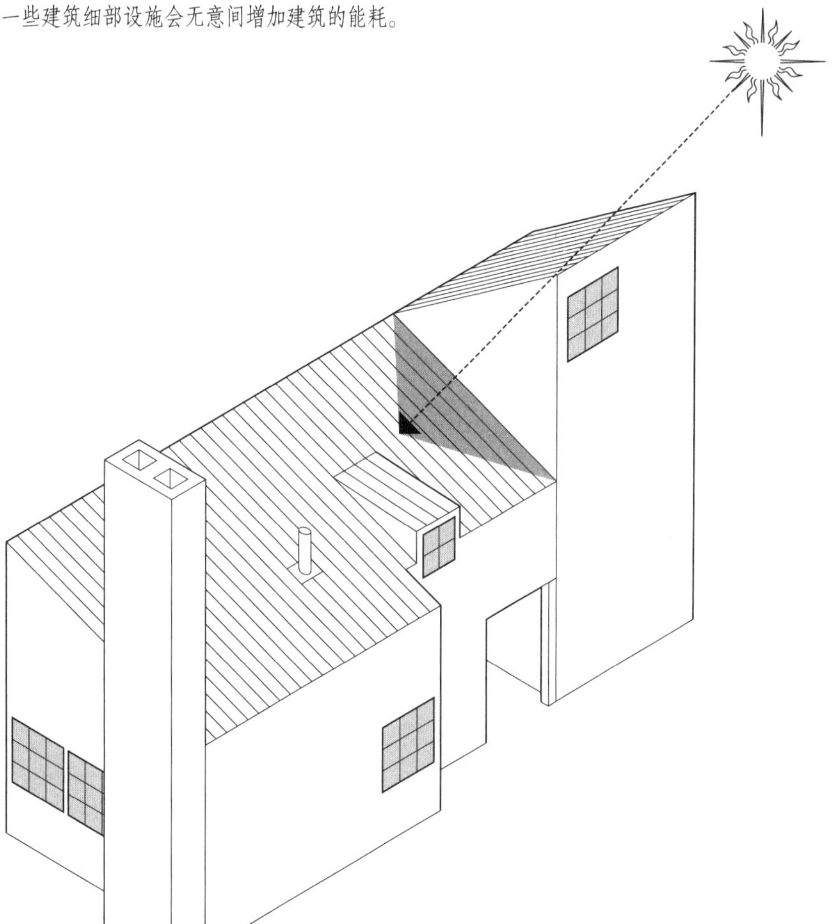

突出物和雨棚　Overhangs and Awnings

突出物和雨棚朝东、南、西三个方向，可以降低夏季的太阳得热，并因此降低空调需要的能耗。如果尺寸合适，这些构件能让建筑在冬季得到太阳的热量，而冬季的阳光是有益的。挑出的构件还可以保护墙体窗户免受雨水侵蚀，保护建筑材料，如木材和某些种类的填缝剂，使它们不会因为暴露于阳光的紫外线下而变质。室外的百叶也有同样的功能。与室内窗帘或遮阳设施遮挡太阳光线相比，室外的遮阳百叶具有更大价值，因为阳光照到建筑之前就被遮住了，而室内遮阳则难以避免阳光已经穿过窗户把热量带到室内。

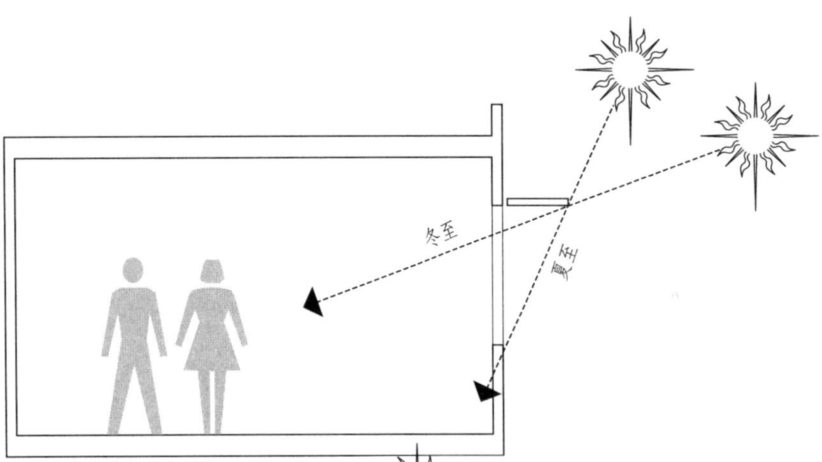

水平遮阳在南向时最有效。

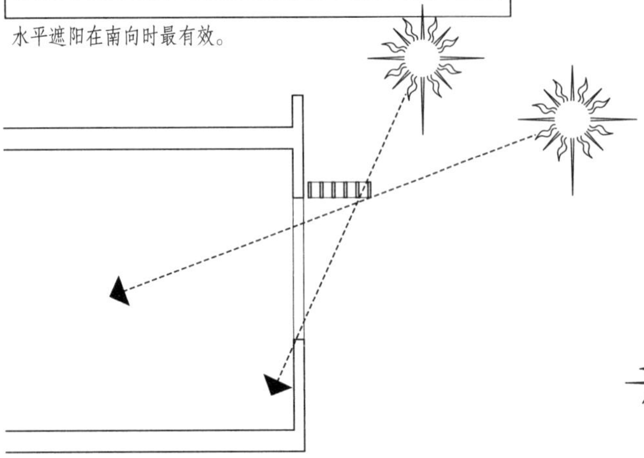

平行于墙面的水平百叶允许墙体附近的空气循环从而减少了传导得热。百叶可以手动也可以自动控制，随着时间或者光电控制而调整以适应太阳入射角度。

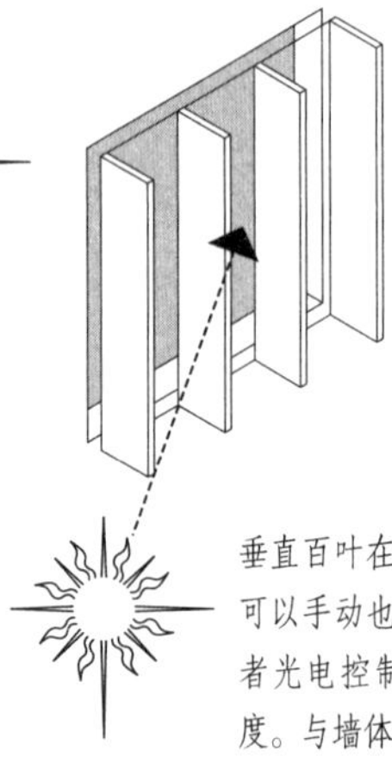

垂直百叶在东西向时是最有效的。百叶可以手动也可以自动控制，随着时间或者光电控制而调整以适应太阳入射角度。与墙体分离可减少传导得热。

6.01 遮阳设施使窗户和其他透明部分免受阳光直射，从而减少眩光和温暖季节过多的太阳得热。

突出物可以用多种方法来确定合理的尺寸，包括数字计算、建筑模型、计算机模拟。下表是不同纬度情况下，48 英寸（1220 毫米）高、朝南的窗户需要的遮阳板深度，目的是保证 8 月 22 日中午时刻，在各纬度都实现整窗高度的遮阳。幸好，在遮阳需求最高的温暖气候区，遮阳板出挑最小。

纬度（°）	遮阳板深度，英寸（毫米）
24	11（280）
32	16（405）
40	26（660）
48	36（915）

东西向遮阳板的深度要大很多，达到 6 英尺（1830 毫米）或更多，超出了可行的限度。不过可以用竖向百叶或鳍装遮阳设施代替，它们能为东西方向提供更为有效的遮阳保护。格架、其他室外构架，甚至植物都是室外遮阳的备选。

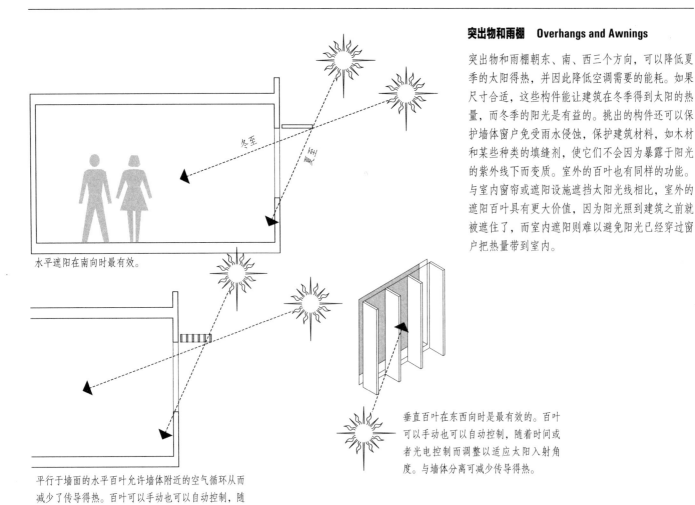

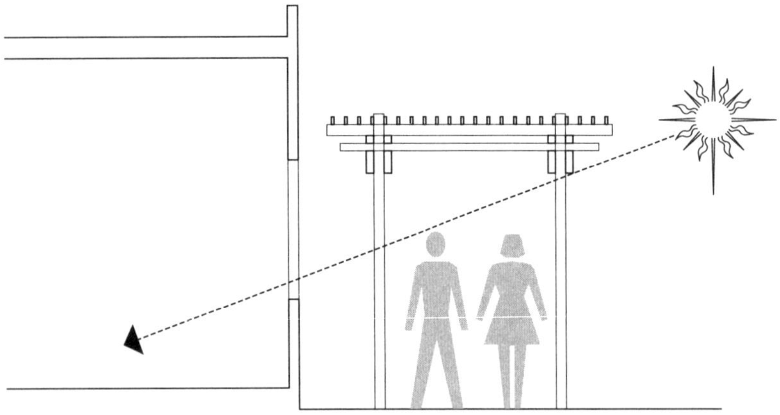

6.02 格架和其他室外构架，如果距离、高度和朝向合适的话，也能提供遮阳，特别是在东、西两个方向，需要大尺度遮阳板的时候。

太阳能板 Solar Panels

太阳能板通常是一个阵列，由太阳热量收集器或光电模块组成。因为我们的设计程序是从外向内的，在完成建筑的屋顶设计之前，必须高度关注太阳能板可能的安装位置。

屋顶是太阳能板的安装地点，这一点顺理成章。建筑内在的结构使得在屋顶安装这类设施比在地面安装更经济，因为地面安装需要独立的基础。屋顶的高度使其不会被建筑物自身、附近建筑、构筑物和植物遮挡。接近屋顶的机会有限，因此降低了太阳能板受到偷窃、破坏和其他损伤的风险。

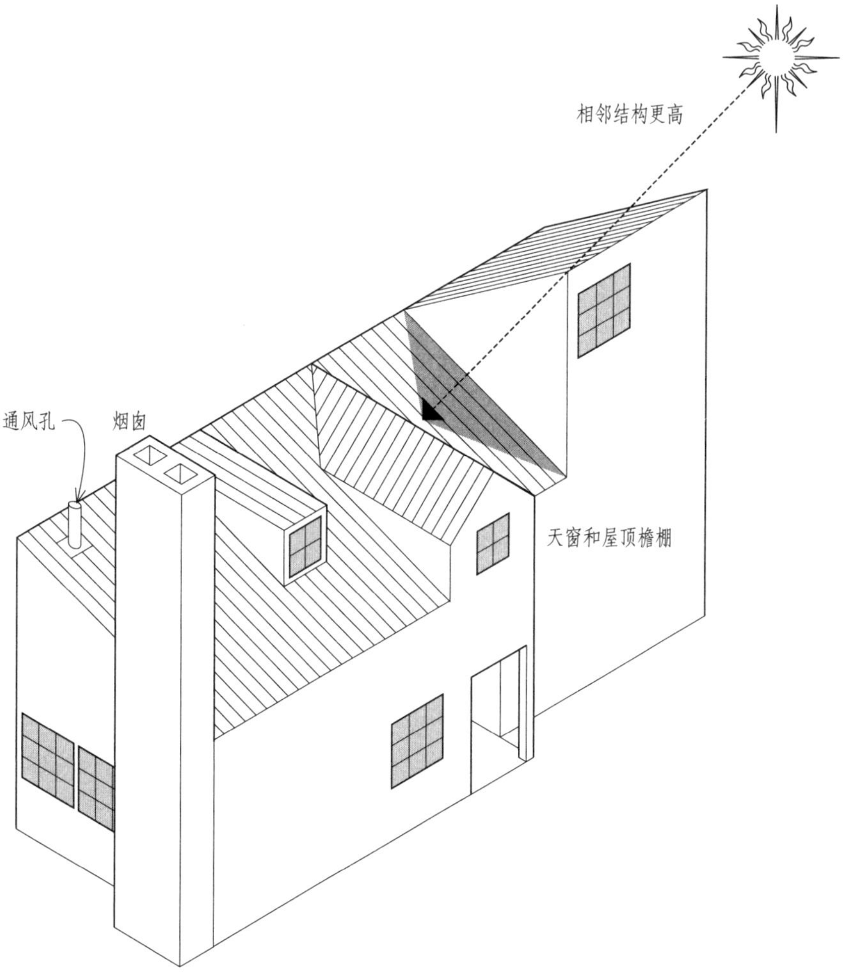

6.03 障碍物会使安装太阳能板最有效的位置受到干扰。

然而，屋顶的设计、建造常常没考虑到安装太阳能板。屋顶朝向与阳光的关系常常不是最佳的。并且，安装在屋顶上的建筑构件，如烟囱、管道和机械通风孔、天窗、楼梯间阁楼、碟形卫星天线等，常常影响安装太阳能板的最有效位置。这些构件会阻碍大面积屋顶连成片，把屋顶分成小块，使得连续安装太阳能板更加困难。有些屋顶连一块太阳能板也装不了。有时候一栋建筑的高起部分会遮挡部分屋面，减少了可以安装太阳能板的面积。

有限的屋顶面积以及屋顶上面的各种障碍常常会限制太阳能系统的性能。大力发展太阳能供能的趋势，甚至零能耗设施的发展趋势，却因为太阳能板安装面积不足而受到严重阻碍。特别是高层建筑，有限的屋顶面积已被认为是实现零能耗建筑的主要限制因素。因此，屋顶上的各种障碍物，在实现净零能耗目标的路上，已经变成严重的阻碍。并且，如果安装人员为了适应有障碍物的屋顶而调整太阳能板的位置，则太阳能板的安装成本就会增加。

屋顶上太阳能板的美学效果同样很重要。如果屋顶不能从美学角度整合太阳能板，许多建筑的业主就会一口否定安装太阳能系统。如果屋顶设计能够从美学方面整合太阳能板，安装太阳能板的概率就会提高，无论是在建设初始阶段还是在未来使用阶段。

屋顶形式粗略地分为平顶和坡顶。常见的坡屋顶形式包括单坡屋顶、双坡屋顶、四坡屋顶、不对称双坡屋顶。还有不常见的折线屋顶和金字塔屋顶。在一栋建筑中常常混合几种屋顶形式。为了容纳太阳能板，屋顶形式需要变革。

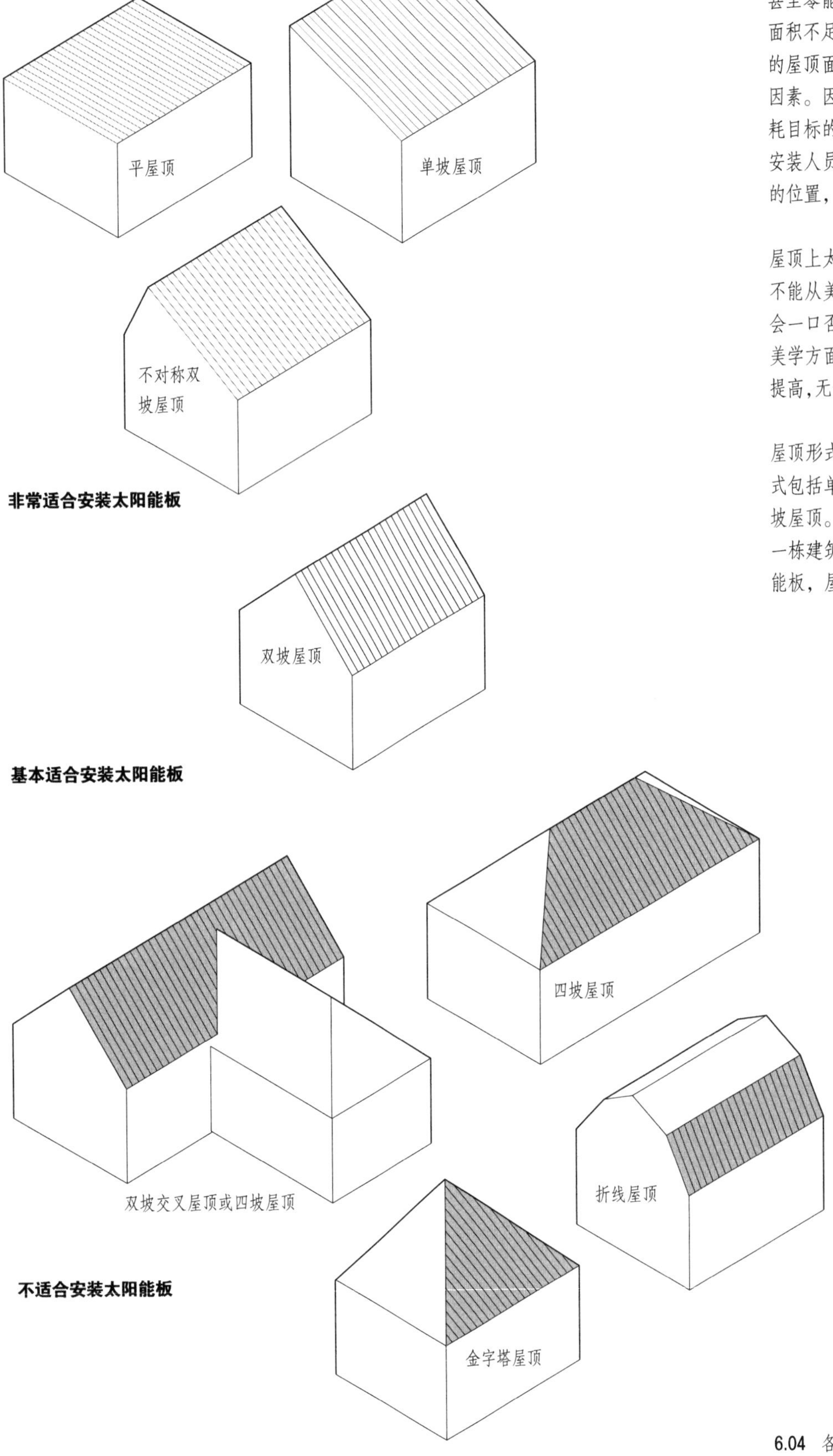

6.04 各种屋顶形式与太阳能板的相对适合程度。

无论是在建造初期还是在未来的某个时段，平屋顶都容易安装太阳能板，并且为太阳能板阵列的朝向提供灵活性。在北半球，朝南的单坡屋顶或主要坡向朝南的不对称双坡屋顶，也易于安装太阳能板。

因此，让屋顶容纳太阳能板的最佳方法如下：

- 选择一种适合安装太阳能板的屋顶设计。适合安装太阳能板的屋顶形式从高到低的优先顺序是：
    - 平屋顶
    - 单坡屋顶
    - 不对称双坡屋顶
    - 双坡屋顶
    - 四坡屋顶

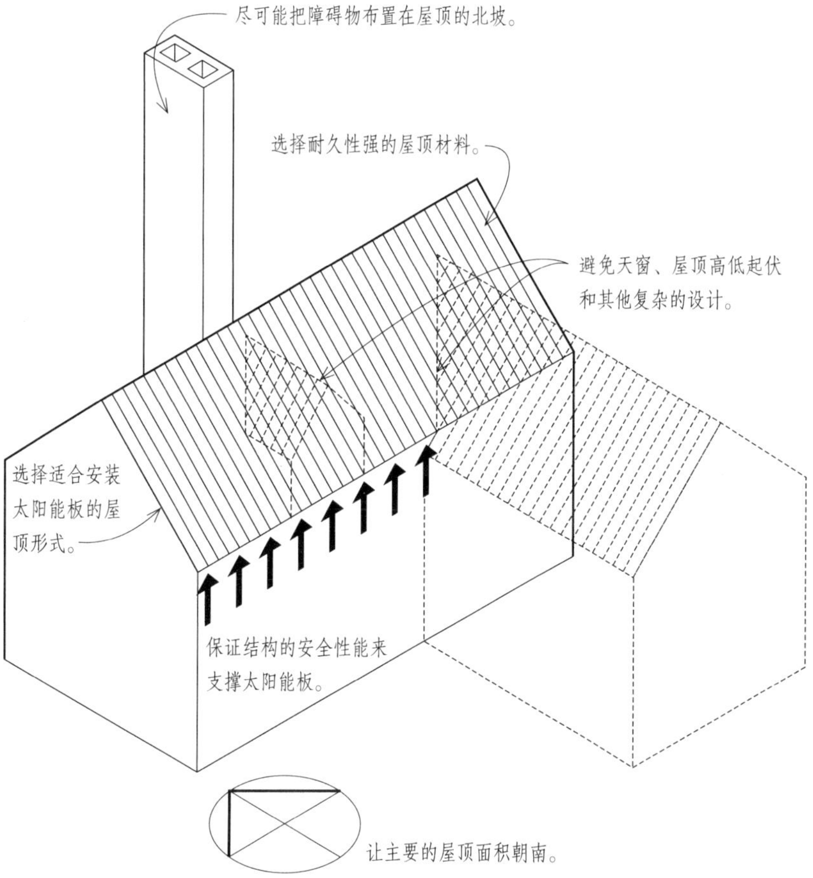
尽可能把障碍物布置在屋顶的北坡。
选择耐久性强的屋顶材料。
避免天窗、屋顶高低起伏
和其他复杂的设计。
选择适合安装
太阳能板的屋
顶形式。
保证结构的安全性能来
支撑太阳能板。
让主要的屋顶面积朝南。

6.05 让屋顶易于安装太阳能板。

- 屋顶主坡朝向赤道（北半球应该朝南）。
- 把屋顶通风管道，如水暖通风井和排风扇，布置在屋顶北坡或者墙上的合适位置。
- 为太阳能板提供连续大面积的屋顶，屋顶通风管道集中布置，减少天窗和其他屋顶突出物。
- 屋顶线尽量简单、方正，避免复杂的屋顶设计，比如起伏变化过多的样式。
- 避免一部分屋顶遮挡另一部分的设计。
- 设计结构牢靠的屋顶，以承受太阳能板的附加重量。
- 选择耐久性强的屋顶材料，避免为了重铺屋顶而移动太阳能板。

太阳能板的倾角或坡度影响其能量输出。根据给定的地理位置，计算机模拟能方便地确定太阳能板的最佳倾角和方位角以获得最大的太阳能年产量。有时候太阳能板的倾角会根据夏季或冬季的最大产能量来确定，以更好地匹配特定月份的建筑负荷。

太阳能电池阵的倾角和朝向要求允许在一定范围内变化。即使不在最佳的倾角和朝向，太阳能板还是会有一定的能量输出的。例如，在最佳倾角加/减 10° 的范围内，太阳能光伏发电系统供能的损失一般低于 2%。然而，明显偏离最佳倾角则会显著降低产能量。在美国北方，竖直方向的太阳能板比最佳倾角的太阳能光伏发电系统年产能量低大约 30%，在美国南方则降低大约 50%。在美国北方，水平方向的太阳能板比最佳倾角的太阳能光伏发电系统产能量低大约 20%，在美国南方产能量降低大约 10%。

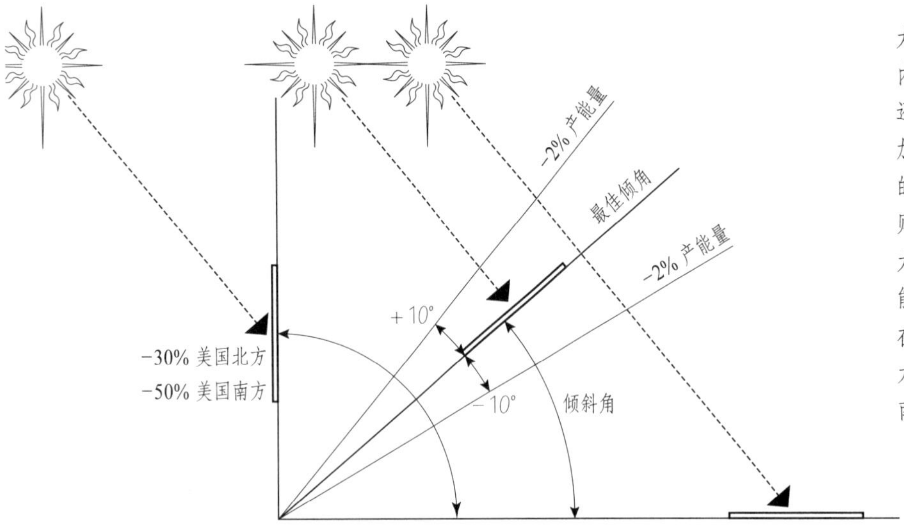

6.06 太阳能板产能量与倾角的关系。

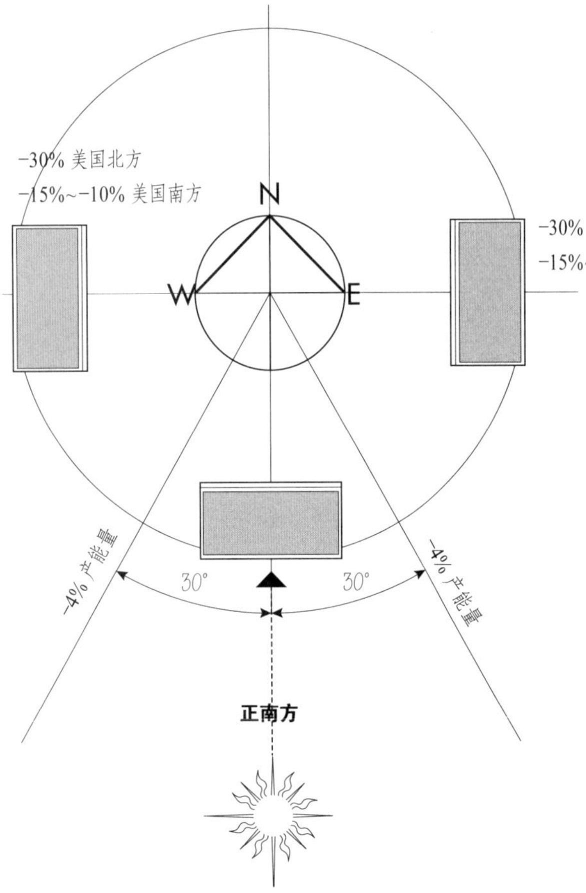

6.07 太阳能板产能量与朝向的关系。

与倾角一样，太阳能电池板的朝向也允许在一定范围内变化。北半球在正南方向加/减 30° 的朝向内，产能量降低不到 4%。在美国大陆的北部，太阳能板如果朝向正东或正西产能量会损失大约 30%，在南方则损失大约 10%~15%。可以通过降低太阳能板朝南的最佳倾角来减少这一损失。

对于有足够面积布置太阳能系统的平屋顶，太阳能板应该找到最佳倾角，以节省材料并实现成本效益的最大化。一排排倾斜的太阳能板需要保持间距，以免遮挡相邻的各排太阳能板。对于给定的地点，通常是根据 12 月 21 号下午 3 点的阴影情况确定间距。对于空间有限的平屋顶，或者为了获得最大产能需要尽可能多装太阳能板的时候，比如为了实现零能耗建筑，往往将单组太阳能板摞在一起，于是就出现了单坡屋顶的形式。这种形式有时难以实现，因为组件太高了。对于一排排倾斜的太阳能板，长方形太阳能板的长边平行于屋顶，比其短边平行于屋顶时，产能稍高。为了保证太阳能板不要过多地高出屋顶，可以选择将太阳能板平放在屋顶上。

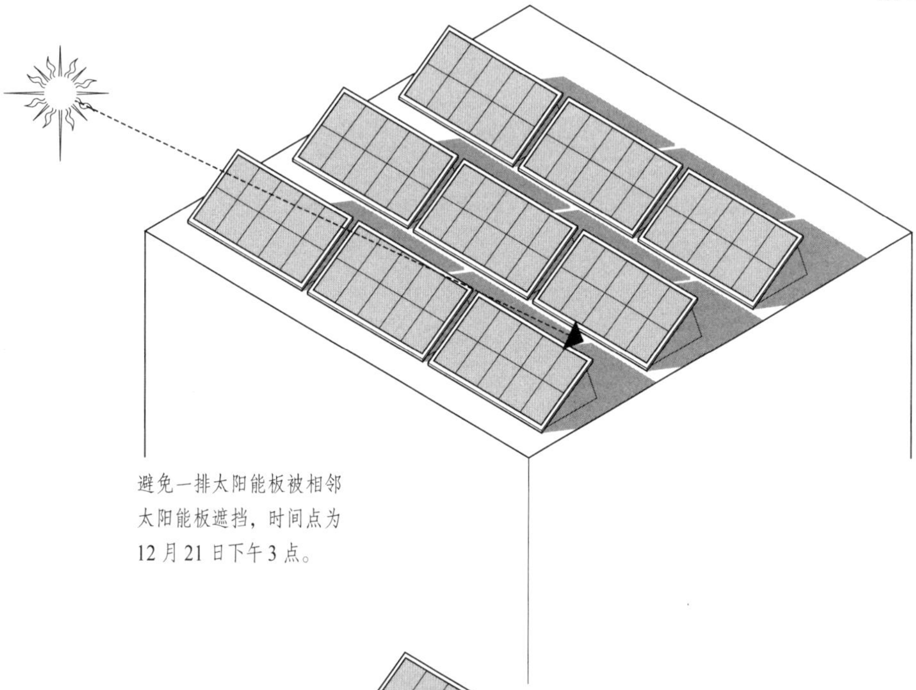

避免一排太阳能板被相邻太阳能板遮挡，时间点为 12 月 21 日下午 3 点。

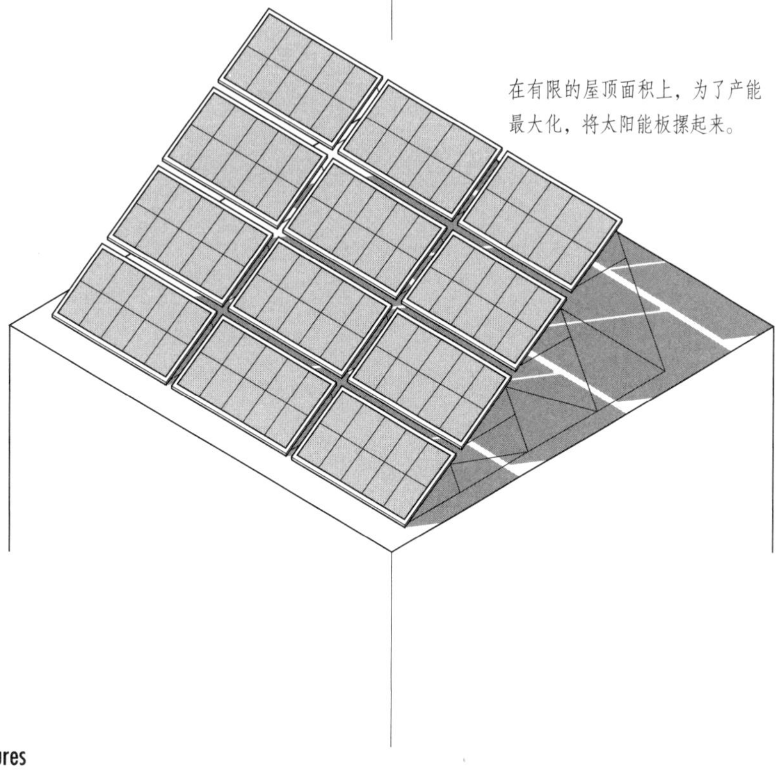

在有限的屋顶面积上，为了产能最大化，将太阳能板摞起来。

6.08 在平屋顶上设置太阳能板。

阳台 Balconies

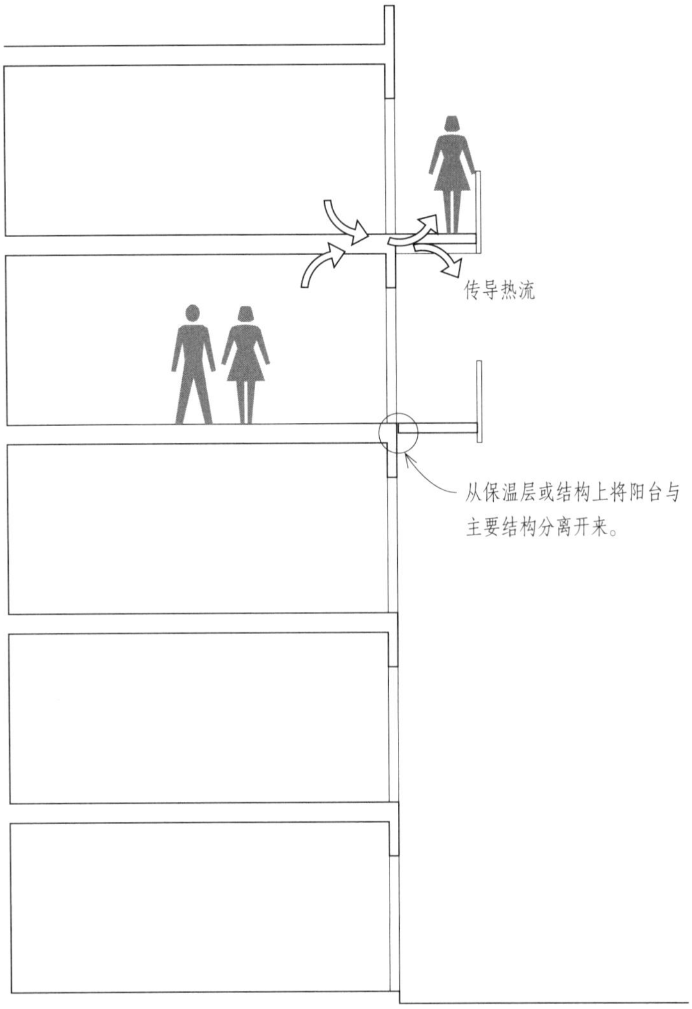

6.09 阳台会借助于毛细作用带走建筑热量。

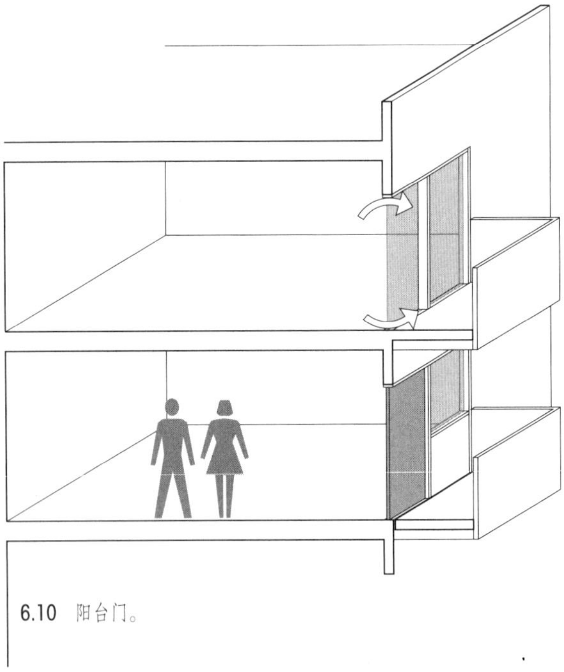

避免大面积全玻璃的双扇阳台门或
推拉门。
考虑用单扇带有保温层的门替代。

6.10 阳台门。

在结构设计完成之前，应当考虑阳台的作用。在热传导领域，阳台可以被看作延伸的表面，增加了热传导的速度，其作用与汽车散热器上的散热片、采暖制冷设备的热交换器相似。有确凿证据显示阳台会引起严重的能量损耗，通过毛细作用在冬季带走建筑热量。从本质上讲，阳台增大了建筑的表面积，引起了热量散失。

我们可以想方设法从保温方面将阳台与建筑结构分开，建筑内部的热量就不会通过阳台的楼板和墙体传导到室外。通过在阳台结构与主要建筑结构之间增加绝缘垫片能够实现热分离，或者采用与建筑主体结构无关的外部独立结构支撑阳台。

阳台常装有大面积的玻璃门，这样的门本身就是建筑的一大弱点。大面积的玻璃推拉门，一般是金属框架，沿着门的周边不仅透风而且其热阻值相对较低，传热系数很高，通过玻璃本身会导致不当的得热或失热。应尽可能考虑使用面积较小的、带有保温层的门通向阳台。

建筑立面 The Building Facade

在从外到内的进程中，建筑立面在绿色建筑的设计中起到核心作用。窗户、窗墙比、门、装饰特征、建筑层高、屋顶线、入口和门厅、室外照明以及从室外看到的内部照明——这些都影响到建筑物显示在外的关键形象。其中很多元素会切实影响到建筑的能耗。在建筑形象的发展进程中，立面的地位与设计结果的关联性极强，一般是建筑理念的重点要素之一。重要的是，早期的建筑效果图通常是在节能设计开始之前完成的。这些效果图会得到业主以及其他权威机构的认可，如获得当地区划董事会的批准，这样就会在评估能量表现之前，使人们期待并接受效果图的形象，因此会阻碍能源优化所致的形象调整。

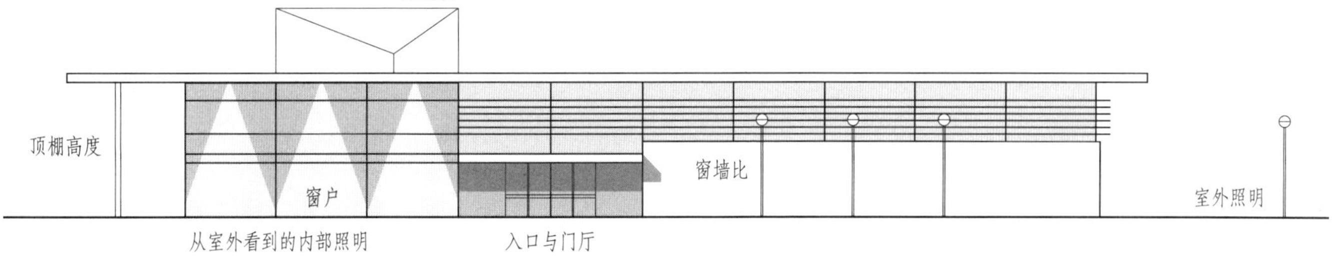

6.11 可以提高或降低能效的建筑立面要素。

对于绿色建筑而言，整合的设计过程会避免在评估建筑能耗表现之前，就确定建筑的立面和最终形象。这使得决策方能够尽早接受一个独特的绿色设计方案。尽早评估立面元素的能耗表现是真正的由外而内的设计，并且代表着一种最为重要的使建筑变绿的方法。

雨水收集 Rainwater Harvesting

关于雨水收集的方方面面应在考虑建筑细部样貌时予以归总。例如，排水沟和落水管需要协调规划，使雨水汇集到一点，最好全部储存以备未来使用，而不是仅仅离开建筑流到排水系统中。如果存水地点在建筑外部，其位置需要仔细考量。关于雨水收集的进一步细节将在第 12 章“热水和冷水”中阐述。

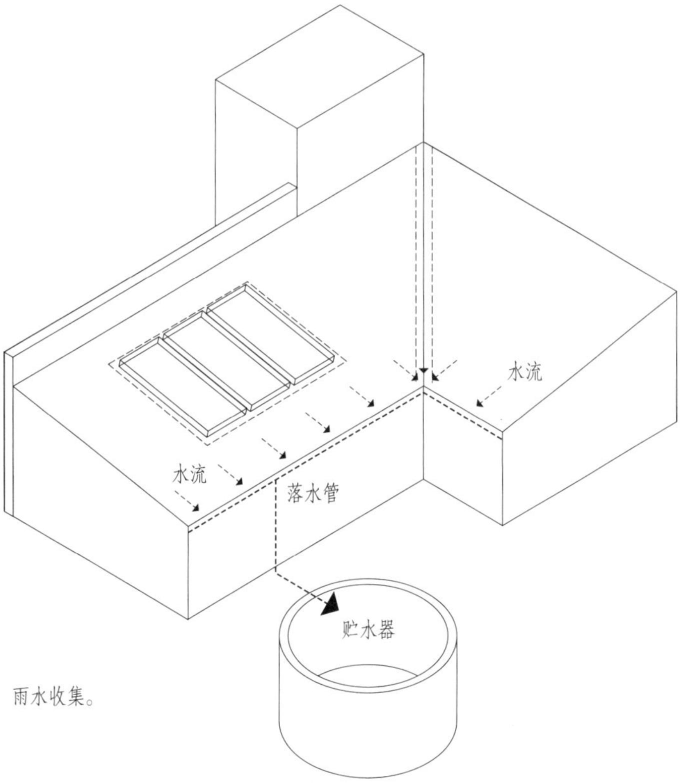

6.12 雨水收集。

屋顶利用 Use of the Roof

绿色建筑有很多设施都需要屋顶。除了传统的安装在屋顶的构件，如采暖制冷设备、排风扇以及屋顶的其他用途，如用作露台和阁楼，很多绿色设施都需要竞争屋顶空间：

- 太阳能光伏发电模块；
- 太阳能集热器和可能的储能构件；
- 天窗和自然光控制器；
- 绿色屋顶上的植被；
- 新鲜空气加热系统。

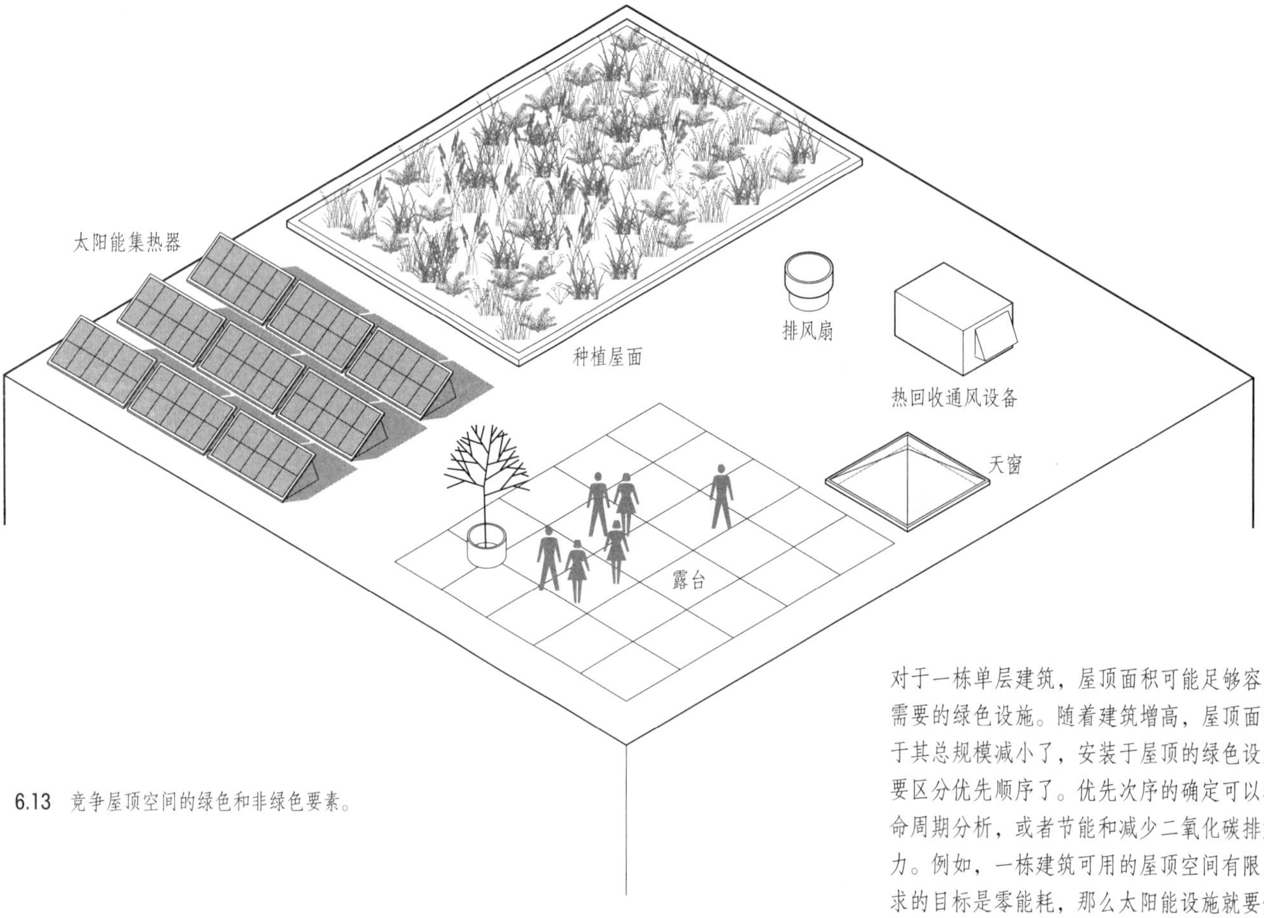

6.13 竞争屋顶空间的绿色和非绿色要素。

对于一栋单层建筑，屋顶面积可能足够容纳所有需要的绿色设施。随着建筑增高，屋顶面积相对于其总规模减小了，安装于屋顶的绿色设施就需要区分优先顺序了。优先次序的确定可以根据生命周期分析，或者节能和减少二氧化碳排放的潜力。例如，一栋建筑可用的屋顶空间有限，其追求的目标是零能耗，那么太阳能设施就要优先安排，因为太阳能设施对节能的贡献较大，然后才是考虑天窗或种植屋面，因为这些措施对节能贡献不大。

非绿色元素，比如阁楼、露台、采暖空调设备等，如果这些设施会占据屋顶，影响实现绿色目标的设施安置，就需要审慎考虑是否可以把它们放在屋顶以外的其他地方。

7

外围护结构

Outer Envelope

“envelope”是指建筑的外围护结构，包括诸如墙体、门窗、屋顶、基础等建筑部件。此外，使用“enclosure”这个词描述建筑外围护结构的人也在增多。

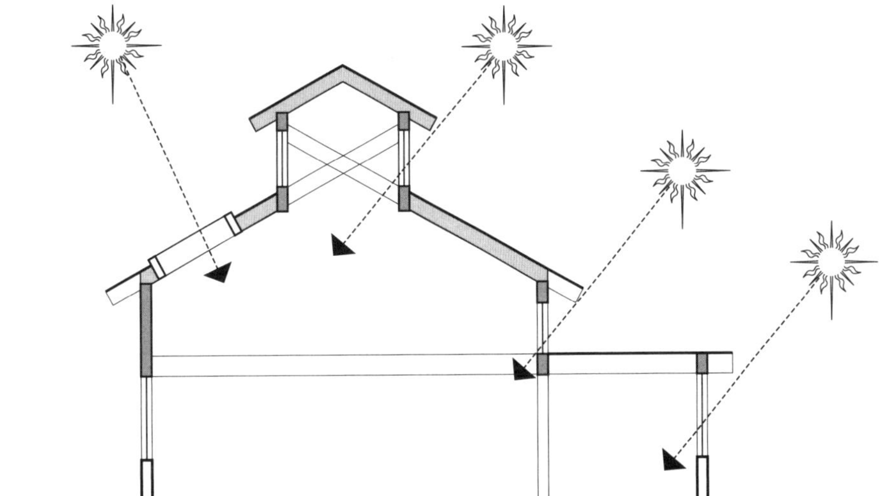

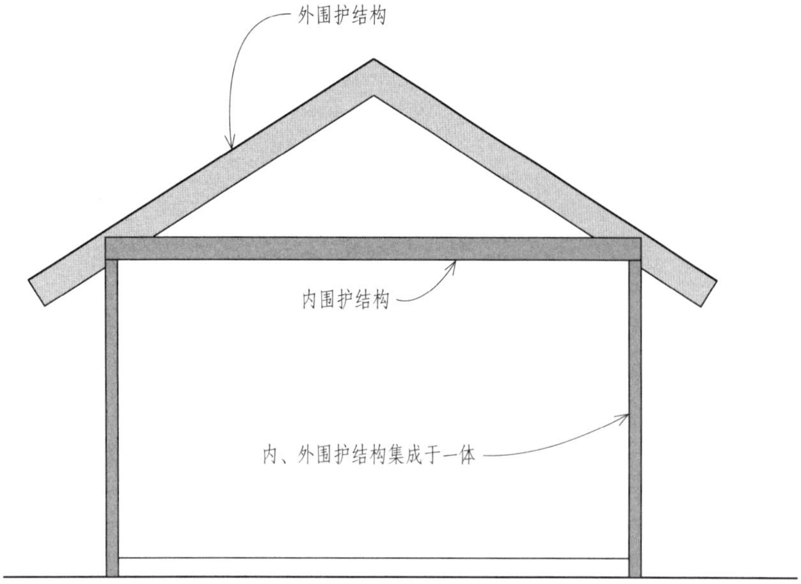

7.01 内外围护结构。

内围护结构与外围护结构
Inner and Outer Envelopes

我们之所以区分内围护结构与外围护结构，是因为建筑通常包含两种围护结构。例如，对于一栋带有阁楼的坡屋顶建筑来说，屋顶层是外围护结构，阁楼楼板则充当了内围护结构。外围护结构包括建筑与外界空气或土壤接触的部件。内围护结构是指那些与人工调节空间(conditioned space)接触的部件。在很多情况下，内外围护结构是集成于一体的，比如很多墙体都是这样。

外围护结构通常是庇护建筑的最重要屏障。由于我们从外而内进行设计，我们不断增加庇护层的数量，使外围护结构在保护使用者不受外界负荷的侵扰时不会太孤立，比如抵御大风和极端温度的影响。同时，我们认识到外围护结构是组成建筑的最重要因素，因此我们想方设法加强这一关键构造层，使其提供的居所能够持久，并尽可能地避免能量散失。

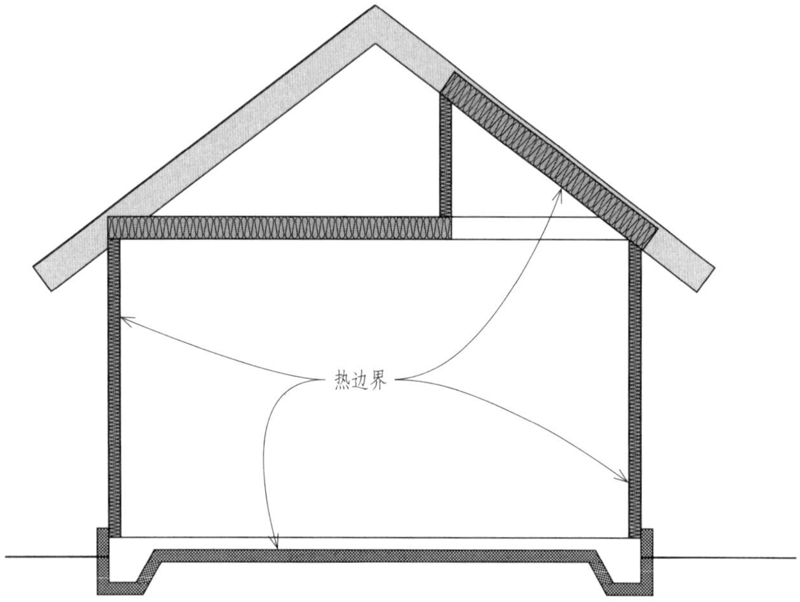

7.02 建筑的热边界。

除了内外围护结构，我们也关注热边界（thermal boundary）这个概念。热边界由敷设了保温层的建筑表面组成。它可以位于外围护结构中，例如敷设了保温层的屋顶；也可以位于内围护结构中，例如敷设了保温层的阁楼楼板；它还可以置于内外围护结构之间。

内外围护结构的同时存在会导致一些迷惑，尤其是当热边界没有被正确定义的时候。我们会探寻几种常见的情境，这些情境导致了热边界定义不清或根本没有热边界的状况。如果我们清晰明确地定义了热边界，就可以使内外围护结构为我们所用，来创造多层次的庇护，有效阻隔外界负荷。

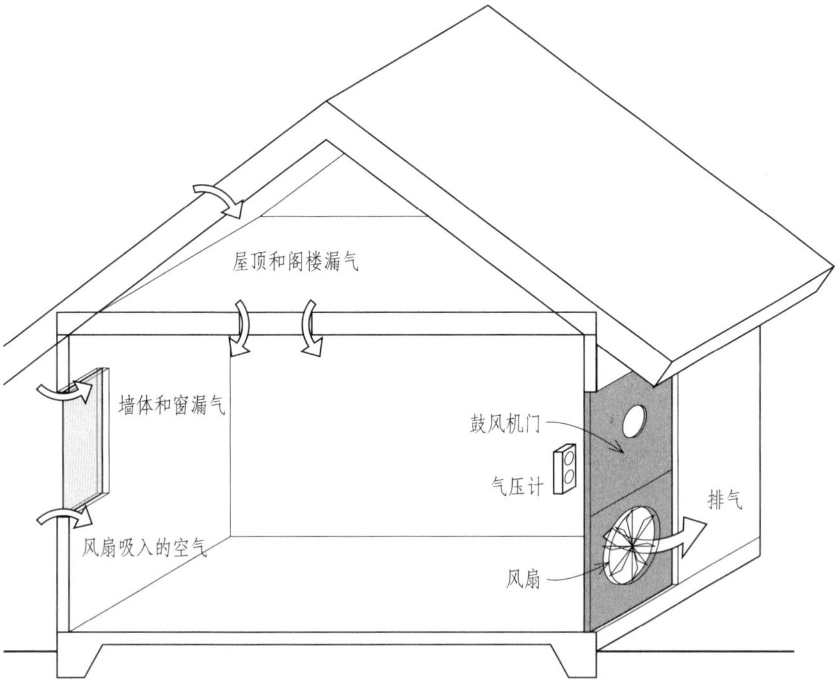

7.03 鼓风门测试。

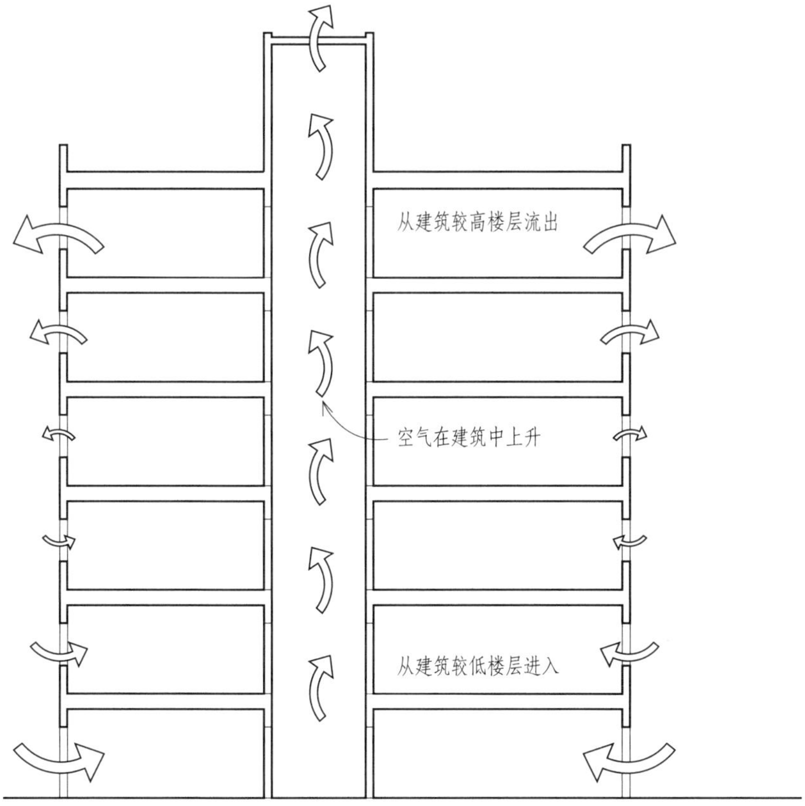

7.04 冬季烟囱效应导致的空气流动。

渗透风 Infiltration

渗透风对建筑能耗的影响很大，它通常被用来描述建筑和室外间的空气交换。虽然“infiltration”这个词的理论定义，是指进入建筑物内部的气流，与“exfiltration”刚好相反，后者是指离开建筑物的气流。不过“infiltration”这个词更倾向于表达进入和离开建筑物的气流，包括同时或交替发生的情况。近年来，人们对渗透风的原理及其对建筑能耗的影响有了更深入的了解。鼓风门测试（blower door test）可以对一栋建筑进行加压或减压，从而能够量化渗透风的数值，确定其发生的位置。鼓风门测试已经被广泛用于独栋住宅（single-family home）的气密性测试，偶尔也用于大型建筑，通过鼓风门测试获得的规律适用于所有建筑类型。

鼓风门测试提供的信息在评估过程中易于理解。当鼓风机门对建筑进行减压时，可以感到建筑周围的室外气流通过门、窗框、电源插口、通风格栅、照明设备、墙板接缝、排气烟道、管道及穿线部位冲入室内。

近年来，人们对烟囱效应有了更多的认识，它是渗透风的一个重要动力，冬季气流从建筑较低的楼层进入，通过烟囱效应上升到较高的楼层排出。在开启空调制冷的建筑中，烟囱效应也可能逆向发生。尽管在高层建筑中烟囱效应最为明显，但是在两层建筑甚至带地下室的单层建筑中烟囱效应也会发生。冬季，轻微开启地下室或首层的窗户时，可以感受到冷空气流入。

烟囱效应不是渗透风的唯一动力。风压也是导致渗透风的重要因素。而且，即便没有风或烟囱效应，渗透风也会发生在许多建筑的裂缝和开口处，这是因为建筑中的气流受到多种压力变化的驱动，例如排气扇、通风进气系统、管道加热和冷却系统，甚至开关门窗。

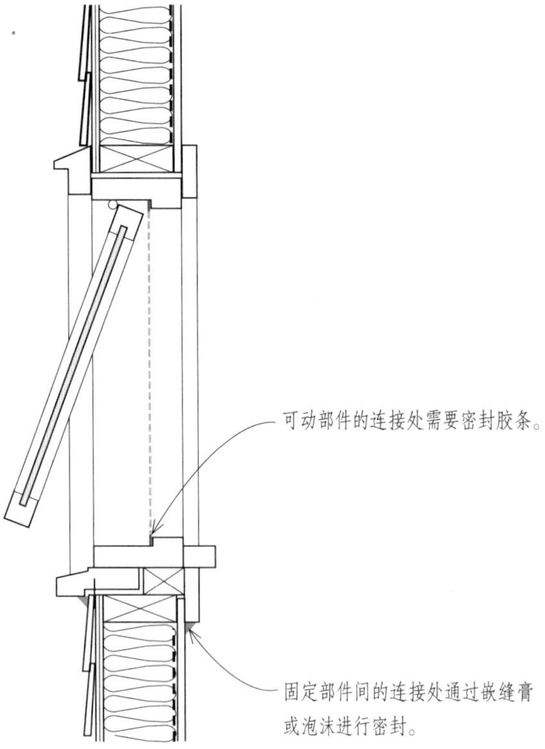

7.05 两类需要密封的连接处。

渗透风会发生在建筑的许多部位，即便是一栋看上去设计良好、施工精细的建筑。窗户和门是渗透风的两个重要源头，它们代表了两种不同的渗透风模式。第一种模式是气流通过可以活动的部件，例如旋转门、双悬窗的窗扇。门窗扇在框架内的可动性为渗透风提供了天然的机会。第二种模式是气流通过门窗框与墙体之间的缝隙渗入，这些缝隙通常都用塑胶进行封堵。第二种模式下的渗透风是在固定部件之间发生的。

对于这两种不同的模式，阻止渗透风的方法是不同的。一方面，阻止可动部件间的渗透风，在密封时需要保证部件的可动性，如密封胶条（weatherstripping）。密封胶条有许多形式，如弹簧金属（spring metal）、V 形胶条、各种封闭门窗的泡沫胶条。另一方面，固定表面之间的渗透风问题，比如窗框与墙体之间的缝隙，可以用嵌缝膏或泡沫等材料填实，这类材料不需要保证建筑构件的活动性。

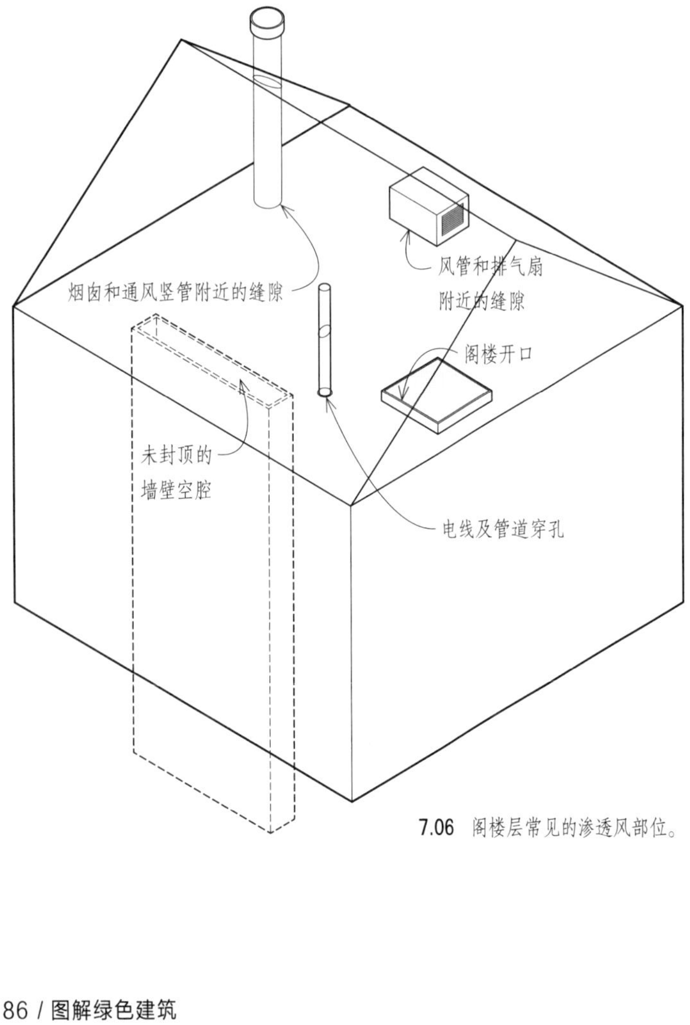

7.06 阁楼层常见的渗透风部位。

阁楼层是另一类常见的渗透风部位，包括阁楼开口、未封顶的墙壁空腔、照明凹槽附近的缝隙和裂口、烟囱、通风竖管、风管、排气扇、穿线以及消防喷管。

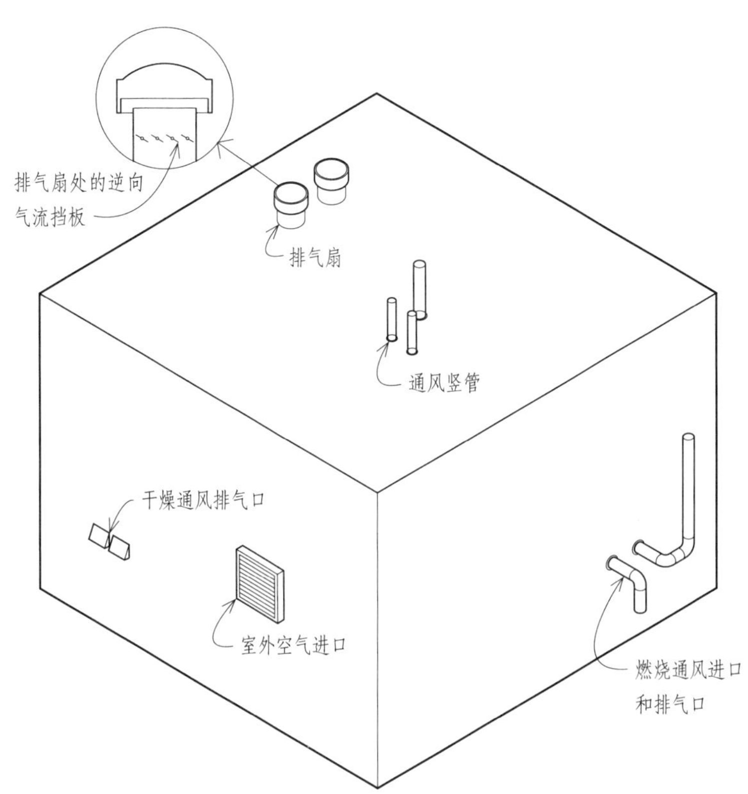

7.07 建筑围护结构上有意设置的开口。

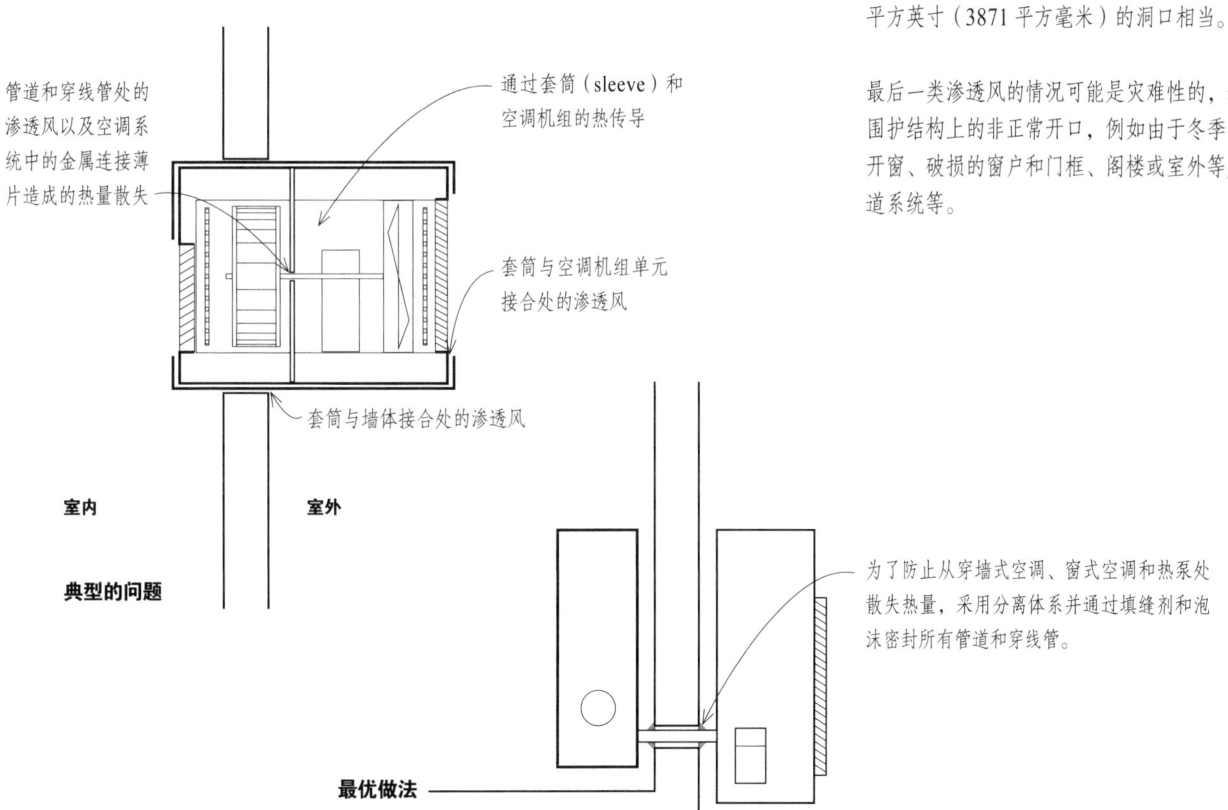

7.08 房间空调设备造成的热量散失和渗透风。

建筑围护结构上有意设置的让空气或其他气体通过的开口，是另一类渗透风发生的部位。这些开口包括壁炉、柴炉烟囱（wood stove chimney）和其他燃烧通风口、衣物干燥通风口、排气扇通风口及通风进气管道。当这些设施不在使用状态时，便成为渗透风发生的场所，应该对其进行控制。

这些开口有的会设置风挡板（damper）来减少渗透风的发生，但是它们通常密封不严。这些逆向风挡板通常只能阻挡一个方向的气流，却允许其他方向的气流通过。通常，风挡板允许气流通过的方向和烟囱效应作用的气流方向是一致的。因此，即使关闭了风挡板，这些挡板也会无意间打开让空气流出建筑。

墙体内部与墙体周边是渗透风发生的另一个微小却很常见的部位。空气会从板壁材料的裂缝中进入，在隔气层中密封不实的接缝、面板（sheathing）的缝隙、框架构件间的多孔保温材料中流动，通过电源插座、开关或内墙的缝隙和孔洞进入建筑。气流会从墙体顶板和墙体基础上的架空底板（sill plate）进入建筑内部，会从分体式空调或热泵系统的外墙穿墙管道中进入建筑，这些部位被管道保温材料或设备自身遮挡。穿墙式空调和窗式空调是空气泄漏特别严重的部位。有研究表明这类空调一个典型单元的透气量与一个6平方英寸（3871平方毫米）的洞口相当。

最后一类渗透风的情况可能是灾难性的，这就是建筑围护结构上的非正常开口，例如由于冬季室内过热而开窗、破损的窗户和门框、阁楼或室外等处破损的管道系统等。

热桥 Thermal Bridging

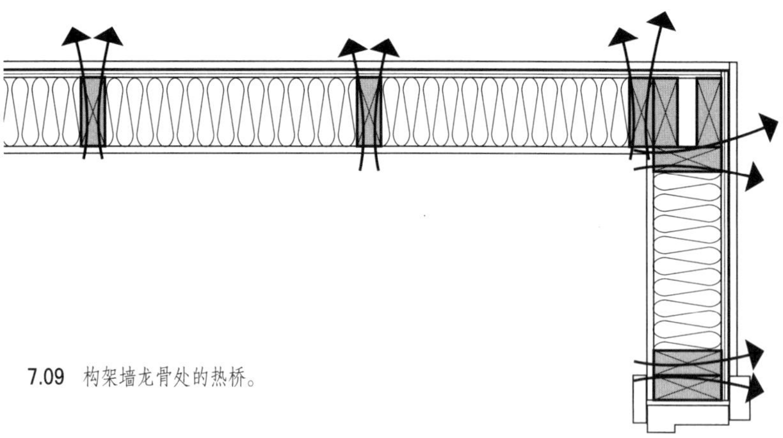

7.09 构架墙龙骨处的热桥。

热桥是一个近年来在建筑构造领域备受关注的问题。热桥是指刚性非保温材料穿透保温层的情况，热量可以通过热桥在建筑室内、空调房间与室外环境间传递。热桥最常见的例子是构架墙（frame wall）或屋面中的木质或金属龙骨。已经证实，热桥会使木框架墙体的热阻值降低10%，会使金属框架墙体热阻值降低55%。

另一类热桥包括过梁、墙体窗台板和顶板、支撑外墙的结构梁和混凝土板、座角钢、承重墙升起形成的女儿墙、阳台和门廊、基础底板和墙体的许多细部。

当我们讨论外围护结构的时候，要将渗透风和热桥的问题谨记在心，思考将两者影响最小化的方法。

连续性与不连续性 Continuity and Discontinuities

由渗透风和热桥导致的热传导，让我们了解到热边界连续的重要性。要达成热边界的连续性有很多障碍。建筑是通过将许多部件联系在一起而构成的，这些部件的每一个连接处都有可能不连续。围护结构也要被门窗、管道、电线打断，这些均可能导致围护结构的不连续。

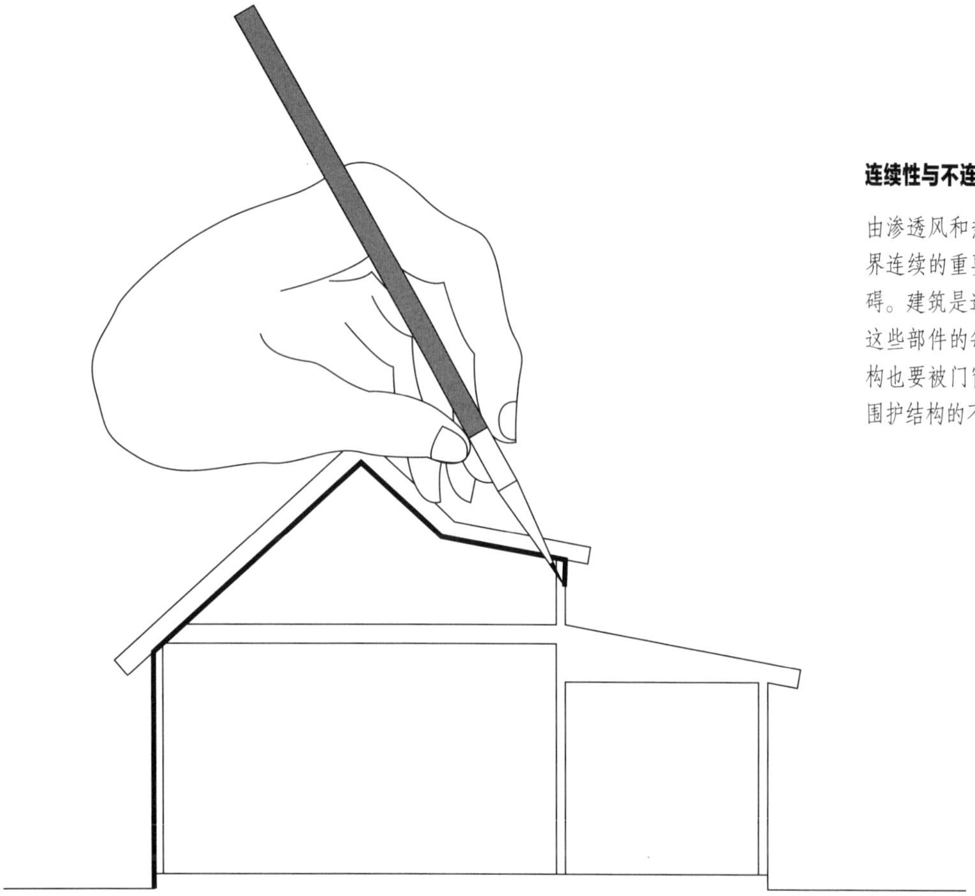

7.10 设想我们在一张白纸上勾勒一栋建筑的剖面时，我们应该能够沿建筑边缘不抬笔连续地画出一条不被渗透风的空隙和热桥所打断的路径。

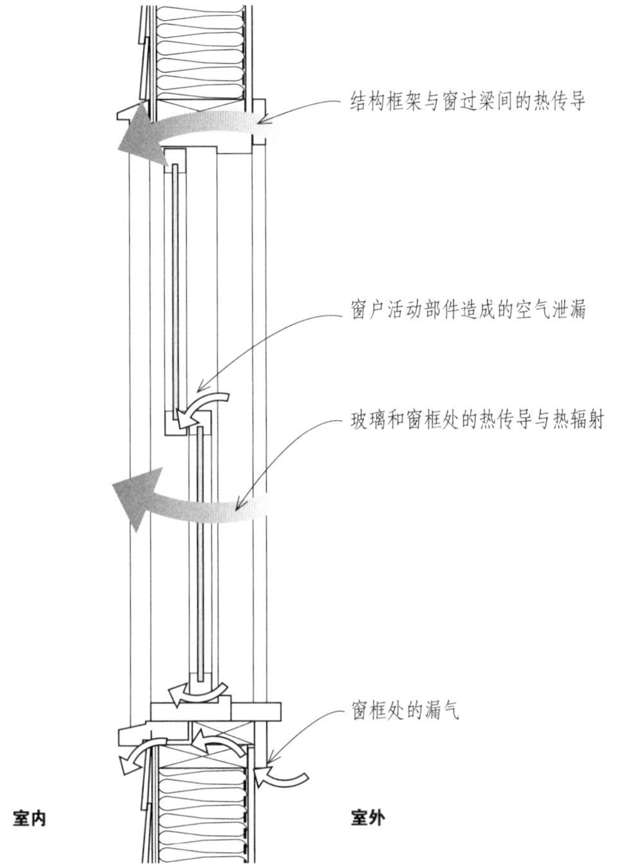

7.11 通过窗户的热量散失和渗透风路径。

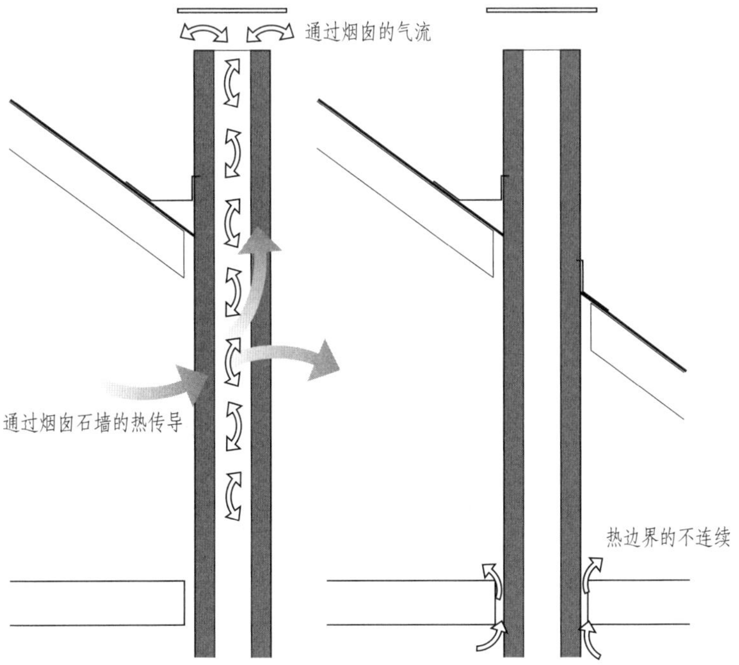

7.12 烟囱位置造成的潜在不连续性。

而且，建筑中任何一处贯穿，无论是门窗、阁楼开口、嵌入灯槽还是任何其他不连续的部位，都会为能量散失提供多种路径。例如，窗户不仅仅通过玻璃的热传导散失热量,还会通过以下方式散失热量:玻璃表面上下的热对流、窗框的热传导、墙体框架（wall framing）与窗过梁的热传导、窗扇与窗框间的漏气、窗框与建筑间的漏气、框架与墙体空腔间的漏气、室内和室外间的辐射散热等。此外，误开的窗户、破损和破裂的窗户、开启或破损的防风窗（storm window）都会导致无意间的能量流失。

另一类常见的不连续是由传统的石砌烟囱造成的。如果烟囱位于墙体外部，热量不仅会横向通过墙体从室内传导至室外，还会竖直地通过屋顶传导至室外。烟道也会造成不连续性，冬季，室内温暖的空气通过烟道上升流出建筑，室外冷空气则下降流入室内。如果烟囱位于建筑内部，由于要向上贯穿楼层和屋顶结构，需要清除烟囱周边的可燃性材料，这将导致热边界的不连续。

这些不连续性所导致的能量散失将会随着时间而增加。我们仍然以窗户为例。窗户本身并不十分坚固，随着窗框的固定和移动、窗口嵌缝（window caulking）的干燥和开裂、由于重复开启和关闭窗户而松动的密封胶条、双层或三层玻璃中的气体泄漏和封边条破损，通过窗户散失的能量越来越多。类似的情况同样发生在门和其他可移动表面的开口，例如阁楼开口就经常会变形或破损。甚至一些没有可移动构件的部位也会因为破损而导致不连续性，例如墙体或阁楼贯穿部位的裂缝。一旦建筑物中出现裂缝和孔洞，它们就会随着变动而逐渐加大。

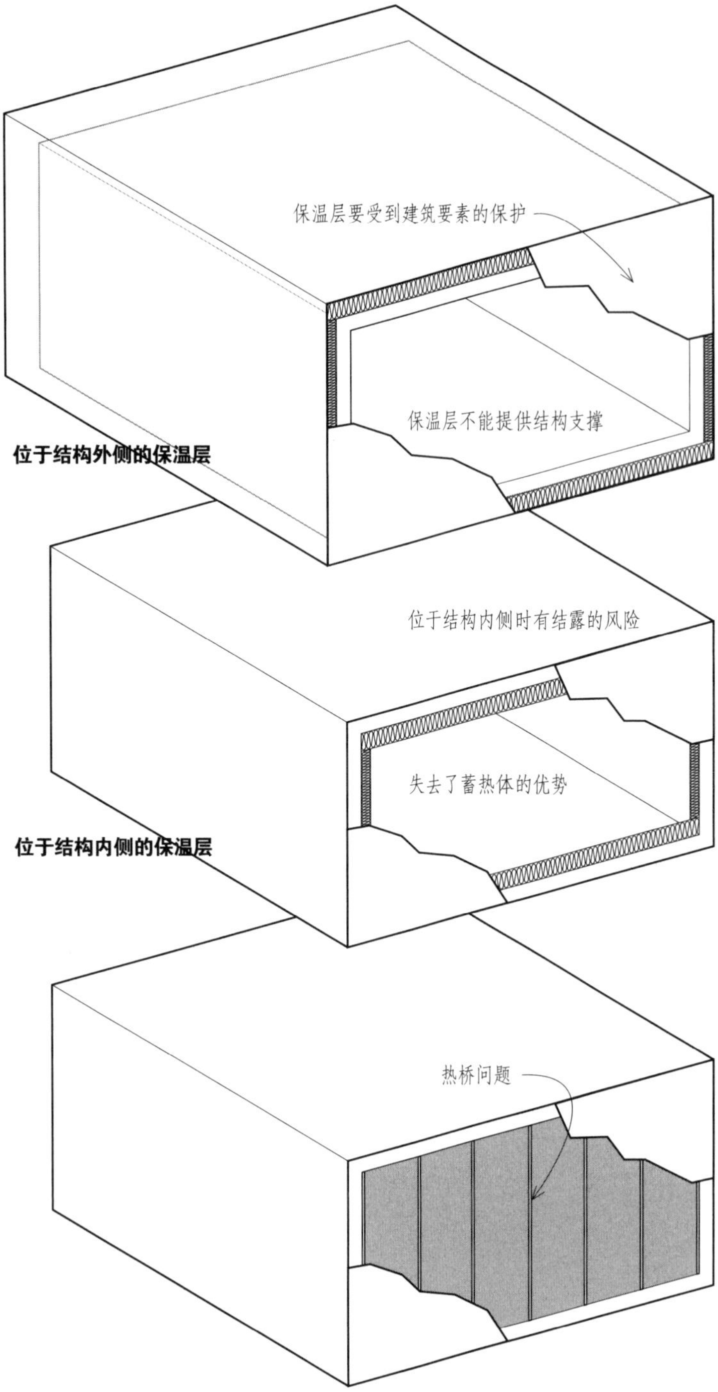

7.13 保持热边界连续性的拓扑问题。

外围护结构的许多部位，保持连续的热边界会遇到空间上的挑战。它几乎是一个拓扑问题（a problem of topology），是关于空间表面及其连接的数学研究。保温层一般不是结构材料。保温层不具有足够的承重、抗剪和抗风等结构特性。出于许多原因，比如控制湿度、保证蓄热体（thermal mass）在热边界之内的需要，我们希望保温层位于建筑外侧。但是，当保温层位于建筑外侧时，它就不能得到建筑要素的保护，并且必须经过曲折的路径才能完全包围建筑，因为建筑物有基础、墙体、屋顶和多种突出的构件，比如女儿墙和门廊。

我们可以将保温层移到建筑内侧，但这样我们就会失去蓄热体在热边界之内的优势。我们还必须注意墙体或屋顶内水蒸气凝结而导致的潮湿问题。我们可以在某些部位将保温层设置在内侧（例如屋顶），在另一些部位将保温层设置在外侧（如墙体），不过在多个表面相交的时候，我们将面临挑战。我们可以将保温层设置在结构构件之间，如轻型木结构和轻型金属结构（light-gauge metal frame）建筑中常用的方法，不过能量会通过热桥流失。

最后，我们可以将保温层连续地敷设在面层或壁板与建筑主体结构之间，这种做法在低层建筑和高层建筑中均获得认可。但是仍要特别关注保持保温层的连续性，这在各种结构贯穿处（structural penetration）及墙体—屋顶、墙体—楼板、墙体—基础交界处都是挑战。

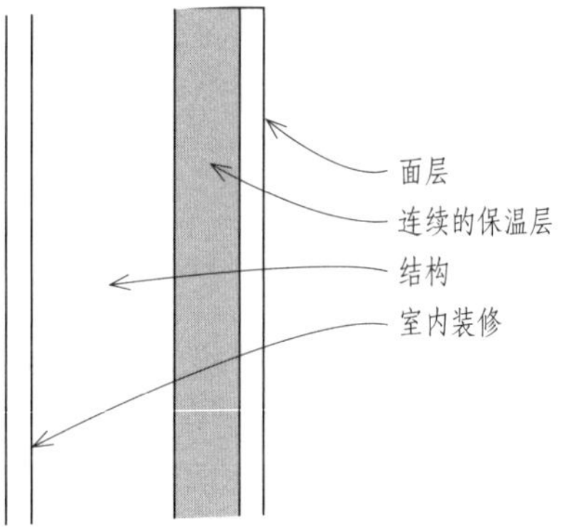

可能的解决方案

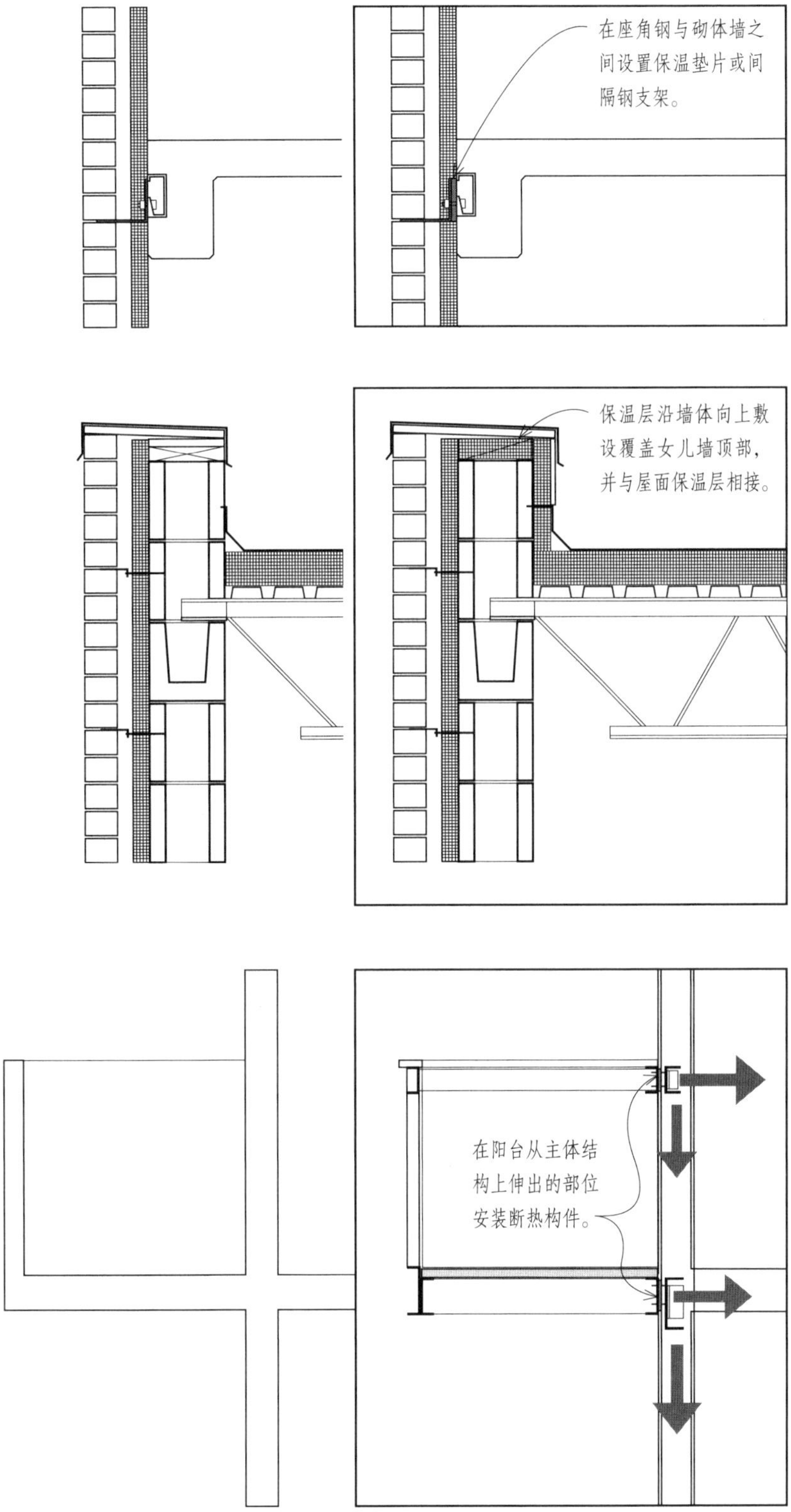
在座角钢与砌体墙之
间设置保温垫片或间
隔钢支架。
保温层沿墙体向上敷
设覆盖女儿墙顶部，
并与屋面保温层相接。
在阳台从主体结
构上伸出的部位
安装断热构件。

7.14 减弱或消除砌体墙热桥的方法。

墙体 Walls

砌体墙 Masonry Walls

对于低层和高层建筑，砌体墙经常使用混凝土砌块（concrete masonry unit，简称“CMU”）作为主要结构材料。各种面层材料用于保护建筑外部，如砖、石、灰泥、赤陶土和金属壁板（metal siding）。同样地，建筑内部也使用各种室内装修材料，如木质或金属龙骨表面的石膏板和内垫条（furring strip），有些情况下，混凝土砌块直接裸露在室内。

高性能混凝土砌块比传统混凝土砌块轻 40%，热阻值在 2.5~3.0 之间，热阻性能比传统混凝土砌块高 30%。如果用珍珠岩或其他保温填料进行隔热处理，高性能混凝土砌块的热阻值可以达到 7~10。

以下情况可能导致砌体墙发生热桥，但每种情况均可以被减弱或消除。

- 座角钢用于支撑墙体面层，例如砖，为热桥提供了途径。一种提高其保温性能的方法是在座角钢和主要的混凝土砌块间设置保温垫片或间隔钢支架（spaced steel standoff）。
- 当砌体墙高于屋檐线形成女儿墙时，女儿墙本身成为热桥，因为它位于外墙刚性保温和屋面保温之间，而屋面保温在抵达墙体的位置终止。一种提高其保温性能的方法是将墙体保温层延续至女儿墙顶部，然后往下与屋面保温层相接。女儿墙顶部被覆盖在连续保温层上的盖板保护着。
- 任何贯穿热边界（thermal barrier）的结构钢都是热桥。一种提高其保温性能的方法是用不锈钢代替普通的碳素钢，因为不锈钢的热传导性能低于碳素钢。另一种方法是在任何一个贯穿的结构钢外表面都做上保温层。
- 阳台等外部结构会打断保温层的连续性。一种提高其保温性能的方法是用外部支撑，避免其与主体建筑的结构和保温层直接相连。另一种方法是在阳台结构与主体建筑结构之间设置保温垫片（nonconductive spacer）。

对于砌体墙，在主要墙体外侧、面层或壁板内侧设置保温层效果最好。这样可以保证蓄热体在保温层之内，可以更好地适应温度变化并起到储存热量的作用。此外，还能降低寒冷气候条件下的结露风险。如果将保温层设置在主要墙体的内侧，在寒冷气候条件下墙体内表面有可能温度很低，当遇到从保温层透过的湿热空气时，就会导致空气中的湿气在低温表面上结露。

砌体承重墙与面层之间的保温层通常是刚性的。保温层的类型和厚度首先是由能源规范决定的，其次作为增值投资，可以通过增加保温层厚度来降低能耗。

通过在砌体墙内侧的龙骨间固定石膏板使墙体内部空腔绝缘，可以形成第二层保温层。在外墙已经设置保温层的情况下，墙体内侧温度不会很低，因此设置第二层保温层不会出现结露的风险。虽然轻钢龙骨或Z形槽式金属龙骨（Z-channel）常被用作龙骨框架，但是也可以考虑使用热传导性更低的木龙骨。内部空腔常用于室内装修和电线走线，无论使用棉絮或是刚性保温层，增加第二层保温均是很好的做法。在混凝土砌块中填充保温材料是第二层保温的另一种类型。

刚性保温层是砌体墙的主要形式，保温层接缝处的封堵十分重要。封堵有助于阻止空气在墙体中的流动，并可以阻止渗入外墙面层的水分。

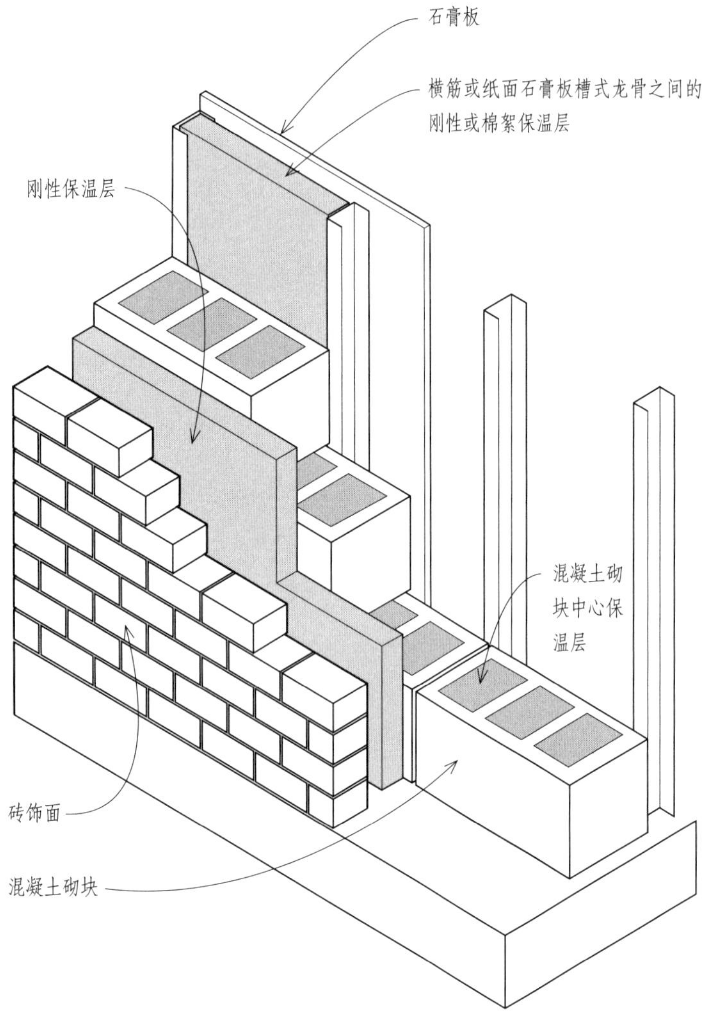

7.15 砌体承重墙保温层。

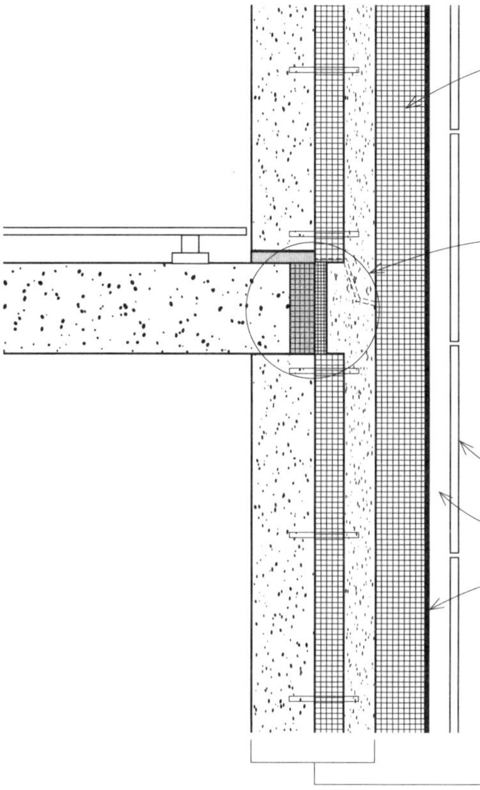

7.16 提升混凝土夹芯板建筑的保温性能。

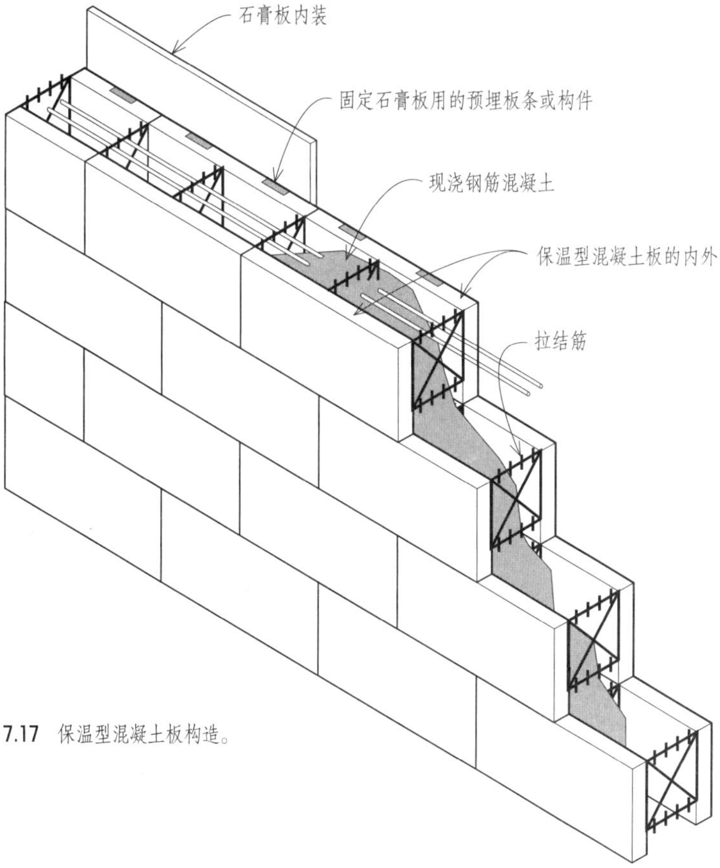

7.17 保温型混凝土板构造。

浇筑混凝土墙体 Poured Concrete Walls

浇筑混凝土墙体有多种形式。它们可以是预制的，或是在建造现场水平浇筑然后吊起，抑或是现浇成型。与砌体墙一样，它可以有各种室内装修和外表面层系统，也可以完工后裸露表面。

承重混凝土夹芯板是一个绿色的选择，它是在刚性保温层两侧夹上预制混凝土薄板，通过一系列断热连接件绑固到一起。这样的装配组件重量轻、耐久性好、防火性能好。为了保证保温层的连续性，防止成型过程中发生热桥，保温层的边缘必须全部都保持连续。

值得一提的是，混凝土夹芯板与设有保温层的砌体空腔墙是类似的，混凝土夹芯板的两层混凝土板与砌体墙的两皮（wythes）类似，混凝土板夹的刚性保温层与砌体墙空腔中的刚性保温层作用相同。某些施工中，还会在夹芯板的外侧加设一层保温层并敷设面层。

浇筑混凝土的另一种形式是保温型混凝土板（insulated concrete form，简称“ICF”）。保温型混凝土板与混凝土夹芯板相反，它不是保温层夹在两层混凝土板之间，而是混凝土板夹在两层保温层之间，例如发泡聚苯乙烯泡沫板（expanded polystyrene foam，简称“EPS”），同时充当混凝土浇筑成型的模板。同样，保温型混凝土板内侧可以进行装修，外侧也可以有各种类型的面层。石膏板是一种典型的内装，它可以固定在内侧保温层中预埋的构件上。保温型混凝土板的一个好处是内侧保温层不存在由板条或龙骨引起的热桥。连续的现浇混凝土墙体也保证了热边界的连续性。

木框架墙体 Wood-Frame Walls

传统的轻质木框架使用轴线间距 16 英寸（405 毫米）的木质龙骨，龙骨间的空腔填充保温材料。石膏板是最常见的内装材料，外侧面层通常是防护板、木材、挤塑板或各种复合面板。传统木框架墙体的龙骨形成了热桥，并且许多框架连接部位容易造成墙体的渗透风。

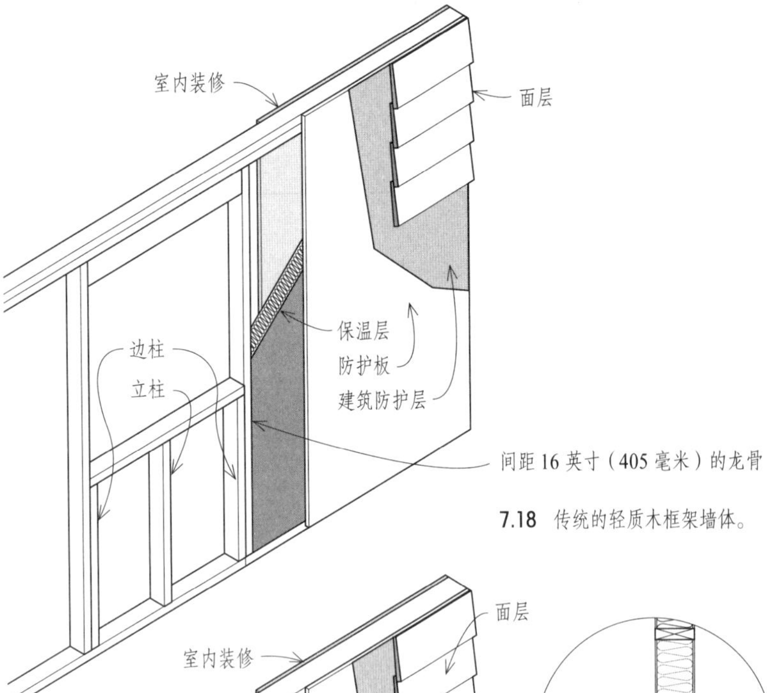

7.18 传统的轻质木框架墙体。

“改进的框架”（advanced framing）是一个涵盖性术语，指各种降低了热桥的传统框架设计细部。例如，用轴线间距 24 英寸（610 毫米）的龙骨代替轴线间距 16 英寸（405 毫米）的龙骨；在门窗洞口处使用独立完整的顶板和龙骨，非承重墙处使用独立的横梁（header）或不设横梁；简化角部框架。通常情况下，刚性保温层设置在龙骨框架外侧，位于龙骨防护板之上、面层之下。

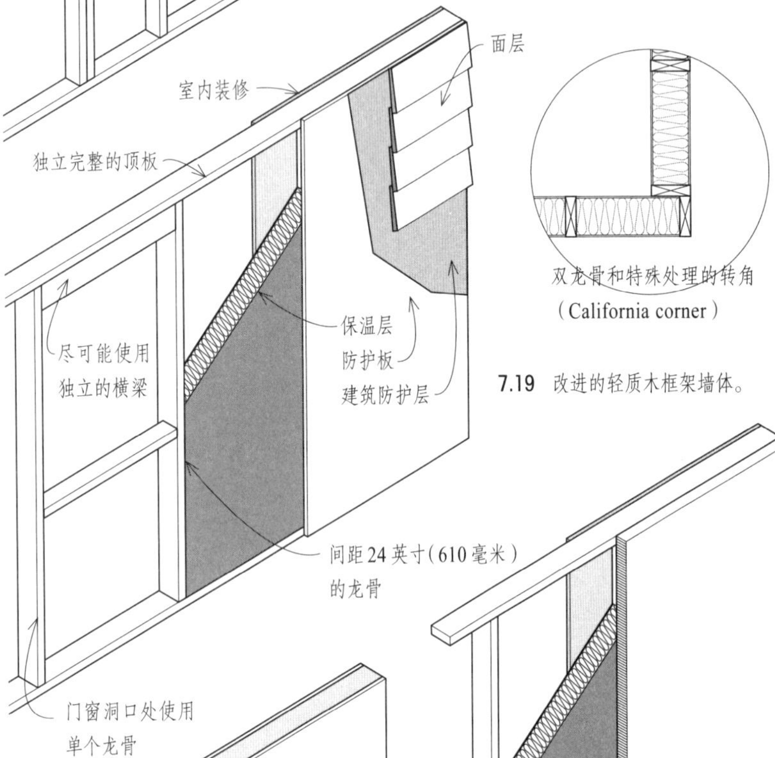

7.19 改进的轻质木框架墙体。

木框架墙体有几种节能变体。包括使用双龙骨框架，为了降低热桥，每排龙骨间有错位或彼此分离。用预制结构型保温板（structural insulating panel）代替普通龙骨框架；使用各种阻止渗透风的保温材料，例如致密纤维、喷涂泡沫、硬质泡沫板。

木框架墙体很常见。它含能*低；可以使用回收的结构材料；如果将热桥最小化，能达到很好的热阻性能；如果注意气密性细部设计，建成后还能防止渗透风。

* 关于含能的讨论参见第 16 章“材料”。

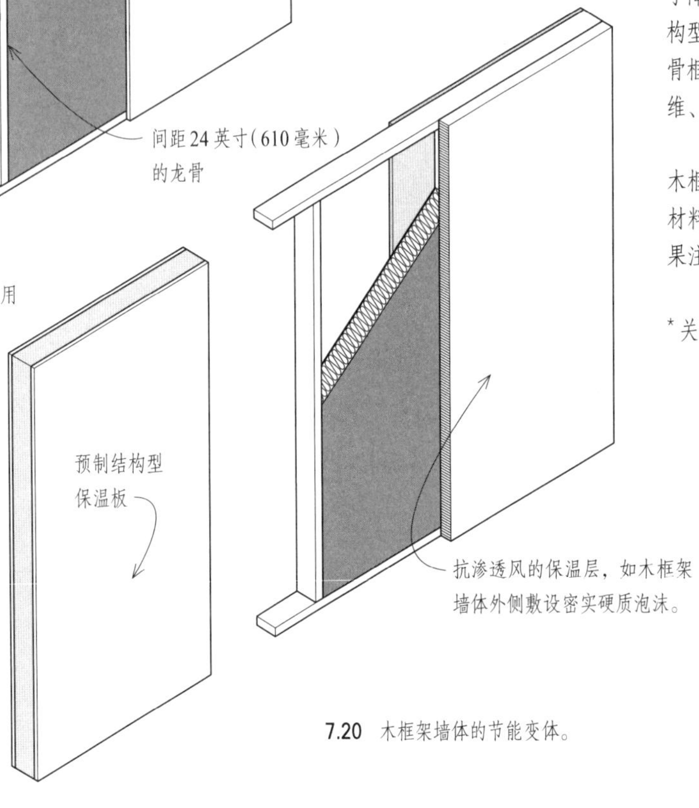

7.20 木框架墙体的节能变体。

金属框架墙体　Metal-Frame Walls

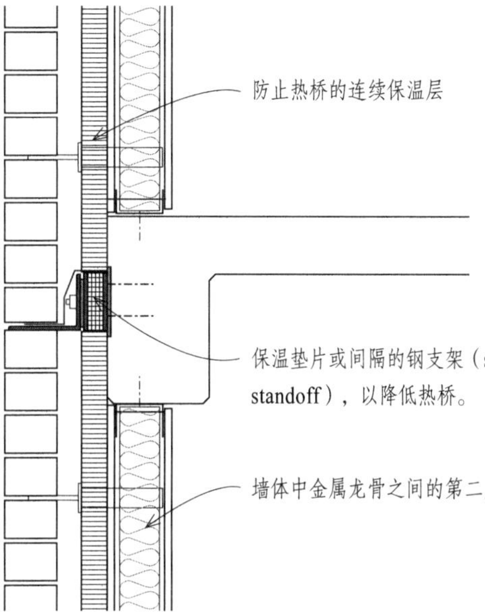

7.21　金属框架墙体细部。

金属框架墙体与木框架墙体有许多相似之处。它是一种常用的结构形式,对此设计师和建筑工人有丰富的经验。

它与木框架墙体一样，在各种组装墙体中含能属于最低的一类。对绿色建造而言，金属框架墙体与木框架墙体的局限也是类似的。龙骨形成的热桥以及许多框架连接处容易形成渗透风。钢材的热传导性较高，会导致金属龙骨的热桥比木质龙骨的热桥更高。克服这些缺陷的方法与木框架墙体类似。应该考虑使用改进的框架，例如使用间距 24 英寸（610 毫米）的金属龙骨来降低材料用量和热桥。框架外部应使用密实刚性保温层来增加热阻性能，同时可以降低热桥并减少渗透风的发生。应该特别注意密封连接处和其他渗透风部位的气密性，例如墙体贯穿处。

幕墙　Curtain Walls

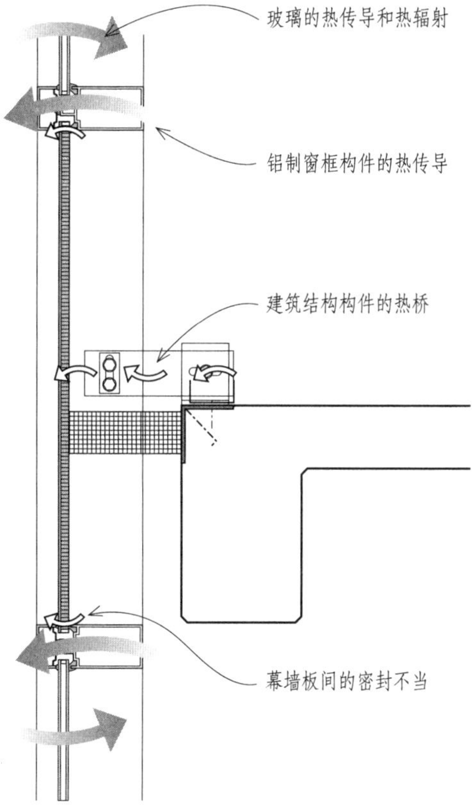

7.22　幕墙造成的能量流失。

幕墙在高层建筑中很常见。它们是非承重构件，通常由透明玻璃、金属框架支撑（通常是铝）的不透明窗间墙组成。之所以称之为幕墙，是因为它们从建筑结构框架悬挑出来。虽然幕墙不能承重，但它们必须能够承受横向风荷载及地震荷载，并将这些荷载传递到建筑结构。幕墙可以预制或是现场装配，如果是预制的，我们把独立的部分称作“组合板”（unitized panel）。

幕墙容易造成各种情况的能量流失，包括玻璃的热传导和热辐射、铝制窗框构件的热传导、结构构件的热桥、幕墙板间的密封不当等。

即便拥有高性能的玻璃、保温的窗间墙和断热窗框，幕墙仍然是能耗性能表现较差的部件。幕墙一般热阻较低，热阻值在 2~3 之间。高性能的幕墙热阻值在 4 左右，目前最好的幕墙热阻值仅达到 6~9。

7.23 美国外墙材料含能。

外墙类型	含能（MMBtu/SF）美国北部	美国南部
2×4 钢龙骨墙体		
轴线间距为 16 英寸（405 毫米），带砖面层	0.10	0.10
轴线间距为 24 英寸（610 毫米），带砖面层	0.10	0.09
轴线间距为 16 英寸（405 毫米），带木质面层	0.07	0.07
轴线间距为 24 英寸（610 毫米），带木质面层	0.06	0.06
轴线间距为 16 英寸（405 毫米），带钢质面层	0.24	0.24
2×6 木龙骨墙体		
轴线间距为 16 英寸（405 毫米），带砖面层	0.09	0.09
轴线间距为 16 英寸（405 毫米），带钢质面层	0.23	0.23
轴线间距为 24 英寸（610 毫米），带灰泥面层	0.07	0.07
轴线间距为 24 英寸（610 毫米），带木质面层	0.05	0.05
结构型保温板（SIP）		
砖面层	0.15	0.14
钢制面层	0.30	0.29
灰泥面层	0.14	0.13
木质面层	0.12	0.11
8 英寸混凝土砌块		
砖面层	0.26	0.26
灰泥面层	0.25	0.25
钢制面层	0.41	0.41
2×4 钢制龙骨墙体（轴线间距为 16 英寸（405 毫米））	0.24	0.24
6 英寸现浇混凝土		
砖面层	0.13	0.13
灰泥面层	0.11	0.11
钢制面层	0.28	0.28
2×4 钢制龙骨墙体（轴线间距为 16 英寸（405 毫米））	0.11	0.11
8 英寸吊装混凝土板		
砖面层	0.14	0.14
灰泥面层	0.12	0.12
钢制面层	0.29	0.29
2×4 钢制龙骨墙体（轴线间距为 16 英寸（405 毫米））	0.12	0.12
保温型混凝土板		
砖面层	0.16	0.16
灰泥面层	0.14	0.14
钢制面层	0.30	0.30

来源：美国能源部

墙体系统的选择 Choosing Between Wall Systems

通常，建筑墙体的结构选择是综合权衡造价、结构需求、防火等级、材料、设计经验及当地承包商的结果。建筑美学，包括立面或饰面，也影响着结构系统的选择。绿色建筑还要考虑其他方面，例如热特性——热阻和蓄热性、渗透风控制、湿度控制和材料含能。

木框架墙体含能最低（0.07 百万英热单位/平方英尺（MMBtu[译注]/SF）），在整体热阻相同并且同样是灰泥面层的情况下，钢框架墙体含能紧随其后（0.08MMBtu/SF）。现浇混凝土、吊装混凝土板和保温型混凝土板等各类混凝土墙体的含能在 0.11~0.14MMBtu/SF 之间。结构型保温板（SIP）的含能是 0.14MMBtu/SF。8 英寸（203 毫米）混凝土砌块墙体的含能是 0.25MMBtu/SF。关于含能的更多信息参见第 16 章“材料”。

木质面层含能最低，灰泥面层和砖紧随其后。钢质面层含能最高。

[译注] MMBtu（million British Thermal Unit）代表百万英热单位，百万英制热单位。英热单位是英、美等国采用的一种计算热量的单位，缩写“Btu”。它等于 1 磅纯水温度升高 1 华氏度所需的热量。

保证连续性 Ensuring Continuity

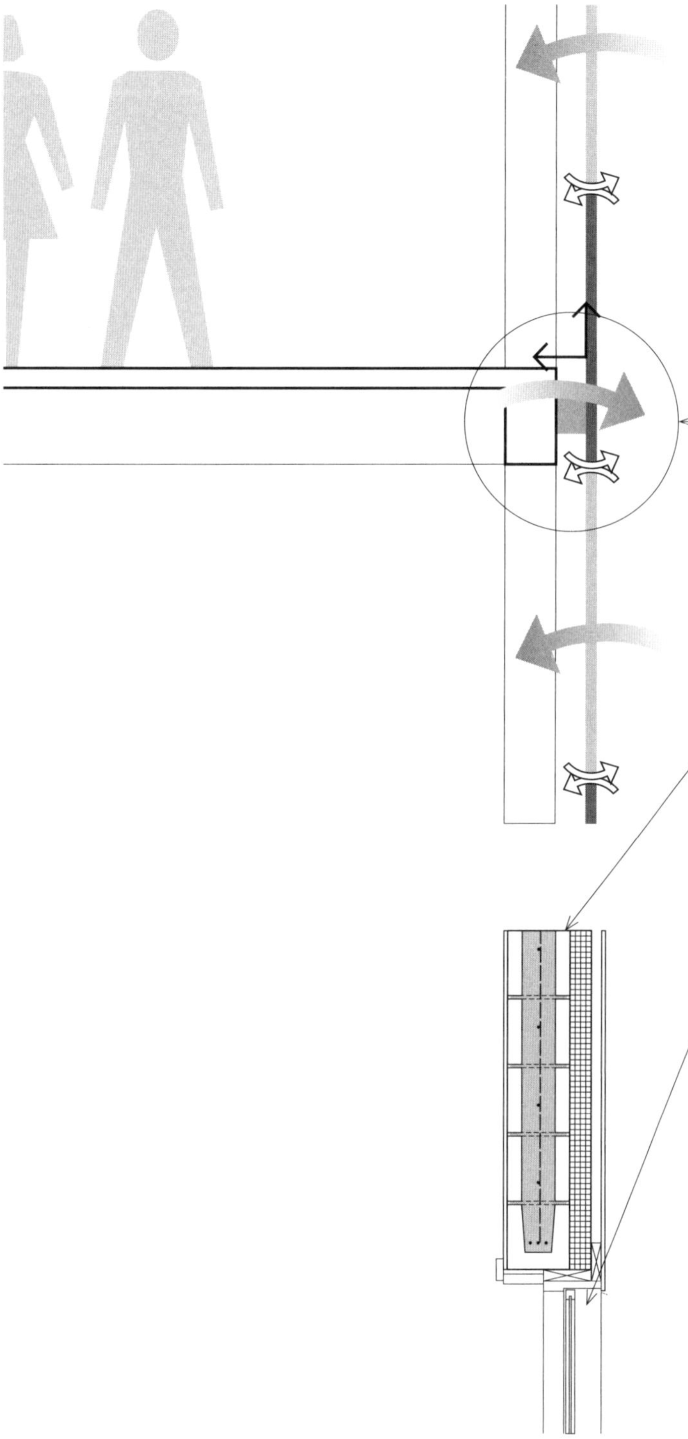

通常，设计绿色建筑的主要关注点在于提升墙体保温的性能。这也是建筑规范推行建筑节能的一个主要手段。提升墙体保温性能可以节能。然而，如果不解决渗透风、热桥等问题，保温性能的提升将受到限制。

以下几种墙体设计和建造的途径，可以降低渗透风和热桥的影响。

- 关注细部设计。降低渗透风需要关注可能发生渗透风的部位，做好气密性设计和建造。同样，为了防止热桥，设计阶段就要进行合理的细部设计并将之应用于建造阶段。

- 提供质量控制。为了保证有效的气密性和防止热桥的发生，需要通过质量控制来保证那些目前还没有被普遍接受的最佳做法确实得以实施。

- 选择本身就具有连续性的结构，从而减少在建造和使用过程中发生问题的可能性。例如，在刚性墙体表面固定刚性保温层，而不是在框架墙体的空腔中填充保温层。

- 使用多个连续的构造层来阻止渗透风。

- 减少不连续位置的数量，例如在可能的情况下减少门窗数量。

对于容易产生热桥的结构细部，一个特殊的挑战是：负责这些细部的人通常是结构工程师或承包商，他们不了解热桥对能耗的影响、能耗模型及能耗权衡评估。因此，整合设计的价值再次体现出来，通过建筑师、结构工程师、能源顾问和承包商之间的交流，使能耗权衡评估成为可能，并降低由热桥带来的能量损失。

7.24 降低渗透风和热桥影响的途径。

窗户 Windows

在建筑众多部件中，窗户是一个大难题。窗户让自然光进入建筑，为居住者提供了风景，提供与室外环境和社区的联系，对于许多人来说，窗户赐予了建筑自然的美感。然而窗户也是建筑能量流失的主要部位，还会造成吹风感、眩光、对流、热辐射损失等不舒适的问题。

高性能窗户 High-Performance Windows

绿色建筑的首选是考虑使用高性能窗户。高性能窗户的演变可以追溯至历史，自公元前250年巴比伦吹制出玻璃开始，发展至17世纪晚期法国的抛光玻璃板。

1950年左右，防风窗产生，它在窗户主体外增加了第二层玻璃。防风窗的本意不是为了节能，如字面意思一样，它是为了保护窗户主体不受风暴的影响。防风窗也被称为“飓风窗”（hurricane window），第二层玻璃使窗户主体与防风窗之间多了一层空气。空气层显示出很好的保温效果。这是一个显著的性能提升，其热阻性能几乎是普通单层玻璃窗的两倍。普通木框单层玻璃窗的传热系数是1.1，金属框单层玻璃窗的传热系数是1.3。防风窗的传热系数降低到0.5左右。

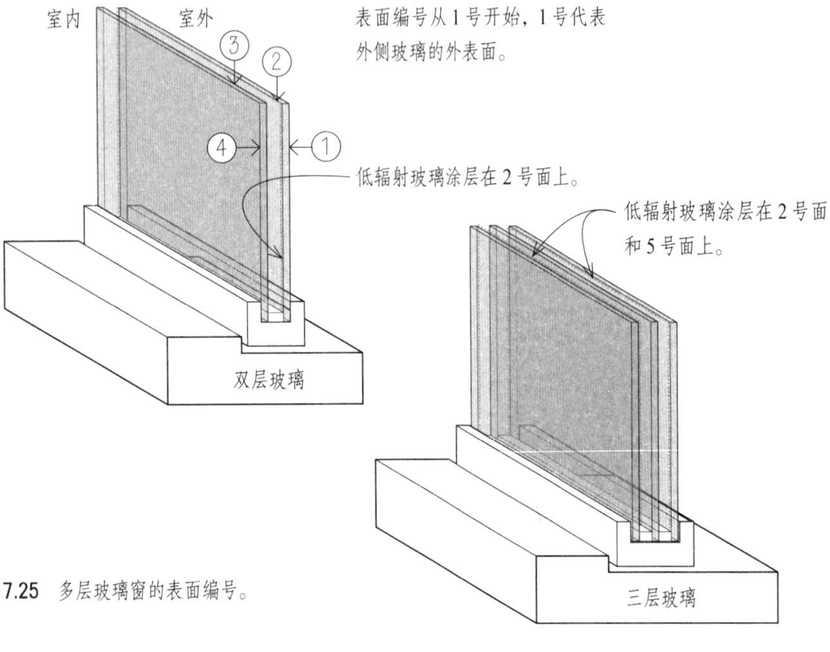

室内
室外
表面编号从1号开始，1号代表外侧玻璃的外表面。
3
2
4
1
低辐射玻璃涂层在2号面上。
双层玻璃
低辐射玻璃涂层在2号面和5号面上。
三层玻璃

7.25 多层玻璃窗的表面编号。

双层玻璃窗，发明于20世纪30年代，从20世纪50年代开始得到商业推广，由工厂加工生产，将双层玻璃嵌入木窗框并带有完整的门窗五金。双层玻璃窗与防风窗性能类似，但可靠性更高；防风窗总是无意地开启。

由于20世纪70年代早期的能源危机，低辐射技术开始兴起，并于20世纪80年代应用于玻璃领域。低辐射（low-e，low-emissivity）玻璃窗是在外层玻璃的内表面涂装薄薄一层金属或金属氧化膜，可见光可以进入但波长较长的辐射热却被反射。这就意味着，冬季更多的热量可以保留在室内；夏季室外热量则被阻挡在外。时至今日，双层低辐射玻璃窗的传热系数可以达到0.40左右。

20世纪80年代，窗户生产商引进了乙烯基和木-乙烯基复合窗框，降低了窗框的热损失。随后，保温材料被填充入窗框的空腔。几乎同时，引进了非金属垫片使窗户与墙体分开，以降低窗框的热传导损失。

20世纪80年代晚期引进了充气玻璃，在多层玻璃窗的玻璃空腔间充入一种或多种无色惰性气体。由于惰性气体比空气密度高，因此极大地降低了玻璃空腔间的对流并降低了玻璃整体的热传递。氩气是最常用的惰性气体。氪气虽然密度更高更有效，但也更昂贵。氩气填充的双层低辐射玻璃窗的传热系数可以达到0.30左右。填充惰性气体的三层低辐射玻璃传热系数可达0.20~0.25。

高性能窗户拥有更高的热阻值和更低的传热系数，节能的同时降低了结露和结霜的可能性。它们可以使玻璃内表面温度与室内空气温度接近，减少了对流通风和辐射热损失，从而提高了建筑在冬季的舒适度。夏季，较低的太阳得热系数降低了太阳辐射得热并减少了室内过热引起的不舒适。

自然采光 Daylighting

对于绿色建筑，窗户通过自然采光提供了节能潜力。自然采光可以是侧面采光也可以是顶部采光。侧面采光由墙面上的窗户提供，顶部采光由各种安装在屋顶上的窗户提供，包括天窗和屋顶气窗（roof monitor）。

适合自然采光的玻璃与观景玻璃是不同的。最佳的自然采光途径是均匀分布在建筑平屋顶上的顶部采光，光线可以均匀地洒满空间。但这种途径仅限于单层建筑、多层建筑的顶层或灯管光线可以达到的楼层。对于侧面采光，窗户宜安装在墙体上部靠近顶棚的位置，使光线尽可能地照到空间深处，并且不会产生眩光。

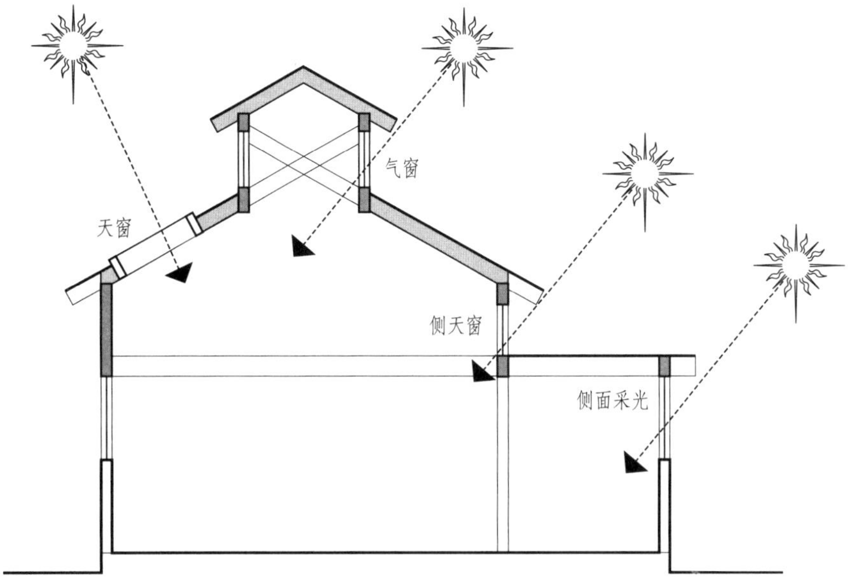

7.26 自然采光选项。

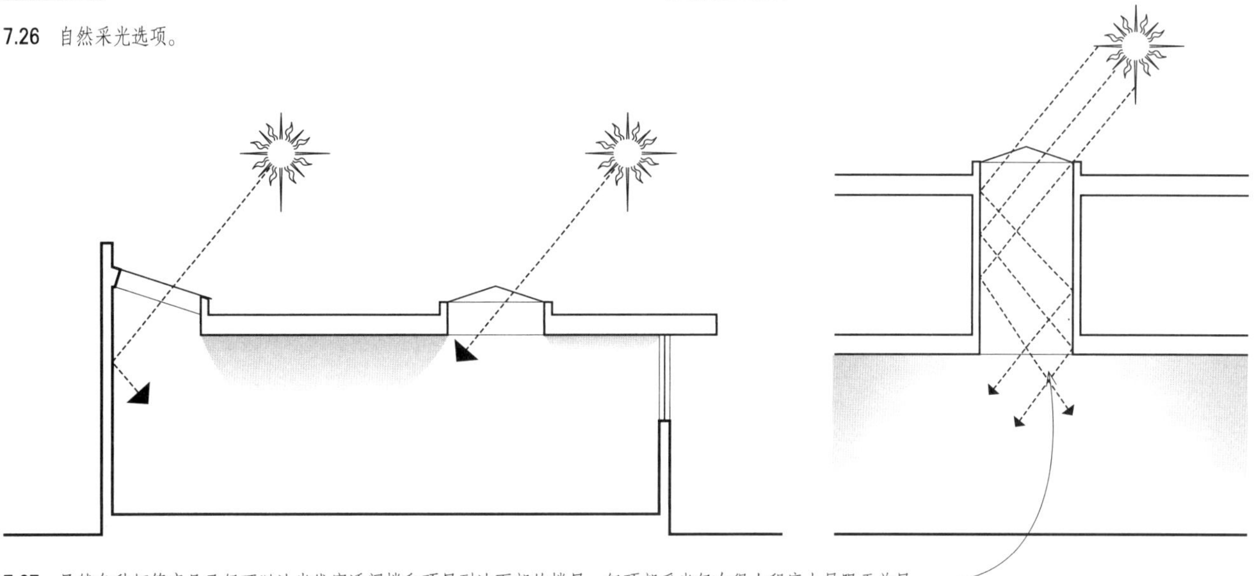

7.27 虽然各种灯管产品已经可以让光线穿透阁楼和顶层到达下部的楼层，但顶部采光仍在很大程度上局限于单层建筑和多层建筑的顶层。

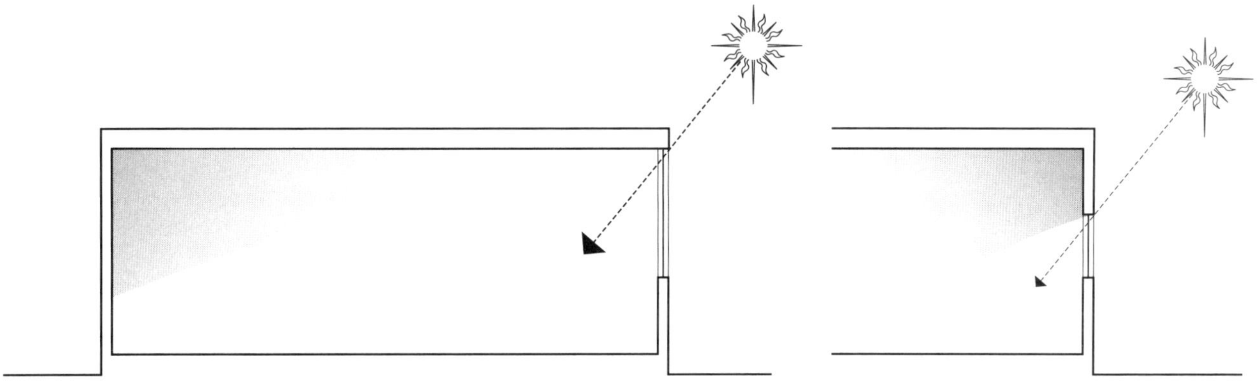

7.28 侧面采光窗应该设置在墙体足够高的位置，使光线尽可能地照到空间深处。

7.29 全局光照技术示例，它使用了复杂的公式来更加准确地模拟空间或场景中的照明。这些公式不仅考虑了从单一光源或多光源发出的直射光，还追踪了光线从一个表面到另一个表面的反射或折射，特别是漫射光在空间或场景的表面间发生的内部反射（inter-reflection）。

自然采光是一个复杂的话题，最好用照度模型来处理，通过权衡窗户的采光增益与采暖、制冷能量损失对能效进行优化，同时防止眩光的产生，实施的时候要特别关注采光控制。自然采光设计最好在外围护结构设计和人工照明设计开始前，此时外围护结构可以获得优化。

采光设计不仅仅是在建筑上添加窗户。它很大程度上是采光节省的能量与更大面积窗户导致的采暖、制冷能耗增量之间的权衡。随着采光窗户面积的增大，照明用电量降低，但窗户的热损失也同时增大。对于较小的窗户，电力照明的需求会因自然采光增加而减少，其节能量大于窗户冷热负荷的热损失，因此是净节能（net saving）的。然而，采光节省的电能随着窗户的增大会达到最大值，但窗户面积增大导致的热损失则会一直增大。因此，窗户存在一个最佳尺寸，超过最佳尺寸时，热损失会抵消自然采光节省的能量。

近年来，由于人工照明技术效率不断提高，用来减少人工照明时间的光控设备日益普及，采光的节能潜力逐渐降低。如果室内表面的反射性提高，采光的节能潜力将进一步降低。这些变化将导致最佳窗墙比或窗地比的降低。

对于许多建筑类型及使用者，如果为了自然采光而不假思索地使用推荐的玻璃尺寸，而不考虑窗户的热损失，建筑能耗将会增加而非降低。

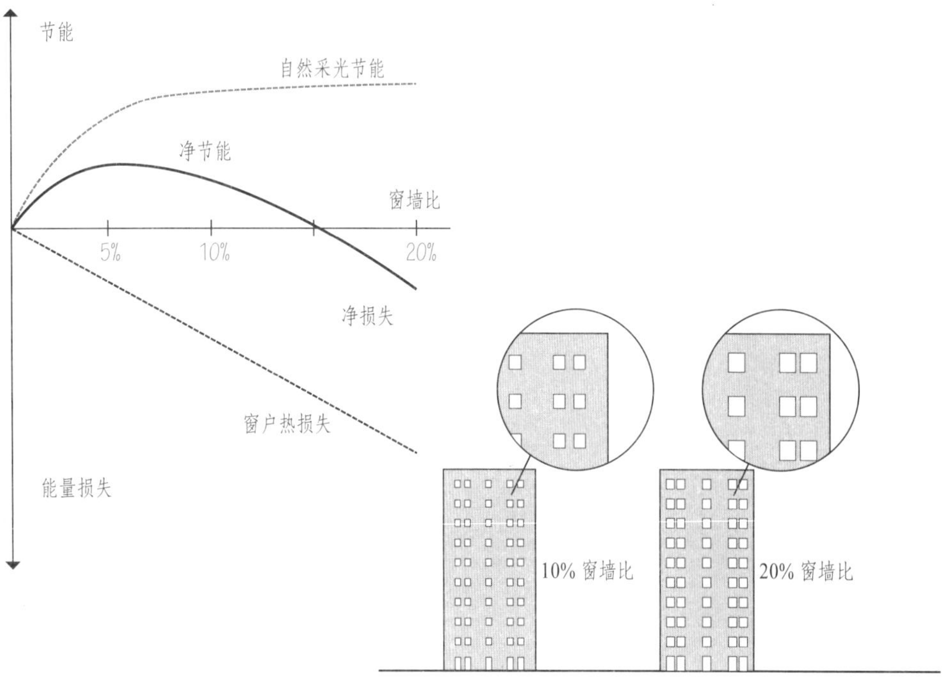

7.30 优化采光窗尺寸的例子。

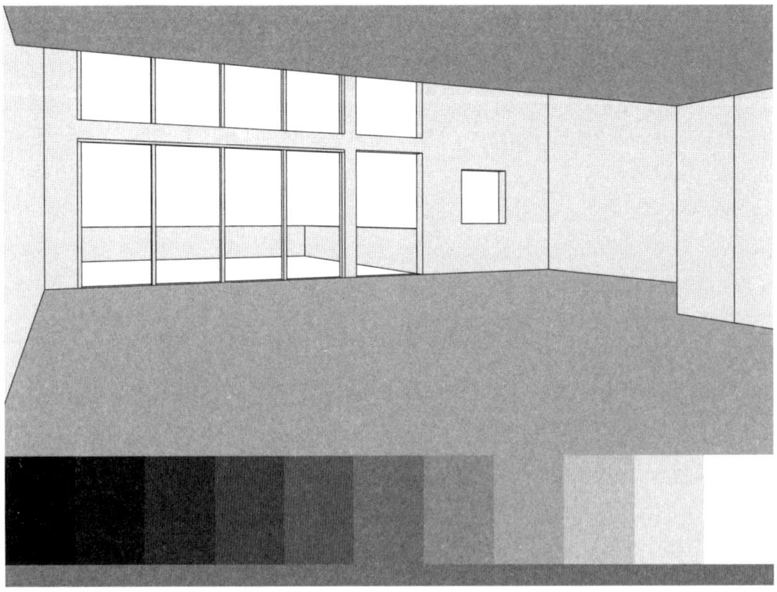

7.31 空间自然采光策略受到房间表面反射率的影响。

自然采光策略的成功很大程度依赖于内表面的反射率，如天花板、墙体、楼板和家具。比如，将内表面反射率从50%提高到70%时，一个12英尺×15英尺（3.7米×4.6米）办公室所需的玻璃面积可以降低50%，从25平方英尺（2.3平方米）降低到12平方英尺（1.1平方米）。为天花板、墙体、楼板、窗帘和家具选择反射率较高的内装面层是一项重要且实惠的绿色改善措施。但是利用较高的反射率为采光带来好处的同时，最好同时减小采光窗尺寸和数量，从而降低热损失。

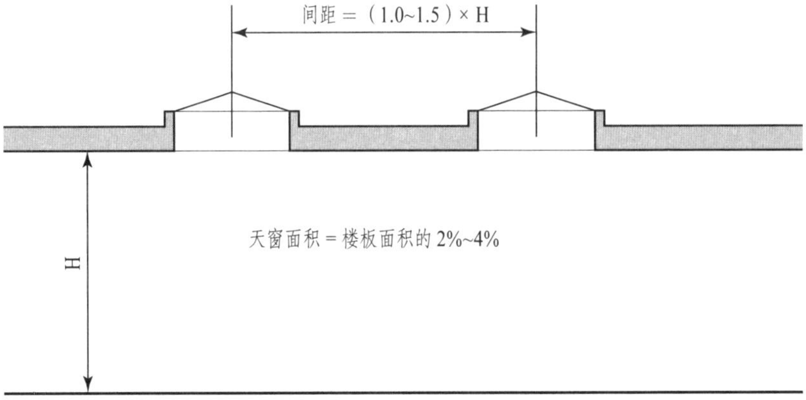

7.32 天窗采光的经验法则。

采光分为两类，一种是为了减少人工照明用电而特意设计的采光，另一种是为了美学目的而设计的视窗（vision glazing）产生的采光，将两者区分开来是很有帮助的。后者可以被称作“附带采光”（incidental daylighting），它在观景的同时还能得到自然采光，是避免双重能量损失—— 包括人工照明和窗户热损失两者共同造成的能耗增量的一种有效手段。

天窗、气窗等顶部采光有许多优势，包括更好的照明均匀度、更简单的控制方式、更大的空间覆盖率以及更少的眩光问题。如侧面采光一样，顶部采光窗也不宜过大，否则热损失会超过采光节约的能量。顶部采光窗的最佳尺寸应该通过计算机模拟计算得出。根据经验法则，顶部采光天窗面积宜在建筑面积的2%~4%，每个单元间距宜是层高的1~1.5倍。由于大多数美国商业建筑是2层或更低，美国建筑屋面下60%的建筑面积可以采用顶部采光。在众多顶部采光方式中，天窗比气窗的光照更加均匀，并且全年采光时数也更多。

自然采光的优势只有在一并考虑了室内人工照明控制的情况下才能发挥出来。如果不对人工照明进行控制，那么自然采光不但不能减少照明负荷，还会因为增加了热负荷而导致用能增加。照明控制主要有两种类型：分挡开关（stepped switching）与连续调光（continuous dimming）。两者均使用了感光器（photosensor）来监测自然采光水平（daylighting level），自动调节电气照明的输出功率使之达到某一空间照度的理想值或建议值。如果从窗户获得的自然采光可以满足使用者的需求，那么照明控制系统可以自动关闭所有或部分灯具，或者把灯光调暗。当采光降低到预设值以下时，照明控制系统可以立即反应打开灯具。这些照明控制系统可以与人员占用传感器（occupancy sensor）结合来自动控制灯具的开关，进一步提高节能水平，并且可以让使用者通过手动控制调节灯具照度。有些控制系统还可以通过改变顶部灯具中不同颜色LED灯的密度来调节灯光的色彩平衡。

自动灯光控制系统需要仔细地设置启动点（switching point），从而在保证节能的同时避免灯光运转带来的滋扰。例如，对于一间设有一个分挡开关灯具的办公室，其适宜的采光需求水平是30英尺烛光（foot-candle）[译注]。上午，当一朵云遮住了太阳，空间内的采光水平低于10英尺烛光时，自动灯光控制系统就会开启电气照明。当太阳出现，采光水平迅速从10英尺烛光上升到远远高于30英尺烛光时，电气照明关闭。如果控制空间的采光水平高于31英尺烛光时就关闭灯具，低于30英尺烛光就开启灯具，那么有可能造成每当一朵云路过太阳时，灯具都会迅速开启和关闭，这将成为滋扰。

如果控制采光水平低于30英尺烛光时开启灯具，高于50英尺烛光时关闭灯具，灯具不会在每一朵云路过时都快速开启和关闭，但是将导致办公室采光水平忽高忽低，这是另一种形式的滋扰。同时，还会导致灯具开启的时间比需要的更长，导致节能量降低。在灯光启闭滋扰循环（nuisance cycling）与采光水平波动滋扰间寻找平衡是一个挑战。自动调光控制系统在某种程度上可以解决这个问题，但仍需要仔细进行设置。采光传感器也必须精心设置位置与朝向，避免被其他人工照明激活。

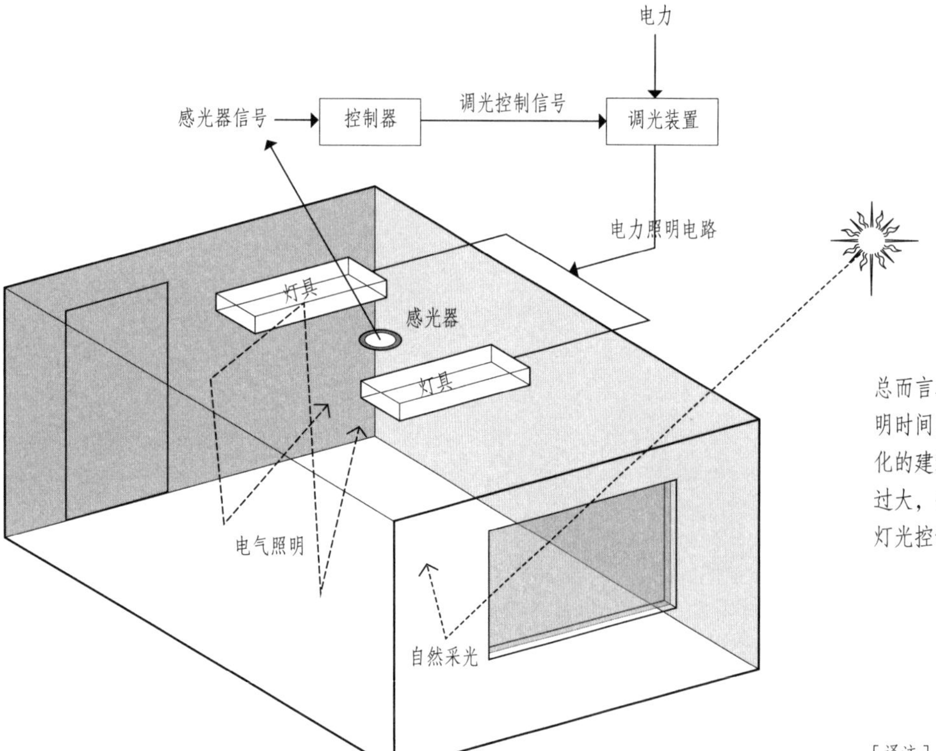

7.33 日光采集技术（daylight harvesting）图示。

总而言之，自然采光可以为那些每天需要很长的照明时间，并可以接受采光水平随时间与空间发生变化的建筑实现节能效果。为了节能，窗户尺寸不宜过大，否则将会导致窗户热损失增多。同时，自动灯光控制必须妥善设计、安装、运转、操作和维护。

[译注] 英尺烛光是指距离一烛光的光源（点光源或非点光源）1英尺远时，与光线正交面上的光照度，缩写“1ftc（1lm/ft²，流明/平方英尺）”，即每平方英尺内所接收1流明光通量时的照度，并且1英尺烛光=10.764勒克斯。

视野 Views

透过窗户的视野提供了与外界环境的重要联系，让使用者可以了解外界天气状况，并有助于人们精神健康与高效生产。LEED 评价体系将距离楼板 30 英寸（760 毫米）~90 英寸（2285 毫米）之间的窗户定义为视窗。BREEAM 将视野定义为：从一个高度为 28 英寸（710 毫米）的桌面处，可以看到天空，并且窗墙比应为 20% 或更大。

对于采光，需要仔细确定视窗的尺寸，以避免产生不当的窗户热损失。例如，窗户的下沿可以高于 30 英寸（760 毫米），仍可提供较好的视野；同理，窗户的上沿不必达到 90 英寸（2285 毫米）也能保证良好的视野。LEED 将视窗的上沿定义为 90 英寸,是为了表明此区域之上为自然采光窗的范围，而不是要求视窗必须达到这一高度。而且，窗户没必要为了良好的视线而占据整面墙。BREEAM 将视野定义为：在距离外墙 23 英尺（7 米）的位置可以看到室外，并且窗墙比最小为 20%。

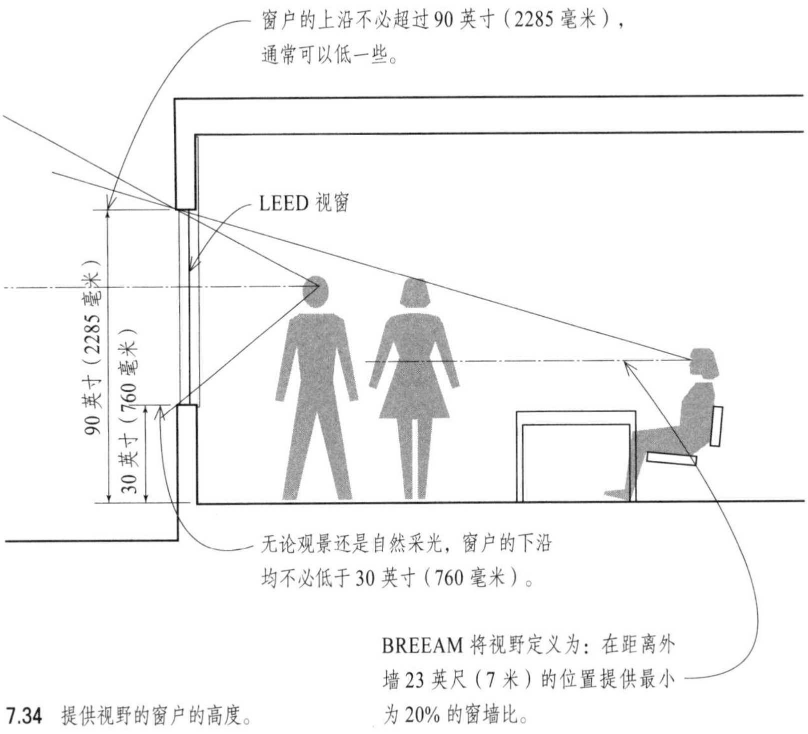

窗户的上沿不必超过 90 英寸（2285 毫米），
通常可以低一些。
LEED 视窗
90 英寸（2285 毫米）
30 英寸（760 毫米）
无论观景还是自然采光，窗户的下沿
均不必低于 30 英寸（760 毫米）。
BREEAM 将视野定义为：在距离外
墙 23 英尺（7 米）的位置提供最小
为 20% 的窗墙比。

7.34 提供视野的窗户的高度。

LEED 建议观景窗仅在经常使用的空间中设置，在不常用的空间中没必要设置。在建造过程的每一步，我们都要谨记窗户带来的大量热能损失，思考减少热损失的有效方法。

LEED 提出的其他观景策略包括：室内开窗，让室内人员通过周边空间看到室外；采用较低的室内分隔以防止阻挡视线。

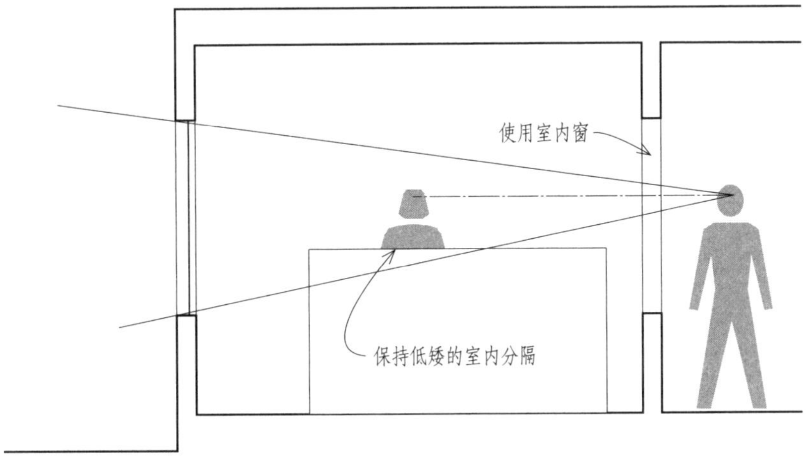

使用室内窗
保持低矮的室内分隔

7.35 拓展内部空间视野的其他策略。

窗户热损失　Window Losses

与自然采光和视野带来的好处相反，窗户有多项明显的节能缺陷。窗户冬季通过热传导、渗透风和热辐射散失热量，夏季则相反，成为得热的重要来源并需要空调制冷。无论是低层建筑还是高层建筑，与墙体相比窗户的建设成本都比较高。

窗户损失的能量很多，一面典型构造墙体的热阻值在 10~30 之间，均值为 20 左右，而一个典型双层窗的热阻值在 2 左右，只有普通墙体的十分之一。高性能窗的热阻值在 3~5 之间。这还不包括渗透风、热辐射、墙体框架和窗户热桥散失的热量。还有许多微小的能耗，例如窗户在夜间难以反射室内的灯光，因此需要更多的人工照明。考虑到所有这些能量损失，窗户的能耗通常比它们所替代的墙体多 10 倍以上。因此，一栋典型建筑从窗户散失的能量占 25%，窗墙比较高的建筑从窗户散失的能量更多。

窗户带来的影响除了更高的用能和建设费用，还有不舒适的问题。为了避免气流，把家具搬离窗户；为了抵抗开窗处的寒冷，通常把采暖设备布置在窗下。这些常见的事实都是窗户引起不舒适的表现。然而，由于窗户内表面的温度比室内空气的平均温度高，将热源设置在窗户下只会加剧冬季窗户的热散失。冬季，人体与窗户之间会通过辐射热传导而散失热量，热量通过窗户散失到室外寒冷的表面。固定窗会导致不舒适。在设有通高窗户的房间内，经常出现显著的温度分层现象，使用者头部与脚部的温差可以达到 10 ℉（5.6℃）或更多。最后，窗户经常会产生眩光，以至于窗户需要着色、设置百叶窗或拉下窗帘，这些做法将抵消窗户最初设计的观景或采光功能。

对于暴露在太阳下的窗户，窗户的热散失，有一部分被冬季太阳得热所抵消。

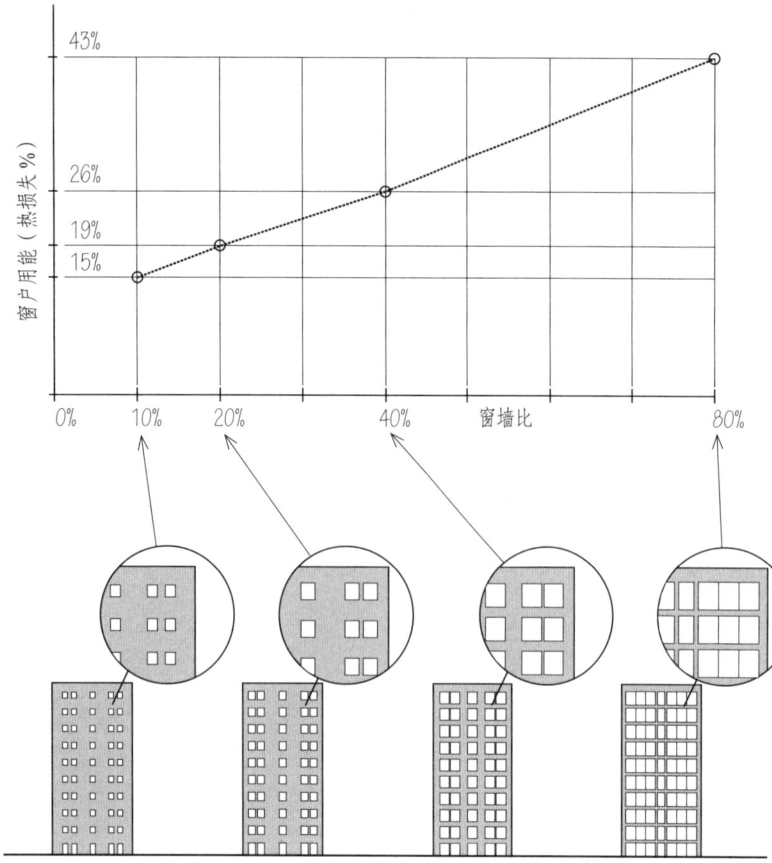

7.36 窗户的热损失。

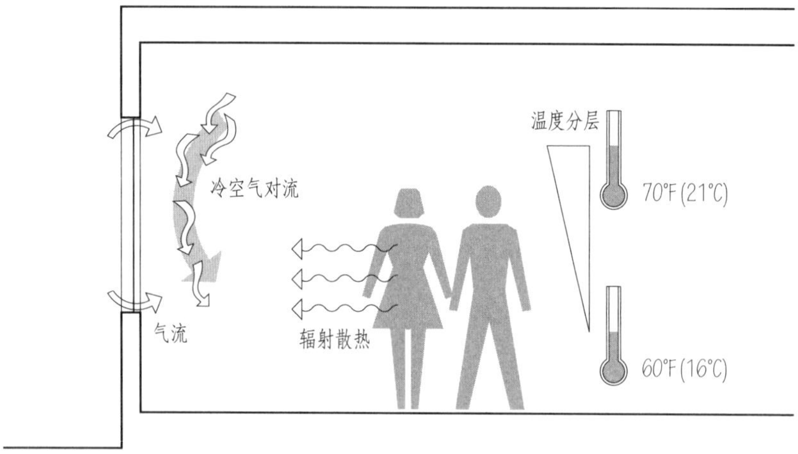

7.37 与窗户相关的舒适问题。

减少窗户热损失 Reducing Window Losses

绿色建筑如何减少窗户热损失？第一，对于一些不需要窗户的空间，如车库、楼梯井、楼梯平台、走廊、壁橱、地下室、洗衣房、入口、门廊以及其他停留时间很短的使用空间，应避免开窗或减少窗户数量。

第二，对于小办公室、卧室等常用的房间，在可能的情况下，设置一个或两个窗户，而非三个或更多。窗户的尺寸应该谨慎地选择。一个 3 英尺 ×4 英尺（915 毫米 ×1220 毫米）的窗户差不多是一个 4 英尺 ×5 英尺（1220 毫米 ×1525 毫米）窗户面积的一半。一个 2 英尺 ×3 英尺（610 毫米 ×915 毫米）的窗户差不多是一个 3 英尺 ×4 英尺（915 毫米 ×1220 毫米）窗户面积的一半。

第三，在不必开启窗户的地方，用固定窗代替可开启窗。固定窗减少了渗透风，但仍需要注意防止窗户与墙体结构间的漏气。例如，单悬窗比双悬窗发生渗透风的可能性小，但是并没有牺牲可开启的面积。

如果是为了自然通风而设置的窗户，平开窗和上悬窗比推拉窗和双悬窗提供更多的开启面积，推拉窗和双悬窗的开启面积只有其总面积的一半。平开窗或上悬窗比垂直或水平推拉窗气密性更好。因此如果不需要为了采光或观景而设置整面玻璃时，平开窗或上悬窗提供了一种开窗面积更小、更节能、通风效果更好而且更实惠的选择。

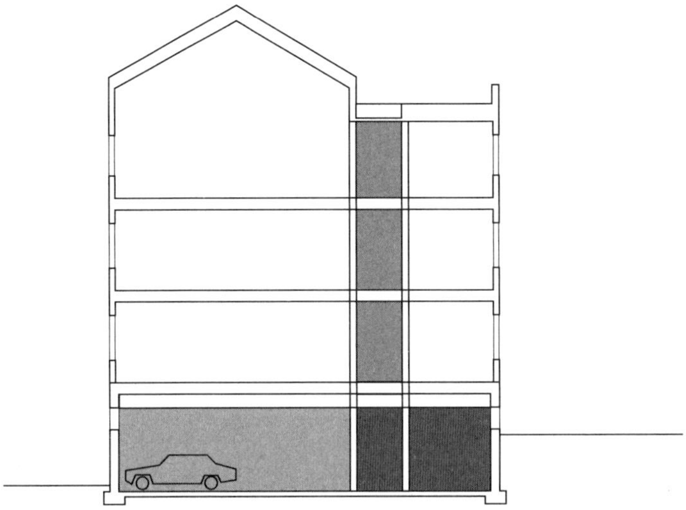

7.38 减少或避免服务空间的窗户数量。

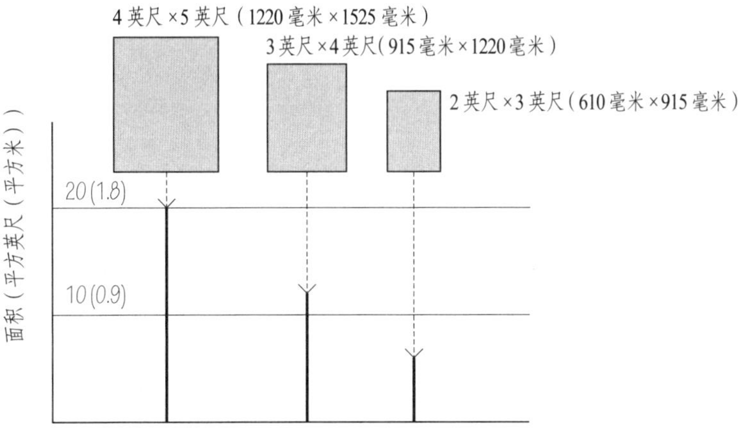

7.39 窗户尺寸和窗户面积的比较。

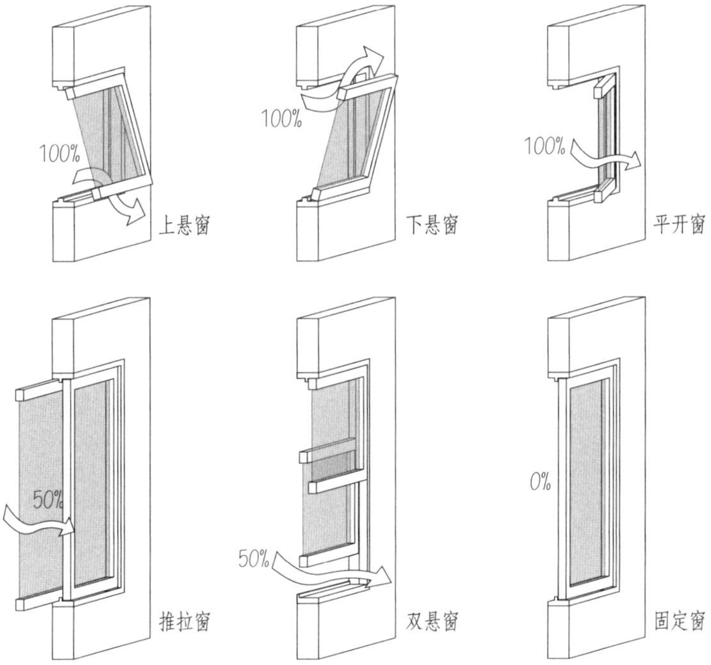

7.40 各类型窗户通风的相对效率。

对于一个给定的开窗面积，少量的大窗比大量的小窗更加节能。窗框是能量损失的主要薄弱环节，渗透风既发生在可开启窗的窗框部分，也发生在固定窗周边的窗框与墙体框架或结构相接的地方，沿窗框的热传导损失也高于玻璃中心。一个4英尺×6英尺（1220毫米×1830毫米）的窗户周长20英尺(6095毫米)，两个3英尺×4英尺(915毫米×1220毫米）的窗户，面积同样是24平方英尺（2.2平方米），总周长却是28英尺（8535毫米），增加了40%。四个2英尺×3英尺（610毫米×915毫米）的窗户，同样也提供了24平方英尺（2.2平方米）的窗户面积，总周长是40英尺(12190毫米），比一个4英尺×6英尺(1220毫米×1830毫米）的窗户周长增加了100%。八个1英尺×3英尺(305毫米×915毫米)的窗户，总周长是一个4英尺×6英尺（1220毫米×1830毫米）窗户周长的3倍。需要注意的是，比例也很重要。一个1英尺×24英尺（305毫米×7315毫米）的瘦长带形窗，面积同样是24平方英尺，周长则有50英尺。因此，矩形比瘦长形窗好一些，但是正方形与略呈长方形的窗差别较小。

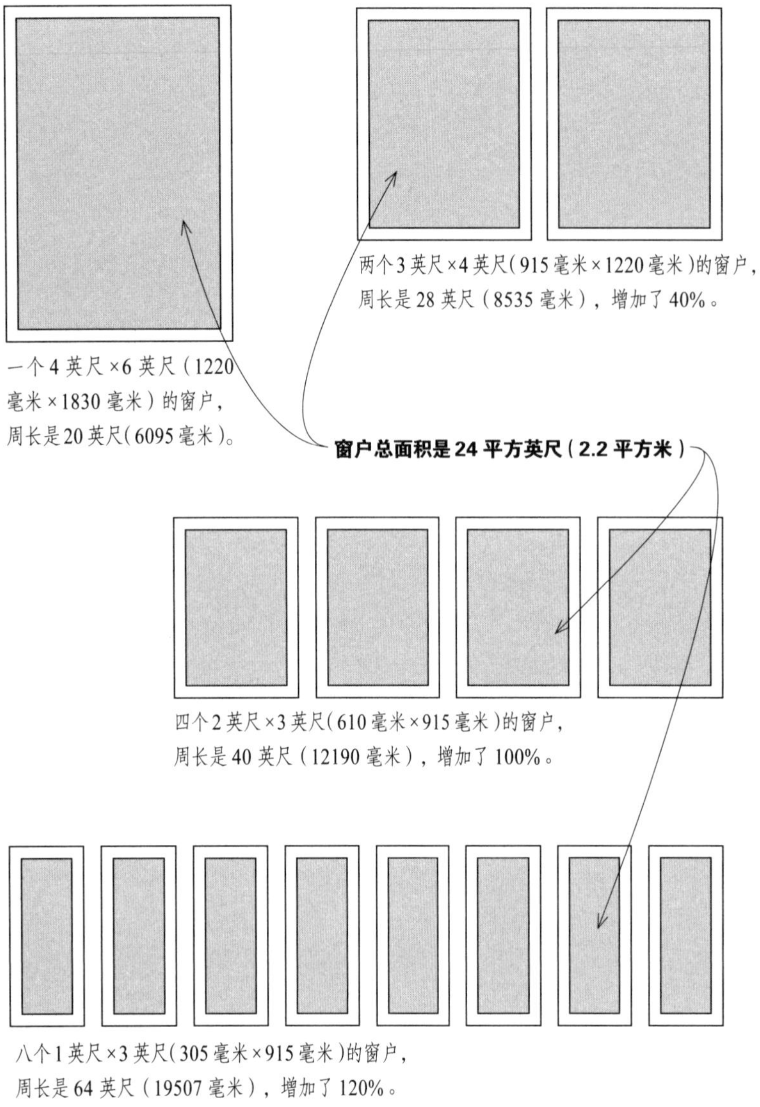

7.41 一个窗户越大，单位面积的周边渗透风和热传导越低。

在窗户总面积一样的情况下，少量的大窗比大量的小窗建设成本更低。例如，一个3英尺×4英尺（915毫米×1220毫米）的双悬窗比两扇2英尺×3英尺（610毫米×915毫米）的窗户成本低约25%。

窗户的其他特性，如视野大小、质量及采光，都需要综合考虑能耗来进行窗户尺寸、数量的权衡和取舍。在这样的评价中，需要特别注意经常使用空间的视野及采光，因为它们是人们非常重视的内容。

门 Doors

门在许多方面与窗类似。外门同样贯穿了建筑围护结构或热边界。每一扇门都有如下漏气或渗透风的路径：门与门框之间；门框与周围墙体框架或结构之间；门槛下。每一扇门也有如下通过热传导得失热的路径：通过门体、通过门上的玻璃、通过门框和通过门周围的墙体结构。

但是，在能量流失方面，外门与窗户还是有许多不同之处的。实体门得失热情况好于窗户，保温门会更好一些。建筑中的门通常比窗户少，虽然有些建筑类型的门也很多，如联排别墅和带室外入口的旅馆。

无意间把没有保温的内门用作外门是一个常见的错误，特别是在采暖空间与附属的非空调房间之间，如车库或阁楼。

虽然建筑中的外门比窗户少，但它们的开启和关闭比窗户更加频繁。这些操作导致密封胶条和门扫（door sweep）等防止漏气的部件经常处于相对运动状态，它们比窗户中的可动部件经受着更多的磨损。

双开门更不易密封严实，因为它不仅有一个可动的部件和一个固定构件；相反，双开门有两个可动部件需要互相密封。门上通常没有密封胶条，或者间隙过大无法用密封胶条弥合。

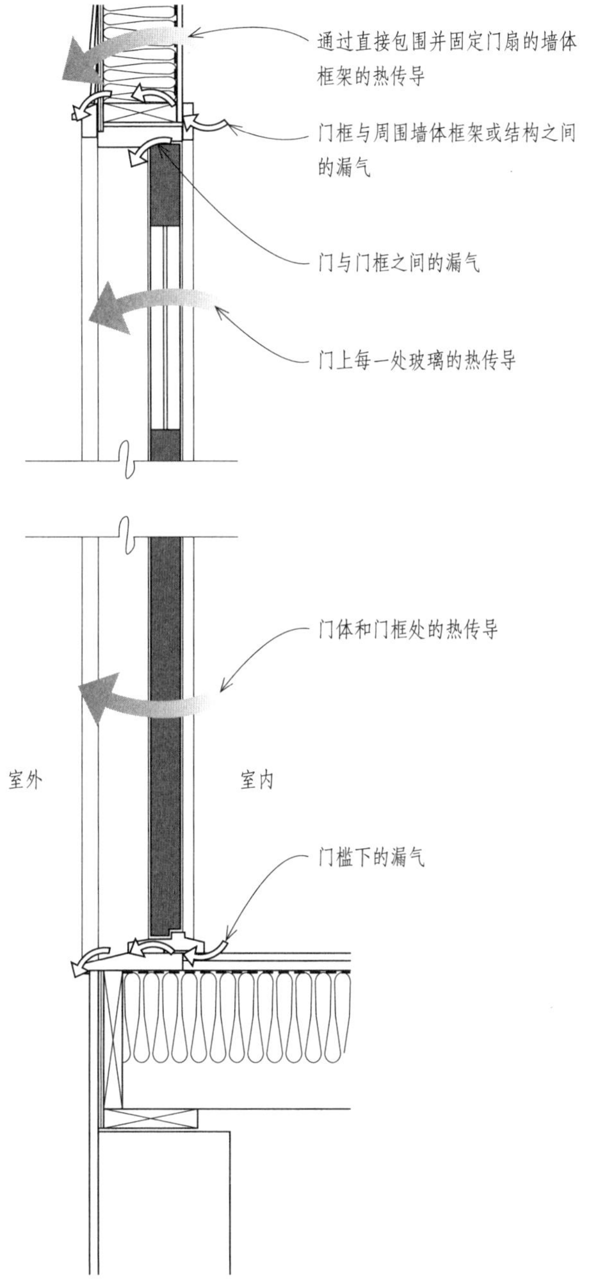

7.42 通过门的热散失和渗透风路径。

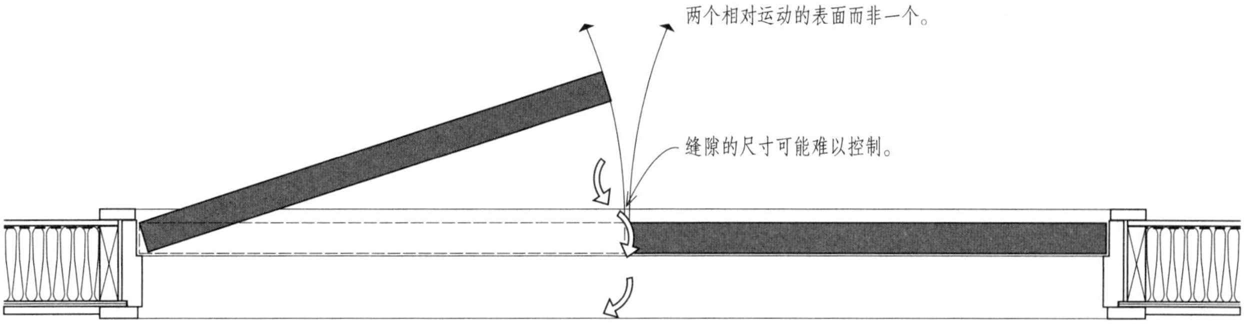

两个相对运动的表面而非一个。
缝隙的尺寸可能难以控制。

7.43 双开门密封的两处挑战。

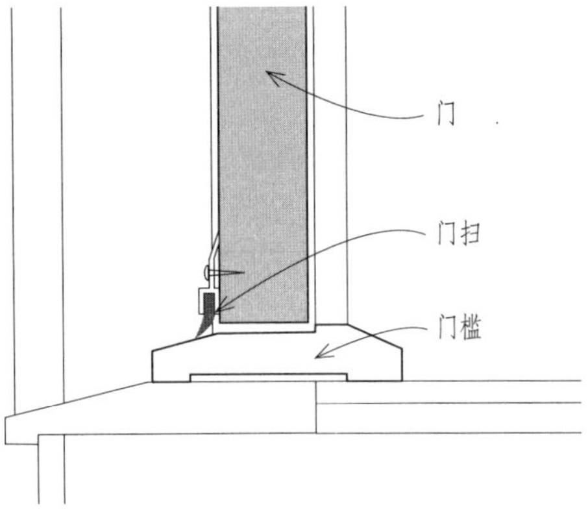

7.44 外门下沿的密封胶条。

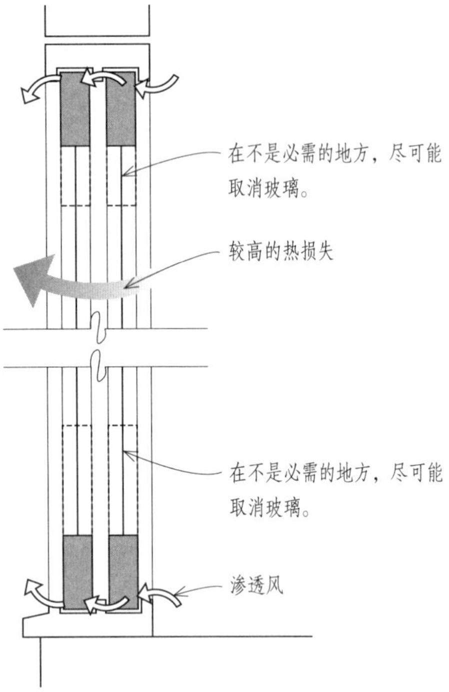

在不是必需的地方，尽可能取消玻璃。
较高的热损失
在不是必需的地方，尽可能取消玻璃。
渗透风

7.45 玻璃推拉门。

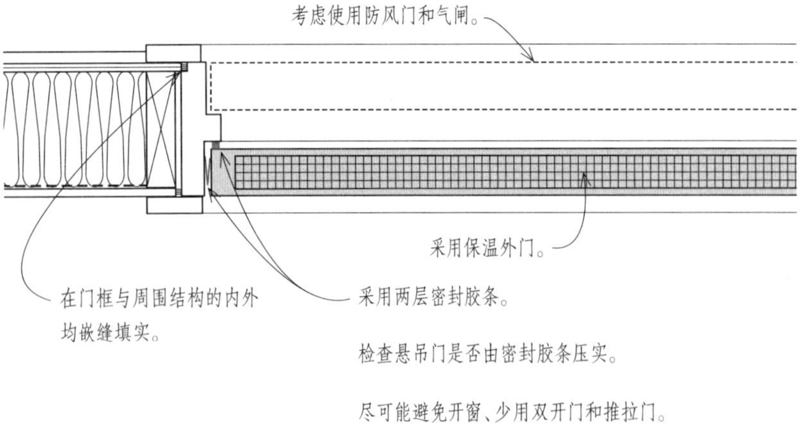

考虑使用防风门和气闸。
采用保温外门。
在门框与周围结构的内外均嵌缝填实。
采用两层密封胶条。
检查悬吊门是否由密封胶条压实。
尽可能避免开窗、少用双开门和推拉门。

7.46 门的最佳实践。

由于外门经常位于建筑底层和通向屋面的顶层，它们比窗户更容易受到烟囱效应的影响。

外门的底边比较特殊，因为将密封胶条设置在固定表面，比如门槛上，是不行的，那样会经常受到人流踩踏而磨损。为了解决这个问题，人们发明了门扫。门扫的柔性部分通常是刷子、塑胶条或橡胶条。门扫可能不完全贴合并且会随着时间而损坏。由于门扫是一个易受损的位置，因此需要另一层保护，如防风门。然而，有效的防风门也需要品质好的门扫、密封胶条和嵌缝材料。

推拉外门通常是全玻璃的，它们特别容易出现对不齐和渗透风的问题。

门的每一处玻璃都与窗户一样，热量散失较多。因此，门上的玻璃应当只在那些有视野和安全需求的情况下使用。当热量散失很高的全玻璃门不是必需时，尽量减少使用全玻璃门，如推拉门或阳台门。商业建筑的前厅门、侧门及后门，有时也不需要全玻璃门。

绿色建筑中的门需要考虑以下方面：

- 减少建筑中外门的数量；
- 尽可能不用推拉门；
- 尽可能减少双开门；
- 在可能的情况下门扇尽量不开窗；
- 采用保温外门，并在空调空间和非空调空间之间设置保温门；
- 尽可能使用防风门，它们提供了额外的保护层，不仅增大了热阻而且能更好地防止渗透风；
- 门框和门槛下部内外侧均嵌缝填实，防风门也同样嵌缝填实；
- 考虑在建筑入口处设置气闸（air lock）；
- 对门框周围进行保温；
- 密封门，通过测试确保门能承受一定的压力。

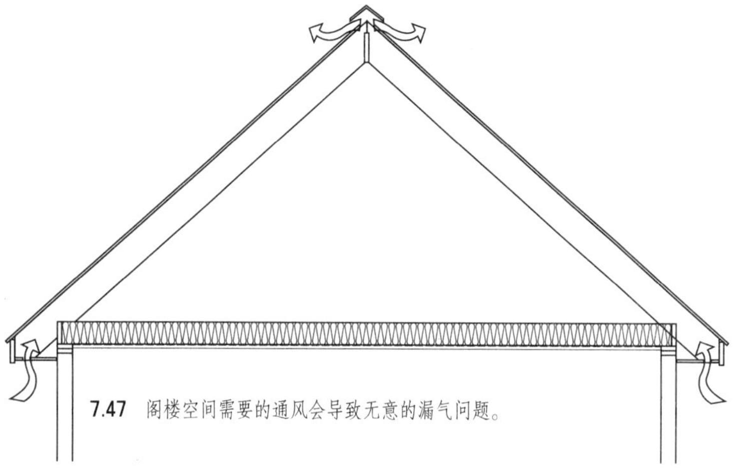

7.47 阁楼空间需要的通风会导致无意的漏气问题。

屋顶 Roofs

能源规范和《ASHRAE 189》等高性能建筑标准对屋面保温提出了要求，它们通常会针对特定的地理位置进行优化。如墙体一样，屋面也会由于热桥而散热，但连续的保温层可以阻止能量流失的发生。由于建造屋面是为了防止水分下渗，所以屋面通常不会漏气。然而，屋面通风口（roof vent），比如屋脊通风器，就是一种特意将空气引入阁楼的手段，这会无意中导致一些问题，尤其是对坡屋顶的房子。

坡屋顶 Pitched Roofs

从能耗的角度，有关屋顶最重要的进展是：发现了空气从建筑泄漏到阁楼空间，然后从坡屋顶阁楼通风口泄漏到室外的情况有多么严重。阁楼空间漏气的量和类型非常多。空气可以从阁楼开口和墙体空腔的顶部泄漏，可以从烟囱和通风口处泄漏，可以通过没加盖的通道、电线及其他管线的穿孔处泄漏，可以通过排风扇和嵌入的灯槽处泄漏，也可以从隔墙的边沿处泄漏。

漏气的另外一个负面影响是在寒冷的气候中，形成屋面冰坝（ice dam）。这是由于泄漏的空气融化了屋面上的雪，融化的雪水沿着屋面流下，在屋面排水沟、屋面边沿及檐沟（gutter）处重新结冰而成。

为什么坡屋顶和阁楼有这么多渗漏问题？答案或许在于对屋面功能及顶层天花板——或换言之——阁楼楼板的功能的混淆。坡屋顶的功能主要是防止雨水进入建筑。阁楼楼板的主要功能是充当热边界。然而，这种功能角色的划分导致阁楼楼板的密封不当。如果阁楼楼板也如墙体或平屋顶那样具有防水的功能，那么它就不太可能发生漏气的现象。

平屋顶比坡屋顶建筑更绿色的原因主要有二：平屋顶避免了坡屋顶及通风阁楼空间中很容易发生的多种渗漏问题，并且平屋顶更易于安装绿色构件，如太阳能板和种植屋面。

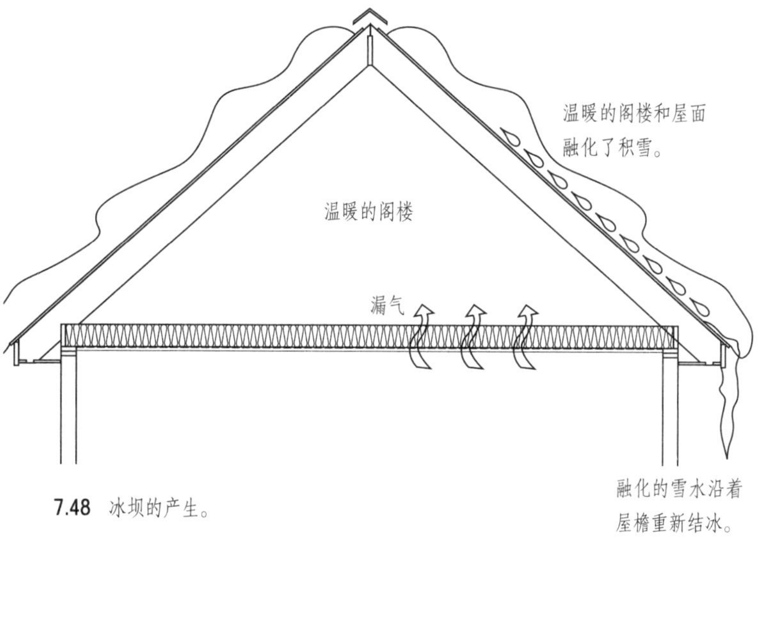
温暖的阁楼和屋面
融化了积雪。
温暖的阁楼
漏气
融化的雪水沿着
屋檐重新结冰。

7.48 冰坝的产生。

平屋顶比坡屋顶价格更实惠。坡屋顶实际上是两个独立屋顶结构的价格，一个是屋顶，另一个是阁楼楼板。而平屋顶仅需要一个屋顶结构。据估算，平屋顶的造价比坡屋顶低22%。我们知道平屋顶也有许多弱点，如美学问题、容易积水并且不利于积雪滑落。如果坡屋顶对于建筑美学至关重要，或出于其他原因不可避免，那么无论是坡屋顶还是阁楼，都必须注重确保厚实且连续的热边界。

关于绿化或种植屋面我们可以单独进行讨论。针对种植屋面的高造价与其热能优势的大小，有许多争论。不过，从减少热岛效应、降低径流及为建筑顶层提供绿化空间的角度看，种植屋面还是有一些优势的。如果随着时间的推移，种植屋面的成本可以更加低廉,并且更加耐久,那么平屋顶与坡屋顶相比，其接受度会更高。

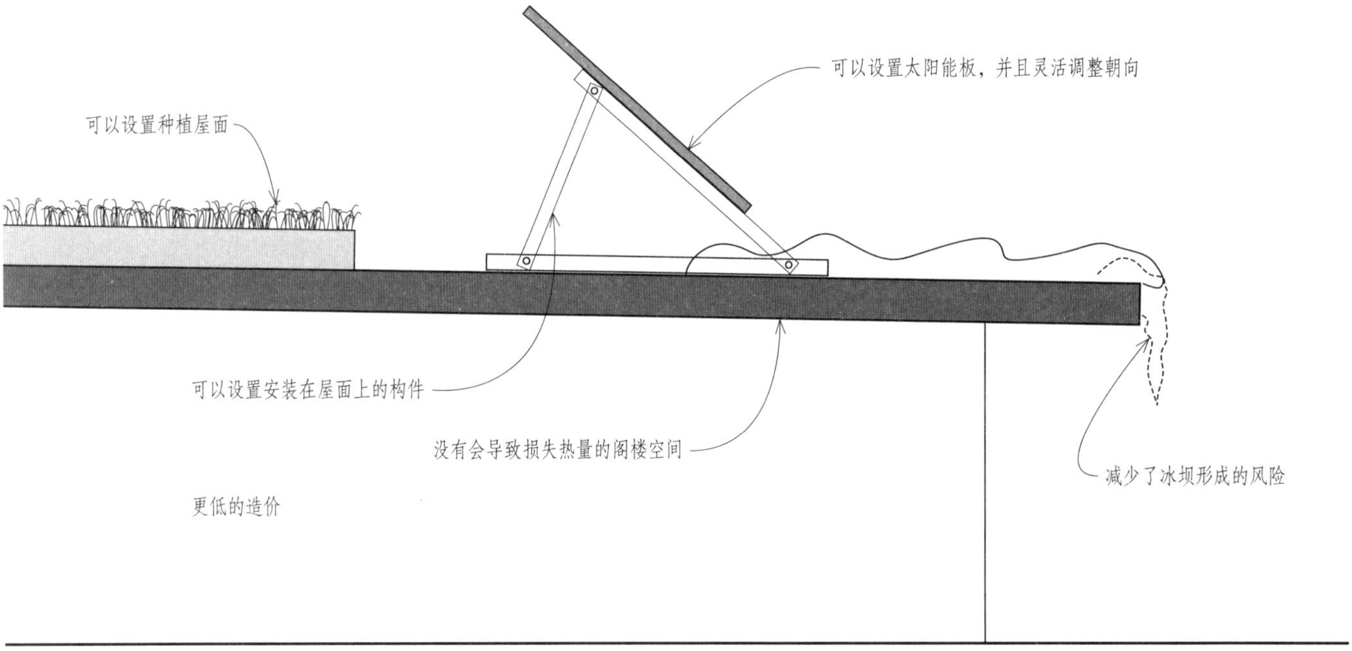

7.49 平屋顶的绿色优势。

楼板 Floors

我们用关于楼板，特别是位于板式基础之上的楼板的讨论，来结束外围护结构的检视。地下室和设备空间会在第 8 章“非空调空间”中进行讨论。

建筑通过板式基础之上的楼板向下部的土壤传热。土壤的温度通常低于建筑中的空气温度，冬季浅层土的温度范围在 30°F~60°F（-1.1℃~5.5℃），这与地理位置有关。然而，冬季建筑中的空气温度为大约 70℉（21.1℃），因此土壤会从上部的建筑中吸收热量。有学者研究了 33 个节能住宅，发现通过土壤散失的热量为总热量散失的 24%，并推测非节能住宅中这一比率会更高。边缘保温非常重要，冬季热量会通过楼板边缘和土壤传递到冷空气中。红外探测可以显示这些热量散失。由于热量传导到外部，因此建筑楼板边缘在红外探测中显示为暖色。

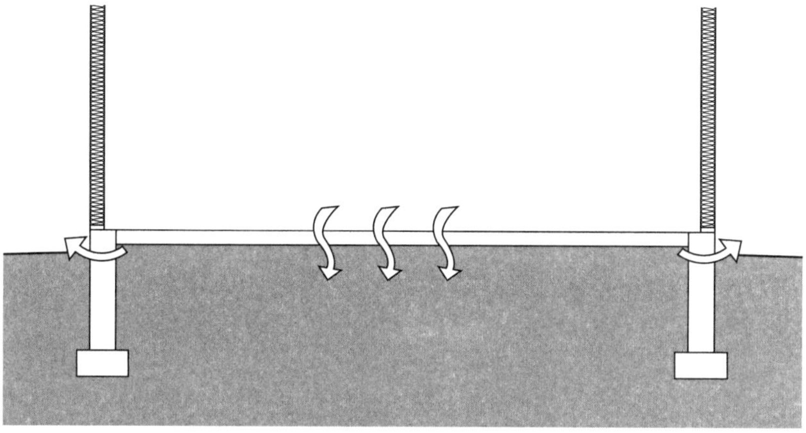

7.50 通过板式基础上面的楼板失热。

楼板保温层的连续性是一个挑战。一面带有保温层的墙体通常会位于实心混凝土楼板上部，楼板是热的导体。如果楼板的保温层位于上表面，楼板就位于热边界之外，热桥存在于墙体内外侧与楼板连接的部位。如果楼板的保温层位于下表面，除非对边缘进行了保温，否则热桥会存在于楼板边缘处。为了保证连续性，对楼板外部进行保温更加有效，无论是边缘还是下部。

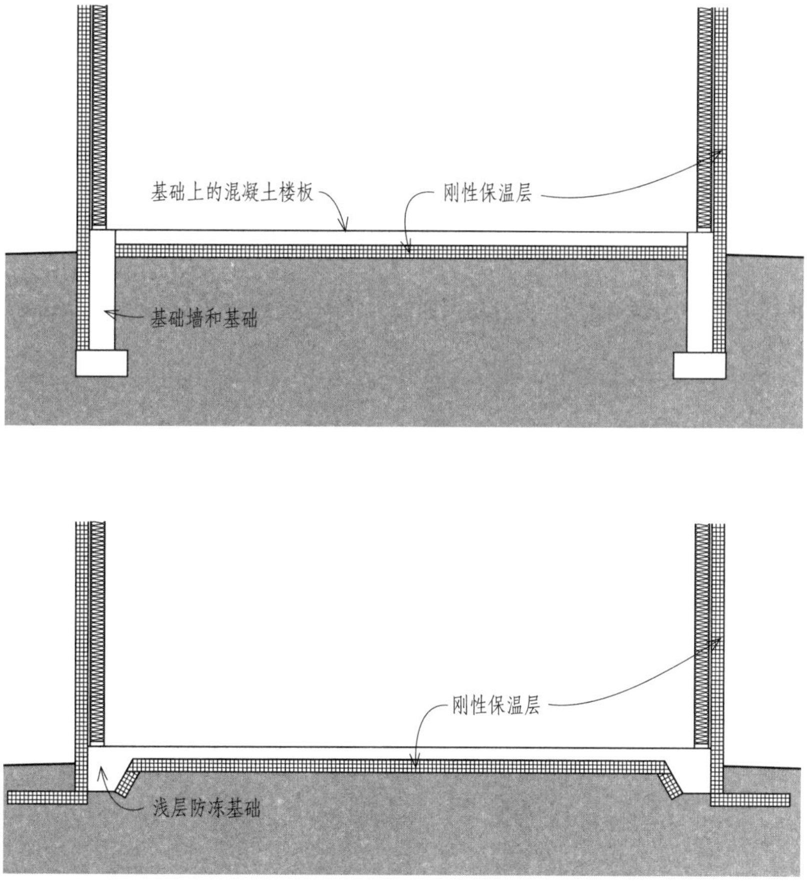

7.51 为板式基础上的楼板提供连续的保温层。

为了使建筑采暖更加舒适和均匀，地板辐射采暖系统逐渐成为趋势。由于辐射采暖系统提供的舒适性更高，室内空气温度可以适当降低，从而具有一定的节能潜力。但是，对于基础上的楼板而言，即使基础板已经在下部做过保温，热量仍然可能会散失到土壤中。如果考虑在板式基础的楼板中设置辐射采暖系统，即使楼板已经做了全面的保温，也要评估一下散失到土壤中的能量。

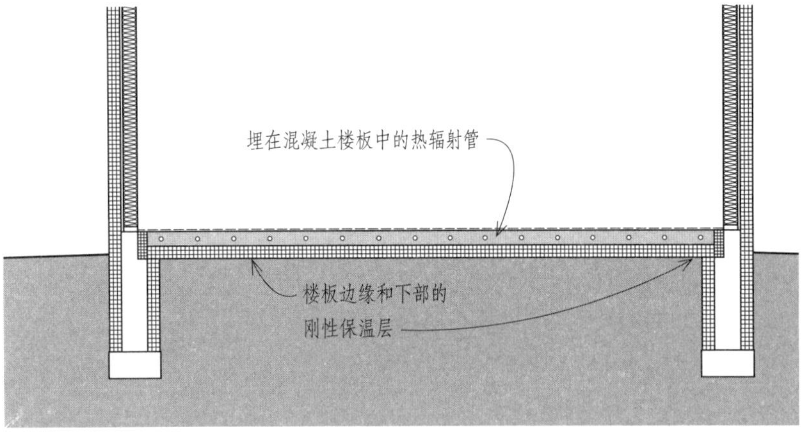

7.52 辐射采暖系统。

对楼板进行保温既是为了节能，也是为了舒适性。冰冷的地板会使脚部感到不适，并且会吸收人体的辐射散热，使人体感到寒冷。

防止板式基础上的楼板返潮也十分重要。否则，与楼板接触的材料就会潮湿，空间也会变得潮湿。为了防止这类问题的发生需要设置一整套保护层：散水引导地表水远离建筑；周边排水系统用来引流建筑物附近的积水；增加砾石底板来减少楼板与潮湿土壤的接触；坚固且连续的防潮底板。

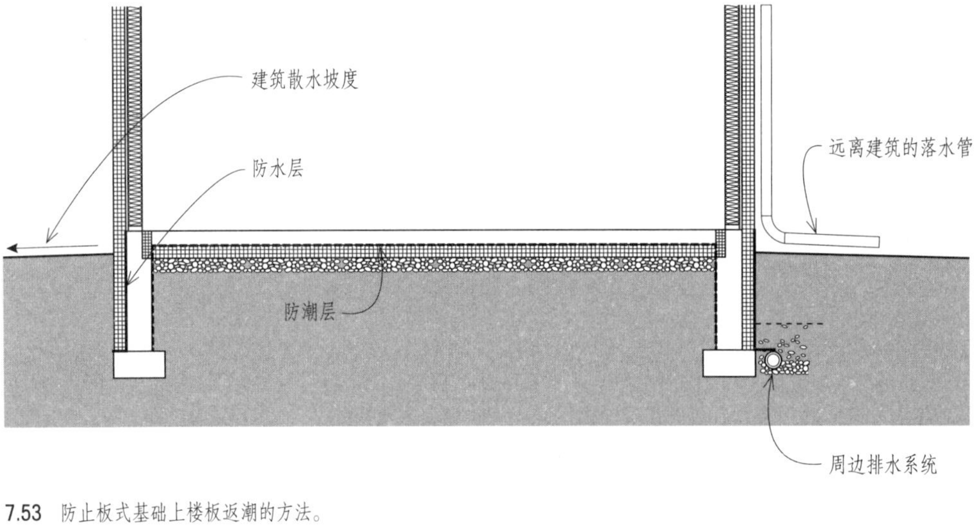

7.53 防止板式基础上楼板返潮的方法。

8

非空调空间
Unconditioned Spaces

非空调空间是指那些没有采暖和制冷的空间。建筑外围护结构与内围护结构之间，会存在许多非空调空间。这些空间包括阁楼、地下室、设备空间（crawlspace）、附加车库、前厅（mud room）、门廊、机房和储藏间。

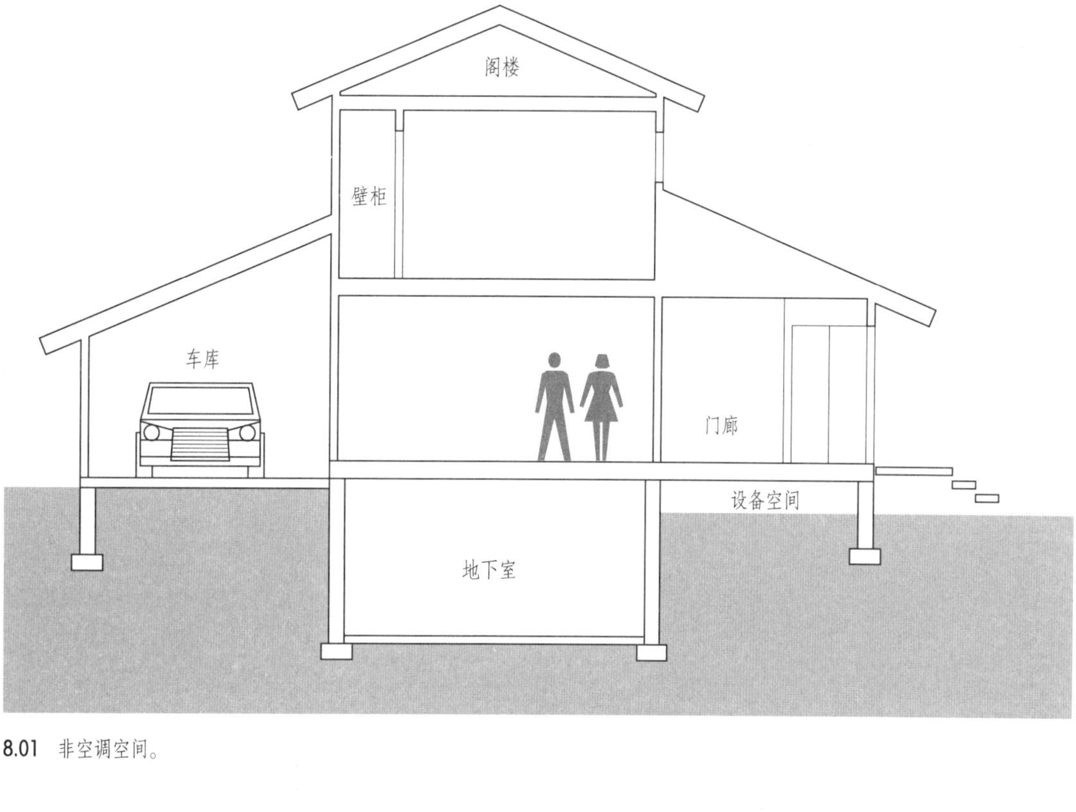

8.01 非空调空间。

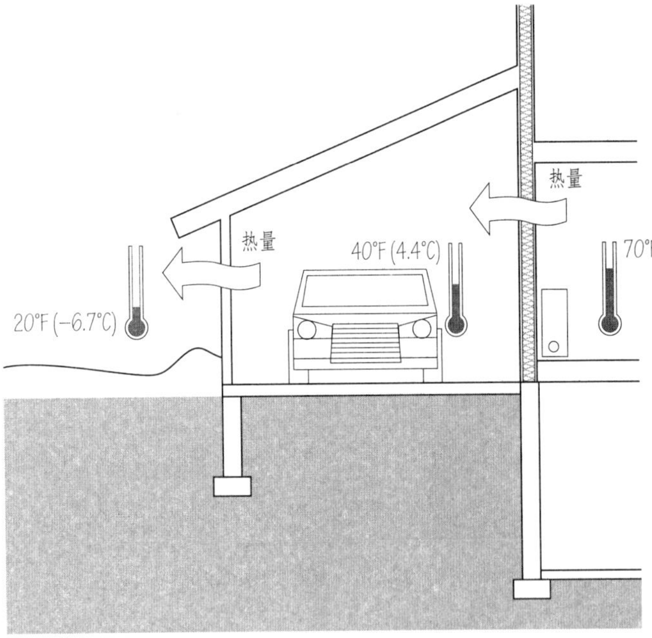
热量
热量
40°F (4.4°C)
70°F (21.1°C)
20°F (−6.7°C)

8.02 非空调空间的热损失。

非空调空间会被动地获得采暖或制冷。冬季，热量通过共享的墙体，从采暖空间传递到非空调空间，然后从非空调空间传递到室外。夏季也同理，热量会通过非空调空间传递到室内。通常，非空调空间的温度介于空调空间与室外之间。因此，即使非空调空间是被动地获得采暖或制冷的，这部分热传递最终还是由空调空间提供，因此通过非空调空间的热散失是要耗能的。

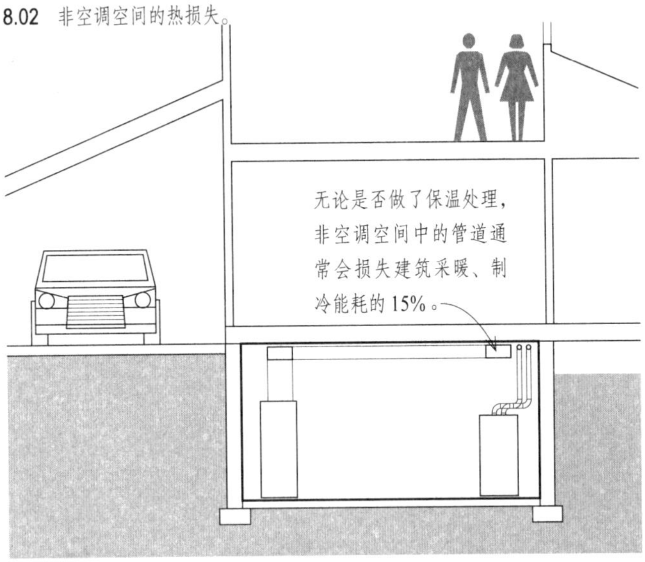
无论是否做了保温处理，
非空调空间中的管道通
常会损失建筑采暖、制
冷能耗的 15%。

8.03 输送系统的能量损失。

非空调空间还有第二个与能耗相关的弱点。它们通常是采暖或制冷输送系统所在的地方。这些输送系统包括风管、管道或两者兼有。根据定义，非空调空间不需要采暖或制冷，因此从这些输送系统中散失到非空调空间中的热量都导致了能源浪费。

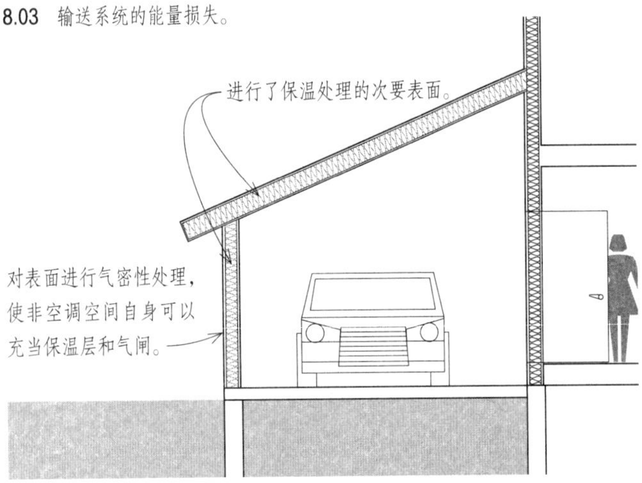
进行了保温处理的次要表面。
对表面进行气密性处理，
使非空调空间自身可以
充当保温层和气闸。

8.04 利用非空调空间来降低能耗。

需要关注非空调空间的这些能耗弱点。我们可以做到，不仅解决这些问题，而且将非空调空间作为另外一层保护进行利用。非空调空间本质上是可以用作保温层的滞留空气。而且，非空调空间通常有至少一个表面是未经保温的，它们位于非空调空间与室外之间或是非空调空间与相邻的空调空间之间。可以通过增设保温层经济实惠地形成另一层保护。最后，非空调空间可以充当气闸，减少人们进出建筑导致的渗透风。

在本章节的后半部分，我们会检视各种常见的空间类型，看看它们哪些可以从通常的空调空间转变为非空调空间。这将会进一步降低能耗和建设成本。

地下室 Basements

地下室在住宅中很普遍,也常见于许多商业建筑。这些半地下或完全地下的空间可以很方便地提供储藏和工作区域，用来放置机械设备，隐藏各种设施，如管道和电力输送系统。地下室有时会用作影视厅或书房（den），在采光和通风合适的情况下，也会用作办公室、卧室甚至设施齐全的公寓。从采暖和制冷的角度看，地下室一般是埋于土壤中的，因此得热和失热少于完全暴露于室外的空间。但是，地下室还是会散失或得到很多热量。

从负面角度看，如果湿气通过混凝土基础墙和楼板进入空间，地下室会非常潮湿。地表水也会由于重力作用进入地下室。由于非空调空间具有的实用性功能，地下室的挖掘和地基工程建设通常会相对贵一些。由于地下室不能提供自然采光和良好视野，因此作为使用空间并不受欢迎。

地下室常常既不属于空调空间，也不属于非空调空间。这导致人们在决定这些空间到底是否应该使用空调时犹豫不决。地下室顶板有时会进行保温，然而通常是没有保温的，因此它们成为上方采暖空间向地下室散失热量的途径。

地下室是采暖和制冷输送系统散失大量热量的地方。最新研究证实了这部分失热的影响非常大。能量通过设备和输送系统的热传导散失，这些设备包括锅炉、火炉、管道、阀门和泵。能量也在空气系统进气和排气过程中，通过管道接缝处、连接处、空气处理机组本身和过滤装置的漏气而散失。对于将采暖和制冷设备及输送系统置于地下室的建筑而言，建筑采暖空调能耗的15%以上在地下室的输送系统中散失。地下室中的输送系统也容易随着时间而老化。管道的保温层可能会脱落或移除，却没有得到及时更换；风管保温毯（duct blanket insulation）可能会被挤压，导致热阻下降；管道漏气可能随着时间发展而恶化；本应关闭的风管格栅（duct grille）可能无意中被打开。

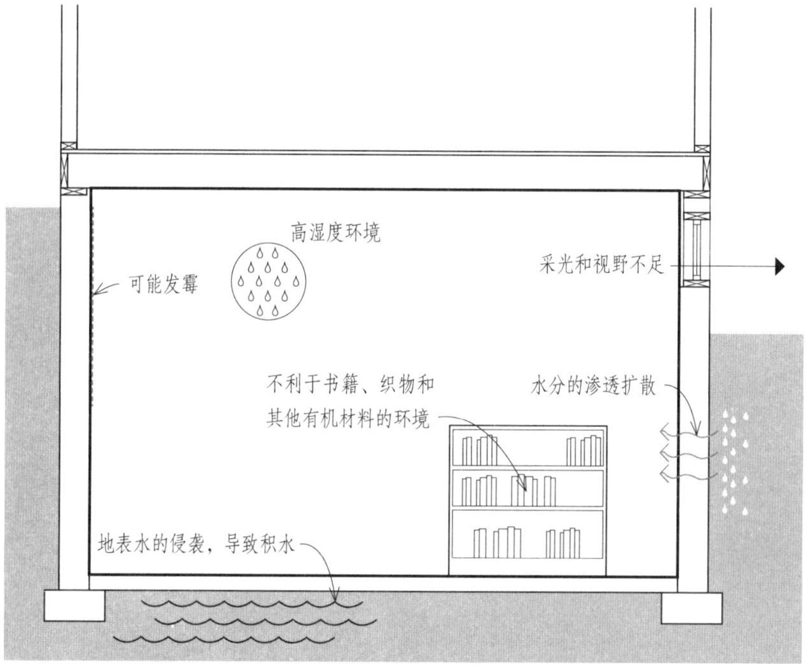

8.05 地下室的环境质量问题。

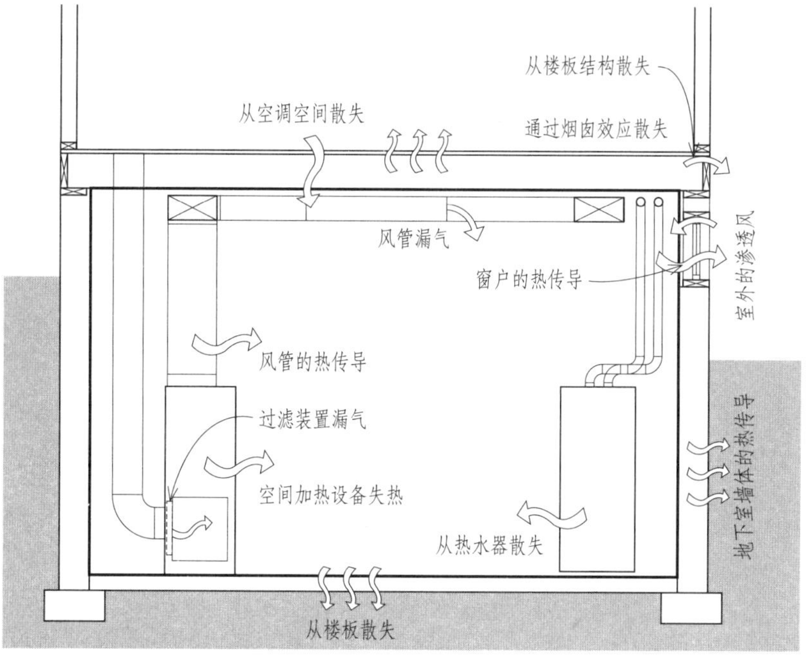

8.06 地下室空间的能量散失。

另外一种归因于地下室的能源损耗与烟囱效应有关。地下室增加了建筑层数，从而放大了烟囱效应，即使只有一层的建筑。地下室通常会漏气，在冬季，冷空气很容易从窗台板、安装不牢靠的窗户、地下室门等位置进入地下室。与上层的采暖空间相比，地下室的气密性通常不佳，因此烟囱效应引发的气流（stack-effect air）可以很容易地通过出入口、管道、电线穿孔及下层的楼板和连接处等位置从地下室进入首层。一旦冷空气进入采暖空间，它就增加了建筑的用能负荷。热空气随后会通过上层的窗户、墙体和阁楼离开建筑。

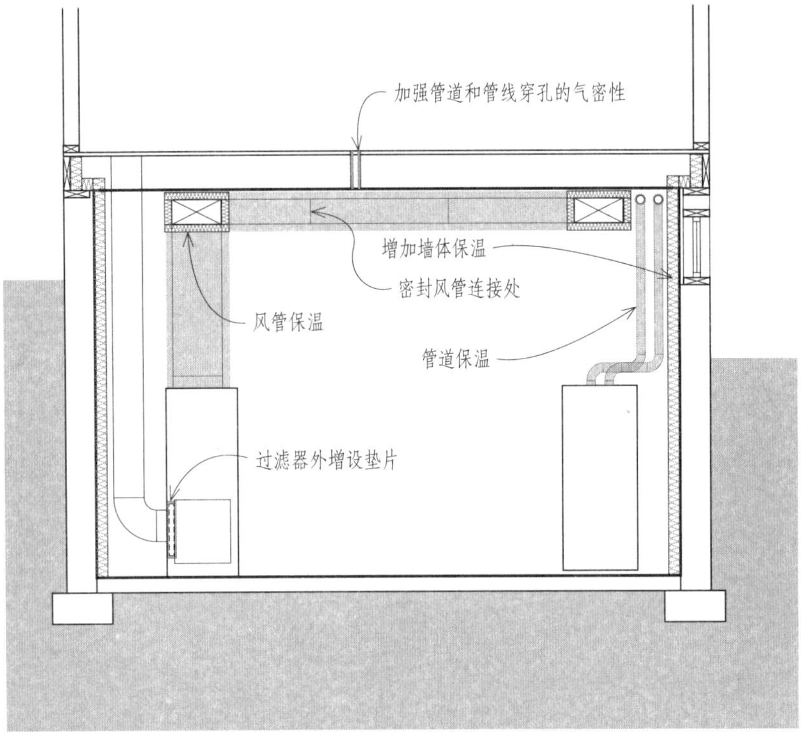

8.07 降低地下室空间的能量损失。

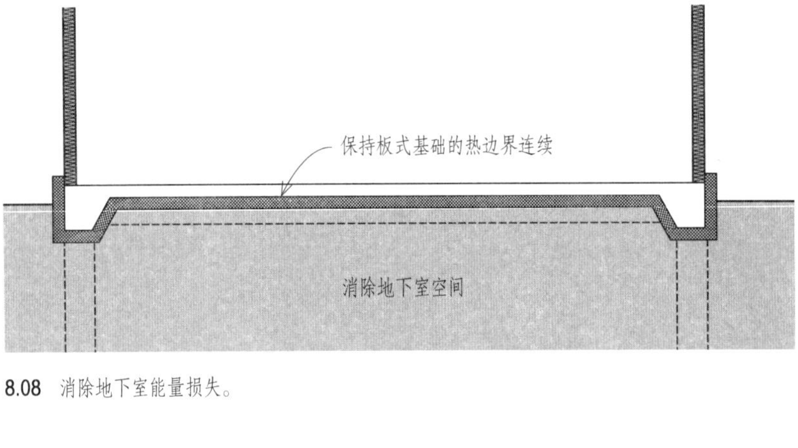

8.08 消除地下室能量损失。

增加墙体、窗户、地下室顶板的气密性，并确保地下室通往上层的门密封良好，地下室就会更加节能。也可以对风管、管道和管道配件进行保温，并确保管道的气密性。通过对墙体和地下室顶板进行保温，提高窗户的热工性能，就会降低热传导损失。

一个常见的误解是对地下室墙体进行了保温就是将其纳入了热边界，因而否定了任何地下室的热损失。然而，只要地下室是非空调空间，地下室的热损失就不可避免，而且损失量惊人。例如，ASHRAE关于确定住宅热分布系统的设计和季节性效率的测试方法中，对一栋典型的房屋而言，当对地下室墙体进行了保温时，输送系统的热损失仅有很小的下降，从19.1%下降到17.6%。

另一个选择是将地下室排除到绿色建筑之外。当采暖和制冷输送系统的热损失不存在、烟囱效应及通向上层采暖空间的渗透风减弱、上层空间通过基础墙体和楼板向地下室的热传导损失消除时，我们获得的节能潜力是很大的。

不使用空调的地下室历史上一般用作大型的机械室，虽然大型机械室100年前就需要，但是那时的锅炉比现在的大很多。因此现在地下室的面积已经远大于机械室需要的面积。

地下室湿度较高，不是储存纸张、书籍、衣物及其他有机材料的理想场所。潮湿的环境及任何聚集的水分都会导致室内空气质量问题。由于部分或全部位于地下，地下室空间的自然采光和视野问题也是一个挑战。

当全盘检视地下室的能耗问题、空气质量问题及视野和自然采光的问题后，我们需要思考的问题是：如果不采取切实措施来防止这一系列问题发生的话，地下室能被认定为绿色建筑中的健康空间吗？

阁楼 Attics

与地下室一样，阁楼加强了烟囱效应的影响。这主要是因为阁楼在冬季会漏气。热传导损失也是一个问题，并且由于阁楼较大的表面积而加剧。通常情况下采暖输送系统并不在阁楼中，而是布置在地下室。但是一旦采暖输送系统安放在阁楼中，其热损失可能会更严重。和地下室不同，阁楼是有意进行通风的，因此阁楼的温度与冬季室外温度接近；夏季，由于阁楼中滞留热量，阁楼的温度甚至会比室外更高。风管中的空气与风管周围的环境空气温差更大，因此放置在阁楼中的风管热损失更大。

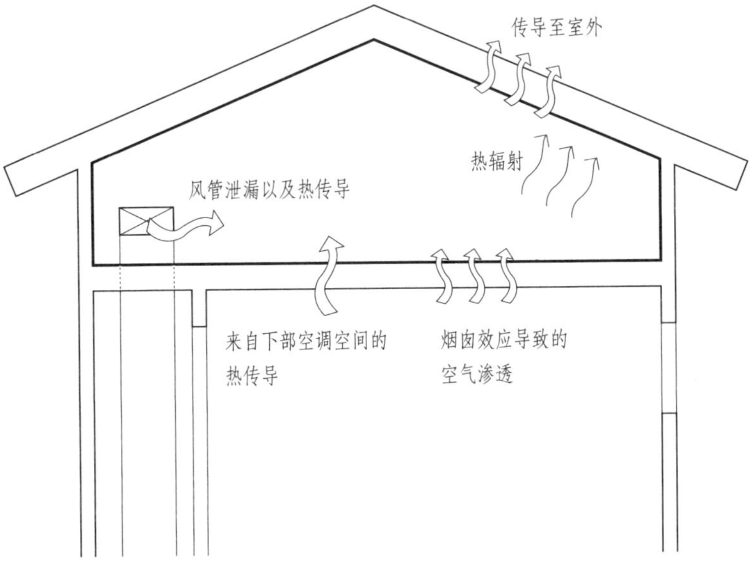

8.09 阁楼空间的能量散失。

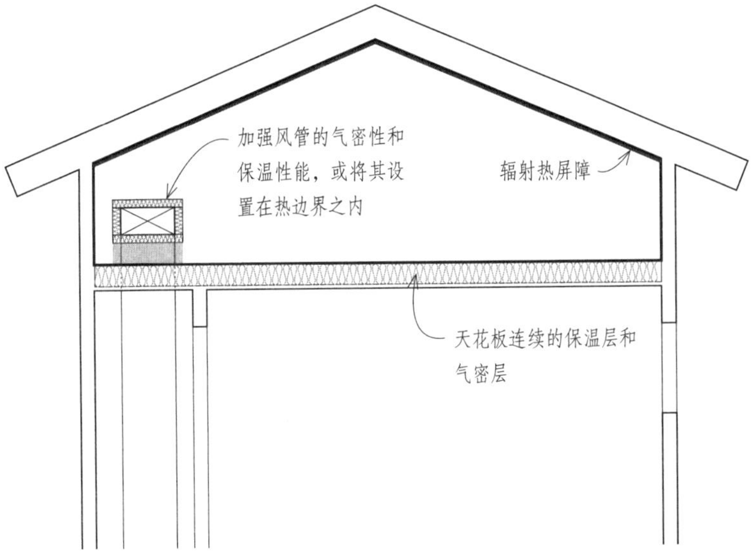

8.10 降低阁楼空间的能量损失。

与地下室一样，通过增强气密性阁楼会更加节能，比如，对阁楼楼板或屋顶板（或两者一起）增设保温层、对任何一个输送系统进行保温和密封处理，最好不要将输送系统设置在阁楼中。另一种可能是在屋顶板上设置保温层将阁楼纳入热边界。第三种选择就是不设阁楼。

低矮的设备空间 Crawlspaces

低矮的设备空间实际上是比较浅的地下室，通常位于地基上方。低矮的设备空间主要是在第二次世界大战以后发展起来的，历史上一直作为通风空间。它们经常出现在活动房屋的下方。

近年来的研究发现，传统的用于通风的低矮的设备空间存在许多与地下室一样的问题：较高的湿度、热传导损失、输送系统热损失、烟囱效应引起渗透风造成能量损失以及不适于用作居住空间等。安装在低矮的设备空间中的管道在冬天有冻结的危险，还有安装在低矮的设备空间楼板下部的保温层有脱落的可能。

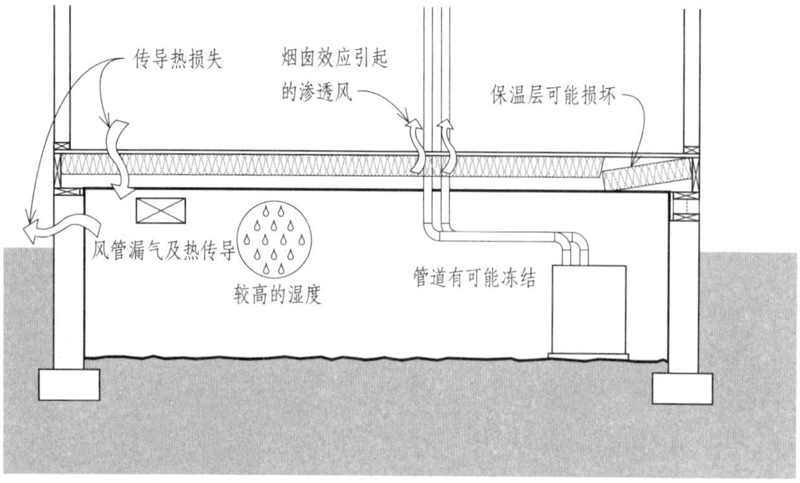

传导热损失
烟囱效应引起
的渗透风
保温层可能损坏
风管漏气及热传导
较高的湿度
管道有可能冻结

8.11 低矮的设备空间的问题。

关于低矮的设备空间，正在形成的一个共识是：通过消除通风，对封闭墙体进行保温，在楼板上设置密实的防潮层防止水分进入室内空间等手段，将其纳入热边界。这些措施使低矮的设备空间更加节能，消除了管道冻结的风险，减少了潮湿及其引发的室内空气质量问题。此外，在低矮的设备空间的天花板上增加保温层，可以给建筑提供另一层保护。

与阁楼和地下室类似，另一个解决方案是将其排除在绿色建筑设计之外，这个方法会消除低矮的设备空间的所有问题，而非仅仅减轻问题的不良后果。

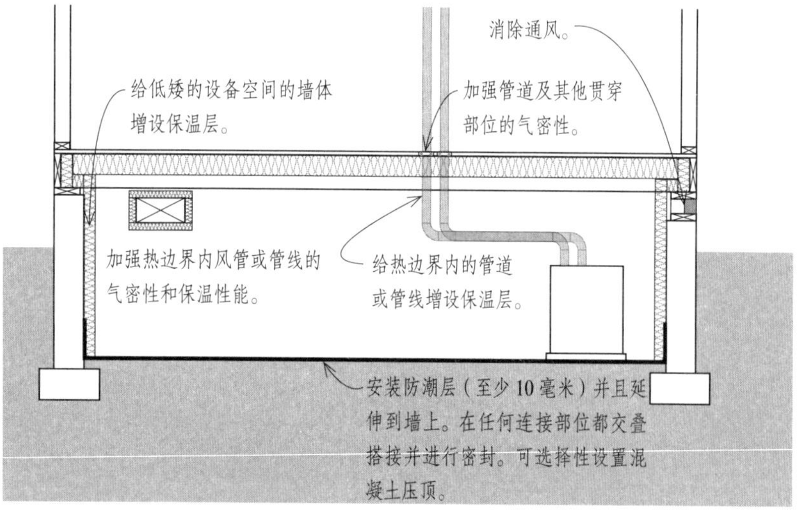

消除通风。
给低矮的设备空间的墙体
增设保温层。
加强管道及其他贯穿
部位的气密性。
加强热边界内风管或管线的
气密性和保温性能。
给热边界内的管道
或管线增设保温层。
安装防潮层（至少10毫米）并且延
伸到墙上。在任何连接部位都交叠
搭接并进行密封。可选择性设置混
凝土压顶。

8.12 降低低矮的设备空间的热损失。

车库 Garages

车库可以是独立的或是依附于建筑的，可以是开敞的或是封闭的。

封闭且依附于建筑的车库有许多与阁楼、地下室和其他非空调空间相似的能耗问题：传导热损失、渗透风热损失以及输送系统通过这些空间时的热损失。关于车库热边界定义不清的问题，前面已经讨论过。车库的另外一个缺点是，空间中存在车辆尾气和化学品，导致空气质量下降。

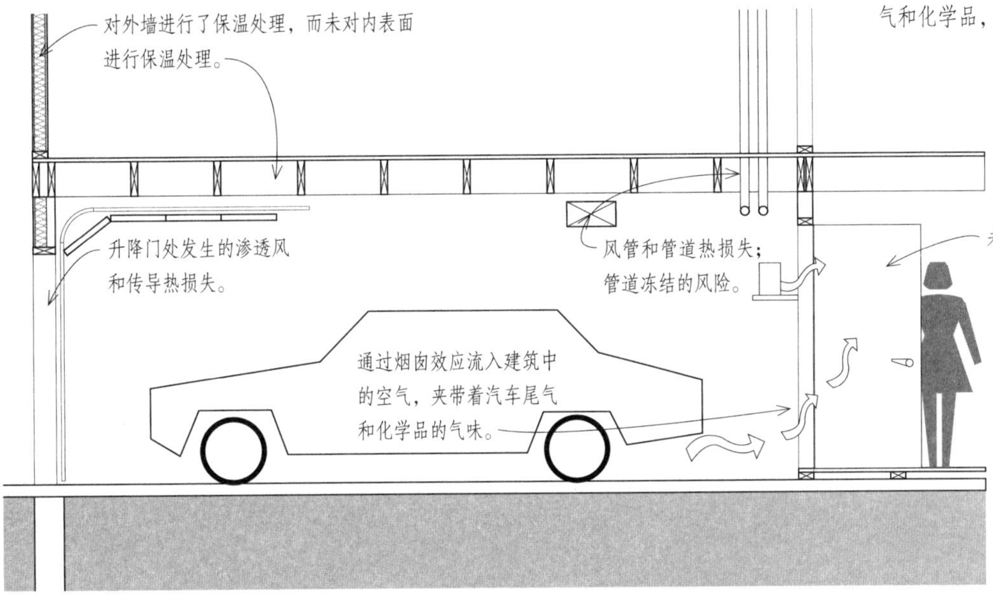

对外墙进行了保温处理，而未对内表面进行保温处理。
升降门处发生的渗透风和传导热损失。
风管和管道热损失；管道冻结的风险。
未经保温及密封不当的内门。
通过烟囱效应流入建筑中的空气，夹带着汽车尾气和化学品的气味。

8.13 车库存在的问题。

车库可以成为采暖空间和室外环境间有效的热缓冲区。需要关注热边界的定义、设计和运行。通过增加气密性、设置保温层、使用保温升降门，可以提高车库外墙的性能。这些措施均加强了外围护结构的性能，把车库转变成建筑的另一层防护。

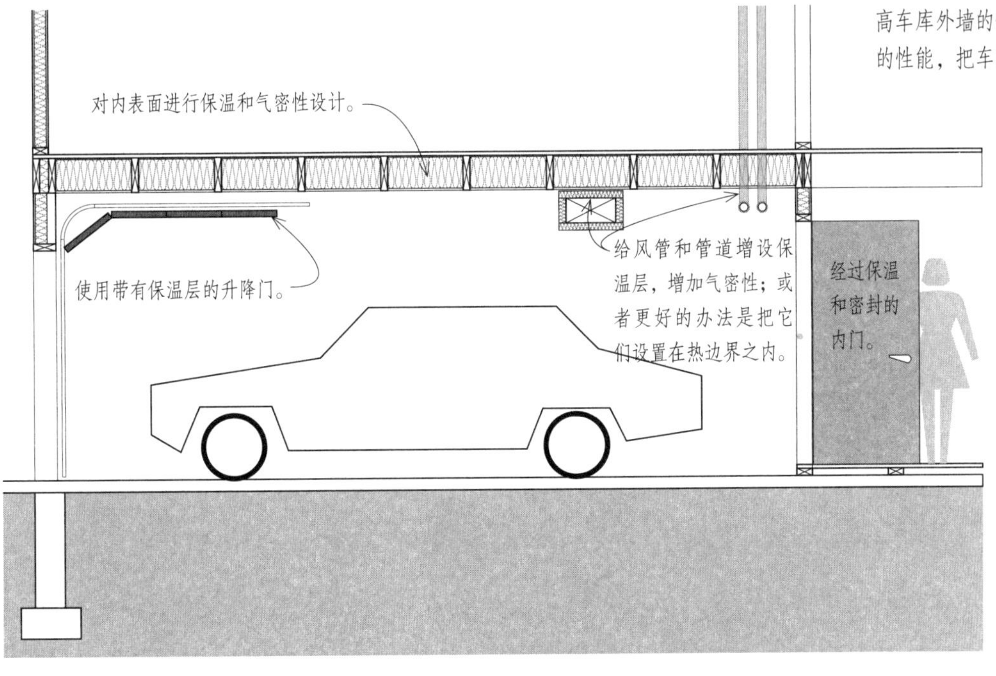

对内表面进行保温和气密性设计。
使用带有保温层的升降门。
给风管和管道增设保温层，增加气密性；或者更好的办法是把它们设置在热边界之内。
经过保温和密封的内门。

8.14 减少车库热损失。

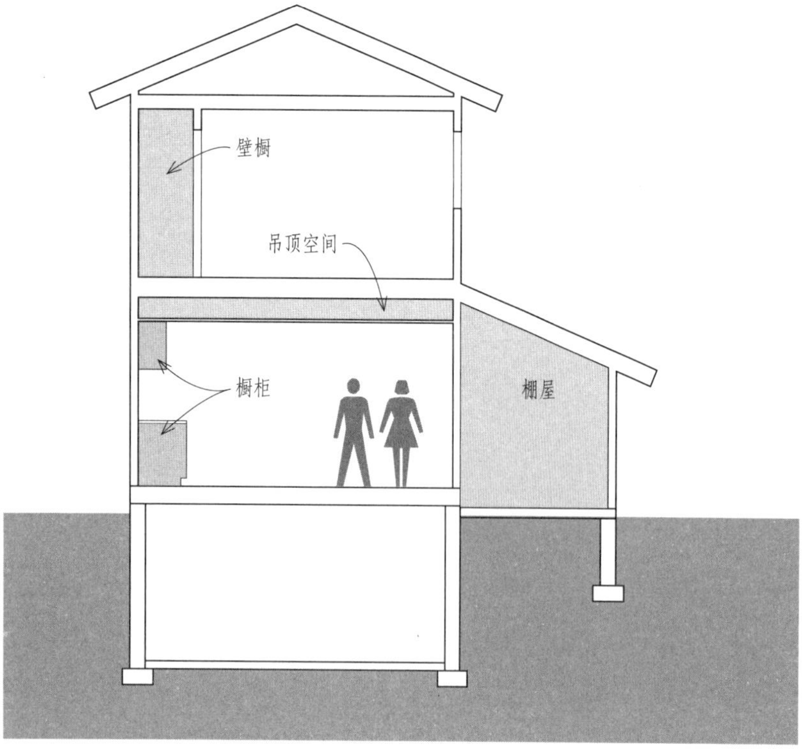

8.15 被忽视的非空调空间。

被忽视的非空调空间
Unrecognized Unconditioned Spaces

有一类空间可以被称作“被忽视的非空调空间”。这些空间包括依附于建筑的棚屋、壁橱以及天花板上部的空间。这些空间可以充当有效的额外的保护层。为了保证效果，需要做到以下几点：

- 这些空间至少有一个面与外墙或屋顶相接；
- 采取有效措施降低这些空间与室内（如果在热边界之内）或者室外（如果在热边界之外，如依附于建筑的棚屋）的空气交换；
- 考虑增加保温层来形成另一层保护。

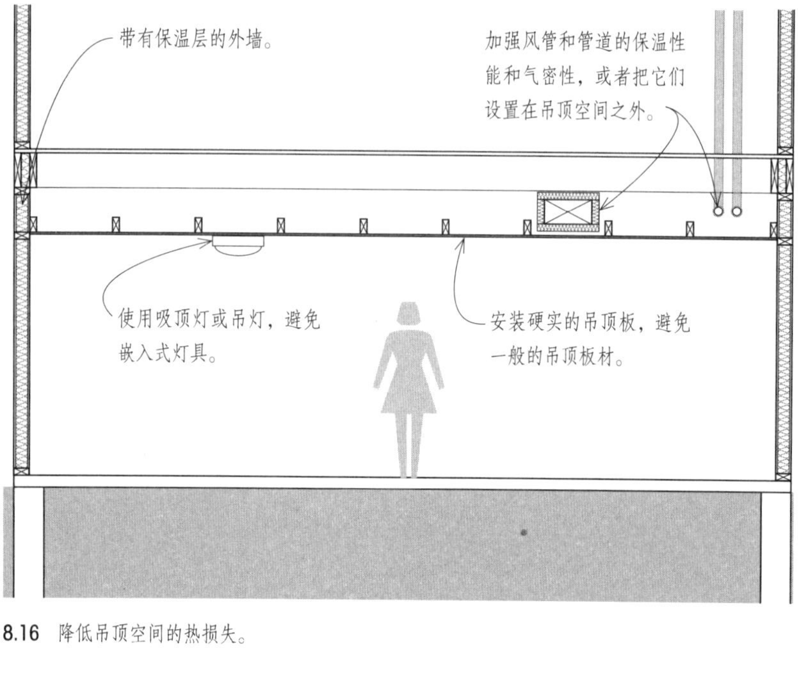

带有保温层的外墙。
加强风管和管道的保温性能和气密性，或者把它们设置在吊顶空间之外。
使用吸顶灯或吊灯，避免嵌入式灯具。
安装硬实的吊顶板，避免一般的吊顶板材。

8.16 降低吊顶空间的热损失。

天花板上部的吊顶空间（plenum）是一类常用的空间。在商业建筑中，这个空间常用来布置采暖和制冷输送设备及其他设备。习惯上，能源规范没有要求吊顶空间中的管道和风管必须进行保温，因为它们位于热边界之内。然而，吊顶空间中的能量散失，会导致这部分空间无意间被加热或冷却，从而改变吊顶空间的温度平衡，增加吊顶空间周边外墙与室外的热交换，或者当吊顶空间位于顶层时，增加屋顶与室外的热交换。吊顶板使吊顶空间与下部空调空间之间可以自由地进行空气交换。建造吊顶空间的绿色方法有：不要将输送系统布置在吊顶中，或对其中的输送设备增设保温层、加强气密性；避免使用嵌入式灯具；使用硬实的吊顶板而非多孔板。这些改进措施将吊顶空间转变为更加有益的非空调空间，可以用来充当室内和室外的缓冲空间。

走廊、楼梯间和其他空间
Corridors, Stairwells, and Other Spaces

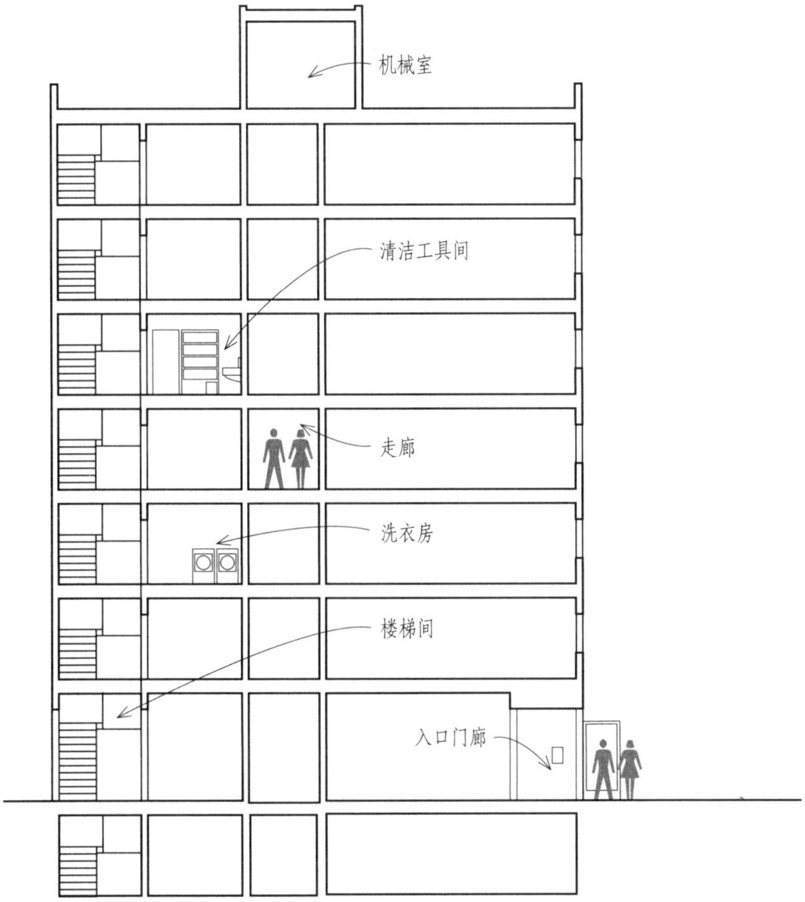

8.17 一些设有空调但其实不需要空调的空间。

建筑中某些空间是有空调的，然而这些空间其实不需要空调。这样的空间包括走廊、楼梯间、机械室、洗衣房、清洁工具间、入口、门廊、前厅等。对于这些不必设置空调的空间，没有空调可以更加节能。

例如，走廊和楼梯间不需要常开空调。冬季，人们往来于前门入口和使用空间时通常是穿着大衣的。对入口、走廊和楼梯进行供暖通常会导致过热，引发人们的不适。对走廊、楼梯等空间进行供暖的唯一原因是：这些空间在白天充当室内空间使用，这种情况可能出现在老年住宅或疗养院等建筑类型中。

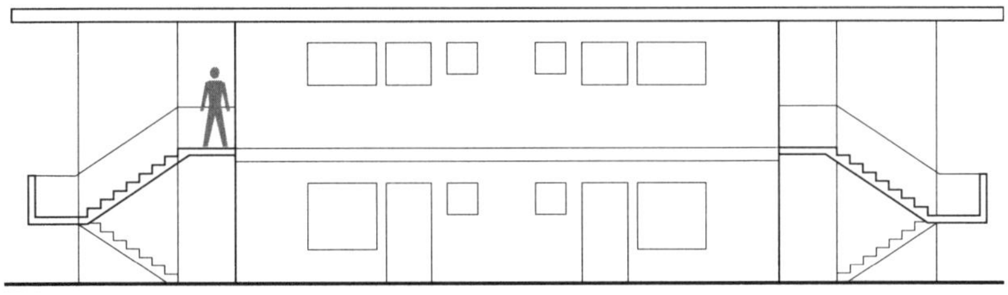

8.18 室外楼梯有时会是一个可行的选择。

甚至可以将一些楼梯置于室外。许多建筑只有两层，仅需要一个楼梯从一层通向二层。换言之，如果一层和二层不必从室内相连，就可以将楼梯挪到室外。这样做有许多好处：减少了需要空调的建筑面积，降低了烟囱效应，并且可以降低建设成本。将楼梯置于室外的做法在老式高级建筑中很常见，并且国际上许多建筑类型也常采用这种形式。对于一栋 2000 平方英尺（186 平方米）的二层建筑，将楼梯置于室外可以减少 2%~3% 的建筑表面积，并减少了相应的采暖和制冷能耗。对于多层建筑而言，室外楼梯显然就不可行了，然而即便是封闭的室内楼梯间，也可以不对其供暖并将楼梯间置于热边界之外。

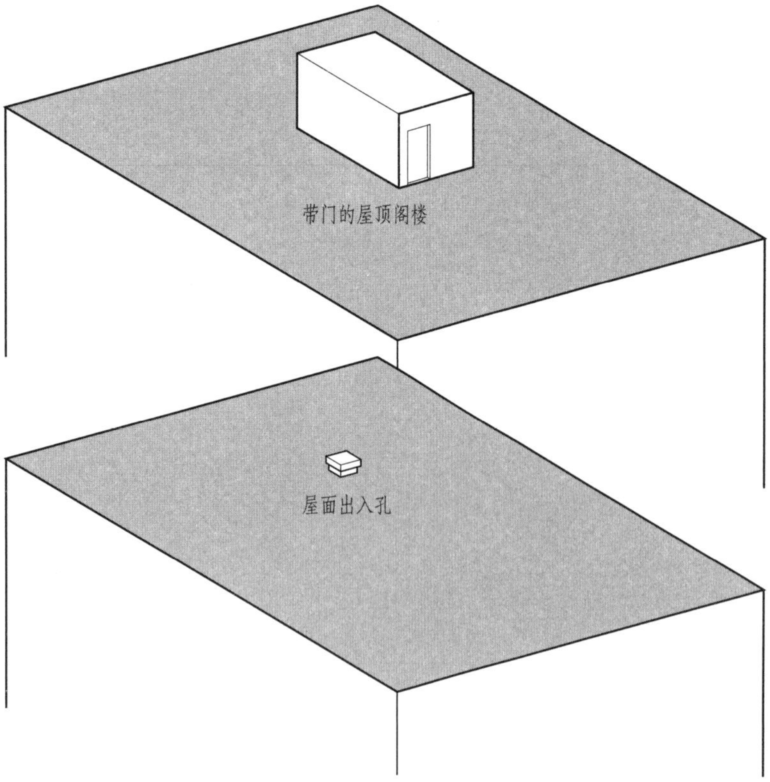

8.19 与屋顶阁楼相比，屋面出入孔是一个可行的选择。

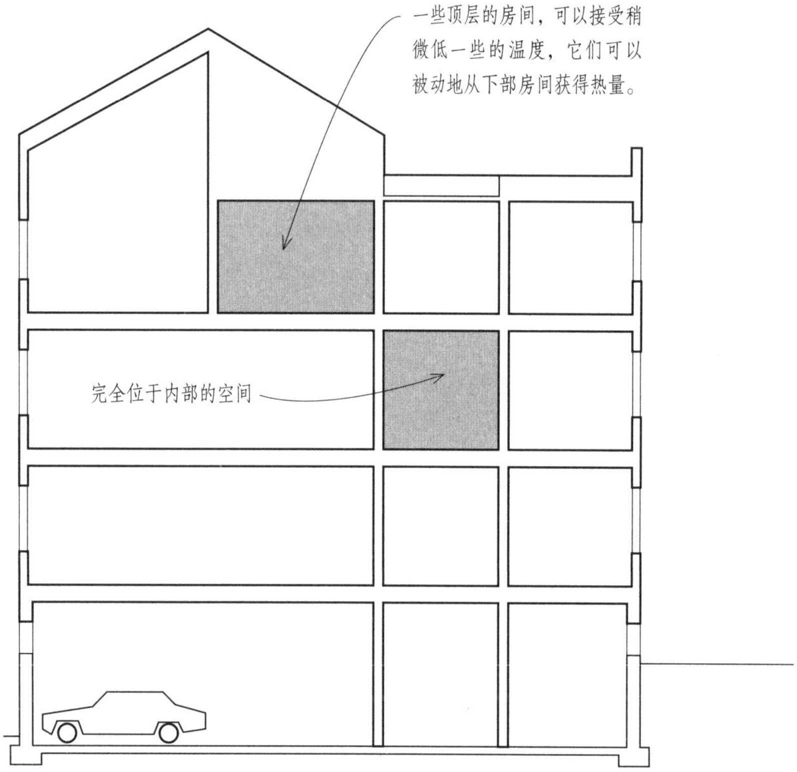

8.20 不需要供暖的其他房间。

另外，可以展开一个有趣的讨论：对于平屋顶建筑，楼梯间是否有必要高出屋面。在高层建筑中，一个或多个楼梯井会高出屋面，形成带门的屋顶阁楼，方便人们进入屋顶层。然而，屋顶阁楼会占用平屋顶面积，这些面积本可以用来放置太阳能板或其他绿色构件。屋顶阁楼增加了建筑表面积，会导致热量散失，也会增加建筑成本，并且在热边界上造成了较大的穿孔。一个简单的出入口可以减轻这些能耗问题并降低成本，但楼梯带来的便易可达性也会消失。

入口门廊经常是制冷或供暖的，有时甚至过热。由于穿过门廊的客流及不断开关门引发的局部渗透风,对门廊供暖或制冷只会增加建筑的用能。显然，如果楼宇工作人员长时间驻留在门廊或入口，那么必须设置空调。否则，对这些空间供暖或制冷只是可选项，可以考虑取消。

对于不需空调的空间，不设空调可以降低建设成本、降低供暖和制冷费用并且常常会提高室内环境的舒适度。

进一步降低房间空气调节的程度
Further Removing Conditioning from Rooms

对于绿色建筑，不仅是非空调空间或偶尔使用的空间,还可以让更多的房间降低供暖和制冷负荷。一个设计和建造良好的热围护结构，可以在很大程度上调节建筑中空气温度的变化、遏制寒冷气流、减少窗户内表面和墙体温度过低情况的发生，从而减少了建筑中需要供暖和制冷的部位。

例如，完全位于建筑内部的房间就不需要供暖。对于绿色建筑，一些暴露在室外、位于边缘或是屋顶上的房间也可以不用供暖。有研究表明，可以仅对住宅的起居室进行供暖和制冷，而不需要对部分或所有卧室都进行同样的供暖和制冷。对于一些舒适度要求较高的房间，是否供暖的决策最好基于计算机模拟。许多计算机程序都可以预测非空调空间的最低平衡温度，保证房间温度可以维持在满足舒适度要求的区间之内。

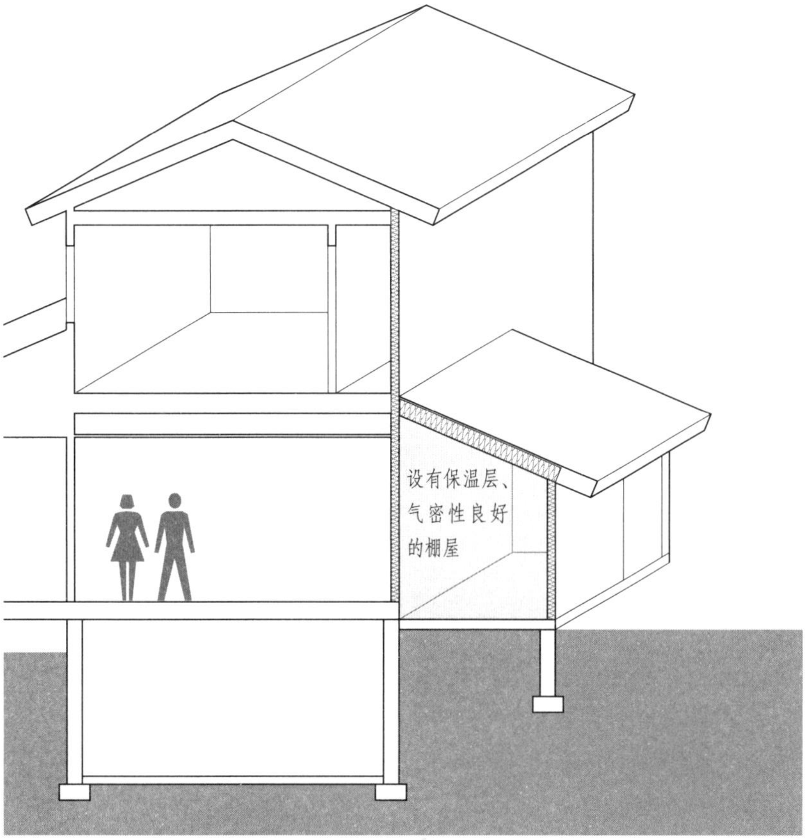

8.21 一个保温和气密性良好的棚屋可以充当额外的保护层。

设置储藏空间 Locating Storage

如果我们考虑取消阁楼、地下室和低矮的设备空间，我们就需要扩大储藏空间，因为那些被取消的空间通常可以用来储藏。取消这些可能出问题的空间会带来能耗和环境上的好处，这样一来，增加的储藏空间则成为绿色建筑设计的关键因素。

我们不需要很方便地从室内进入储藏空间，并且储藏室的温度也可以低一些，因此我们可以考虑使用依附于建筑的棚屋作为储藏空间。将储藏空间依附于主体建筑，可以充当一个额外的保护层。从室内进入也是可行的，但要特别注意热边界的连续性。一个较好的选择是：储藏空间仅能从室外进入，门安装得严丝合缝并且对与主体建筑共用的墙体及储藏室自身的外墙都要设置保温层。

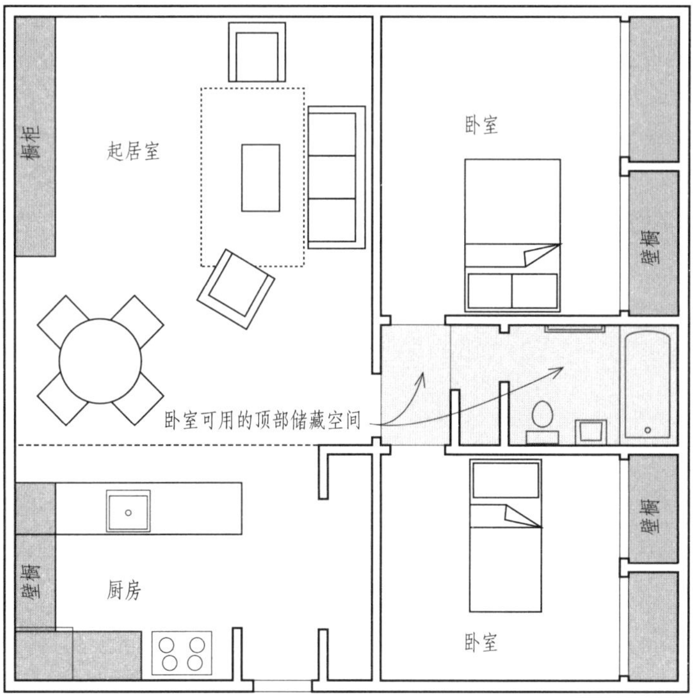

8.22 可以充当额外保温层的储藏空间。

当储藏空间必须从室内进入并且需要较高的温度时，可以考虑使用壁橱。这些壁橱最好与外墙相邻，充当额外的保护层。对于浴室、门厅等天花板较低的空间，可以利用屋顶以上空间设置储藏空间。

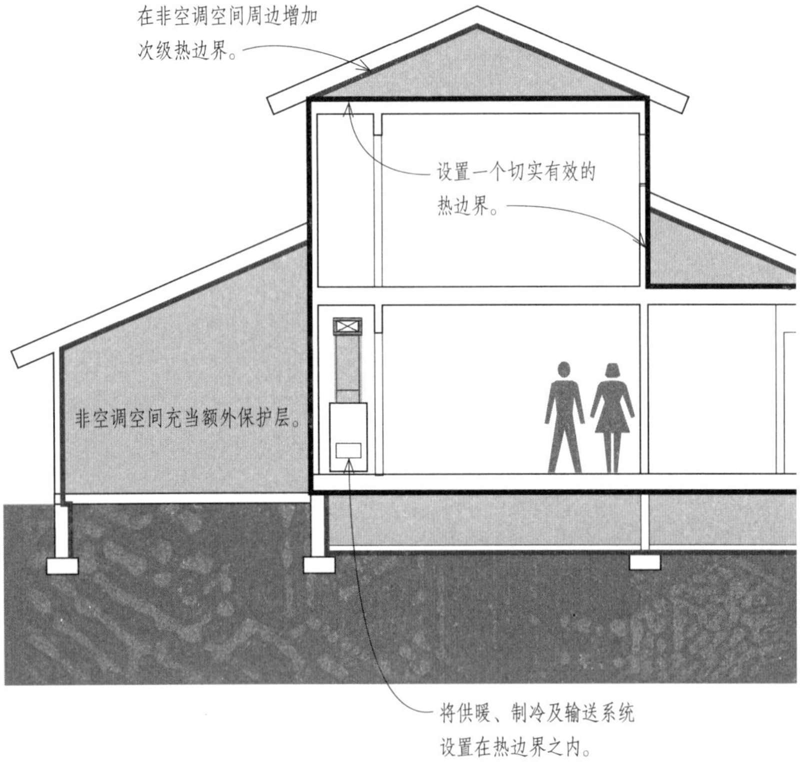
在非空调空间周边增加
次级热边界。
设置一个切实有效的
热边界。
非空调空间充当额外保护层。
将供暖、制冷及输送系统
设置在热边界之内。

8.23 避免非空调空间的能量损失。

控制非空调空间的温度
Controlling Temperatures in Unconditioned Spaces

虽然非空调空间的温度难以精确控制，但我们可以通过空间设计来进行一定程度的温度控制。

冬季，为了避免管道或储存的液体冻结，我们可以在非空调空间与室外之间设置保温层，在非空调空间与相邻的空调空间之间不设保温层，从而提高非空调空间的温度。为了保持非空调空间的温度大致介于室内温度与室外温度之间，我们可以将其所有表面都做上保温层。非空调空间与室内和室外间的空气流动也影响着空间温度。如果需要更精确地预测非空调空间温度，就要借助计算机模拟了。

非空调空间—— 总结
Unconditioned Spaces–Summary

总的来说，为了避免建筑能量损失并将非空调空间转变成节能的有利条件，我们需要注意几个细节。

- 为了保温并减少空气泄漏，应该提供至少一个清晰完整又切实有效的热边界。
- 考虑设置次级热边界（second thermal boundary），这样非空调空间就可以成为一个有力的额外保护层。例如，一个附加车库，已经在其自身与采暖建筑之间设置了保温层，还可以在车库的外墙上设置保温层，并提高其气密性。
- 避免在非空调空间中设置供暖、制冷及输送系统。
- 将非空调空间设置在它们能充当额外保护层或室内外缓冲区的位置。
- 考虑取消走廊、楼梯、机械室和储藏间等空间的供暖，将其从空调空间转变为非空调空间。

9

内围护结构

Inner Envelope

在第7章中，我们区分了外围护结构与内围护结构。外围护结构是与室外环境接触的，而内围护结构则与室内空调空间接触。

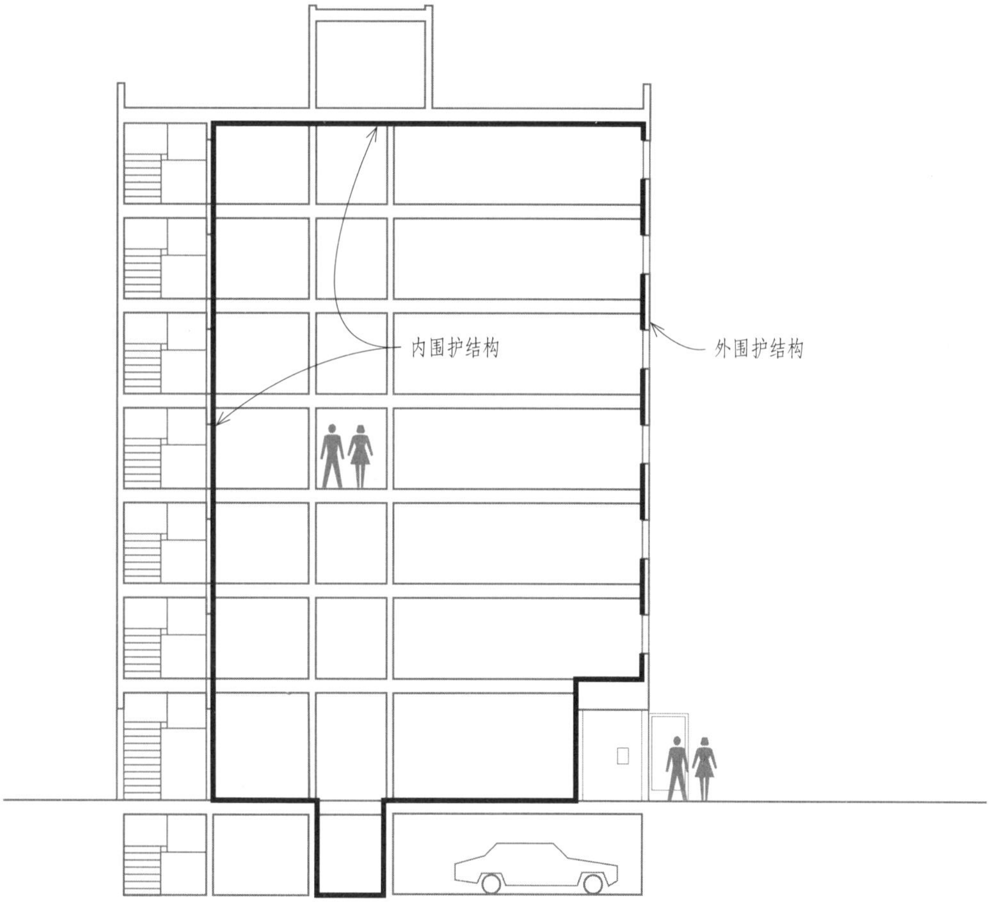

9.01 内围护结构。

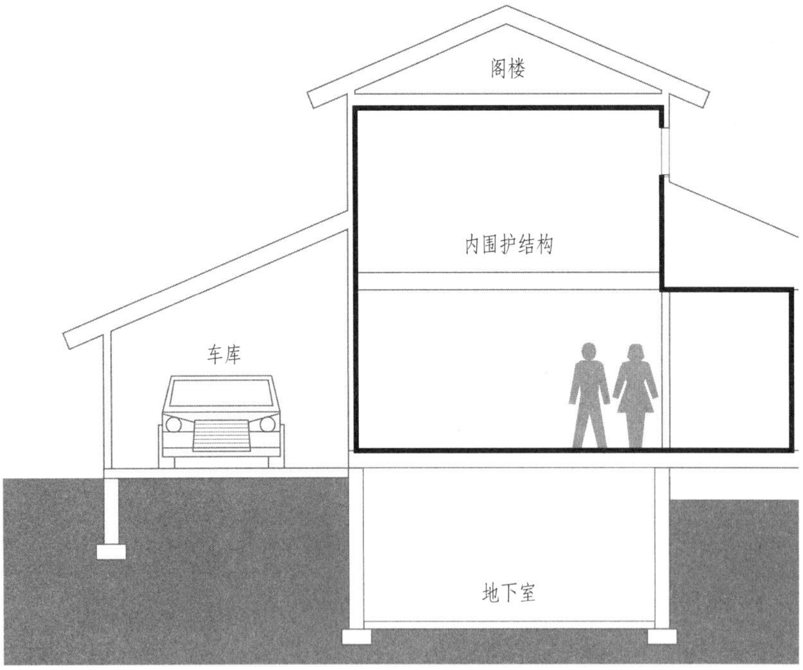

9.02 低层建筑的内围护结构。

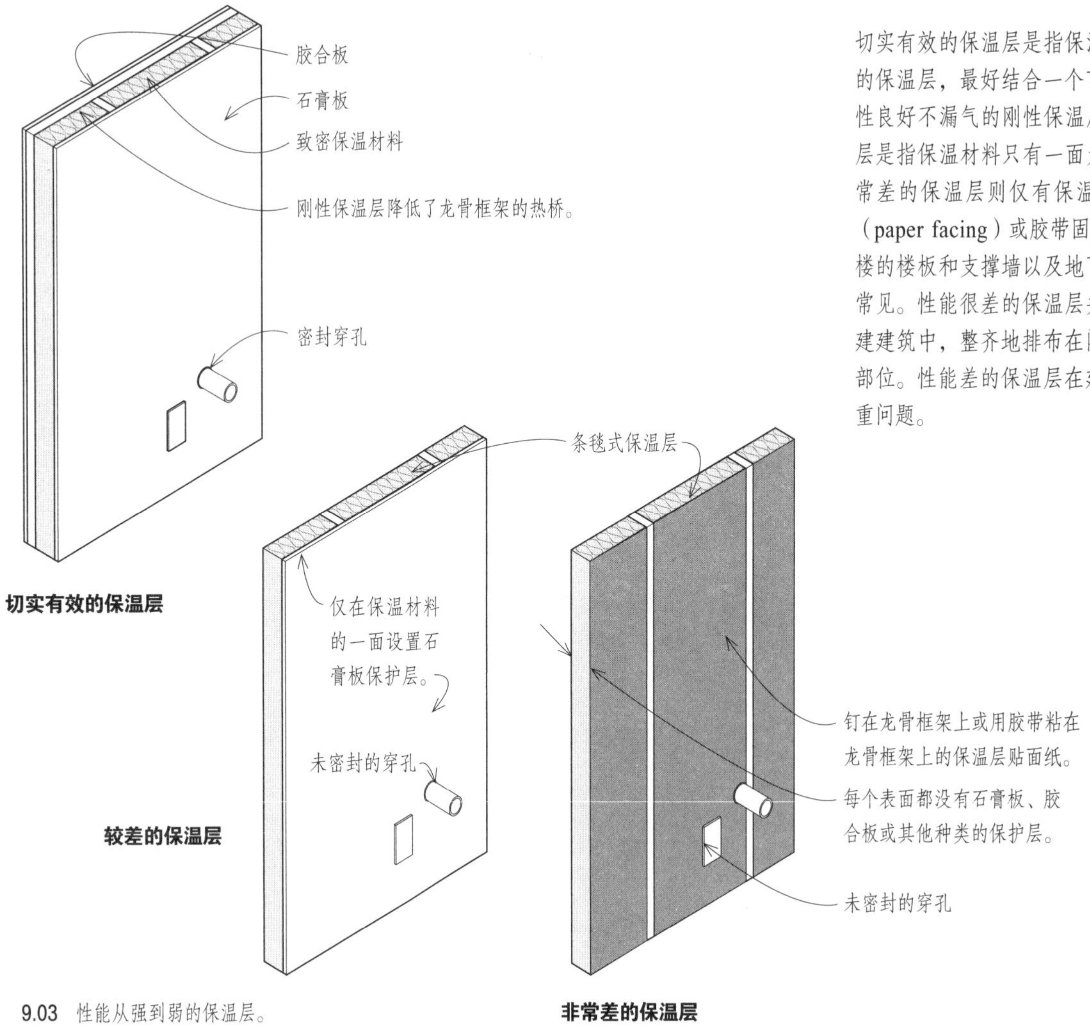

9.03 性能从强到弱的保温层。

弱点 Vulnerabilities

在第 8 章讨论阁楼及其他非空调空间时，我们提到过内围护结构的弱点。外围护结构，如坡屋顶或车库外墙等，常常给人们一种错误的印象，即内围护结构不需要保持热完整性（thermal integrity）。事实上，所有的热边界都要切实有效。表面不能严重漏气，因为漏气是能量损失的主要原因。另外，墙体、楼板和屋面保温层的两个面都需要保护。如果没有两面的保护，保温层很容易受到物理破坏、意外脱落以及穿透或绕过保温层的漏气的影响。密集纤维、刚性保温板、发泡胶等阻止空气流动性保温层的出现，可以防止漏气问题的发生，即防止穿透或绕过保温层的漏气。然而，物理破坏和脱落仍有风险。

阁楼中的保温层常常会脱落或受扰动。一般来讲，阁楼经常需要维修，如安装和布置数据线、安装排气扇和太阳能板等。即使是钻一个很小的孔洞，也需要清除几平方英尺的保温层来保证屋顶表面的施工。通常，这些清除的保温层不会再补上。久而久之，阁楼就会变成裸露屋顶表面的拼合物。

切实有效的保温层是指保温材料两面均有刚性表面的保温层，最好结合一个可以降低热桥损失且气密性良好不漏气的刚性保温层一起使用。稍差的保温层是指保温材料只有一面为刚性表面的保温层。非常差的保温层则仅有保温材料层，通常由贴面纸（paper facing）或胶带固定。性能差的保温层在阁楼的楼板和支撑墙以及地下室中天花板周边等处很常见。性能很差的保温层并不普遍，但也常见于新建建筑中，整齐地排布在阁楼支撑墙和吊顶上方等部位。性能差的保温层在建筑运行过程中会导致严重问题。

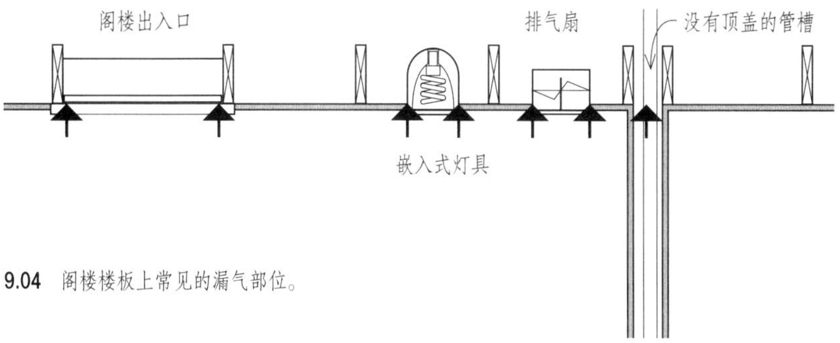

9.04 阁楼楼板上常见的漏气部位。

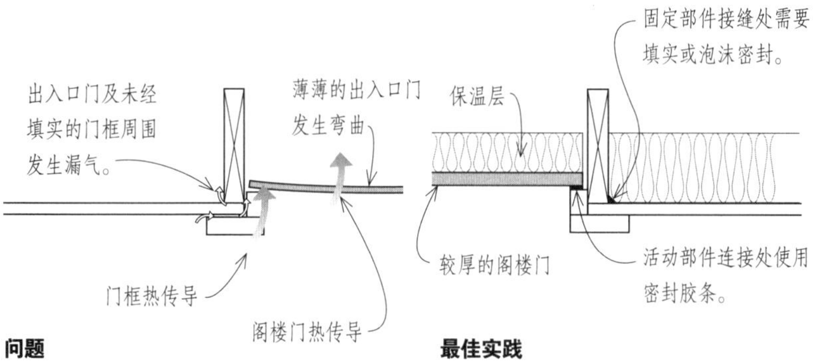

9.05 阁楼门。

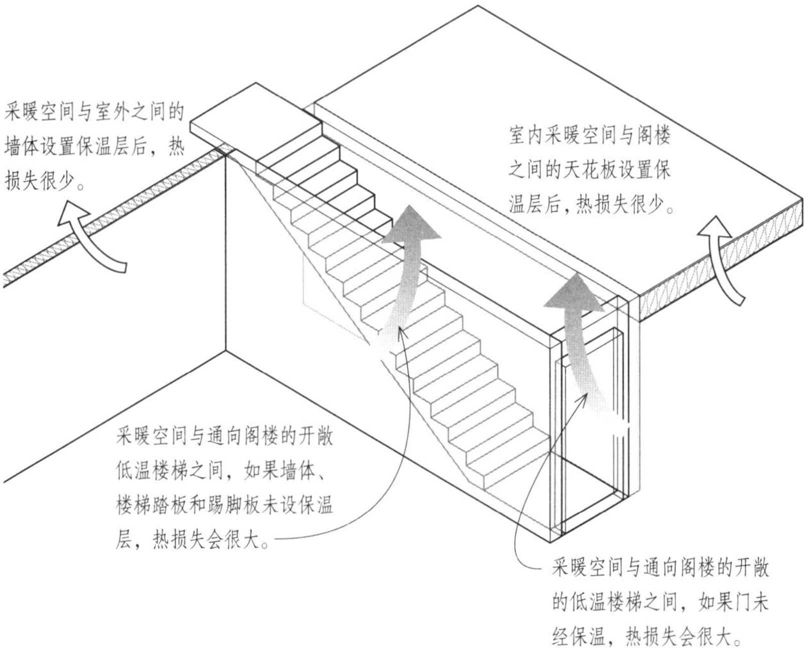

9.06 通往阁楼楼梯的热损失。

阁楼楼板是内围护结构的薄弱环节。因为安装嵌入式灯具、排气扇、风管、电线和出入口，阁楼楼板上会有许多穿孔。管槽（chase）可能没设顶盖。烟囱和通风口附近可能存在缝隙。此外，阁楼楼板的保温层还经常受扰动或脱落。

内围护结构一个特别脆弱的部位是阁楼的出入口。最新研究表明，一个简单的阁楼出入口有几处弱点。一扇由厚度$\frac{1}{4}$或$\frac{1}{2}$英寸（6.3 或 12.7 毫米）的胶合板制成的阁楼门，会由于热应力的作用随着时间而弯曲，造成空气从门框流失。当胶合板厚度达到$\frac{3}{4}$英寸（19 毫米）时，才能具有保持其形状的刚度。然而木材间的刚性密封还不足以防止漏气的发生。还需要在连接处使用密封胶条来进一步防止漏气，并且还要使用插销（latch）保证密封胶条处于压缩状态，才能大大降低漏气的发生。门和门框间完成密封后，漏气可能还存在于门框和天花板之间，需要通过填实来防止漏气。最后，也要对阁楼门进行保温，从而降低传导热损失。

通往阁楼的步行楼梯比阁楼出入口有更多缺点。从室内通向阁楼的门通常是不做保温的，虽然通风阁楼的温度与室外已经很接近了。这个门也通常不使用密封胶条，使空气通过烟囱效应渗进阁楼。门框周围一般也不填实。更甚的是，人们常常把采暖空间与阁楼楼梯之间的墙体当作内墙，从而不做保温和气密性处理。阁楼楼梯间的墙体通常是不封顶的，导致阁楼与下部采暖空间的墙体空腔间发生热交换。楼梯踏板和踢脚板通常都不属于热边界的一部分，因而都不做保温或气密性处理，虽然它们位于采暖空间与无空调的阁楼之间。对于从一楼通向二楼的楼梯来说，缺少保温层是一个很常见的问题。这些楼梯上方的阁楼空间是不封顶的，楼梯上部裸露的天花板和墙体也是未设保温层的。

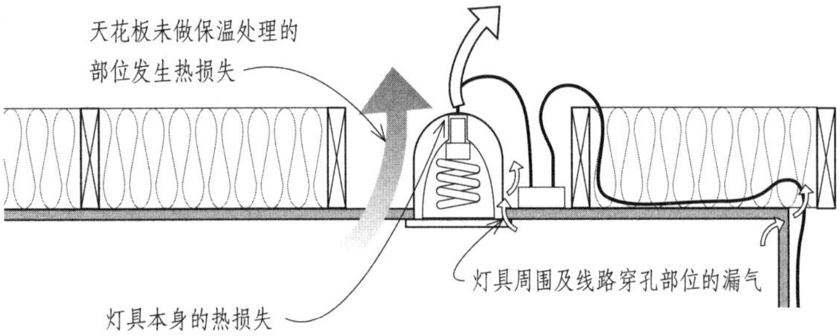

9.07 嵌入式灯具的典型问题。

嵌入式灯具是建筑顶层内围护结构的另一个弱点。同样地，这是一个多元的而非单一的问题。灯具产生的热量进入阁楼然后散失掉。灯具本身就是采暖空间与阁楼非空调空间之间的热桥。灯具周围可能发生漏气。阁楼上各种灯具的电线必须从下面的建筑空间中引上来，因此除了灯具本身，这些线路穿孔也会发生漏气。

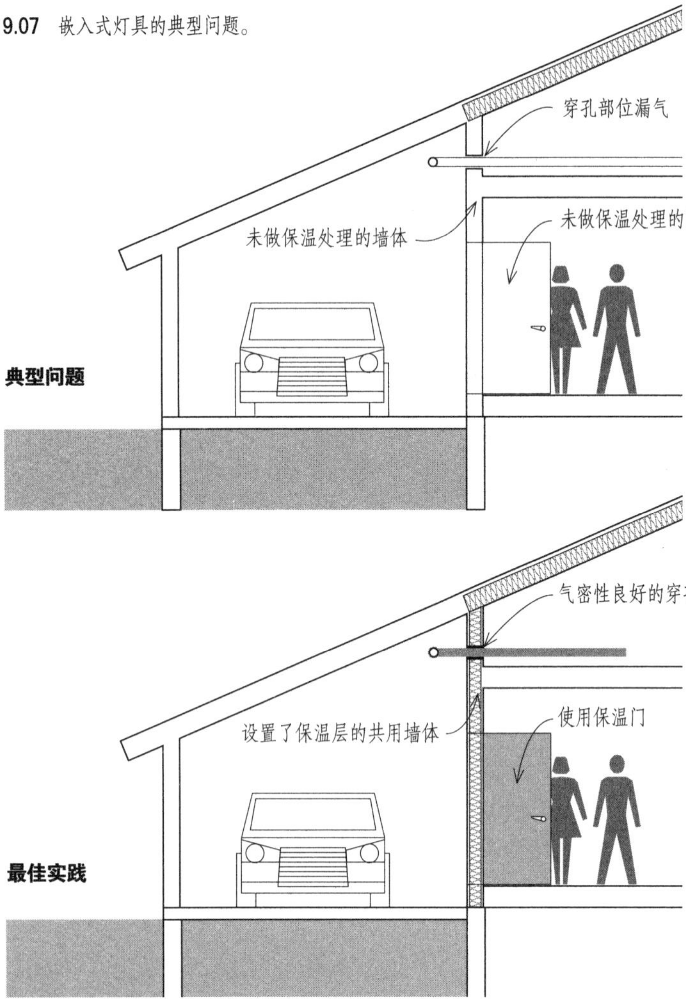

9.08 当不采暖的车库与建筑相邻时，要保持热边界的完整性。

无论是住宅这样的低层建筑，还是拥有综合停车场的大型建筑，依附于建筑的车库，其内围护结构通常会比较薄弱。这些薄弱的部位主要位于车库和建筑空调空间之间的墙体或天花板处。同样地，薄弱部位是由于墙体或天花板缺乏保温层、门未做保温处理以及可能发生漏气的穿孔导致的。

我们已经讨论过内围护结构中，如阁楼楼板、车库与采暖空间之间的墙体等，因为保温层仅有一面刚性保护层，另一面没有刚性保护层而成为热边界的薄弱环节。这种薄弱环节的另一个负面影响是：作为墙体龙骨或阁楼格栅的支撑框架成为热桥，加剧从采暖空间到非空调空间的热损失。这种情况不同于墙体空腔产生的热桥，因为没有第二层刚性表面作为保温层，而墙体空腔产生的热桥则可以通过外墙的护套或壁板来处理。因此这种情况下，木框架不仅会形成热桥，而且会变成一系列的散热片。热损失不仅是一维的，贯穿木框架的另一面；而且是二维的，通过木框架的两侧散热。

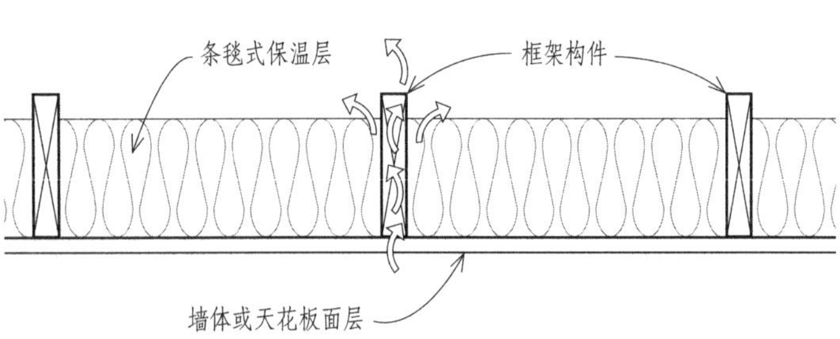

9.09 龙骨或格栅等框架构件的传热。

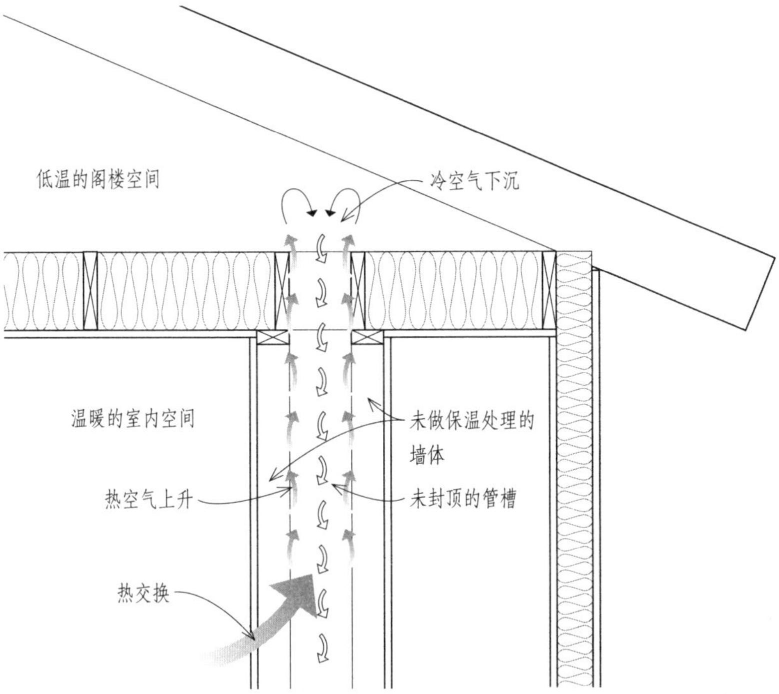

9.10 温暖室内空间与低温管槽间的热交换。

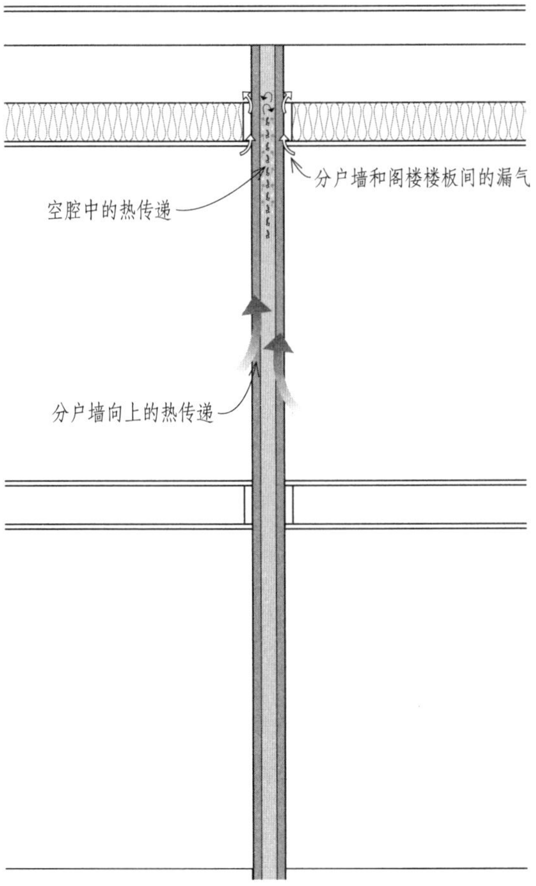

9.11 空心砌块分户墙的能量流失。

未封顶的管槽和墙体空腔是阁楼楼板特别薄弱的部位。问题的严重性在于可以让空气流动的开口尺寸以及开口下方管槽和墙体空腔的内墙面积，热量会通过开口、管槽和墙体空腔加热上升的气流。即使下方的墙体是密闭的，空腔的大小已经足够维持热虹吸（thermo-siphoned）作用：冷空气从阁楼向下流入空腔中，经加热后，同样的空气又上升流回阁楼。

阁楼的另一处薄弱部位是分户墙（party wall），它是指隔开两户的防火墙，从基础升起，穿过阁楼直达屋顶。根据红外成像照片，冬季这些墙体的温度比阁楼空间的温度高一些，意味着热量正在散失。分户墙能量流失的方式有三种：分户墙与阁楼楼板间缝隙处漏气；部分墙体的混凝土砌块空腔中的热虹吸作用导热，即采暖建筑中的热空气上升，经阁楼空间冷却后又再次下沉；再有就是分户墙向上的热传导。

对于地下室和低矮的设备空间，保温层的薄弱部位位于地下室和低矮的设备空间上方支撑构件（spanning member）之间悬浮的保温层，这些保温层很容易受扰动，并经常脱落。当保温层的贴面纸是钉在支撑框架上时，空气可以在边缘处轻松流动。例如，一个面积为1000平方英尺（93平方米）的地下室，大约有超过$\frac{1}{4}$英里的保温层边缘钉在框架上。空气向上流动，穿过多孔玻璃纤维材料的保温层，达到底层楼板下面，或是通过楼板本身的孔洞、缝隙到达上面的采暖空间。

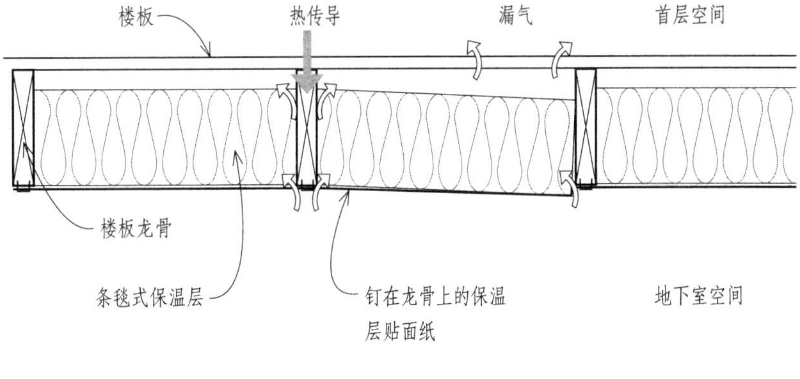

9.12 地下室空间天花板的能量流失。

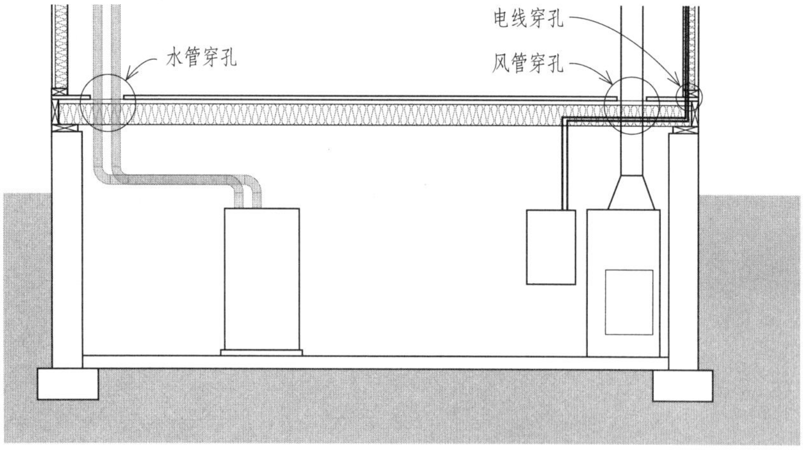

9.13 地下室和低矮的设备空间天花板漏气的部位。

地下室内围护结构或低矮的设备空间的天花板是许多设备贯穿的部位。如冷热水管、风管、电线、数据线和网线、排水管道及其他贯穿内围护结构的设备。如果不密封这些穿孔，地下室的空气就会由于烟囱效应而上升。

地下室和低矮的设备空间，像阁楼一样，门或出入口也是薄弱部位。因为一般情况下，地下室的温度不像阁楼那么极端，所以这些弱点可能不那么显著。但是研究显示：开启地下室门会增加建筑的能量流失。

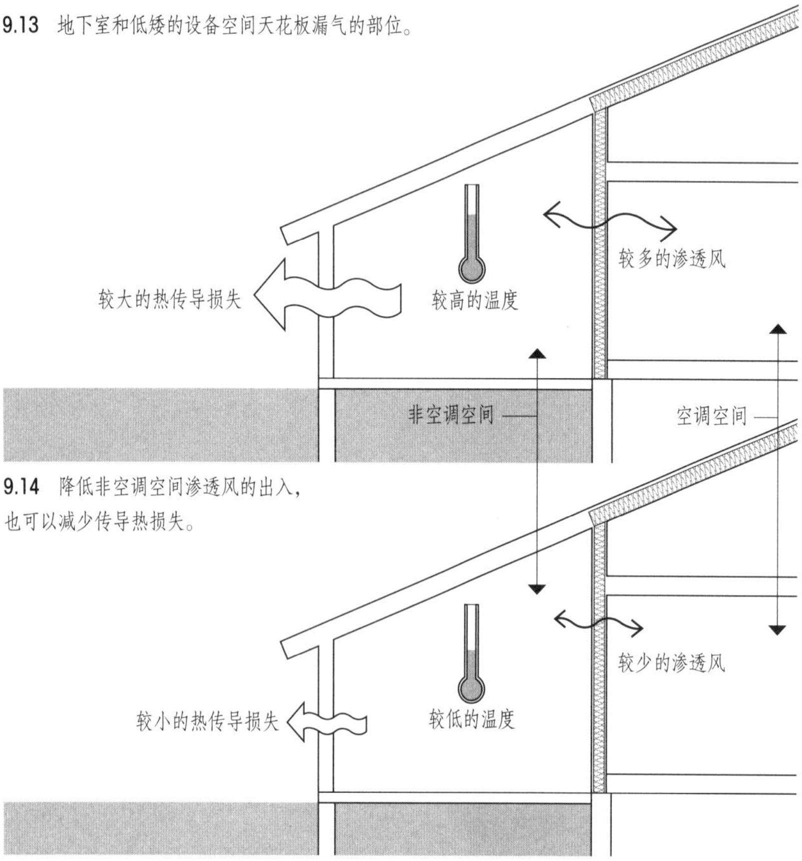

9.14 降低非空调空间渗透风的出入，也可以减少传导热损失。

解决方案 Solutions

内围护结构的薄弱部位有如下解决方案。

首要的是消除内围护结构上的孔洞，从而减少漏气。优先解决气密性的原因是：

- 气流自由出入临近内围护结构的非空调空间，降低了这些空间作为保温层或温度缓冲区的效果；
- 必须在保温层安装前密封这些孔洞，因为一旦安装了保温层，再想找到这些孔洞并密封它们会变得非常困难。

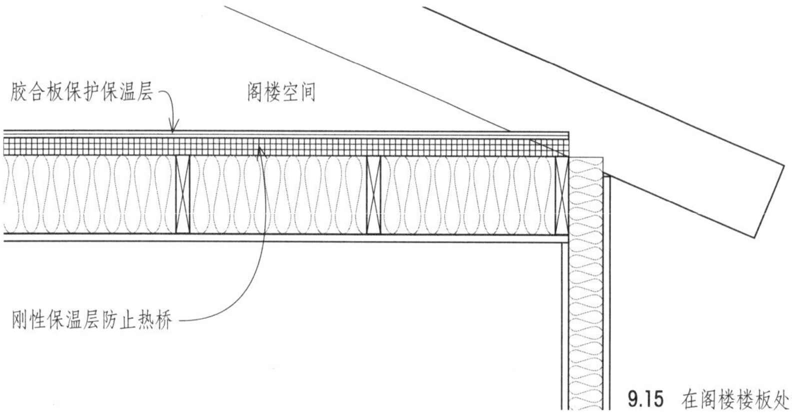

接下来，切实有效的保温层需要在其两面都设置刚性保护层。在可能的情况下，尽可能保证保温层的连续性并减少热桥的发生。

9.15 在阁楼楼板处设置切实有效的保温层。

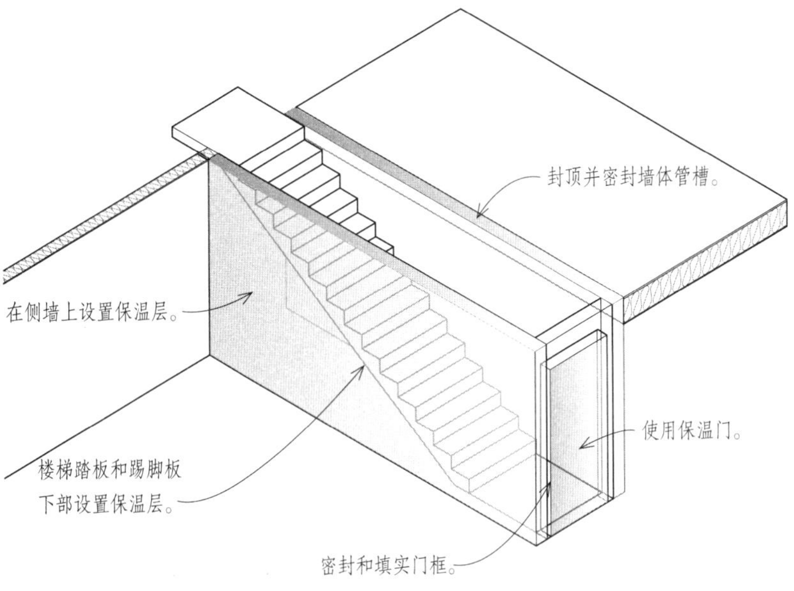

封顶并密封墙体管槽。
在侧墙上设置保温层。
使用保温门。
楼梯踏板和踢脚板
下部设置保温层。
密封和填实门框。

9.16 防止阁楼楼梯的热损失。

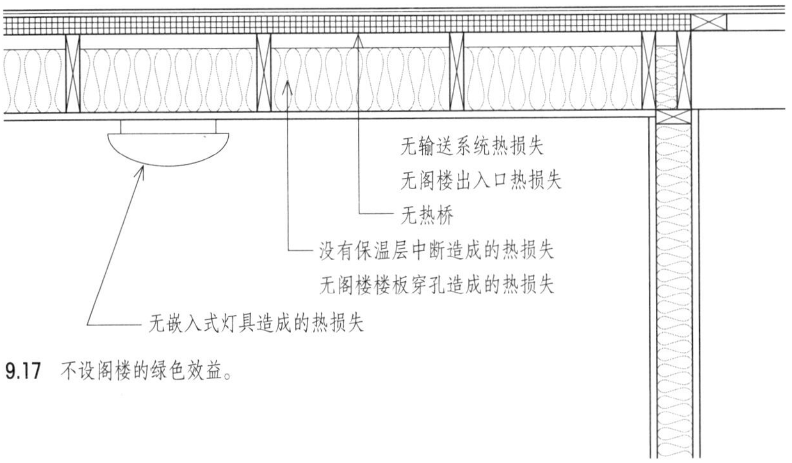

9.17 不设阁楼的绿色效益。

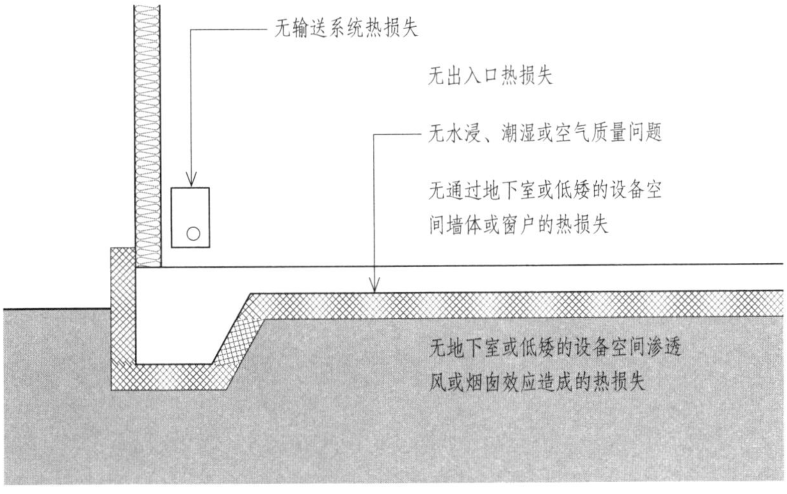

9.18 不设地下室或低矮的设备空间的绿色效益。

可能的话，也要消除其他部位（如嵌入式灯具）的不连续性。对从采暖空间通向非空调空间的楼梯和出入口要进行全面和整体处理，以保证内围护结构不存在保温层或气密层不连续的情况。这些出入口比较复杂，我们需要特别关注其细部设计，不仅要关注门或出入口本身，还要关注周围的框架和通道。门和出入口要进行保温；有相对运动的部件表面要安装密封胶条；对固定表面的连接处要进行填实，比如门框与墙体之间。阁楼管槽和墙体空腔应该封顶，加强气密性，做好保温处理。

阁楼的复杂性使之很容易产生不连续性和能耗问题。简单的屋脊线可以降低这类风险。如前面所提到的那样，避免设置阁楼并且将建筑设计成平屋顶或缓坡屋顶可能是一种解决方案。让我们看一下这样会消除哪些问题：没有阁楼就不会出现阁楼楼板的穿孔；不会有未经保温的薄弱表面；不会有易损的阁楼出入口或阁楼门；不会出现由嵌入式灯具带来的问题；不会出现输送系统在阁楼中的热损失；不会发生热桥问题；并且降低了寒冷气候中冰坝出现的概率。

同样地，让我们考虑一下用板式基础代替地下室和低矮的设备空间的好处。对于板式基础，服务设备，如水管、电线和数据线，可以密封良好地从混凝土板穿过。不会再出现地下室中输送设备的大量热损失，这在地下室中很常见；不会出现地下室或低矮的设备空间引发的烟囱效应；不会有门或出入口相关的热损失；不会有通过墙体和窗户，从上部采暖空间传递到地下室或低矮的设备空间的传导热损失。还有一个额外的好处：潮湿地下室和低矮的设备空间带来的空气质量问题不复存在。

总的来说，内围护结构是相对较弱的保护层，需要特别关注和强化。强化内围护结构的经济成本如何呢？通常，加强内围护结构确实会增加额外的成本。在保温层内外两面设置刚性保护层增加了建设成本，保证阁楼楼梯、出入口、阁楼楼板和地下室屋顶的隔热连续性也同样会增加建设成本。然而，另外一些措施则会降低成本，如不用嵌入式灯具。如果我们考虑取消地下室和阁楼这些薄弱部位，则能进一步降低建设成本，当然我们要考虑在其他部位另外提供储藏空间。

蓄热体 Thermal Mass

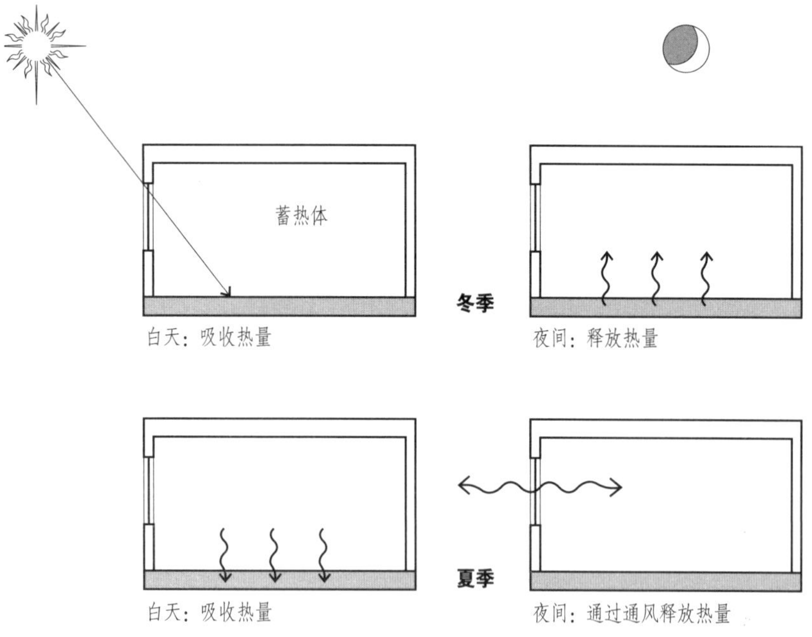

9.19 蓄热体原理图。

蓄热体是指那些能够吸收和储存热量的建筑构件。蓄热体位于热边界之内时最有效。冬季，在有太阳辐射时，蓄热体吸收并储存太阳的热量；在没有太阳辐射时，蓄热体将热量缓慢地释放到建筑室内。夏季，蓄热体也可以作为被动式制冷措施用于夜间通风，夜晚蓄热体将吸收的热量释放到温度低的夜间空气中，白天就可以对空间进行冷却。蓄热体最好位于它服务的空间中，例如冬季布置在朝南的空间中。如果无法达到这个要求，蓄热体需要与其服务的空间通过空气循环风管或水循环管道相连。

蓄热体可以有多种形式，但通常由质量较大的墙体、楼板和天花板构成。为了达到被动采暖或制冷的效果，蓄热体通常是整体策略的一部分，比如使用合适的热回收系统、可移动的窗体保温或隔热帘等控制装置，来避免夜间热损失或促进夜间通风冷却。

只有当能耗模拟预测使用蓄热体会降低能耗时，我们才能在建筑中使用蓄热体。如果任意使用蓄热体，反而会增加建筑用能。各种研究表明：使用蓄热体的节能效果从负值（即建筑用能增加）到节能10%以上。

蓄热体的含能通常较高，因此在使用时应进行仔细的权衡。例如，一面带有4英寸（100毫米）刚性泡沫保温层的6英寸（150毫米）厚混凝土墙体的热阻值是17，但由于蓄热体的作用，其热阻与热阻值为27的木框架墙体相当。然而，为了使热阻值达到27，如果这额外的10个单位由6英寸（150毫米）的混凝土墙体提供，其含能比使用2.5英寸（63.5毫米）刚性泡沫保温层木框架墙体的2倍还多。

楼板和天花板也可以充当蓄热体。如果天花板要充当蓄热体，它就必须裸露着，不能藏在天花板装修层后面。

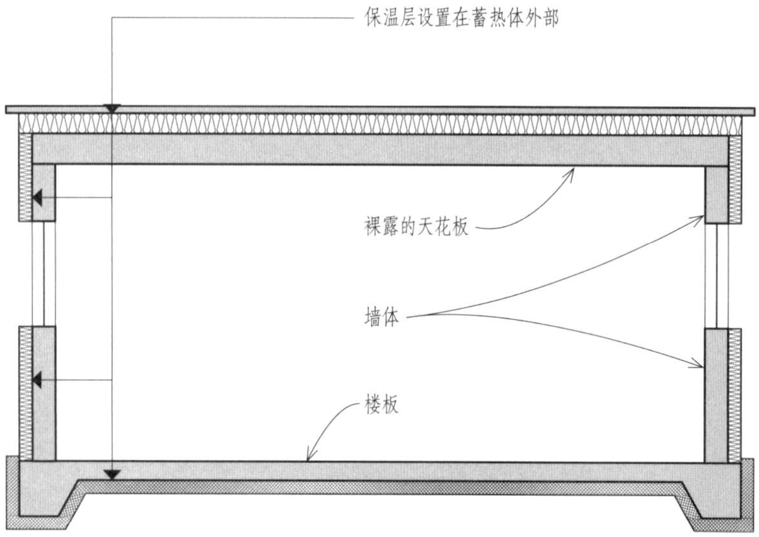

9.20 布置蓄热体的几种选择。

装修面层　Finishes

从社区、场地到外围护结构和非空调空间，再到内围护结构，我们发现自己正好置身于有人为的空调环境的建筑中。然而，还有更多的保护层可供我们利用。例如，室内装修面层就可以发挥有效的节能效果；反之，如果使用不当，则会增加建筑能耗。

装修面层的热特性和辐射特性　Thermal and Radiant Properties of Finishes

地毯有着微弱的热阻，范围大概是在 0.5~2.5。使用地毯后，热阻值可以额外增加 0.6~2.1。除了传导得热，地毯还可以减少辐射热损失，从而降低室内空气温度。地毯可以减低建筑的噪声传播。满铺地毯（wall to wall carpeting）的原理与墙体保温层需要保持连续的原理是一致的。然而，地毯是不能代替底板刚性保温层（subslab rigid insulation）或表面保温层（surface insulation）的。

就负面性而言，许多地毯含有化学物质，虽然一些低化学物含量的地毯也是存在的。而且地毯还需要真空吸尘，这也会增加一部分用能。地毯也会降低混凝土楼板蓄热体的效果。最重要的是，地毯反射率很低，从而需要更多的人工照明或增大窗户面积进行保证采光。

对于窗户而言，隔热帘是有益的装饰。隔热帘可以为窗户增加 5 个单位热阻的保温效果，使窗户的热阻增大 1 倍或 2 倍。此外，隔热帘可以包含一层辐射屏障，从而减少辐射散热。如果隔热帘与窗框密封良好，还可以增加气密性，减少渗透风。

其他的装修面层也可以提供许多热量和太阳辐射方面的益处。三层玻璃可以降低温暖气候地区多余的太阳得热。辐射挡板（radiant shield）可以置于暖气后方，让散失的热量远离墙体。百叶可以减少眩光，夏季还能阻止少量太阳得热，并防止辐射热散失到室外。然而我们要记得，室外遮阳能更有效的减少太阳得热。此外，百叶还有着较高的反射率，因而能减少人工照明的需求。

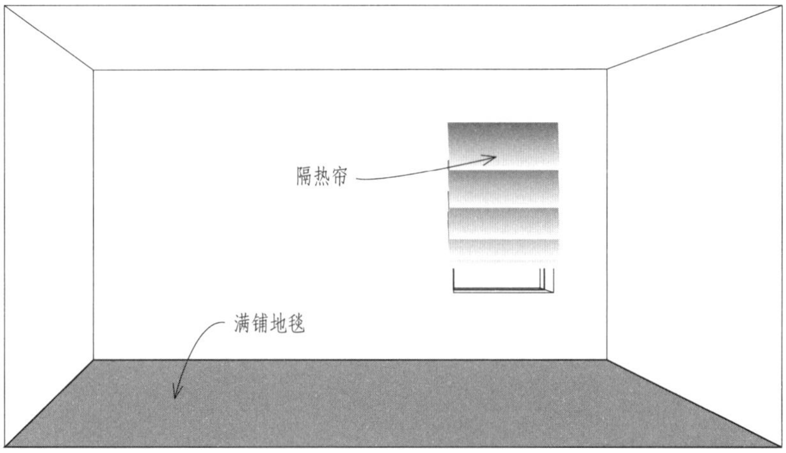

9.21　装修面层作为保护层。

反射率 Lighting Reflectance

虽然装修面层的热特性和辐射特性对建筑用能影响微弱，但是它们的反射率对建筑用能的影响非常大。使用反射率高的室内面层会带来两个显著的节能效果。

1. 减少人工照明，从而节约了电能。
2. 达到相同照度所需的自然采光量降低，即所需的窗户更少或窗户面积更小，从而降低了采暖和制冷费用。其他相互关联的节能效益会进行叠加，如减少了灯具花费，并降低了空调需求及相关的能耗。

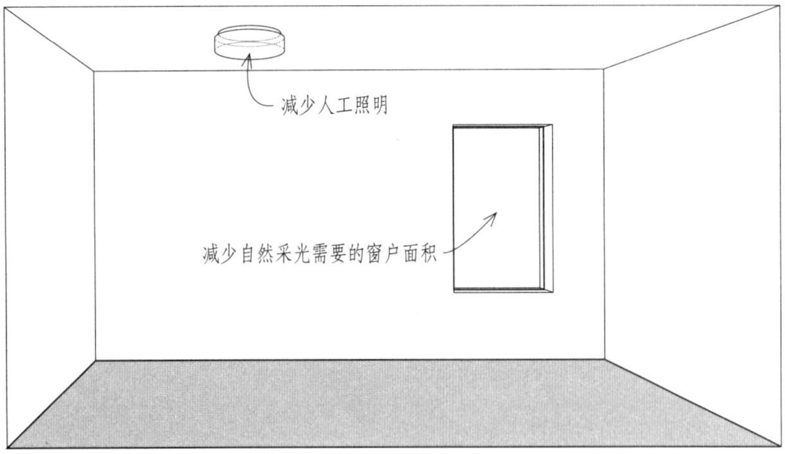

9.22 反光饰面的好处。

反射率可以通过在表面附近放置照度计进行测定。首先将照度计面向光源，测试有多少光线可以到达表面，然后将照度计面向需要测定的表面，测量有多少入射光线反射回来。

例如：
将照度计面向光源：100 英尺烛光
将照度计面向反射表面：45 英尺烛光
反射率 =45/100=45%

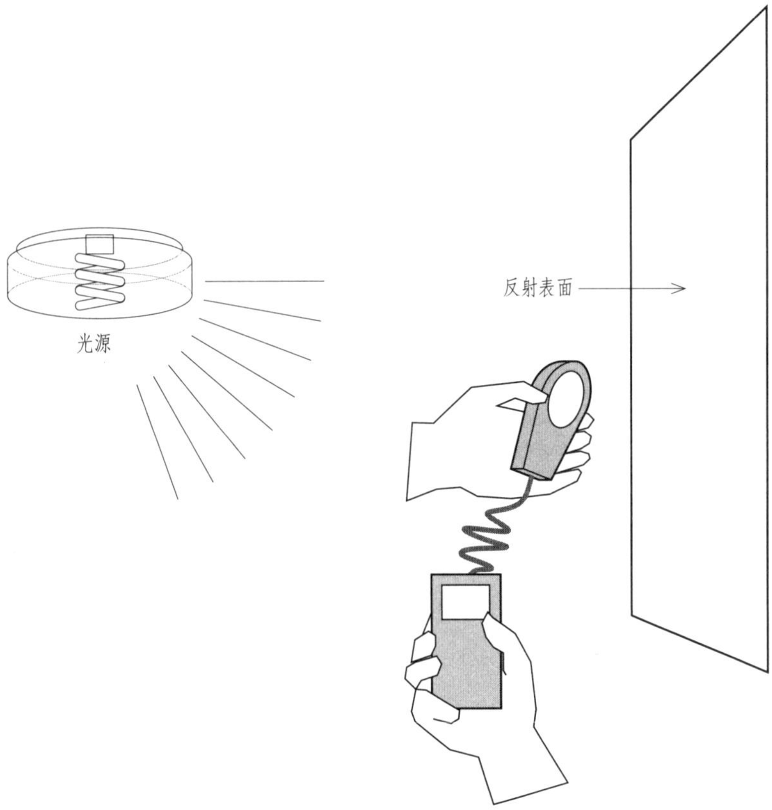

9.23 测定反射率。

9.24 各种装修面层的反射率（%）。

涂料		**木材**		**混凝土**	
高度反光的白色	90	枫木	54	黑色抛光混凝土	0
标准的白色	70~80	白杨木	52	灰色抛光混凝土	20
浅奶油色	70~80	白松木	51	浅色抛光混凝土	60
浅黄色	55~65	红松木	49	反光混凝土楼板涂层	66~93
浅绿色 *	53	花旗松木	38		
黄绿色 *	49	桦木	35	**墙体**	
中蓝色 *	49	榉木	26	黑色镶板	10
中黄色 *	47	橡木	23	粗布	10
中橙色 *	42	樱桃木	20	胶合板	30
中绿色 *	41				
中红色 *	20	**地毯**		**装修面层**	
中褐色 *	16	少量维护保养，深色	2~5	灰色涂塑钢板桌	63
深蓝灰色 *	16	中等维护保养	5~9	布告栏	10
深棕色 *	12	高度维护保养	9~13	灰色织物分隔墙	51
		非常高的维护保养	13+	工作台	4~85
		油毡		**吊顶板**	
		白色	54~59	标准吊顶板	76~80
		黑色	0~9	高反光吊顶板	90

* 表中是哑光漆数值，光面漆在此数值上增加 5%~10%。

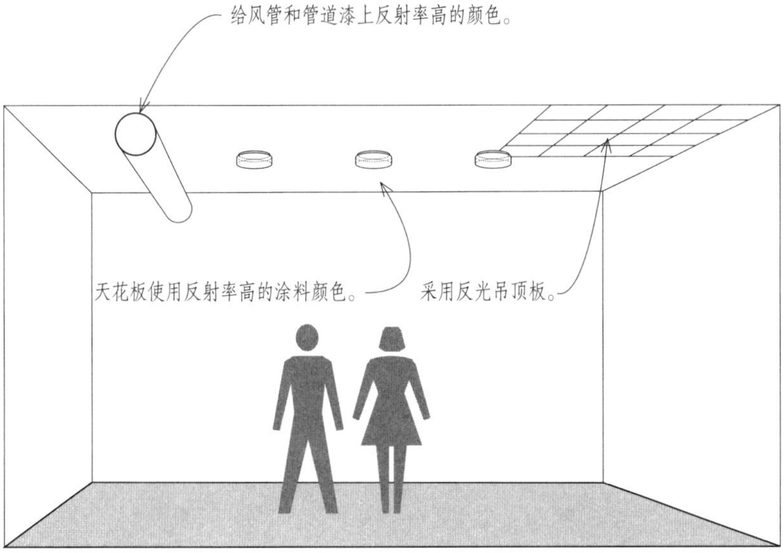

9.25 天花板反光策略。

对于墙体和天花板，首选反光表面，降低对人工照明的需求。反光楼板和陈设也可以为此做出贡献。楼板的反射率一般默认为 20%，然而这并非确定如此。一些硬木地板的反射率可以超过 50%，许多商业地板产品的反射率可以高达 75%，据报道一些混凝土地板涂料的反射率能达到 93%。工作台面的反射率范围也很广，从低于 10% 到高达 85% 之间的均有。如果早期阶段就确定装修设计，则可以利用室内反射表面，优化最终的照明设计。

虽然白色表面的反射率确实很高，但它们并非唯一的选择。研究表明，许多涂料颜色都有着较高的反射率。某些金属、木质面层、反光百叶及反光混凝土涂料等其他表面也有着较高的反射率。

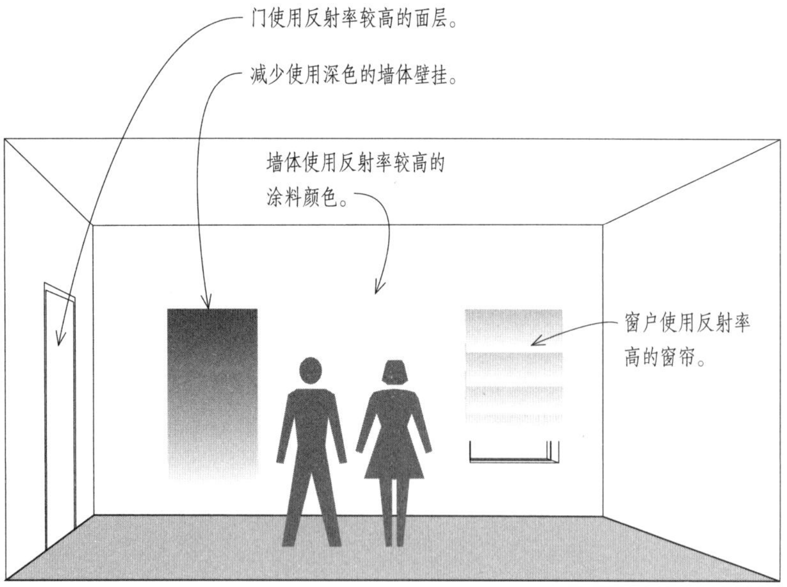

9.26 墙体反射策略。

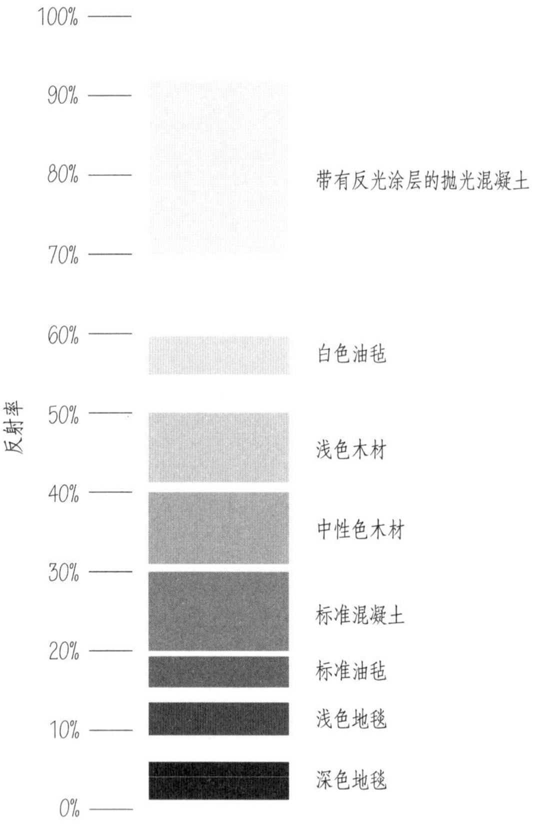

9.27 楼板反光策略。由于照明设计时楼板反射率的默认值是20%，因此楼板反射率比天花板和墙体有着更高的提升潜力。

例如，一个室内表面反射率高的建筑各部分反射率为天花板90%，墙体60%，楼板30%；而一个标准的室内表面的反射率数值是天花板80%，墙体50%，楼板20%。两者相比，前者对人工照明的需求会减少11%。反射率更高时照明节能会更多。当天花板为90%反射率，墙体为70%，楼板为40%时，可以降低28%的照明用能。我们还要注意到，较高的表面反射率意味着使用灯具较少，从而可以降低建设成本。

在照明设计中，采用的墙体反射率通常是50%，显然其有着很大的提升空间。关键是：我们不但要选择反射率高的墙体装修面层，而且要避免非反射的墙面面层，如织物面层。我们还要考虑门和固定于墙面的陈设使用反射率较高的面层，如工作台面和橱柜。同样，反射率高的窗帘比非反射的窗帘更佳，不过目前大多数窗帘都是非反射性的。在最需要人工照明的夜晚，没有窗帘的窗户反射率极低，除非我们使用反光百叶或遮阳帘，否则会需要更多的照明。

需要特别提到的是，地毯的反射率相对较低。据研究，反射率高于9%的地毯需要高度的维护。当高于13%时，则需要非常高的维护程度。假定地毯的标准反射率是10%，加入反射率50%的浅色木材面层或面板，就可以减少36%的照明能耗和灯具数量，并且能让自然采光的效率最大化。

为了使用高反射率面层达到节能的效果，我们需要协力完成以下事情：

- 在设计前期选择这些面层；
- 将这些反射率值传达给采光设计师以便优化采光设计；
- 保证建设过程中这些设施的安装；
- 记录这些面层的信息，便于未来面层重新粉刷以及其他更新，如更换吊顶板等。

业主应该知晓反射率的重要性和意义。这就凸显了整合设计的价值，在整合设计中，业主积极参与设计过程，灯光设计师及所有人都会同意使用高反射率的材料来降低人工照明能耗，选择适合自然采光的开窗方式。通常，灯光设计是按照天花板反射率80%、墙体50%、楼板20%设置的。这些数值太常用了，以至于大多数灯光设计软件和程序都将其设为默认值。使用高反射率饰面的时候，为了获得照明节能效果，我们要特别注意不能仅仅选择这些面层材料，还要相应地设计照明系统。

10

热分区和热分层

Thermal Zoning and Compartmentalization[译注]

热分区和热分层通过内部层次分隔，限制建筑中不需要的热对流和空气流动来降低能耗。

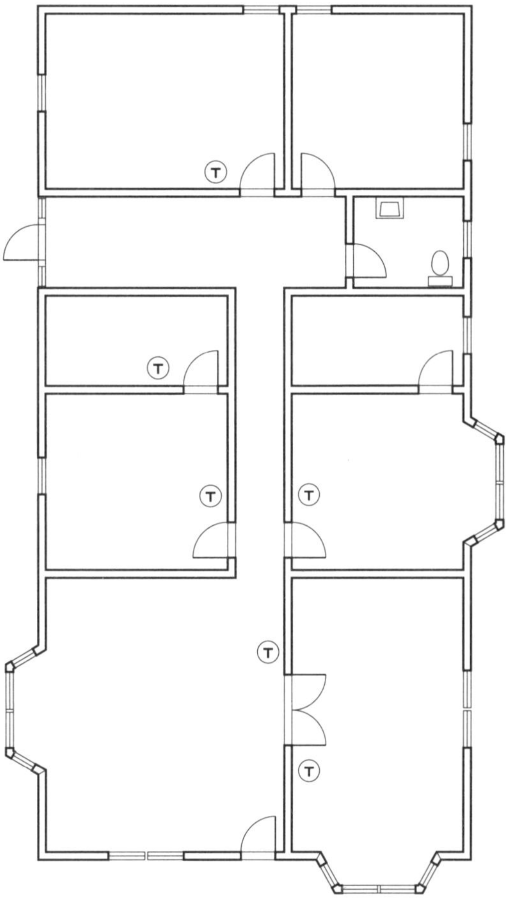

10.01 对于建筑中不同的区域，结合独立温度控制装置设置热分区。

[译注] 根据文中内容，zoning 指平面的分区，compartmentalization 指竖向的分区。

热分区　Thermal Zoning

热分区使建筑的不同区域可以进行独立的温度控制，并且可以更好地应对各自的温度偏好。它可以通过以下两种主要方式实现节能。

- 热分区可以使过热的空间免受其他热源的影响，比如建筑南向的太阳得热，会议室、教室和其他集会场所由于人员占用率（occupancy rate）高带来的热量以及通常情况下较高的室内机械设备和照明得热等。
- 热分区可以使空调房间在某些时段不使用空调，运用这种方式，能够在冬季降低某些空间的空气温度或者在夏天提高空气温度，从而降低冷热负荷。

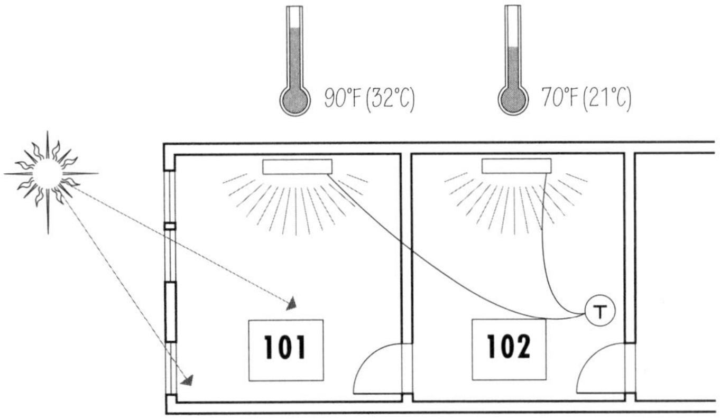

不设分区　用一台恒温调节器（thermostat）控制不同房间的热量。太阳得热使 101 号房间过热。

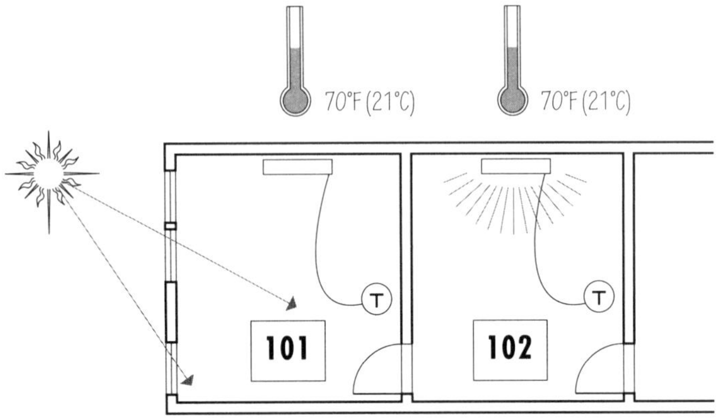

分区　101 号房间单独设置恒温调节器，在太阳得热的时候停止供热设备的运行，因此节能。

▲ 10.02　阻止过热空间受到其他热源的影响。

10.03　让空调房间在在某些时段不使用空调。▶

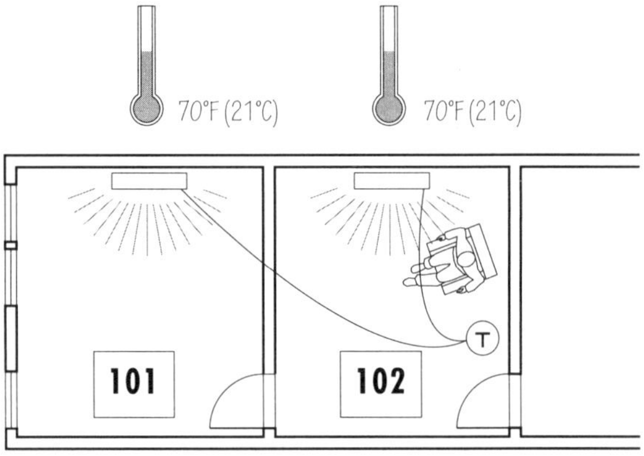

不设分区　用一台恒温调节器控制不同房间的热量。尽管 101 房间没有人使用，但两个房间都有供热。

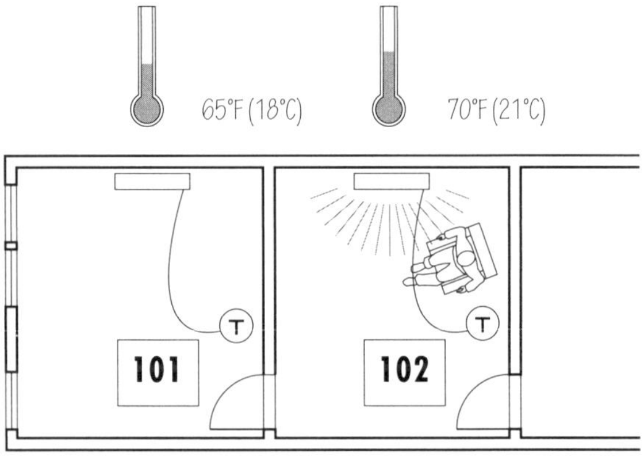

分区　101 房间单独设置恒温调节器，在房间内没有人使用的时候停止供热，因此节能。

基于上述分析可知，热分区可以实现显著的节能，因此确定哪些空间不需要持续的供热或制冷是非常重要的。

对于那些有时不需要调温的空间，在可能的条件下最好把它们布置在与外墙相邻的位置。这样的话，不需调温的空间会帮助减少供热空间向室外传热的能量损失。

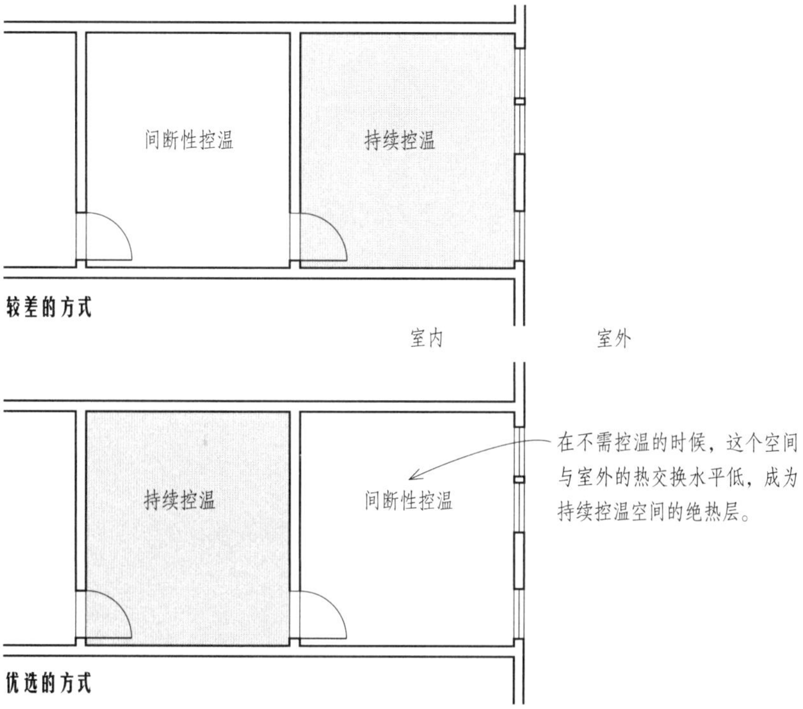

10.04 间断性控温空间的位置设定。

我们可以从三个层次考虑热分区。

1. 温度控制：必选项。如果没有温度控制，热分区是不可能的。温度控制意味着一个区域拥有独立的温度调节器或者其他控制设备，在此设备控制下把暖气或冷气传递到特定区域。

2. 封闭区域的隔门：推荐项。为了提升一个区域的节能效果，在控温和暂时不控温的区域之间，应该设置隔门阻止空气流动造成的能耗损失。一个例子就是在两层的办公建筑中，应该在楼梯段的顶部或者底部设置分隔门，从而形成两个区域—— 楼上和楼下。

3. 隔热的区域：可选项。一个由内墙、地板和天花板分隔开来的区域应该是带有隔热层、气密性强、门窗严实的空间。对于一个长时间空置的空间，这样做的意义特别大。类似的例子包括住宅中的客房、书房或者酒店的客房等。

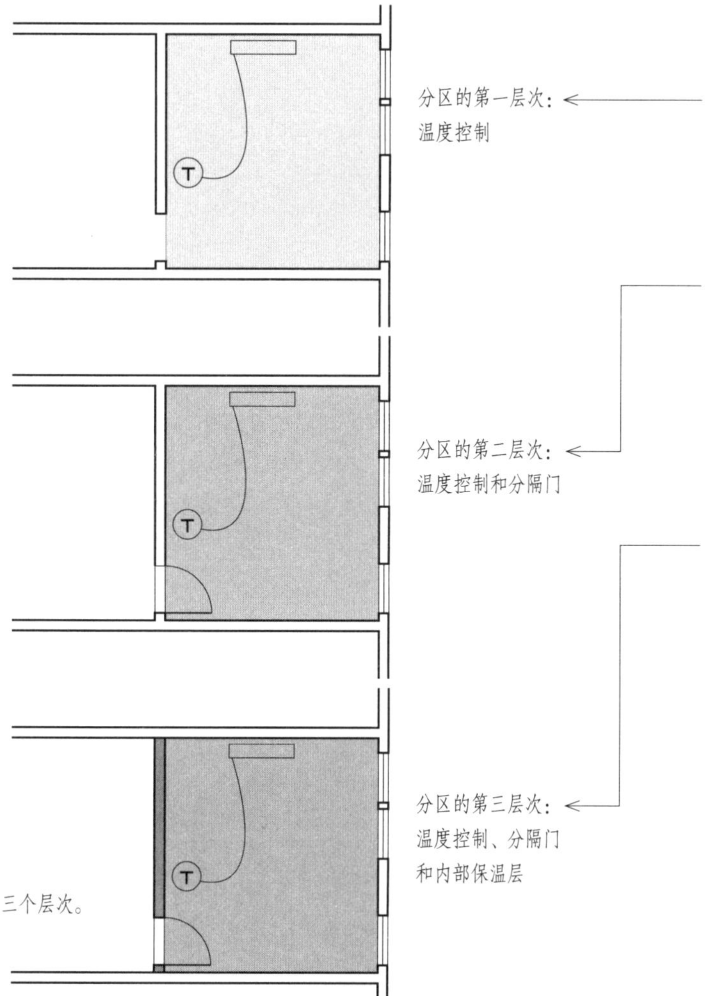

10.05 热分区的三个层次。

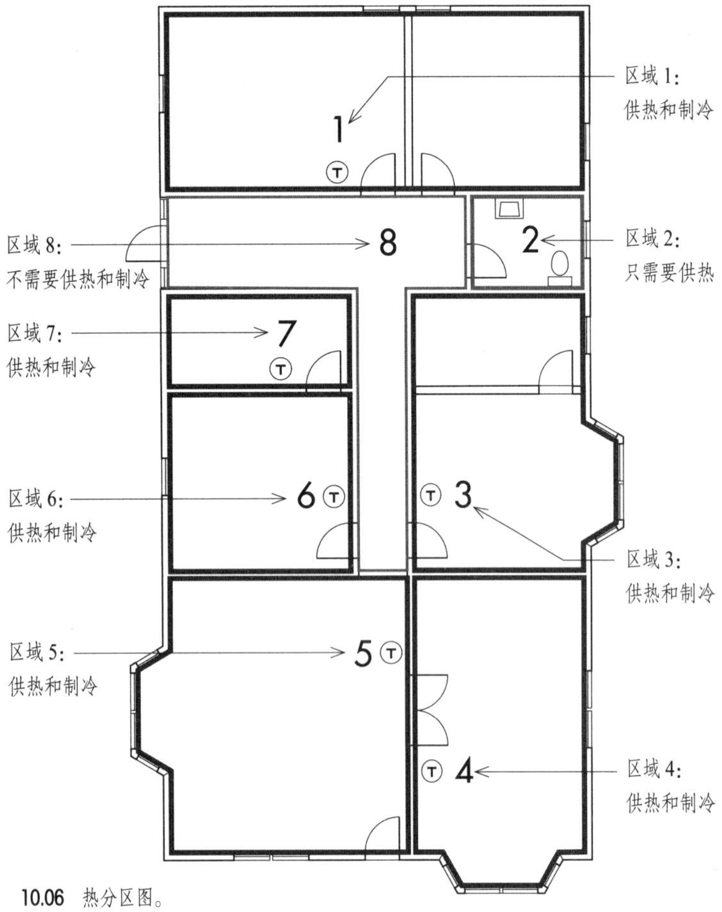

10.06 热分区图。

由于一些供热和制冷系统不支持热分区，所以在选择一个合适的、支持热分区的供热制冷系统之前，应该首先确定热分区。

热分区图应该包含在工程文件中，图纸可以告诉人们哪些区域被哪些温度控制器控制着；哪些空间应该供热但不需要制冷，哪些空间完全不需要控制温度。

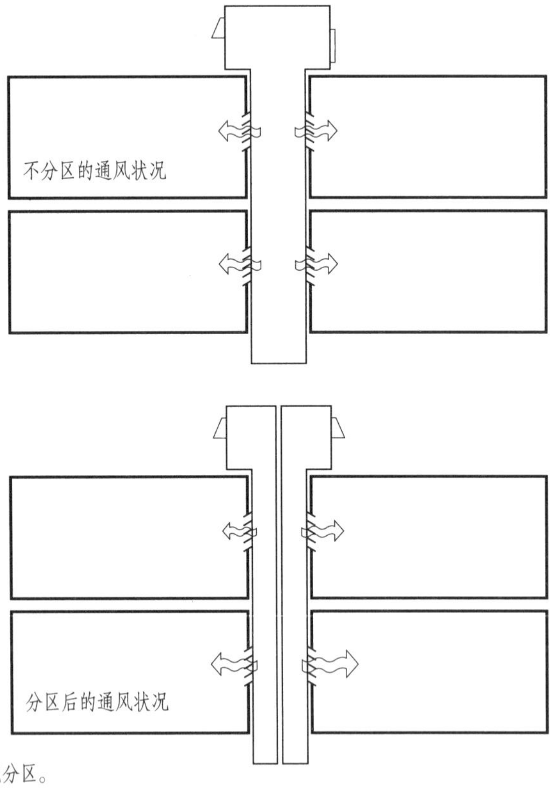

10.07 通风系统分区。

将一栋建筑划分为多个区域，这一概念也可用于通风设计。大型商业建筑通常采用大型空气处理系统，服务于建筑的绝大部分空间。这样的大型系统不能很好地应对局部的通风需求，因此面临着两类问题：某一特定区域通风过量造成能源浪费；或是某些区域通风不足，造成室内空气质量不佳。将一栋建筑划分为几个较小的区域，每个区域的通风系统恰好满足该区域自身的通风需求，同时以较低的能耗水平保证较好的室内空气质量。

热分区对于建造成本的影响可能是负面的也可能是正面的。需要增加额外的温控器、分隔门或绝热层的时候，成本就会升高。不过，空间中无需采暖或制冷的话，成本就降下来了。

热分层　Compartmentalization

一个与热分区相关但是又有其自身特性的主题是热分层。热分层是指科学地分隔建筑面积，以减少这些区域之间不利的气流。热分层的主要目标是减少由烟囱效应导致的空气流动。热分层同时用于控温和不控温的空间。

我们在讨论阁楼地板和地下室顶棚的气密性的时候，已经接触到某些形式的热分层。在中层建筑（medium-rise building）和高层建筑（high-rise building）中，热分层变得更加重要，因为这些建筑的竖向高度是造成烟囱效应的驱动力之一。然而在两层的建筑或者单层带地下室的建筑中，热分层也不能被忽略，正如研究表明，即使在低层建筑（low-rise building）中烟囱效应也是很活跃的。

层与层之间的路径都有哪些呢？楼梯是主要的路径，尤其是楼梯开敞的时候。其他常见的路径包括贯穿建筑高度的电梯井（elevator shaft）和管道井（chase for plumbing）、通风井（ductwork）以及其他设备（utilities）管井等。

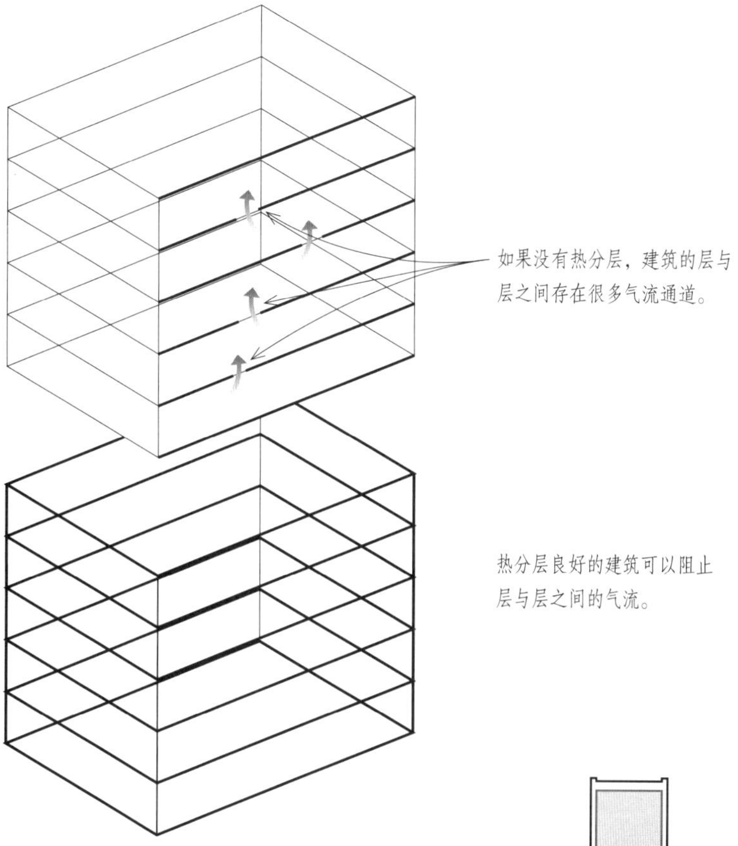

如果没有热分层，建筑的层与层之间存在很多气流通道。
热分层良好的建筑可以阻止层与层之间的气流。

10.08　热分层的好处。

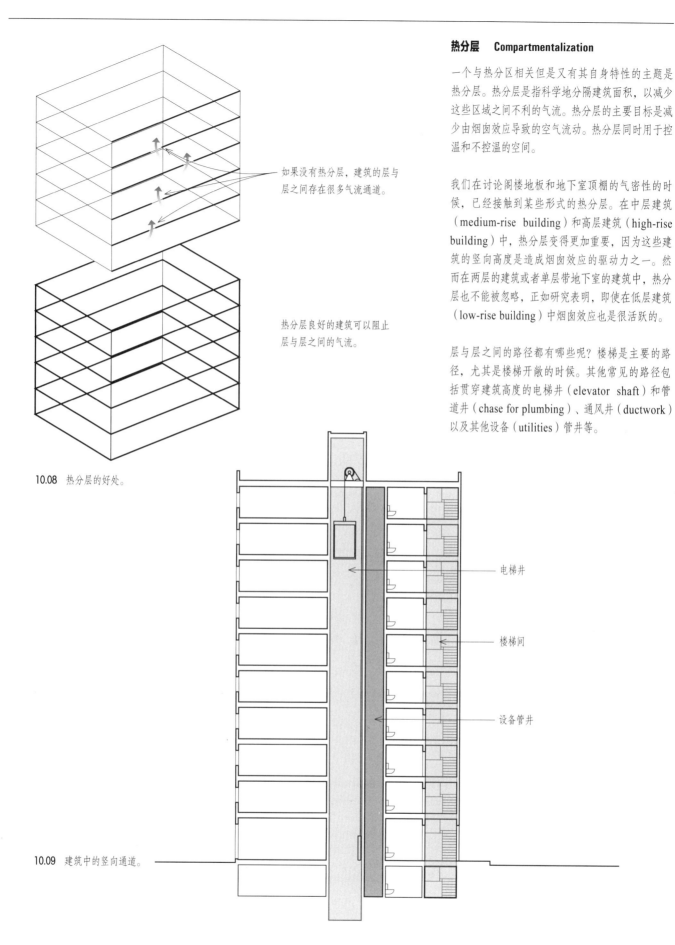

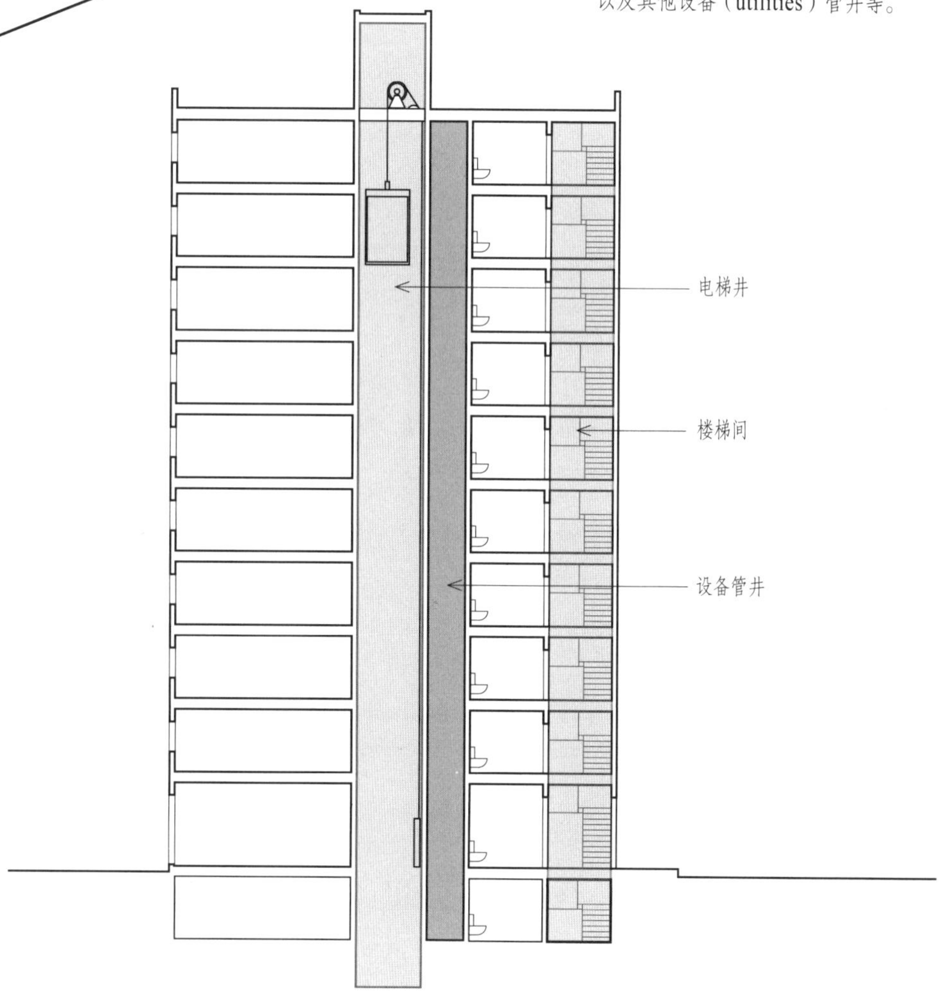

10.09　建筑中的竖向通道。

当我们想方设法限制这种气流的时候，追随冬季烟囱效应的气流路径是有启发性的。设想来自室外的气流，进入建筑内部并向上流动，到达建筑顶部后再流出到室外。空气会在低于中性压力面（neutral pressure plane）的任何一点进入建筑。在中性压力面处，室内外的气压没有差别，所以不会因为烟囱效应产生气流渗透。我们可能会假想中性压力面通常位于建筑高度一半的地方，其实它的实际位置会随着渗透点的相对位置沿着建筑高度而变化。

渗透点的位置越是低于中性压力面，由烟囱效应引起的空气渗入就会越多。因为渗透点越是接近地面，建筑中由烟囱效应引起的真空压力（vacuum pressure）就越大。因此可以预判建筑底层空气流入的位置，特别是地下室和建筑首层。气流可能通过开敞的前门、窗框四周的缝隙、卸货处和后门等设备入口进入建筑。地下室和建筑首层，由于烟囱效应造成的空气负压最强，通常也是最为开敞的部分。因此对付烟囱效应的第一项防卫措施应该设在底层较大的入口处。例如，前门处的气闸会有效阻挡烟囱效应导致的气流，并且在首层其他开门的地方也应该考虑采纳这项措施。对各种各样的其他开口也应该清楚识别并进行密封处理。

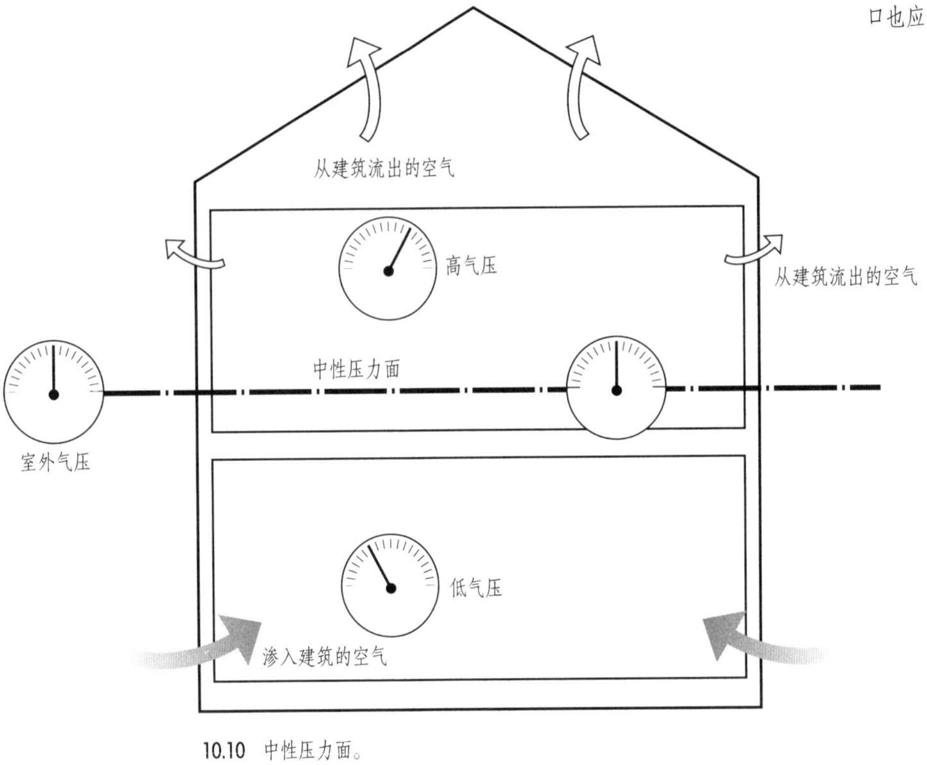

10.10 中性压力面。

现在，为了从建筑内部上升，气流首先需要横向移动到楼梯井、管道井和电梯井等处。因为气流会从开敞的门道、关闭门扇的下方以及房间和走廊通过，所以我们可以二次利用对热分区有积极作用的分隔门，来阻止气流在寻找上升路径过程中的横向移动。在气流移动的路径上设置可以关闭的门会降低空气的流动，密封严实的内门会进一步降低空气流动。注意设置保护层，以阻止气流移动路径上由烟囱效应引起的多点渗透。

接下来，气流一定会进入楼梯间、电梯井、设备管道等竖向通道。厨房和浴室中通常设有管道连接装置和通风竖井。连接水槽和马桶的管道进入竖井的地方、通风格栅与管道系统的连接处等，就是气流寻找的入口。管道挡片（pipe escutcheon）能减少空气的流动，但是为了取得更好的效果，挡片周边的沟槽应用嵌缝膏密封。

在竖向管道中，层与层之间的密封装置可以高效地阻止烟囱效应引发的空气流动，通常也是防火规范要求的。对于楼梯间而言，门扇上的密封胶条和门扫可以有效地减少烟囱效应造成的气流。为了阻止气流从管道进入设备管井并在烟囱效应的作用下上升，管道必须密封良好，管道支路到格栅的连接处也需要密封良好。参见图 10.12。

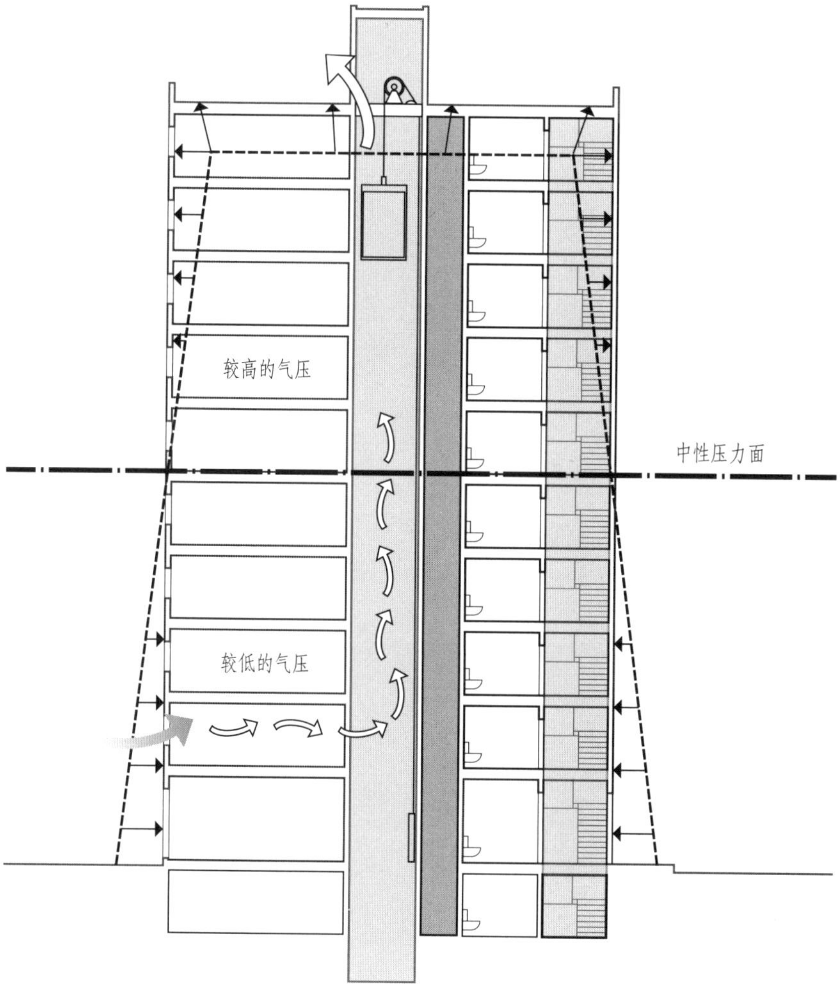

10.11 中性压力面。

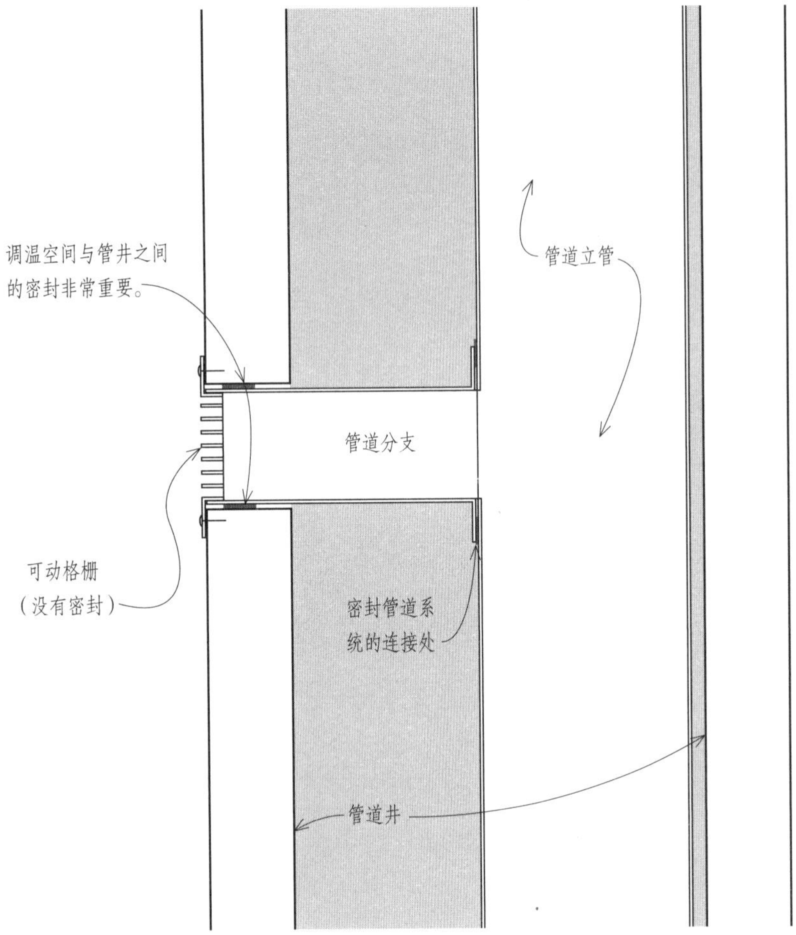

10.12 阻止空气从管道系统或调温空间进入设备管井并在烟囱效应的作用下上升。

随着气流升起到上层，逐渐增加的烟囱效应正压会尽力将气流排出管井和楼梯间。因此，阻止空气进入这些通道的密封方法，同样被用来阻止空气从上层离开井道。同样，内门用来阻止空气外流。这刚好证明了坚固耐用的顶棚有多么重要以及阁楼为何如此脆弱。如果建筑拥有坚实的顶部，比如刚性的平屋顶，那么烟囱效应导致的气流就不会通过屋顶流到建筑以外。气流通过窗、墙的流出也受到限制。如果墙的整体性强，气流只能通过窗户流出。如果窗户的面积小，数量少，密封良好，我们就有效地阻止了烟囱效应导致的空气流动。要特别留意窗框，密封不严的开口常常会被各种装饰遮挡。

因为电梯门的气密性不好，我们必须尽可能地阻止建筑中的气流到达电梯，这意味着要阻止气流进入通向电梯的走廊。电梯井的百叶可以安装低泄漏、自动控制的风挡，并且保持关闭状态，当然应该规定与消防控制系统互联互动。

热分层对可承担性的影响如何？一般来说，它增加了建造成本。保持建筑各层之间的气密性会增加建设成本，阻止空气进出建筑物同样也会增加成本。

11

照明和其他电力负荷

Lighting and Other Electric Loads

在由外向内的设计过程中，设计人员应当在人工照明（artificial lighting）设计之前，更早地检视自然采光的各种选项，将其作为外围护结构设计的一部分。本章中我们将会探讨如何使人工照明更加高效的方法。

人工照明让我们脱离了昏暗。在阳光可以穿透并照亮建筑内部的每一个角落之前，在我们能够储存阳光用于夜晚照明之前，我们都将继续依靠人工照明，就像这个词听起来一样，是非自然的。

照明 Lighting

照明是建筑的一项主要能耗负荷，在与建筑相关的一次能源消耗中排第二位，仅次于空间采暖制冷能耗。通过设计，照明能耗能够轻而易举地降到传统照明能源消耗的 50% 以下，在很多情况下还能节约更多。

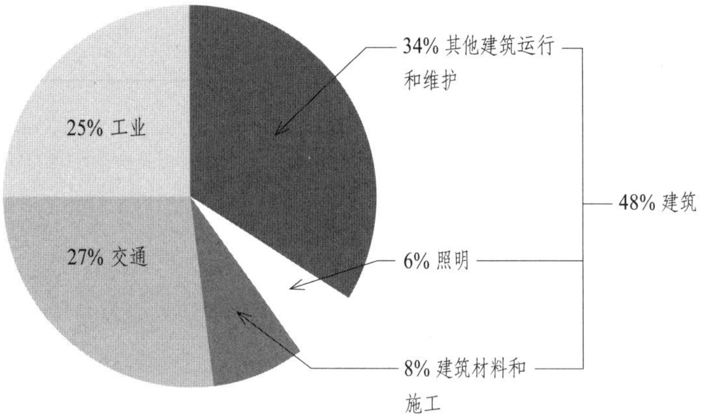

11.01 与照明相关的能耗百分比

通过空间设计降低照明需求 Space Design to Minimize the Need for Lighting

人工照明的需求已经因为智能化的空间设计而降低。回顾设计的早期阶段，如果一个特定的建筑能被设计成更小的建筑面积，那么人工照明的总量就会减少，建筑照明需要的总能耗也会相应减少。

而且，当建筑规模较小的时候，同样的自然采光可以照射到大部分建筑面积，自然采光的比率明显高于大型建筑。

早期设计中避免过高屋顶，同样会受益。例如，一个 8 英尺（2440 毫米）高的天花板与 10 英尺（3050 毫米）高的天花板相比，同一空间在获得同等照明水平的情况下，人工照明节省 5%。

早期的设计中可能已经选择反射率高的表面，从而降低照明需求。前面的实例已经提到，如果屋顶、墙面、地面的反射率提高 10%，在空间获得同样照明的情况下，照明能耗会节省 13%。进一步提高屋顶、墙面、地面的反射率，节能量可能会超过 30%。

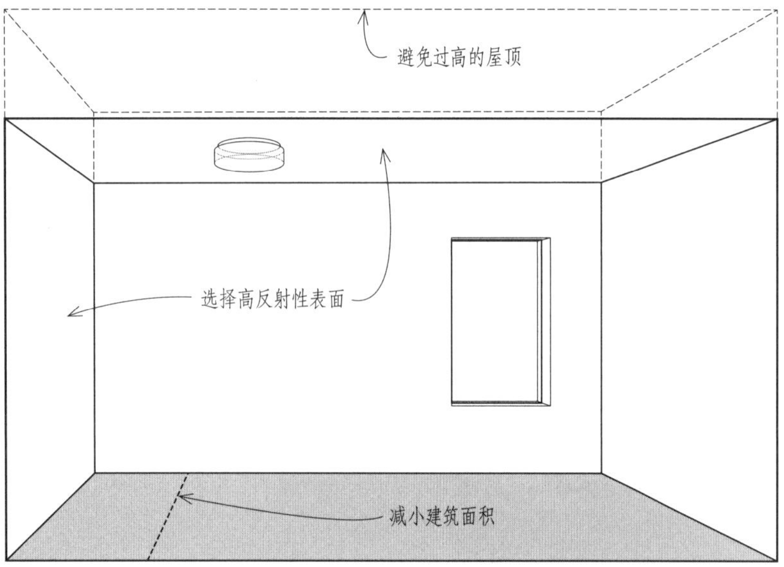

11.02 减少人工照明的空间设计方法。

优化照明设计
Optimized Lighting Design

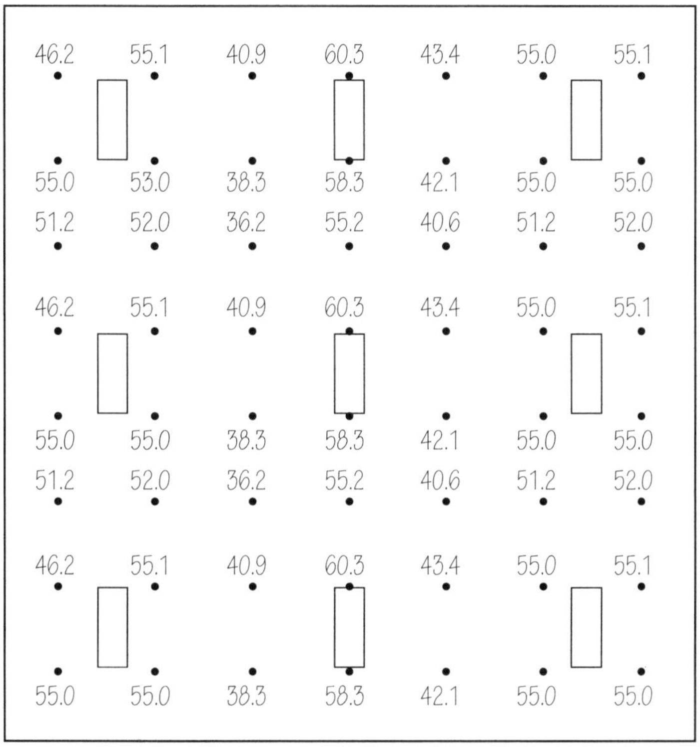

11.03 照度计算案例：

灯具数量	9
平均照度	55.4 英尺烛光 *
照度最高值	60.3 英尺烛光
照度最低值	36.2 英尺烛光
总功率	540 瓦
照明功率密度	0.82 瓦 / 平方英尺

*1 英尺烛光 =1 流明 / 平方英尺或 10.764 勒克斯

通过空间设计来减少人工照明的需求后，我们可以继续进行照明设计了。对于绿色建筑而言，需要按照逐个空间的顺序，进行照度计算（photometric calculation）或用计算机软件来检测灯具选择和灯具布局是否合适。过去，大部分照明设计是凭经验法则（rule of thumb）进行的，通常导致照明量高于实际需求。逐个房间进行照明设计是绿色建筑设计的最佳方式。如果不是根据每个房间进行设计，那么建筑照明量可能会过高，灯具数量可能会多于需求而造成能耗加大，使用的材料也会相应增加而带来材料能耗的增长。

11.04 照明工程协会推荐的照度举例。

任务区	英尺烛光
会议室	20～50
办公室	50～100
教室	50～75
体育馆	30～50
商品销售场所	30～150
生产车间	50～500
走廊及楼梯间	10～20

在照明设计的时候，推荐的照明水平范围很宽泛。对于绿色建筑，应考虑使用照明工程协会（IES）手册推荐的设计范围低限。比如，照度 50 英尺烛光（foot-candle）与照度 20 英尺烛光相比，前者的能耗是后者的两倍多。

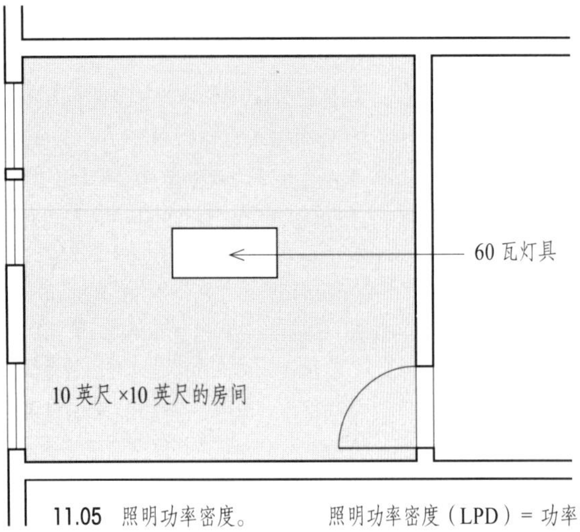

11.05 照明功率密度。 照明功率密度（LPD）= 功率消耗（瓦）除以建筑面积（平方英尺）= 60 瓦 /（10 英尺 ×10 英尺）= 0.6 瓦 / 平方英尺

照明功率密度（lighting power density，简称“LPD”）是单位面积（平方英尺）照明的功率消耗（瓦）。LPD 是一个重要的照明设计度量标准。各种能耗规范和标准都规定或推荐了照明功率密度的最大值，以整栋建筑为基础或是对各个空间进行逐一规定。LPD 要求的最大值被称为“照明功率限额”（lighting power allowance，简称“LPA”）。

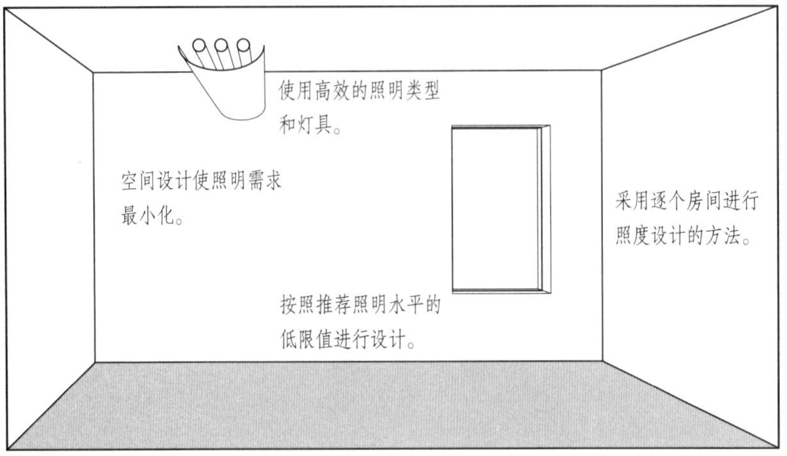

使用高效的照明类型和灯具。
空间设计使照明需求最小化。
采用逐个房间进行照度设计的方法。
按照推荐照明水平的低限值进行设计。

11.06 照明设计的综合策略。

由于规范和标准中引用的照明功率限额，针对建筑设计的不同情况具有一定的内在弹性（built-in flexibility），规范和标准中规定的数值一般高于实际需要和可达到的数值。绿色建筑可以比较容易地达到较低的照明功率密度，即使是满足规范和标准规定的高性能要求。然而，达到较低的照明功率密度，需要上述方法的组合，包括逐一房间的照明设计，采用照明工程协会推荐的较低照明水平进行设计，选用反射率高的墙面、天花板和地板，安装高效的照明灯具等。

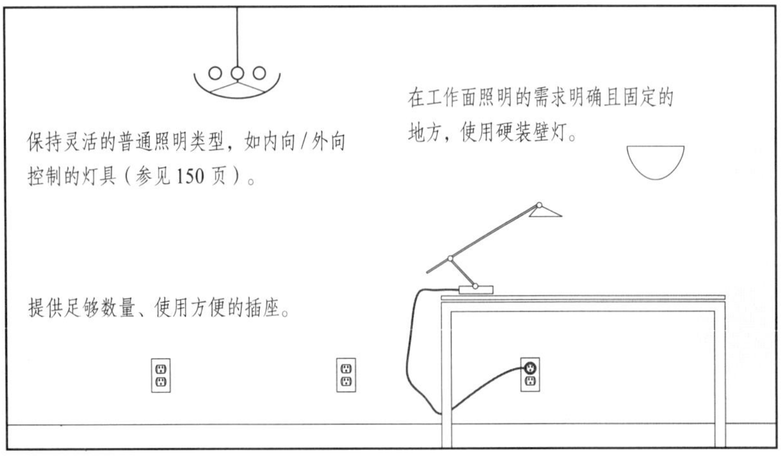

在工作面照明的需求明确且固定的地方，使用硬装壁灯。
保持灵活的普通照明类型，如内向 / 外向控制的灯具（参见 150 页）。
提供足够数量、使用方便的插座。

11.07 工作面照明策略。

通常认为，工作面照明能够降低照明水平并减少能源消耗，同时保证个体在进行某项活动时获得足够的局部照明。然而，研究表明，成功的、低能耗的工作面照明是很难实现的。尽管工作面照明仍被视为一项节能策略，但是绿色建筑设计最好不要完全依赖工作面照明带来的潜力。其实，灵活控制且高效节能的普通照明是一种更加明智的方法。为了让以后的工作照明更加合理，应该考虑在需要工作照明的位置安装足够多、使用方便的插座。

节能灯具和设施
Efficient Lamps and Fixtures

某些种类的光源和灯具比其他种类更高效节能。比如，荧光照明（fluorescent lighting）比白炽灯照明（incandescent lighting）和卤素灯照明（halogen lighting）更加节能。此外，对于一种特定的照明形式，某些种类的灯具会比其他类别更高效。比如，明装的或者嵌入式的线性荧光灯具，比嵌入式的荧光筒形射灯要节能很多，也比平壁式顶置环形灯具更加节能。LED 灯作为另外一种高效光源开始被接受，但是其质量和能效却参差不齐。

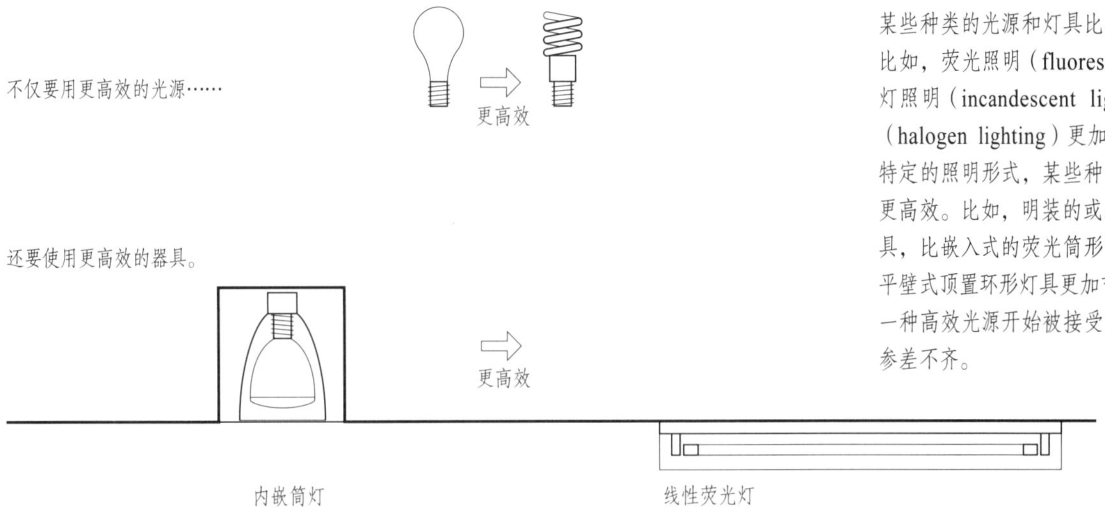

11.08 使用更高效的光源和灯具。

选择灯具的一个重要标准是照明效率（luminous efficacy），用流明/瓦（lm/W）表示。通过观察研究，烛光具有0.3流明/瓦的发光效果，白炽灯（incandescent lamp）的发光效率基本在10~20流明/瓦的范围。更高效的紧凑型荧光灯（CFL），其照明效率明显很高，一般能达40~65流明/瓦的范围。线性荧光灯更加高效，功效能达到50~100流明/瓦的范围，可以确信它们比点光源灯具，比如射灯，更高效。新兴的LED灯具，其照明效率幅度很大，从20~120流明/瓦。

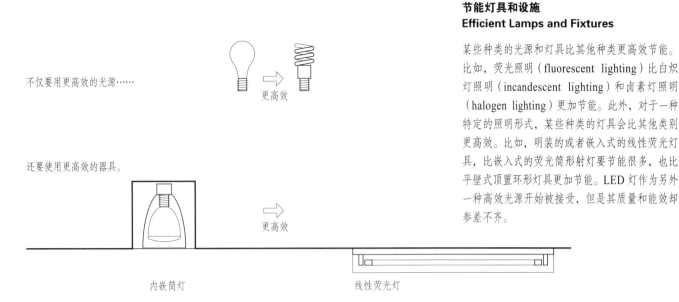

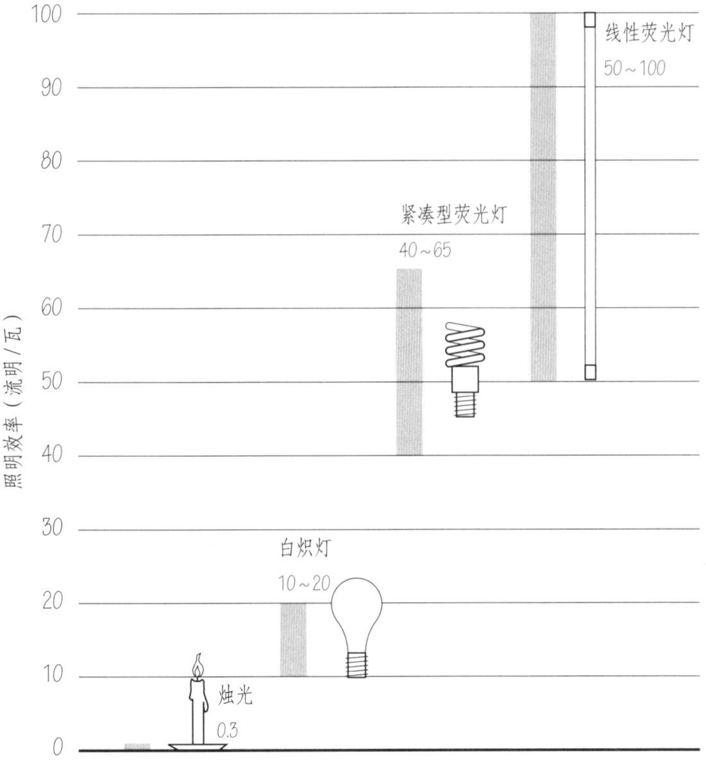

11.09 照明效率粗略统计表。

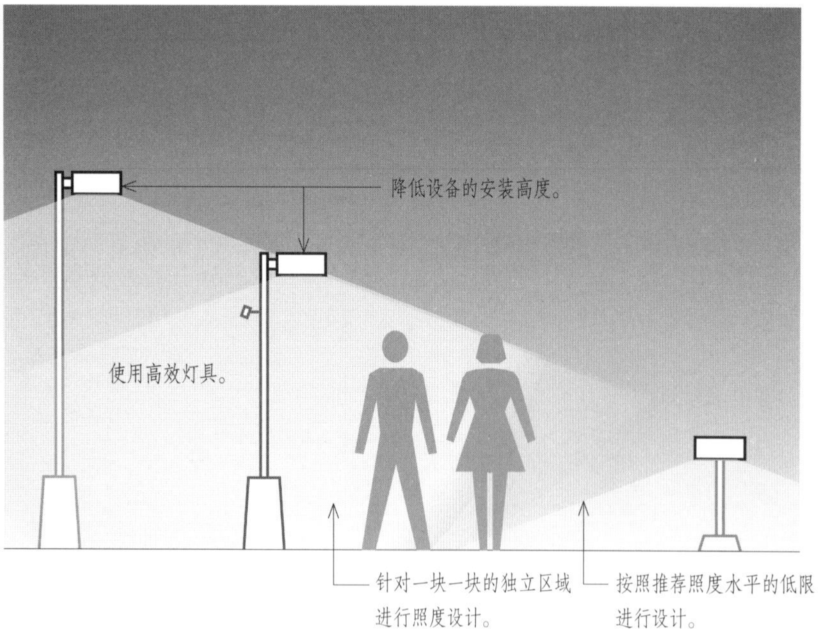

11.10 高效的室外照明策略。

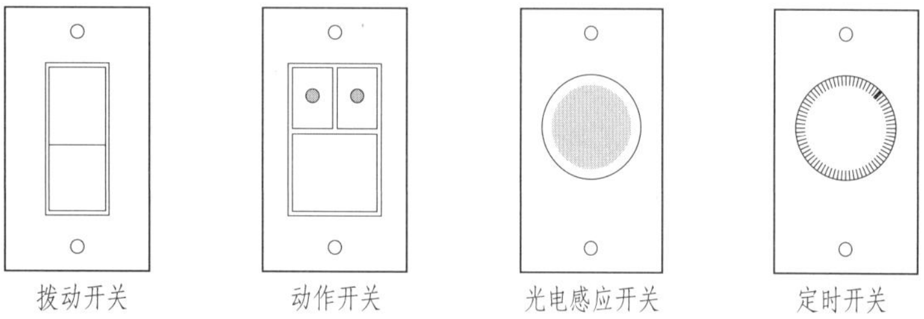

11.11 四种灯光控制装置。

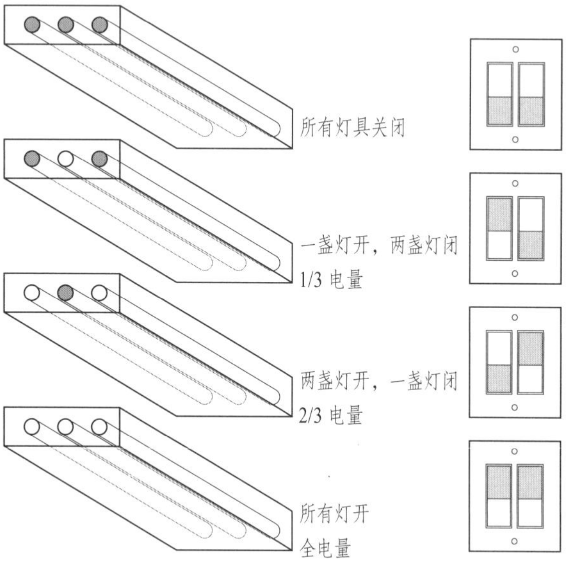

11.12 照明的内向/外向控制。

室外照明 Exterior Lighting

室外照明可以采用多种和室内照明相同的方法来实现高效节能：高效照明灯具；计算机控制的独立区域照明设计，提供不超过需求水平的安全照明；低矮的灯具设施，使照明接近需要的地点且更高效；高效的照明控制。附带的减少灯光污染的问题前面已经讨论过，并且与减少能耗的目标达成了一致。

在设计的早期阶段与业主进行积极的讨论，以一块一块的独立区域为基础，认真评估室外照明的需求量。这样做就能减少照明、投资、能耗以及灯光污染。比如，低照度的人行道照明可以采用接近地面高度的灯具，而不用电线杆上的灯具。《业主的项目要求》会细化各种室外照明要求，如停车场、建筑入口、安全保障、装饰需要以及夜晚室外休闲或运动等其他目的的灯光要求。一个核心问题在于，是否每种照明都是必需的。从项目中清除每项不必要的灯具都可以减少建造成本、材料消耗和能源需求。

控制设施 Controls

主要有四种类型的控制设施，每一种都能降低照明能耗，可以单独使用也可以组合使用，它们分别是手动控制器（manual control）、运动传感器（motion sensor）、光电传感器（photosensor）和定时器（timer）。

手动控制通常是通过切换开关和调光器来操作。在一个单独的空间里，使用一种以上的控制方式，可以更灵活地控制照度水平，也更加节能。这种控制策略被称为“多级切换”（multilevel switching）。即使是小房间，也建议安装至少两个开关，每个开关控制部分灯具。这些控制器既可以关闭或调暗独立的灯具，也可以关闭或调暗一套灯具中的不同光源。有时称之为内向/外向开关或者称为“多级开关”。对于大面积房间，推荐安装更多的开关。如果房间有两个入口，每个入口处都应设置开关，被称作“三向开关”（3-way switching）。

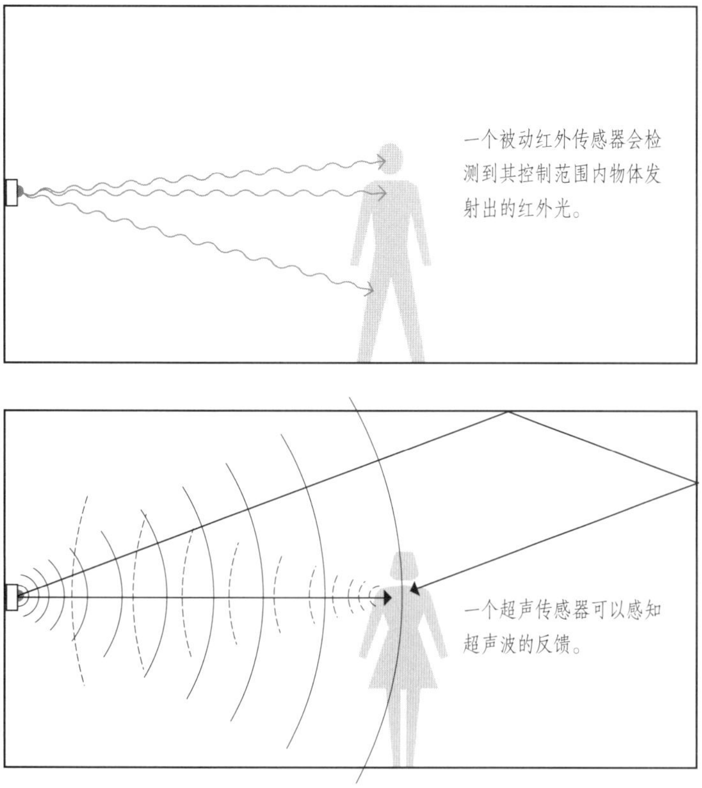

一个被动红外传感器会检测到其控制范围内物体发射出的红外光。
一个超声传感器可以感知超声波的反馈。

11.13 被动红外传感器和超声传感器。

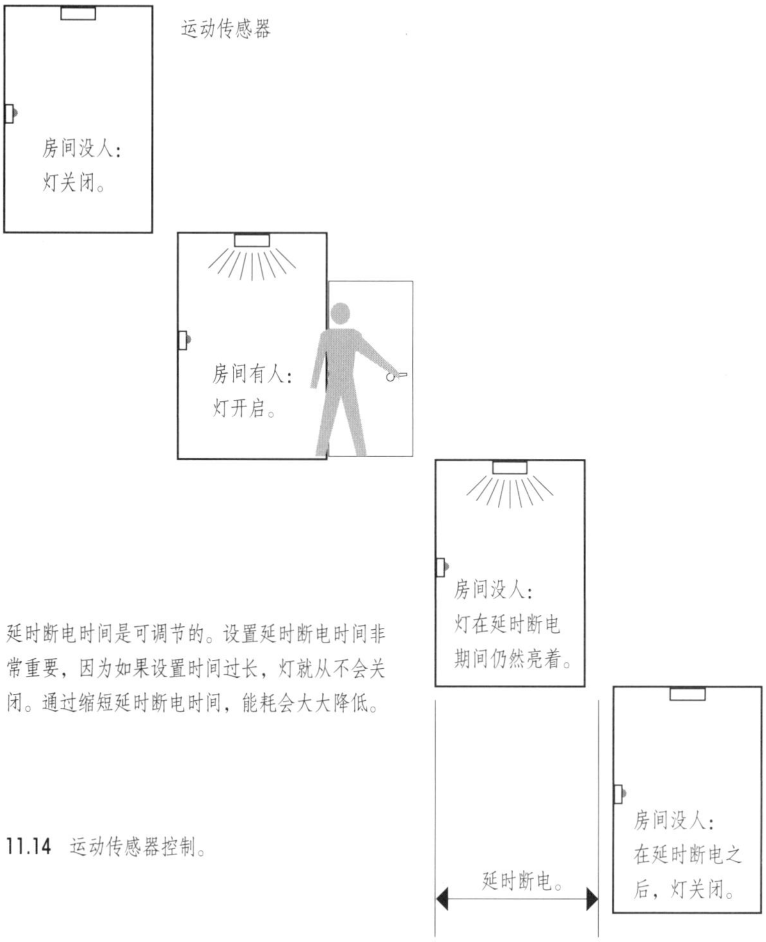

延时断电时间是可调节的。设置延时断电时间非常重要，因为如果设置时间过长，灯就从不会关闭。通过缩短延时断电时间，能耗会大大降低。

11.14 运动传感器控制。

为某种特定的用途选择合适的运动传感器，可以保证系统正常运行。被动式红外传感器（infrared sensor）通过检测空间使用者散发的热量来工作，适于布置在使用者视线直达的地方。超声传感器（ultrasonic sensor）的工作原理是检测使用者对传感器发出的超声信号做出的回应，所以它们不需要设置在使用者的视线范围内。然而，超声传感器有时可能被相邻空间的动作错误地激活。双重运动控制技术，将被动红式外传感器和超声传感器的优点结合起来。

对运动传感器进行调试非常重要。运动传感器会在探测不到使用者后的一定时间内保持开灯状态。这种设置称为“延时断电”（off-delay）。比如，《ASHRAE 标准 90》规定的最长延时断电时间为 30 分钟，人们发现在高层公寓建筑的走廊照明中，缩短延迟断电的时间，使其低于 30 分钟，就会节约几乎三倍的能源，节能率从 24%~74%。公寓的走廊里可能 97% 以上的时间都没有人，但是 30 分钟的延时断电意味着整个白天灯都会亮着，因为走廊里的运动传感器在每个 30 分钟之内都会探测到使用者。缩短延时断电时间，才能让运动传感器真正探测到没有使用者的时段。缩短运动传感器延时断电时间带来的节能效果在其他高频率使用的空间中也能看到，比如学校和办公建筑的大厅和走廊。这里需要指出的是，对荧光灯而言，延时断电时间设置得太短，会影响灯的寿命。对于所有的照明控制设施，执行合理的延时断电的最佳方法，是在施工文件中明确这项设置。

手动开启的运动传感器（manual-on motion sensor）也被称为“空置传感器”（vacancy sensor），要求空间内的使用者手动开灯；运动传感器在监测不到动作之后会自动关灯。这种控制方式适用于不需要持续人工照明的空间，比如自然采光充足的办公室，或者短暂停留的洗衣房不需要灯一直亮着。手动开启的运动传感器，能有效避免在一个空间中开灯后忘记关闭。另一方面，自动开启的运动传感器更适用于使用者不熟悉开关位置的空间，或者经常要去的地方，如公共厕所、车库和走廊等。

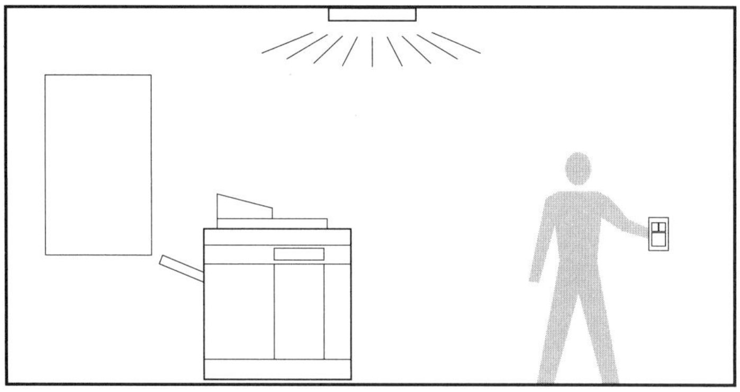

手工开启的运动传感器，也被称为“空置传感器”，要求使用者手动开灯。运动传感器在检测不到动作后，经过一段设定的时间（延时断电）后会自动关灯。

如果手动传感器没有开启，那么短暂使用的时候，照明灯会保持关闭，比如短暂通过某一空间。

11.15 手动开启的运动传感器。

室外照明最节能的控制方式来自以下两个问题。

1. 在各种室外照明需求中，哪种灯光可以被运动传感器控制？运动传感器如果使用恰当，一般能达到照明用能最少和降低灯光污染的目标。与运动传感器在室内的应用一样，室外运动传感器的延时断电时间应尽量设定得短一些，最好是 5 分钟甚至更短。用于控制室外照明的运动传感器最好与光电传感控制器（photosensor control）结合使用，避免室外照明灯由于白天的动作被无意中点亮。注意此类控制方式的层级：室外照明只有在同时感知到动作和感应到环境光不足的时候才会开启。

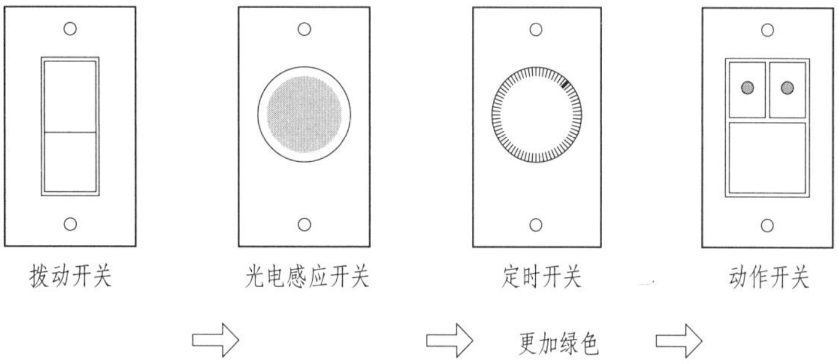

11.16 控制室外照明的绿色选项。

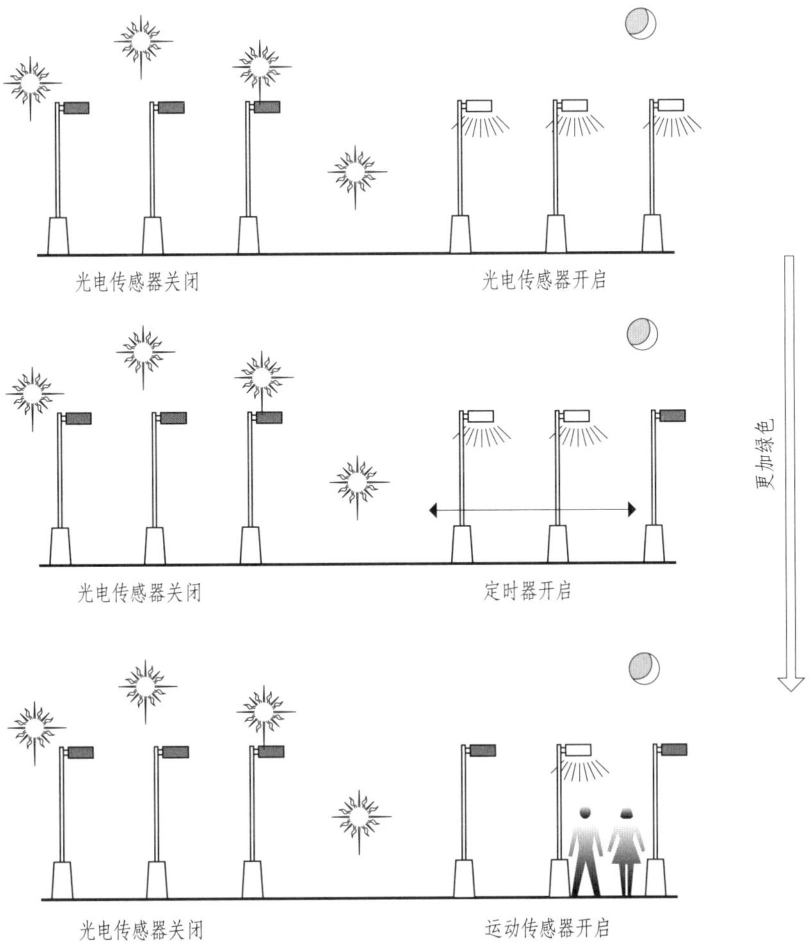

11.17 控制室外照明的绿色选项。

11.18 标准室外照明水平。

状态	**英尺烛光**	**勒克斯**
太阳直射光	10000	100000
全日光	1000	10000
阴天	100	1000
薄暮	10	100
迟暮	1	10
夜幕降临	0.1	1
满月	0.01	0.1
半月	0.001	0.01
无月之夜	0.0001	0.001
乌云密布之夜	0.00001	0.0001

如果有些室外灯必须夜晚连续照明，那么可以采用光电传感器来控制开灯，目的是保证照明灯在室外已经黑暗的时候才会开启。为了实现节能设计，提出下一个问题是有启发性的。

2. 出于安全需要的照明灯，需要整夜开启还是只在晚上开启？如果是后者，那么就需要光电传感器来开启灯光，同时还需要一个定时器来关闭它们。这样整夜照明所需能耗的大约50%就能被节省下来。这里需要再次指出的是，在《业主的项目要求》中，应针对每一处室外灯明确安全需求和夜晚照明要求，包括夜晚何时可以关灯，定时器将据此履行义务。

要注意室外照明一般需要两个怎样的独立控制装置，以避免不必要时候的长明灯，通常是光电传感器加上运动传感器或者光电传感器加上定时器，二者取其一。手动控制是另外一个选项，但是最好也要结合光电传感器，以避免室外照明在白天的时候被无意间开启。

像运动传感器一样，室外光电传感器需要合理安装和正确使用。它们最好不要对着人工光源，比如夜晚路过车辆的前灯，可能会激活传感器、关闭灯光，造成不必要的麻烦。室外照明传感器是否能达到最大的节能效果，取决于合理光照水平的设定。光电传感器应该设定为室外易于接受的人工照明水平。

当光照水平在10英尺烛光上下的时候，光电传感器通常被设定开启照明。这一设定值其实过高。这些过高的设定值会导致室外照明在阴天的时候无意间亮起。根据室外照明的不同用途，各种规范和标准推荐的光照水平只有0.5~2.0英尺烛光，如人行道或停车场的灯光。室外照明的需求照度应该写在建设文件和委托文件中，光电控制设施应该设定为：当环境光照水平低于需求照度时，开启室外照明。

光电传感器的无控制作用区（也称为“死区”（deadband））也应该详细说明。无控制作用区是断路设置值（cut-out set point）和通路设置值（cut-in set point）之间的差值区域。无控制作用区的设置值应充分高于通路设置值，以避免灯光的滋扰循环。举例来说，如果设计光照水平是 1 英尺烛光，光电管设定应该是：当环境亮度低于 1 英尺烛光的时候开启灯光，当环境亮度升至 3 英尺烛光的时候关闭灯光。在这个案例中，无控制作用区的设置值是 3−1=2 英尺烛光。

早晨照明灯持久不灭。
乌云经过，照明灯不必要地开启。
傍晚时候照明灯过早开启。

11.19 光电传感器设置的亮度值过高导致的结果。

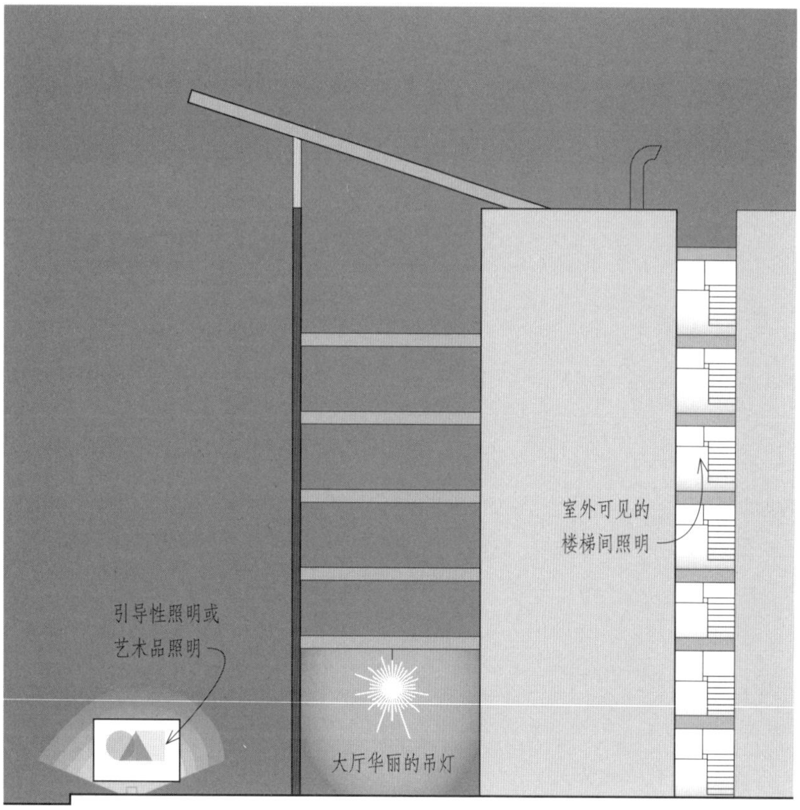

11.20 建筑装饰照明。

室外照明控制值是否正确，可以在建成之后评估检查出来。如果室外灯具在乌云经过的时候开启，或者天亮之后很久不能熄灭，或者黄昏之前过早开启，且灯光开启后不能改变灯具周围环境的亮度，那么光电控制的设定值就是太高了。注意只能在低亮度的情况下才能进行光电管控制值的调试。仅仅通过遮挡光电传感器来看灯是否能够开启，并不能说明设定值是否正确。

装饰照明 Decorative Lighting

在绿色建筑的语境中，装饰照明值得探讨。装饰照明包括：为了突出立面或其他外部要素而设置的室外照明；灯光广告牌；为突出艺术品或零售展示而设置的灯光。装饰灯通常是低能效的，尽管可以使用高能效的灯具和控制设施。

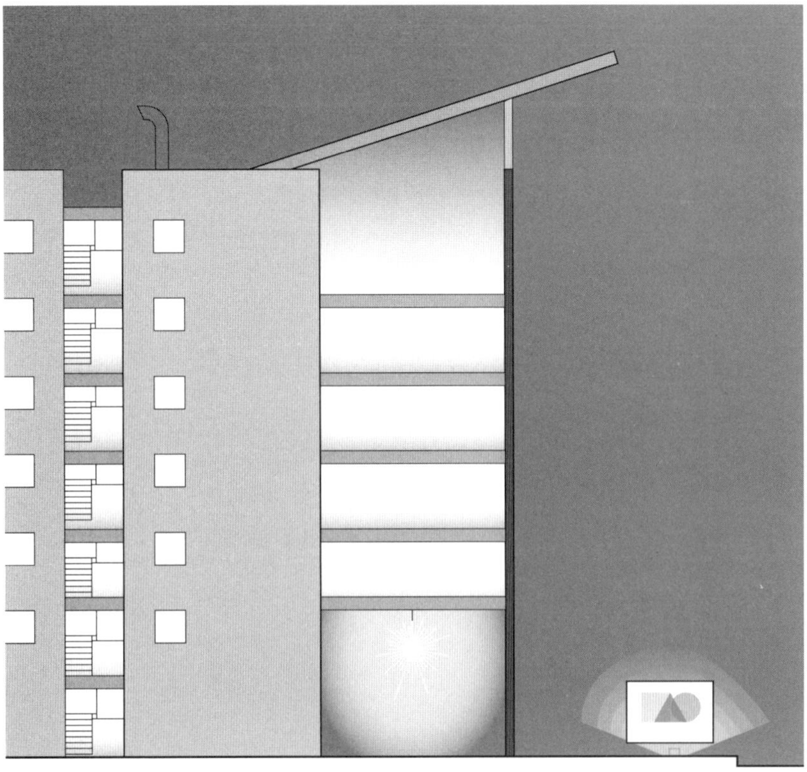

11.21　建筑效果图通常会强调建筑的室外照明设计，而不是使用者需要的室内照明。

除了高效的灯具和控制装置之外，绿色建筑设计通常会确认这个问题：对特定的建筑而言，每盏装饰灯都是必要的吗？过去，建筑在方案设计阶段已经被概念化，往往通过渲染窗户被室内灯光照亮来传递一种温暖的感觉。这种渲染会导致灯光设计和控制要求夜晚也要保持照明，窗户设计取决于外部观赏效果，而不是根据使用者对室内照明的需要。

在一些绿色建筑规范、标准和指南中，装饰照明都受到限制或者被排斥。而且，由于装饰照明通常是低能效的，所以在绿色建筑设计中，最好一项一项地检视装饰照明的需求。

其他照明问题　Other Lighting Issues

减少照明能耗带来的额外好处是减少了空调的使用。虽然减少空间的照明增加了冬季供暖的需求，但是由于电是低效的供热方式，所以减少照明需求仍会带来节能和成本收益。由于供热系统与照明何时开启无关，所以减少照明不会增加建设成本。不过，夏季的制冷系统与照明开启之间关系密切，减少照明当然会降低建造成本，尤其是在小型制冷系统的项目中。然而，只有在制冷需求确定之前已经明确照明设计，这些节余才会发生。

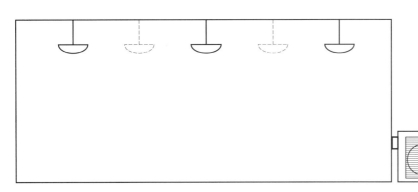

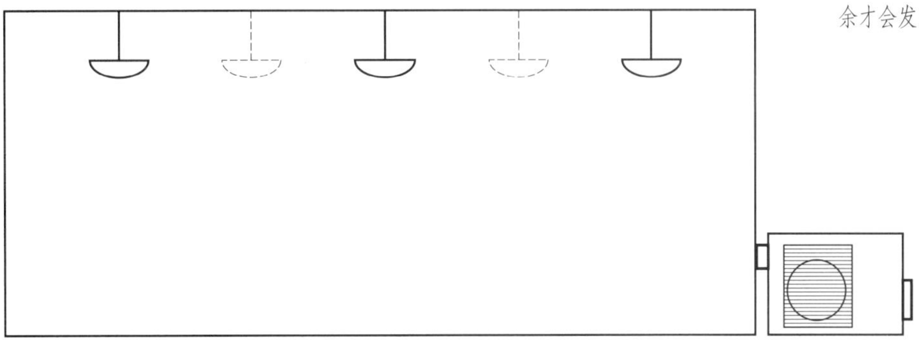

11.22　减少照明通常会导致空调系统负载降低。

高效的照明设计通常会降低建造成本，因为设置了适量的而不是过度的照明。另一方面，高效的灯具和更加节能的照明控制设施，与传统的节能选项相比，一般投资更高。

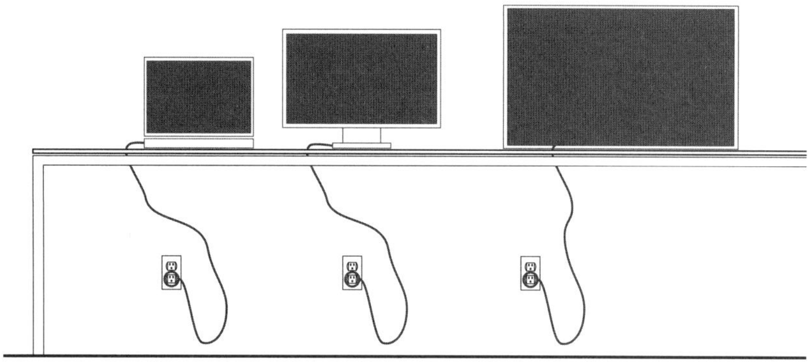

11.23 插座负载的增长。

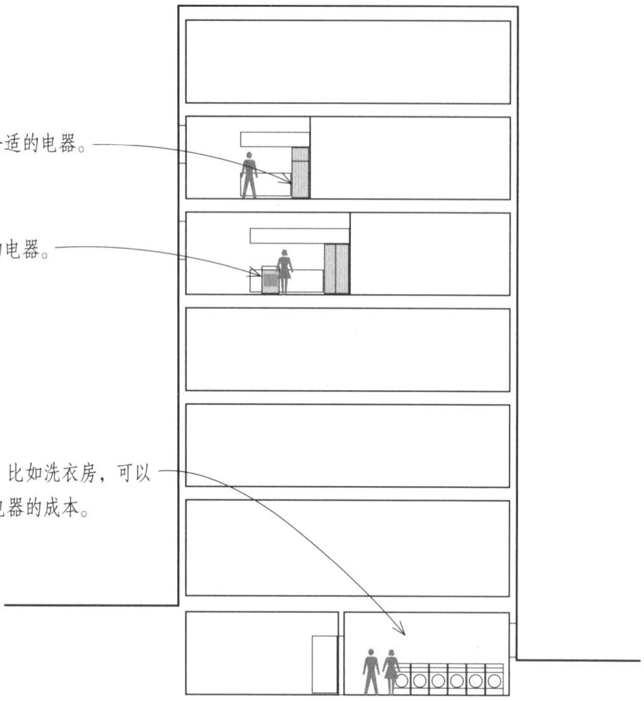

使用尺度合适的电器。
使用高效的电器。
集中设备，比如洗衣房，可以分摊高效电器的成本。

11.24 减少电器插座负载的策略。

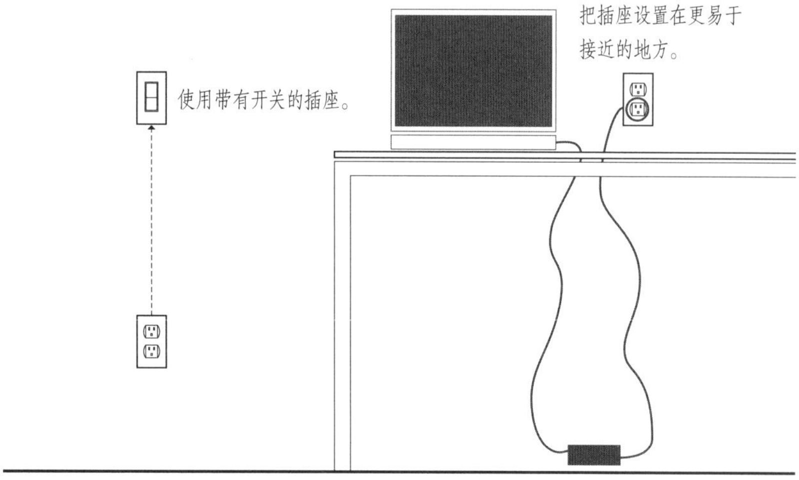

11.25 减少电源引发的插座负载的策略。

插座负载 Plug Loads

插座负载是建筑能耗快速增长的一个重要原因。设备，比如大屏幕电视机、计算机、电子游戏控制器、特大冰箱和冰柜以及电子产品用电都造成了插座负载的增长。

传统的建筑设计把插座负载留给建筑业主或者使用者。然而，在一些案例中，现在的电器设备已经由设计人员来选择了。并且在未来，插座负载的用能还会通过其他方式受到设计的影响。

对于大型设备，比如冰箱、洗碗机、洗衣机等，可能被规定为高效的型号。有些时候，改变燃料或者设备类型，就能达到节能或减少碳排放的目的，比如热泵干衣机（heat pump clothes dryer）就是一个例子。

设备集中使用——比如，公寓楼中设置洗衣房，而不是在每个公寓单元中安装独立的洗衣机——会使高效设备的增量成本分摊到每个用户。在这样的情况下，提供高效的生活热水也会变得更经济。集中的洗衣房还会减少供水管线、干燥通风管道、煤气管道和通风管道等穿越建筑。与每套公寓都安装洗衣设施相比，建筑的渗透率会明显降低。

电器应该有合适的尺度。比如一个 15 立方英尺（0.4 立方米）的冰箱能够满足一室公寓的需要，就不要采用 22 立方英尺（0.6 立方米）的冰箱。高效的电器还应该高效地使用。比如，冰箱不要放在火炉旁或其他比较热的地方，会降低冰箱的效率。制冷机械，比如步入式冷库（walk-in cooler）的压缩机或者其他商业制冷机械，也不要放在过热的位置。

很多电子产品的电源设备，比如便携式计算机和手机的电池，会持续消耗电量。把插座设置在更容易接近的高度而不是临近地面的高度，会发现人们更易于在不需要的时候拔掉电器插头或者关闭电源。换句话说，如果为插座提供方便的控制，插座负载就容易去掉，比如固定在墙上（wall-mounted），拨动开关安装在手的高度。

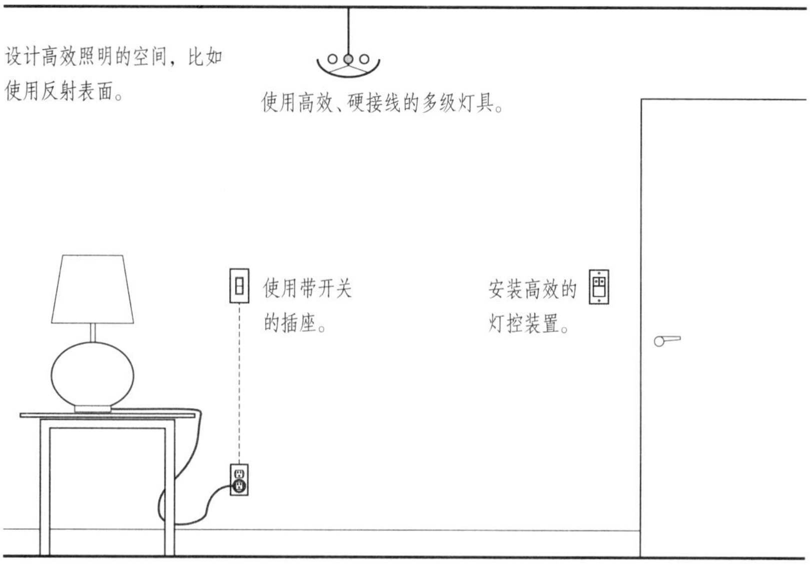

设计高效照明的空间，比如使用反射表面。
使用高效、硬接线的多级灯具。
使用带开关的插座。
安装高效的灯控装置。

11.26 减少照明插座负载的策略。

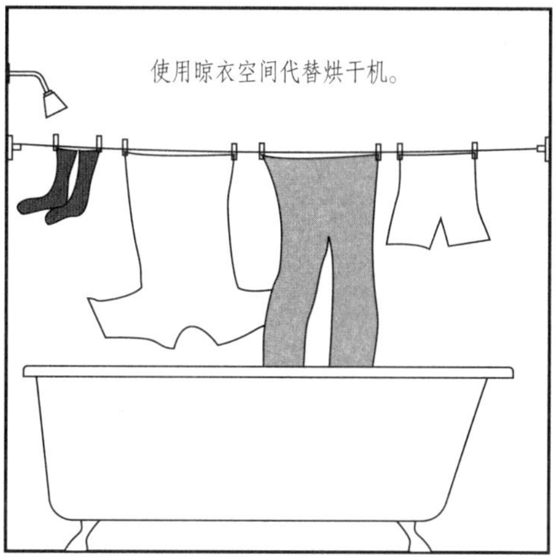

使用晾衣空间代替烘干机。

11.27 减少烘干机插座负载的策略。

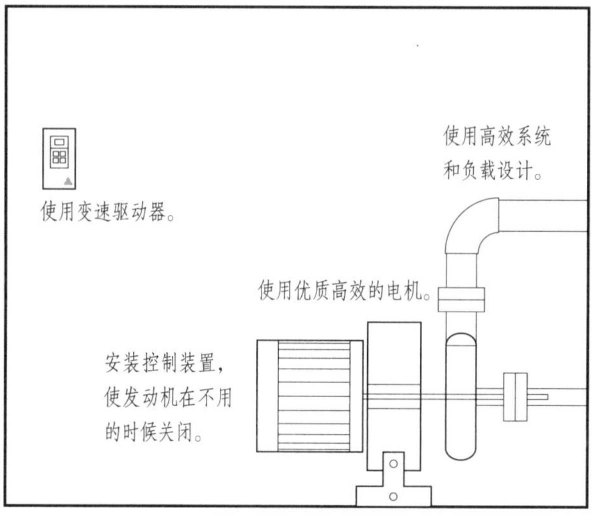

11.28 减少大型发动机能耗的策略。

用于照明的插座负载，在建筑设计中可以通过使用高效的硬接线灯具来减少插座负载。这是为了取代仅用插入式灯具的照明方式，插入式灯具通常是不节能的白炽灯或卤素灯泡。不仅灯具可以更高效，照明设计也能通过灯具的均匀度和间距变得更高效。灯光控制也可以更高效，往往通过使用运动传感器、光电传感器、定时器或者易接近的墙上开关，使人们可以更容易地开灯和关灯。应提供数量足够、使用方便的电源插座来保证充足的工作照明。

通过建筑设计，还会找到其他的创造性方法来降低插座负载。比如，BREEAM 会给提供干衣空间或晾衣绳的洗衣房加分。

互联网控制方式的降临提供了更多的可能性，来控制插座负载和降低能耗。这些控制方式将会随着时间的推移变得越来越方便适用、经济实惠。

大型电力负载　Large Electric Loads

大型电力负载包括驱动电梯、扶梯、机械设备的风扇和电泵的发动机。独立控制的大型变压器也是一种常见的电力负载。

应该注意检测长时间运行的大型发动机。绿色选项包括使用优质高效的电机、变速驱动器、有效的设计以及发动机在不用的时候能够关闭的控制装置。

据估计，在现代多层建筑中，电梯占用了3%~5%的建筑能耗。低层建筑通常使用液压电梯（hydraulic elevator），因为价格比较低。高层建筑使用带有AC发动机的变压、变频（variable-voltage，variable-frequecy，简称“VVVF”）驱动器，因其具有更好的能效和更快的速度。

电梯的能耗取决于很多因素，包括使用频率、电梯容量和电梯效率。使用高效的驱动装置，可能会减少电梯的能耗，如反馈制动（regenerative braking）装置。使用高效的照明也会降低电梯能耗，如无人时自动关闭照明，还有无人时自动关闭的通风扇发动机等。先进的控制装置会进一步降低能耗，比如优化电梯轿厢行程的算法，可以使轿厢停在最需要的地方；在建筑中有多部电梯的情况下，使用率低时自动停运部分电梯。可以通过以下数据估算用能量，液压电梯在轻负荷（light-duty）、低层建筑中大约是每次启动耗电0.02~0.03千瓦时，在重负荷或中高层建筑中，这一数值会升高。如果改用高效驱动装置，这一数值会降到每次启动耗电0.01~0.02千瓦时。高层建筑中带有变压、变频驱动装置的电梯，每次启动耗电0.03~0.04千瓦时，在使用反馈制动或者DC脉宽调制驱动（pulse-width modulated drive）装置时这一数值可以降低到每次启动耗电0.02~0.03千瓦时。

传统的自动扶梯每年每部用电量为4000~18000千瓦时。变速发动机可以感知扶梯上没有乘客，从而使发动机减速，实现节能，或者在使用率很低的时候停运部分扶梯来减少能耗。

标准的变压器必须满足联邦标准中最小效率在97%（针对15千伏安变压器）到98.9%（针对1000千伏安变压器）效率的范围。优质高效的变压器目前是15千伏安变压器97.9%效率，1000千伏安变压器的效率提升至99.23%。变压器必须通风良好，且布置在低温环境中时效率更高。因此，变压器不应放置在过热房间里，或者在室外被团团围住，没有足够的空气循环。

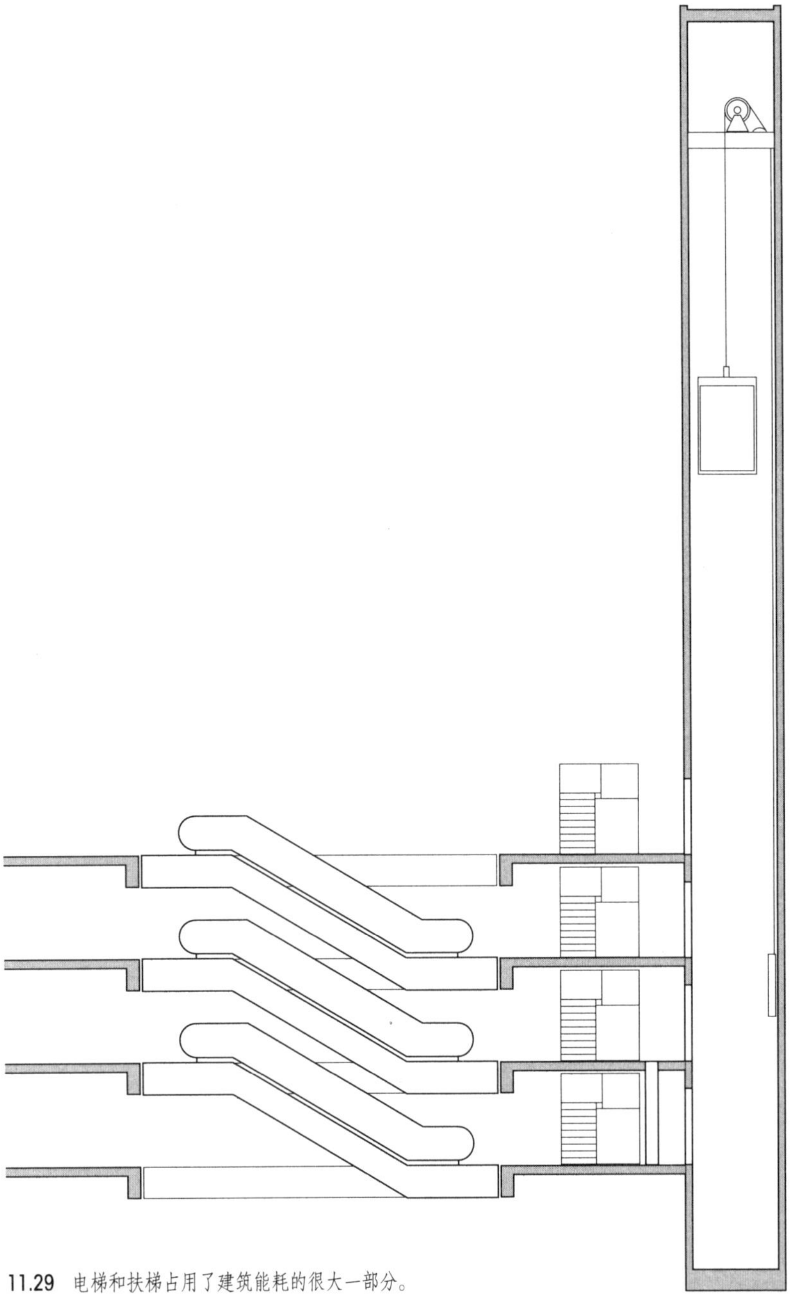

11.29 电梯和扶梯占用了建筑能耗的很大一部分。

12

热水和冷水

Hot and Cold Water

水越来越被视作有限的资源。在评估水对绿色建筑的提升效果时，冷热水的传送和消耗都应予以考虑。减少热水消耗既能节水，又能节约水加热的用能。

场地水源利用（site water use）已经在前面的第4章“社区与场地”中谈到。本章聚焦于室内水的利用。

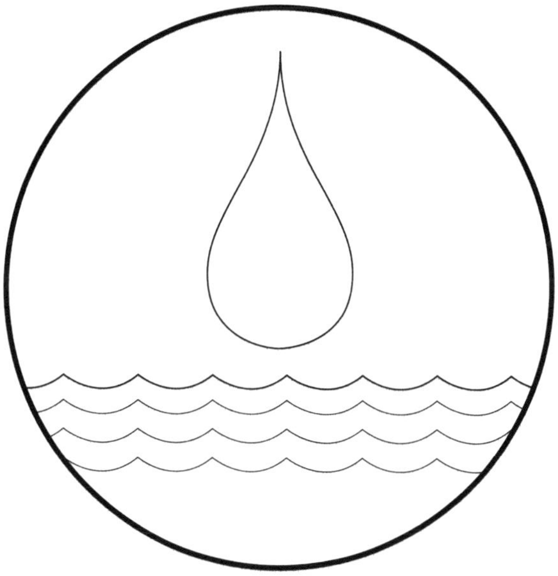

减少用量 Reducing Use

首先测试用水负荷，这是减少水和能源用量的最有效方式。从终端用量开始，第一步是使用高效的器具——即末端效应相同，但用水量较少的器具。

高效洗碗机比普通洗碗机用水量少 20%。高效洗衣机比普通洗衣机用水量少 50%。低流量的淋浴喷头和水龙头也能减少用水量。

双冲式马桶（dual flush toilet）在冲洗废液时用水量较少。无水小便器（waterless urinal）完全不用冲水，取而代之的是，在下水道中使用油性液体密封（oil-based liquid seal）来阻止气味返回建筑。堆肥厕所（composting toilet）也不需要用水。

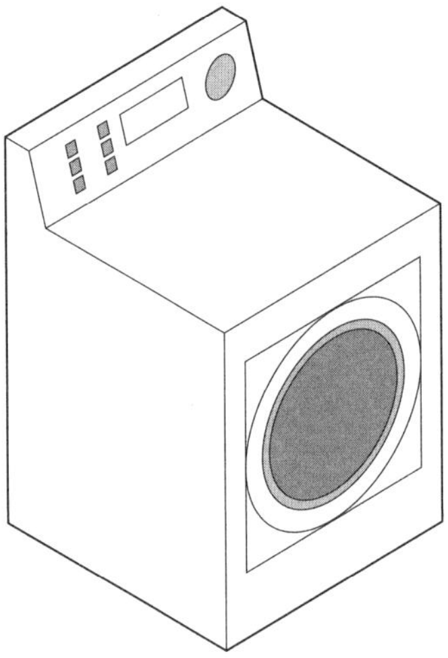

高效洗衣机是前置荷载，在水平轴线上装有高速滚筒的洗衣机，用水量少于传统洗衣机。

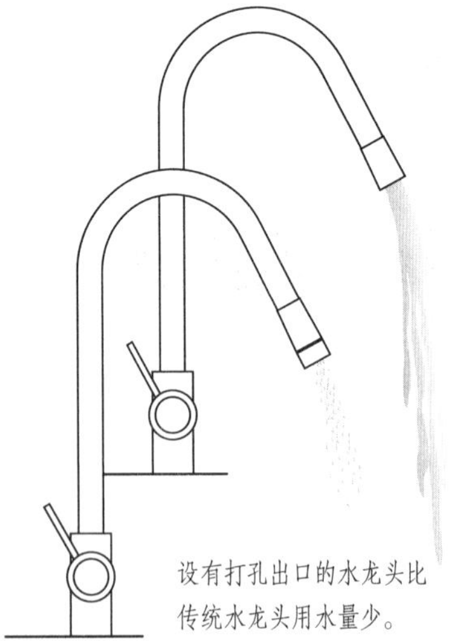

设有打孔出口的水龙头比传统水龙头用水量少。

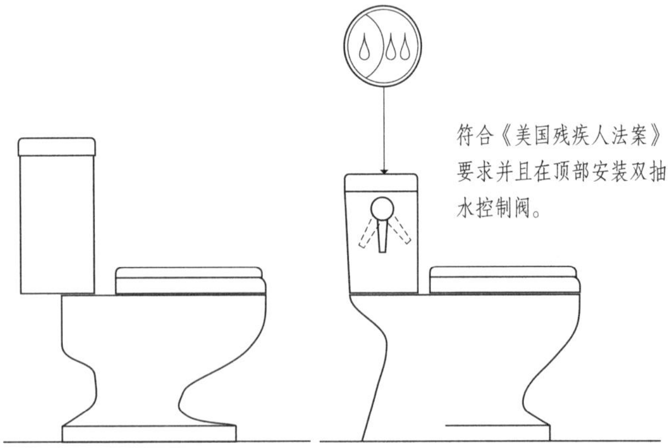

符合《美国残疾人法案》要求并且在顶部安装双抽水控制阀。

传统抽水马桶

节水型的水箱比传统水箱容量小。

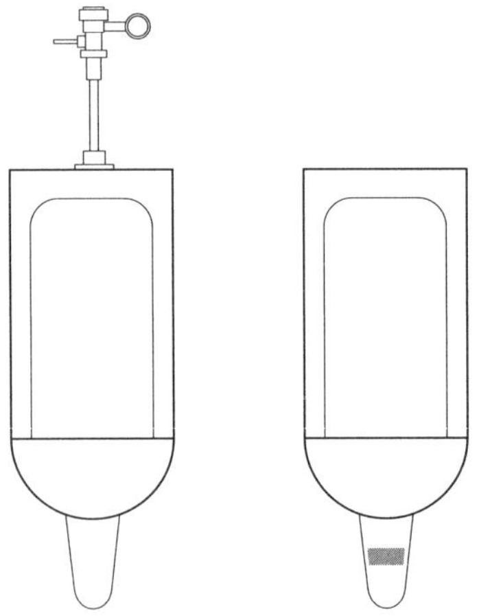

无水小便器使用液体密封胶，它可以漂浮在存水弯收集的废液顶部，这样排出的液体可以通过，但气味不能逸出下水道。

传统的小便器

12.01 高效的器具。

12.02 美国环境保护署（EPA）的自愿节水项目列出的低用水量装置。

装置	联邦指标	EPA 节水项目的指标
淋浴头	2.5 GPM*	2.0 GPM
小便器	1.0 GPF**	0.5 GPF
住宅卫生间	1.6 GPF	1.28 GPF
商业水龙头		
私人卫生间	2.2 GPM	1.5 GPM
住宅水龙头		
浴室	2.2 GPM	1.5 GPM

*GPM：加仑 / 分钟（gallons per minute）
**GPF：加仑每次冲水（gallons per flush）

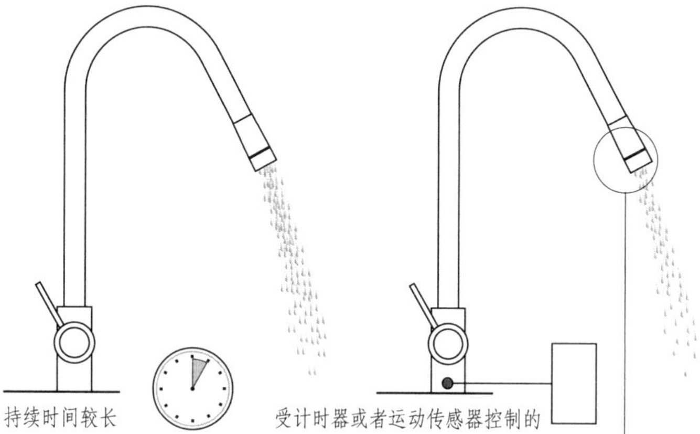
持续时间较长
的水流
受计时器或者运动传感器控制的
持续时间较短的水流

12.03 控制水流持续时间作为一种减少水量需求的策略。

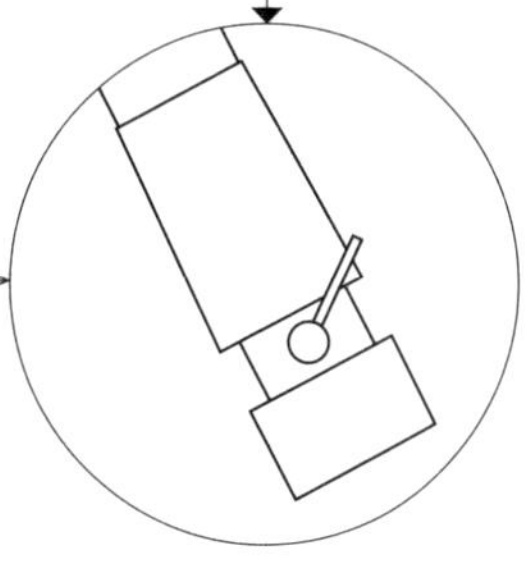

12.04 带有临时关闭阀的水嘴起泡器（faucet aerator）可以留住混合后的冷热水，同时节约能源。

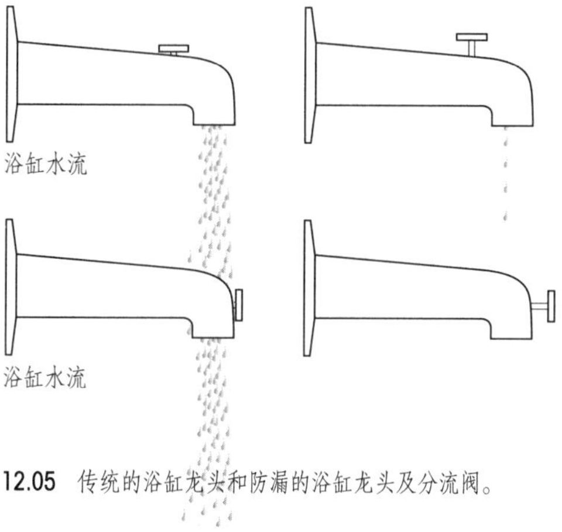
浴缸水流
一个传统的水龙头和拔起
的分流阀在淋浴模式的时
候会漏水。
浴缸水流
在淋浴模式下，带有防漏分
流阀的水龙头里，水压压住
阀垫片来防止渗漏。

12.05 传统的浴缸龙头和防漏的浴缸龙头及分流阀。

作为荷载，水不仅包括水流，还有持续时间。我们可以通过降低流量（flow rate）和缩短持续时间来减少水的用量。流量限时开关，比如那些在公共盥洗室能自动停水的开关，可以通过限制水流的持续时间来减少水的用量。同样地，淋浴喷头和水龙头上的控制杆，可以用来控制临时停水但可以方便地留住混合后的冷热水，减少水流持续时间，同时也会节能。

一项重要的水荷载是由渗漏引起的。我们可能认为渗漏是一种异常的情况，一种不能通过建筑设计来控制的故障。然而，一些渗漏很普遍，是因为某种类型设备的缺陷造成的。设计中不用这些设备就会消除此类渗漏。比如，带有拉手的浴缸出水口，当拉手置于提供淋浴热水的位置时，常常会漏水。一项研究发现，34% 的这类装置存在漏水情况，平均漏水量为 0.8 加仑 / 分钟（GPM）。在浴缸出水口的末端使用带把手的分流阀，就可以消除漏水。另一个例子是在马桶的进水阀处安装渗漏监测器。

一种先天漏水的设备是蒸汽锅炉系统（steam boiler system）。虽然通常被认为是 19 世纪的技术，蒸汽锅炉系统依旧被看好小有市场。然而，蒸汽锅炉系统经常会泄漏蒸汽，在系统对大气开放的时候，并且蒸汽的泄漏通常是不易被发现的。这些泄漏可以在建筑设计时通过不用蒸汽锅炉来避免。还有，锅炉的补充水，无论是蒸汽锅炉还是热水锅炉，都不能允许自动水流，由于自动供水会使系统泄漏难以发现。补充水应设关闭阀门，只用来给锅炉补水，而不是用来源源不断地补充泄漏水。

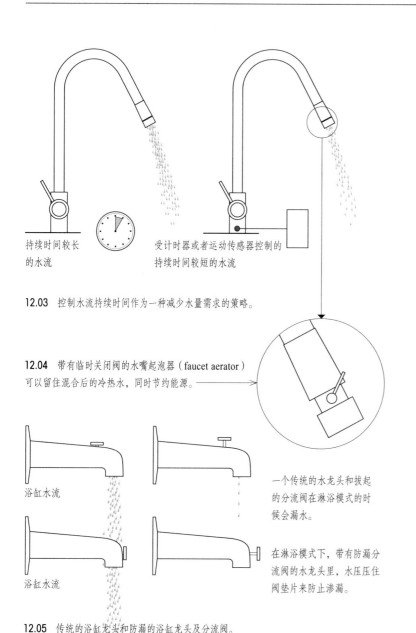

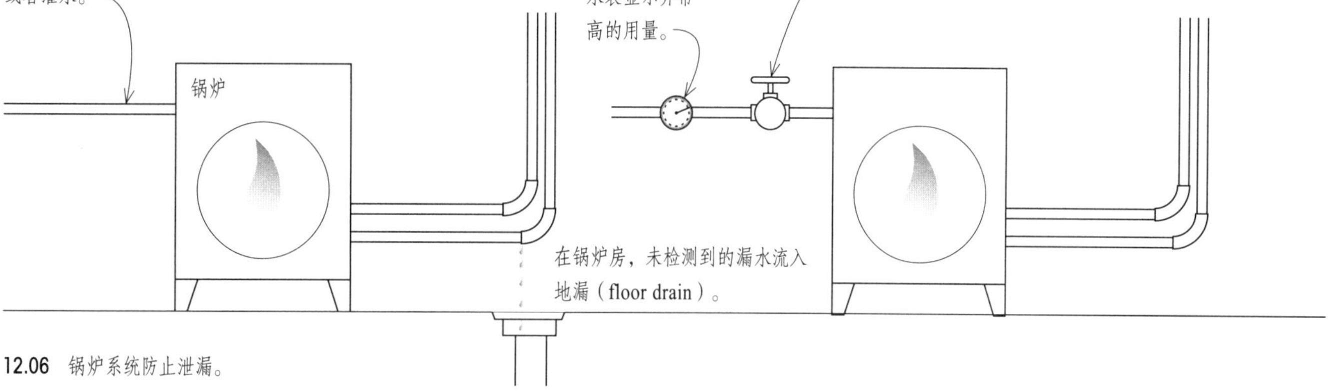
自动地补充水
或者灌水。
锅炉
水表显示异常
高的用量。
关闭阀防止自动注入补充水。
在锅炉房，未检测到的漏水流入
地漏（floor drain）。

12.06 锅炉系统防止泄漏。

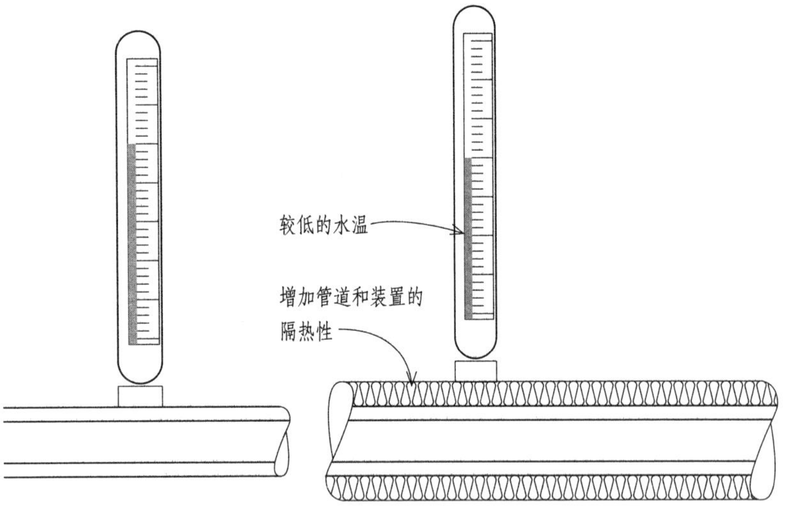

12.07 降低水温、增加管道和装置的隔热性可以帮助减少热水的损耗。

热水 Hot Water

厨房、浴室、洗衣房和其他消耗所用的热水通常是一项很大的能量负荷——是住宅建筑中排行第二的负荷，在所有建筑的一次能源消耗中占比超过9%，是继空间供暖、照明、制冷之后排位第四的能量负荷。通常情况下，办公建筑使用热水较少，而其他建筑类型如医院、宾馆、公寓和工厂等热水的使用量很大。这种消费性的热水通常被称为“生活热水”（domestic hot water）或者“服务性热水”（service hot water）。它不应该跟建筑内用来加热空间的热水系统混为一谈。

生活热水的能量负荷并不直接与外界因素发生关系，如温度、太阳、风等自然因素，尽管能量负荷在冬季确实有所增长，那是因为进入建筑的水温降低所致。

对供热来说，把生活热水加热器完全置于热围护结构之内是有意义的，待机时的热损失可以有效地用于冬季空间加热，尤其是在北方气候区。换句话说，热水加热器最好不要布置在与室外相连的非控温空间，比如地下室。同样地，如果输送管道布置在供热区，输送过程中的热损失在一年的大部分时间中可以被利用。尽管这种热损失对于夏季空调是有负面影响的。因此，管道保温隔热对减小这类热损失是很重要的。

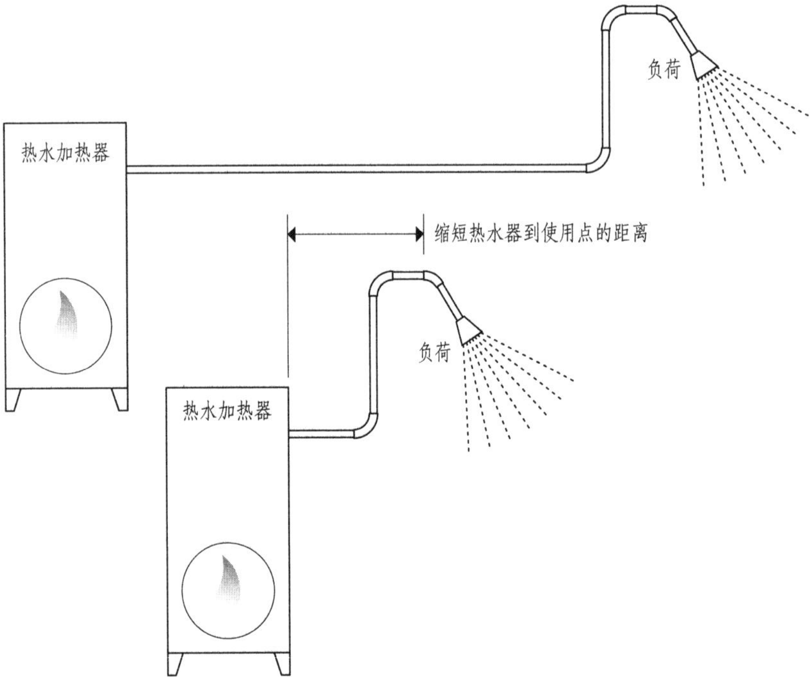

12.08 缩短热水器到使用点的距离可以帮助降低能耗。

另一项减少能耗的策略是缩短热水器和使用点之间的距离。这可以通过在使用点布置热水器，或集中热水使用点来实现，比如在浴室和厨房中应考虑这类措施。

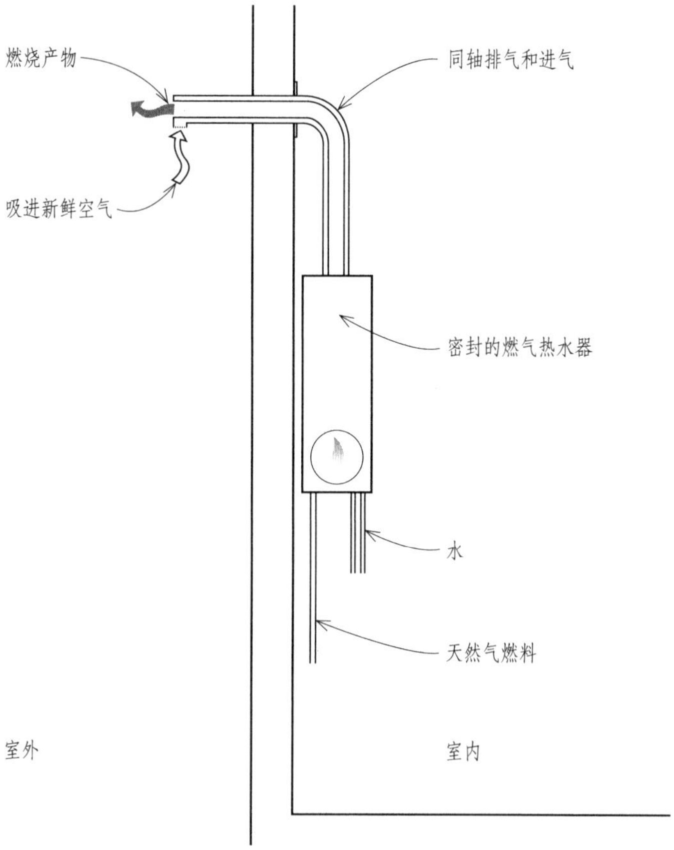

12.09 高效率的燃气热水器。

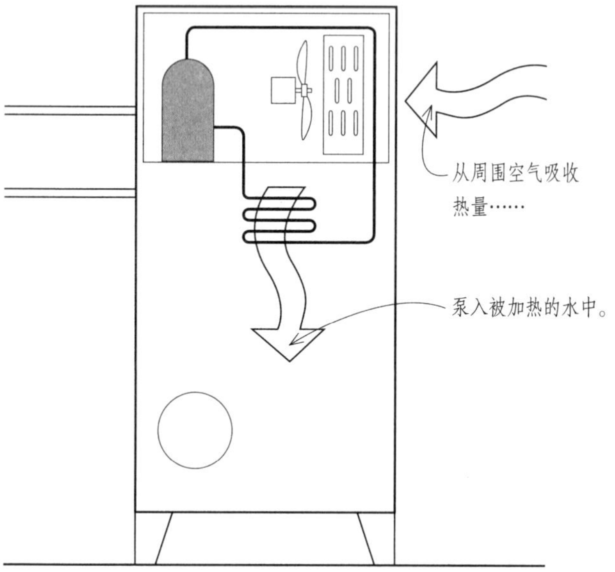

12.10 热泵热水器。

对于燃烧矿物燃料的热水器，如燃烧天然气的热水器来说，密封的燃烧系统通常运行效率较高，并且可以消除非密闭燃烧系统引起的渗透。有些燃料也比其他燃料更高效。比如天然气和丙烷加热器（propane heater）通常比燃油热水器更高效。

另一种新型热水器是热泵热水器。这种装置用电驱动热泵，将热量从周围的空气中转移到热水里。这种系统通常是高效的，尽管这项技术仍在发展变化中。由于周围空气提供了热量，因此热泵通常使放置热泵的空间降温。为了得到热量，热泵周围需要有足够的空间，否则，热泵的效率会降低且能耗会增加。并且，由于热泵会给它所处的空间降温，低温的空间可能不能令人满意。这种降温可能导致建筑冬季需要的供热量增加。

热泵热水器能够生成的温度也受到限制。在温度较高的时候，热泵热水器的效率和能力降低，也许不能提供商用厨房所需高温热水的温度。尽管需要权衡，但是对绿色建筑而言，热泵热水器值得纳入考虑的范畴。我们期望地热供暖和制冷系统可以被接纳，地热循环越来越多地用作生活热水器的热源，这将是一个高效的热水系统，不会产生建筑中吸热或排热的问题。

在大型建筑中，生活热水也可以是来自热电联供（combined heating and power，简称“CHP”）系统的副产品。

对于生活热水，提高水温所需的热量通常比产生和运送热水损耗的热量少。有很多种热损耗，包括：待机时热水器存储箱外部的传导热损失；待机时从燃料热水器上面烟囱损失的热量；持续燃烧的点火器造成的热损失；引导空气渗透消耗的热量；输配管道的热损失；喷头和水龙头放出的超过需要的高速水流；管道、漏水的龙头和阀门的渗漏。提高水加热效率的重点首先是减少热损失。密封的燃烧系统、无水箱的快热式热水器等，可以减少待机、烟囱、引导空气渗透等几类热损失。无水箱的快热式热水器确实有一些自身的特点，包括：需要加热的水流量最小；加热时间短；在某些条件下水温会浮动；如果水为硬水就容易出问题等。在使用点安装热水器，则进一步减少了管道的热损失。

在很多案例中，对于特定的使用位置，如果不提供热水就会完全消除热损耗。比如，对于半浴室（half-bathroom）[译注]不供热水。这些小浴室，只有马桶和洗手盆，通常没有热水，这种做法在很多国家已经普及。其他用水终端也应该评估是否需要热水，当然应当查阅暖通管道规范（plumbing code）来确认是否有特殊负荷需要热水。

生活热水供给和采暖系统可以整合在一起，比如在组合的锅炉系统中就能实现。过去，这是浪费能源的做法，因为锅炉全年运转来提供生活热水，哪怕是在非冬季的月份。甚至当生活热水在水箱里作为高效的冷凝锅炉系统（condensing boiler system）的一部分，也很有可能产生不可接受的热损失。这些系统也会用电来驱动热泵，在锅炉和水箱之间形成热循环。

[译注] 半浴室，就是只有一个马桶和洗手盆的卫生间。

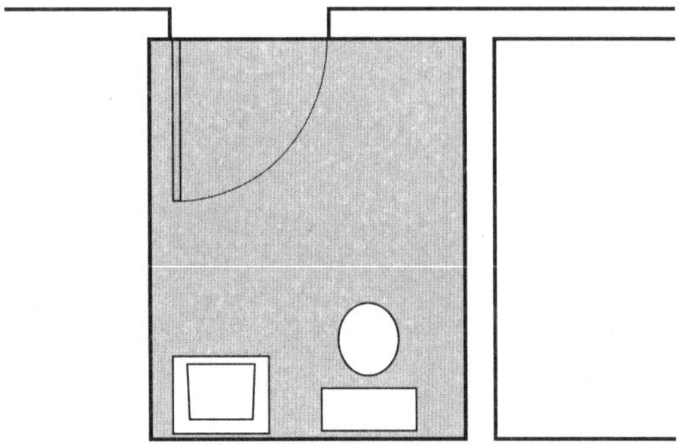

12.11 对于半浴室的水箱，可以考虑只供应冷水。

新型水源和热源 New Water and Heat Sources

一旦用水点的负荷降低，渗漏和热损失减少，热水需要的水和热可以进一步通过多种再生水的方法，来减少用量。

水循环和热循环 Water and Heat Recycling

水循环可以使同样的水用于不同目的。比如，净水可以先用来洗手，然后存放在马桶冲水槽里，用于冲厕。废水可以过滤后在建筑中再利用。同样，废弃热水的热量也可以通过灰水热回收装置（gray water heat recovery）得到再利用。这就减少了外来冷水升温所需的能量负荷。

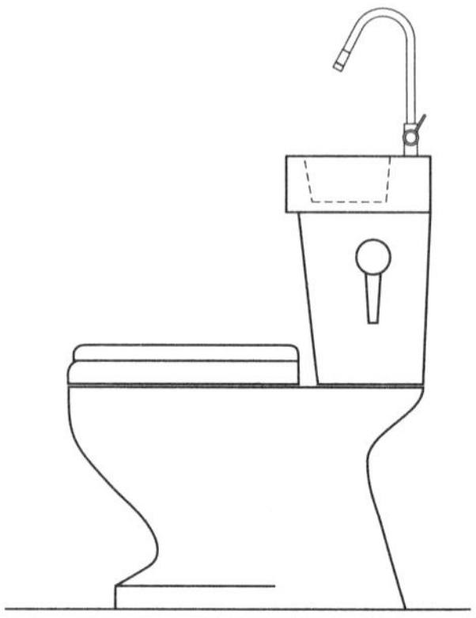

12.12 马桶上的水槽。

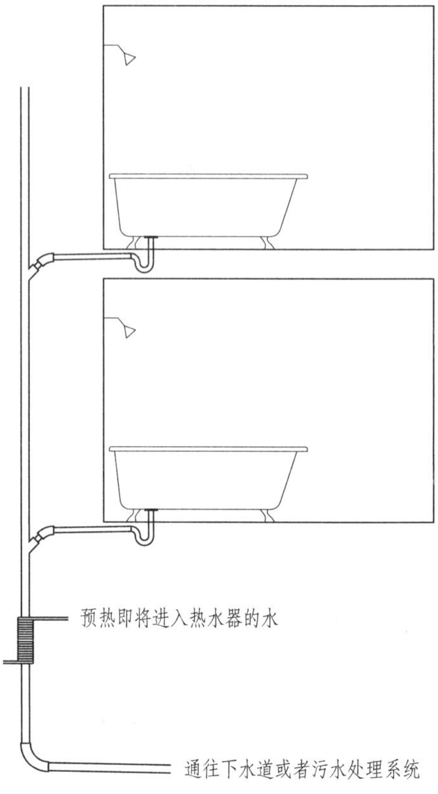

12.13 灰水的热回收。

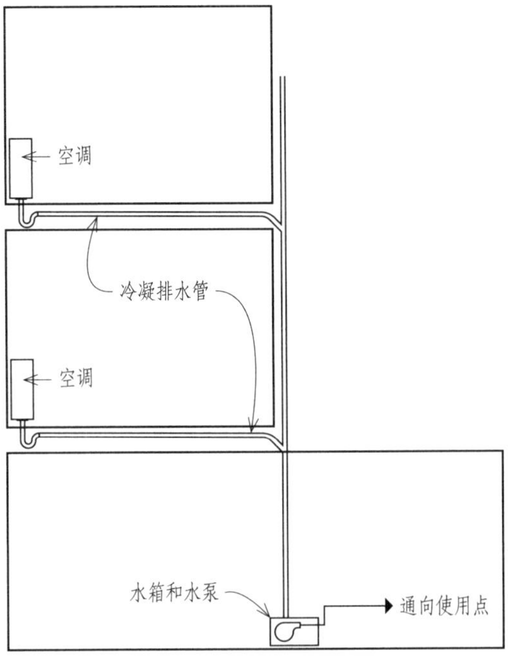

12.14 冷凝水回收。

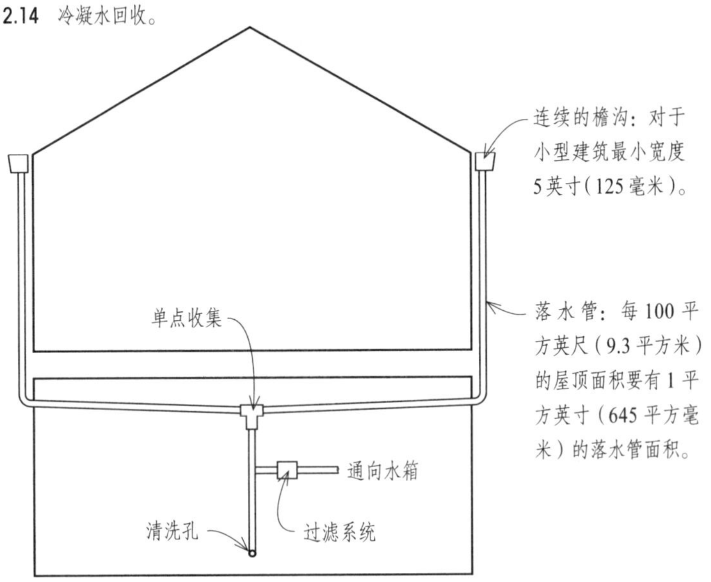

12.15 雨水收集系统：收集和过滤。

冷凝水回收 Condensate Recovery

冷凝水可以从空调器回收，空调产生的冷凝水一般不含杂质，尽管水流很小，断断续续的，并且冬天没有。根据建筑和气候条件的不同，冷凝水产量变化很大。一个经验法则是每年每平方英尺产生1~2加仑水（每0.1平方米3.8~7.5升），但是在北方气候区不太需要空调的建筑或者干燥气候不太需要除湿的建筑中冷凝水就少，对制冷和除湿要求高的建筑中冷凝水就多，比如美国东南部的建筑。冷凝水必须收集起来，或者输送到存储点或者立即使用，比如送到收集雨水的储水池，或者用于开放式冷却塔池（open cooling tower sump）。

最后，随着负荷和热损失的减少，人们的关注点会转向水源和热源的再利用。

雨水收集 Rainwater Harvesting

雨水可以收集起来供建筑使用，以减少市政用水或者井水的用量。雨水收集系统包括：收集区域，通常是建筑的屋顶；可以输送雨水并储存起来的运输系统；储水池或者水箱；一个过滤和消毒处理系统；一个在雨水较少时可以供水的备用系统；溢流管道；一个把水送到需要地方的输送系统。

正如前面提到的，雨水檐沟、落水管和排水管的位置和坡向，应有利于从中央疏导和收集雨水。一个经验法则是对于小型建筑檐沟的最小宽度是5英寸（125毫米），且落水管的设置应该满足每100平方英尺（9.3平方米）的屋顶面积有1平方英寸（645平方毫米）的落水管面积。

在寒冷气候区，储水装置必须放置在室内或者地下来防止收集水结冰。水箱可以由多种材料制成，包括钢材、混凝土、木材、玻璃纤维或者塑料。

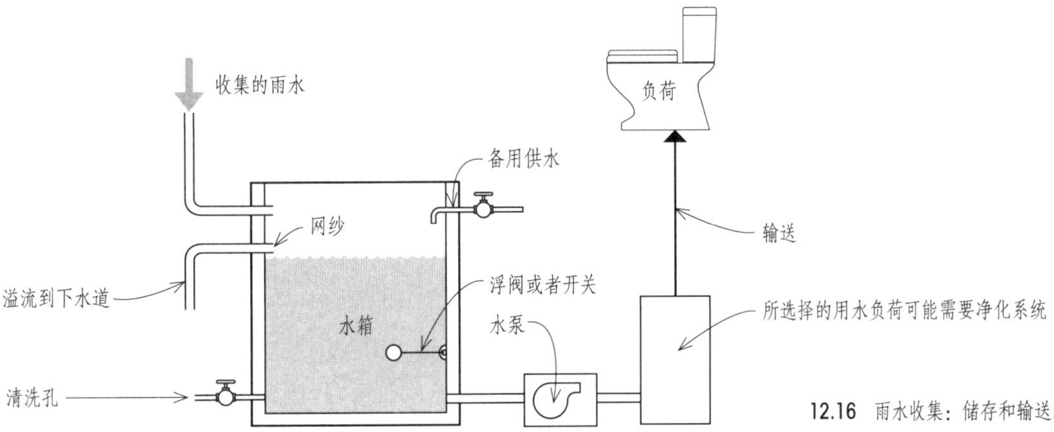

12.16 雨水收集：储存和输送。

最常见的雨水利用是冲厕。这样的话，建筑中的马桶应与雨水储存系统管道相连，而不是与冷水输送系统相连。通常，这些装置使用水泵将水送到马桶。然而，如果水存储在比马桶高的地方，可能就不需要水泵了。雨水收集系统通常有一个浮阀(float valve)，雨水量少的时候，可以由建筑供水系统给水箱供应冷水。如果马桶使用冲水阀，就要选择能够提供冲水阀需要的最小压力的水泵，一般是10磅/平方英寸（pounds per square inch，简称“psi”）。或者，马桶的水箱就可以充当雨水收集系统的水箱。

雨水本身是干净的，如果空气污染，雨水就会在下落过程中被污染，在收集、输送、存储和使用过程中也会被污染。防止污染最好的办法是不要让屋顶积水，因为屋顶积水会滋生细菌。其他可能的生物污染包括鸟和其他小动物的粪便。在雨水从屋顶下来的流动过程中，也可能遭遇来自屋顶任何残留的化学污染或建筑材料渗出的化学污染。雨水也会带走一些颗粒，比如树叶、细枝和其他残片。如果雨水以非饮用方式使用，比如冲厕，主要的处理步骤是清洁过滤，清除残留物。如果雨水用来饮用，则需要特殊处理，通过消毒杀菌来清除生化污染。

雨水收集系统最好使用软件设计，以当地的雨水情况、可用屋顶面积和用水量预测为基础。

太阳能　Solar Energy

太阳能非常适合生活热水加热。从建筑全年使用集中生活用水的需求来看，太阳能意义重大，适用的建筑类型包括公寓、宾馆、医院和一些工厂。在全世界的独栋住宅中，尤其是不结冰气候区的独栋住宅中，太阳能热水占据了一席之地，因为在不结冰气候区中，室外水管线路可以简化，不需要防冻保护。关于太阳能，更详细的内容将在第15章“可再生能源”部分讲述。

水的改善成本　Cost of Water Improvements

各种水质改善措施对成本的影响是什么呢？高效的低水位终端器具，通常比标准器具的成本高，尽管两者成本的差距正在减小。缩短热水器到使用终端的距离会显著降低造价，因为热水不需要由水箱供给，因此水箱就不需要了。高效的热水器比标准热水器价格高。太阳能热水器和雨水收集系统将增加建造成本。总之，能够有效节水并寻求不用化石能源加热生活用水的建筑，是需要多花钱的。

关于水的小结　Water Summary

总而言之，实现高效的热水系统的途径包括：尽可能减少负荷，减少损耗，使用高效的热水器，将热水器和输送系统完全布置在供暖空间，且尽可能靠近使用终端。在此过程中，目标是在一定范围内使用太阳能来减少热量需求。同样，对于冷水，可以通过利用雨水，从而在一定范围内尽最大可能减少负荷和损耗。

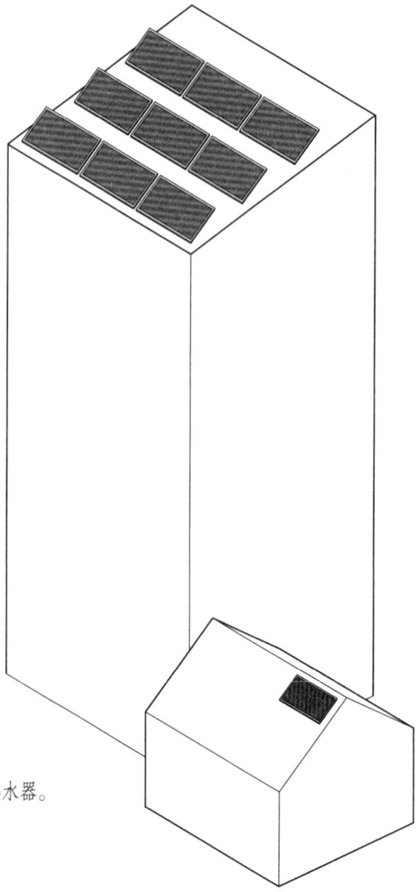

12.17　太阳能热水器。

13

室内环境质量

Indoor Environmental Quality

室内空气质量　Indoor Air Quality

高品质的室内空气质量要保证空气污染物（如灰尘颗粒、二氧化碳、危险的化学物质、烟灰、异味、湿气、生物污染物等）的浓度不会令人反感。空气污染物是建筑的一个负担，但是来源复杂，因为污染物不仅来自建筑外部，还会来自建筑内部。

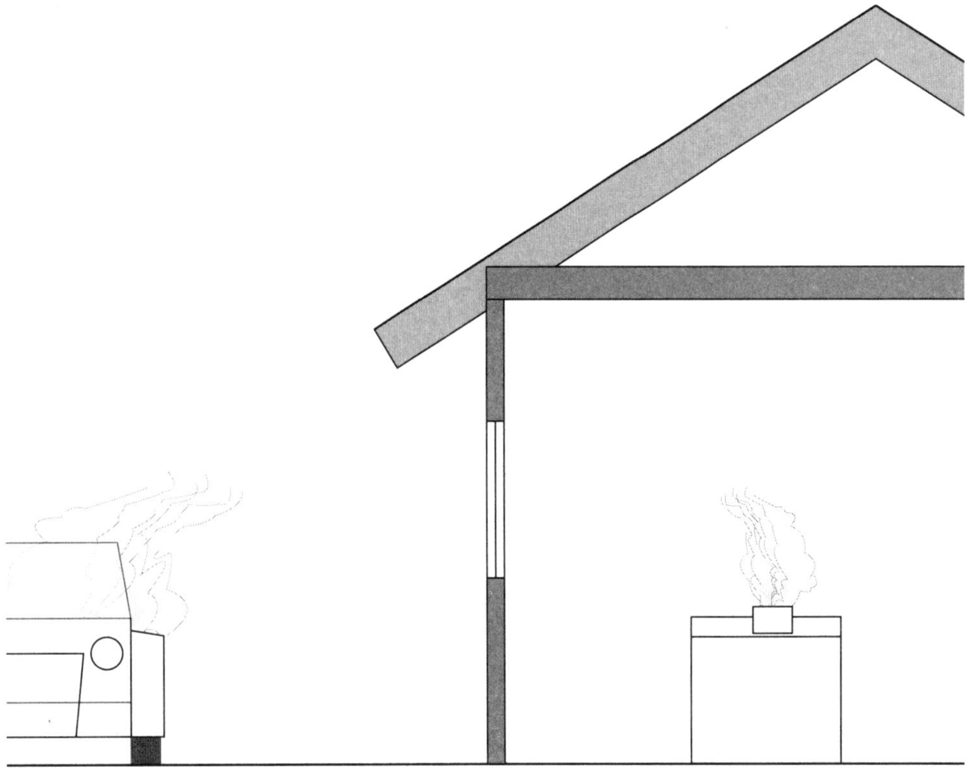

13.01　空气污染物不仅来源于建筑外部，还来源于建筑内部。

提供高品质室内空气质量的四种主要方法是：减少污染源、捕捉污染物（contaminant capture）、过滤、降低污染物浓度。最好的方法是从源头开始。首要途径是消除室内污染源，比如室内禁烟，或者使用释放化学物质较少的涂料与地毯。捕捉污染物是指，在污染物到达人们呼吸的空气范围之前将其阻断。典型方法是在厨房、卫生间、通风柜等空间安装排气扇。过滤是将污染物从空气中去除。前三种方法都是有效的，但是仍会错过那些不能被去除、捕获或过滤掉的污染物，比如从室内新物件中释放的微量化学物质和人们呼出的二氧化碳。这就是提供高品质室内空气质量的最后一种方法的目的——用室外新鲜空气来降低污染物浓度，也就是通风。

对于通风而言，前提是室外空气是清洁的，但是仍然需要采取措施来保证室外空气确实是足够洁净的。

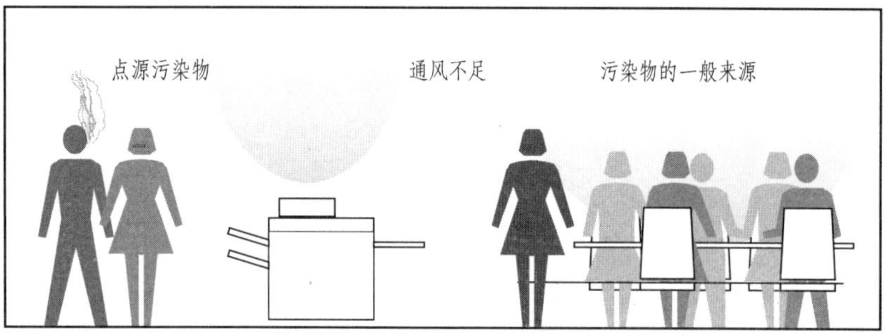

典型问题

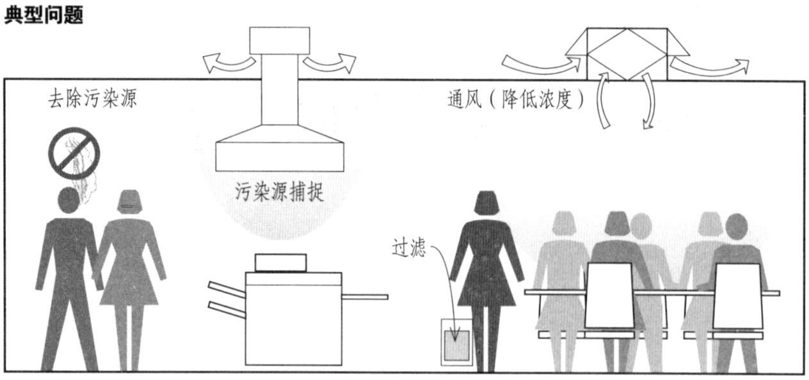

最佳实践

13.02 提供高品质室内空气质量的方法。

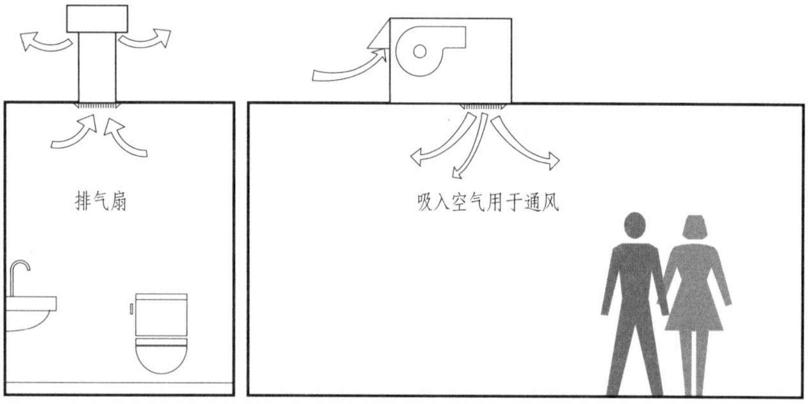

13.03 排气扇和吸入式室内外通风装置的区别。

排气扇与运用室外空气进行通风两者常有混淆，前者是捕捉污染物的方法，后者是降低污染物浓度的方法。困惑起源于这两种策略都被称作“通风”并且同时进行分析。因为排气装置引发室外空气进入室内，从而这两种方法往往互相作用。

困惑还起源于通风与过滤之间的相互关系。通风是由风扇带动形成的，然而过滤可以将室外空气带入室内来降低室内污染物浓度，从而带来和通风同样的效果。同时，由于排风扇与过滤之间的相互作用，室内外通风和过滤也会相互作用。如果通过没有排气装置的风扇将室外空气带入室内进行通风，那么空气也会从室内渗出，因此关于通风的探讨不可避免地包括关于过滤的探讨。

最后，困惑来源于通风和制冷，因为通风有时会被用于制冷。

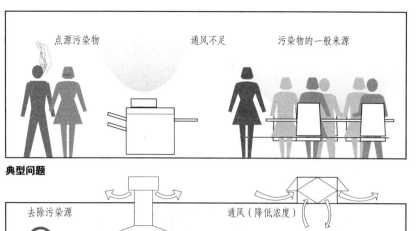

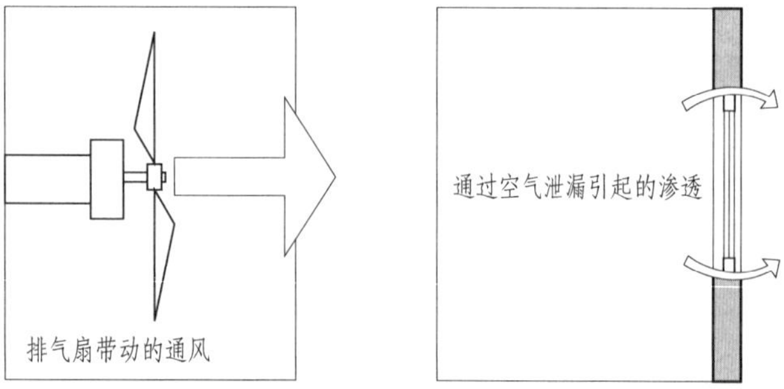

13.04 通风与渗透之间的区别。

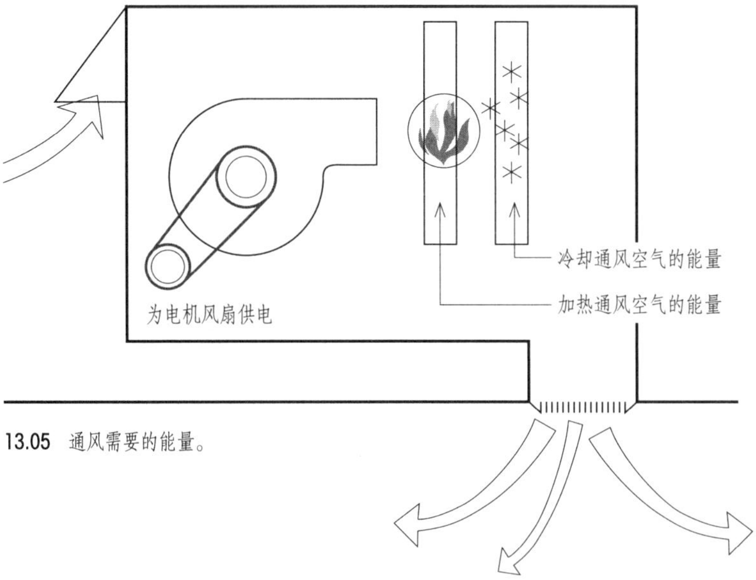
冷却通风空气的能量
加热通风空气的能量
为电机风扇供电

13.05 通风需要的能量。

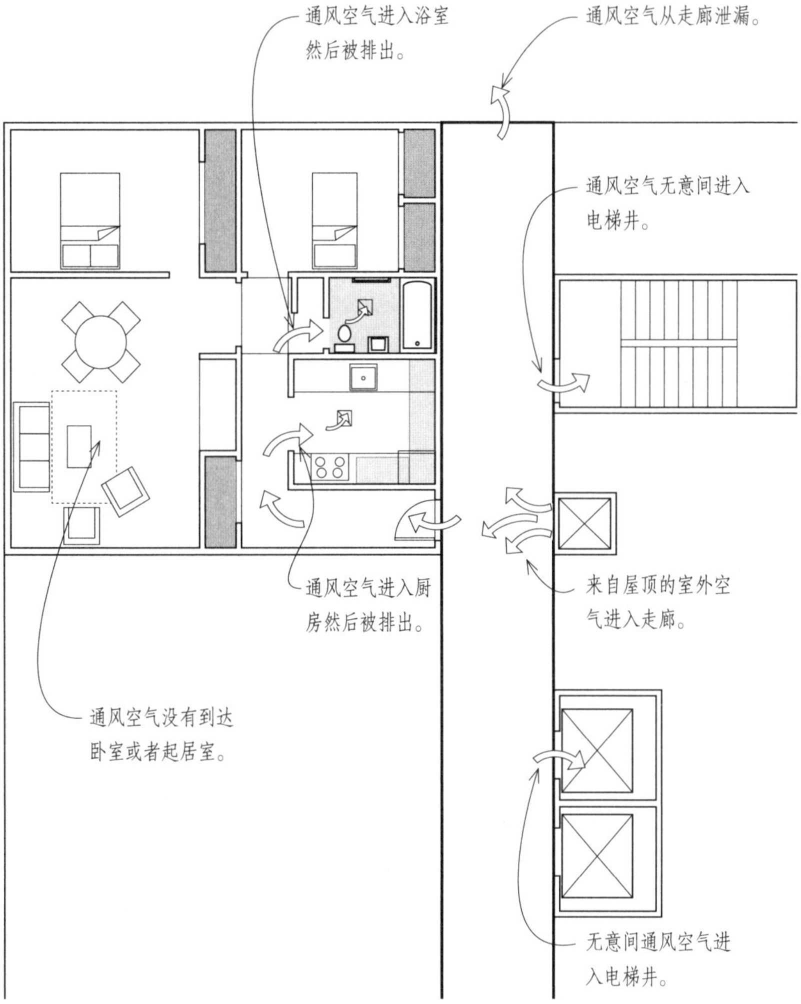
通风空气进入浴室
然后被排出。
通风空气从走廊泄漏。
通风空气无意间进入
电梯井。
通风空气进入厨
房然后被排出。
来自屋顶的室外空
气进入走廊。
通风空气没有到达
卧室或者起居室。
无意间通风空气进
入电梯井。

13.06 通风空气总是不能到达它本应吹到的人群。

通风的挑战 Ventilation Challenges

提高室内空气品质的传统方法是通风，但是通风面临很多挑战。

通风用能很多。需要用电来驱动发动机，带动风扇通风换气。更重要的是，还需要能量来加热或者冷却进入建筑室内的空气。建筑的能量使用率对通风非常敏感。增加一定的通风量，将导致建筑用能的迅速增长，并且增幅很大。

将室外空气引入建筑室内但不引起不舒适感，这是一项挑战。如果不经过加热或者冷却，室外空气会以当时的室外温度进入室内。将0°F(−18°C)的室外空气引入室内，与引进32°F（0°C）、70°F（21°C）、100°F（38°C）的室外空气是完全不一样的。主要问题是用于加热或者冷却室外空气的能量需求，随着室外温度的不同而变化。这个问题在加热空气时尤其严重，常会使人产生不舒适感。记录在案的问题包括，这种情况下提供的通风气流和相关的空间都会出现过热的现象，加热器会停止工作，并且由于温度控制不足会导致通风系统关闭。

通风气流经常不能抵达它本应吹到的人群。例如，在很多高层公寓和酒店中，通风气流从屋顶上面进入室内，通过走廊墙体上的出风口格栅吹向走廊，通常情况下风口高度正好在头顶上方。通风系统的设计是让气流进入走廊或者从公寓及酒店客房的门下流入。然而，很大一部分通风气流不能吹向它本应到达的人群。相反，部分气流通过电梯井、楼梯间、垃圾道和走廊的窗户回到室外。其中一部分气流确实是通过门下方进入公寓或者客房内部，但是部分气流通过厨房、浴室的排风系统排出。厨房与浴室通常布置在公寓或者客房的入口处，远离建筑的外边界。因此新鲜空气流出了建筑却没有到达起居室或卧室中的使用者。

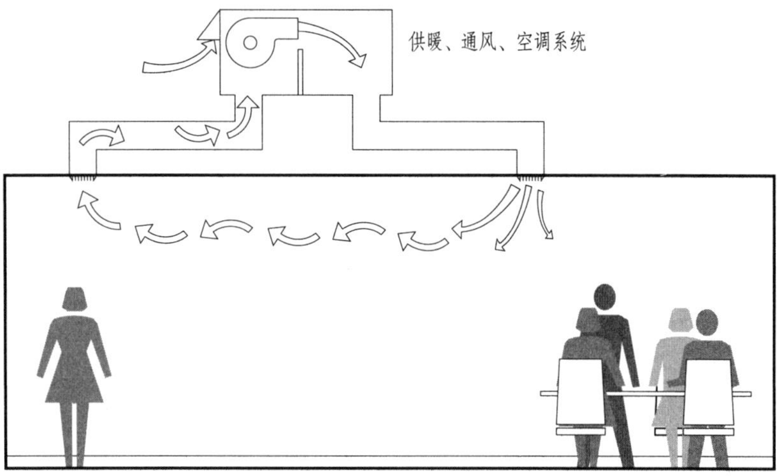

13.07 通风会绕过使用者的呼吸区域。

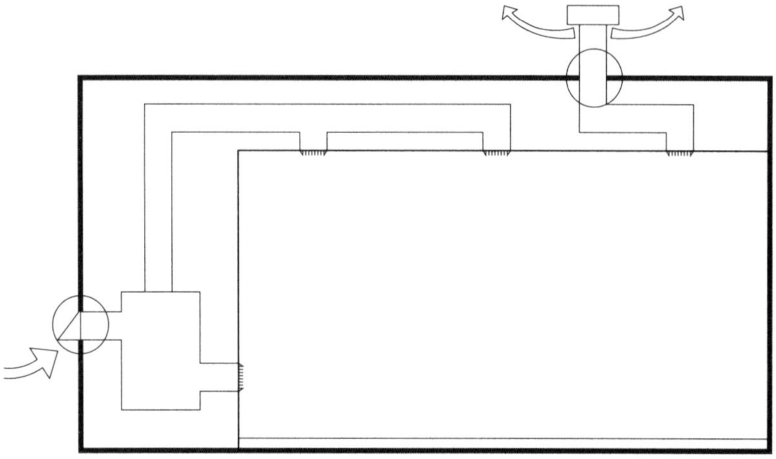

13.08 通风口打破了热边界的连续性。

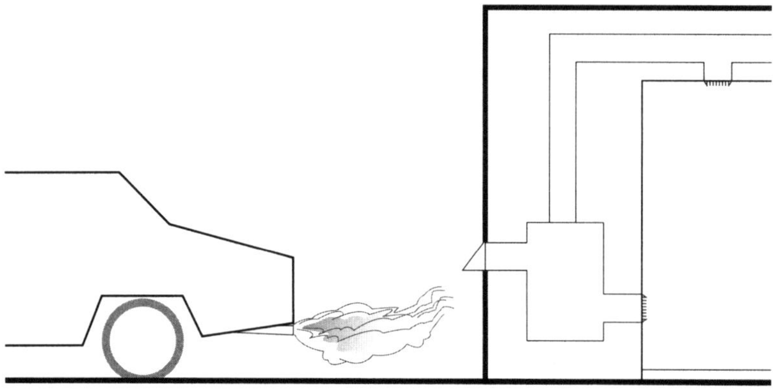

13.09 当进风口靠近污染源时，通风会将污染物带入室内。

相似的绕过问题，也导致了通风的无效性，发生在建筑中一般是通风气流与加热或冷却的室内空气一起流动。在很多这样的建筑中，空气既通过天花板进入室内，又通过天花板回到管道系统中，因此大部分通风并没有达到使用者呼吸的区域。

另一个与通风相关的问题是，通向建筑的引风口打破了热边界的连续性，造成意想不到的后果。这些洞口的作用是使通风空气流通。一个设计合理的通风系统仅在人们需要新鲜空气的时候才使空气流动。比如，办公建筑在空无一人的夜晚，是不需要通风的。在这种情况下，通风洞口通常会关闭风门，风门是一种阀状的设施，可以打开或关闭。但是空气是一种流体，易于找到通过风门的路径，换言之就是渗漏。风门经常开关，要么是永久开启，泄漏大量空气，要么是永久关闭，完全不提供通风。

通风很难被测量，通风系统也很难被检测和理解。因此，建筑检测员通常无法判别出通风系统的设计与安装是否有问题。所以，通风系统不只会在建筑建成之后失效，有时在使用之前就已经失效。甚至当通风系统失效后，建筑的使用者和操作人员并没有意识到通风系统已经失效。将通风系统与建筑中其他系统的失效相比较，如果供热或者制冷系统失效，我们在几个小时以内便会得知，因为建筑会变得过热或者过冷；如果电梯设备失效，我们通常立刻就会知道；如果热水设备失效，当我们打开水龙头时便会知道。但是通风系统不同，如果通风设备失效，通常不会引起人们的注意，有时甚至会延续数月或者数年。

即使通风系统在正常运转并且能够为室内需要的位置提供足够的新鲜空气，但是根据室内使用者的去留降低或者增加通风量仍然是个挑战，完成这个挑战的最好方法是使用按需控制的通风系统，通常使用二氧化碳感应器，当二氧化碳浓度过高时，增加通风量。这是一个很重要的进步。然而，按需控制的通风系统通常仅仅用于商业建筑，并没有普及到其他常见建筑类型，比如独栋住宅、联排住宅、酒店等。

通风的另一个问题是新鲜空气的进风口有时设置在污染源附近。因此，通风并没有起到利用室外新鲜空气降低室内污染物浓度的作用，反而是将污染物带入了室内。这种现象可以在汽车尾气的踪迹中得到证实，比如某些建筑的进风口靠近货运码头或者停车场，其进风口的格栅上就会存在很多熏黑的痕迹。

室内空气质量的解决方法 Indoor Air Quality Solutions

采用“由外到内的方法”，我们从远离建筑的外部环境开始逐渐深入建筑内部。

社区 Community

我们试着选择没有经受严重空气污染的社区，并且试图降低所在社区的空气污染，因为我们深知室内空气只能与引进的室外空气质量达到相同的程度。我们尽量避免空气污染源，尤其是汽车尾气，比如汽车交通量大的街道或者汽车停顿的街角。同时也应当仔细检查并尽量避免空气中的工业污染源。我们要么让建筑远离这些污染源，要么至少保证建筑的通风口远离污染源。

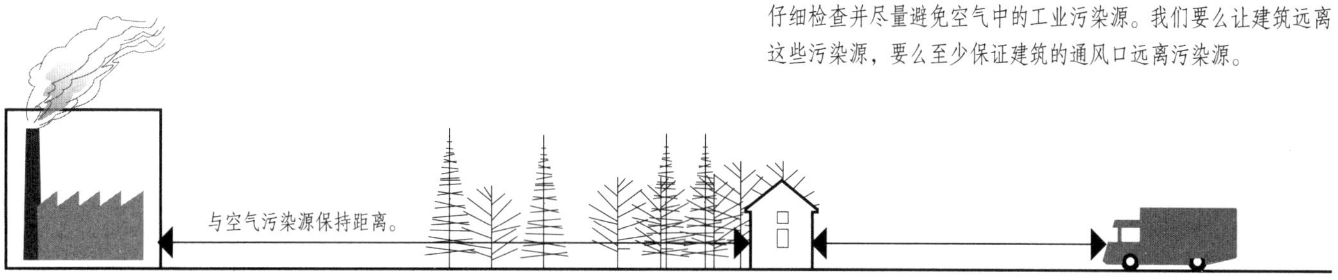

与空气污染源保持距离。

13.10 防止室内空气质量问题的社区策略。

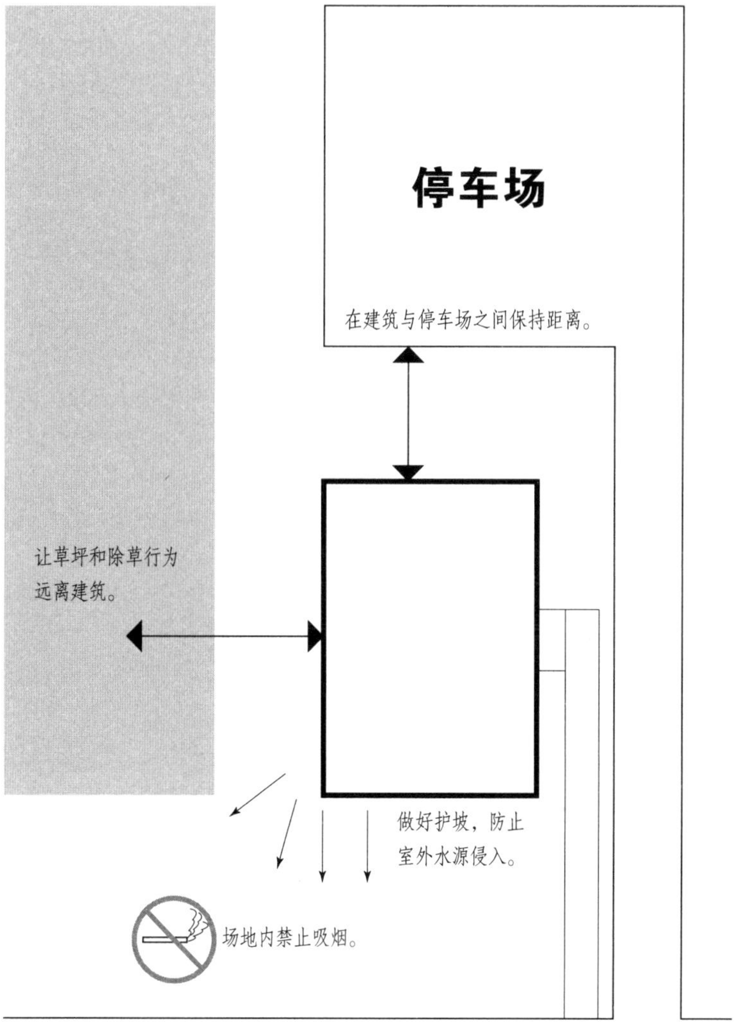

停车场
在建筑与停车场之间保持距离。
让草坪和除草行为远离建筑。
做好护坡，防止室外水源侵入。
场地内禁止吸烟。

13.11 防止室内空气质量问题的场地策略。

场地 Site

回到场地问题，当我们设置车行流线和停车场的时候，会尽量让车辆远离建筑。我们会考虑在建筑周围禁止吸烟，尤其是在通风系统的进风口附近，还有通道与建筑入口周围，有可能的话，还会在整个建筑场地禁烟。我们试图减少或去除其他与场地相关的污染源，比如内燃式机械、化学生产以及焚烧。同时，最重要的是，我们直接关注场地坡度和场地的水资源管理。建筑中很多严重的空气质量问题是由潮湿引起的，潮湿的来源通常可以追溯到进入建筑的地表水，尤其是在设有地下室的情况下。

建筑形状 Building Shape

关于建筑形状，有些工作已经在“由外而内”进行设计的早期阶段展开。特别是在给定功能和使用人数的情况下，设计占地较小的建筑，同时避免过高的天花板，两者结合可以大大降低通风需求。比如居住建筑，包括公寓建筑，多年来通风率一直为每小时 0.35 换气次数（air changes per hour，简称“ACH”），使用较小的建筑面积同时避免过高的天花板可以大幅减小通风率。举例来说，在美国一个标准面积为2600平方英尺（242平方米）、天花板高度为10英尺（305厘米）的住宅需要的通风率为152立方英尺/分钟（cubic feet per minute，简称“CFM”），然而一个形体较小、建于1973年的住宅，面积为1660平方英尺（154平方米）、天花板高度为8英尺（245厘米），它需要的通风率仅为77立方英尺/分钟，输送和处理通风所用的能量节约了将近50%。在很多建筑规范中，厨房排气也依赖于每小时的通风换气次数，因此厨房排气也跟厨房的面积和高度有关。

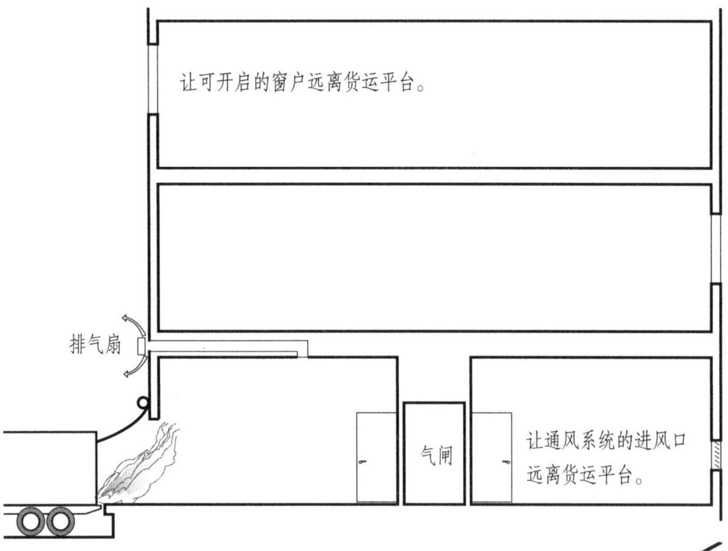

13.12 装卸平台的防范措施。

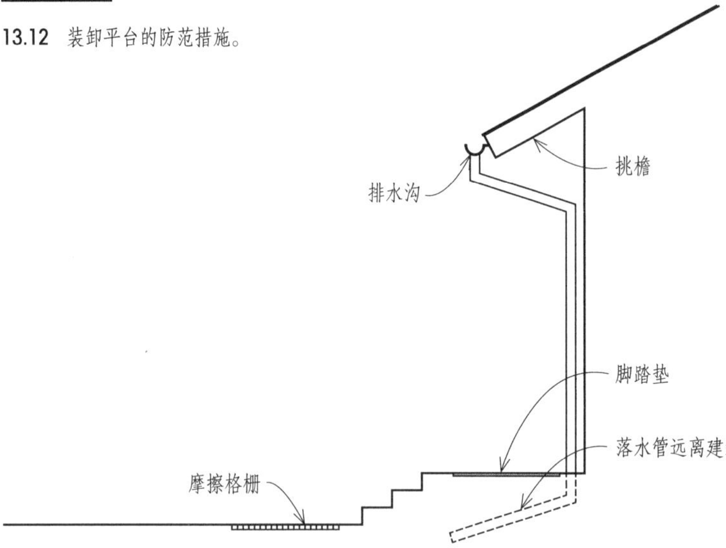

13.13 防止室内空气质量问题的建筑周边因素。

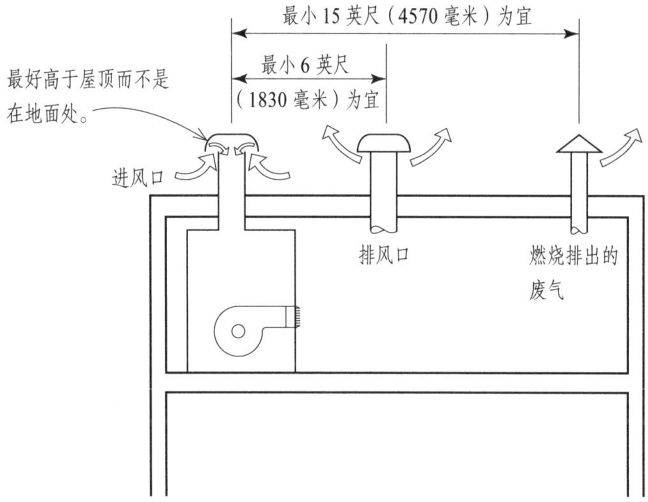

13.14 通风系统进风口较好的位置。

建筑周边 Near-Building

就建筑细部设施而言，装卸平台存在风险。装卸平台的位置应该远离通风系统的进风口。除此之外，装卸平台应该拥有独立的废气通风系统，以免因为烟囱效应夹带废气进入建筑。最后，坚实的外围护结构，比如气闸，应该设置在建筑与装卸平台之间。

我们要避免各种颗粒进入建筑，通过某些设施减少灰尘、污物，比如脚踏垫和摩擦格栅，供人们在到达建筑入口时使用。需要再次提出的是，水源管理很重要，就建筑细部设施而言，主要是指排水沟的有效利用。排水沟收集屋顶雨水，并且最重要的是，当雨水不需要回收利用的时候，排水沟需要彻底地将水导向远离建筑的地方。屋檐也能够保护建筑不受雨水的侵蚀，否则就会造成室内潮湿。

外围护结构 Outer Envelope

室外空气在被带入室内时应该尽可能远离地面，最好是在屋顶的高度，这个高度的空气会更干净且远离污染源，比如汽车、除草机以及其他小的引擎设备，还有烟草的尘雾。进风口也应该远离建筑排放废气的地方，不管是建筑通风口排出的废气，还是燃烧通风口和烟囱排出的废气，后者尤其重要。

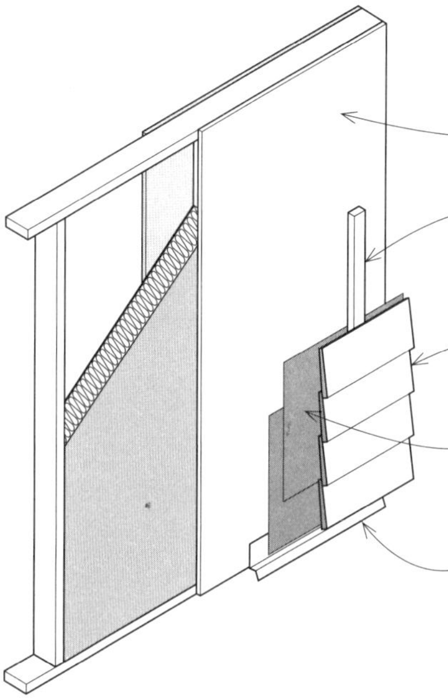

13.15 加强外围护结构，抵御雨水侵蚀。

除了关注水源管理，还要努力加强外围护结构，抵御雨水侵袭。坚实的多层保护非常有用。第一层是外饰面。在外饰面之下，是精心施工、连续不断的防水面，可以有效地阻挡透过外饰面的水分。排水面由防潮纸、带有面层且封装良好的保温层或者密封防潮层构成。防水板也是防水面的构成部分之一，在门、窗、墙的顶端与底端等处保持了防水面的连续性。防止空气泄漏与雨水渗透的双重作用通常是兼容的。严防空气泄漏的墙体和屋顶也会防止雨水侵蚀。

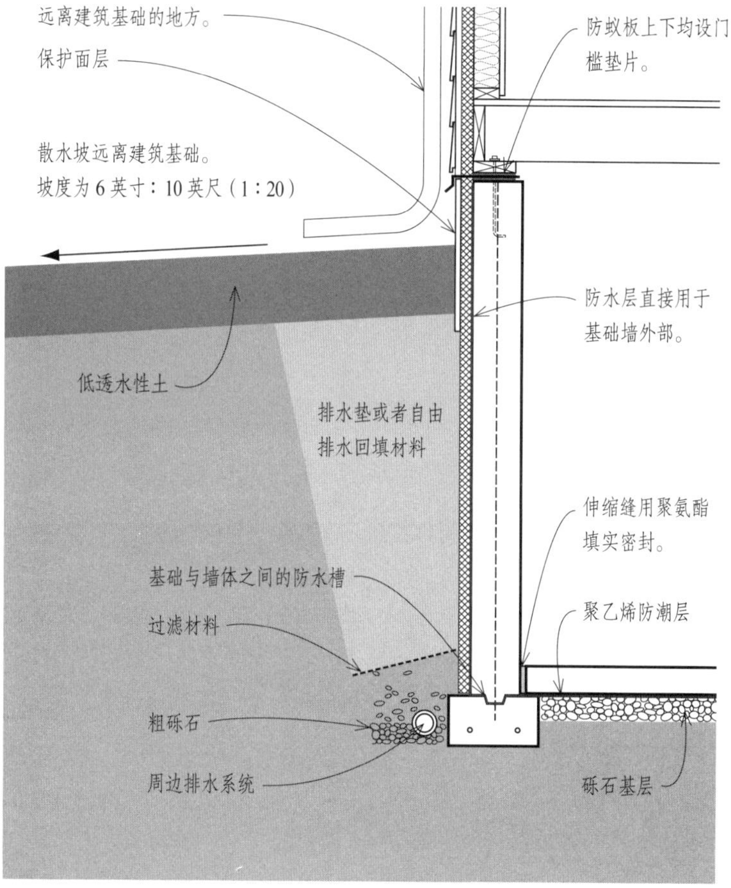

13.16 基础墙的防潮层细部。

在散水下方，防潮层非常重要。为了防止不连续性，防潮层的剖面应该是搭接良好且密封的。防潮层至少要有 10 密耳（1 密耳≈ 0.0254 毫米）厚，应避免防潮层的渗透现象发生，即使是很细微的渗透都会引起潮气侵蚀建筑。各种板材的边缘和伸缩缝（expansion joint）都应该嵌缝填实以防止渗水。基础部分的防潮同时也意味着防止氡气，氡是一种无味的致癌物质，通常来源于土壤。

我们想要减少由于通风需求造成的外围护结构的不连续性。一个解决方法是采用马达驱动的自动阀门，自动阀门可以在不需要通风时双向阻止空气流动，不同于重力阀门只能在单一方向阻止空气流动；密封的垫圈阀门也可以保证气密性，但不能选用大多数排气扇中常见的松动的无垫圈阀门。

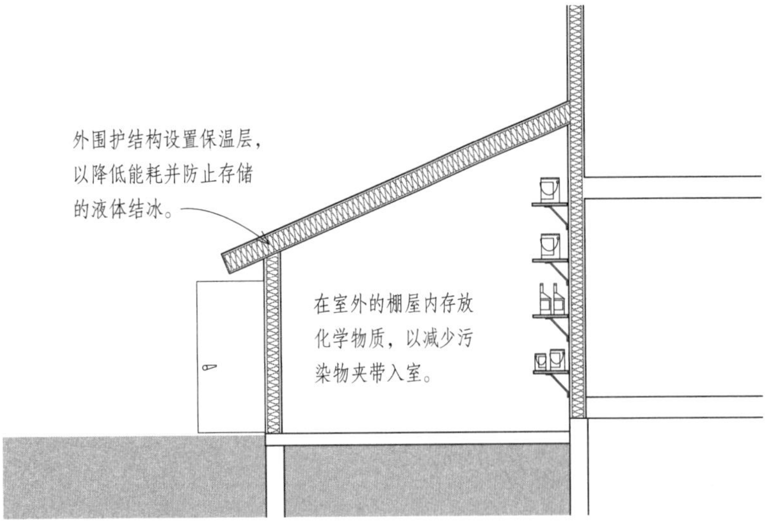
外围护结构设置保温层，
以降低能耗并防止存储
的液体结冰。
在室外的棚屋内存放
化学物质，以减少污
染物夹带入室。

13.17 加强附属棚屋的保护层。

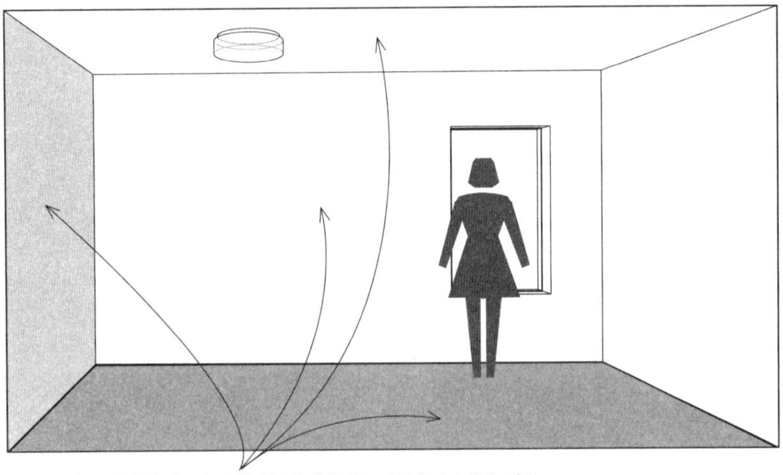

13.18 在室内装修过程中尽量少用化学物质，以提高室内空气质量。

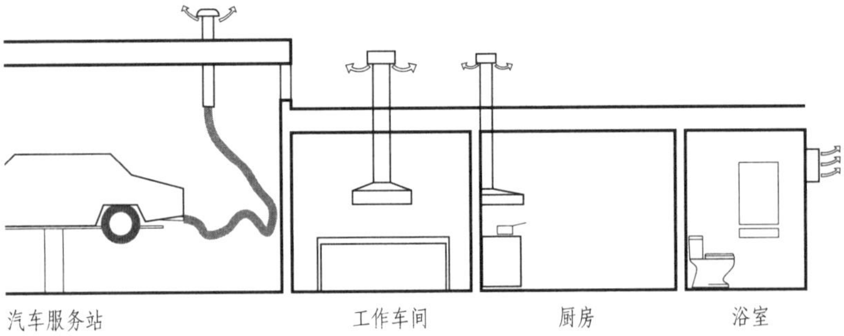
汽车服务站
工作车间
厨房
浴室

13.19 使用排风设备来捕捉污染源。

非调温空间 Unconditioned Spaces

紧邻建筑的车库容易出现室内空气质量差的问题，因为汽车尾气进入建筑。正如前文提到的，紧邻建筑的车库可以作为非调温空间，成为建筑的另外一层保护，降低建筑得热和失热。如果计划建造一个紧邻建筑的车库，另外一个理由是，可以在车库与建筑之间建立起一个高效的保护层，不仅用于隔热，还可以当作密封空气层，阻止烟尘进入建筑。

去掉地下室可以有效地减少潮湿问题。可以考虑将储存的化学物质，如清洁剂、除草剂、涂料等存放在附属的棚屋中，而不是把它们保存在所谓的“非调温空间”中，如地下室或阁楼。一个建造良好的附属棚屋，在建筑内外两侧都有坚实的保护层，在大多数气候条件下不会冻坏储存的液体物质。在更为寒冷的地区，内围护结构无需保温层（但是仍然需要气密）以防结冰，但是这样的话，围护结构室外一侧必须设置保温层。坚实的保温层，通过高效的气密性，也会阻止烟雾进入建筑。

内维护结构 Inner Envelope

减少污染源的法则也可以用于减少建造过程中化学物质的使用，尤其是在内维护结构的装修中，比如涂料、铺地毯、木质饰面等。这部分内容将在第16章“材料”中详细介绍。

室内因素 Internal Gains

在前面能量获得的相关内容中讨论过室内因素，比如来自照明和电器的热量。室内因素的概念也适用于空气中的污染物。在清扫作业和建筑施工过程中，要选择那些少用化学品的室内材料。烟草烟雾可以被阻止进入建筑以及建筑周边区域。除了减少污染源，还要考虑污染物捕捉，比如厨房里的排气罩，将废气排出室外，而不是再次循环到室内。浴室中的排气扇是另一种捕捉污染物的方式。污染源捕捉原则可以引申至其他种类的污染源，比如工作车间、存在黏胶和喷漆活动的手工艺坊、汽车服务区，还有存放化学物质的地方。

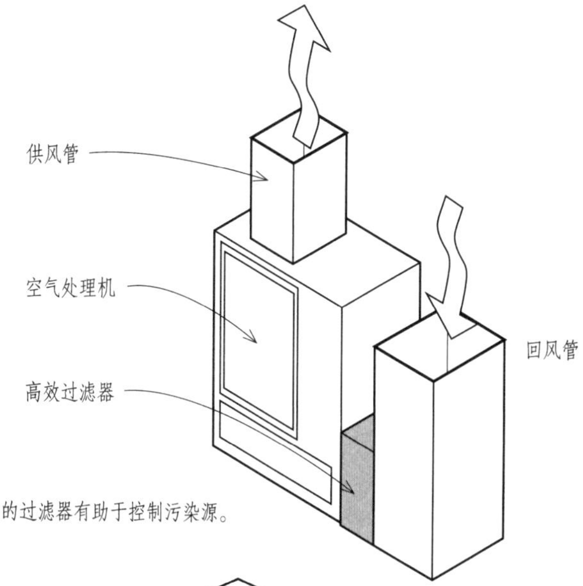

13.20 空气处理机中的过滤器有助于控制污染源。

除了控制污染源，还会用到污染物过滤。可以考虑使用高效的颗粒过滤器或者化学过滤器，而不是低效的空气处理机中的过滤器。空气处理机中的过滤器应该安装牢固，防止气体绕道通过从而降低过滤器的效率。过滤器的外壳安装时应该通过垫圈保证良好的气密性，从而防止空气泄漏。

需要优先处理的室内因素是湿度控制。潮湿是室内空气质量问题的一个主要原因，会使材料受损，滋生霉菌。潮湿来源于许多室内因素：烹饪、人体排汗、植物、洗浴、晾衣服、游泳池与养鱼池里的水以及上下水管道渗漏等。正如前文中提到的，潮湿还来自于透过混凝土基础墙和板的室外雨水和地下水。当室外湿度高于室内湿度时，潮气还会通过空气渗透进入室内，夏季的时候常会如此。

对于高品质的室内环境而言，室内湿度控制是非常重要的。相对湿度最好维持在60%以下，以保持低于70%的安全水平，超过这个安全标准，室内的霉菌生长会变得非常活跃。

通常情况下，减少来源是降低室内空气湿度最有效的方法，可以通过以下做法实现：在室外晾晒衣服或者使用排风良好的衣物烘干机、使用高效洗衣机去掉衣物中更多水分、使用低流速淋浴喷头、控制室内植物数量、做好设计防止漏水。安装在室内的空调器的冷凝盘（condensate pan）会堵塞，使水溢出。因此应该考虑在空调器下面布置另外一个冷凝盘，安装报警装置，在水要溢出的时候发出警报。“捕捉污染源”的方法也可以用于厨房和浴室的排风扇。最后，除湿在提供安全保障方面是非常有效的。除湿不仅可以通过传统的除湿器完成，还可以通过空调完成，其中有些空调的除湿设置与温度设置是分开的。

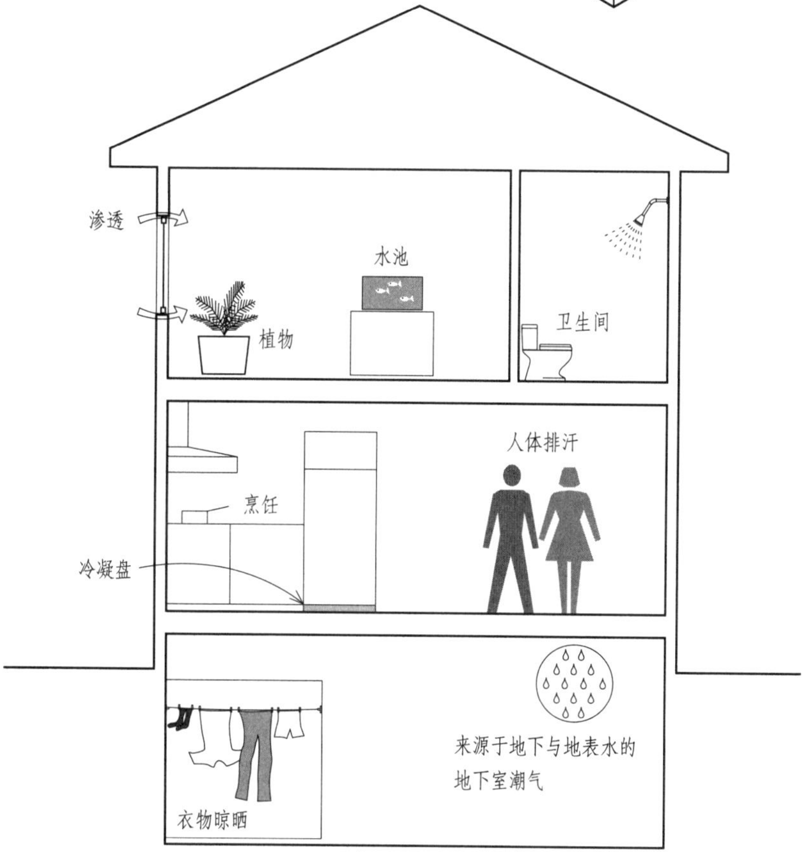

13.21 导致室内潮湿的湿气来源。

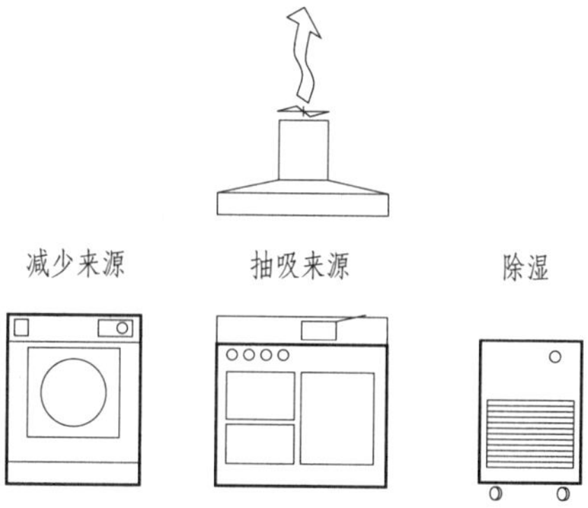

13.22 控制湿度的方法。

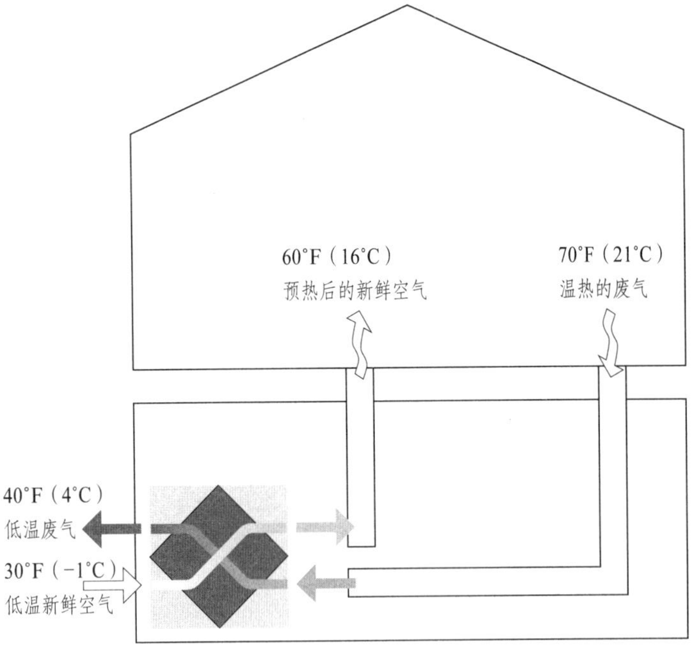

13.23 热回收通风。

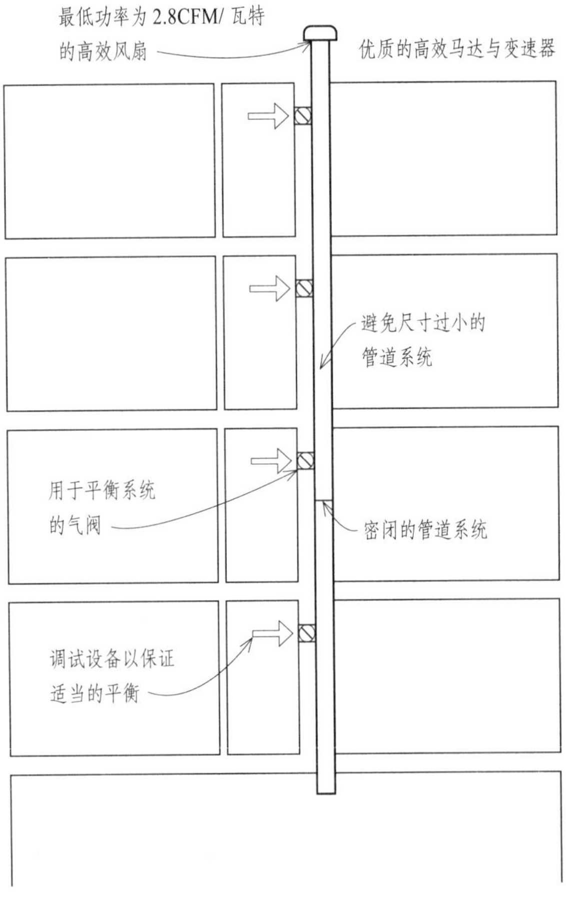

13.24 通风的最佳实践。

通风 Ventilation

当很多潜在的室内污染物被减少或者去除后，就可以把注意力放在通风系统上了。应该考虑热回收通风，它可以降低加热或冷却通风空气的需求，也可以减少与温度控制相关的问题。这种方法将真正的通风——引进室外空气，与污染源捕捉结合起来，成为一个系统。比如系统中包括卫生间或厨房的排气装置，但前提是排气装置不能太脏以至于堵塞热交换器，这一现象经常在厨房的排气装置中发生。对于使用空调的建筑，一种叫作“能量回收通风”（energy recovery ventilation）的热交换方法很有效，这种方法同时处理了热量和湿气：当夏天不需要湿气的时候，将湿气阻挡在建筑外部；当冬天需要室内湿气的时候，将湿气留在室内，极大地降低了能耗。在夏季，能量回收通风中湿度控制的优势，只有在空调建筑中才能显现。如果建筑没有空调，能量回收通风容易将夏季室内不需要的潮气留在室内。热回收或者能量回收通风系统应有自己的设备，与所有的空调管道一起，设置于热维护结构内部，不能布置在室外。安装在屋顶上的设备与管道系统会通过导热或者空气泄漏而损失能量。热回收也遵循由外而内的设计原则，预先加热或冷却室外空气，从而降低采暖或制冷系统的负荷。

不同通风系统的能效变化很大。对于“能源之星”[译注]项目中涵盖的通风系统，一般来讲最高为 500 立方英尺/分钟（CFM），提出“能源之星”的指标要求，以保证风扇、马达系统的最小能耗等级和低噪声水平。对于大型的排风扇，可以寻求优质的高效马达；对于较小的马达和风扇系统，“能源之星”规定的功率最小值为 2.8CFM/ 瓦特（2.8 立方英尺每分钟每瓦特）；还有当通风需求量发生变化时，可以考虑使用变速马达驱动。适当更改管道系统的规格也能够降低风扇的能耗，只要通风风扇与马达不超过规格就行。调节使系统达到平衡并且密封系统也有助于提升整个系统的效率，允许以最低的风扇功率来满足通风需求。

[译注]“能源之星”（Energy Star），是美国能源部和美国环保署共同推行的一项政府计划，旨在更好地保护生存环境，节约能源，认证范围包括电子产品、设备、建筑等。

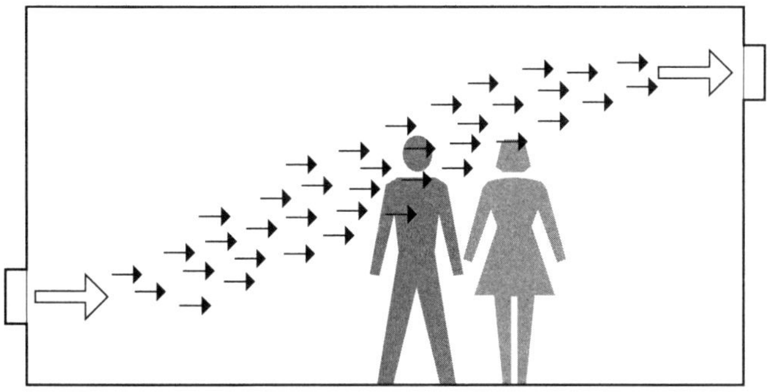

13.25 通过进风口、出风口的合理位置，实现有效的通风。

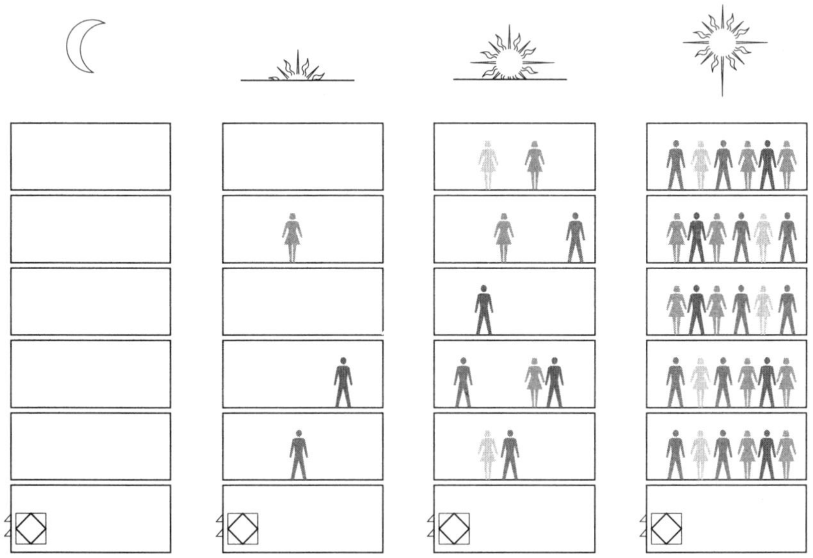

在夜晚没人的时候，风扇停止，气阀关闭。
一大早人较少时，风扇仍然停止，气阀仍然关闭。
上午中间时段有部分使用者时，风扇低速运转，气阀打开。
正中午全员到齐时，风扇高速运转，气阀打开。

13.26 通风控制。

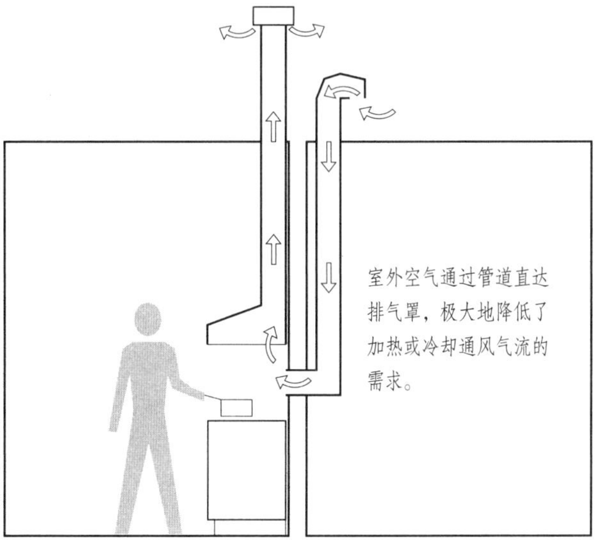

13.27 排气罩通风。

需要注意通风系统的进风口与出风口的位置，室外空气的进风口应当设在温度问题最小、不引人注意的位置。通风气流应保证扫过整个房间，并能够到达人们呼吸的区域，然后排出室外。为了达到更高的效率，进风口可以设计在屋顶高度，而出风口则在楼板高度，或者相反，总之要保证两个风口位于房间相反的两端。

使用通风控制设备也可以节约能源。将通风与加热或冷却气流分开，这样就可以按照需求单独控制通风、加热、制冷。通风得到控制，就能做到当室内使用人数多时增大通风量、使用人数少时减少通风量、没有使用者时停止通风。这意味着通风的运用要做到：按需控制通风、按时控制通风、使用多种风扇，甚至是使用窗户通风。

通风系统的运行很重要。建筑一落成就要测量通风效果。在建筑持续运行的过程中，可以考虑使用某些测量方法，比如在墙上温度控制器旁边安装二氧化碳显示器或者自动控制的二氧化碳传感器，当通风系统失效的时候会报警或以其他方式提醒。

对于专业的废气通风系统，比如商用的厨房油烟机、制冷压缩机房、实验室通风柜等，可以通过直接向排出废气的设备提供室外空气来节约能源，无须加热或者冷却新风，使得换气直接发生。应该注意在直接提供室外空气时，不能引起舒适性问题，比如，厨房油烟机后面的空气可以通过管道进入厨房排气罩中，夹带着排气罩的污物，在排出过程中不会引起油烟机房人们的不适感。

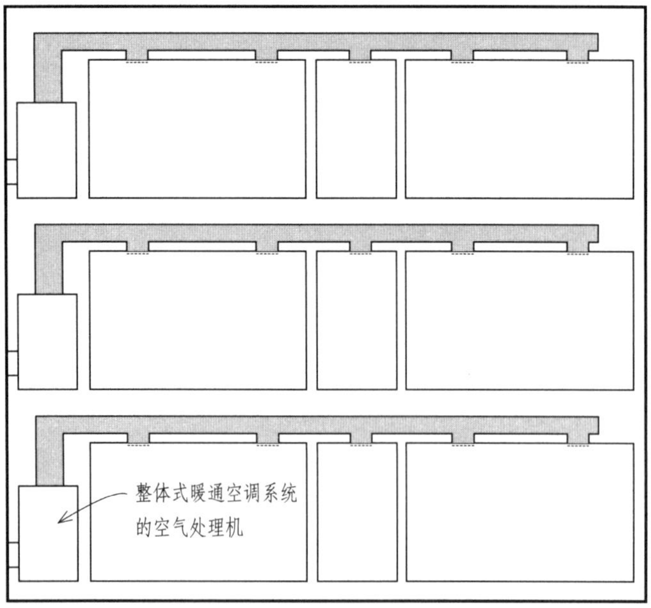

传统的方式：制冷制热系统与通风一体化。

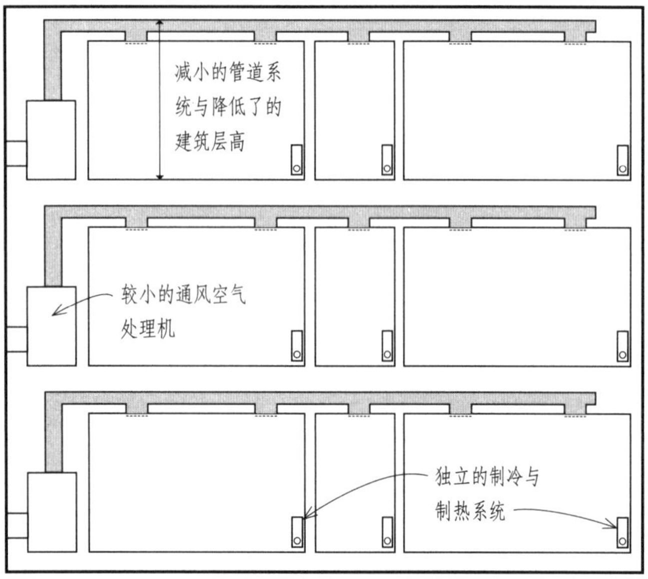

分离通风的方法：从制冷制热系统中分离出的专用室外空气系统。

13.28 将通风系统从制冷制热系统中分离出来。

将通风系统与制冷制热系统分离，是目前的发展趋势。历史上，商业建筑曾经拥有集制冷制热系统于一体的通风系统。可以在典型的单层零售商店的屋顶上看到：那些方盒子是制热制冷单元，较小的三角形附属物是通风进风口的雨罩。在大型商业建筑中，进风口通常是一面较大的格栅墙，通过管道与中心加热或制冷处理器相连。不过，将通风与制冷制热系统分离在绿色建筑中的结果是令人满意的，理由如下。

- 降低了风扇的能耗。通风气流速度通常远小于制热制冷时气流的速度。在没有制热与制冷的需求时，如果依靠大型中央风扇来带动少量的通风空气，消耗的能量会比实际需求大很多倍。
- 对于通风气流，可以实现更多的自定义控制，与制冷、制热气流速度的控制完全分开。
- 对于制冷和制热的气流，也可以实现更多的自定义控制。
- 使建筑中的气压更容易得到平衡。比如，一个典型的小型屋顶通风单元，如果将通风空气送入室内的同时没有排出任何空气，那么建筑内会形成气压，迫使气体泄漏的发生，容易形成诸如墙体构件结露的问题。
- 需要的管道系统尺寸更小，因此能够降低层高。

自然通风也是一个选择。自然通风利用建筑上的洞口，比如可开启的窗户、小型通风设备、墙面上或者窗户下的小洞、促进烟囱效应的塔或者拔风井、浮力通风。安装在屋顶上，由气流驱动的涡轮通风机可以引导空气通过洞口，流出室外，同时引导气流在低层流入室内，实现自然通风。自然通风可以被使用者控制，比如可以开启或关闭窗户；在洞口固定的情况下则不可控制；或者可以实现自动控制。

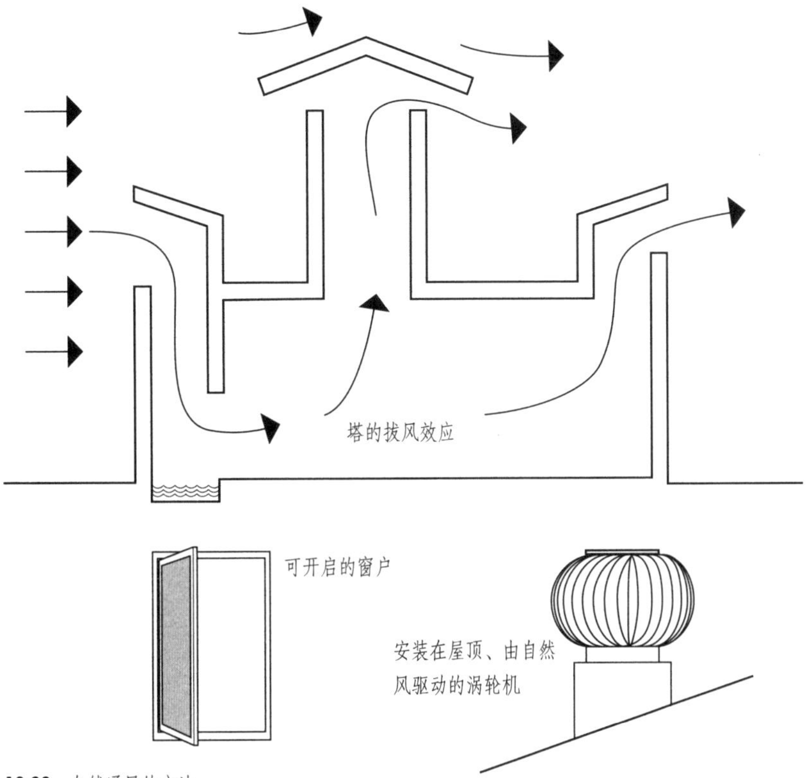

13.29 自然通风的方法。

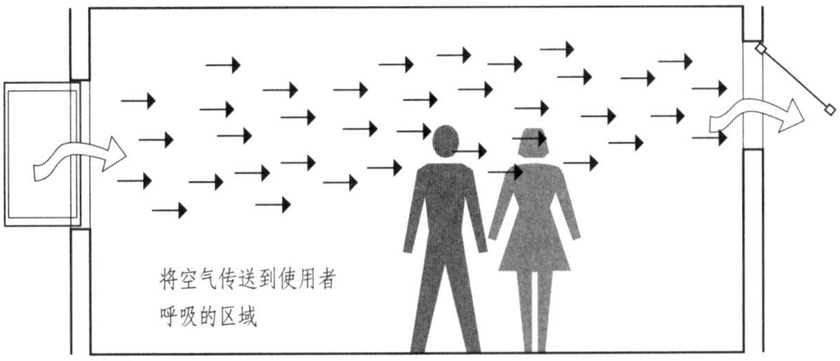

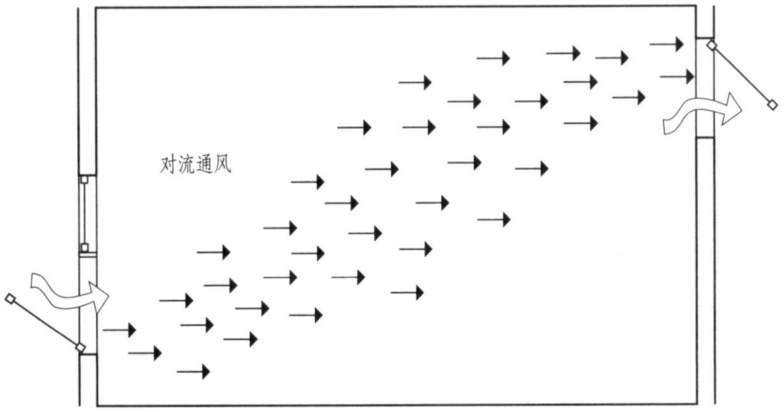

13.30 有效的自然通风。

对于自然通风，英国建筑研究及环境评估方法（BREEAM）中有一个被广泛引用的方法，要求对自然通风有两个控制等级：较高的等级是去除室内暂存的气味，较低的等级是持续通风。对流通风（cross-ventilation）是一项重要的策略，即在可行的条件下在空间相对的两侧都有开口。对于由浮力驱动的通风而言，需要注意建筑内通风气流经过的路径。为了保证通风的有效性，新鲜空气必须传递到使用者呼吸的区域内。

值得一提的是，需要路径流经建筑的自然通风与建筑热分层之间存在矛盾。因此需要考虑这两种方式的平衡以及每种方式的相对益处。相较于建筑整体中由浮力驱动的自然通风，一个房间内的对流通风与热分层之间的矛盾较小。

驱动自然通风的基本因素包括浮力与自然风，两者都不好控制，因此自然通风具有高度不可预测性。自然通风的益处包括节约风扇能量，但限于有人控制开窗和风扇的情况；缺点在于通风可控性不够，会导致通风不足，或者室内空气质量不佳，或者通风过度以及用于加热或冷却通风气流的能量需求增大。自然通风有时用于温度控制，尽管其主要目的是通过降低室外空气污染物的浓度来提高室内空气质量。

提高通风质量对建筑经济性的影响怎样呢？对于给定的使用者人数，较小的建筑规模会降低通风量，从而降低工程造价；避免污染源基本上对造价没有太大影响；通过使用漏气少的气阀严格控制建筑围护结构的通风渗透会增加造价；通过使用低毒性的涂料、装饰材料和地毯来减少污染源，一般会增加一点造价；热回收通风会大大增加建筑造价，并且应该从建筑的全生命周期运行造价的角度仔细核查。在运行时间足够长的情况下，热回收通风系统节省的费用能收回造价，但是当通风系统每天只运行几小时，热回收通风的效益就不那么可观。将通风从制热制冷中分离开通常会增加造价，因为需要独立的管道系统。通风控制，比如二氧化碳控制，通常会稍微增加工程造价。

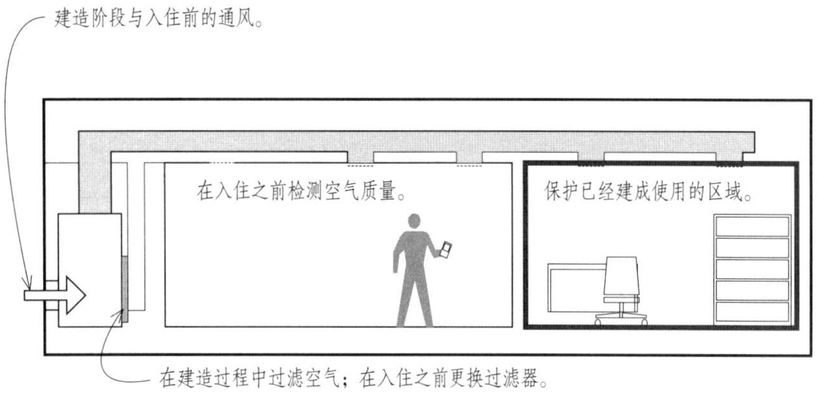

13.31 建造过程中防止污染的方法。

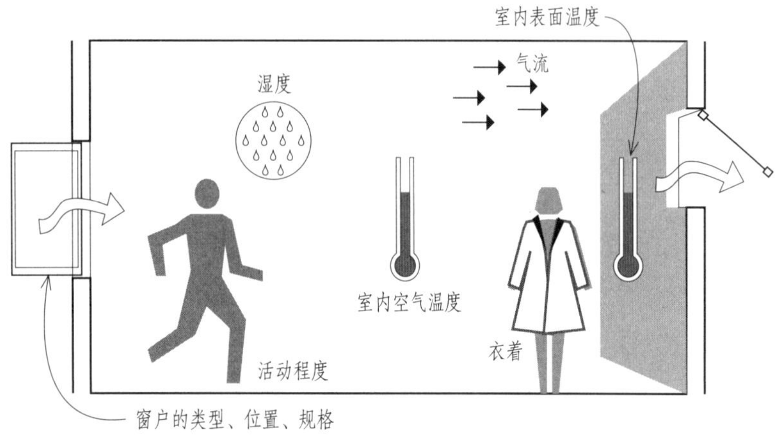

13.32 影响热舒适度的因素。

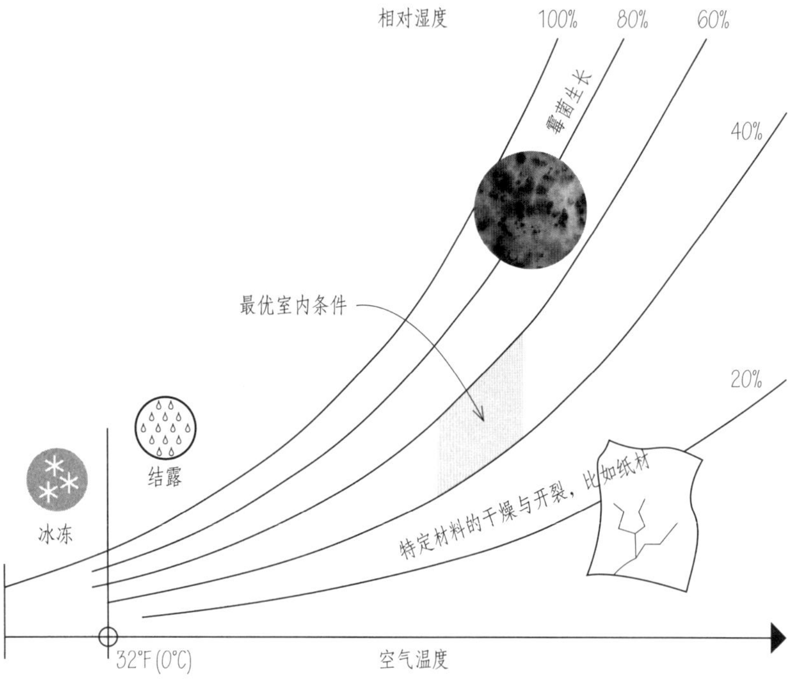

13.33 湿度对热舒适性的影响。

在建造与使用过程中的室内空气质量 Indoor Air Quality during Construction and Preceding Occupancy

作为长期室内空气质量设计的一个次要环节，需要采取措施防止建造过程中来源于建筑与建筑系统的污染物，这些措施包括建造过程中的通风、使空气处理机与管道系统免受灰尘污染、在改建或加建过程中保护已经建成使用的区域、保证不良气味和装修废气已经被足够的新鲜空气稀释或者入住前已经放置足够时间，比如，通过空气质量检测确定是否可以入住。

热舒适 Thermal Comfort

背景 Background

以往，人们普遍认为影响舒适度的最基本因素是室内空气温度。随着时间的推移，人们开始意识到其他一些因素也会影响到舒适性，包括湿度、气流、衣着、活动程度、周边环境表面（比如墙体和地板）的温度、引起热辐射交换的窗户面积以及其他物理因素。直到最近，人们开始关注室外空气温度以及每个人对建筑环境的喜好、敏感度和心理反应。

舒适度不足的负面影响包括人们的不满意心理、做事效率低以及人体免疫系统的压力。高气温会引起人们对较差室内空气质量的感知。恶劣的热环境带来的极端影响包括恶心呕吐、中暑、体温过低甚至死亡。

其他一些明显症状与湿度控制不够有关，这不仅影响了热舒适度，还会影响到建筑内的材料。高湿度会带来诸如霉菌生长、建筑门窗等木构件膨胀、低温表面结露等问题；低湿度不仅会导致人体皮肤干燥皲裂，还会影响到建筑材料，比如木材、纸材、膜材料等；湿度波动则会导致建筑材料的损坏，比如裂缝或者弯曲。

一般来讲，绿色建筑舒适性问题很少，即使是在采取措施解决热工问题之前。在冬季，墙体与屋顶拥有足够的保温层，保证了各种建筑构件室内表面的温度。较少的渗透减少了漏气，同时也减少了冬季室外低湿度与夏季室外高湿度对建筑的影响，然而需要注意的是，低渗透性在特定情况下也会增加室内高湿度的风险。较小、较少的窗户降低了人体热辐射损失，并减少了空气对流。能量回收通风系统根据需求控制湿度——冬季时将湿气留在室内，夏季时将湿气排到室外。

如果不用拱形的天花板与下沉的地板，并且建筑热分层良好，就会减少温度梯度的发生。

尽管绿色建筑已经提供了一个良好的开端，但是我们仍然需要设计并且提供适宜的热舒适度。

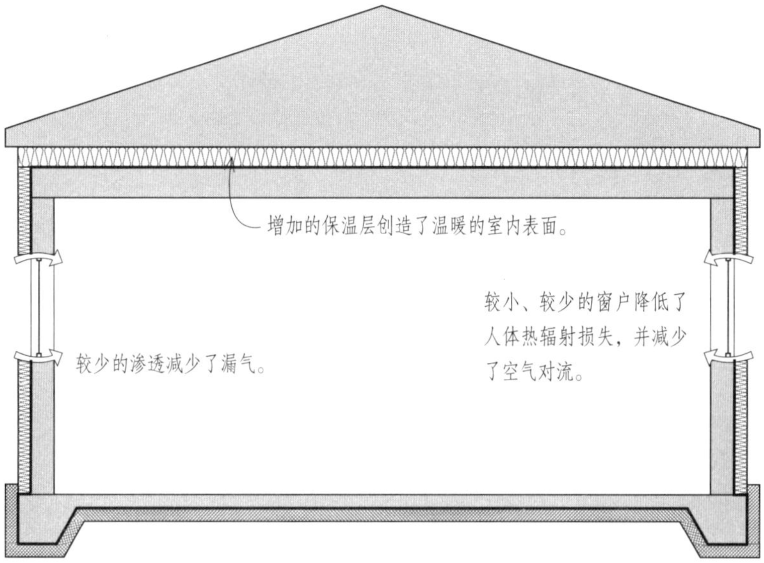

13.34 绿色建筑在解决热舒适度问题上的优势。

测量舒适度 Measuring Comfort

室内舒适度的测量首先是空气温度测量，其次是湿度测量。可利用诸如气流速度、辐射温度、衣物厚度、气压、新陈代谢速率等数据进行更精确的预测，以判定一个特定的空间对于特定的使用者来说是否舒适。

就估量一栋建筑是否提供了良好的热舒适性而言，使用者问卷调查是一个可行的评估方法。大多数规范、标准、导则规定，将80%以上的使用者处于舒适状态时的参数作为建筑总体热舒适的标准。

近期研究表明，没有空调系统，只有可开启窗户的建筑的使用者可以承受更大的温度波动范围，可承受的温度变化范围会超过他们认为舒适的范畴。这些人群似乎有着适应当地气候条件并且做出自我调整的能力，比如打开或者关闭窗户、增减衣物等，这种现象在拥有中央空调的封闭式建筑的使用者中很少发生。这些发现引出了在自然通风的建筑中测量热舒适度的另一种方法。

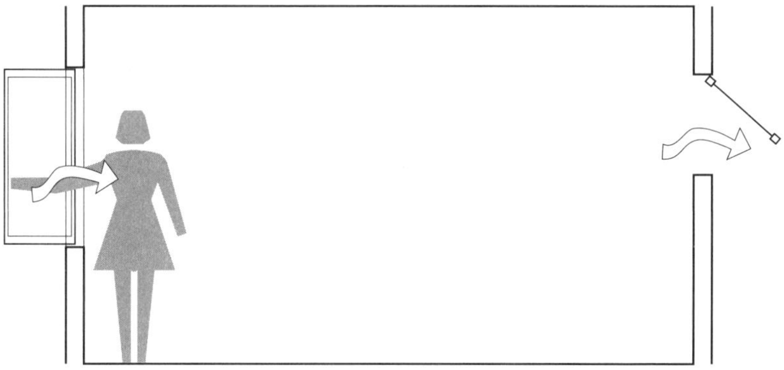

13.35 拥有可开启的窗户让使用者能够更好地调节和适应当地气候条件。

目标 / 要求　Goals/Requirements

在实现热舒适性方面，最普遍的目标是通过设计文件和/或测试与验证同《ASHRAE 标准 55》的“人体舒适度的热环境条件”（Thermal Environmental Conditions for Human Comfort）一致。《ASHRAE 标准 55》确立了一个舒适度区域，主要以温度和湿度为依据，我们以此为据在这个舒适区域内查询并确定室内应有的空气条件，通过使用焓湿图（psychrometric chart）来判断是否符合《ASHRAE 标准 55》。

此外，正如先前所述，使用者调查问卷也可以用来确定对于热舒适度是否满意。

在确定一个项目的目标的过程中，在设计开始之前，需要考虑的问题不仅仅是满足一个标准，比如《ASHRAE 标准 55》。更准确地说，在为建筑的使用者提供热舒适的过程中，下列问题的答案将会持续出现。

- 哪些空间需要制冷？
- 哪些空间需要制热？
- 哪些空间需要温度控制？

13.36　一个重要的问题是：哪些空间需要温度控制？

前两个问题似乎是不证自明的，但是在整个过程中要不断思考，某些空间事实上不需要制热或者制冷，或者二者都不需要。

与“哪些空间需要制冷”相关联的问题是：是否需要为整栋建筑供冷。机械空调包括两个与热舒适度相关的特殊功能：降低建筑室内的空气温度和降低湿度。在很多气候条件下，对很多人来说，空调不是必需的，甚至被认为是奢侈品。很多被动式制冷策略都很有效，应该被挖掘和利用。我们先前提到了一些被动式策略，包括使用外遮阳来减少太阳光得热、减少渗透现象、使用热回收通风、增加保温层、减小建筑规模、简化建筑形体、减少室内得热以及降低采光得热。事实上，依据气候特征与特定的建筑需求，我们可能不需要空调。前面提到的关于人们在没有空调的情况下，适应气候条件的最新研究结果，进一步提供了一种不借助空调来满足热舒适度的方法。

然而，在很多气候条件下，对于很多建筑而言，如果我们想要维持舒适健康的室内环境，不使用空调是不太可能的。并且，对于很多人来说，随着时间的推移已经对空调产生了很高的期望。绿色建筑运动将会朝着大幅度减少使用空调的方向而努力，在许多情况下绿色建筑运动将会建造完全摆脱机械制冷的建筑。然而，为了可以预见的未来，我们仍然需要对很多机械制冷的建筑负责。

第三个问题很重要：哪些空间需要温度控制？这个问题的答案对热舒适度和能耗都有重大的影响，有很多办法可以实现温度控制，因此，有关热舒适度目标的早期决策，会影响到制冷制热系统的选择以及热舒适性的程度，二者都是建立在测量与使用者感受的基础上。

策略　Strategies

第一个策略是在项目文件中，比如在《业主的项目要求》中阐明热舒适度目标与需求。

其次，选择一个温度控制策略。早期使用的中央制热空调，建筑中需要感应温度与控制温度的位置较少，甚至有可能是单一温度满足整个建筑需求或者单一温度满足建筑的每一个区域——南向、北向、东向、西向的需求。现在一般不会这样了。然而，可能是最初的建筑整体温度控制策略的惯性结果，通常情况下我们仍然不会为每个建筑区域提供单独的温度控制。而这就是绿色建筑需要认真检查决策是否有效的地方，因为每个空间设有独立的温度控制，会带来更好的热舒适性并导致大幅节能。

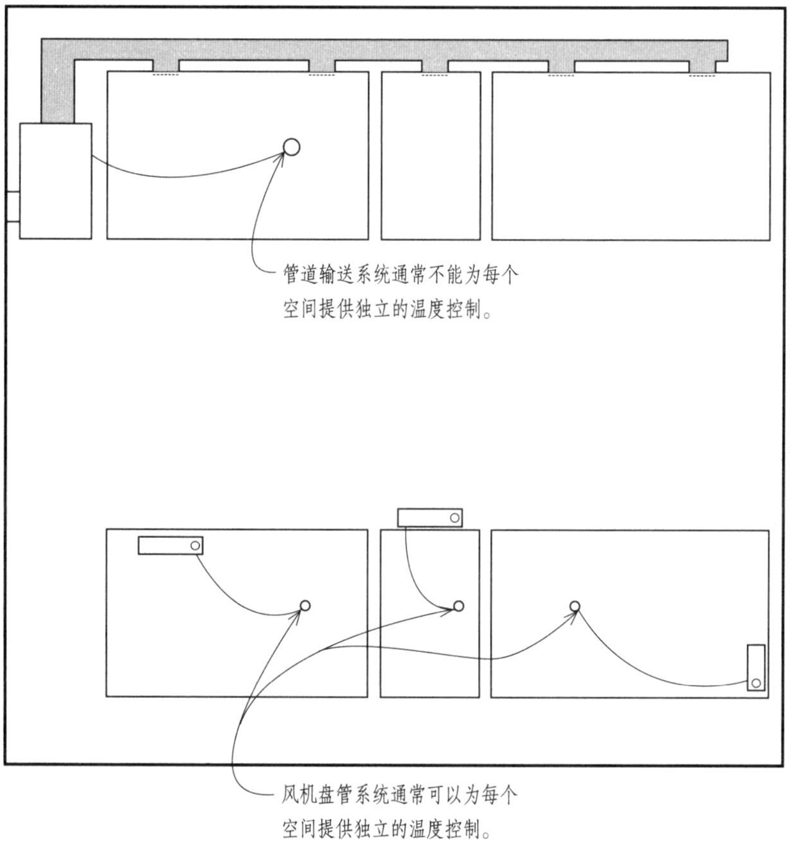

13.37　管道输送系统与风机盘管系统的对比。

大部分增压空气、管道系统，从中央空气处理机到每家每户的炉子与热泵管网，都不会为每个空间提供温控装置。甚至变风量系统（variable-air-volume system，简称“VAV”），即使用自动调温控制的终端设备来对每个空气处理机进行多温度控制的空调系统，通常仍不能为每个区域提供独立的温控装置。虽然这是可以实现的，但是在实践中却很少采用。增压空气系统很少被制成小到可以为一个房间服务的尺寸，控制系统也很少做到每个房间独立控制。

因为这些系统无法实现在每个空间里设有独立的温度控制，所以只能将温度传感器放置于设备控制的多个空间之一，或者是将若干空间的温度平均设置，其结果就是热舒适性被迫折中。当一个系统吹出的空气气流用于一个特定的空间，而这个系统的温度传感器却是在另一个空间时，那么在这个特定的空间中发生的任何事情都会影响其空气温度——照明是否开启、机械设备是否在运行、使用者人数是否增减、太阳得热是否存在，系统不会恰当地应对这些变化，从而引起不舒适感。

相反地，非管道输送系统，比如风机盘管单元，通常可以为每个空间提供独立的温度控制，因为其一个系统通常用于一个空间，并且每个系统拥有自己独立的温度控制。

现在我们回到那个关键性的问题，即为项目设定热舒适度需求过程中提出的问题：是否需要在每个房间都设置温度控制？如果这个问题的回答是肯定的，那么我们比较倾向于采用非管道输送系统，比如风机盘管单元,作为制热与制冷输送系统的基础。辐射系统是另外一个选择。

在下一章节，我们会详细说明制热与制冷的方法，但是热舒适度的重要性，在指导选择制热与制冷系统的过程中不能被过分夸大。

实现热舒适目标的其他策略包括制热和制冷设备及相关输送系统的适宜规格。输送所需的制热与制冷量需要足够的容量，但是如果系统的规格不够，那么就不能输送足够的热量与冷量到所需的空间里，造成不舒适感；如果设备超标，也会引发舒适性风险与能源浪费的问题，在绿色建筑标准中是不受鼓励的。

空气的传送速度与位置也会影响热舒适度，需要通过逐个空间的设计来确定。即使是在房间内空气温度舒适的情况下，过高的气流速度也会引起建筑使用者的不舒适感。

可开启的窗户看来可以提高热舒适性，以每个空间为基础，建筑的使用者可以通过开窗通风调节热舒适性。如果确定为使用者提供可开启的窗户，那么可开启窗户的数量就非常重要。要想到每一个可开启窗户都会增加一处空气渗透点，因此可开启窗户的数量与位置应该满足使用者的需求——控制通风，而不应该简单地将全部窗户都设计为可开启。

热舒适系统调试是另一个很重要的策略。它包含了书面的指标要求、热舒适度的测量与认证、为提高某些区域舒适度不足所采取的改正措施。

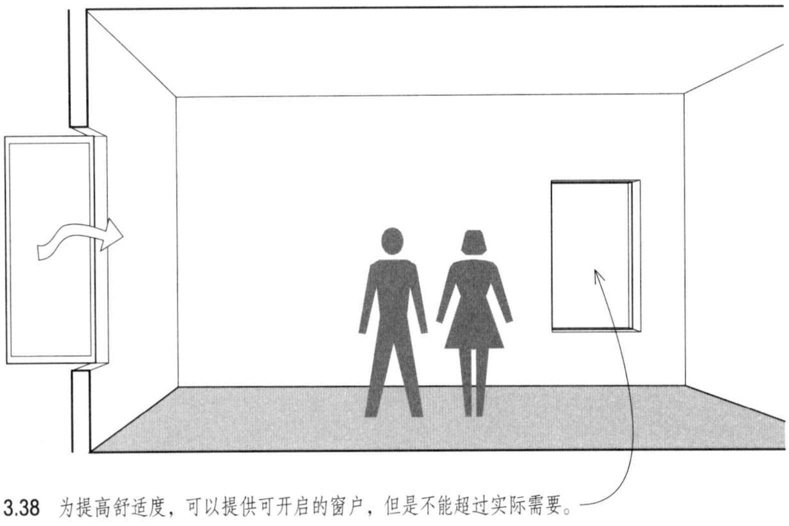

13.38 为提高舒适度，可以提供可开启的窗户，但是不能超过实际需要。

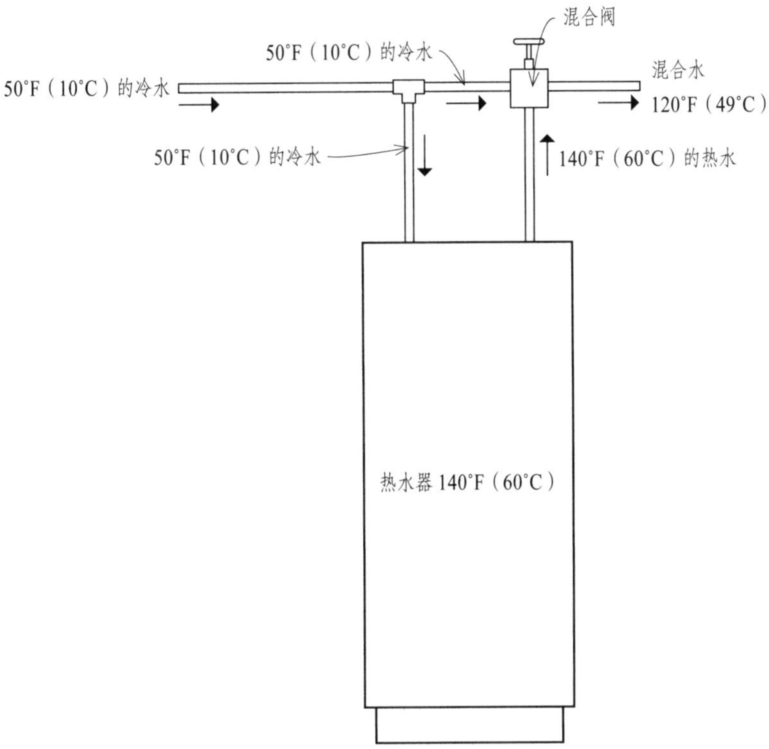

13.39 设法控制热水器的水温。

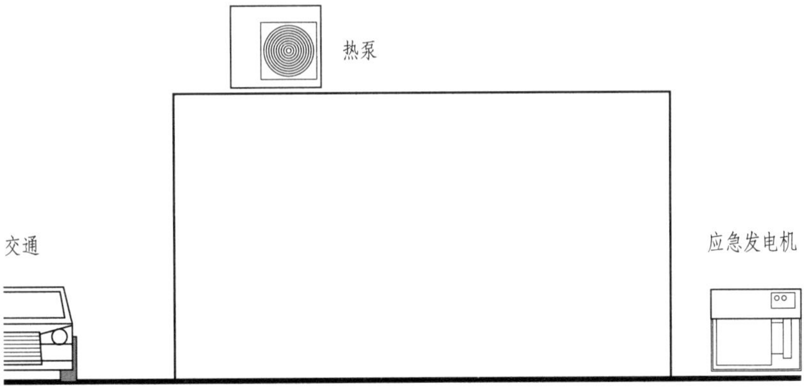

13.40 室外噪声来源清单。

水质 Water Quality

在绿色建筑规范、标准、导则中，水质有时会被忽略，或许我们理所当然地认为建筑供应高品质水源的工作已经取得了很大的成功，然而，水质不好对身体有严重的危害。

绿色建筑应该为人们提供干净的饮用水，如果处理过的市政水不是饮用水的唯一水源，比如井水、雨水、再生水也被用作饮水水源，那么足够的过滤与处理是必不可少的。

与此相关的话题为，建筑中的水应该想方设法去除军团杆菌（Legionella），军团杆菌是一种可传染的细菌群。这意味着需要保持足够高的热水温度来杀死军团杆菌，但同时水温不能过高，因为水温过高会浪费能源并且容易引发烫伤。一个有效的策略是将水集中加热，然后利用混合阀将水在分流前降温。静水（standing water），比如冷却塔中的水，也应该设法去除军团杆菌。

声学效果 Acoustics

具有良好声学效果的设计包括防止不想听到的噪声从建筑室外传入建筑室内、从建筑内喧闹的区域传入相对安静的区域，甚至是传入连细微噪声都不允许的空间内。

室外噪声来源包括重型机械、交通，甚至是雨水落在轻质屋面上的声音。

与热舒适性相仿，绿色建筑通常比传统建筑更加隔音，原因有两个：
1. 低渗透率意味着从洞口、裂缝中传播的噪声会更少，因为洞口、裂缝通常是噪声传播的途径；
2. 屋顶与墙体上更厚的保温层意味着更好的隔声性能。

绿色建筑在防止噪声从建筑内喧闹的区域——包括带有音乐放大器的空间或者机械设备间，传入其他区域的过程中具有领先优势，同时也有利于防止噪声传入声音敏感的房间，比如会议室、私人洽谈室、音乐表演厅等。这些优势得益于对节能有利的水平热分区和竖向热分层。

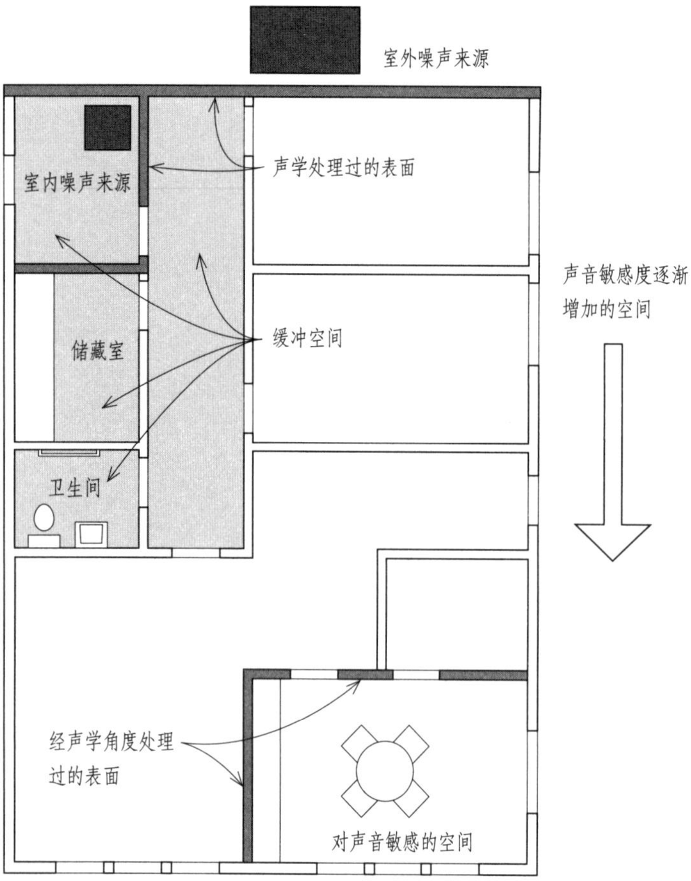

13.41 将声音敏感空间与噪声源隔离。

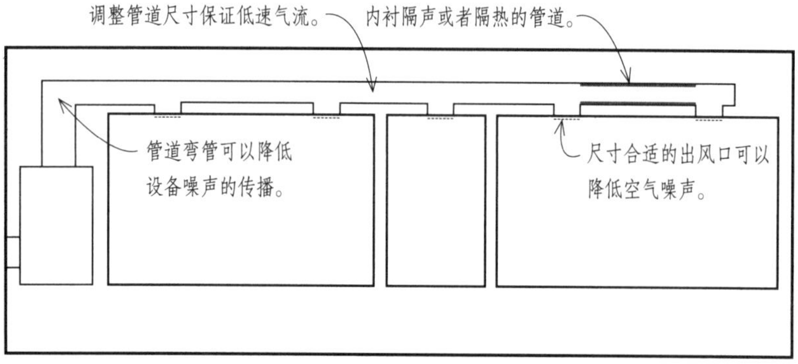

调整管道尺寸保证低速气流。
内衬隔声或者隔热的管道。
管道弯管可以降低设备噪声的传播。
尺寸合适的出风口可以降低空气噪声。

13.42 降低管道和出风口的气流噪声水平。

但是我们不能想当然地认为绿色建筑可以解决所有噪声问题。将潜在的噪声源、敏感空间、潜在的噪声传播路径列出来，并且在早期设计阶段解决，是非常好的做法。

遵循由外而内的原则，可以利用建筑的朝向和形体来降低室外主要噪声源的影响。在建筑内部，先从找到噪声源并且隔绝噪声源的工作开始，然后从敏感空间入手，如果到达敏感空间的噪声仍然过大，可以将这些空间隔绝。

需要特别注意建筑内的主要噪声源，比如暖通空调设备和升降电梯。应该首先通过空间布局以及在这些空间与使用空间之间增加缓冲空间的物理方法隔绝这些噪声空间，然后采用隔声措施（如墙体、天花板、地板使用隔声等级达标的材料，使用密闭的隔声门等）隔绝这些噪声空间。

管道系统中的气流与出风口排出的空气也是一个主要的噪声源，可以通过增大管道尺寸来降低风速、使用弯管和物理隔声管道、调整出风口的大小等方法降低噪声水平。如果水管过细、水流速过大，那么管道中的水流声音也是一个令人讨厌的噪声源，生铁水管的传声比塑料水管小。还要考虑到其他噪声来源，如打印机与复印机、餐厅、休息室和厨房等。千万不能忽略不寻常的或者间断的噪声来源，比如需要周期性检测的应急发电机。

声音水平目标值的建立应该对应不同的空间类型，为了达到预计目标，后续应该赋予最好的实践工作。应该在项目的运行文件中明确需求。项目还应该包含测试的要求，以保证质量控制。如果必要的话，声学工程师或者声学专家应该加入到项目团队中，在整个过程中提供专业的指导。

14

制热与制冷

Heating and Cooling

制热与制冷系统在建筑的设计、施工、运行过程中，经常带来各种挑战。制热与制冷系统复杂、昂贵，容易造成舒适度问题，噪声大，能耗大，维护成本高并且体量大，对建筑设计有重大的影响。从根本上看，最好的制热与制冷系统是不会让人注意到的——即看不到、听不到、不会带来不舒适。

制热与制冷系统形成了建筑的最后一个保护层。但是，制热与制冷系统最好是完全安放于建筑的保温层内部。传统做法中，制热与制冷设备放置在输出的热量与冷气损失最大的地方，通常是在外围护结构的旁边或者外部，比如室外、屋顶、地下室、低矮的地下空间、阁楼、墙洞中、楼板空腔里，靠近窗户和外墙。如今，一个新兴的观点认为建筑应该从内部核心开始加热或者制冷，而不是从外部边缘开始。

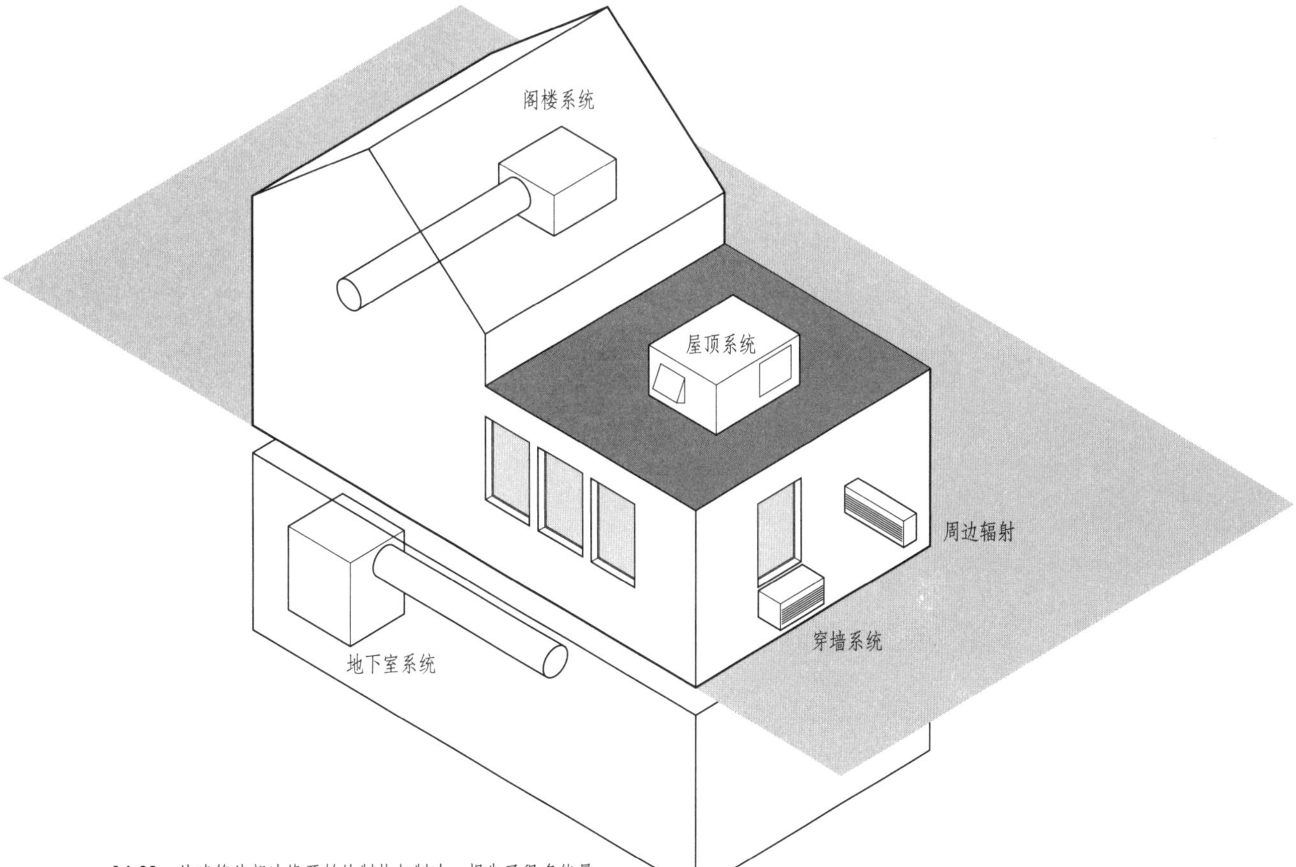

14.01 从建筑外部边缘开始的制热与制冷，损失了很多能量。

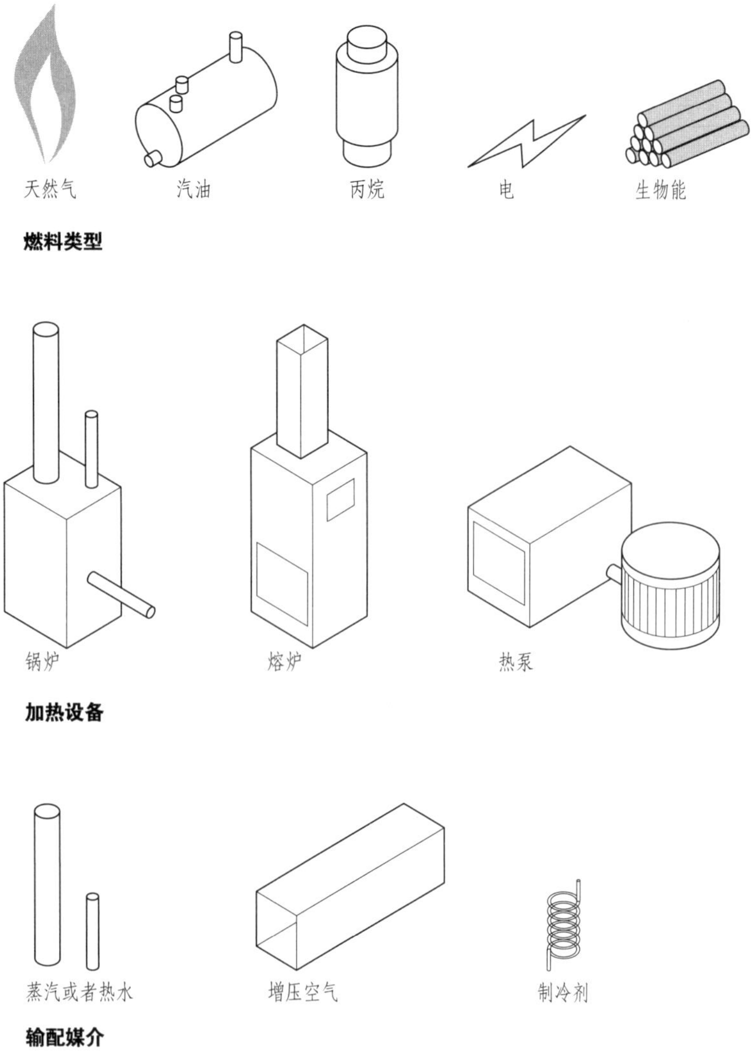

14.02 制热与制冷系统的分类。

系统类型 System Types

在全面了解各类系统的基础上，便可以最有效地选择制热与制冷系统。

制热与制冷系统有多种分类方法。可以按照其使用的燃料类型进行分类：化石燃料燃烧系统，比如燃烧天然气、汽油、煤、丙烷的系统；电热系统，比如蒸汽泵或者电阻热源；生物能系统，比如燃烧木柴、木块、木屑的系统。另一个区分制热系统的方法是根据其产热系统进行分类。其产热系统包括加热空气的熔炉、加热水或者蒸汽的锅炉、既可以加热水又可以加热空气的蒸汽泵。还有一个对制热系统进行分类的方法是根据输送系统的媒介，如蒸汽、热水、增压空气、制冷剂进行分类。制热系统没有输送系统也是有可能的，比如踢脚板式电供暖器、柜式取暖器、房间供暖器或者在工厂中常见的红外加热器。

没有一个最好的分类系统，这些分类方法只是证明了选择制热与制冷系统的复杂性，然而，它们可以帮助我们开始了解系统类型并且鼓励我们在系统选择的早期阶段提出有用的问题：采用什么燃料？采用什么制热与制冷系统？采用什么输送系统？

历史趋势提供了一个了解制热系统发展的视角。1900 年以前，燃烧木材的壁炉非常普遍；随后在 20 世纪上半叶，蒸汽和热水系统大范围地取代了壁炉，与此同时，重力驱动的管道系统也开始逐渐应用；20 世纪下半叶，管道增压空气系统开始流行起来；最近，我们发现了基于制冷剂的无管道系统和同样基于制冷剂的地源热泵。值得注意的是传统的系统仍然很普遍，比如热水系统的再现，甚至是古老的蒸汽加热机也被用在新建建筑的设计中。

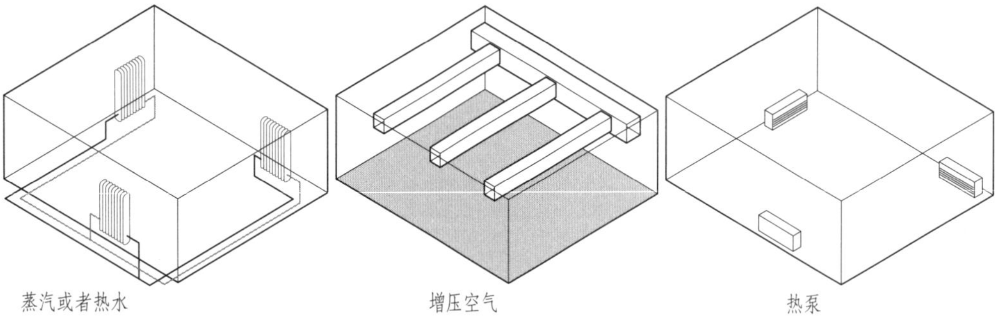

14.03 制热系统的发展历史。

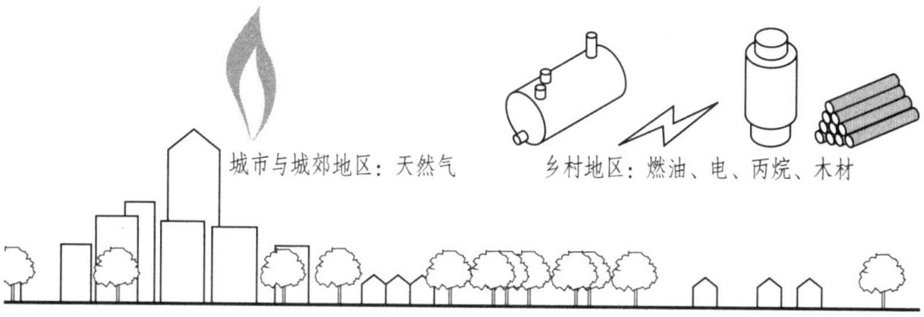

14.04 城市、城郊、乡村地区对加热系统的最佳选择。

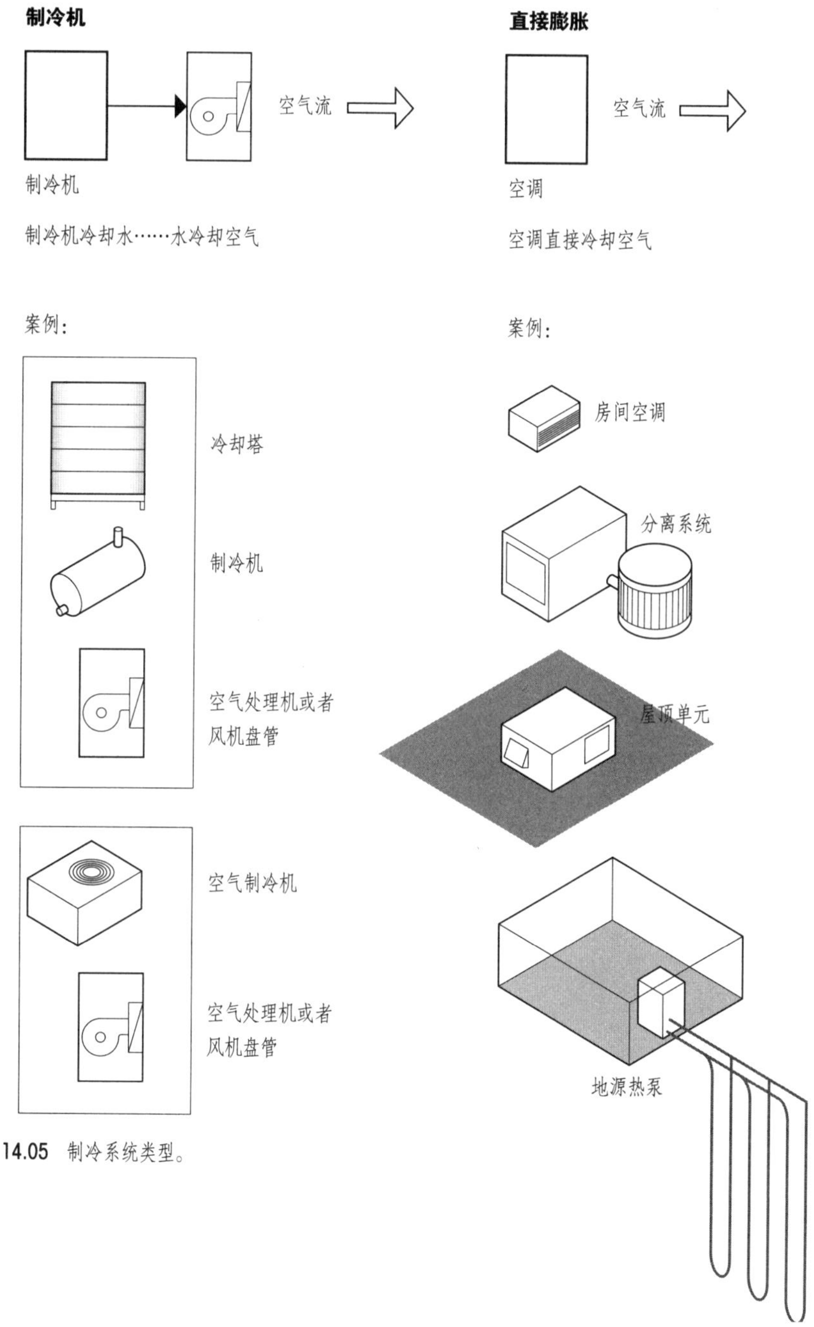

14.05 制冷系统类型。

地理因素在制热系统的选择，尤其是在燃料的选择中有很大的作用。天然气是城市与城郊地区的首选，因为这些区域有天然气管道；而丙烷、燃油、木材、煤油和电则是乡村地区的主要供热方式。在美国南部，自 20 世纪 80 年代以来，热泵被广泛采用，因其在温和的室外空气温度下非常高效，同时可以与炎热气候需要的空调系统整合在一起。在其他国家，无管道的热泵非常普遍，那些地方一般尚未采用集中供热和制冷系统，或者使用化石燃料燃烧系统与管道系统的历史较短。

制冷系统大体上被分为两类：制冷机系统，制冷机系统先将水冷却，然后再用水冷却空气；直接膨胀系统（direct expansion system，缩写“DX”），其中低温制冷剂在热交换器中直接冷却空气。然而，制冷系统也可以通过其他方法进行分类。如果整个系统在一个盒子里，那么就被称为“整体式系统”（packaged system），其子系统包括屋顶系统，普遍用于单层零售商店建筑中；室内一体化系统，如今较为少见；小型的穿墙机组（through-wall system unit），常用于酒店与旅馆中；窗式机组，这是最便宜的制冷设备。如果系统分为两部分——室内部分与室外部分——则被称为“分离系统”（spilt system），分离系统的子系统包括管道系统与无管道系统。管道分离系统普遍存在于城郊地区并且是如今最常见的空调形式；无管道分离系统是除美国之外的地区最常见的系统形式。对于大型建筑，制冷机可以根据压缩机类型（离心式、旋转式、螺杆式、往复式）和排热方式（液体冷却、气体冷却）进行分类。

建筑类型和规模也会影响系统制热与制冷类型的选择。大型建筑趋向于采用锅炉和制冷机设备，使用水作为传递的媒介；小型建筑趋向于采用熔炉制热和直接膨胀制冷系统，不使用水作为传递媒介。

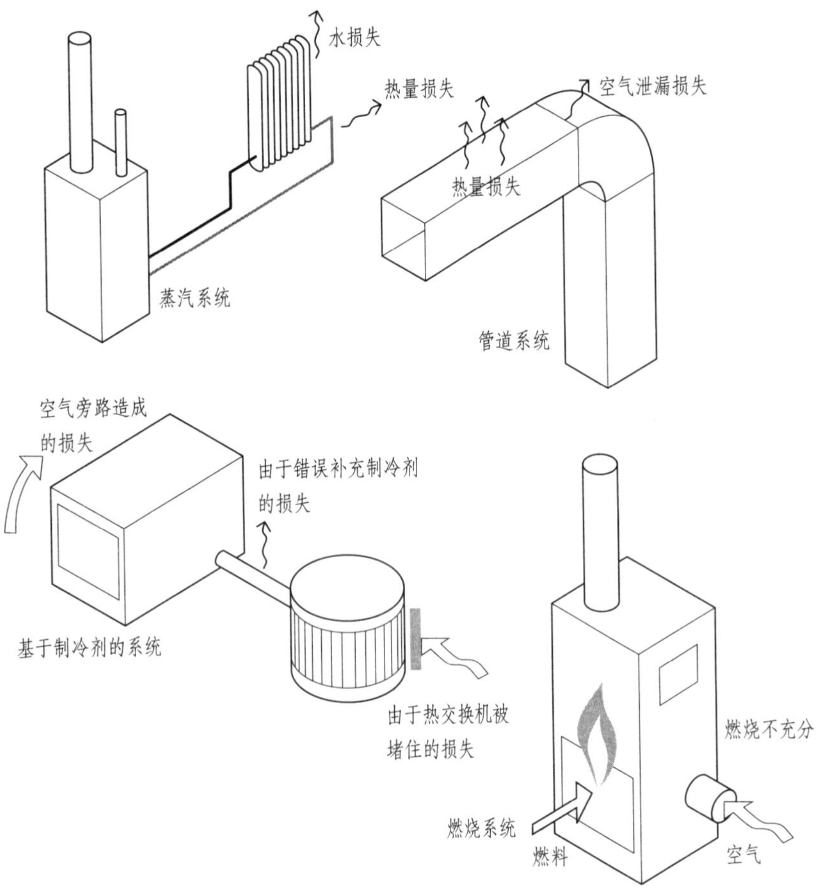

14.06 制热与制冷系统的弱点。

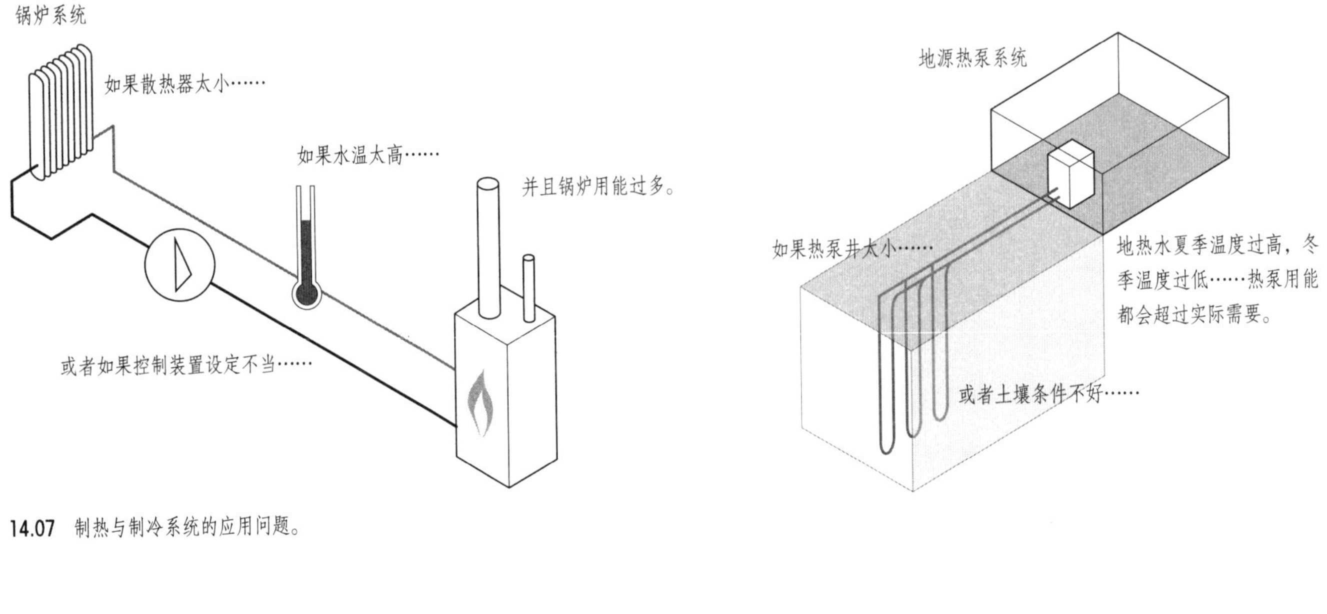

14.07 制热与制冷系统的应用问题。

系统的弱点 System Vulnerabilities

不同的系统有不同的弱点。

蒸汽系统产生大量水资源与能量的浪费，幅度通常超过40%；增压空气系统中的管道存在空气泄漏与热量损失的问题，幅度通常在25%~40%之间；基于制冷剂的系统原先只被用于制冷，现在逐渐被用于热泵制热，存在错误补充制冷剂影响灵敏度的问题，经常会引起10%~20%的能量损失；这些系统还存在着热交换机被生长在周围的植物阻挡，或者空气过滤器污浊，造成空气旁路的问题，这些问题中的任何一个都会迅速增加电能耗量；而化石燃料燃烧系统还存在燃烧不充分的问题。

所有的系统都存在误用的问题。比如，如果输送系统设计不当或者安装不正确或者水温过高，那么一个高效率的热水锅炉则会运转低效；如果空气不足或者地源热井过小，那么一个高效率的地源热泵也会以低效率运作。

有些系统会将一些与制热制冷系统无关的问题带入建筑中，比如，化石燃料系统要求建筑开洞，利用开洞引入燃烧所需的空气并排出燃烧后的废气，通常可以用的是烟囱，但是烟囱总会吸入过多的空气，超过燃烧所需的空气量，这部分超出的空气往往需要额外的热量来加热。另一个例子是穿墙式空调，穿墙式空调会引起建筑内的空气泄漏以及由热桥引发的热量流失。

由外而内的引导　Guidance from the Outside In

基于“由外而内”的方法，制热与制冷的重点是将制热制冷系统严格地放置于热围护结构之内。将制冷与制热系统放置于热围护结构之外或者非调温空间，比如地下室，意味着建筑能耗增加 10% 甚至更多。

将制热与制冷系统布置在热围护结构之内，简化了很多绿色建筑的选项：

- 避免将制热与制冷系统以及其输送系统放置在非调温空间，比如地下室、屋顶、低矮的地下空间、阁楼等。
- 避免将制热与制冷系统放置于屋顶或者室外空间。这里我们特指空气处理机或者一体化设备，其中一体化设备与室内空气流进出制冷与制热设备有关。我们所指的不包括排热设备，比如冷却塔、空气制冷机或者冷凝单元，这些设备与室内空气流无关，并且这些设备按照其定义应该被放置于室外空间。
- 避免造成建筑开洞与建筑室内连通的燃烧系统。换言之，避免使用气密燃烧系统以外的燃烧系统。
- 避免使用穿墙式或者安装在窗户上的设备，这些设备会引起建筑漏气。
- 避免在内围护结构的特殊部位供热，比如窗户下方、建筑外墙上或者非调温空间上面的楼板或地面。

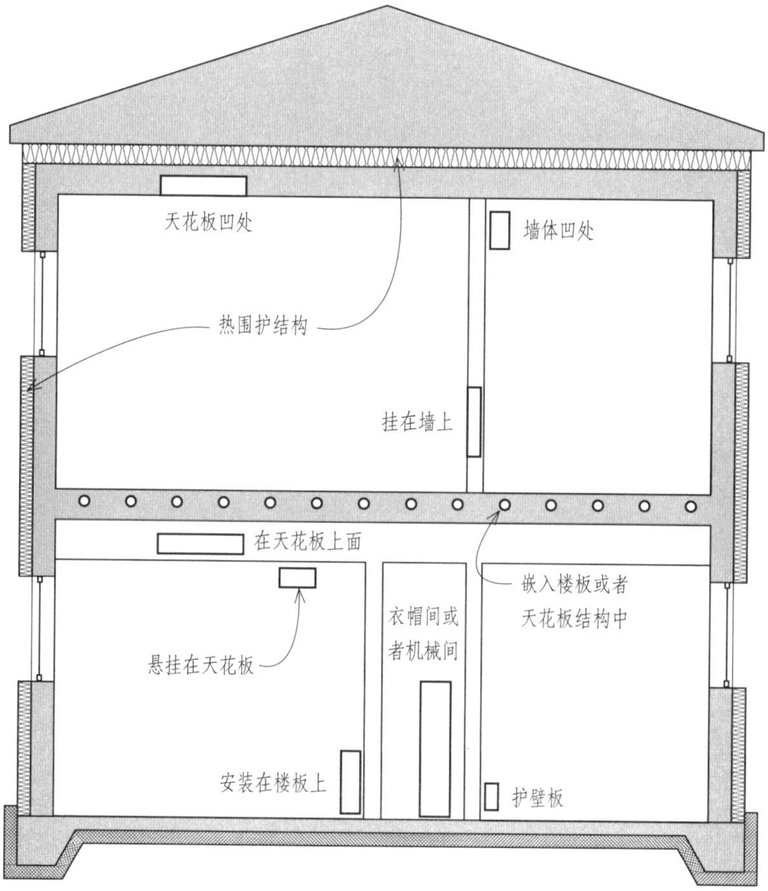

14.08　制热与制冷输送系统在热围护结构内部的位置。

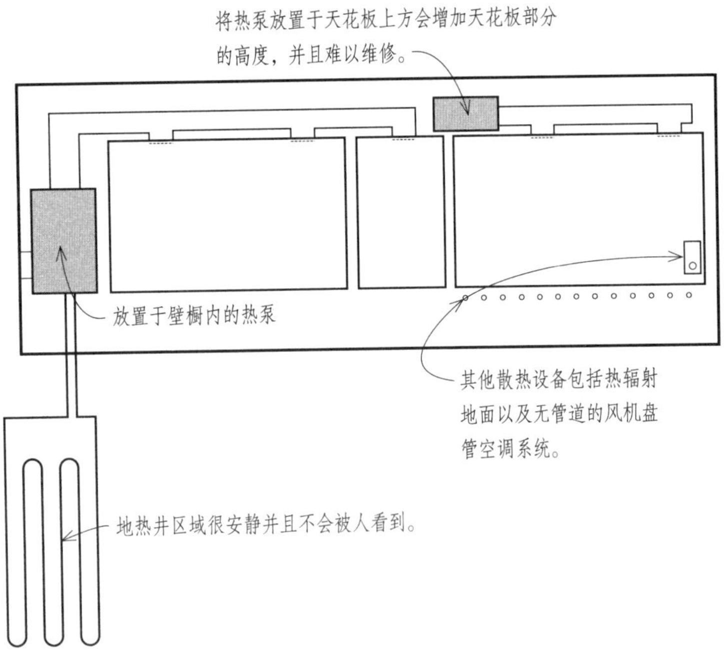

将热泵放置于天花板上方会增加天花板部分的高度，并且难以维修。
放置于壁橱内的热泵
其他散热设备包括热辐射地面以及无管道的风机盘管空调系统。
地热井区域很安静并且不会被人看到。

14.09 地源热泵系统。

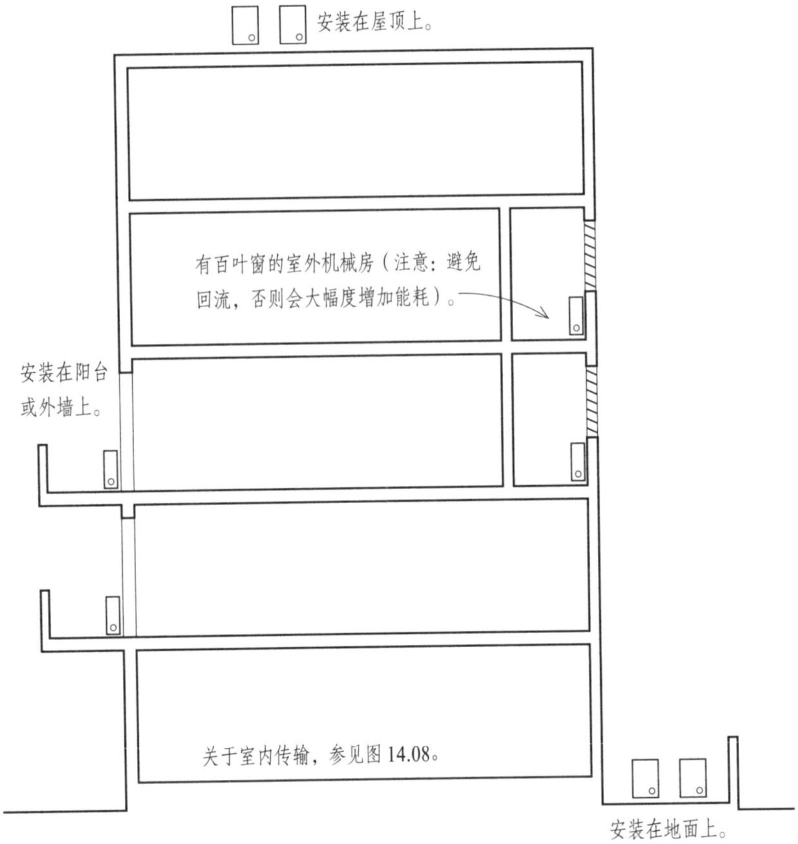

安装在屋顶上。
有百叶窗的室外机械房（注意：避免回流，否则会大幅度增加能耗）。
安装在阳台或外墙上。
关于室内传输，参见图 14.08。
安装在地面上。

14.10 空气源热泵的位置。

尽管缩小了范围，但是这些简化的过程仍然留有很多选择。

如果热泵被合理地布置在热围护结构内部，那么地源热泵大概是最高效的制热与制冷的选择。最好避免将热泵放置于热围护结构外部——比如在屋顶上、地下室里、地板下的低矮空间、室外地面上或者阁楼里。如果使用增压空气输送系统，管道系统应该密封良好。为了避免压缩机的噪声与振动传播到建筑的使用空间以及方便设备维护，应特别注意热泵的安放位置。壁橱是放置热泵管道的好位置，既能隔绝噪声又方便维修。热泵还可以放置在天花板上，但是这会造成维修困难，并且会增加天花板以上空间的尺度，从而增加建筑的层高。地源热泵系统具有重要的室外审美与噪声控制优势，因为其室外热交换机没有了，因此没有冷却塔、冷凝机、屋顶设备或者其他难看的设备占据屋顶或地面空间、制造噪声。

空气源无管道热泵是另一个选择。这些设备在全世界广泛使用，并在美国逐渐得到认可。可变速的空气源无管道热泵系统提升了整个系统的效率,并且提高了自身在室外低温下的能力，使得它们能够被应用于北方气候。热回收空气源无管道热泵系统，可以针对带有内核空间的建筑或其他高强度制冷需求空间同时提供高效的制冷和制热。源自管道制冷剂的输送损失要低于管道系统或者水管、蒸汽管的损失。以较低的寄生功率（比如，泵与风扇的功率）来传输能量的能力是非常出色的。这些系统的设计比锅炉或制冷系统等集中供应系统更加简单。

由于这些系统一般容量较小，因此对大型建筑而言需要多个单元。但是这些小体量的设备使得安装更为灵活。制热与制冷系统可以模块化安装,无需起重机,因为系统中没有太大的组件,每个组件都能进入标准的电梯。

目前无管道制热与制冷系统的最大局限是系统有最大长度的限制，室内与室外机组之间最大距离不能超过 500 英尺（152 米）。同样地，在室内与室外机组之间还有最大垂直高度的限制，大约 300 英尺（91 米）。还需要为室外设备找到合适的位置。

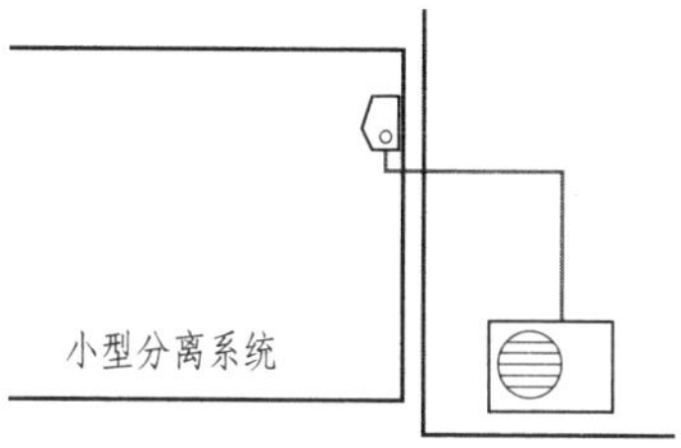

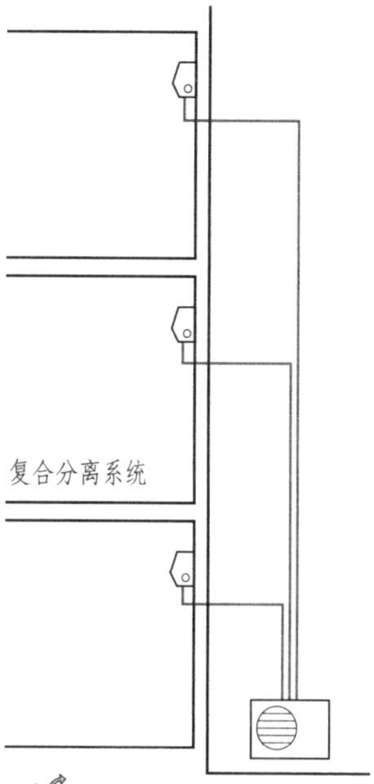

14.11 无管道系统。

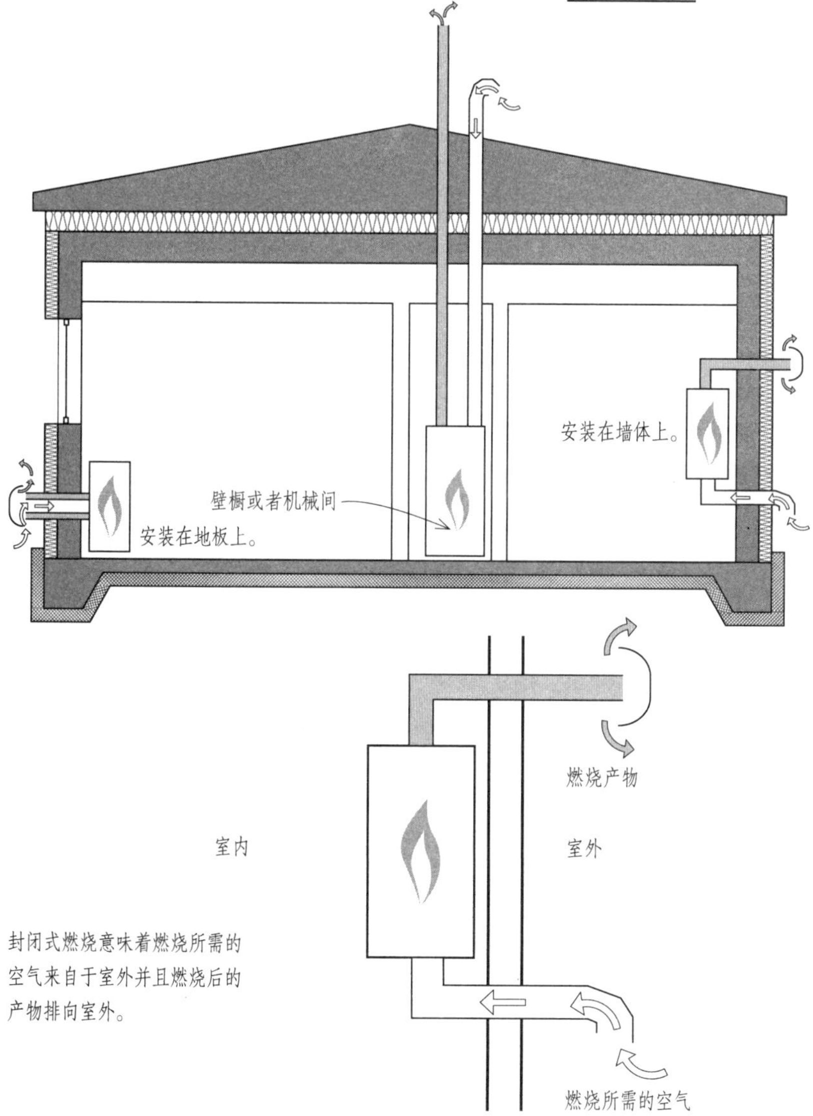

14.12 封闭式燃烧系统在热围护结构内部的位置选择。

无管道系统有两种类型：小型分离式，指的是一个室外单元匹配一个室内单元；复合分离式，指的是一个室外单元连接多个室内单元。

有些化石燃料系统是另一种选择，包括安装在热围护机构内部壁橱或者机械间里的密封燃烧锅炉或者熔炉，还有房间燃气加热器。

对于锅炉系统，最好不要将散热器安装在外墙上，外墙上的散热器会直接通过外墙向室外损失热量。辐射地板也是一个选择，然而辐射地板不完全适合急需快速应对室内温度变化的建筑，也不适合那些在使用时段内需要根据温度反馈迅速变化的空间。建筑地面层的辐射地板还面临着通过地面混凝土板失热的风险，即使是在隔热良好的条件下。

密封燃烧、气体燃烧、带有通风装置的房间加热器是另一种选择。一定不能将这些设备与不通风的加热器混淆，不通风加热器的外观与工作原理与通风加热器相似，只是直接将燃烧后的产物排向起居空间。由于不通风加热器会将湿气与燃烧后的副产品带入建筑内部，因此在绿色建筑中不受欢迎。正如电阻制热系统一样，这些系统都不提供制冷。

对于几乎所有的备选系统——锅炉、熔炉、热泵——都应尽可能地制定变速风扇和泵用电动机的规格。从大型系统到小型系统，变速风扇和泵用电动机可应用于大部分不同规格的设备中。在大型系统中，可以通过调节速度的控制设备——变速驱动（variable-speed drive，缩写“VSD”）或者是调速驱动（adjustable speed drive，缩写“ASD”），实现上述系统的选择；在小型系统中，仅仅通过变速发动机即可实现。变量输出制热与制冷系统，例如模块化的熔炉、锅炉、热泵需要仔细说明。还可以考虑一个更加经济的选择——二步系统，二步系统与恒定容量的系统相比，拥有更大的效率优势。

电阻加热器，例如踢脚板式电加热器或者橱柜单元加热器，可以放在每个房间。电阻加热器历来被视作一种昂贵、低效的加热形式，因此它在绿色建筑中不常见。根据电能来源的不同，电阻加热器也会存在大量碳排放，因此对于绿色建筑而言，这或许不是最佳选择。然而，如果可以通过可再生能源提供电能，例如风能或者太阳光伏能源，并且如果建筑已经被设计为低采暖需求或者近零热能需求，那么电阻加热则是一个输送损耗低的选择，对建筑外围护结构无影响，安装造价低，便于控制。

屋顶上的加热与制冷系统，常见于诸如零售商店这样的单层建筑上，适用于绿色建筑吗？屋顶系统的能源损失是非常显著的。在屋顶建造一个气密的制热与制冷的机房是非常困难的，因为在这些机房中的空气相对于室外空气，要么存在正压要么存在负压，空气会通过机房的洞口与缝隙从系统中泄漏出去。室外空气与室内调温空气都会通过这些系统进行空气流动，然而只有设备内部一层薄薄的金属板将室内外空气分隔。这种分隔有很多潜在的空气泄漏点，比如来自管道和供电与控制线路、密封设备的顶盖连接处、侧壁板上、坐落在设备底部的金属分隔片和很多螺丝紧固件的渗漏等。除此之外，室内分区被室外空间包围，有很多金属片接口、检修门以及其他渗漏，都会引起空气从设备单元中泄漏出去。用于机房的保温隔热层通常只有 1~2 英寸（25.4~50.8 毫米）厚，比建筑外墙与屋顶用的保温层薄很多。其他的损失还发生在管道连接处、屋顶上暴露在室外的管道系统及建筑地下的管道系统。或许因为这些设备位于屋顶，不在人们的视野当中，从而疏于维护；或许是因为它们经受风吹、雨淋、日晒，这些系统的状态和效率进一步退化。总之，对于绿色建筑而言，屋顶机械设备存在很多能耗的风险。

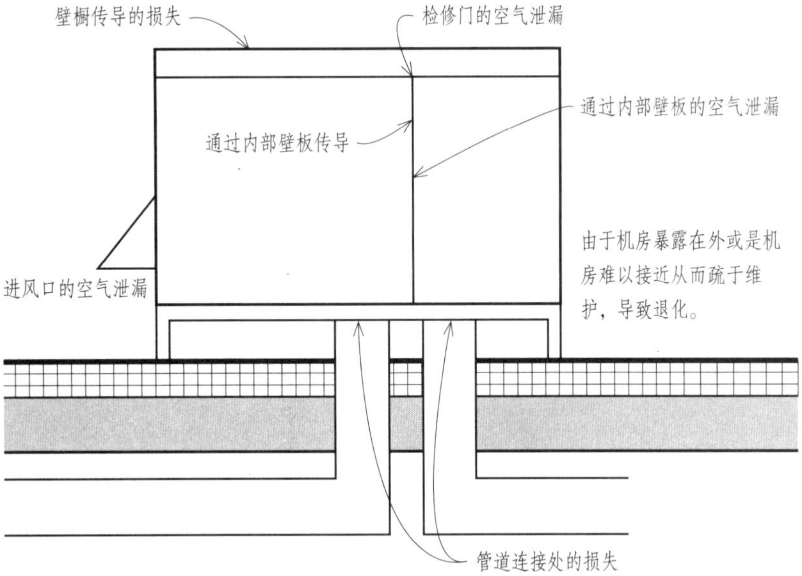

14.13 屋顶系统的弱点。

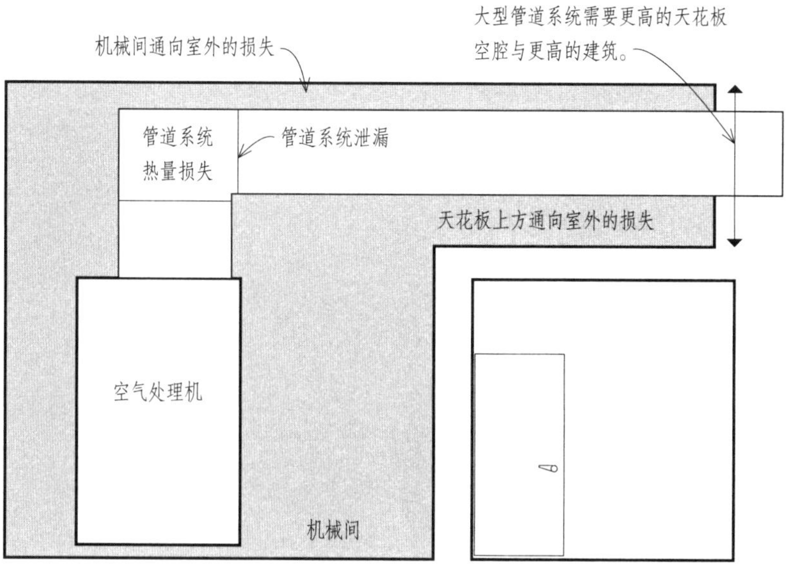

14.14 大型空气处理机和机械间的弱点。

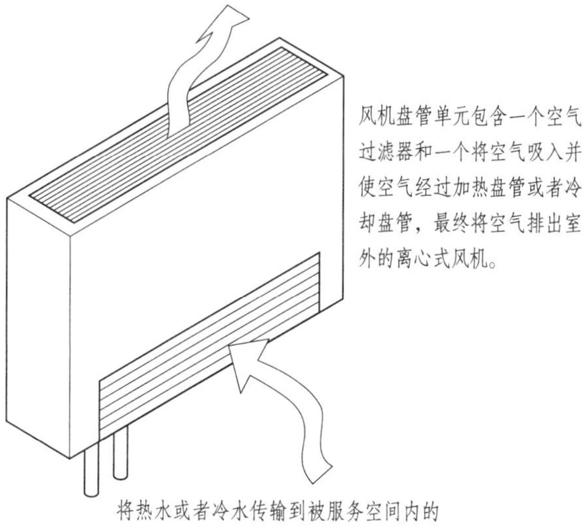

风机盘管单元包含一个空气过滤器和一个将空气吸入并使空气经过加热盘管或者冷却盘管，最终将空气排出室外的离心式风机。
将热水或者冷水传输到被服务空间内的风机盘管单元的管道。

14.15 水力风机盘管单元。

在机械间中使用中央空气处理机的大型集中制热与制冷系统比安装在屋顶、阁楼或者地下室的系统更高效，但是仍存在多种能量问题，包括没有保温或者保温不足的管道系统、漏气的管道系统以及尽管管道系统具有良好的绝热性与气密性，但是仍然存在的热损失。由于需要将大量的空气从机械间经过远距离传输送到调温空间，因此要求风机具有很大的功率。中央空气处理机也需要大型管道系统。由此导致了天花板上方的空腔高度增加，从而增加了整个建筑的高度和10%~20%甚至更多的造价以及通过建筑外围护结构的能量损失。埋有管道系统的天花板上的空腔会带来其他一系列发生在机械间和调温空间之间的损失。

依赖于中央机械间和大型管道系统的制热与制冷系统面临的挑战，启发我们选择一种更好的方式，那就是将分配与传输系统放置在需要制热与制冷的空间中，在这些空间中，几乎没有设备与输配过程造成的损失，也不会依赖保温和气密性。许多系统为我们提供了这种选择：无管道分离式热泵常见于世界范围内的各种建筑中，包括大体量的高层建筑；地源热泵一般能够达到同样的效率等级，尽管大多数系统仍有管道，也存在管道系统损失，并且需要能量运转泵水系统。某些特定种类的化石燃料加热器也能够为房间制热，尽管这些加热器不提供制冷。水力风机盘管是另一个已经得到验证的选项，可以提供较低的风扇功率，没有管道损失，并且具有很好的区域控制性，不过仍具有泵与管线的损失。

正如先前在热分区内容中讨论过的，中央空气处理机是风扇功率巨大的消耗者。大型空气处理机（指的是变风量空调系统，缩写“VAV 系统”）中变速马达所具有的能源优势逐渐被削减，因为现今很多极小的风机盘管都可以利用变速马达。相比于大型系统，小型分散式系统的风扇功率很小。正如通风选择中所阐述的，利用大型空气处理机来整合通风，其自身是有问题的。在大型空气处理机中实现通风会导致不必要的风扇功率消耗，阻碍了通风空气的分离及更高效的加热与冷却，进而引起过度通风。因为这些原因，大型中央空气处理机很有可能不像分散式系统一样高效，例如无管道热泵、地源热泵或者是水力风机盘管。

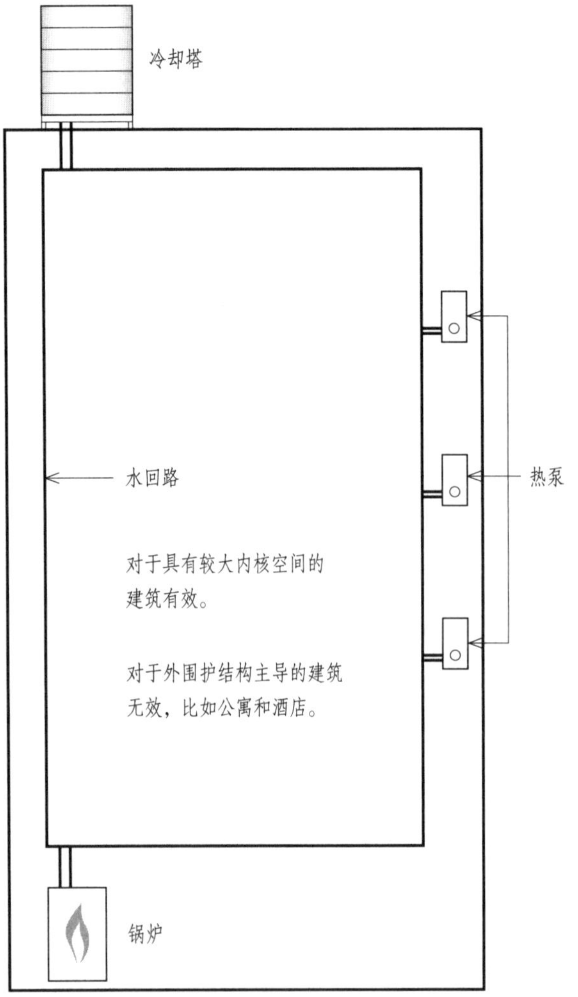
冷却塔
水回路
热泵
对于具有较大内核空间的
建筑有效。
对于外围护结构主导的建筑
无效，比如公寓和酒店。
锅炉

14.16 锅炉/塔水循环热泵空调系统。

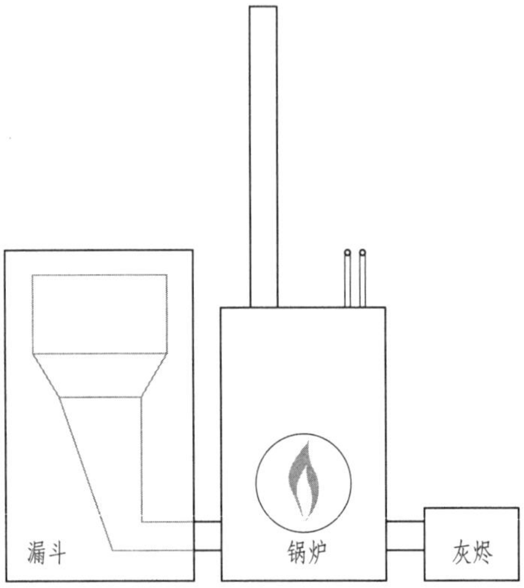
漏斗
锅炉
灰烬

14.17 生物质锅炉系统。

另一个选择是锅炉/塔水循环热泵空调系统。这些系统把锅炉作为热源,利用冷却塔向室外排放热量,与向调温空间提供制热与制冷的热泵共同协作。锅炉、冷却塔、热泵都会从水回路中吸收或者排放热量。

然而，经过实际观察得知，除非将其安装在有核心空间、非外围护结构主导的建筑中，否则锅炉/塔水循环热泵空调系统的效率很低。换言之，锅炉/塔水循环热泵最适合布置在大型建筑的中央内核，全年都会产生余热的条件下，严寒的冬季中央内核可以用来为建筑内部周边空间加热。对于广泛存在的、外围护结构主导的建筑，比如住宅、公寓、大多数酒店、单层零售建筑以及小型办公建筑，相比于其他主要的设备系统，比如化石燃料燃烧系统、地源热泵以及空气源热泵系统，锅炉/塔水循环热泵空调系统的能耗与碳排放量很高。因为在外围护结构主导的建筑中，锅炉/塔水循环热泵空调系统无法从室外、地面、或者是产生余热的空间中获得热量，无意中就会导致建筑内部分化石燃料燃烧制热和电制热，从而增加造价与能耗。

绿色建筑项目的一个普遍发展过程是，首先采用地源热泵系统进行建筑设计，然后当项目预算增加时将其改为锅炉/塔水循环热泵空调系统。对于外围护结构主导的建筑，这是一个错误，会导致锅炉/塔水循环热泵空调系统变成最无效率、碳排放量最高的系统。

另一个制热的选择是生物质燃料系统。生物质燃料包括木屑颗粒、木片以及原木等。使用生物质作为制热燃料的优点是碳排放量低，特别是考虑到生物质的生长能够吸碳。然而，典型的老式柴火炉是一个开放的系统，燃烧与排气都需要空气，这意味着老式柴火炉会带来不必要的空气渗透。新型的柴火炉与室外空气直接相连，因此可视作一个封闭的燃烧系统。近几年来，出现了生物质热水锅炉，尽管它们一般不安装在建筑的加热核中，因为它们需要放置在能够添加生物质燃料的地方。同时，还要清除灰烬。最后，生物质系统只能制热，不能制冷。尽管如此，生物质系统的低碳排放量使得有些建筑选择了它。

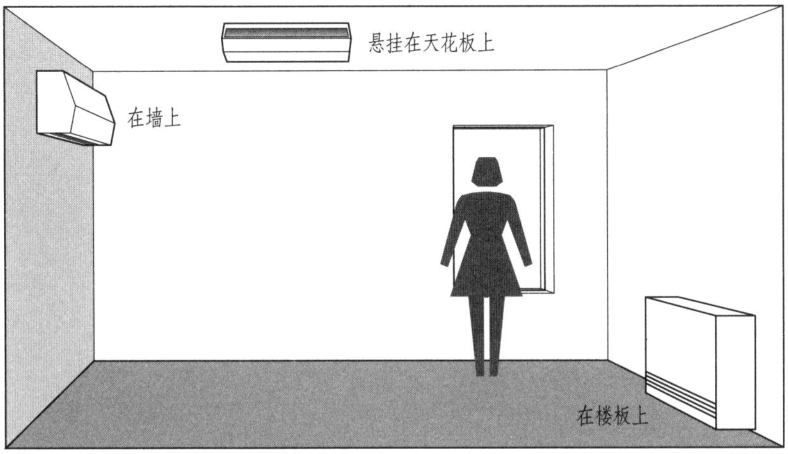

14.18 房间内部风机盘管单元的位置。

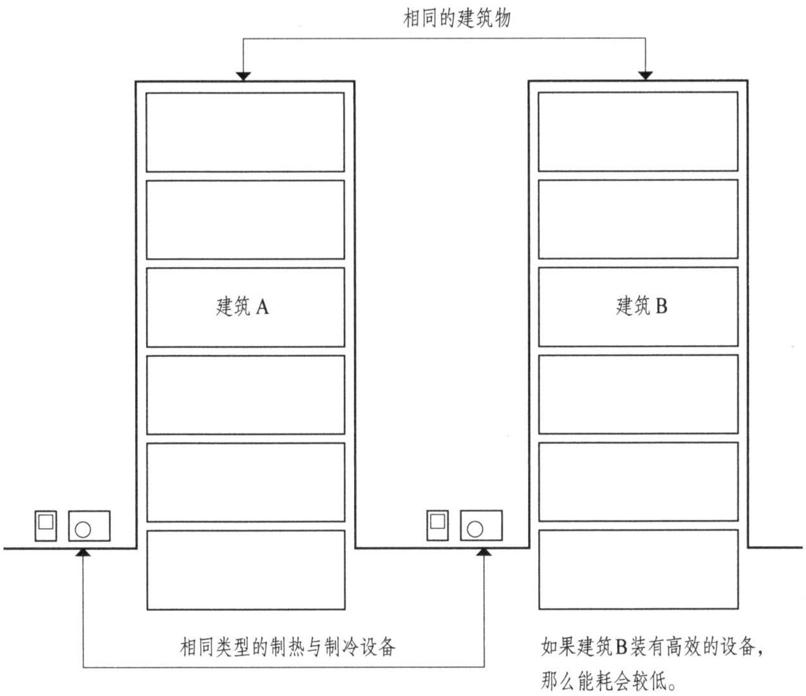

14.19 高效系统节能但是安装造价高。

14.20 一个估算能耗成本的简单公式。

高效设备节约的能量可以这样表达：

$1-(E_{low}/E^{high})$

E_{low} 是指较低的能效，E^{high} 是指较高的能效。

比如：一个效率为 95% 的锅炉，与一个效率为 80% 的锅炉相比时，节约能量为 1-（0.8/0.95）=16%。

绿色设计群体面临的一个关于制热与制冷的重要抉择是，设备是否放在房间内。这一点特别适用于安装在墙上、地板、天花板上的小型风机盘管。将设备安装在房间内部的益处有很多：消除输送损失、降低输配系统风扇功率、实现区域温度控制、可能会减少天花板上面的空间或地面下的管道空间以及减少安装造价。或许将设备安装在房间内部的唯一缺点就是噪声与不美观。尽管如此，将设备置于房间内部的做法已有很长的历史。比如，安装在地面上的铸铁散热器就是早期制热系统中的固定装置，并且现在仍然广泛使用。另一个例子是，学校通常使用位于窗户下面的制热与制冷系统。在美国以外的地区中，室内无管道的风机盘管在很多国家都很普遍。对于一个特定的建筑而言，如果室内风机盘管不被接受，还可以选择嵌在天花板中的风机盘管、安装在壁橱中或者其他隐蔽位置的管道式风机盘管。室内系统中需要避免使用的一种形式是穿墙系统，比如穿墙式空调器、一体化终端空调或者类似的热泵。这些设备需要的穿墙洞会造成空气渗透与传导失热。

系统效率 System Efficiency

不同的制热与制冷系统具有不同的效率，总体来说，效率高的系统较为节能但安装成本较高。一般来讲，高效系统最初的增量成本要根据运行一段时间后节省的能源成本来判定，但这一点需要通过能量模拟予以确认。

最低的设备功效是能源规范强制规定的，能源规范中的大部分条款通过联邦强制性能效规范，在全美国得以统一。高性能建筑标准比如《ASHRAE189》和《国际绿色建筑规范》，推荐或强制使用的更高的设备能效受到“能源之星”以及其他国家和公共设施能耗评估项目的鼓励。高效设备的安装成本与运行成本之间的权衡在建筑设计过程中就可以通过电脑模拟检测出来。简单的能耗成本估算也是有可能的。

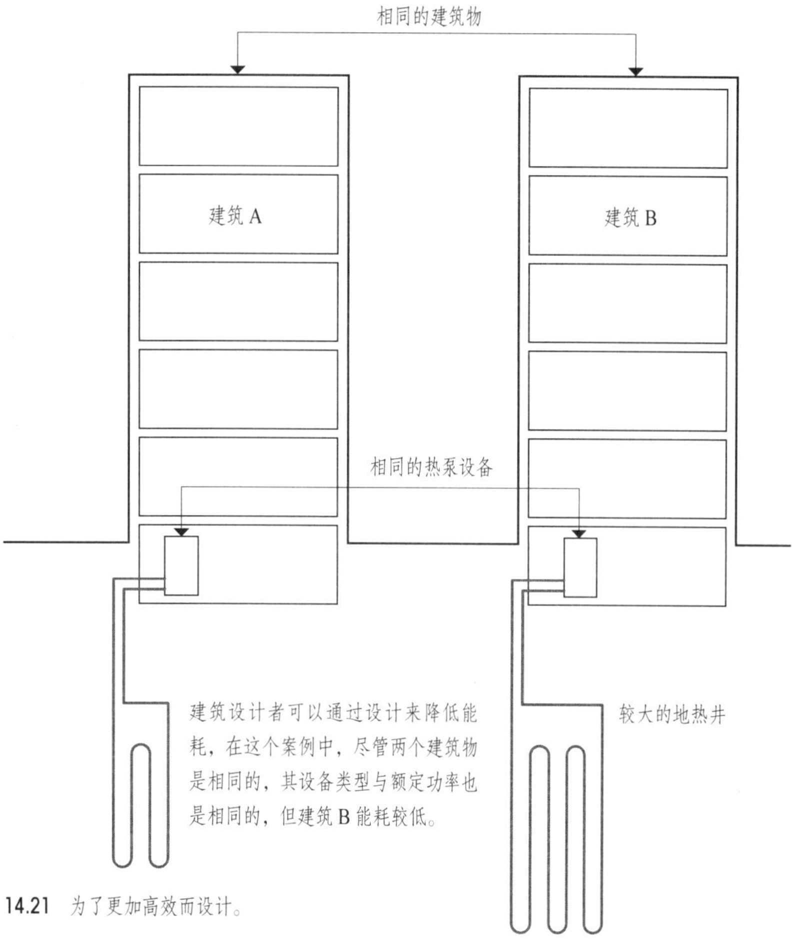
相同的建筑物
建筑 A
建筑 B
相同的热泵设备
建筑设计者可以通过设计来降低能耗，在这个案例中，尽管两个建筑物是相同的，其设备类型与额定功率也是相同的，但建筑 B 能耗较低。
较大的地热井

14.21 为了更加高效而设计。

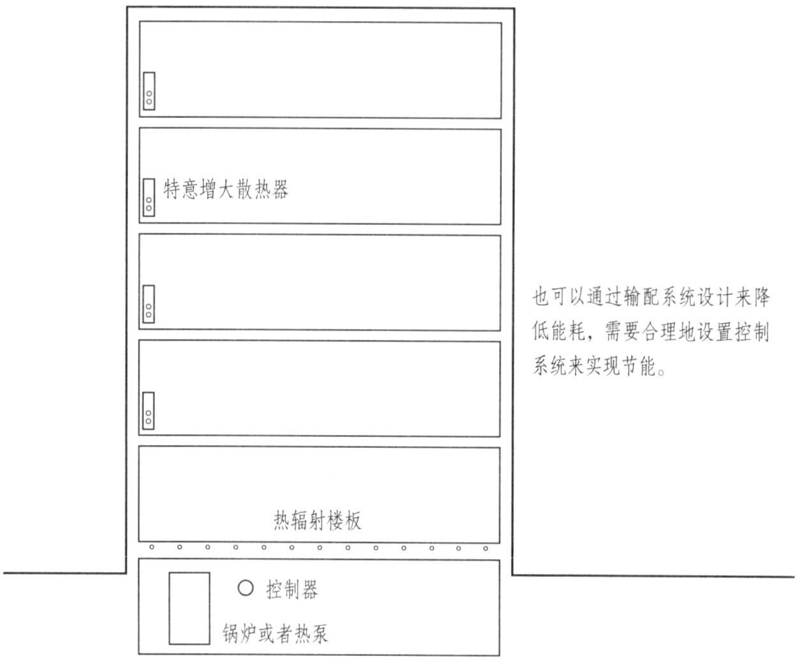
特意增大散热器
也可以通过输配系统设计来降低能耗，需要合理地设置控制系统来实现节能。
热辐射楼板
控制器
锅炉或者热泵

14.22 设计更加高效的输配系统。

在特定气候条件下的特定建筑中，一个特定设备的性能不会总是跟评估的性能一致，意识到这一点非常重要。并且在很多方面，建筑设计人员对设备的实际运行效率都有重要的控制作用。例如，当地热井区域较大或者导热土壤条件较好时，地源热泵会更高效地工作；相反，如果土壤的热条件较差或者地热井区域较小时，系统运行效率会降低。同样，如果冷却塔较大，冷却系统会更高效地工作。

在建筑内部进行水循环的制热设备，例如锅炉系统或者提供热水的热泵，在输配系统尺寸足够大以至于水温较低的情况下，会以较高的效率运行。某种类型的输配系统，比如地板热辐射系统，在设计得当的情况下，会提供较大的表面积来降低水温。关键点是回到热泵或者锅炉的水温应该足够低。

为了充分获得这些降低温度策略的益处，需要据此设定系统控制装置。潜在的得能率（efficiency gain）非常重要，一个回水温度为 130°F（54°C）的冷凝锅炉以 87% 的效率工作，如果使用较大的散热器或者热辐射地板，那么其效率可以提升至 95% 以上。对于一个热泵而言，效率增益更加显著，一个以 104°F（40°C）的回水进行制热的热泵，其性能系数（coefficient of performance）为 3.1，如果回水温度为 90°F（32°C）时，其性能系数可增至 3.8，同时获得 23% 的效率增益。

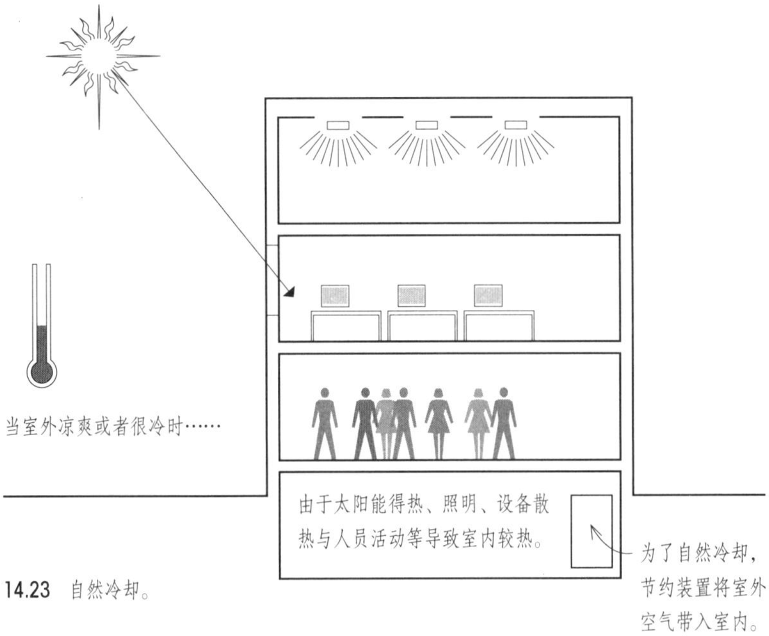

当室外凉爽或者很冷时……
由于太阳能得热、照明、设备散热与人员活动等导致室内较热。
为了自然冷却，节约装置将室外空气带入室内。

14.23 自然冷却。

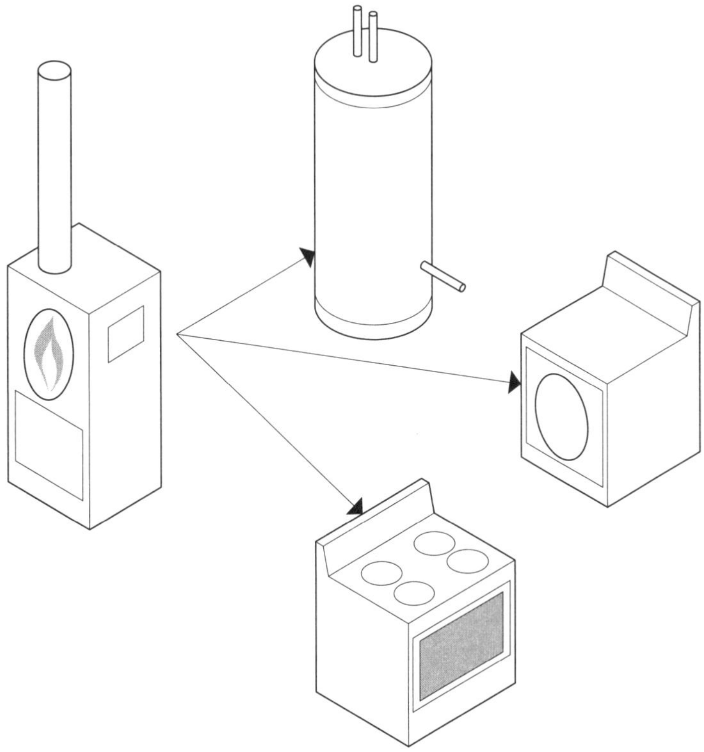

14.24 制热燃料的选择通常影响了热水器、衣物烘干机与壁炉等设备的燃料选择。

对于制热与制冷设备而言，有各种各样提高效率的策略可供选择，其中大部分策略是节能规范中所要求的，尤其适用于大型设备，但是这些策略也可以在规范没有要求的情况下应用，包括：

- 自然冷却，也被称作“节约装置”。当室外凉爽而室内较热时，这些系统利用室外凉爽的空气或者经过室外空气冷却的水为建筑制冷，通常用于过渡季，建筑室内得热较高的情况下。
- 重置室外冷却水、热水以及空气的温度。通过改变制热与制冷系统的温度来增加系统的效率。比如，当室外温度适中时，就增加冷却系统中的水温，或者降低锅炉系统的水温。

近几年，已被证实，尺寸过大的制热与制冷系统会导致能量损失。这些损失的发生是因为尺寸过大设备的短期循环。能源规范与绿色建筑标准逐渐要求设备尺寸不能过大。更重要的是将可变容量设备列入选择范围内，这些设备在满荷载与部分荷载的情况下尺寸都不会过大。

同时，正如前文提到的导致绿色建筑失效的弱点也需要牢记于心。超规格不合理并不意味着低规格就合理。一台规格过小的制热或制冷设备会导致建筑不舒适，比如冬季过冷夏季过热。制热与制冷系统的规格最好既不过高也不过低，而是尺寸正合适。

燃料选择 Fuel Selection

任何绿色建筑项目中的一个重要决策就是制热燃料的选择。燃料的选择一般会有其他衍生分支，通常是指其他应用的燃料选择，比如家庭热水、厨房内的烹饪以及洗衣房中的干衣过程。

制热燃料包括太阳能热源、热泵所需的电能、电阻热源、天然气、燃油、丙烷、煤油、生物质以及煤炭。在具有区域制热系统的城市或者校园中，购买蒸汽或者热水也是一种选择，尽管蒸汽与热水最终也是由上述燃料加热而成的。很多工业系统从工业生产过程中得到免费的废弃热量。废热发电是另一个热量的来源，在废热发电中，电能与热量都来自于一个独立的过程，同样地，这个过程仍然是由上述燃料燃烧供能的。

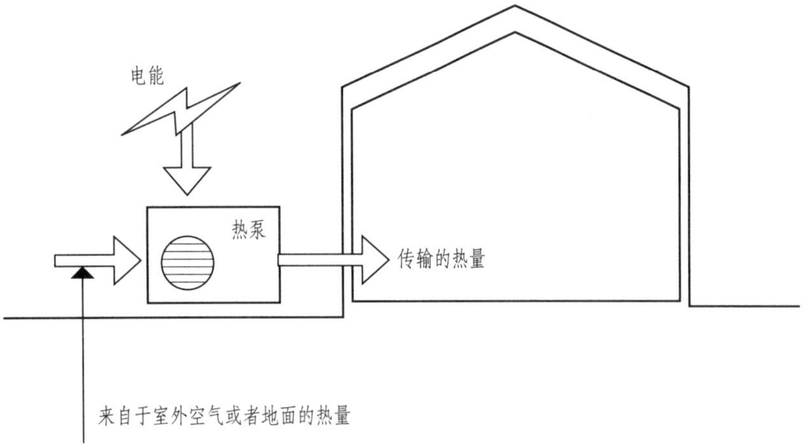

14.25 热泵系统。

14.26 天然气燃烧相对干净，但是天然气是一种有限的资源。

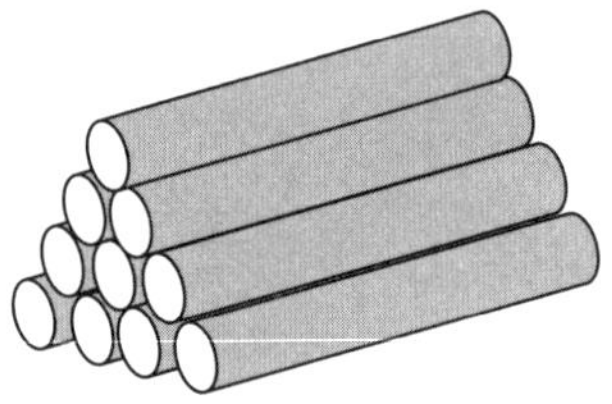

14.27 生物质产品是可快速再生的燃料资源，并且可以视为碳中和资源。

有些燃料因其较高的碳排放量不太可能成为绿色建筑项目的选项。这些燃料包括燃油、煤油、丙烷以及煤炭。这使得太阳能热源、电能、天然气与生物燃料成为绿色建筑制热燃料的最佳选择。

太阳能热源制热在第15章“可再生能源”中单独介绍，在本章中，重点介绍非太阳能形式的制热。

除了应用于近零能耗建筑或者热荷载很低的房间中，电阻制热形式的电能应该被排除在外。电阻制热是一种造价很高的为建筑提供热量的方法。电能是一种高级能源，不适合作为制热选择，因为制热是一种较低级的能耗形式。

当热泵中用到电能时，系统效率通过从室外空气得热或从地下及地下水等得热而增大。热泵或许是如今绿色建筑制热中最为广泛使用的方法。正如前文所述，锅炉/塔热泵系统是一个例外，锅炉/塔热泵系统在绿色建筑中不被推荐，除非是在拥有超大内核的建筑中或者具有实质性内部得热的建筑中。

有些绿色建筑中使用天然气。在近几十年中，燃烧天然气是一种相对清洁高效的选择，已经得到普遍推广。缺点在于天然气是一种有限的资源，并且天然气的采集方法，包括高压水力压裂法，对环境具有极大的不利影响。这些不利的影响包括空气污染、水污染、土壤污染、来自于钻井基地的钻井设备与发电机噪声污染、灯光污染、视阈干扰以及每天需要将污染过的水从钻井基地运走的上百辆卡车。

生物质燃料包括木材、木屑、木块以及其他各种可快速再生的燃料资源。生物质燃料的优势在于它们的碳排放量低——生物质燃料在生长的过程中从环境中吸收碳。燃烧设备逐渐趋向于清洁化，尽管颗粒与其他燃烧排放物依旧是一个历史性的问题。生物质燃料的缺点包括燃烧过程不清洁产生的空气污染；装载燃料的需求，尽管自动预警已经使装载过程变得更容易。传统的壁炉以及很多传统的柴火炉都不够绿色，因为它们存在不完全燃烧、低效率以及为了支持燃烧，以渗透方式吸入建筑内部大量冷空气的问题。

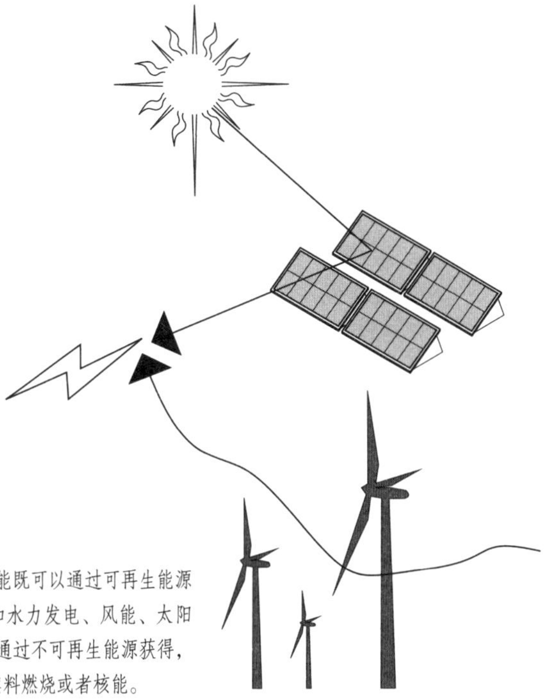

14.28 电能既可以通过可再生能源获得，比如水力发电、风能、太阳能，也可以通过不可再生能源获得，比如化石燃料燃烧或者核能。

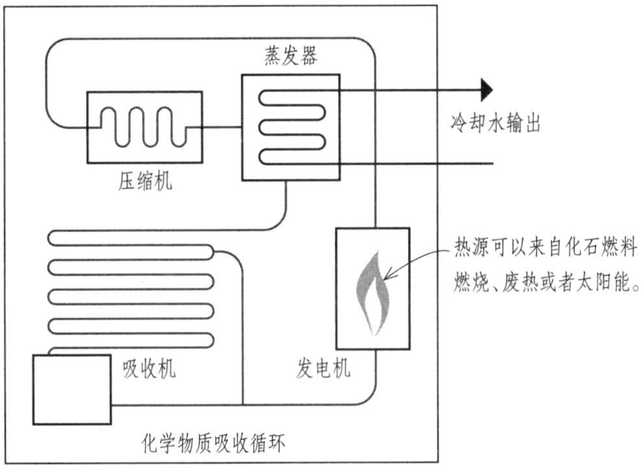

14.29 吸收式制冷。

燃料的选择通常与特定的建筑、燃料的可行性以及燃料对建筑的适用性有关。一场大规模、全社会的运动正在形成，主张或反对使用某些燃料。这场运动包括：电能逐渐可以通过可再生资源获得，比如风能、太阳能以及水力发电系统。换言之，我们使用的一部分电能已经是来自可再生能源，并且这部分电能的比例在逐渐增长。另一方面，化石燃料永远不可能是可再生的，化石燃料的损耗使得采矿产业越发困难，从而增加了对环境的负面影响。

选择了空间制热的燃料以后，还要选择建筑内较小燃料荷载的燃料。第二个重要的选择是为生活热水选择燃料，一个利用电能为空间制热的建筑更有可能选择电器设备——电炉、电衣物烘干机等，这是空间制热燃料选择与设备燃料选择的另一种思路。

先进的新兴系统
Advanced and Emerging Systems

各种各样先进的新兴系统可以提供专业的制热与制冷。吸收式制冷系统可以通过使用化学物质吸收循环来提供制冷，需要输入热量而不是一台电力驱动的压缩机。风机和泵仍然需要动力。当可以利用无成本的废热资源时，这些系统就很有吸引力，比如利用来自于工业生产过程中的热量、来自于发电过程中的热量或者是来自于太阳的热量。与传统制冷方式相比，吸收式制冷系统，由化石燃料热源或者买来的蒸汽与热水驱动，一般来讲不具有竞争力，也不节能，除非其热源是无成本的废热。

由总动力工厂提供的区域制热与制冷，通常利用蒸汽或者热水制热，利用冷却水制冷。在绿色建筑项目中应该避免使用蒸汽，因为蒸汽容易导致漏气，并且这些漏气不易被察觉，还有高温蒸汽容易产生热损失。区域制热与制冷的优势，在其结合了电力生产之后会得到提升（热电联供，英文缩写“CHP”）。区域制热与制冷的劣势包括输配损失。

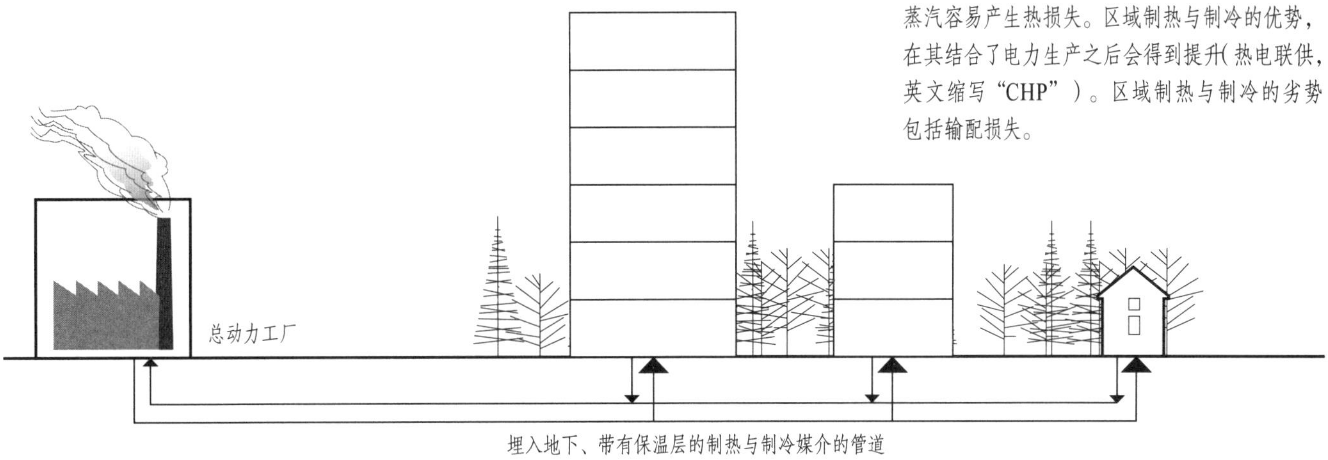

14.30 区域制热与制冷。

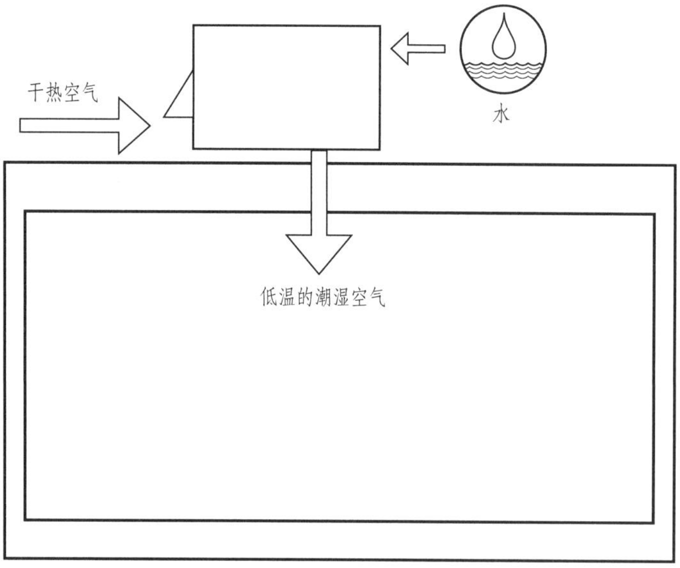

14.31 蒸发式冷却。

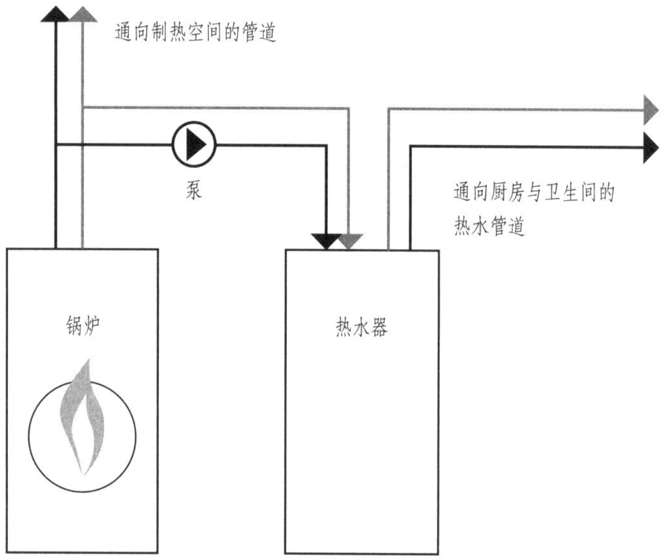

14.32 整合系统。

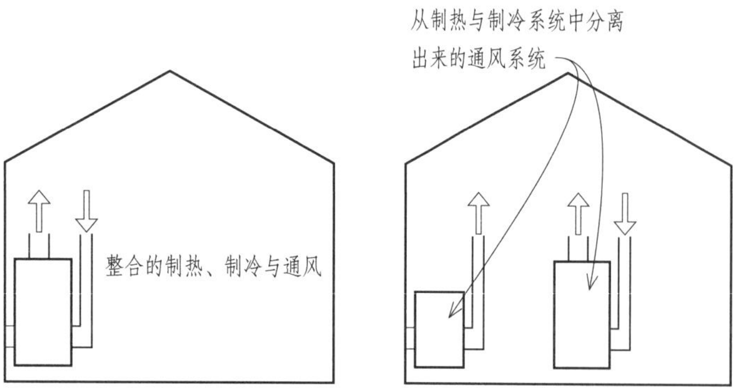

14.33 在绿色建筑设计中，将类似于通风与生活热水供热等功能从制热与制冷系统中分离出来是明智之举。

蒸发冷却是由水蒸发带动的，这种系统在干燥的气候条件下工作，相较于传统的制冷方式能耗较少，但是耗水量大。

可以利用各种各样的热能储存技术。冰蓄冷通常利用从白天到夜间的电力负荷峰值转换，这项技术的核心并非节约能量或者降低碳排放量，而是降低夏季电力需求的峰值，从而降低峰值需求的费用。根据场地情况，冰蓄冷在有些条件下可以降低能耗与碳排放量，但是在其他情况下，会增加能耗与碳排放量。存储容器通常由混凝土制造，其材料含能很高，在分析的过程中应该予以考虑。

其他一些新兴的技术包括束流冷却输配、独立新风系统（dedicated outdoor air system，缩写“DOAS”）以及除湿冷却系统。束流冷却逐渐与独立新风系统结合使用，通过分离空调的两个功能来降低制冷能耗，这两个功能分别是降低空气温度与除湿，使得两个功能各自以高效率运作。

系统整合 System Integration

在制热与制冷系统中，综合其他额外的功能是很常见的，比如通风或者生活热水加热等。这种整合可以降低安装成本，但是会带来复杂的问题以及计划之外不必要的能源浪费。

使用大型锅炉系统获得生活热水被证实一般是低效的并且不节能，因为很多锅炉在夏季工作时效率很低，只能提供生活热水所需的很少热量。接下来的问题是，将生活热水整合于高效的冷凝式供热锅炉，在存在相互连接的管道、热泵和锅炉损失的情况下是否节能呢？

将通风与中央空气处理系统整合也存在问题。通风给制热与制冷系统带来了一个不同类型的负荷，尤其是在夏季带来一个重要的除湿负荷的问题。相比于通风系统通过自身的风扇提供动力，当通风系统与中央系统整合时，通风系统需要四至五倍的风扇功率。独立新风系统近来的发展已经证明源自于制热与制冷系统中的耦合通风具有能源优势。

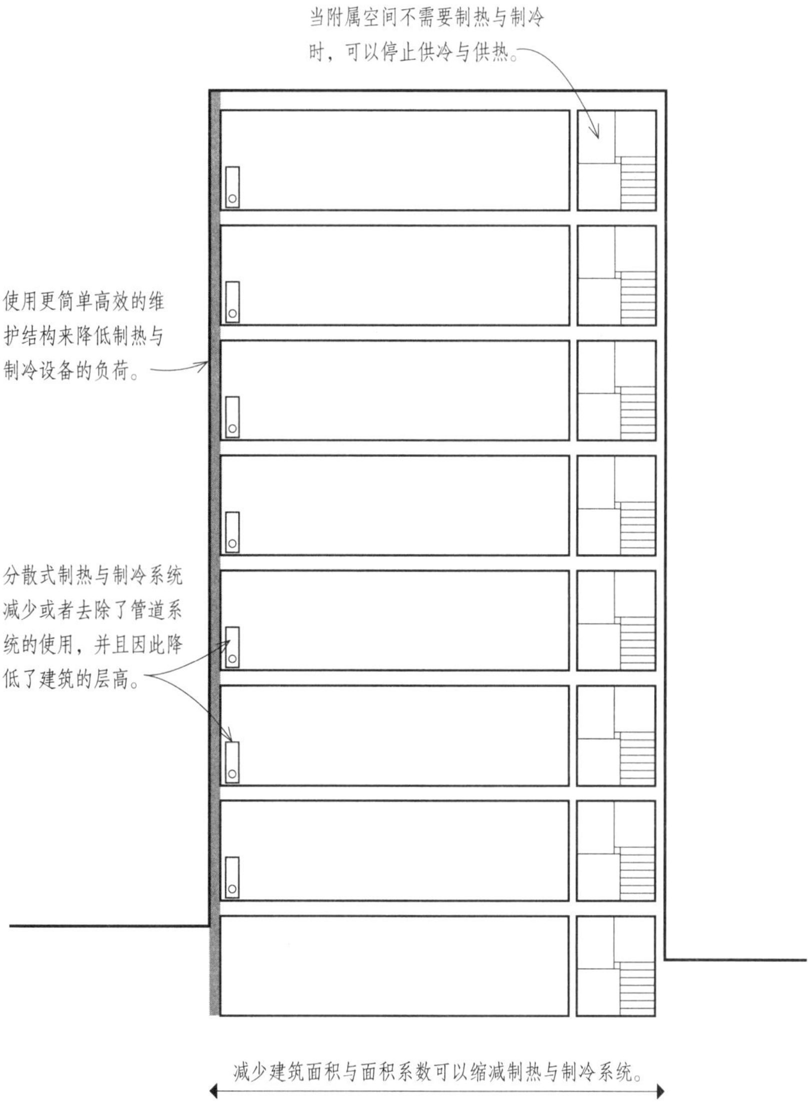

当附属空间不需要制热与制冷时，可以停止供冷与供热。
使用更简单高效的维护结构来降低制热与制冷设备的负荷。
分散式制热与制冷系统减少或者去除了管道系统的使用，并且因此降低了建筑的层高。
减少建筑面积与面积系数可以缩减制热与制冷系统。

14.34 节约制热与制冷系统成本的方法。

可承担性与制热 / 制冷
Affordability and Heating/Cooling

地热系统的安装成本非常高，因为需要地热井区域。然而，节能一般是在建筑全生命周期成本的基础上评估增加的成本。作为无管道热泵中典型的一部分，可变制冷剂流量系统的最初成本比地热系统的最初成本低，但是比低端的制热制冷系统的最初成本还是高很多。最经济的制热与制冷系统通常是最不节能的，比如一体化屋顶机房、穿墙式装置和非密闭的燃烧系统。

尽管如此，在绿色建筑中，仍然有很多节约建造成本的选择。

制热与制冷中最主要的成本节约来自于减少负荷，这是简单高效的外围护构件的必然结果。制热与制冷系统成本的降低与外围护结构负荷的降低是成比例的。然而，这些节省只有在外围护结构设计完成后，确定了合理的制热与制冷设备及输配系统规格时，才能发生。

绿色建筑设计中的一些其他因素，使得很多空间不需要制热与制冷,这样会进一步降低建造成本。在水平方向（建筑外围护结构周围）与垂直方向（在一个空间内部，从楼板到上一层的楼板）改善室内温度分布可以进一步将制热与制冷从某些空间中去除，例如，在某些公寓中，当仅仅为起居室供热时，卧室也能够很舒适。

将制热与制冷系统布置在保温层之内，建造成本可以因为管道分布长度的减短而大大降低。例如，在循环式制热系统的设计中，主要管道通常是分布在地下室的围护结构附近，输配管道与散热器则位于每层楼板的边缘。通过改进外围护结构的设计，改善室内温度分布状况，就可以不用将散热器安装于建筑外围护结构上，而是直接安装于内墙上。因此，可以将主要的供热与回水管道安装在建筑内部，并且每个空间的供热管道仅需从建筑核心铺设至内墙上的散热器，而非外墙上的散热器，大大缩短了管道距离。

降低小型高效的分布式制热与制冷系统建造成本的最大潜力，来自减少或者去除管道系统。在大多数建筑中，一个重要的维度——层高——是由天花板上方铺设管道系统的空间高度决定的。减少或者去除管道系统，可以大大降低层高。在很多建筑中，这个高度在1~2英尺（305~610毫米）之间，当埋有主要管道时，这个高度一般可以高达3~4英尺（915~1220毫米）之间。

15

可再生能源

Renewable Energy

可再生能源是指通过可再生资源，例如太阳或者风，提供的能源。可再生能源与消耗性的化石燃料（比如石油、天然气、煤等）所产生的能源是相对立的，这些燃料形成于几百万年前，同时社会对其消耗的速率要大于其形成的速率。可再生能源与排放污染物的燃料所产生的能源也是相对立的，这些污染物具有持久的影响，比如核污染。

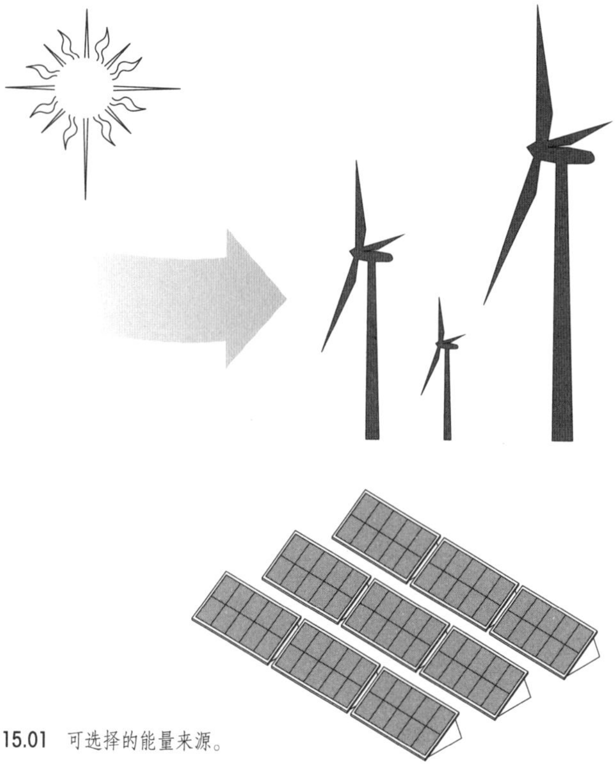

15.01 可选择的能量来源。

设计了低能耗建筑之后，应该将注意力集中到利用可再生能源来提供建筑所需的部分或者全部能量上来。在这方面，可再生能源是最有效的，因为可再生能源设施的安装成本虽然比大部分节能设施的安装成本高，但是对于所有的建筑节能技术而言，可再生能源通常是效果最为显著的。分开来说，可再生能源设备自身包含了制造与运输过程的物化能（embodied energy），因此这部分能量损耗会抵消其产出的部分能量。

在由外而内设计的接合点，比如在屋顶或场地设计阶段，因为事先已经考虑到了建筑如何利用可再生能源，因此建筑能够很好地接受可再生能源设备。例如，屋顶应该朝向能够最大化接受太阳辐射的方向，并且应该清除屋顶上的障碍物，为铺设太阳能板提供最大的面积。

在此谈论的可再生能源系统主要是指太阳能与风能。有时也将生物能制热视作一种可再生能源，这点已在第 14 章“制热与制冷”中单独说明。地源热泵有时也被视作一种可再生能源技术，但这是不恰当的。来自温泉的地热能也许有理由被视作可再生能源，然而与其他类型的热泵一样，地源热泵依赖于电，因此不能被视作可再生能源。

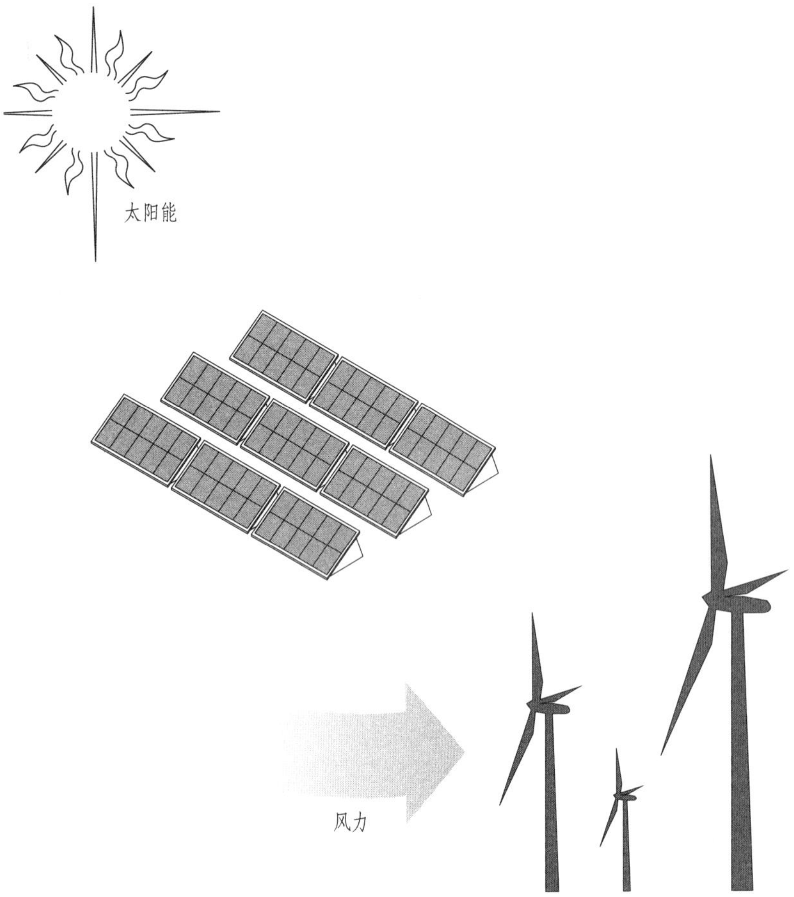

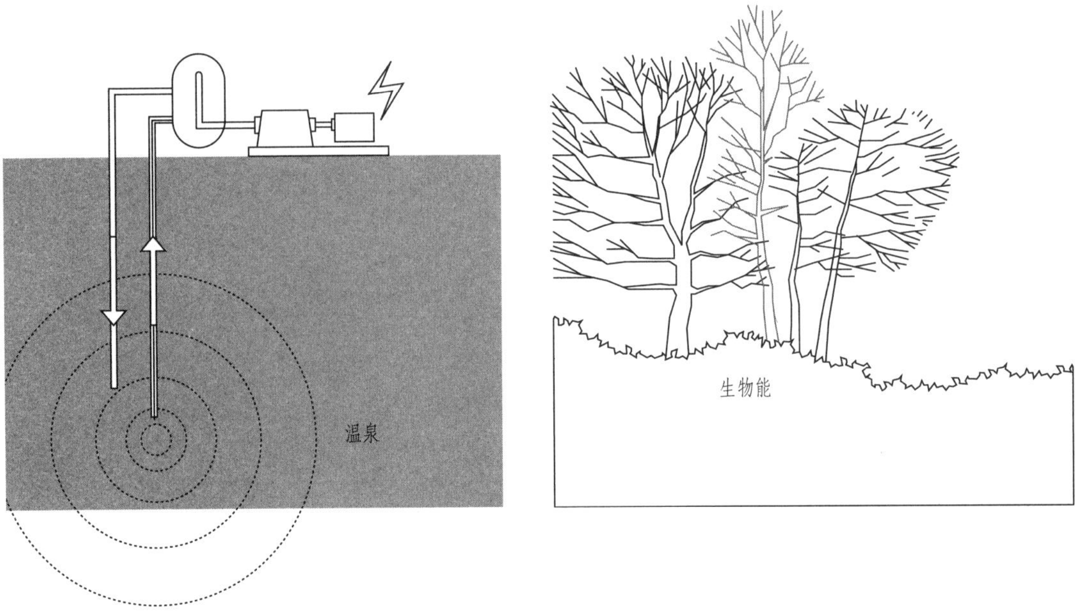

15.02 可再生能源的来源。

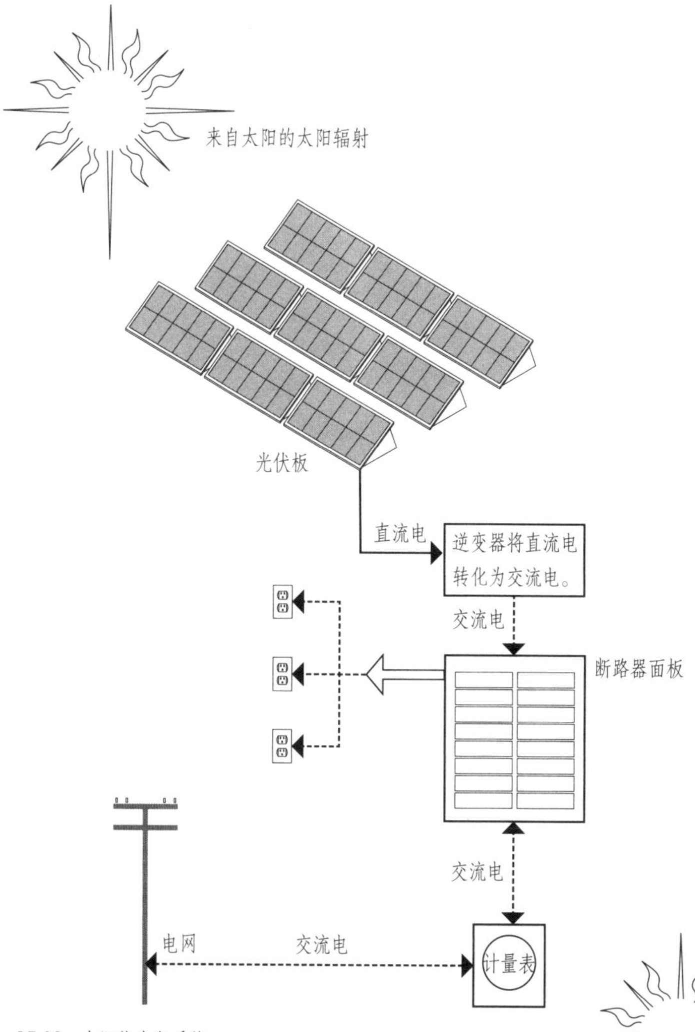

15.03 太阳能光电系统。

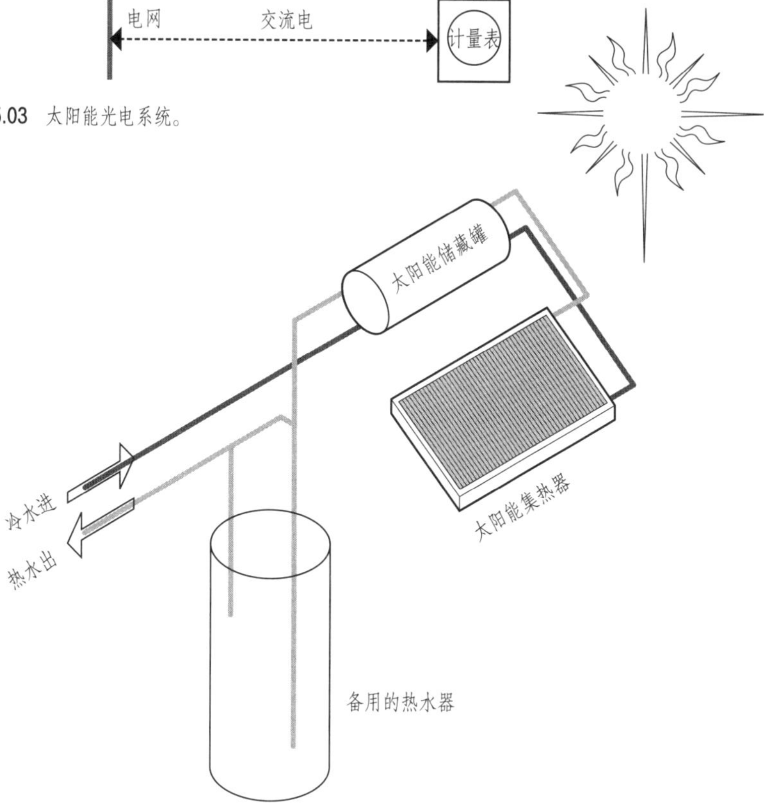

15.04 被动式太阳能热水系统。

太阳能 Solar Energy

太阳能光电系统可以利用太阳能发电，太阳能集热系统可以利用太阳能产热。我们在之前的社区与场地（对于地面上安装的系统）以及建筑细部设施（对于屋顶上安装的系统）等章节中讨论过太阳能板的安放位置。

太阳能光电系统 Solar Photovoltaic Systems

常见的太阳能光伏板是模块化的，光电系统没有可动的部分。电能在模块中是以直流电的形式产生的。一个被称为“逆变器”的控制设备接收了这种直流电并将其转化为建筑所需的交流电。如果太阳能光伏板生产的电能多于建筑所需的电能，那么可以将多余的电能输入电网。太阳能光电系统既可以与电网连接，也可以利用电池组作为一个独立的系统，或者二者兼有，使系统与电网连接的同时也能够在断电的时候独自运行。尽管有些乐于自给自足的人偏爱电池组，但是目前大多数系统都是与电网相连的。太阳能光电系统的好处包括技术成熟可靠、可预知系统产生的电量。由于价格下降、政府激励、公众兴趣以及新的财政选择等因素，太阳能光电能源已经被广泛使用。太阳能光电系统的使用风险包括模块的损坏与逆变器的故障问题，但是这些风险发生的概率较小。

太阳能光热系统 Solar Thermal Systems

太阳能光热系统既能用来加热液体，也能用来加热空气。太阳能光热系统通常指的是太阳能集热器。

在温暖的气候中，太阳能光热系统中的液体是水，在寒冷的气候中，则是水与防冻剂的混合物。液体系统可以是被动式的，不需要泵就可以运行；也可以是主动式的，需要泵才能运行。被动式系统是指热虹吸管系统，虹吸管系统的储水槽安装在系统的最高处，通常在屋顶集热器的上方，通过重力带动水循环。这些以水为主的热虹吸管系统在温暖的气候区中更为常见，因为在温暖的气候区不存在冰冻的风险。

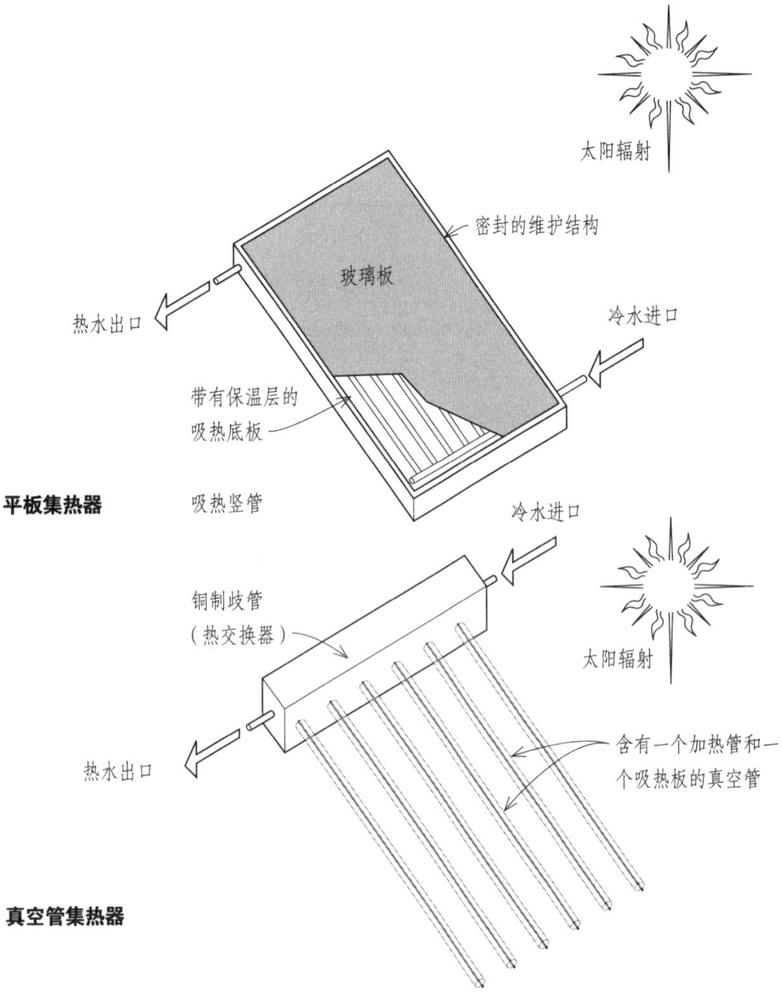

15.05 液体太阳能集热器的种类。

常见的液体集热器类型包括平板集热器和真空管集热器。平板集热器造价较低，但是产热效率也较低；真空管集热器造价较高，同时产热效率也较高，因为真空管集热器是由模数化管材现场拼装而成的，因此便于在屋顶上安装。

以空气为主的系统既可以加热用来通风的室外空气，也可以加热室内空气。通风装置在一种叫作“渗透型太阳能集热器”中很常见，空气通过渗透型太阳能集热器上的洞口进入室内。加热空气的系统既可以是主动式系统，利用风扇进行空气循环，也可以是被动式系统，没有风扇也能够运行。

无论被动式还是主动式，太阳能集热系统通常由三个部分组成：

- 集热器，用于接受太阳能；
- 储存器，在日照充足的时段用于储存热量，在日照不足的时段用于提供热量；
- 控制器，合适的时候开始收集与储存太阳能，当阳光不足时防止能量损失。

这三个部分对于一个太阳能集热系统的效果而言非常重要。如果没有这三个部分，一个太阳能集热系统损失的热量会超过其产生的热量，如果系统没有正确地收集、储存与控制热量，那么正如集热器在白天可以获得能量一样，在夜晚也可以轻易地损失能量。

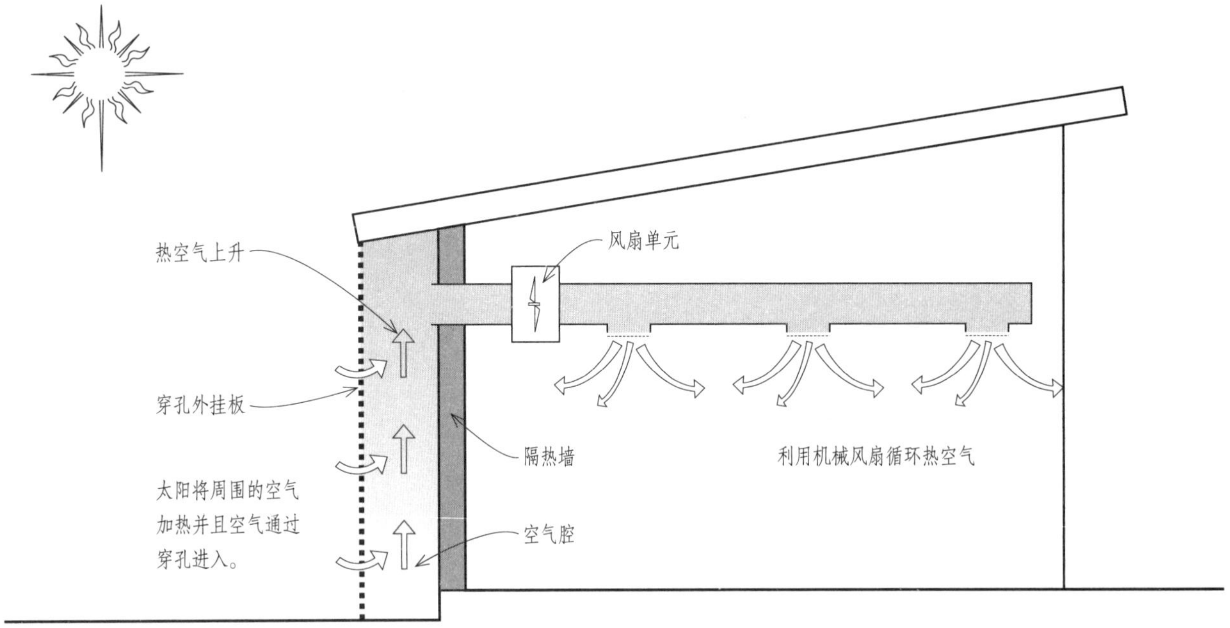

15.06 渗透型太阳能系统。

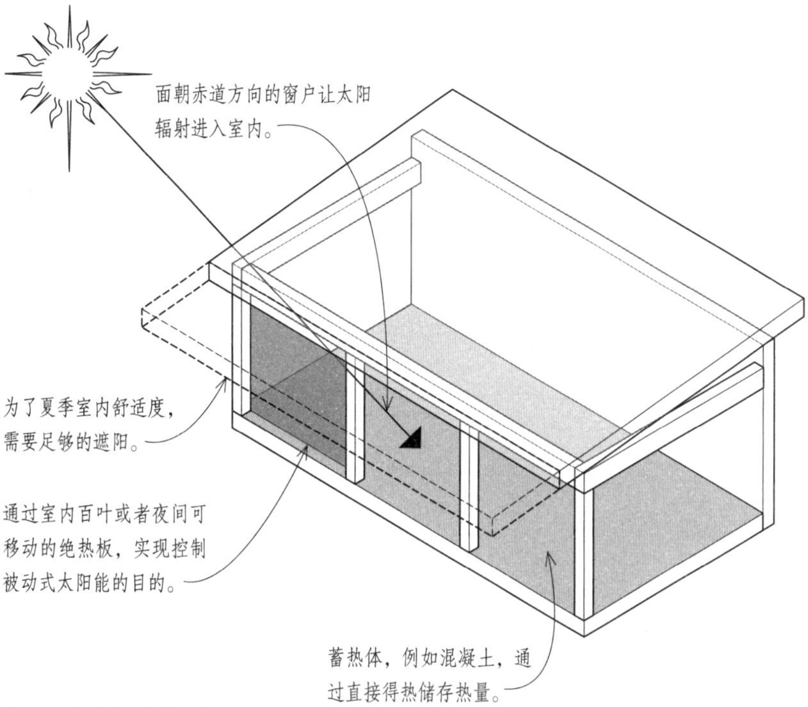
面朝赤道方向的窗户让太阳
辐射进入室内。
为了夏季室内舒适度，
需要足够的遮阳。
通过室内百叶或者夜间可
移动的绝热板，实现控制
被动式太阳能的目的。
蓄热体，例如混凝土，通
过直接得热储存热量。

15.07 被动式太阳能系统。

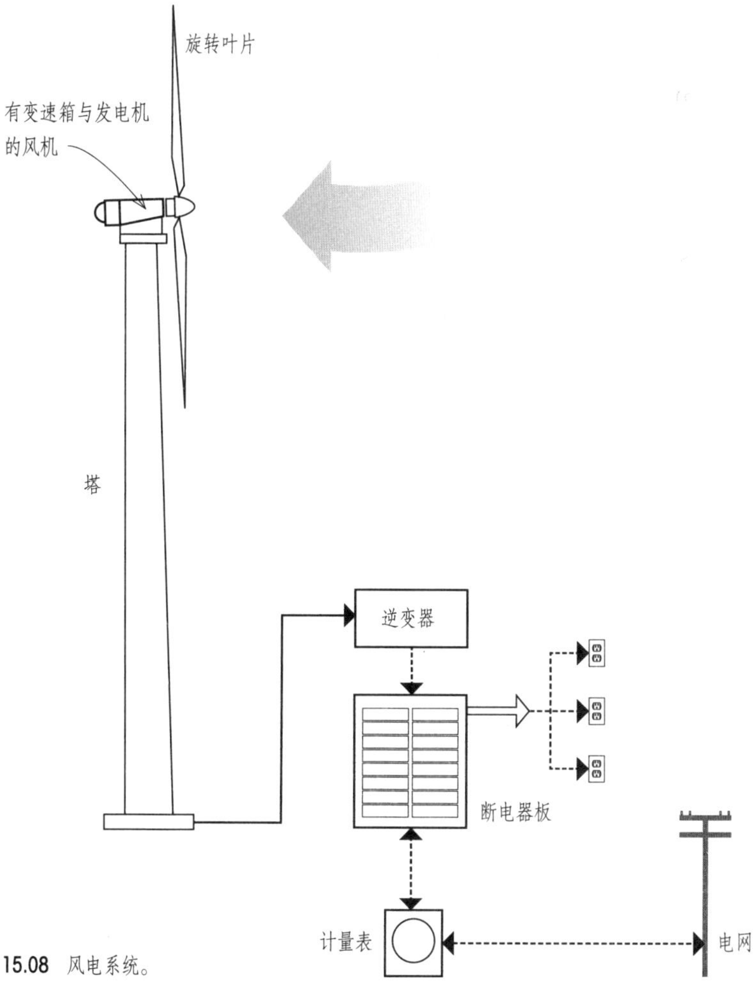
旋转叶片
有变速箱与发电机
的风机
塔
逆变器
断电器板
计量表
电网

15.08 风电系统。

被动式太阳能 Passive Solar Energy

被动式太阳能指的是不用机械设备或者电力设备（比如泵或者风机）来获得太阳能的热量。

被动式太阳能领域在很多方面为目前的建筑节能与太阳能利用的相关知识奠定了基础。通过被动式太阳能系统发展过程中艰难获得的经验，我们已经掌握了被动式制热建筑需要的太阳能系统的三大组成部分：集热、储存以及控制。集热通过南向的窗户即可实现，储存通常利用蓄热体实现，控制通过夜晚窗户上可移动的绝热百叶即可实现。我们现在知道了如果没有储存与控制，面向赤道方向的大窗容易引起白天建筑过热、夜晚建筑失热的问题，需要增加不必要的化石燃料能耗。

被动式太阳能对于很多人而言都是一个可行的选择，例如对带有极少可动件的建筑能量系统进行调试的人员；能够接受建筑瑕疵（诸如室内温度波动）的人员以及积极参与能量系统控制的人员，比如在夜间增加或去除窗户的保温层或蓄热屏障等。

风能 Wind Energy

现代的风力涡轮机可以用来生产电能。风力涡轮机胜过太阳能光电系统的一个优势是白天与夜晚都可以发电。劣势包括造价高、依赖稳定的风向以及噪声污染。正如太阳能光电系统一样，风力涡轮机既可以并网也可以是带有电池的单机系统，或者二者同时存在。风力涡轮机有各种各样的尺寸规格，可以小到只为一个家庭供电，也可以大到由若干涡轮机组成的风力发电厂。风力涡轮机最好放置在远离地面的高度处，通常是在风流稳定的专用测风塔的顶端区域。安装在建筑屋顶的风力涡轮机也是可行的，但是效率与容量较低。

正如太阳能光电系统一样，风电系统通常产生直流电，并且利用逆变器将直流电转化为交流电。

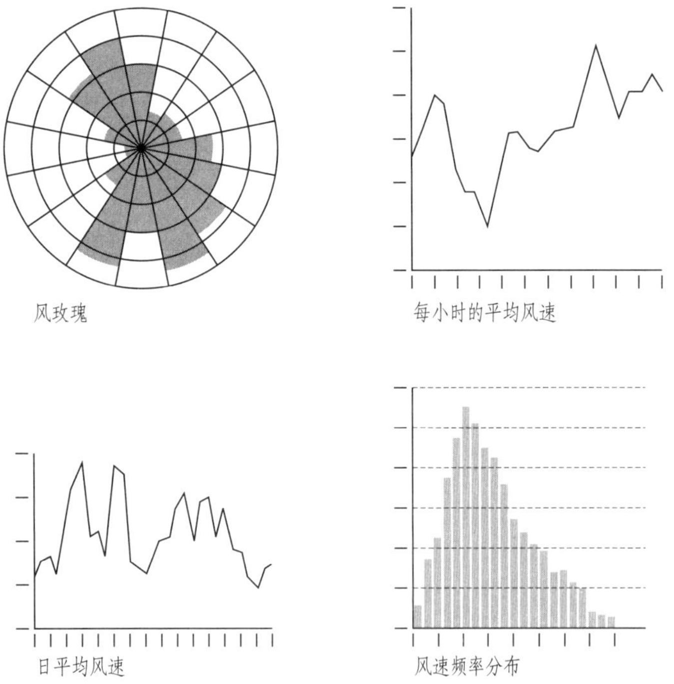

15.09 风电系统的风况图。

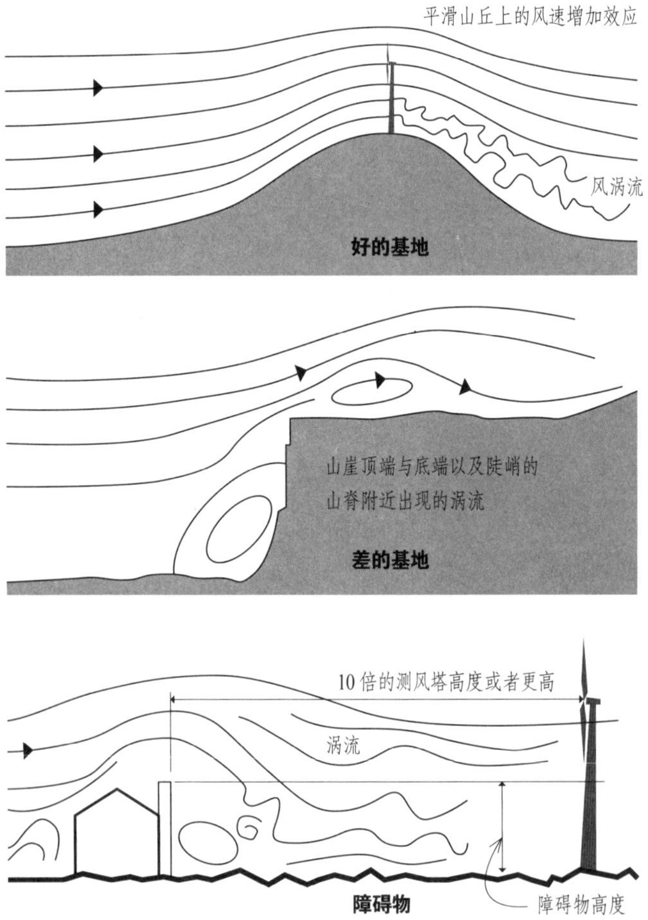

15.10 在山丘与障碍物上的风流。

风力系统设计从评估风况是否足够开始，显示场地典型风况的在线工具一般由国家可再生能源实验室或者私营企业提供。更加精确的风数据需要实地测绘获得。

在使用风力涡轮机的过程中，需要考虑的一个基本变量是风速。如果风速增加1倍，即可产生8倍的电能，因此，风速的小变化会引起产能的巨大变化。对于平均风速超过16英里/小时（26公里/小时）、位于地平面160英尺(48米)以上的区域,风能是最为可行的。另一个经验是，位于地平面上的风速应该在7~9英里/小时（11~14公里/小时）。

测风塔应该与建筑保持足够的距离，避免噪声与振动的问题，但同时也不能离建筑太远，避免由测风塔至建筑之间管线过长引发的造价过高问题。需要注意建筑自身对风场的影响。建筑附近有一座小山，这就是一个很好的位置。测风塔的高度应该满足当地的分区规范，测风塔越高，风越强烈，风涡流越少。风力涡轮机最好不要安装在建筑上，因为靠近建筑的风容易发生涡流并且风力会减弱。靠近地面的风力涡轮机完全无效。关于风力涡轮机的一个经验原则是，风力涡轮机旋转叶片的底端应高于300英尺（91米）以内的障碍物至少30英尺（9米）以上。

有关风力发电机的一些问题包括鸟类与蝙蝠的撞击死亡，尽管这类问题出现的概率要远小于电线、通信塔和建筑自身出现问题的概率。

可再生能源系统的风险 Renewable System Risks

可再生能源系统常见的两个风险如下。

一个风险是，如果可再生能源系统失灵，使用者很难意识到这一点，因为通常会有一个自动备用系统代替可再生能源系统工作。在光电系统或者风电系统中，电网通常充当了备用系统，因此实时监控与计量非常重要。在太阳能集热系统的案例中，通常有一个化石燃料燃烧系统充当后备系统，当然这个系统同时意味着使用者不会意识到原系统已经停止工作。

另一个风险是，如果太阳能系统安装在耐久性差的屋顶上，那么当屋顶需要修复时，则需要移除太阳能系统，这会增加屋顶维护与修复的成本。

16

材料

Materials

建筑材料对环境的影响来源于相关能源的消耗和排放、有限材料资源的损耗和垃圾填埋场内材料的不合理堆积。同时，原材料的开采和获取、对成型材料的加工和制造、材料的运输、危险材料（hazardous material）的使用、施工废弃物的产生等活动也导致了对环境的影响。但是，通过合理的建筑设计和材料选取可以大幅度减少这些负面影响。

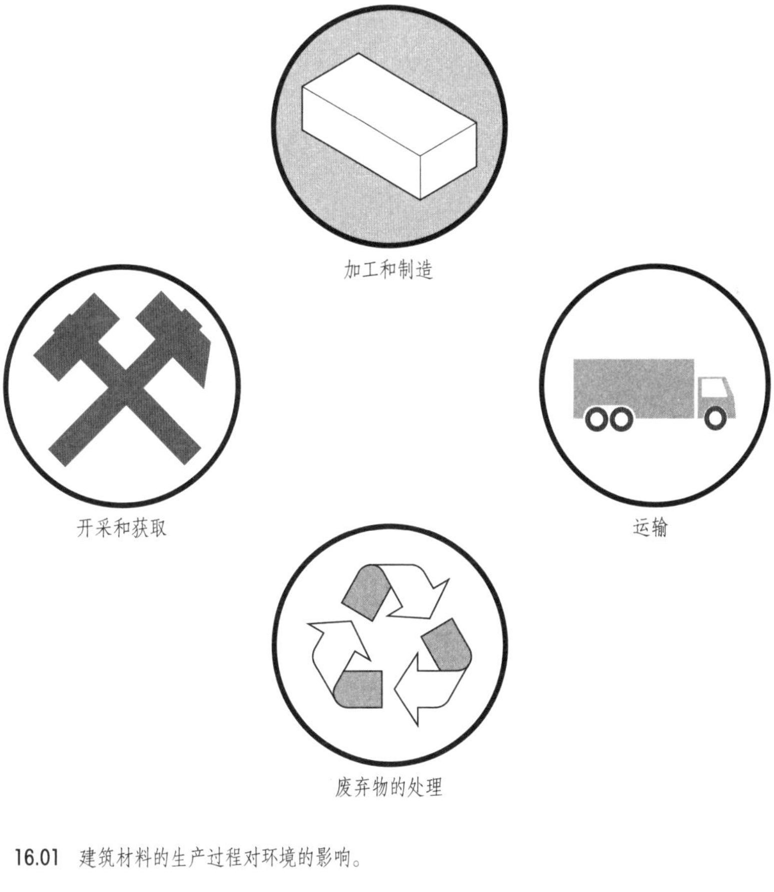

16.01 建筑材料的生产过程对环境的影响。

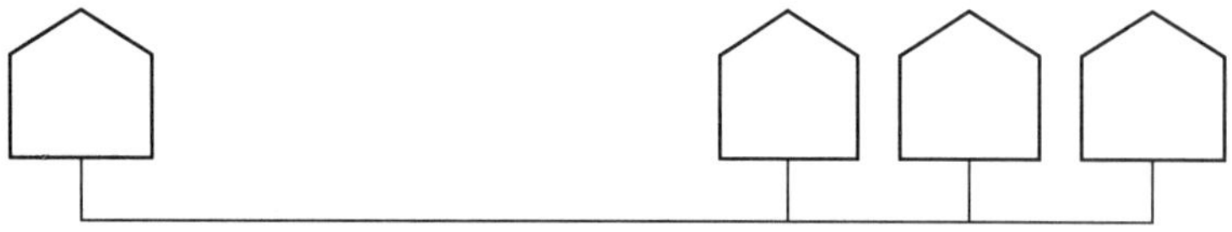

16.02 共享基础设施（例如道路、公共设备），可以减少新建工程的影响。

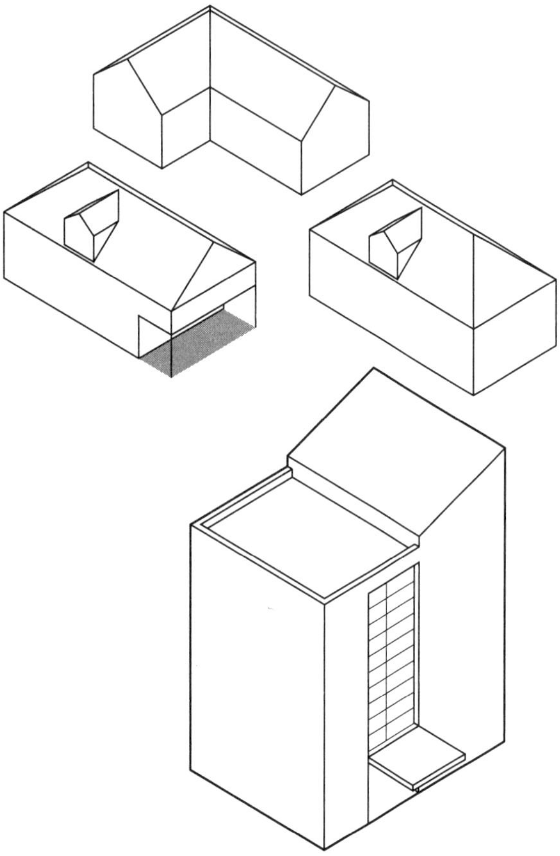

16.03 减少建筑面积和表面面积可以显著减少材料的使用。

在建筑设计过程中，我们可以预先采取措施以支持未来的进程，以减少建筑运行产生材料浪费的负面影响，例如建筑中可循环区域（recycling area）的设计、处理危险材料的规划、最终的拆解（eventual deconstruction）以及建筑材料再利用的规划。

物化能指的是获取和加工材料过程中的能耗。这是一项非常重要且数量不断增加的内容，构成了建筑物环境影响的一个重要部分。并且，随着建筑设计和建造的用能越来越少，物化能在建筑能耗中所占的比例逐渐增加。

最后，通过设计阶段的合理规划以及施工阶段的审慎应用，建筑垃圾的影响可以大大降低。

少用建筑材料　Using Less Material

最绿色的材料选择方式是减少材料的用量。

在场地选址阶段，可能存在材料节省方面的巨大潜力—— 不是建筑设计本身，而是其位置和基础设施。如果建筑坐落在已经开发的区域，就可以利用现有的基础设施材料。像道路系统和市政水网这样的基础设施，如果多个建筑共用，这些基础设施就是重复利用的，由此可以避免新建基础设施所需的潜在材料消耗。

在前面建筑节能章节已经讨论过，关于绿色建筑设计的两项重要方法，对于节材也是有效的，即减少建筑面积和减少建筑表面积。面积小的建筑比面积大的建筑用材少、物化能低；层高小的建筑比层高大的建筑用材少，物化能低；几何形体简单的建筑比形体复杂的建筑用材少、物化能低；一体化的大型建筑比同样功能的多个独立建筑用材少、物化能低。

减少材料用量的另一个方法是节材设计。前面我们讨论了改进的框架技术，特别提到减少热桥。用这种方法，显著地减少了材料的使用。例如，用24英寸（610毫米）的龙骨间距取代16英寸（405毫米）的龙骨间距、独立的钉头和独立的顶板、门窗洞口处的独立龙骨、简化的转角比如双龙骨转角等。以前的讨论集中在外墙和因热桥导致的能量损失上。为了减少材料用量，内墙也应该得到检视。标准间距为16英寸（405毫米）的木龙骨和轻钢龙骨，可以被符合规范的、间距24英寸（610毫米）的龙骨取代。另一个节材设计的例子是用防冻浅基础取代常规的带有基座的基础墙。防冻浅基础在美国的应用很成功，另外在斯堪的纳维亚国家已采用这类基础建成超过100万栋住宅楼。

在坡屋顶建筑中去掉阁楼是减少材料用量的另一种方法，因为阁楼地板和屋顶这两个构件被合二为一。

做了精细的结构设计，而不是使用经验法则或老式做法时，就可能有机会发现减少材料用量的途径。例如，一个4英寸（100毫米）厚的混凝土板，用于一个特定的地板也许是可行的，而不必采用5英寸（125毫米）或6英寸（150毫米）厚的板。

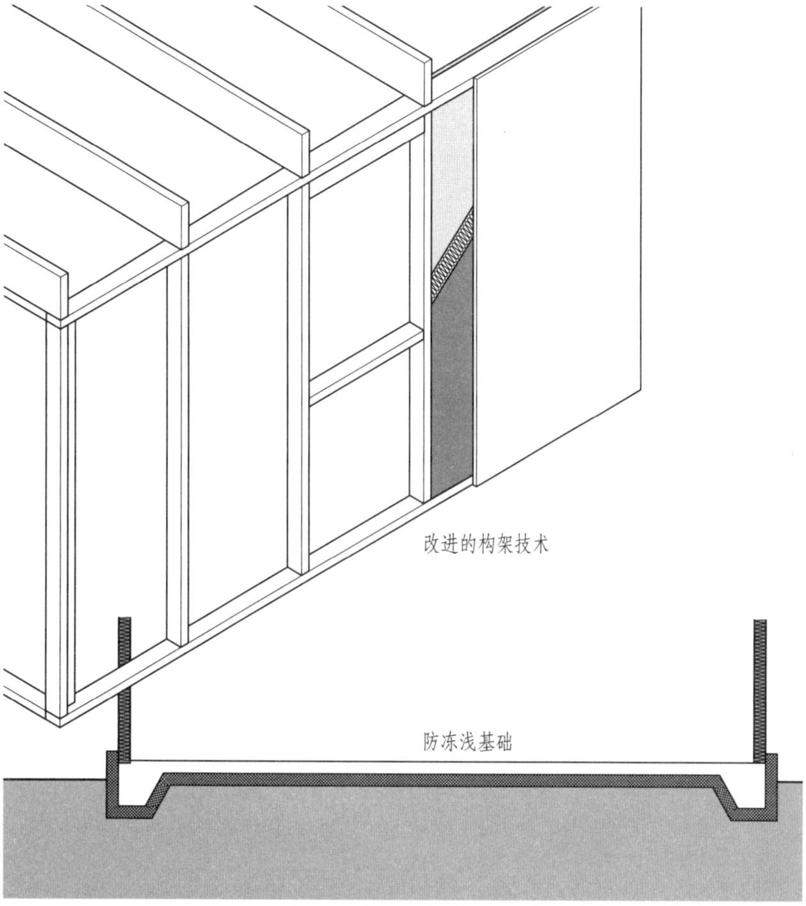

改进的构架技术
防冻浅基础

16.04 通过改进的构造技术实现节材的案例。

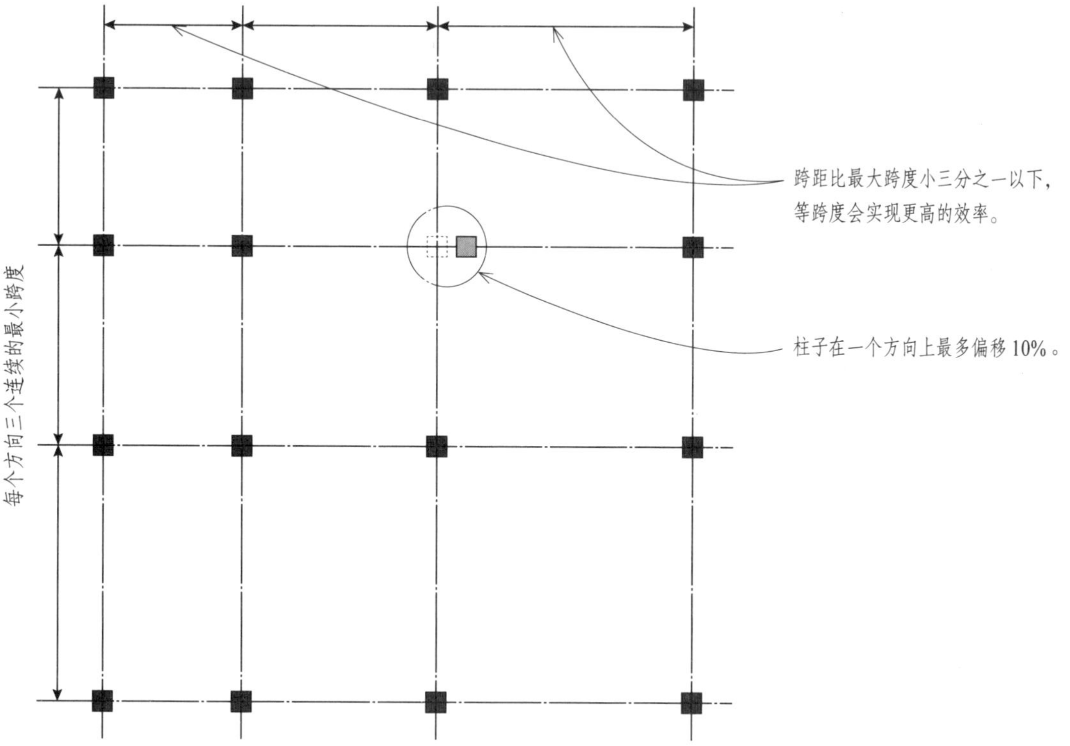

跨距比最大跨度小三分之一以下，
等跨度会实现更高的效率。
柱子在一个方向上最多偏移10%。
每个方向三个连续的最小跨度

16.05 通过结构效率最大化减少材料使用的案例。

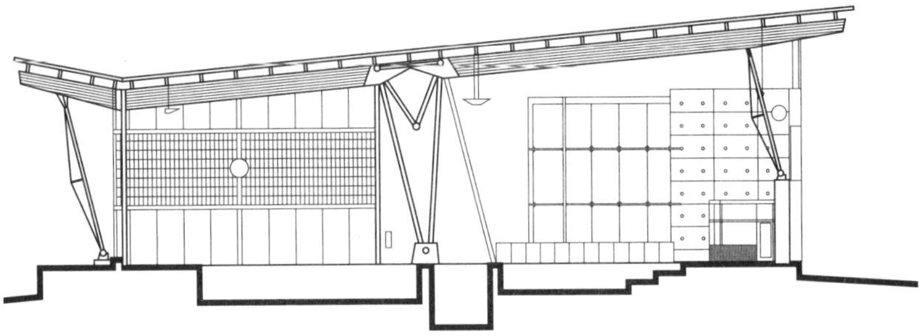

安格斯格林社区中心和图书馆（Angus Glen Community Center and Library），马卡姆（Markham），加拿大，2006
肖尔·蒂尔比·厄文建筑师事务所（Shore Tilbe Irwin and Partners Architects）
哈尔克罗·约里斯结构工程师事务所（Halcrow Yolles Structural Engineers）

16.06 暴露结构作为装饰。

16.07 减少材料浪费的规划和设计。

减少材料使用的另一种方法是避免使用不需要的装饰。这就是所说的“结构即装饰”，这样就使得结构构件同时具有结构和装饰双重意义。如果暴露的结构反射系数不高，需要增加照明，则需要慎重权衡。还有一种方法可以减少材料使用，就是把管道系统或管道等构件暴露出来。这一举措减少了石膏板材以及用于沟槽、吊顶、设备箱、饰面处的辅料。

最后一种少用材料的方法是减少废料的产生，换句话说，就是避免产生废物。这并不是说将垃圾从填埋场地运走或者重新利用废物，这些内容会单独阐述，而是从一开始就得减少废物的产生。这意味着在规划设计时，要将市场上可以买到的构件的长度纳入构件尺寸的设计中，不管是木材、钢材，还是面板和石膏板之类的材料都如此。这意味着可以总结出木材和板材切割的尺寸列表，依据列表可以订购数量刚好的所需要的材料，而不是订购超量，然后废弃多余的材料。同时，也意味着搅拌新鲜的混凝土，数量刚好，不会过量。预制组件，如结构型保温板（SIPS，structural insulated panels），可以通过计算机设计的列表减少自身的材料浪费。

通过提供施工文件中有关材料用量的额外信息，专业设计人员在节材设计中发挥着关键作用。例如，要留意图纸上如混凝土、沥青铺面、保温材料等材料的体积量，有利于承包商避免因为订购过量而产生浪费。同样地，提供图纸上针对屋面、盖板、硬质景观和景观区的工程量，可以方便地确定准确的订货数量。全面详细的框架会进一步支持项目的完美开端，进一步降低潜在的过量订购和废弃物产生。

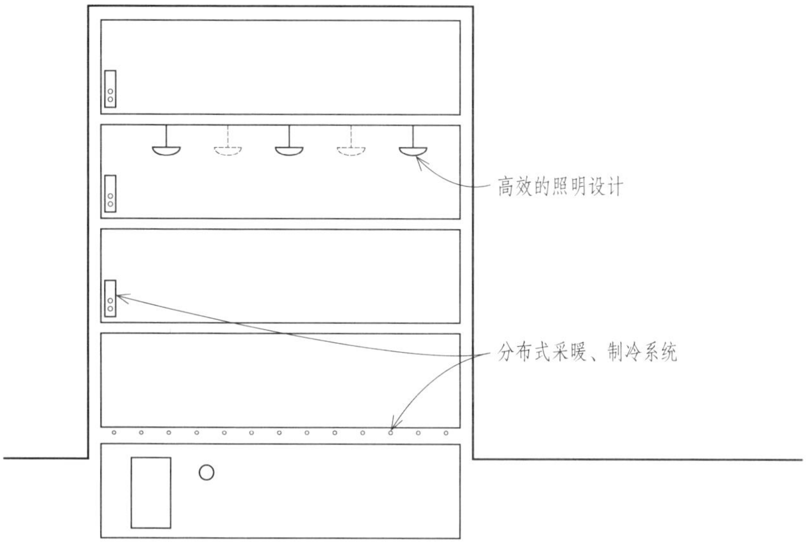

16.08 优化系统，减少材料浪费。

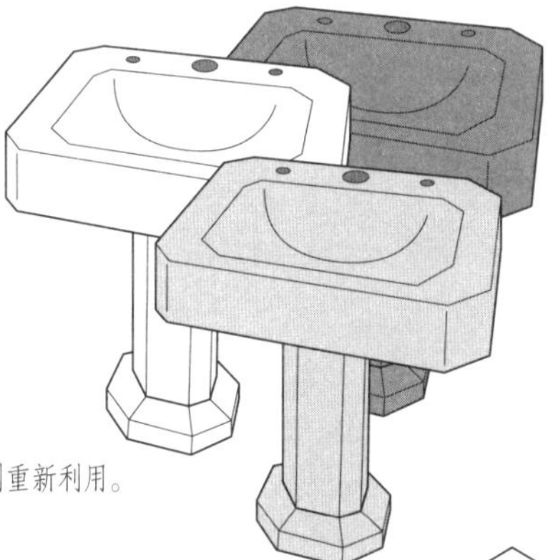

16.09 废弃材料在建造中得到重新利用。

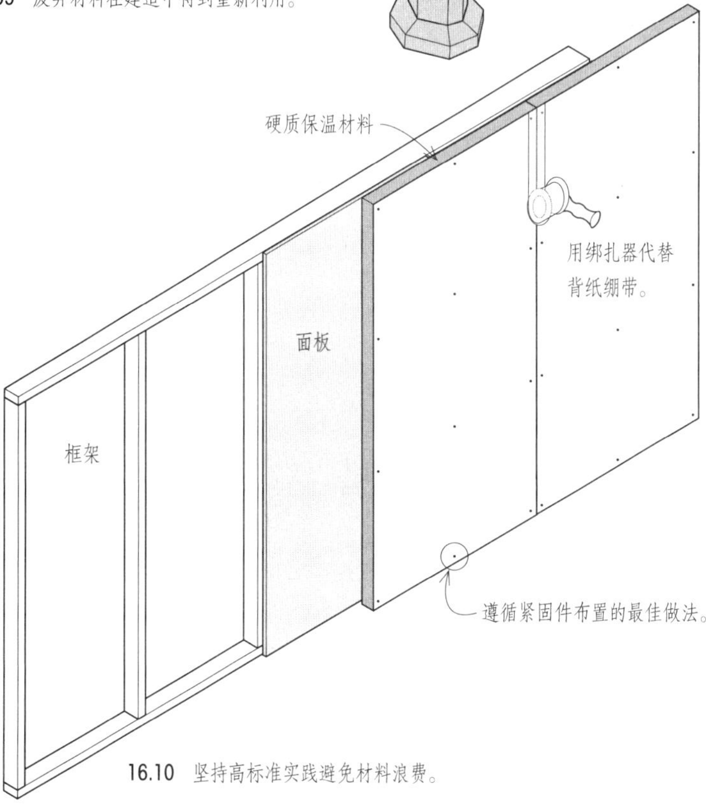

16.10 坚持高标准实践避免材料浪费。

通过设计进而减少材料的使用不仅适用于建筑构件，同样适用于机械和电气设备，如照明、采暖和制冷设备。正如前面提到的，高效的照明设计通常意味着更少的灯具，正如根据照度需要进行设计优化，而不是根据经验法则设置过度的照明。同时，其他绿色照明设计技术也减少了材料的使用。例如，建筑层高较小，有更多的反射表面，则需要较少的人工照明，这意味着不但减少了运行能耗，同样也减少了灯具，进而减少了材料的使用、降低了建筑的物化能。同样，精心设计的建筑物以及采暖、制冷系统也会获得同样的好处。可以通过高效的建筑设计和精确的系统尺寸来减小采暖和制冷系统的规模。采暖和制冷设备，如锅炉、热泵、熔炉等可以变得更小，输配管网，如管道、散热器和管径等同样可以更小。最佳尺寸的采暖和制冷设备和输配管网减少了材料用量、降低了物化能。

节约材料也可以通过使用有瑕疵的材料来实现。例如，选择木材的过程意味着某些木材未被选中而被抛弃。许多未被选中的木材其结构是良好的。有瑕疵的石材和砖，如果精心设计，就可以有效地用于绿色建筑项目中。同样地，如果材料的质量管理更加侧重于完好的功能而不是完美的表现形式，那么许多废弃材料可以被利用，不会被抛弃。在新的绿色美学中，有瑕疵可以被视为一种特征，而不是被蔑视。

通过精心策划的设计和施工也可以促进节材。在这方面，快速的工作计划会阻碍绿色设计，因为设计专业人员往往依赖于经验规则，可能不会深入设计每个构件或每个房间。绿色建筑项目并不等同于进度缓慢，而是需要足够的时间来进行每个主要建筑构件的深化设计，以尽量减少材料的使用。

坚持高标准的设计实践可以大大减少材料数量。例如，在外墙固定硬质保温材料（rigid insulation）时，传统的做法是每个4英尺×8英尺（1220毫米×2440毫米）的保温板要用25~30个绝缘紧固件。然而，已证明如果想要固定保温板的同时避免其卷边、弯曲、分离，10~12个紧固件已经足够了。同样地，与手工撕掉绷带背纸进行绑扎相比，使用绑扎器绑扎硬质外墙保温被证明更为快速和高效，并且明显减少了绑扎带背纸的浪费。

可再利用材料 Reused Materials

为了降低获取和加工新材料所需的物化能，减少原材料的消耗，我们在可能的情况下应尽量做到材料再利用。

废弃材料 Salvaged Materials

拆解旧建筑是一个新兴产业，可以为新的建设项目提供可再利用的材料。

废弃材料再利用涵盖了建造过程的大部分需求——一定尺寸的木材、门、窗、墙面、厨房内的设施、石膏板、胶合板、保温材料、壁板、模具、五金、块材、砖材、铺面砖、遮雨板、屋面瓦以及未盛放过胶黏剂（adhesive）、填缝剂（caulk）、勾缝剂（grout）等产品的容器。

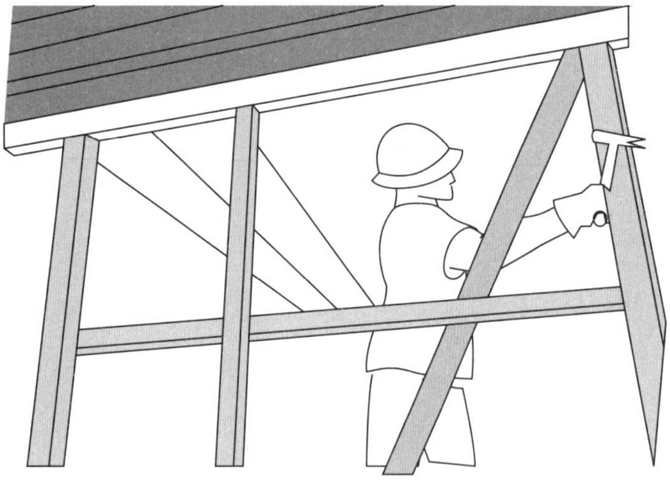

16.11 拆解旧建筑为新建筑提供材料。

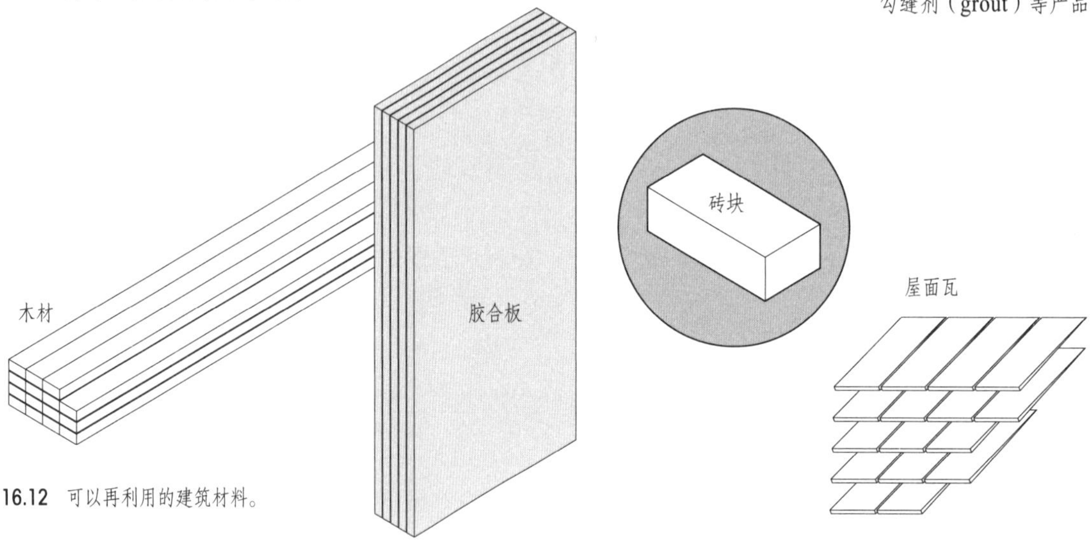

16.12 可以再利用的建筑材料。

一系列关于耗能装置再利用优点的问题已被提出，比如照明灯具、采暖制冷设备、动力装置以及用水设备如马桶和水龙头等。关键的环境问题是，在设备的预期寿命内，这些设备的物化能与安装新型高效设备的节约潜力相比，究竟是多还是少。同样的问题还有，这类再利用的经济可行性，能否给出与物化能问题一样的答案（是或否）。还可能存在合法性方面的问题，如销售低效设备，不符合联邦最低效率要求的标准。另外，安装低效设备也可能违反了某些建筑规范。

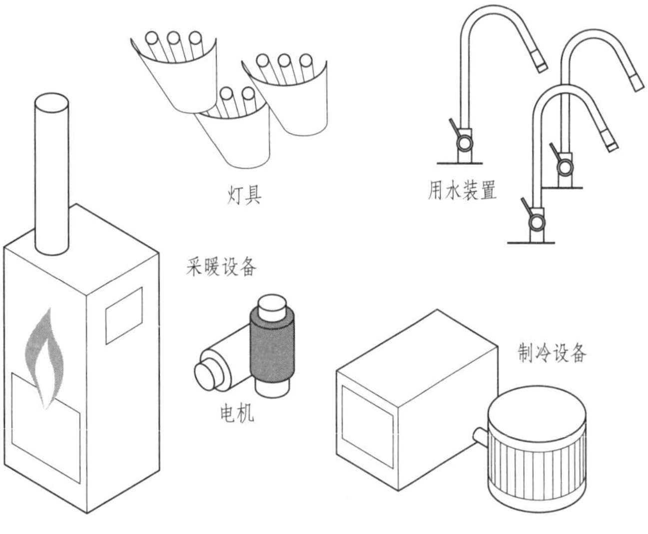

16.13 许多因素决定了是否使用回收的耗能装置和用水设备，包括生命周期的能耗和水耗。

同样的问题也涉及外围护结构上的构件，如旧建筑的窗户。就窗户而言，对其评估需要考虑保护方面的要求。如果没有保护方面的要求，可以在生命周期的基础上对其再利用的优缺点进行评估；如果有保护的要求，则需要采取多种改进措施，既保护窗户的美学效果，又提升其能效，如挡雨条、窗口嵌缝、防风窗户等。

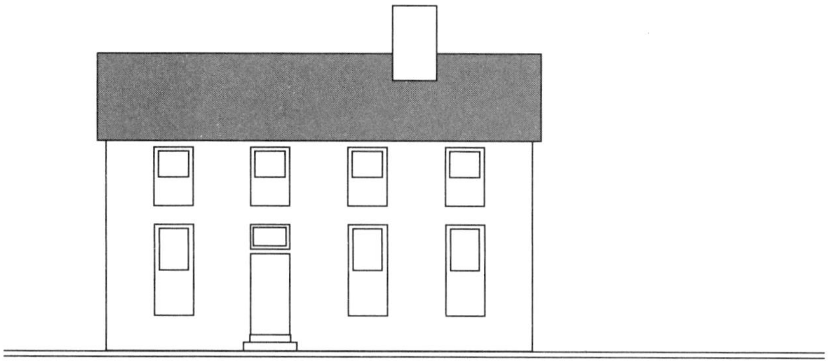

16.14 如果一个现存的非历史建筑，其窗墙比是30%，面积系数为2.1，我们应该利用它还是重建？

就地再利用 Reuse in Place

另一种再利用材料的方法是现有建筑物的再使用，由于不需要材料运输，因此进一步减少了物化能。

结构构件如地板、墙体和屋顶通常可以重复使用；而非结构构件如内墙、地板和天花板装饰同样也可以重复使用。

把旧建筑拆掉重建还是继续使用，这两种方式对能耗的影响引发了一个有趣的问题。假定建筑包含的材料占建筑全生命周期消耗能源的四分之一，那么新建筑只需比原有建筑节能25%以上便可以代替原有建筑，同时生命周期内的能耗会更低。旧建筑本质上来说是低效率的，不仅体现在保温性、气密性上，也体现在一系列特征上，如大小、形状、窗墙比。审慎起见，比较生命周期内的能耗是评估旧建筑是否可以重复使用的一个方面。

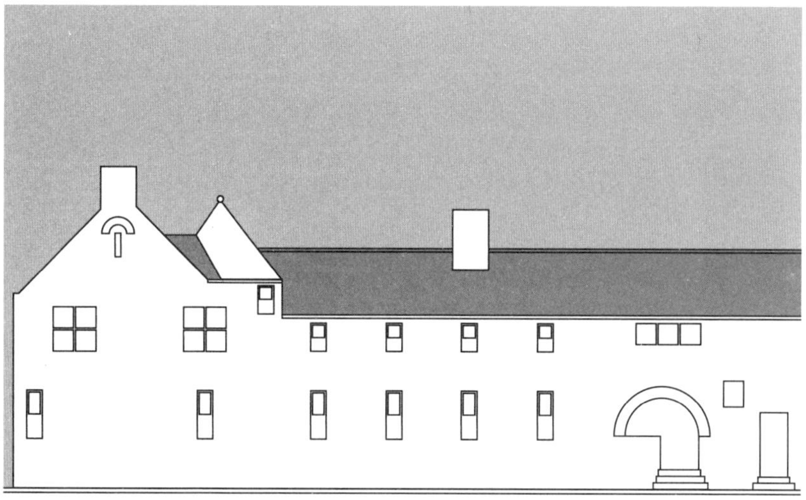

16.15 更新、改造、再利用现有建筑。

另外一系列问题都与建筑中现有的耗能设备和用水设备再利用的优缺点有关。这些问题跟设备再利用的问题类似，但又有不同。至于原建筑再利用，法律上的障碍较少：不会出售不符合规范的设备，因此不会破坏联邦法规；不追索条款（grandfather clause）[译注]通常会避免任何不符合规范的问题。

[译注]即祖父条款，也称“祖父法则、不追溯条款”，大意是指颁布实施一项新的法律，对于过往已存在已形成的事实可以不受新法律的约束和影响，新法律只适用现在及未来发生的情况。

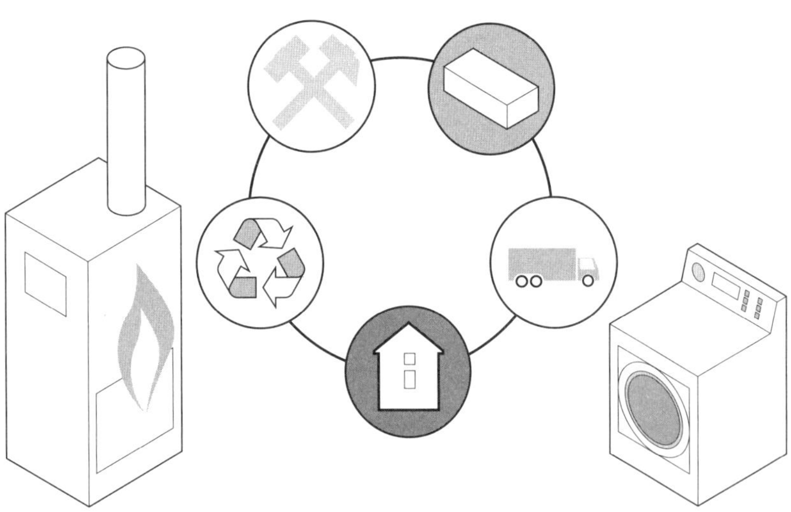

16.16 应采用生命周期分析来评估是否重复利用现有的能耗设备和用水装置。

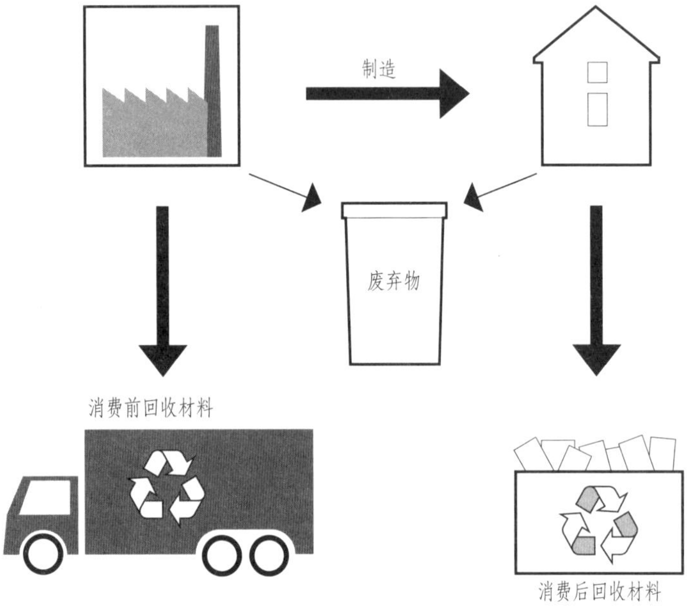

16.17 回收材料的种类。

然而，建筑的物化能问题比废弃物再利用的问题更突出，既有建筑中的设施不仅本身效率低下，而且使用方式也很低效，或者其使用方式并不被提倡。就拿办公楼的照明来说，现有建筑可能配置的是 T12 荧光灯，附带低效的磁性镇流器，无反射装置。灯具配置使空间照明过度，几乎达到 2 瓦 / 平方英尺（W/SF）甚至更高，这就进一步加剧了能源的消耗。用高效率的照明装置替换现有的照明装置可以在两方面节能：一方面是使用了高效率的灯具，另一方面是照明重新设计使得光照密度为 0.8 瓦 / 平方英尺甚至更低。从这个例子可以看出，采用节能的新方案以及新灯具和镇流器的情况下，才可以重新利用一些既有的设施。简而言之，是否再利用现存建筑的耗能设备和用水设备，要进行生命周期的分析后再做决定。

包含再生成分的材料
Materials with Recycled Content

鼓励使用包含再生成分的材料。消费前回收材料（preconsumer recycled material）是由制造过程中产生的废物回收制成的，消费后回收材料（postconsumer recycled material）是由最终消费者产生的废物回收制成的。

混凝土是最常用的建筑材料。混凝土中可以加入回收的骨料，骨料是去掉钢筋和其他固化材料后的碎混凝土。某些特殊的混凝土中含有煤燃烧的副产品——粉煤灰或者冶炼金属矿石的副产品——炉渣。

钢铁制造业中使用了大量的回收钢作为原料，据报道，最近几年回收钢的比例已经高于 90%。

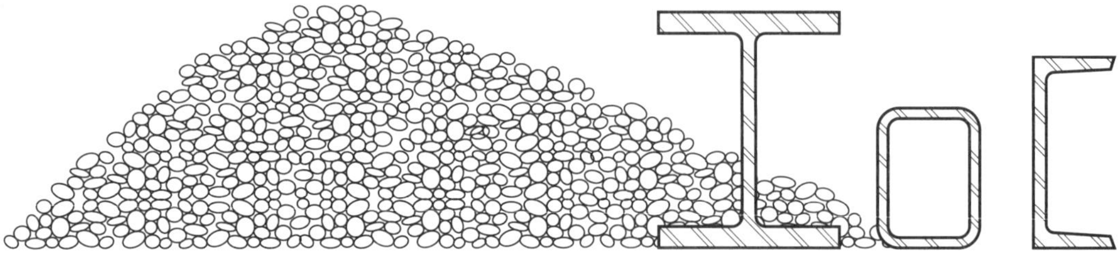

16.18 从前使用的材料如混凝土和钢材，可以进行分类处理以便再利用。混凝土可以被压碎、清洗和分级，作为骨料用于新拌混凝土。钢材可以收集起来，与其他含有磁铁的回收材料分开，压缩并打包运送到加工厂，与少量的原钢相结合，生产出用于建筑的钢材产品，比如结构钢。

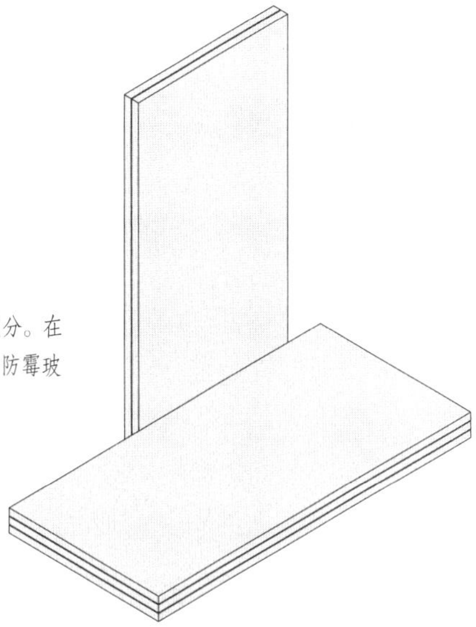

16.19 室内石膏板包含多达 90% 的回收成分。在不适合使用纸面板的高湿度地区，表面覆有防霉玻璃纤维网的石膏板表现良好。

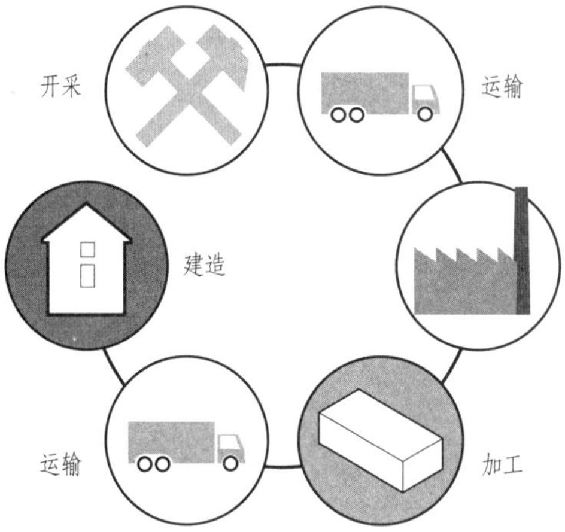

16.20 物化能是指获取、制造、加工和运输材料到建筑工地所需能量的总和。

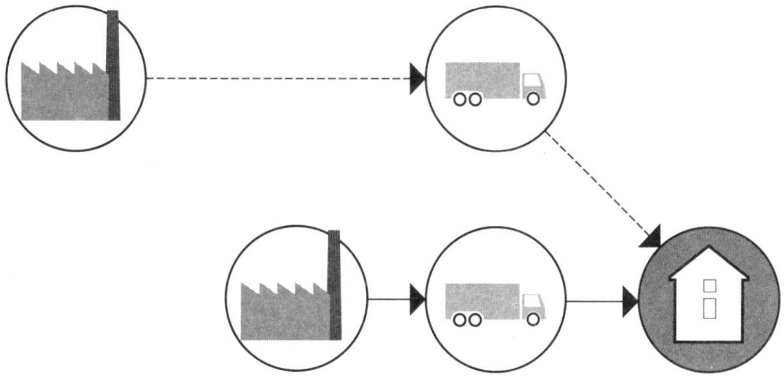

16.21 绿色建筑项目强调使用当地或区域性材料的价值。

木材的衍生产品，如各种工程木材产品，也可包含回收材料。

石膏板中也有回收材料的成分，包括可回收的农作物材料、粉煤灰、炉渣和其他填料。

即使一种材料有一部分甚至大部分都是可回收成分，也应该检视其化学物质含量与物化能之间的损益。例如，刨花板（particle board）主要由回收材料构成，但其化学成分包括众所周知的致癌物质——甲醛，值得注意。虽然超过 90% 的钢被回收，但它仍然具有较高的物化能。

选择从前未使用过的材料 Selection of Previously Unused Materials

随着材料使用的最少化和回收材料的最大化，我们把注意力放在从前未使用过的材料选择上。理想的选择包括快速再生材料、天然材料、低毒无害的材料和当地生产的低物化能材料。

物化能 Embodied Energy

物化能是指获得、制造、准备和运输材料到建筑工地所需的能量。物化能通常比建筑物生命周期内所用的能量少很多。然而，当以降低建筑物运行能耗为目的来设计建筑时，物化能占建筑总能耗的比例只会增加。对于零能耗建筑，能源消耗的唯一形式是其材料的物化能。

在物化能的背景下，为了尽可能减少运输所带来的物化能，绿色建筑项目更强调从当地获取材料的重要性。一些绿色认证准则、标准和指南，提供了场地周边一定半径范围内获取和加工材料的认证。LEED 基于材料运输的类型做出了可选择性的调整，相比于长途公路运输，标准认可铁路和水路运输的效率较高。

针对物化能影响的一个解决方案是提供一次性的碳补偿（carbon offset）。

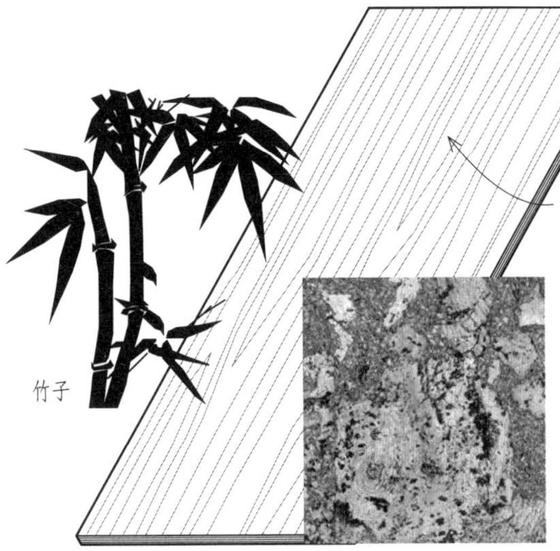
麦秸板是将秸秆废弃物进行
研磨、分类和干燥，以树脂
粘接压缩成薄片、打磨，并
按一定尺寸切割得来的。
竹子
软木

16.22 快速再生材料案例。

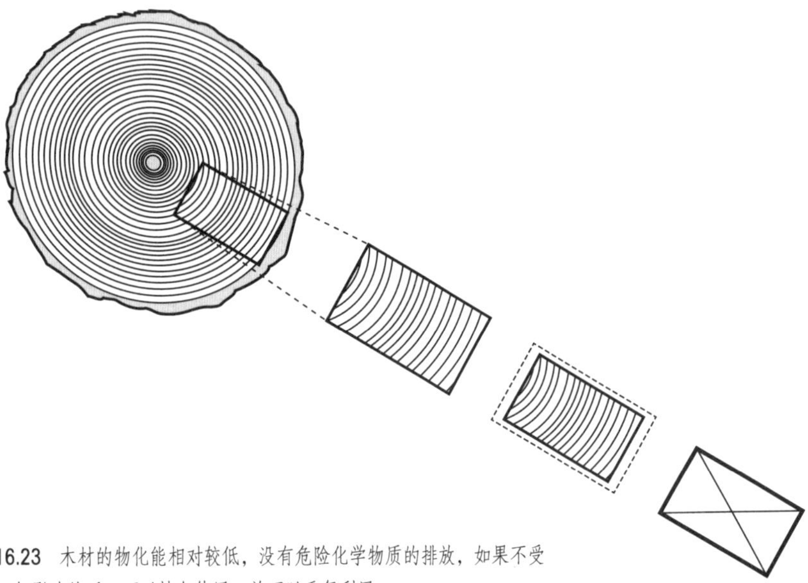

16.23 木材的物化能相对较低，没有危险化学物质的排放，如果不受天气影响的话，可以持久使用，并可以重复利用。

16.24 森林管理委员会的 FSC 版权标识。

快速再生材料
Rapidly Renewable Materials

快速再生是指材料自然生长并可以在短短几年内收获，比如 LEED 定义的周期为十年。例如竹地板、软木地板、谷物制成的地毯纤维、保温棉、天然油毡、天然橡胶地板、大豆保温板、草砖墙体及保温层、草板家具、羊毛地毯、麦秸板制品和家具。通过使用快速再生材料，减少了对生长时间更长的材料的消耗，如来自原始森林的木材；同时也减少了有限资源的消耗，如来自化石燃料的塑料。针对快速再生材料选择合适的用法是非常重要的。例如竹地板，可能不适合在交通量大的区域和湿度过高的空间内使用。

其他自然材料　Other Natural Materials

木材是一种年代久远且广泛使用的天然建筑材料。木材用于承重结构和非承重框架、地板、毛地板、门、窗、家具、墙、天花饰面、围墙等等。同时，木材也用来制作施工中使用的临时构件，如脚手架和护栏。

虽然木材是一种天然材料，但是其获取和加工方式可能会对环境造成极大破坏。这些方式包括砍伐古老的森林，降低森林覆盖率，砍伐濒危树种，使用危险的化学品。为了确保用于建筑的木材以对环境影响较小的方式砍伐和加工，由森林管理委员会（Forest Stewardship Council，简称“FSC”）对建筑木材进行认证成为一个普遍的要求。

草砖（straw bale）一种天然的结构材料并且还具有保温性能。草砖建筑具有所有最重要的绿色材料属性。它由一种快速再生的材料（在大多数情况下是废弃物）构成，无毒且物化能较低，同时可以在当地得到。草砖砌体进一步整合了两种功能——集结构功能与保温功能于一体。草砖砌体的缺点包括不满足防腐要求以及墙体很厚占据空间，墙体厚度通常为 18 英寸（455 毫米）甚至更厚大。

夯土（rammed earth）是一种古老的、令人感兴趣的天然建筑材料。夯土建筑几乎遍布世界各地。夯土墙是在外形轮廓之间压实泥土建造的。夯土墙具有强度大、纯天然、采用当地材料建造、耐燃以及不添加水泥稳定剂时无毒等特性。其蓄热性能高但热阻低，因此土墙通常需要附加保温层。夯土墙抗渗性能良好，同时还提供了良好的隔音效果。如草砖墙等其他天然墙体一样，夯土墙需要进行防潮处理。其可行性取决于土壤的适宜性。夯土墙的物化能低，但劳动力成本高，因为夯土墙技术不常用所以需要专业培训。

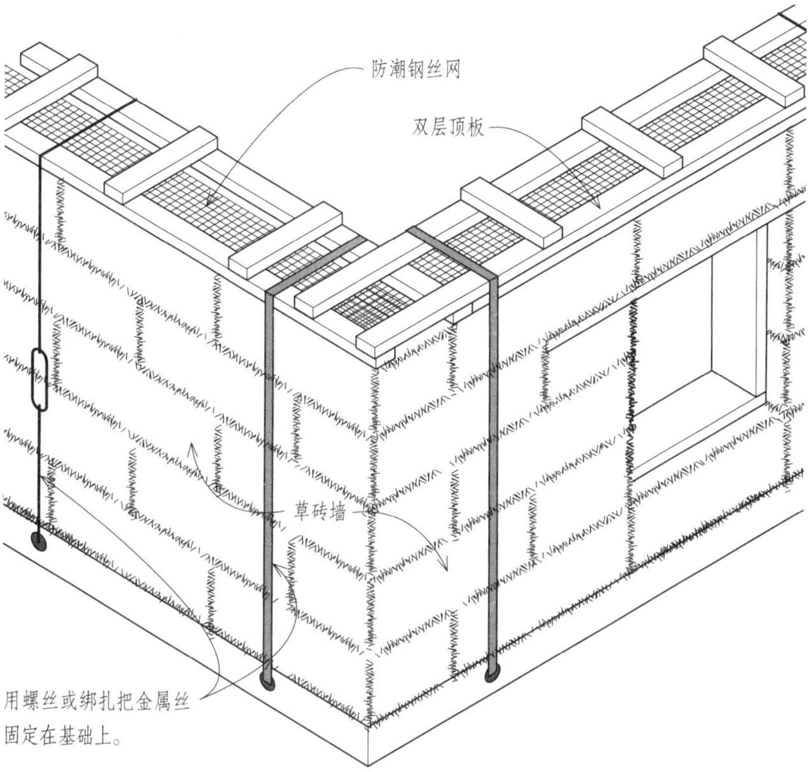
防潮钢丝网
双层顶板
草砖墙
用螺丝或绑扎把金属丝
固定在基础上。

16.25 草砖墙构造。

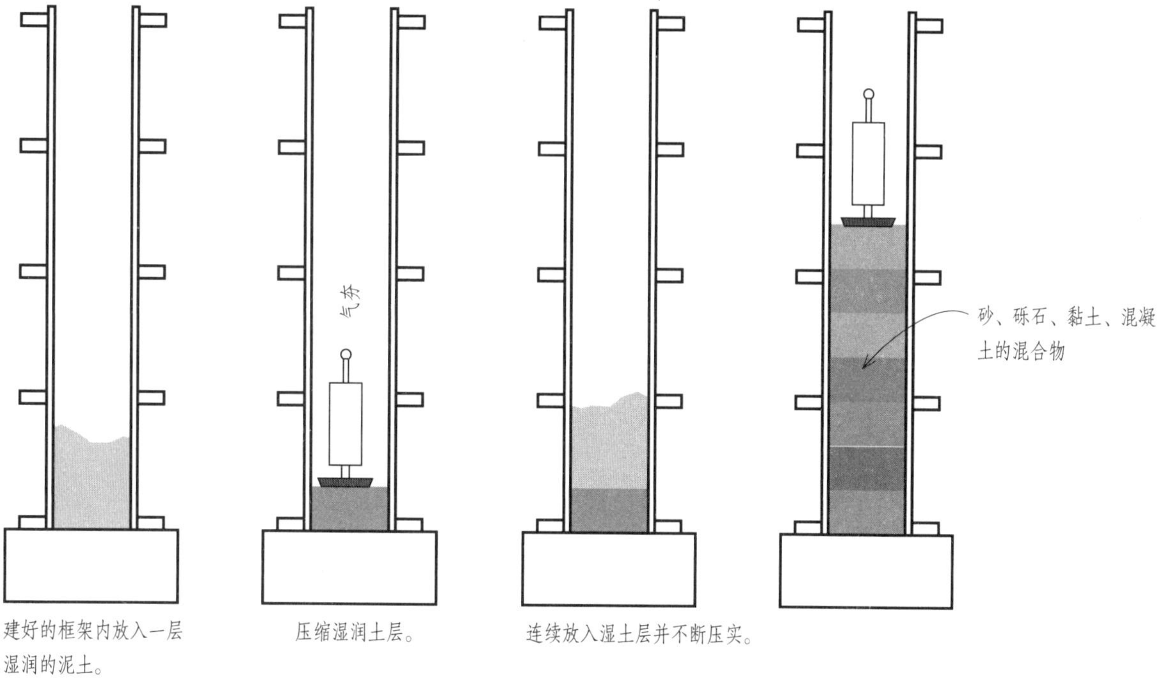
气夯
砂、砾石、黏土、混凝
土的混合物
建好的框架内放入一层
湿润的泥土。
压缩湿润土层。
连续放入湿土层并不断压实。

16.26 夯土构造。

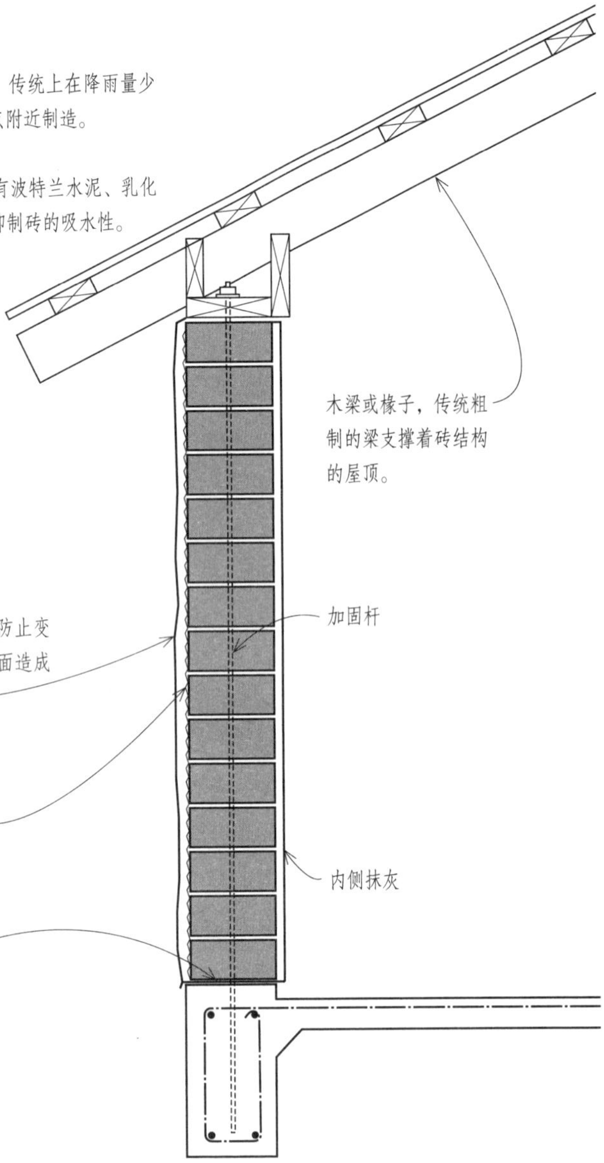

砖是一种晒干的黏土砖，传统上在降雨量少的地区使用并在使用地点附近制造。
经稳定或处理过的砖混有波特兰水泥、乳化沥青和其他化学物质来抑制砖的吸水性。
木梁或椽子，传统粗制的梁支撑着砖结构的屋顶。
外墙粉刷波特兰水泥来防止变质，避免因雨水流过墙面造成强度降低。
加固杆
镀锌金属丝网加固。
内侧抹灰
防潮层防止水分通过毛细管作用上升。

16.27 砖砌体。

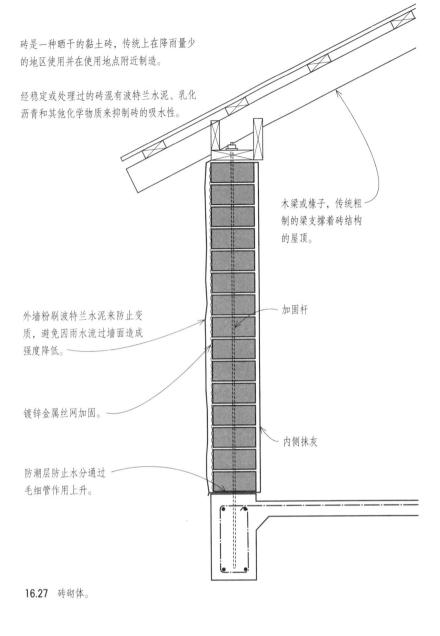

16.28 我们不仅要减少危险品的使用，也要积极识别和消除再利用建筑中的有害材料。

砖（adobe）是另一种天然的建筑材料，是由15%~25%黏土含量的泥土混合沙子或稻草制成的，同时含有砂砾或其他骨料。不同于夯土墙，砖结构砌体没有预先支好的模板形式，而是预制成砖块再用砂浆进行砌筑。因此，砖砌体不单限于砌筑墙体，还可用于砌筑拱顶。砖砌体的特点与夯土很相似——强度大、天然、具有地域性、阻燃、无毒、高热容但低热阻（需要另外的保温层）、抗空气渗透并具有优良的隔音效果。但是，砖砌体容易受到地震的影响。

土墙(cob construction)与砖墙一样，也是由沙、黏土、水、有机增强材料构成的。但相比于砖，土墙通常是手工成型并可用来做成艺术造型和装饰门窗的洞口。

石材是一种坚硬、美观、天然、惰性的建筑材料。石材主要用于围墙，有时也被用来作为基础及地面以上的墙体。石材保温性能较差，并且它的重量较大，会导致运输过程的物化能增加。而且不同地域的石材，在适用性方面也受到限制。

无害、低毒的材料 Nonhazardous and Low-Toxicity Materials

绿色建筑设计的专业人员尽量避免使用有害的材料。例如，被居住建筑挑战（Living Building Challenge）认证标准明令禁止的材料清单包括：

- 石棉；
- 镉；
- 氯化聚乙烯、氯磺化聚乙烯；
- 氯氟烃；
- 氯丁二烯（氯丁橡胶）；
- 甲醛；
- 卤素阻燃剂；
- 氢氯氟烃；
- 铅；
- 汞；
- 石化肥料和农药；
- 邻苯二甲酸盐；
- 聚氯乙烯；
- 酚油、砷或五氯苯酚处理的木材。

16.29 绿色徽章（Green Seal）的商标，这是一个非营利性组织，针对产品、服务和商会制定了基于全生命周期的可持续标准。

除了避免使用有害材料，绿色建筑设计专业人员寻求进一步的发展，列出低毒性材料的名单。毒性低通常意味着材料中挥发性有机化合物（VOC，volatile organic chemical）含量较低。包括 VOC 低含量黏合剂、混凝土养护剂、密封剂、油毡、油漆、清漆、密封剂、塑料焊接材料和染色剂等，它们也被称为“低挥发性材料”。含挥发性有机化合物成分的材料必须符合严格的标准才能获得低 VOC 材料的认证，如加利福尼亚南岸空气质量管理区（California's South Coast Air Quality Management District，简称“SCAQMD”）规定的黏合剂、密封剂、密封胶条、清洁的木饰面、地坪涂料、染色剂、底层涂料、密封剂和虫胶等；《绿色密封标准》（Green Seal Standards）规定的油漆、涂料和防锈涂料；或美国毯业协会（Carpet and Rug Institute）的绿色标签计划。

比使用低毒性材料更好的方法是不用化学材料。例如，可以用机械紧固件代替黏合剂、原木代替木材饰面、用机械管道紧固件的方式代替熔接、钎焊或锡焊。

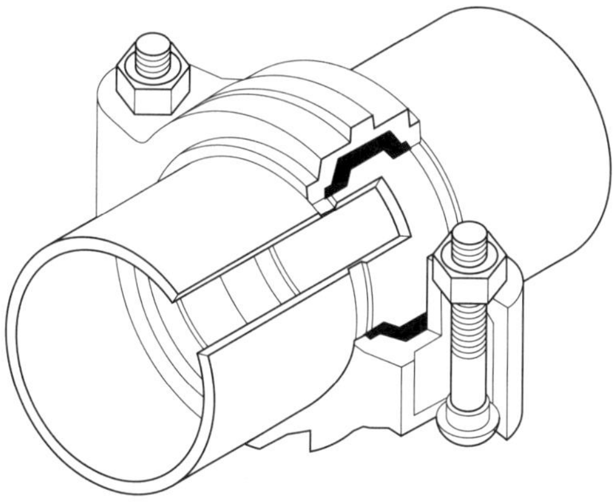

16.30 通过使用机械紧固件代替黏合剂，使用机械管道紧固件代替熔接、钎焊或锡焊的方式，甚至连低毒性材料都不会用。

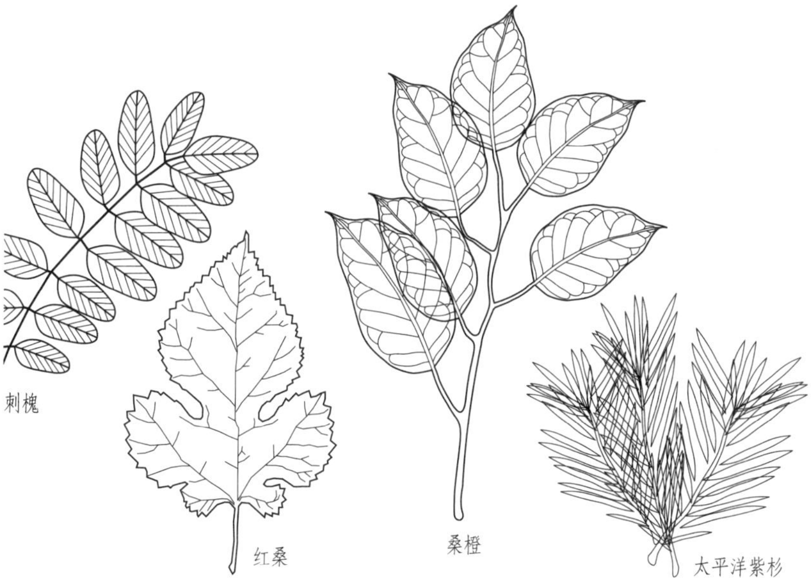

16.31 耐腐蚀的木材物种。

经防腐处理的木材是一类长期用化学物质处理的材料，尤其是用于室外的木材。作为一种替代品，可以使用耐腐蚀的木材建造室外结构和围栏，而不用经化学处理的木材。美国农业部（the United States Department of Agriculture）列出四种美国产的耐腐蚀性能良好的木材：刺槐、红桑、桑橙和太平洋紫杉。极其耐腐蚀的进口热带硬木包括帕（拉）州双柱苏木、红铁木、巴拉塔树、桫叶阿斯垂、樟树、重蚁木（白桦木）、桉树、铁梨木、紫木和老龄柚木。耐腐蚀性能不如以上材料，但仍被划分为耐腐蚀或极耐腐蚀的木材是美国的老龄落羽松、梓树、雪松（无论是东部还是西部的红雪松）、黑樱桃木、栗树、刺柏、皂荚、白橡木、老红木、檫木、黑胡桃。最后，中度耐腐蚀的美国产树种是落羽松次生木、花旗松、美洲落叶松、西部落叶松、北美老龄白松、老龄长叶松、老龄沼泽松和格罗特红木次生木。在大多数情况下，这些树种没有像农作物一样进行商业化种植，可能很难找到。选择经过森林管理委员会认证的木材是最安全的，这样可以确保木材以非破坏性的方式被开采和加工。

制冷剂　Refrigerants

很多制冷剂不被绿色建筑鼓励，甚至是被禁止的，因为其对环境有害。这些制冷剂要么臭氧消耗潜能值（Ozone Depletion Potential，缩写“ODP”）很高，要么全球变暖潜能值（global warming potential，缩写“GWP”）很高，或者两者兼而有之。包括R-11和R-12在内的含氯氟烃（chlorofluorocarbon，简称“CFC”）制冷剂在20世纪90年代就被禁止使用，并且当建筑物更新时发现含有这些化学物质的设备，要积极寻求可替代物。这些化学物质中的氯气会与氧气产生反应，进而对臭氧层造成破坏。两种常用的氢氯氟烃（Hydrochlorofluorocarbon，简称“HCFC”）制冷剂是R-22和R-123，相比于CFC具有较低的臭氧消耗潜能值，但仍会对臭氧层产生破坏，目前正在逐步被淘汰。当前首选的制冷剂，其臭氧消耗潜能值为零，分别是氢氟碳化合物（hydrofluorocarbon，简称“HFC”）R-410a、R-407c和R-134a。这三种制冷剂也有使全球变暖的潜能，最终可能会被淘汰。

与绿色建筑相关的是，使用热泵进行采暖和制冷这一趋势明显增加。热泵包括地源热泵、空气源热泵、锅炉/塔水循环热泵。所有热泵均需要使用制冷剂。

短期内绿色建筑应当限制制冷剂的使用以达到对臭氧层破坏的可能性为零。我们直接讨论制冷剂的全球变暖潜力问题，我们注意到这些化学物质只有泄漏时才会对臭氧层产生影响，并且影响并不是持续的。由此引出的问题是，相比于化学物质泄漏对全球气候造成的影响，能耗对全球变暖造成的持续影响更加严重。例如，制冷剂R-410a的泄漏对全球变暖造成的影响比含R-410a热泵能耗所造成的影响小3%。

16.32　制冷剂以及对环境的潜在影响。

制冷剂	臭氧消耗潜能值（ODP）	全球变暖潜能值（GWP）	类型	注释
R-11 三氯硝基甲烷	1	4000	CFC	于20世纪90年代被淘汰
R-12 三氯硝基甲烷	1	2400	CFC	于20世纪90年代被淘汰
R-22 氟利昂	0.05	1700	HCFC	广泛使用多年，因ODP、GWP很高被淘汰 2010年起，新设备不再使用R-22 2020年终止使用含有R-22的既有运行设备
R-123 二氯氟甲烷	0.02	0.02	HCFC	作为R-11的替代物被广泛使用 2020年终止制造含R-123的设备 2030年R-123停产
R-134a 四氟甲烷	0	1300	HFC	广泛地应用于制冷机、冰箱、汽车空调 由于具有GWP，已经开始考虑将其淘汰
R-152a 1,1 二氟甲烷	0	124	HFC	考虑作为R-134a的替代物
R-290 丙烷	0	3	HC	考虑作为R-134a的替代物
R-407c（23%R-32，25%R-125，52%R-134a）	0	1600	HFC	作为R-22的替代物被广泛使用 由于具有GWP，开始考虑将其淘汰
R-410a	0	1890	HFC	在美国，作为R-22的替代物被广泛使用 由于具有GWP，开始考虑将其淘汰
R-717 氨气 - NH_3	0	0	—	有毒，用于某些吸收式制冷设备
R-744 二氧化碳 - CO_2	0	1	—	
R-1234yf	0	4	HFO	可看作R-134a的替代物使用

为了减少制冷剂对全球变暖的影响，对使用热泵的建筑物而言，最优方法有：

- 制冷剂充入之前需要对系统进行严格的渗漏测试，例如，进行氮气正压测试，并保持深度真空负压达到一定时间，以确保没有泄漏，书面报告测试结果。
- 需要在机械室准备渗漏探测。
- 提供全面高效的建筑设计。尽可能节能的建筑将使用较小的采暖和制冷设备，这就意味着较少的制冷剂负荷。如果设备的尺寸在设计深化和照明设计完成后确定，并且《业主的项目要求》中对居住率、进度表和其他要求准确无误，那么可以确定采暖和制冷设备的最小尺寸。
- 避免为不需要采暖和制冷的空间提供采暖和制冷。这又可以降低制冷和制热系统所需的系统容量，同时也减少了所需制冷剂的总量。

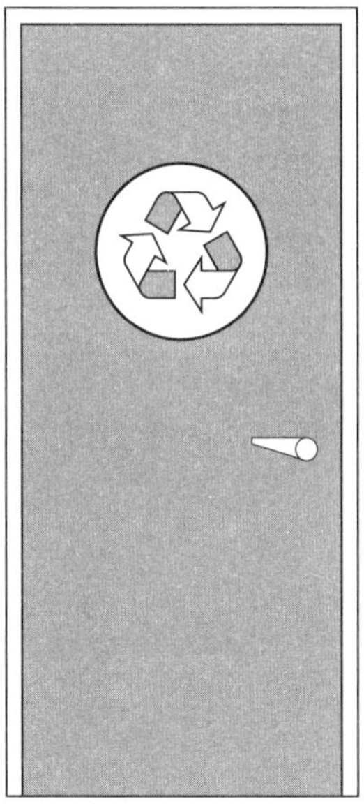

16.33 应做出可回收物品的收集和存储规定、收集和重新分配的产品和设备的再利用的规定、堆肥的规定。

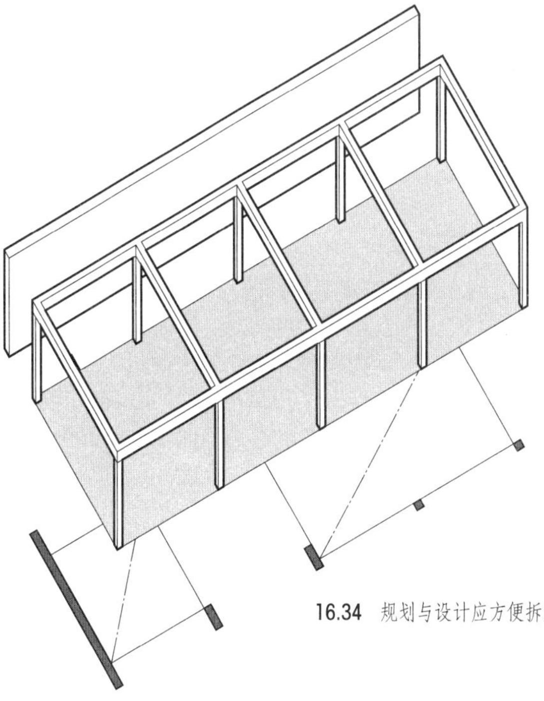

16.34 规划与设计应方便拆解和再利用。

为了降低建成后材料影响而设计 Designing for Reduced Postconstruction Material Impacts

在设计新建筑的过程中，可以制定减少建成后材料影响的规则，比如建成后减少材料的使用。

例如，可以给房间或建筑空间提供一个集成的固体废弃物管理系统，包括可回收物的收集和存放空间、可再利用的产品和设备的收集和分类空间、堆肥空间。这样的设备使建筑的使用者更方便地把本应被填埋的垃圾通过循环利用、回收再利用和堆肥而变得有用。

进一步来说，建筑材料可以记录下来以减少替换材料。比如，如果油漆的制造商、颜色、编号和当地的购买源都被详细记录在用户的使用手册或产品的手册中，那么当房间内的某一部分需要修补时，就不需要把整个房间都重新油漆一遍，只需要订购少量同样型号的油漆即可。这个方法同样适用于诸如油漆、木器漆、门窗贴面板、嵌线、百叶窗窗格和小家具。

拆解设计使建筑的部分材料在建筑的生命周期结束时，被继续使用成为可能。拆解设计的原则包括使用模数化构件、简化节点、选择易于拆装的固定件、尽量减少固定构件的使用、选用耐久或可重复使用的材料、简化建筑复杂程度。为建筑编制关于拆解设计的档案可以为以后的拆解提供便利。

建筑垃圾管理 Construction Waste Management

建筑垃圾管理的一个主要方面是减少浪费，避免填埋。

提高材料的使用效率，减少浪费 Less Waste through Material Use Efficiency

建筑废料管理在建筑设计和材料采购阶段关注材料使用效率，建筑废料管理的进程就已经开始。通过更加详细地判断所需材料的数量，可以促进材料采购效率，减少材料浪费。

保护使用前的施工材料 Protecting Construction Materials before Use

使用前，要优先考虑保护现场的施工材料。这样做的目的不仅是为了防止材料损坏、削弱其功能，而且可以防止受潮损害，以免真菌繁殖引起室内空气质量问题，同时，还可以防止不合格材料所造成的材料浪费。关于材料浪费，随着时间的推移，我们可能会更加关注材料的运输，防止材料在运输过程中被损坏，导致材料被抛弃。质量控制的做法也许会变得更加宽容，在不影响建筑物完整性的前提下，允许接受非常轻微或表面受损的材料以减少材料浪费。

从堆填区转移废弃物 Diverting Waste from Landfills

绿色建筑垃圾管理的一个主要焦点是把垃圾从垃圾堆中转移。完成这一目标的策略之一就是将前期规划纳入设计中，例如在设计时，明确说明用于回收或再利用的材料种类。目标也可能被设置为废弃物的转移，无论是重量或体积；可回收废弃物收集、分离和储存的规定；满足废弃物转移目标的跟踪和量化要求。随着时间的推移，我们会加大力度防止废弃物的产生，甚至是施工现场所产生的废弃物。例如，可以通过减少包装来实现。

16.36 德国制造商施乐百（Ziehl-Abegg）最近推出了一个风扇叶片，边缘仿照猫头鹰的翅膀呈锯齿状，明显提高了其气动性能并且降低了噪声和能耗。

其他材料问题 Other Materials Issues

透明性 Transparency

考虑对材料成分的均衡评价，包括化学成分、物化能、天然和再生材料，国内或地区的产地和其他可取或不可取的性质，这些标签是新兴的绿色建筑材料的重要组成部分。

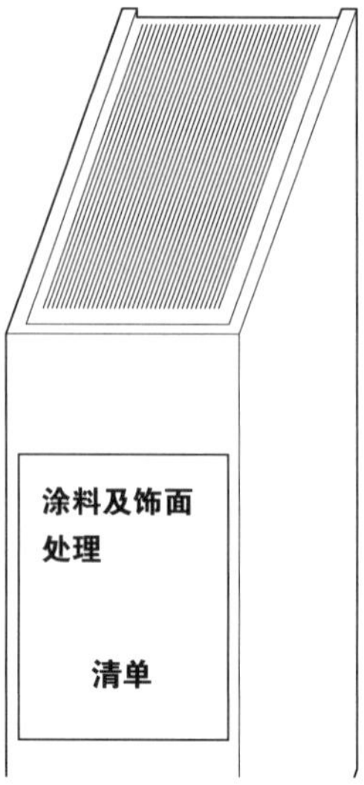

16.35 材料标签的透明性考虑到了材料的均衡评价。

耐久性 Durability

耐久性是一种绿色性能，可以使材料及其辅料的更换频率降低，也降低了替代材料的物化能。也可以选择不需要定期维护的产品，如不需要打蜡处理的弹性地板。

仿生学 Biomimicry

仿生学是通过考察自然系统并将其优点用于人造系统的新兴研究。在建筑中，天然材料可能会很好地提供结构所迫切需求的能源和材料效率。自然形状如圆柱形和正方形以其协调的比例和高效的面积系数，可以用来支撑高效的建筑设计。自然提供了许多建造环境过程的良好模型，如水的净化、采暖、制冷、通风。仿生学应该运用这些常识，因为虽然许多材料，形状以及自然过程在本质上是高效的、节能的，但仍有一些并不是这样的。

17

进度、流程及可承担性

Schedules, Sequences, and Affordability

进度与流程　Schedules and Sequences

由外向内的设计过程与建筑项目的典型流程类似。建造由场地设计开始，接下来是外形，最后完成内部装修。

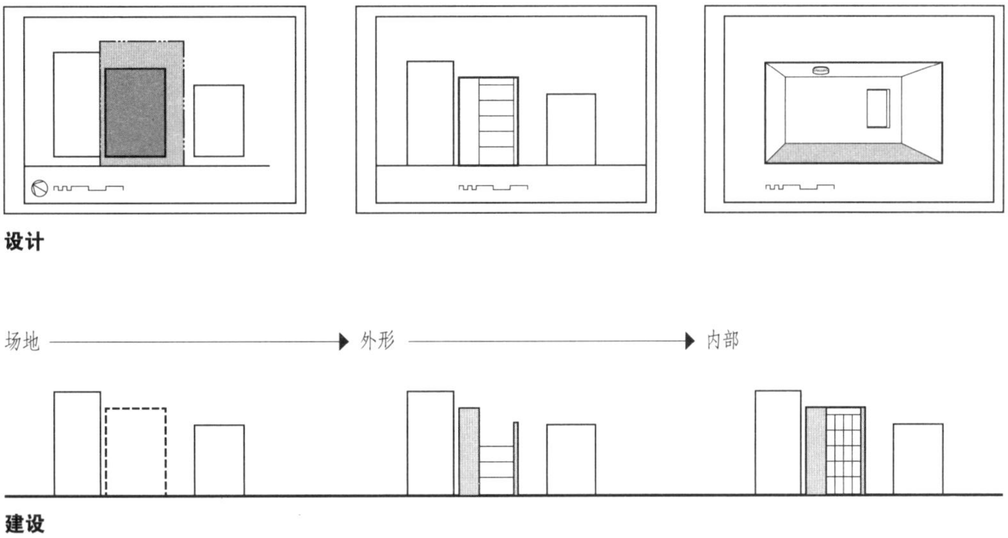

17.01　设计从外部开始，从场地到外形再到内部，与建造的流程类似。

各种审批程序也遵循从外到内的流程。场地规划审批通常在施工许可证签发之前进行。基础和结构最先被审核，然后是电气和机械设备的审查，最后由建筑验收员巡视整个建筑验收内部。

这并不是说绿色设计应该与施工同时进行甚至与审批同时进行。在审批之前，绿色设计就应该有效地落实。否则，建筑立面可能已经得到城市区划主管部门的批准，建筑形状或窗口设计等方面就无法再进行降低耗能的优化。至少，能源系统的优化需要在审批开始之前进行。

通过审批意味着不仅要获得地方当局的批准，也要通过业主或开发商的批准。如果业主在确定能源系统和评估效果之前就选定了建筑设计方案，并且该建筑设计方案刚好是低效的，那么建筑师和业主都会面临两难的抉择，无论是维护低效的设计方案还是努力改进方案都会变得困难。

整合设计的支持者提倡从设计项目开始时就加入全部设计团队，包括能源方面的专业人士和业主。这是一种积极的开发方式。离开整合设计，能耗模型有时只是建筑设计完成之后追加的建模而已，这样一来能耗模型最重要的目的——改进和优化设计，就不可能实现了。在这个阶段，只有弥补性的改进措施可以用于方案，减少的能耗也是微乎其微的，甚至无法在整体费用中体现。这样的话，业主或租户就要在建筑整个生命周期中，支付不必要的高额费用。他们也会支付高于实际需要的建设费用。早期的能量设计检测则可以避免这些缺陷。

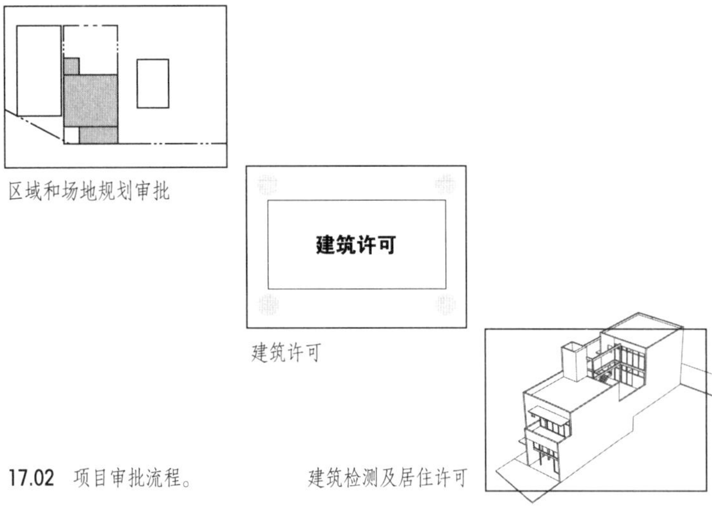

17.02 项目审批流程。

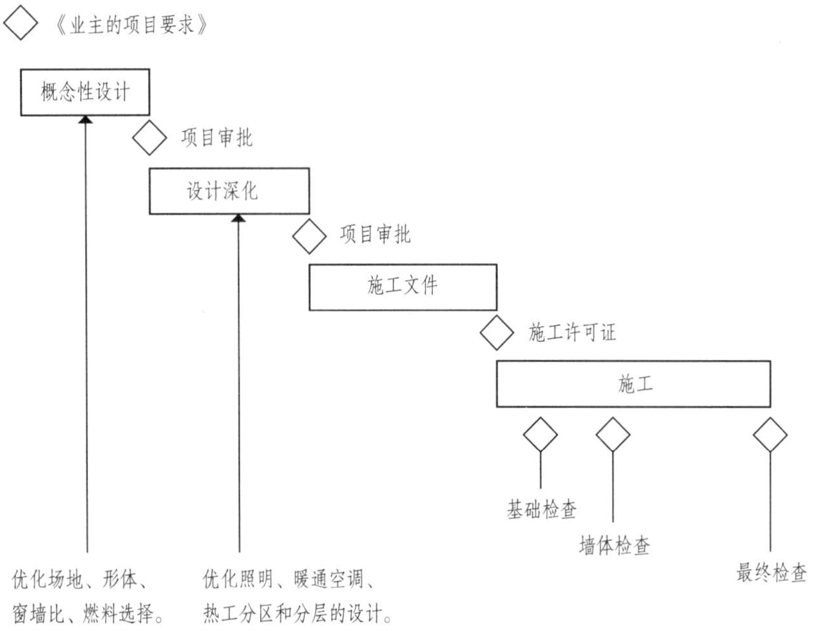

17.03 绿色设计应在相关审批之前进行。

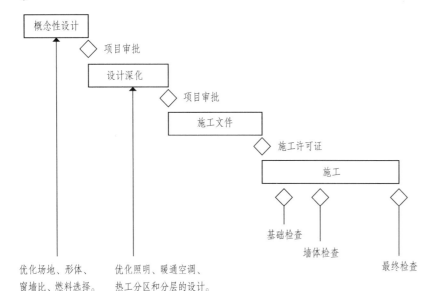

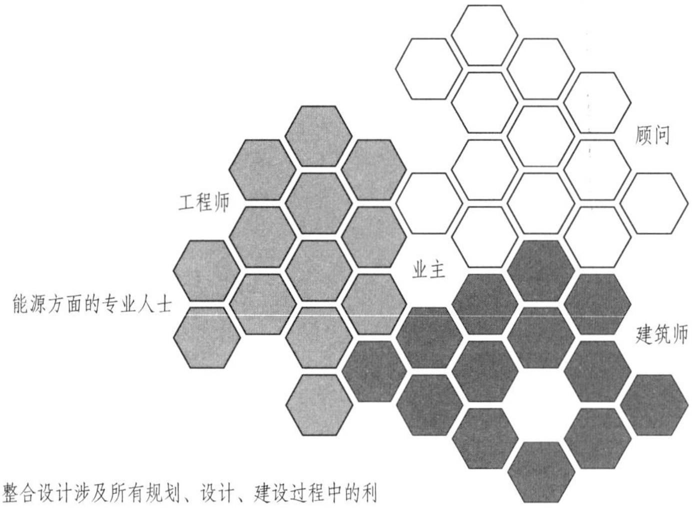

17.04 整合设计涉及所有规划、设计、建设过程中的利益相关者。

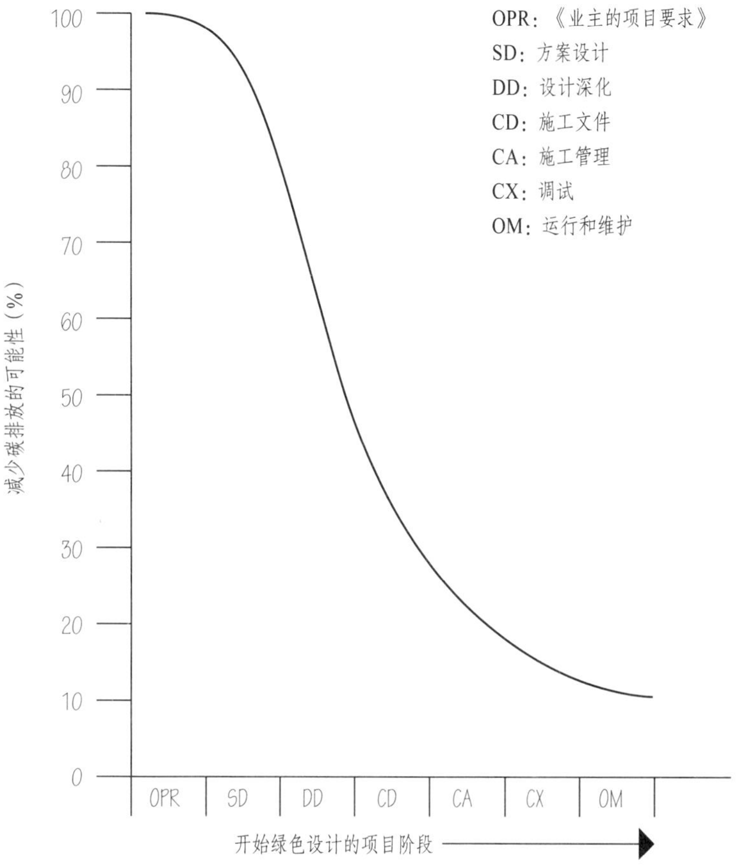

17.05 从项目设计开始就要关注绿色性能以减少碳排放。

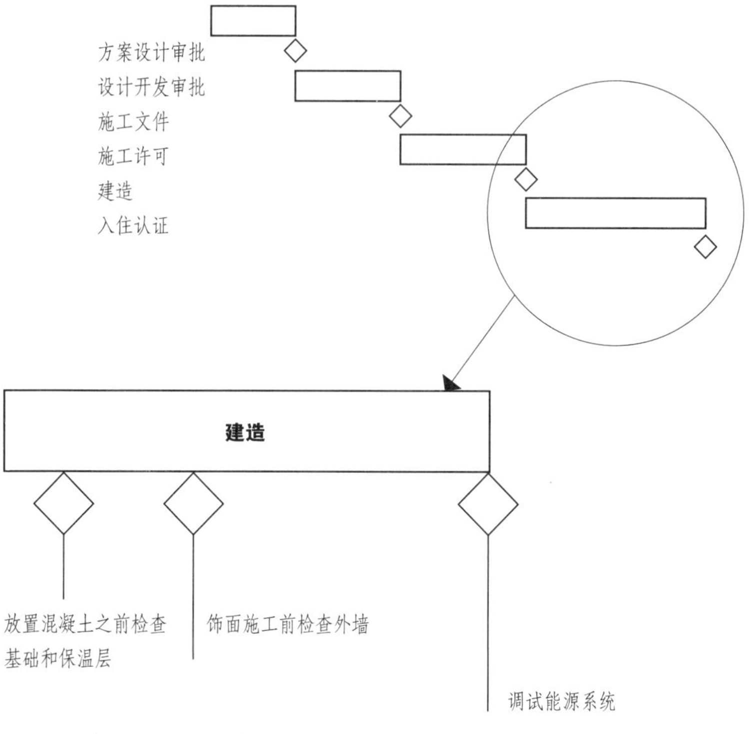

17.06 绿色施工中需要检查的关键节点。

审视设计和施工的另一个视角是减少碳排放量的潜力。如果从项目的一开始就把注意力转移到绿色设计上，那么碳排放相比于传统建筑就可能减少100%。设计的早期阶段存在大幅减少碳排量的可能性。如果在方案设计中没有检测绿色性能，并且建筑形体和窗墙比已经确定，而且屋面和场地上布置可再生能源设施的面积有限，那么减少碳排量的潜力将大大降低。此外，如果在设计深化阶段没有进行绿色节能方面的测试，那么建筑布局、非空调空间、照明和暖通空调系统类型方面减少碳排放量的潜能将会降低。如果绿色性能仅在施工图阶段开始考虑，那么就只能通过局部微小的改进来减少极少部分的碳排量，例如窗户的传热系数或暖通空调效率的改进。最后，如果没有采用绿色设计，那么就意味着减少碳排放的可能性只能通过建筑物运营和维护方面加以改善。

在施工过程中，承包商有时会快速决策以保证进度表上的建筑活动，降低成本。这种加速会牺牲对细节的关注，最关键的是热边界的连续性以及能源系统的功效。在建筑物外墙上增加穿孔和洞口时常会因为赶工而忽视细节，比如穿墙的燃气管道没有密封、窗台板下没有填实、电线穿墙孔没有封实、楼板间的穿孔没有封严、窗框门框处没有封严等等。大多数密封不严的孔洞会被饰面层永久覆盖。这些都是施工过程中需要进行质量控制的地方。安装能源系统过程中的快速施工，如快速安装照明、采暖和制冷系统等，也会导致能耗的增加。施工过程中的一些重要节点特别需要质量控制。建筑质量检查员和设计专业人员需要努力找到各种用能缺陷，必须在地基，墙体、窗户、屋顶、地板等项目完工之前、能够清楚看到细节的时候进行检查，在布置能源系统之前进行检查。

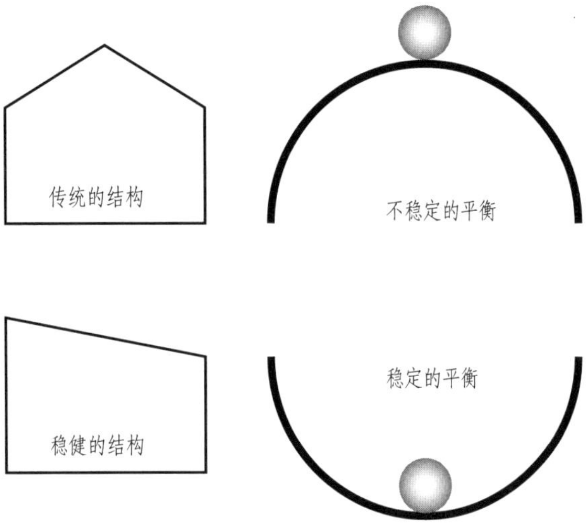

17.07 打个比方来说明传统结构与稳健结构的比较。

一个有益的方法是设计更加坚固的建筑物——比如，连接点和渗透点更少的建筑、采暖制冷系统在热围护结构之内。这样的建筑不易产生建造方面的缺陷，漏气、热桥、输送损失等方面的缺陷都会比较少。由外而内进行设计——简化的建筑形体会减少转角和连接点的数量；减少门窗渗透、通风渗透和燃烧渗透；选用整体牢固的结构层，如SIP板，绝缘混凝土构造以及其他渗透点少、连接点少、热桥可能性低的墙体和屋顶结构。如果容易产生缺陷的部位较少，那么低能耗建筑的性能，就不会过分依赖于建造过程中通过检测发现和纠正各种缺陷。我们也许会想到弹珠在两个不同表面上取得平衡的隐喻。在倒置半球的顶部，弹珠处于危险的平衡状态，任何一点干扰都会使其滚落，除非经过检查和纠正让其处于准确的稳定位置才不会滚落下来；相反，弹珠在半球形碗的底部可以很好地保持平衡。即使存在干扰，弹珠也总是会回到稳定的平衡位置。这就是通过设计获得的稳定性。

可承担性 Affordability

绿色建筑设计所提出的改进方法可以降低建造成本、保持成本不变或增加建造成本。改进措施的成本变化与所处的地理位置、地域性经济条件以及建筑寿命有关。不过这些改进措施可以根据总体建造成本的结果进行分类。

分类一：减少建造成本的改进方式。

例子包括：

- 减少建筑面积；
- 减少建筑表面积；
- 使用改进的框架；
- 在不需要采暖和制冷的空间去掉这些设备；
- 减少采暖和制冷设备，并且因为负荷减少可以相应减小输配系统的尺寸；
- 通过优化设计、使用高反射率的墙面和顶棚、避免使用嵌入式灯具、避免层高过大，就会减少照明负荷，从而减少照明灯具；
- 减少了人工照明就会相应减少空调系统和输配管道的尺寸；
- 消除冷水管道及阀门装置，如采用无水小便器；
- 减少建筑垃圾；
- 使用带有瑕疵的材料；
- 在一栋建筑中满足多种功能和不同使用者，而不是分散为几栋小建筑；
- 使用结构作为饰面或表面不做装饰；
- 将管道系统等设施直接暴露在外；
- 去掉阁楼和坡屋顶；
- 减少外门数量；
- 减少开窗尺寸和数量。

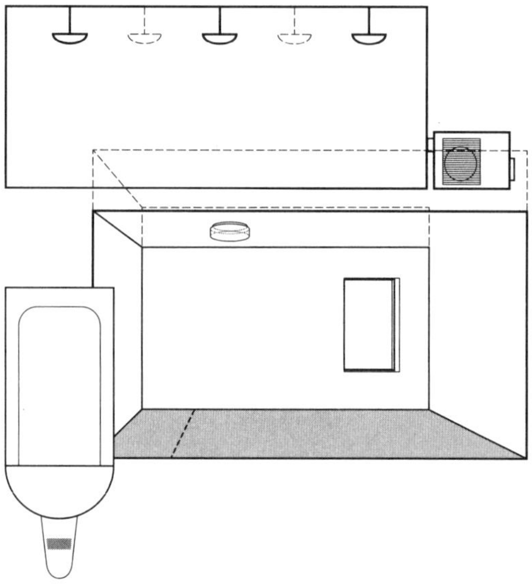
17.08 第一组改进措施：减少成本。

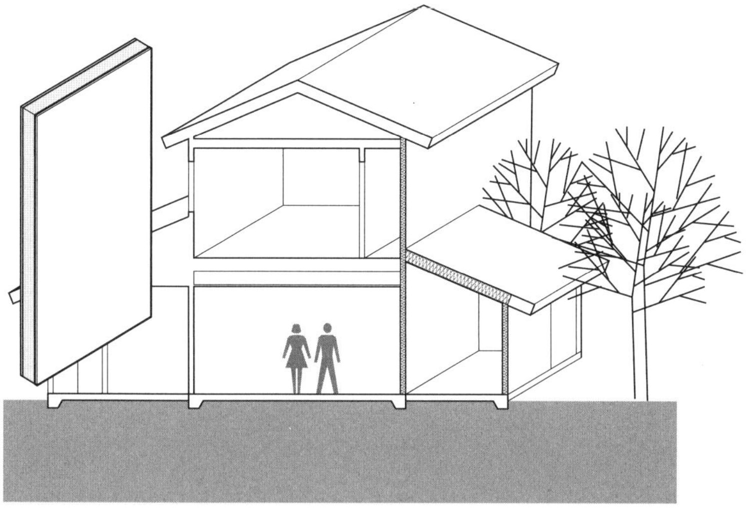

17.09 第二组改进措施：不增加成本。

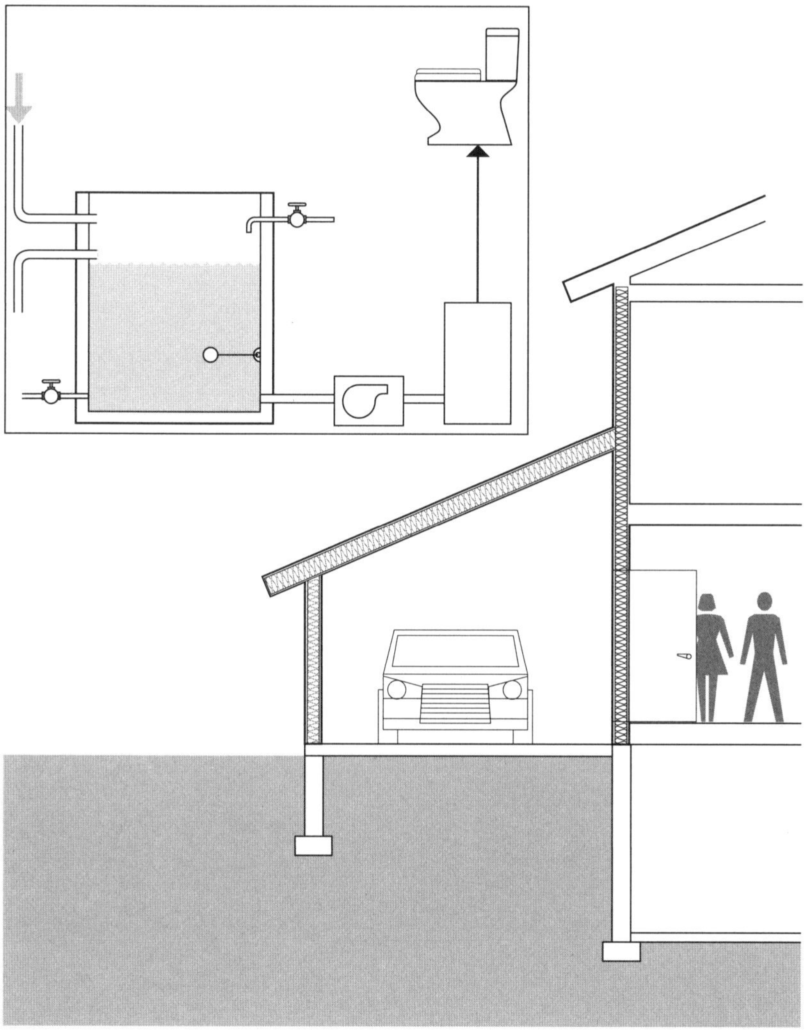

17.10 第三组改进措施：增加成本。

分类二：几乎不增加成本的改进方式。

例子包括：

· 采用预制墙板，如 SIP 板，增加了材料成本但降低劳动力成本；
· 利用树木和其他植被遮阳；
· 取消地下室和低矮的管道空间，代之以依附于建筑或者建于室内的储藏空间；
· 将不需要空调的空间设置在建筑周边。

分类三：增加成本的改进方式。

例子包括：

· 添加保温层；
· 增加气密性；
· 高效的采暖和制冷系统；
· 利用断桥避免热桥；
· 高效的生活热水系统；
· 使用遮阳篷和挑檐；
· 热回收通风系统或能量回收通风系统；
· 雨水收集；
· 提高能源效率的饰面，如窗户的隔热遮阳；
· 节能灯具；
· 节能照明控制；
· 高效设备；
· 使用可以加强热边界的材料，如非空调空间和采暖空间之间采用保温门；
· 给非空调空间设置双重隔热边界，比如给车库设置保温层，增加外围护结构的气密性；
· 使用热分区；
· 建筑空间进行竖向热分层；
· 可再生能源系统；
· 低排放的材料；
· 采用适当的声学处理；
· 绿化屋顶；
· 使用质量控制以确保建筑性能的目标得以实现；
· 建设文件符合绿色建筑的规范、标准和指南。

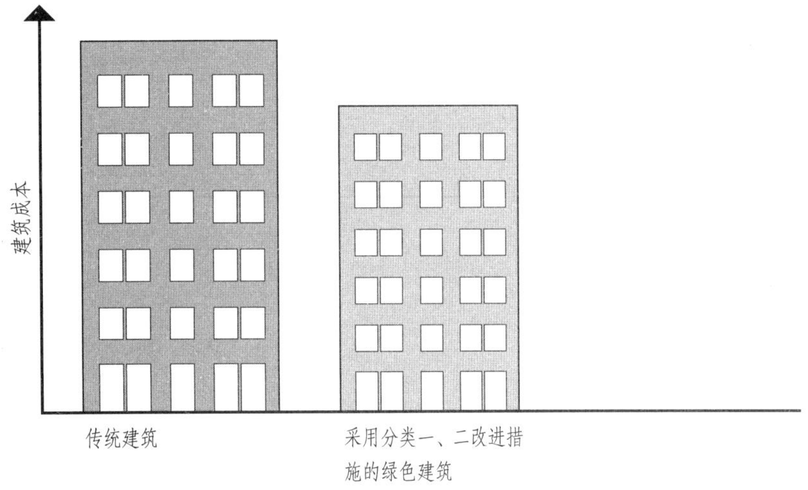

17.11 相比于未采用改进措施的建筑，采用分类一（减少建造成本）和分类二（保持原成本）中改进方式的相同建筑，其建造成本更低，使用的能源和材料更少。

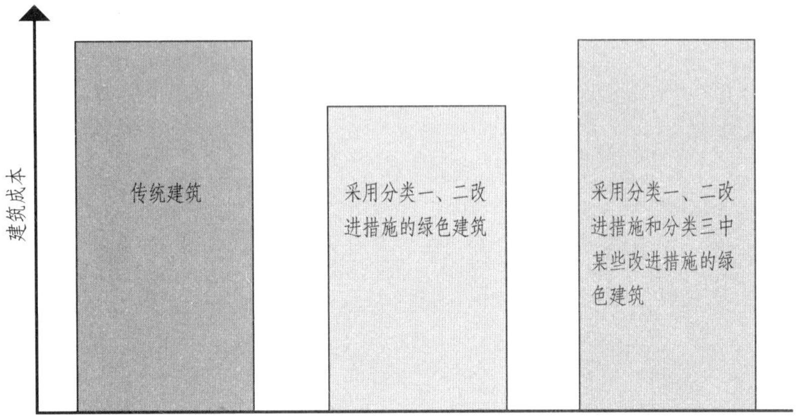

17.12 采用分类一的改进方式所节约的成本，明显可以抵消分类三（增加建造成本）中某些改进方式所增加的成本。

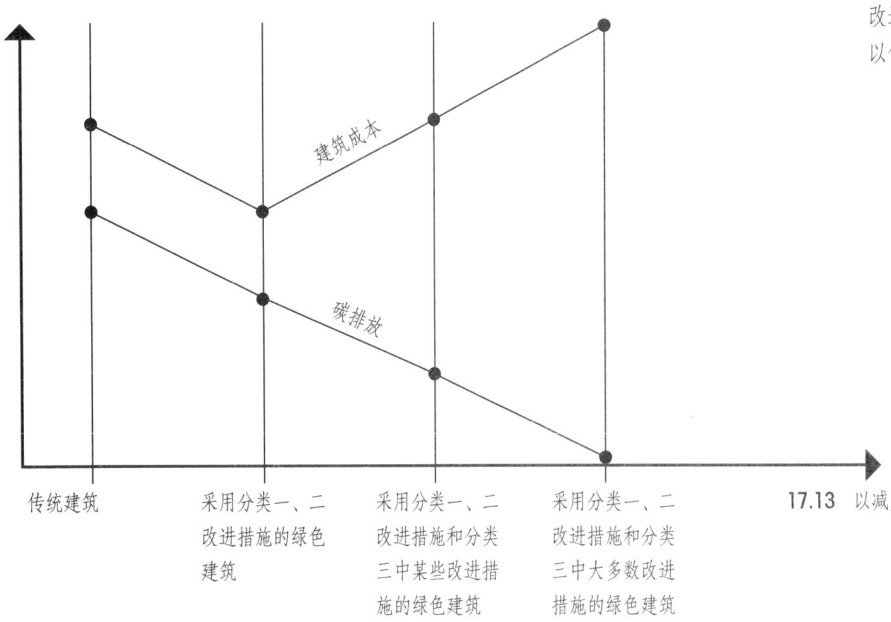

17.13 以减少碳排放的视角来评估建筑。

在估算绿色建筑的建造成本时，我们必须诚实地对待自己和客户。许多绿色建筑的性能改善会增加建设项目的成本。相反，一些潜在的成本节约可以通过绿色设计来实现。

两种有助于初步表征绿色建筑经济性的观点。

- 如果一个建筑的设计只采用了分类一（降低建造成本）的改进方式和分类二（保持原成本）中的特定条款，这个建筑与没有采用这些改进措施的建筑相比，将付出更少的成本、使用更少的能源和更少的材料。
- 采用分类一的改进方式所节约的成本明显可以抵消分类三（增加建造成本）中某些改进方式所增加的成本。我们可以设想，一个建筑的成本与传统设计方式的建筑成本相当，但是实际建造时使用了更少的能源和更少的材料。

另外，如果绿色建筑的成本超过了传统建筑，可以根据未来建筑运行中节省的成本来证明部分或全部的增量建设成本是合理的，主要是节能省下的费用。这一分析将在第 18 章“绿色设计与建造的质量”中讨论。

从减少碳排放的角度来看，相比于传统方式设计的建筑，采用分类一（减少建造成本）和分类二（保持原成本）的改进方式设计的建筑，碳排放量更少，成本更低；如果一个新建筑的成本与传统建筑相同，但是采用了分类三（增加建造成本）中的某些改进方式，碳排放量会更低；最后，使用分类三的改进措施，直观来看可以实现或接近零排放，加之改进后的建筑由于能耗减少导致运行成本降低，可以使建筑的全生命周期成本低于传统建筑。

18

绿色设计与建造的质量
Quality in Green Design and Construction

所有建筑物在设计和施工过程中都可能出现质量不合格的现象。然而，绿色建筑还会出现一些因为人们追求绿色特征而出现的弱点。质量不合格的指标包括耗能很高、随意使用含有化学成分超标的饰面层从而导致有害气体释放以及渗水导致的室内湿度过大和发霉现象。

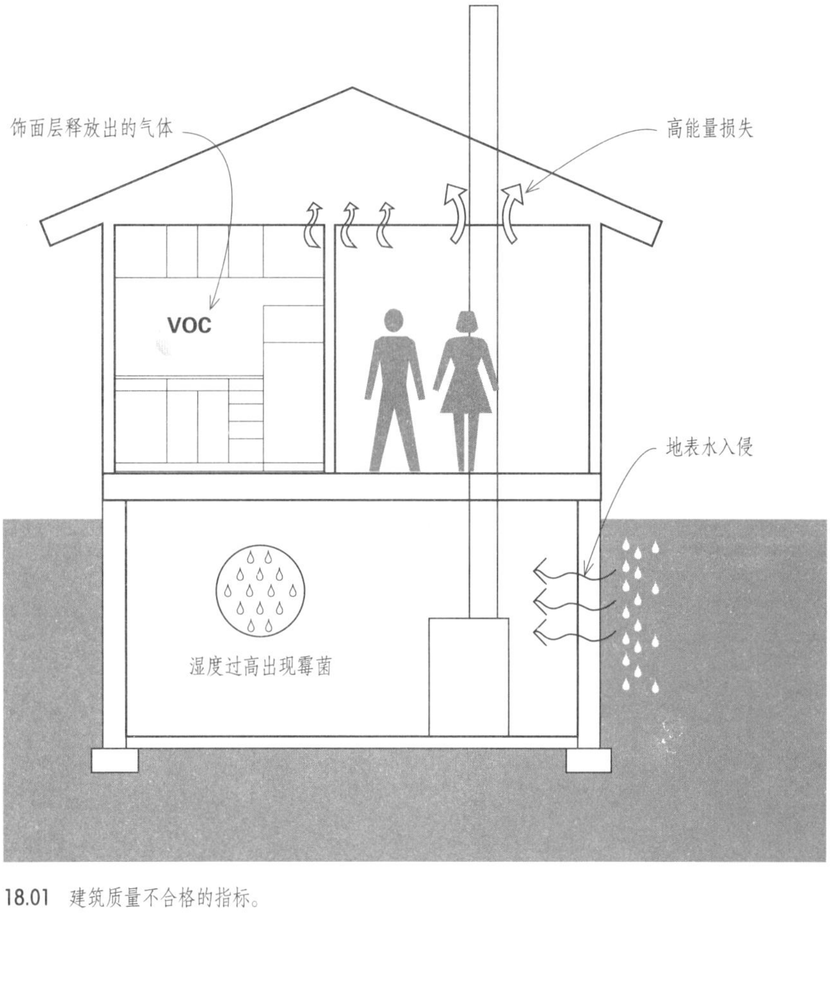

18.01 建筑质量不合格的指标。

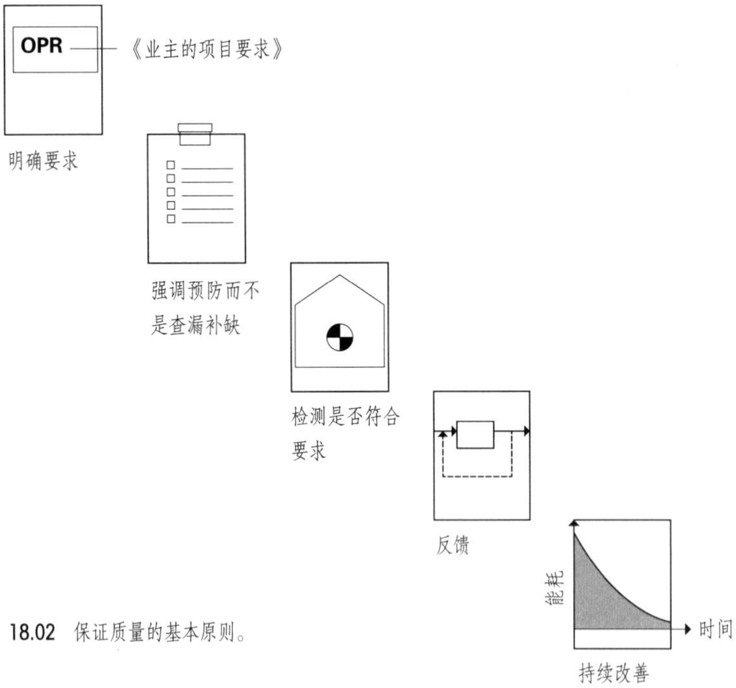

18.02 保证质量的基本原则。

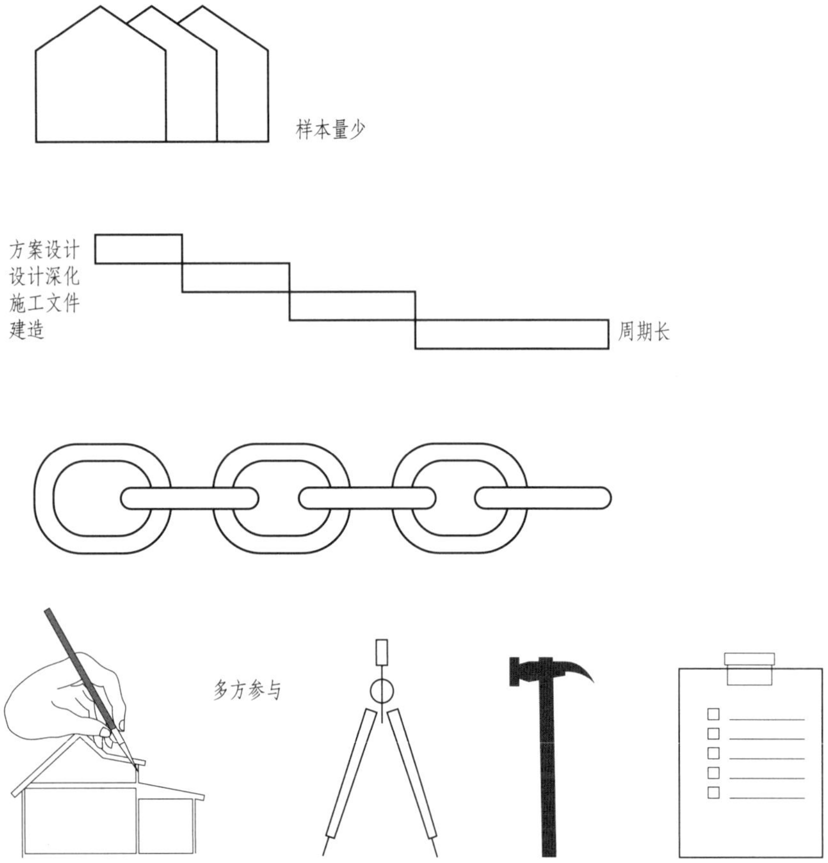

18.03 设计和建造中的障碍。

绿色建筑比传统建筑更容易出现某些问题。例如，假定建筑的总体空气渗透率设计值为每小时换气率0.1ACH（air change per hour，缩写“ACH”），如果空气渗透超标增加0.1ACH，其空气渗透量就会增加100%。这可能导致采暖系统制热量不足，建筑内部过冷。而对一个设计值为0.5ACH的传统建筑而言，空气渗透超标0.1ACH只占20%，可能完全感觉不到建筑过冷。同样地，如果一个污染源，比如VOC含量很高的地毯，被不经意间安装在绿色建筑中，那么室内污染物的浓度就会高于通风过度或渗透性高的传统建筑。

因此，绿色建筑对质量控制的要求更高。

在过去的几十年里，质量研究取得了重要进展。质量控制的基本原则包括：

- 确定需求；
- 防止缺陷，而不是依赖于查漏补缺；
- 根据要求检测一致性是否达标；
- 反馈；
- 持续改进。

设计和施工中存在很多障碍。不像大规模生产制造等其他企业，建筑通常是一次只建一栋，每栋建筑的样本量少并且建造周期长。这些因素阻碍了持续改善所必需的测量和反馈。建筑设计和建造过程中有多方参与，其中任何一方都可能成为薄弱环节，因而使大家为建筑质量所做的努力大打折扣。

克服这些问题的方法包括通过使用可靠的建筑要素来保证设计质量、在设计和建造过程中采用多种方法控制质量。这些措施包括明确需求、检测、运行调试、测试和验证以及监测。

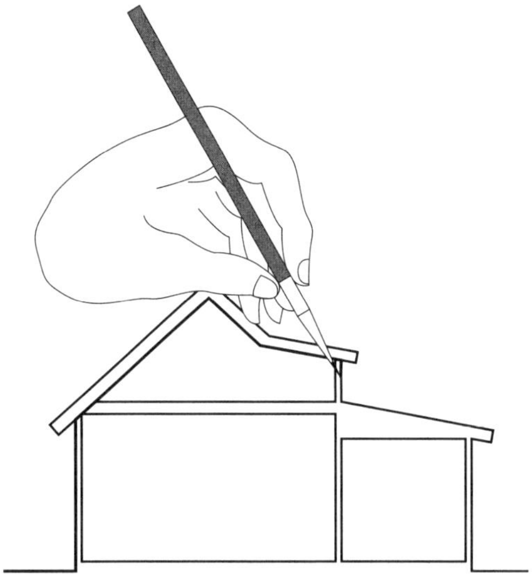

18.04 设计质量与建筑融为一体。

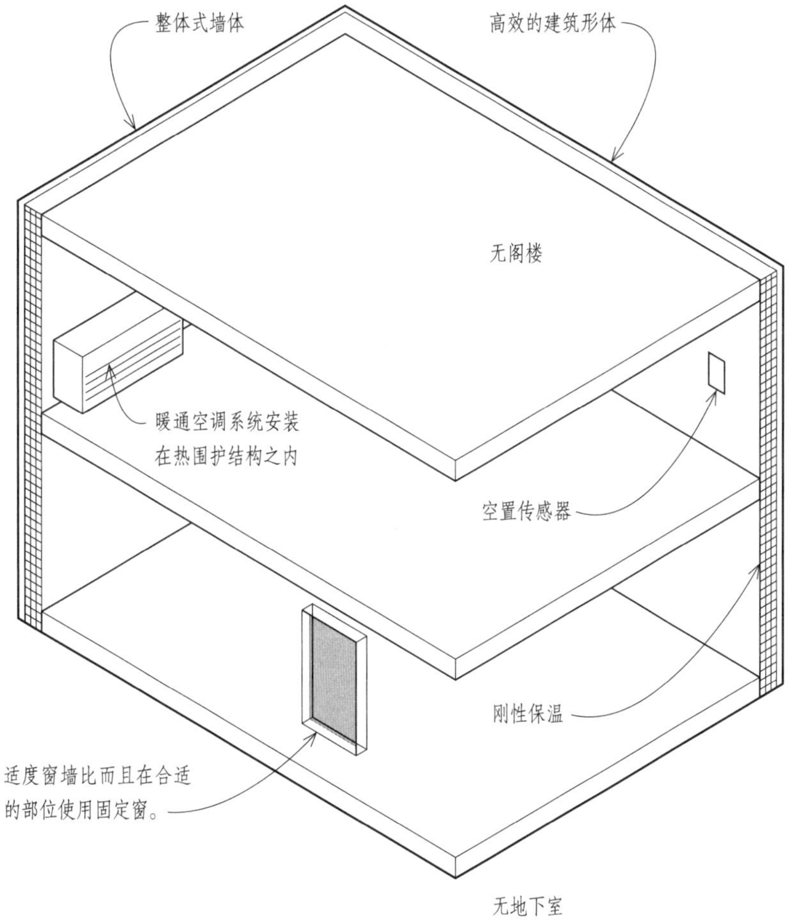

18.05 高质量设计的案例。

高质量设计 Designed-In Quality

为了最大限度地减少出现问题的风险，特别是在诸如低能耗这样的绿色性能方面，一个有效的方法是将设计质量与建筑本身融为一体。在传统的质量方法体系中，这种方法被称为“缺陷预防”，与通过检查发现问题的缺陷检测形成对照。高质量的设计并没有降低检查的要求，但它可以减少失败的风险。

高质量的绿色建筑设计方法很多。例如，用 ICF、SIP 等类似材料构建的整体式墙体，渗透点少、更加坚固，相比于框架式、现场建造的墙体，出现问题的可能性更小。相比于保温棉或松散的保温材料，刚性保温板、致密的纤维保温材料以及泡沫保温材料不易变形、不易出现保温空隙。如果一扇可开启的窗户没有特殊的通风要求，那么用固定窗取而代之会减少出现问题的可能性，特别是在防止空气泄漏方面。将制冷和制热系统完全置于热围护结构之内，就不大需要检测输配系统的泄漏和热损失了，且不再依赖于设备系统解决保温层、气密性等问题造成的热损失。最近在加利福尼亚州，一项关于非住宅建筑中密封管道是否符合能耗规范的研究中发现，不合格率为 100%。换句话说，该项研究中没有任何一栋建筑能够符合规范要求。与其费尽心思提高节能规范的合格率，我们不如简单地将输配系统置于空调空间中，从而保证能源系统耗能与规范的一致性。

某些高质量设计的改进效果是微妙的。比如，传统的人体传感器在感应到短暂通过时，通常会不必要地开灯，而人员占用传感器或手动传感器的节能效果则更可靠。

建筑设计较少依赖于设备效率，相反更加依赖于建筑本身的效率，比如建筑形体、热阻、适度的窗墙比等，也许更能长久地保持高效。

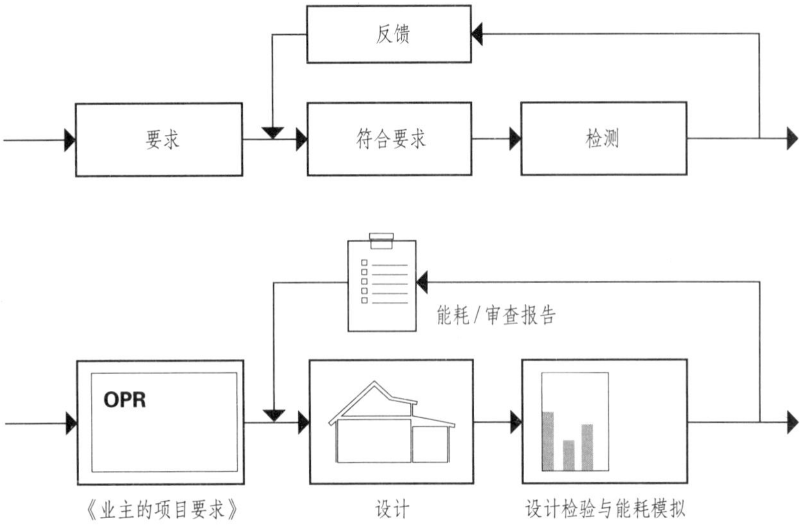

18.06 应用于设计的质量语言。

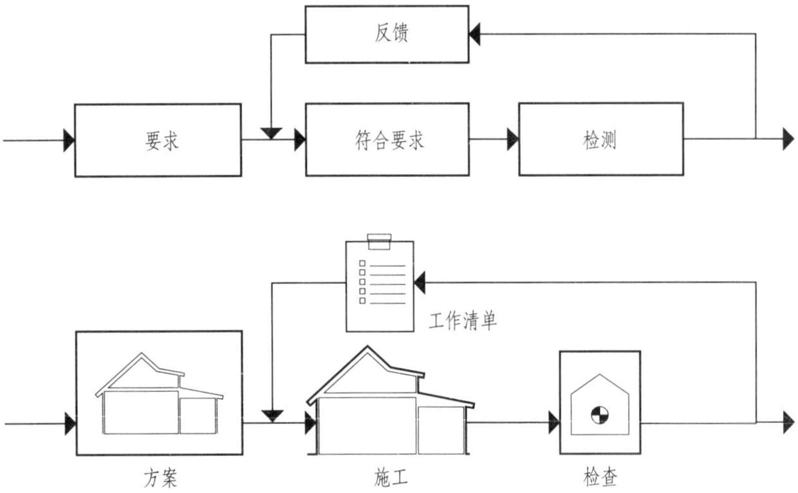

18.07 应用于施工的质量语言。

设计和施工过程中的质量控制方法
Approaches to Quality in Design and Construction

高质量设计的，目的是防止建筑施工和运行中的缺陷，除此之外，一系列质量工具可以引入绿色建筑的设计和施工，以检测和消除隐患。该方法需要一个团队对质量的承诺，并采用高质量的技术语言——技术要求定义、与技术要求一致、测试、反馈和持续改进。

施工文件本身就是一个出色的载体，确定了各项要求。然而在施工文件的所有细节中，通常不记录建筑设计的意图。最近几年，调试文件已开始服务于此项功能。重要的是记录业主的意图和目标、性能要求以及其他绿色建筑的要求，如符合特定的绿色认证程序、目标能源使用、最大空气渗透量或定义热舒适范围等。

设计中的质量控制 Quality in Design

像LEED这样的绿色建筑认证一个好处，是要求文件和档案作为一种内在质量控制的手段。为了证明采暖系统没有超标，就需要检查采暖系统的尺寸。为了证明建筑符合某个标准，如《ASHRAE 62通风标准》，那么就需要检查通风系统。这是质量控制的价值所在，完全超越了单纯获得认证分数。

施工中的质量控制 Quality in Construction

对提交的文件进行审查，长期以来一直作为宝贵的最佳实践来确保施工质量。提交材料的审查是判定施工文件是否与规定相符的一种形式，并且用来确定劣质产品的替代品，如绿色建筑项目中的低效或污染的产品。审查材料这项工作，在大型商业和大型机构的建设项目中是常见的，但对于那些通常不需审查的项目也是有利的，如住宅、小型商业和许多私营部门的项目。

施工质量的控制通过各种最佳实践得以延续，包括施工前的质量控制和项目会议，这样可以发现并解决各种缺陷。

就像听起来那么简单，在检查中一项重要的任务是拒绝粗制滥造，粗制滥造在细心的检查中很容易被发现。现场检查的实际操作包括：

- 为检验提供足够的时间；
- 准备一套施工文件；
- 检测的时机很重要，比如保温和气密性等绿色性能的检测，应该在其被封于墙内或其他不可检测的位置之前进行检测；
- 做笔记并拍照，及时发布检测结果。

检查气密性细节的时间节点很重要。这意味着在安装装饰线脚前先检查门窗，在密封前检查墙洞，并检查建筑中所有的渗漏。

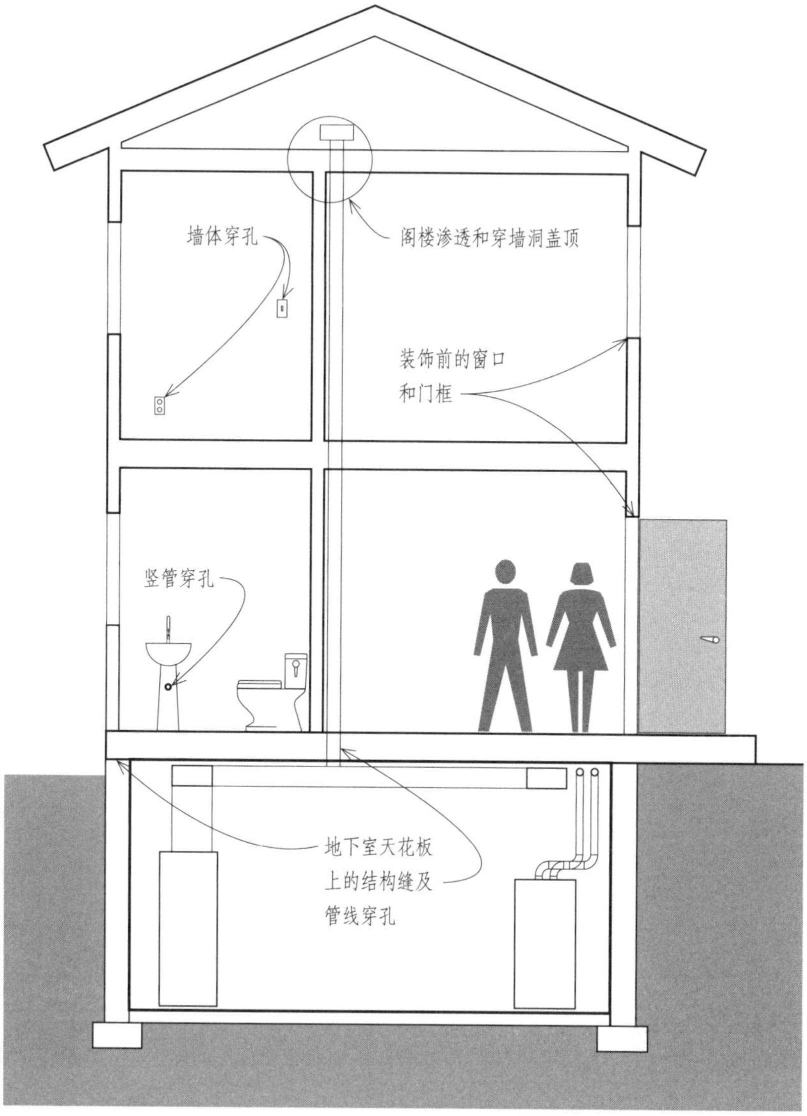

18.08 检查气密性细节的时间节点。

能耗模拟 Energy Modeling

在绿色建筑设计中，质量控制的基础是能耗模拟。能耗模型有助于建筑业主和设计专业人员做出优秀的能源决策。

建筑能耗模型可用于几个不同的目的，包括：改善评估；是否符合能耗规范；是否满足自定的标准或评级；设施账单和运行成本预测；税收激励说明文件；是否符合国家或公用事业计划的激励规定。一些模型也可以作为采暖和制冷系统设计的依据。模型的高级用途包括采暖、制冷和照明系统控制序列的改进与优化。

有效的建筑能耗模拟的关键是决策之前进行模拟。如果在建筑物的形体决定之后再进行能耗模拟，那么模拟结果将不会影响建筑物的形体。如果在效果图或立面完成后进行能耗模拟，那么模拟结果将不会影响窗墙比。如果在选择采暖和制冷系统后进行能耗模拟，模拟结果将不会影响采暖和制冷系统的效率。

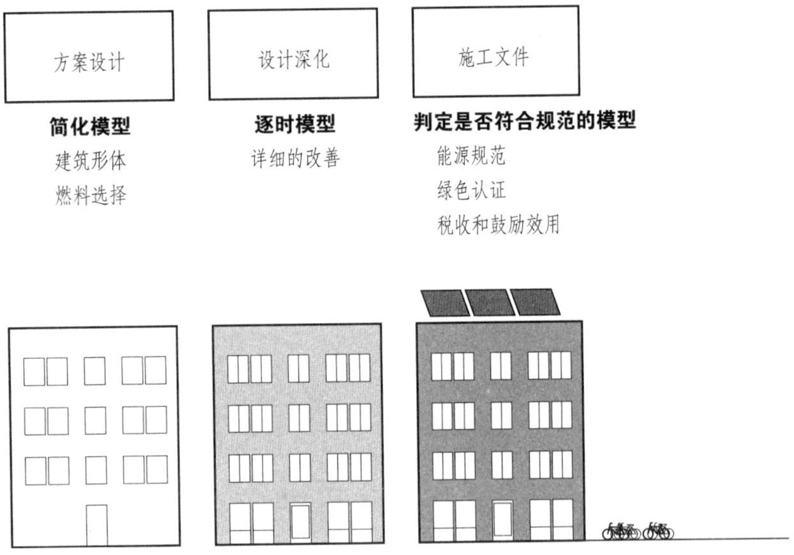

18.09 能耗模型的类型。

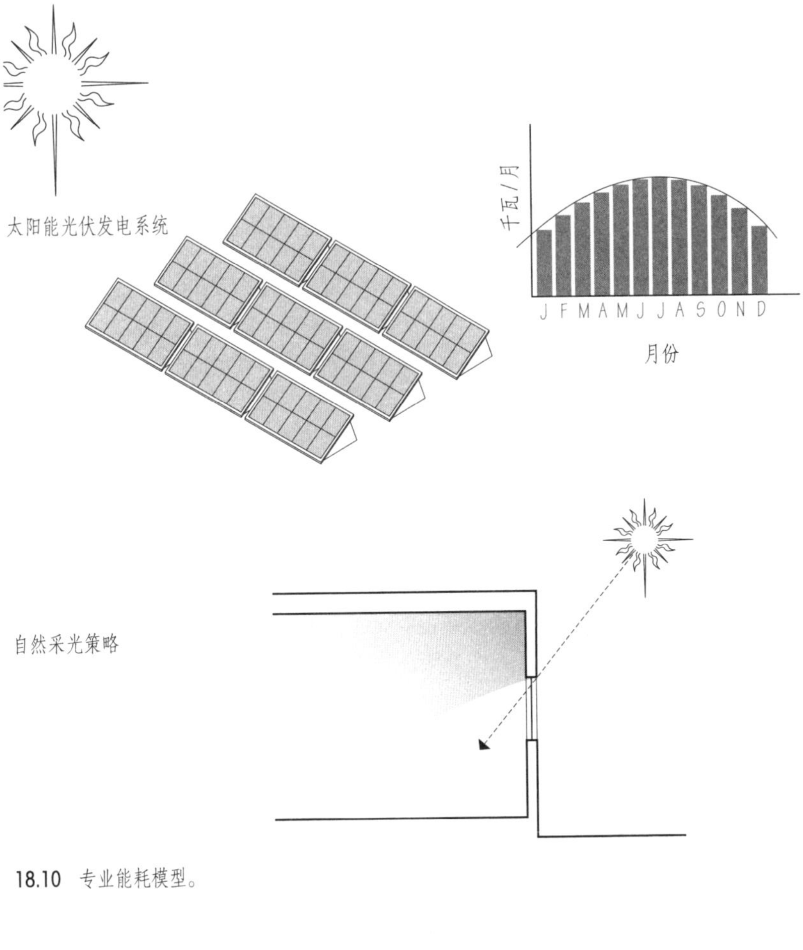

18.10 专业能耗模型。

根据能耗模拟的不同目的，可以建立不同的模型，不过用同一个模型满足所有目的的想法很有吸引力。项目是否符合能源规范需要通过最终的建筑模型以及能源系统模型来判定。按照定义，通过最终的建筑模型来判定其性能的做法与项目进程中评估和改进建筑性能的要求是相悖的，项目进程中的评估和改进需要在所有措施尚未最终确定的状态下进行，此时所有的选项都是开放的。

能耗模拟的有效序列大致包括：

- 通过简化的模型来检视建筑的形体、天花板的高度、窗墙比、采暖和制冷系统的初步设计或者燃料的选择。创建这个模型通常需要2~4小时。
- 整个建筑的逐时模拟。称之为“逐时模型”，是因为模型通过检测一年中每个小时建筑物对室外温度和太阳角度改变所做出的反应，模拟了一栋建筑全年的能耗。逐时模拟用来评估各种改善——热分区情况；包括减少热桥在内的保温设计；使用非采暖空间的情况；高效照明设计；评价采暖和制冷设备以及输配系统；生活热水系统的设计；制定控制方法的效果及通风系统的设计等。创建这个模型通常需要40~80小时，当然对于住宅类的小型建筑，建模时间会缩短；对于大型建筑或非常规的综合体建筑，建模时间会更长。
- 判断是否符合规范的模拟。在这里，同样的全建筑逐时模型被赋予最终选定的措施和建筑参数，目的是检验最终确定的设计是否能够满足规范、标准，给出费用清单，完成申请国家及公用事业奖励的相关文件。创建这样的模型要根据建筑类型和特定任务的要求而改变。这类模型也许对逐时建筑模型稍加改编即可，也许要对原模型改变很多并重新运算。

专业能耗模型和数据表提供了先进的系统和方法，如太阳能光伏发电系统、自然采光和热电联供（CHP）。

有趣的是，大部分的能耗模型只能对增加到建筑上的措施做出反应。大多数模型允许参数分析，换句话说，当某一参数发生改变时，模型能够检测参数变化后的结果，如增加建筑墙体的热阻值或提高建筑窗户的传热系数。然而，针对简化建筑形体的参数变化，模型往往不能轻易地给出评估结果或报告。这类参数变化可能包括：减少建筑面积、降低层高及天花板的高度、简化建筑形体、在不需要的空间中去掉采暖、减小窗户的尺寸或数量。虽然这些简化建筑的改进方式通常可以间接地在能耗模型中进行调整，但是对于调整能耗模型来讲，这些改进方式远不如增加到建筑上的措施来得容易。因此，即使在能耗模型中，评估建筑能耗改善的方法仍然聚焦于增加到建筑上的措施，而不是从建筑中减去的措施。这或许可以将雕塑家的比喻运用到建筑节能设计上，雕塑家们最好的作品是需要把材料从雕塑中去掉的，而不只是给作品添加材料。

为了避免由于能耗模型本身的错误导致采用了不理想甚至浪费能源的系统，能耗模型本身的质量控制是必需的。质量控制包括建模者对模型自查、主管审核及第三方的程序审查。审查应包括将输入参数与建筑图纸进行比对、模型输出结果与此类建筑基准值进行比较。

对于商业建筑的设计，软件程序应符合《ASHRAE 90》附录G的要求，这是符合大多数规范和标准的文件。对于居住建筑，RESNET的HERS是规范文件的重要参考依据。

环境目标

[ ]"建筑2030"组织

[ ]标准

[ ]认证级　[ ]银级　[ ]金级　[ ]铂金级

[ ]能源之星

[ ]目标

[ ]被动屋标准

[ ]其他：_____

能耗目标

[ ]能耗规范

[ ]低于规范：_____%

[ ]净零能耗

依据[ ]场地

[ ]资源

[ ]碳

[ ]化石燃料

18.11　绿色建筑的环境目标和能耗目标。

调试 Commissioning

调试最初被定义为施工检测的一种形式，旨在确保机械系统和照明系统能够按照预期运行。近年来定义更加宽泛，调试可以作为控制整个绿色建筑项目质量的工具，包括项目要求的规定和文件，围护结构检测以及其他非机械、非照明系统的检测，提供反馈的测试，并基于测试结果促进建筑运行持续改善。

调试通常由独立的调试部门执行，他们通常直接为业主工作，与设计方和建造方保持一定的距离。"提供调试的部门"（commissioning provider）也被称为"调试代理"（commissioning agent）或"调试机构"（commissioning authority）。针对独立的设计团队或独立的承包商而言，"调试部门"的含义和称谓会有所不同。在本书中，我们使用的是一般性称谓，即调试部门。

《业主的项目要求》 Owner's Project Requirements

调试始于一份叫作《业主的项目要求》的文件，文件中阐述了业主的目标，包括建设的主要目的、相关史料、未来需求、项目预算、预期运行预算、建设计划、预期建筑寿命、所有空间的预期功能、材料质量、声学要求、项目交付方法以及基于环境目标的培训要求。项目交付方法包括设计—招标—建造、设计—建造、或者其他形式；预先设定的环境目标要体现在培训要求中，包括建筑2030认证或LEED认证、特定能源利用指标或净零能耗的能源效率、碳排放、热舒适性、专业照明、业主评估绿色选项的优先权，如最低碳排放量或最低生命周期成本。业主做出的关键性决定之一是是否允许在建筑物内吸烟，当然前提是法律允许在建筑内吸烟。如果允许吸烟的话，需要明确在建筑内哪些区域或建筑周边哪些区域可以吸烟，并且如何保证实施，例如设置标识或通过租约控制等。绿色建筑最好成为禁止吸烟的典范，无论是室内还是周边场地。

18.12 占用需求案例。

空间：105	类型：会议室		
时间	工作日使用情况	周末使用情况	注释
12–1 am	0	0	
1–2 am	0	0	
2–3 am	0	0	
3–4 am	0	0	
4–5 am	0	0	
5–6 am	0	0	
6–7 am	0	0	
7–8 am	0	0	
8–9 am	0	0	
9–10 am	14	0	通常用于工作人员会议
10–11 am	2	0	
11–noon	2	0	
12–1 pm	10	0	同时兼作午餐室
1–2 pm	2	0	
2–3 pm	2	0	
3–4 pm	2	0	
4–5 pm	2	0	
5–6 pm	0	0	
6–7 pm	0	0	
7–8 pm	0	0	
8–9 pm	0	0	
9–10 pm	0	0	
10–11 pm	0	0	
11–midnight	0	0	

专业设计人员可以协助业主确定项目的目标。例如，从细节方面提供建筑的目标用户，这对项目成本和建筑能源效率意义重大。业主最好确定每个空间的用户情况（人数）以及典型工作日和周末，用户每小时的活动类型。这些信息用于确定通风系统和采暖制冷系统的尺寸及进行能耗模拟。再次强调，这些信息越详细越好。如果用户信息是估计的并且数据太过保守（假定的人数很多），那么通风系统、采暖系统、制冷系统、输配系统的尺寸都会过大，整个系统将花费更多的成本，使用更多的材料，建成后的建筑会消耗更多的能量。因此，准确的用户信息有利于通过后续的调试测试进行质量控制。

目标照明水平也应与业主讨论并记录在案，采用照明工程协会（IES）推荐值的下限。照明控制应针对每个空间进行不同的选择、独立成文。例如“手动开启，空置关闭，三分钟延迟”或“手动控制、多级开关，允许只开启最高照度的三分之一或三分之二，设计照度为 IES 推荐值的下限。”

这些细节的讨论不能擅自进行，不能超越业主的能力，并且需要再次强调的是越详细越好，因为这些决策对建筑能耗具有实质性的影响。

18.13 室内照明要求案例。

空间	类型	照明等级（fc）	控制方式				说明
			手动	用户	光电池	定时器	
101	走廊	10		●			一分钟关闭延迟
102	办公室	30	●				三级 空置传感器
103	厨房	30		●			一分钟关闭延迟

18.14 室外照明需求的案例。

区域	通道	安全	娱乐	装饰	说明 (1)
停车场	傍晚-10pm				定时控制
人行道	●				动作控制 一分钟延迟
网球场			●		
入口标志				●	光电管 11pm 关闭

(1) 所有室外灯都配有光电优先装置以防止白天开启。
启动：0.5 英尺烛光
关闭：1 英尺烛光

室外照明需求也要通过讨论确定，哪些是安全需要的照明，哪些是通道需要的照明，哪些是夜晚室外娱乐活动需要的照明，哪些是装饰需要的照明。应进一步开发用于安全需要的室外照明。使用运动传感器能否做到更安全而且更节能呢？如果不用运动传感器，所有的室外安全灯都需要整夜长明吗？或者深夜的时候可以关闭部分安全灯？

室内温度和湿度的目标值应该针对夏季和冬季、使用模式或空闲模式，逐个空间确定，不能一概而论。作为该过程的一部分，业主应该清晰地确定哪些空间需要采暖，哪些空间需要制冷，哪些空间既不需要采暖也不需要制冷。此外，温度与湿度的控制也应该根据每个空间的特点分别确定。换句话说，哪些空间应受到控制？专业设计人员应当排好不同空间温度控制的次序，以便于业主做出明智的决定，因为这些决定将大大影响节能和舒适性，也会影响到分区的便利性。对于每个温控器或控制点的设置，应该确定一天或一周中温控启动（使用模式）或温控关闭（空置模式）的时间。这些细节的实施文件促进了设计、设备尺寸和能耗模拟的清晰性，同时也是调试的基础。

18.15 温度控制要求的案例。

空间	类型	采暖	制冷	启动				关闭			
				采暖	制冷	周一到周五	周末	采暖	制冷	周一到周五	周末
101	办公室	●	●	70	74	7–5	–	55	90	5–7	24-小时
102	门厅	●	○	70	na	7–5	–	55	na	5–7	24-小时

图例：● 自动控制
◐ 手动控制
○ 无控制

18.16 目标的优先顺序。

防止环境退化	■	■	■	■
改善人类健康	■	□	□	□
改善人体舒适度	■	□	□	□
经济增长	□	□	□	□
政治因素（例如：减少对石油的依赖）	□	□	□	□
提高生活质量	□	□	□	□
社会目标（例如：公平的劳动实践）	■	■	□	□
人类精神（例如：热爱自然、自立）	■	■	■	□

18.17 目标反射率案例。

空间	类型	天花板	墙壁	陈设	地板
101	办公室	90%	80%	60%	60%
102	走廊	90%	90%	na	80%

注：高反射率可以减少人工照明的需要，减少能源使用，降低灯具成本。

实例： 90% 60% 30%

亮白色：	90%
灰白色：	70%~80%
常规地毯：	5%~9%
需要高级维护的地毯：	9%~13%
木材：	20%~54%
浅蓝色：	80%
黄色：	47%~65%
典型的混凝土：	20%~30%
抛光反射的混凝土：	70%~90%

18.18 窗户的需求案例。

空间	类型	视线	日光	窗墙比（1）	说明
101	办公室	◐	√	15%	
102	走廊	○	na	na	
103	门厅	●	√	30%	

注：（1）窗墙比=窗户与墙体之间的比率

较低的窗墙比可以显著地降低能耗，除非能耗模拟显示出被动太阳得热过多或日照过多。

0%~10%	低
10%~20%	中度
20%~30%	高
>30%	非常高

图例：○ 无须满足视线需求
◐ 适度满足视线需求
● 需要全景视线
na 不适用

《业主的项目要求》文件还允许业主考虑绿色性能之间的优先顺序，特别是在项目预算不允许所有性能都有保证的情况下。例如，业主可以针对第1章“引言”中列出的绿色目标进行选择，然后根据它们的重要性排序。此外，业主也可以为单项改进措施排序，如从LEED、其他规范、标准或指南中选择得分项，从高到低排序。

业主应确定天花板、墙壁、地板、家具的目标照明反射率，最好是从色彩反射率图表中进行选择。一般来讲，设计的依据是默认反射率，天花板为80%，墙面为50%，地板为20%。因为可以大大减少照明灯具的数量，减少能源的使用，减少所需采光窗的面积，因此业主参与决策会大幅降低建设成本和能源使用。

由于窗户的能耗和投资费用高以及相关的舒适性问题，《业主的项目要求》应包括针对每个空间的开窗情况评估。业主应该回答这些有关窗户的问题：可以将某些功能空间中（如楼梯间和楼梯平台、走廊、机械室、洗衣房、壁橱和储藏室）的窗户拆除吗？可以减少使用空间中窗户的数量和尺寸吗？换而言之，哪些窗户仅仅是景观需要的结果呢？可接受的最小景观视窗的尺寸是多少？哪种窗户应该是可开启的？在保证使用者舒适性控制的前提下，哪些窗户可以不必开启呢？目标窗墙比是多少？哪些小窗可以组合成数量少的大窗呢？

《业主的项目要求》应针对建筑的形体和大小进行权衡取舍。可以通过降低天花板的高度来降低能源消耗和建筑成本吗？可以淘汰阁楼、地下室和低矮的设备空间层吗？相比于坡屋顶，为了减少能量损失，平屋顶可以被接受吗？哪种面积系数的改进，诸如建筑高度、形体简化或与外墙垂直方向的更大进深是可以接受的？

在《业主的项目要求》文件中，可以列出未来绿色方面的考虑。例如，若太阳能没有纳入初步设计并且太阳能是未来的一种选择，如果是这样的话，屋顶设计是否应该易于放置太阳能集热器？

《业主的项目要求》发展中的最佳实践包括：

- 组织研讨会，关键的利益相关者可以参与讨论项目要求，同时可以审查项目要求的重要性。分成两个阶段的研讨比较有成效，第一次会后发布《业主的项目要求》草案，第二次会后发布最终文件。
- 避免《业主的项目要求》的笼统性概述。例如，“为了高效运行，需要减少工程各项消耗”这句话并不能够为设计团队提供明确目标。而具体的陈述，如“设计要满足《能源之星》，得到95分”或“设计满足每年每平方英尺30千英热的能源利用指数”这样的表述可以提供更清晰的目标。
- 专注于业主的需要，而不是专业设计人员所涵盖的话题，如室外设计温度条件。《业主的项目要求》中的每一个条目都应被业主理解，这促进了业主参与到项目要求的发展进程中，并且降低了只由设计人员或调试部门来完成文件内容的风险。
- 允许反复，允许业主反复权衡取舍做出明智的决定。例如，在能耗模拟结果提供了关键设计选项的预期效果后，《业主的项目要求》可能会改变。记录并标识《业主的项目要求》改变的日期。
- 在清楚的权衡比较之后，将绿色和不绿的选项进行排序，如建筑成本、能源消耗、健康和安全问题，以利于业主可以在众多选项中做出明智的选择。例如，室外照明控制的选择中，排在第一位的是运动传感器（光电优先以防止白天开启），然后是光电控制开启/延时关闭装置（在夜间指定的时间关灯），最后是光电控制开/光电控制关的装置（整夜开灯）。另一个例子是，在不同的照明类型选项中，要区分高效选项和低效选项，前者如线性荧光灯具，后者如嵌入式筒灯。

18.19 建筑形体的考虑。

合理的建筑形体设计是降低能耗、材料使用、施工成本的有力途径。检查所有应用。

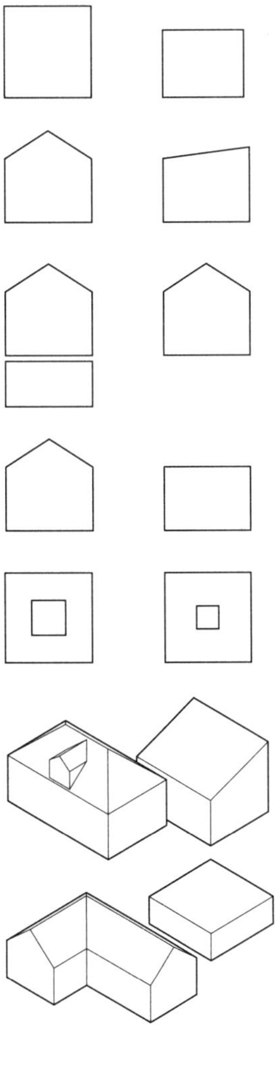

_ 天花板高度可以降低。

_ 阁楼可以取消。

_ 地下室可以取消。

_ 可以采用平屋顶。

_ 可以增加与外墙垂直方向的进深。

_ 在短期内或未来，为安装太阳能集热器而优化屋顶设计。

_ 可以考虑简化建筑造型。

《业主的项目要求》越详细越好。这是业主学习、了解并在重要的设计选项中做出决定的难得机会。这是专业设计人员跟业主沟通这些选项的宝贵工具。《业主的项目要求》文件形成了绿色设计与施工的基础，同时也是设计和施工过程中质量控制的基础。

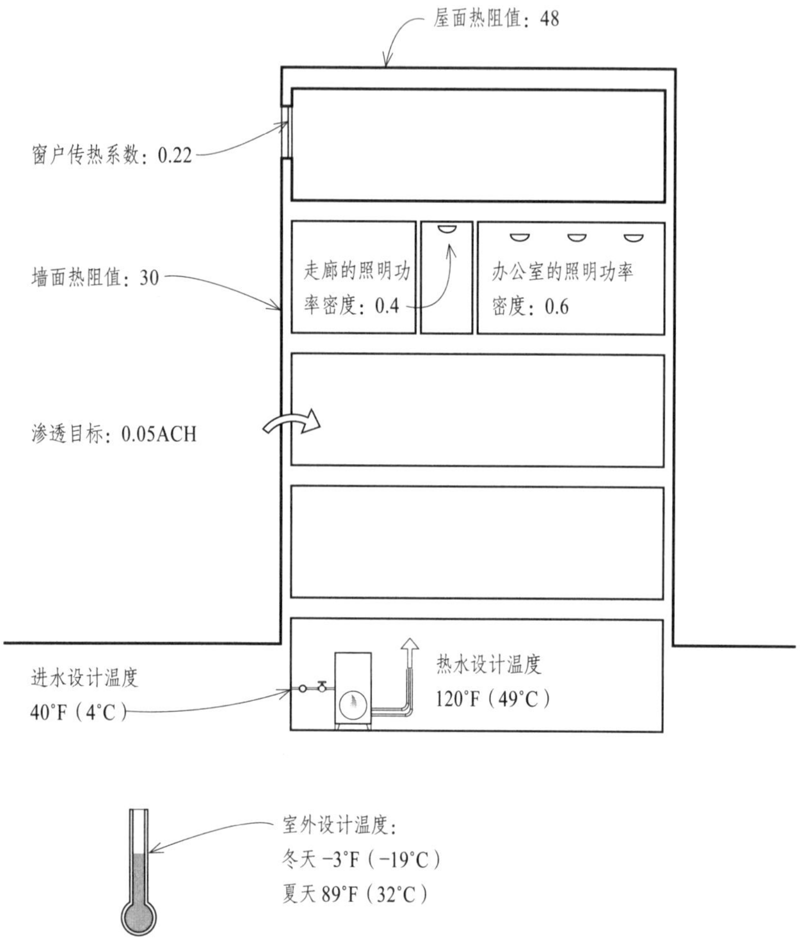

18.20 设计依据的要素举例。

设计依据 Basis of Design

调试过程继续采用文档中专业设计人员的方法，验证文档中的设想，文档中的这些方法和设想称为“设计依据”。设计依据一般会描述即将进入调试阶段的设备系统，对没有出现在《业主的项目要求》或施工文件中的预期设计结果进行补充。主要包括采暖和制冷系统的设想，如气候设计条件、安全因素等；不同空间的噪声设计标准；不同空间的照度设计；不同空间的人员得热，含潜在的以及合理的按人计算的总量；空气渗透量的设定或目标；设定的给水温度，用来确定生活热水的设备规格；存储热水的温度；输送热水的温度；水暖设施的数量；外墙和屋顶整体的热阻值；窗户的传热系数；还有室内得热，比如电器功率水平等。

设计依据的目标是确认《业主的项目要求》中的内容已经有效地转变为施工文件。设计依据还意味着展开另一层次的质量控制，即调试部门会检查《业主的项目要求》是否与设计依据相符，是否与施工文件相符，是否与最终完工的建筑相符。

设计依据的最佳实践包括：

- 符合《业主的项目要求》，避免设计依据过于笼统。例如，应该针对每个建筑空间来说明实际照明功率密度，以确认照明功率密度在决定制冷系统规格时的作用，而不是仅仅给出每平方英尺照明功率密度。
- 关键系统规格的输入和输出报告，包括采暖、制冷、通风、照度（照明）设计、采光以及太阳能光伏发电等专业系统等。
- 设计遵循的参考规范和标准。除了说明所遵循的规范和标准之外，还要讲清楚达到规范标准相关条款的途径，因为达到相关规范和标准通常有多种途径。
- 能耗模拟的输入和输出报告。
- 避免与《业主的项目要求》或施工文件中的条目重复。

18.21 调试责任。

	OW	AR	EN	GC	MC	EC	PC	CX
项目要求	◉	⊔	⊔					
设计依据		◉	⊔					
设计评审								◉
基础检查		⊔						◉
开壁检查		⊔						◉
最终围护结构的检查		⊔						◉
测试和调整					◉	⊔	⊔	⊔
功能测试					⊔	⊔	⊔	◉
用户手册		⊔	⊔	◉	⊔	⊔	⊔	⊔
跟踪测试								◉
培训					⊔	⊔	⊔	◉

图例：
◉ 主要责任
⊔ 支撑作用
OW 业主
AR 建筑师
EN 工程师
GC 总承包商
MC 机械承包商
EC 电气承包商
PC 管道承包商
CX 调试部门

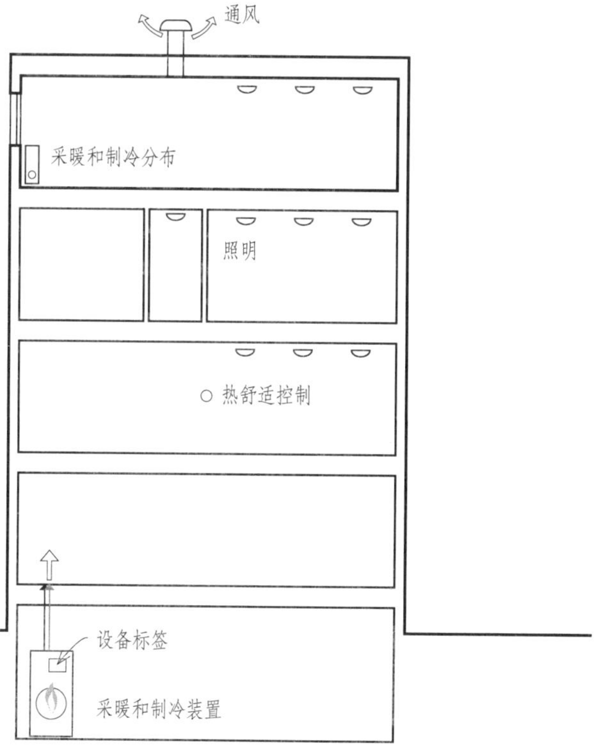

18.22 调试测试。

其他调试问题
Other Commissioning Issues

调试要求本身应体现在施工文件中。投标商需要知道调试所期望的结果。要求中应列出参与有关调试的各方责任，包括一般承包商、机械承包商和电气承包商的责任以及测试和调整分包商的责任，调试部门以及设计专业人员的责任。

由于调试是一个相对较新的学科，因此我们必须让所有利益相关方接受相应的教育，其中许多人可能不熟悉绿色建筑项目的程序、术语、任务和预期目标。

调试测试 Commissioning Tests

在安装过程时，调试部门应协调并监督一系列的测试，以确保建筑能源系统安装正确、运行正常。这些测试包括系统性能测试，如某一空间需要加热时空间温度会升高；通风扇开启后能正常工作；水流和气流的运行与设计相符；燃烧效率符合每个制造商的规范以及空气和热水温度在设计范围内。调试部门的工作通常不仅限于性能检测，还要保证记录文件正确完整，包括标记设备和管道等。这些测试结果会在调试报告中详细说明，这也为检测过程中发现的任何缺陷提出了建议。

调试标识这类问题可以通过以下示例说明。温度控制装置，如区域阻尼器和位于两个相邻空间中的温度传感器交叉连接错误。当一个空间中的使用者提高了调温器设定的温度，却会使相邻空间温度升高。相邻空间中的使用者则会觉得太热，因而降低温度设定点，这样做又会使得第一个空间中的使用者觉得冷，进而再次提高温度设定。这样一来，不仅能源浪费，而且两个空间里的人都会觉得不舒适。调试中对每一个控制装置进行系统的检查可以防止类似问题的出现。如果没有调试，像这样的控制问题会多年都不能解决。

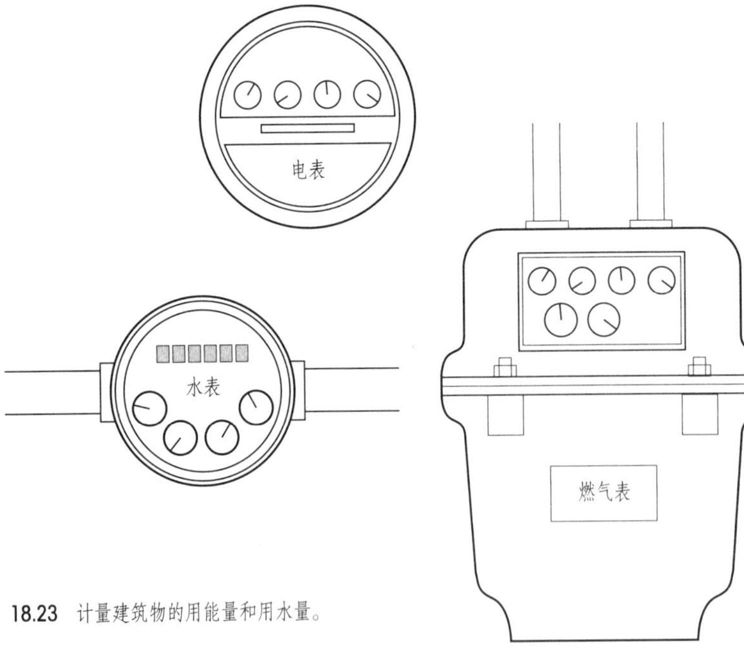

18.23 计量建筑物的用能量和用水量。

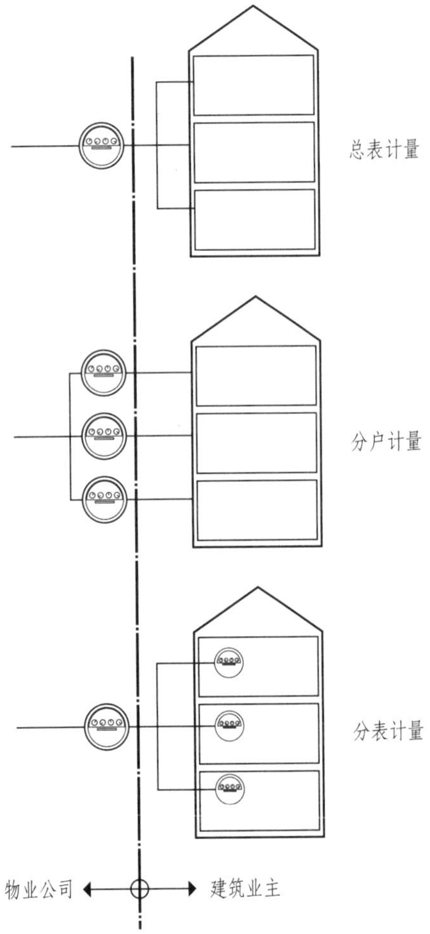

18.24 计量选项。

培训和文件 Training and Documentation

调试部门要确保业主经过培训，能够正确高效地使用建筑能源系统。调试部门还要确保业主拥有并了解有关建筑能源系统的所有文件，包括操作与维护手册、设备保修书、完工建筑的图纸和控制程序。

跟踪测试和监测 Follow-up Testing and Monitoring

调试可以包括建筑投入使用后几个月内的跟踪测试，以确保所有的系统按原设计运行。调试也可以包括监测，如温度和湿度的持续测量，确保热围护结构连续性的红外线图表，评定气密性的鼓风机门试验以及使用者反馈和热舒适性调查。

计量与度量标准 Metering and Metrics

计量 Metering

建筑能耗计量可以用来获取信息以保证绿色建筑的高效运行。计量项的选择也会显著地影响建筑全生命周期的能耗。在任何关于计量的讨论中，首先应该想想哪些未被计量，如物化能以及设计决策对这些未被计量内容产生的相关影响。

计量可作为一种监控的形式，因此可以形成向业主、经营者、设计人员进行反馈的基础。像“美国环境保护署文档管理”（EPA Portfolio Manager）这样的项目，允许追踪建筑设施使用情况，并通过所谓“基准测试”（benchmarking）这样的过程与其他建筑进行对比。

计量有很多选项。最常见的计量方式是由当地公共事业公司所做的，所以可称为“物业计量”（utility metering）。最常见的用能计量是电力和天然气。如果生活用水不是由水井提供的，那么用水计量通常是由自来水公司或水资源管理部门完成的。如果一栋建筑或一个综合体只有一个计量表则被称为“总体计量”。如果建筑内用多个计量表来计量，每个计量表对应建筑中的一户，这种方式称为“分户计量”。当建筑物的总表由社会公共事业公司提供，但是建筑的业主对租户进行分户计量，加和结果记入总表，这种方式称为“分表计量”。

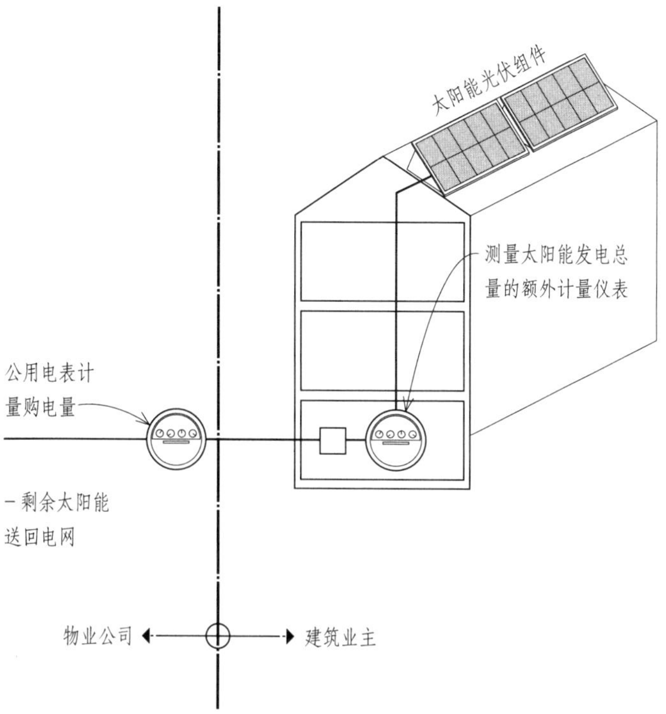

18.25 太阳能光伏发电系统计量。

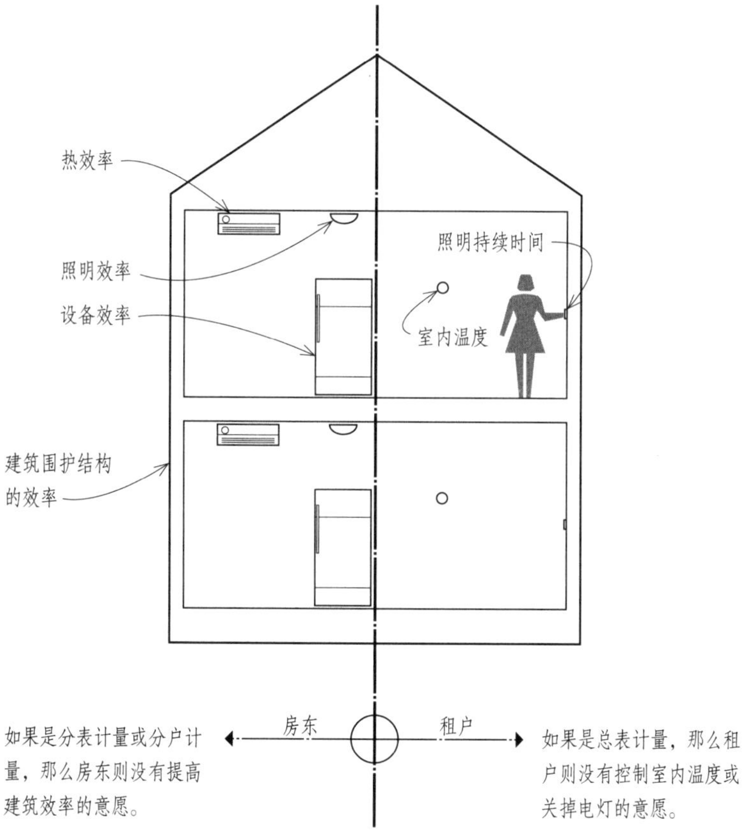

18.26 意愿分离。

对绿色建筑来说，后续计量有利于获得评估建筑持续性能的信息，同时有利于针对任何问题做出早期预警，包括在不应耗水的系统中安装水表，如在封闭的锅炉系统或液体循环空调系统中，水表可以作为漏水的警示装置。计量可再生能源系统的电量，如太阳能光伏发电和风力发电系统等，可以用来保证系统的正常运行，避免可再生能源系统已经停止工作，却因为建筑物持续从电网中获得电能而不能发现可再生能源系统的问题。

房东采用租户分表计量用电量的方式是另外一种选择，对于其他能源也可以分表计量，比如天然气、冷热水和蒸汽。

计量也会引导节能行为。传统观点认为，如果租户支付运营费用，他们就会减少能源的浪费。但遗憾的是，无论是通过分户计量还是分表计量方式，如果只是简单地把房东承担的物业费用分摊为租户承担，都会造成适得其反的效果，使房东不愿维护和升级建筑物的能源设施，这种现象被称为“意愿分离”（split incentive）。

例如，在一栋公寓中，租户控制着照明灯具的使用时间，但是灯具的类型是由房东决定的。如果采用总体计量，运营费用由房东承担，那么房东就有维护和更换节能灯具的意愿，但是租户却不会在不需要照明时主动关灯。如果建筑物是分户独立计量，房东就失去了更换节能灯具的意愿，但租户会在不需要照明时及时关灯。独立的分户计量还会导致总体物业费增高，因为多种月度计量费用与用能无关。如何调动各方的积极性永远没有一个简单的答案。随着时间的推移也许会有更好的解决办法。与此同时，我们不应该简单地断定分户计量或分表计量的方式优于整体计量方式。

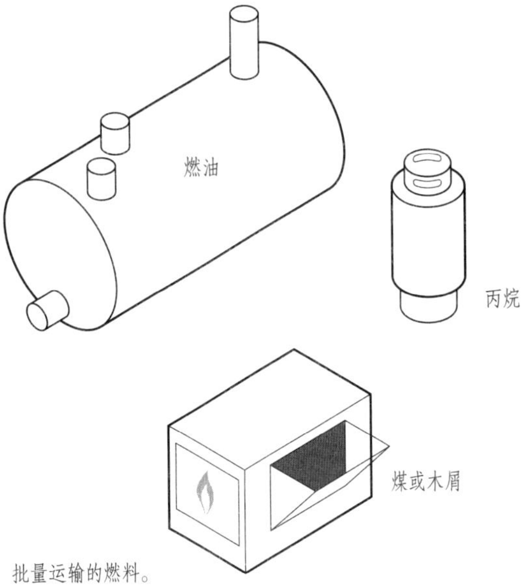

18.27 批量运输的燃料。

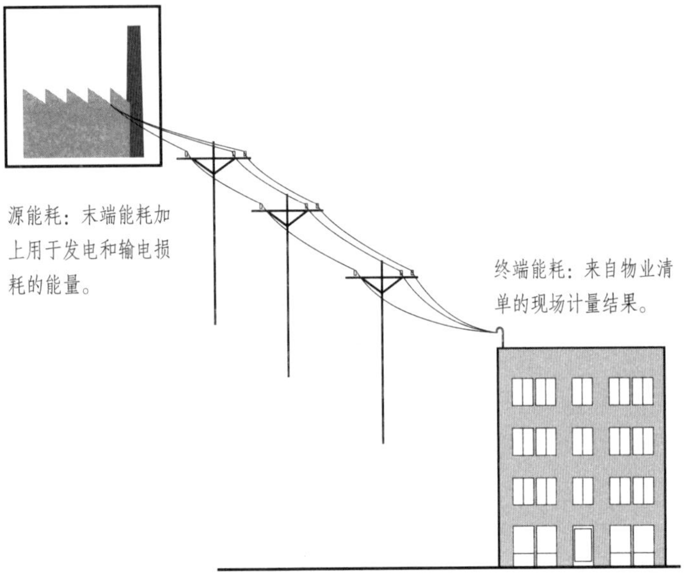

源能耗：末端能耗加上用于发电和输电损耗的能量。
终端能耗：来自物业清单的现场计量结果。

18.28 源能耗和终端能耗。

18.29 由终端能耗转换为源能耗计算时，美国采用的全国平均修正系数。

能量来源	源能耗与终端能耗比值
电	3.340
天然气	1.047
丙烷	1.010
2号燃料油	1.000

批量生活燃料的计量方式有所不同，如燃油、丙烷、煤油、煤之类的制热燃料以及木材、球团、木屑等生物燃料，是通过其运输进行计量的。这种计量方式与电能、用水和天然气的计量方式有很大不同。最明显的就是这些燃料是在其被消耗之前进行计量的，而电能、用水和天然气是在使用时计量的，也就等同于消耗之后再进行计量。散装批量燃料的运输，通常采用分批运输的方式，运输频率低，这就意味着通过跟踪燃料的运输作为能源使用的反馈数据具有很大的不确定性，也更困难。多家供应商运输来的燃料使问题变得更加复杂，也使跟踪变得更加困难。如果一个油罐是不满的，那么此后直到下一次燃料运送之间的实际能源消耗就无从得知。而且，批量运输使得分段使用时的计量也变得很麻烦，比如同一批燃料用于冬季空间制热与夏季热水供应，但二者的计量完全不同。总之，批量散装燃料的消耗和跟踪为能源的控制和反馈提出了新的挑战。

度量标准　Metrics

各种度量标准都已经用于绿色建筑中。

终端能耗，有时又叫作“二次能源”或“输出能源”，是指建筑所消耗的能源，通常是物业计量表的测量结果，或是运输到该建筑的原油或丙烷之类的燃料。换句话说，终端能耗就是建筑能耗清单上报告的内容。

源能耗，有时称为“一次能源”，是指建筑用能加上生产获得这些燃料并运送到建筑后的用能总和。为了计算从电网购买电量的源能耗量，我们需要乘上一个很大的修正系数。其他能源的修正系数要小一些。源能耗被认为在最大程度上反映了能耗对环境的总体影响。修正系数的大小受地理位置和时间因素的影响，它反映了当时当地混合燃料用于发电及获得并输送燃料的情况。

不同的规范、标准和导则，有的采用源能耗，有的采用终端能耗，也有两种都用的情况。

18.30 普通燃料转换因数概览。

	单位	终端能耗千英热因数	以磅计量的二氧化碳排放源因数
电	千瓦时	3.4	3.2
天然气	撒姆	100.0	12.2
丙烷	加仑	92.5	13.0
2号燃料油	加仑	135.0	21.7

例如，一个1625平方英尺（150平方米）的高效能建筑，天然气消耗为540撒姆/年，电力消耗为5390千瓦时/年。它的终端能源利用指数的计算方法是：

540撒姆/年×100千英热单位/撒姆=54000千英热单位/年
5390千瓦时/年×3.4千英热单位/千瓦时=18326千英热单位/年
（54000+18326）/1625=44.5千英热单位/（平方英尺·年）

这一结果优于2010年美国商业建筑的平均能源利用指数值107.7千英热单位/（平方英尺·年）。这种高性能建筑的能耗还不及全国能耗平均水平的60%。

美国环境保护署（EPA），在其名为“文档管理”（Portfolio Manager）的在线数据库中，将每种燃料和电能乘以全国平均修正系数，获得从终端能耗到源能耗的数据。化石燃料的消费计量单位，如计量天然气的撒姆（therm）、计量油或丙烷的加仑以及计量电能的千瓦时，都转换成千英热单位（kBtu），相加后再除以建筑面积，得到每年每平方英尺的千英热数值。

在EPA的国家建筑数据库中，美国能源部（DOE）采用的能源利用指数（energy utilization index，缩写“EUI”），其计量单位也是千英热/（平方英尺·年）。该数据库同时保存了源能耗和终端能耗的数据。

能源利用指数也被称为“能耗指数、能耗强度、能源使用强度”，有时也称为“能源消耗强度”。

被动式建筑的标准是源能耗小于120千瓦时/（平方米·年）。被动式建筑的采暖和制冷设计要求分别是终端能源使用控制在15千瓦时/平方米·年。

这些标准在净零能耗建筑的讨论中出现。具体而言，我们需要澄清的是，我们所指的净零能耗建筑究竟是零源能耗还是零终端能耗。这些标准也是讨论建筑相对能量效率的依据。

碳排放提供了另一种可以比较建筑物性能的测量手段，它既可以比较建筑物运行阶段的碳排放（年度碳排放量），也可以比较由建筑材料的物化能消耗造成的一次性碳排放。碳排放量的单位通常为吨/年。其他单位也常用到，包括磅/年和国际单位千克/年和公吨/年。测量最经常提及的是二氧化碳（CO_2）排放量，但有时也指纯碳的排放当量。

用能费用（美元/（平方英尺·年））有时候是有价值的民间常用数值，其表示单位为美元，对普通人来讲比千英热、千瓦时或碳排放等单位更被人熟知。用能费用1美元/(平方英尺·年)是比较低的，5美元/(平方英尺·年)则是比较高的。

水耗量也会用到相关指标，如千加仑/（平方英尺·年）或加仑/（人·年）。

风能或太阳光电板等可再生能源产生的电能，其单位为千瓦时/年。在评估建筑的净能耗、能源利用率和碳排放时，可再生能源产生的电量已经从建筑直接用电总量中减掉。

建筑物的能源利用和碳排放可以扩展到包括来去建筑物的交通用量。

作为衡量建筑围护结构性能的一项指标，制热能耗可以从物业费用中抽取出来，并通过检验季节性用量来计算。一个被称为“加热曲线”的指标常用于计算。通常，该指标是基于一个特定的冬季气候条件来修订的，用于校正过于寒冷或温和的冬季。

同样，其他的指标可以通过分析物业账单得到，如空调的使用和使用不同燃料时空调的基本负荷（不制热也不制冷状态下）。

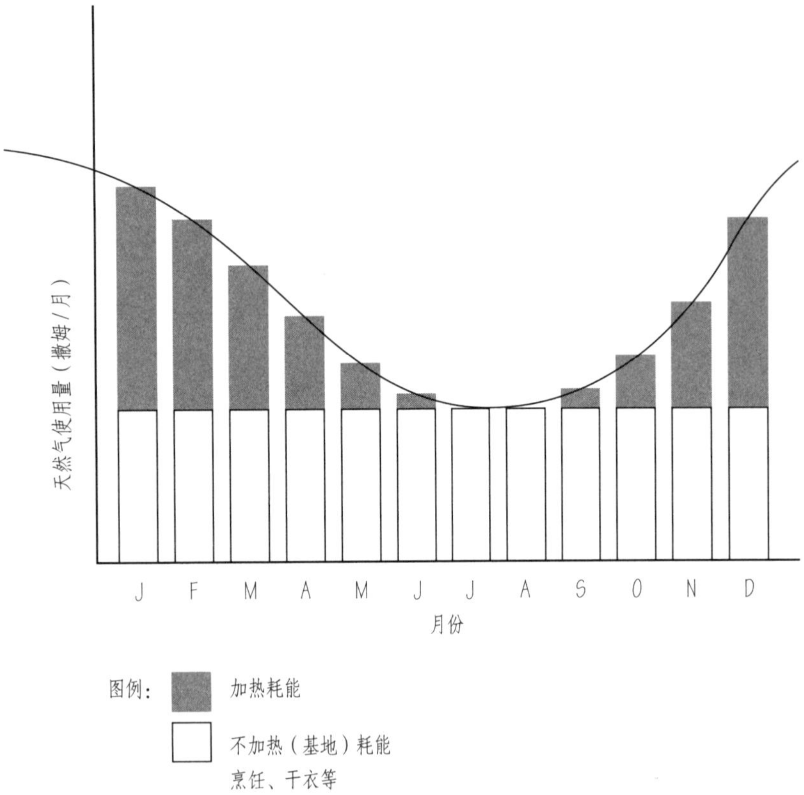

18.31 计算加热耗能。

价值与权衡 Values and Tradeoffs

设计绿色建筑需要许多决策。这些决策不可分割地交织成数百种甚至成千上万种决策，设计或建造任何建筑物都需要应对这些抉择。

大多数绿色建筑的决策涉及优选建筑改善措施，使其更加绿色，少用能源，减少其他环境影响，为了人类健康的利益，以多种方式改善建筑环境。较厚墙体保温是一种改进；减少窗户数量和开窗面积是一种改进；使用自行车是一种改进；太阳能系统是一种改进；使用可持续采伐的木材、低 VOC 涂料和反射系数高的墙面也是改进措施。潜在的改进措施有很多，我们如何优选这些改进措施呢？

我们可能更容易优选能源改善措施，因为这样我们可以节省建造成本。因此，我们有各种性能指标，依据这些指标能耗改善情况可以进行比较。

一个古老的但仍然广泛使用的能耗改善指标是回收期，即用预计的建筑增量成本除以预计每年节省成本得到的数值。例如，如果增加了墙体保温层，预计成本为 2000 美元，保温层预计将节省 200 美元 / 年，回收期为 2000/200，也就是 10 年。回收期越短越好。然而，回收期无法说明预期寿命的改善。墙体保温材料可能有 50 年的预期寿命，但类似的照明改进措施，如一个可能只有 5 年寿命节能灯，却不能武断地说回收期为 10 年。墙体保温层使用时间持久，这是很有意义的，但是回收期并不能够说明这种意义。因此，回收期逐渐被认为过于简单化。

另一组指标是常用的“生命周期成本”（life-cycle costing）这个词，它可以说明预期寿命改善和燃料成本的预期通胀率等因素。将未来节约的能源进行汇总并转化为眼前一种价值的当量，采用普遍接受的经济原则，并与增量投资进行比较。这种方法会产生包括生命周期成本、结余与投资的比率（savings-to-investment ratio，缩写“SIR”）或投资回报率（return on investment，缩写“ROI”）在内的各种指标。

碳排放量越来越多地被视为一种指标，它也可以解释不同的设计选项所体现的物化能效果。

在这本书中，我们已经讨论了许多降低施工成本的方法，包括减少建筑面积，使用简洁的建筑造型、改进的框架技术、放射率高的室内表面从而少用灯具、减少采光窗、减少窗户数量或面积以及线性照明灯具。这些改进措施立竿见影，回收期为零且投资回报是无限的。因此，这些改进措施宜尽早评估其效果，尽早选用。

正如前面已经讲到的，在优选节能措施时，建筑效率的改善一般应在选用可再生能源之前进行评估，原因是可再生能源技术的成本仍然很高，而且还涉及物化能问题，生产可再生能源产品本身需要消耗材料。不过，只要建筑效率的改善未被忽视，那么在提高建筑效率的同时评估可再生能源就有益无害。

当我们完成了用能改善工作，在评估非用能改善措施时，仍然面对一系列的决策。100 美元应投资于节能还是投资于低含量 VOC 涂料，哪个更重要呢？只要气候变化的阴霾仍然笼罩着我们，那么降低碳排放的改进措施就应该优先考虑。其次是优先考虑人类的健康。LEED 委婉地呼吁绿色建筑改进措施之间的平衡。其他规范、标准和导则优先考虑降低能源消耗和减少碳排放。

18.32 改进措施排序。

	能耗	材料使用/物化能	施工成本	环境质量
较小的建筑物	○	○	○	○
简洁的形体	○	○	○	○
窗墙比低	○	◐	○	○
反射表面	○	○	◐	○
增加保温	○	●	●	○
高效的暖通空调	○	●	●	○
太阳能	○	●	●	○
雨水收集	○	●	●	○

○ 强烈支持

◐ 部分支持

● 不支持

当我们选择绿色建筑的改进措施时，有些准则或许应被弱化：

- 识别性，有时选择绿色建筑的改进措施时会看重其可识别性或引人注目的特征，但是可识别性不应成为我们的首选。
- 状态，类似于识别性，某些绿色建筑改善措施，无论是否容易识别，它们赋予建筑的状态更容易得到人们的喜爱。
- 商业利益驱动的改进措施，许多设备或建筑材料供应商直接让销售与业主接触。虽然供应商是整体讨论的一部分，并且他们的观点在谈话中是有价值的，但是他们的观点在选择改进措施时不应该占主导地位。

应该注意的是，政府的激励措施，比如因为节能或利用可再生能源而获得的税收减免，本质上是优化过程的一部分。政府可以支持新兴技术，并利用激励机制来反映和促进绿色建筑的社会效益。有趣的是，类似于绿色建筑标准，政府的激励一般支持添加到建筑上的改进措施（例如，添加保温或增加太阳能），而不支持经济适度、减少负荷但没有增加效率的改进措施。尽管如此，政府激励在减少对社会有害的建筑污染方面发挥着重要作用。

如果对绿色建筑的改进措施进行排序，我们需要回到绿色建筑的定义，即绿色建筑从本质上大幅度减少了对自然环境的影响，并提供了有利于人体健康的室内环境。当我们为绿色建筑的改进措施进行排序时，对价值的探索导致了更多的问题：绿色建筑是最值得向往的吗？绿色建筑标准应该是自愿的吗？绿色能源标准应高于规范还是应该提高我们的现行能源规范以达成一个共识，即建筑中什么是绿色、什么是重要的？如果人类的健康是绿色建筑的一个方面，为什么这些标准不是强制性的？或者说，为什么不列入我们的建筑规范中？这些问题将在未来几年成为绿色建筑讨论的重要组成部分。

有一点是肯定的：我们必须让绿色建筑超越示范和战利品的范畴，不再仅是我们感兴趣的环境符号。减少气候变化和碳排放的紧迫性对绿色建筑来说很重要，绿色建筑不能停留于建筑存量的一小部分。我们必须发挥集体智慧，使绿色设计成为所有设计的一部分。设计和施工质量是实现绿色建筑的重要手段。

19

结论

Conclusion

绿色建筑与美学　Green Buildings and Beauty

美对于建筑设计而言非常重要。在绿色建筑设计中也是如此，并且从某种角度讲可能更重要。作为绿色建筑设计的从业者，我们自己要坚持高标准，在我们探求建筑更加绿色的同时不能牺牲建筑美学。

19.01　美学：是一种特性或某些特性的混合，它让感官得到美的愉悦，让心灵得到深深的满足，让人类精神得到升华。

19.02 建筑的美不能仅仅停留在表面。
德尔·法斯木公寓（Casa del Fascio），朱塞佩·特拉尼（Giuseppe Terragni），1931—1933

建筑为什么必须是美的？美带来安宁，美带来骄傲，美带来秩序的感受，美会帮助我们与自然联系在一起，美能够让我们在彼此之间以及我们与世界之间找到和谐，我们把进一步捍卫美的责任留给诗人，我们仍然认为美是很重要的。

美在旁观者的眼中是习以为常的。为了对比反思新旧美学观点，我们需要在现行的标准中增加另外一个新标准——建筑性能之美。也许建筑用能少是美的，冬季建筑屋顶没有冰坨悬挂是美的，平静安详的建筑是美的，所有这些都是高性能绿色建筑的特征。建筑的美不能仅仅停留在表面。

绿色设计会带来新的要素，比如太阳能板，就要从美学角度与建筑很好地整合。我们之中有很多人会认为，这些构成要素就是美，但是这可能不适用于所有情形。作为设计从业者，我们要保证这些构成要素以美学平衡的形式整合在一起。

绿色设计可能会改变建筑的样子。我们已经提出了很多建筑形态简化的方法，可以降低能耗、节省材料。这些简化规则对某些人而言可能是束缚。然而，这些规则也会引领创新，实现新的绿色美学、新形式和新形态。我们寻求根据功能确定形式而不是先形式后功能。不要把这些看作束缚，我们认为这可能是极好的创新机遇，因为我们所做的设计以高性能为基础，运用各种美学工具，比如色彩、样式、材质、均衡、比例和形态等。

19.03 根据功能确定形式而不是先形式后功能。

绿色建筑与自然　Green Buildings and Nature

在思考建筑设计的时候，有必要回溯最初的讨论，即建筑是躲避各种自然力量的庇护所，这些自然力量包括——太阳；气流（风、气密性、穿堂风）；水（雨水、地表水、地下水、湿度）；有生命的动物（昆虫、鼠类、鸟类及其他）；极端温度；污染物（污垢、尘土、淤泥、空气污染）。正视这些自然力量非常重要，对这些自然力量要怀有敬畏之心。建筑选址与设计的作用不仅在于加强庇护所的保护层，提高建筑抵御自然因素的能力，还能提供可供选择的不同方式，让建筑的使用者接触自然世界。

除了通过建筑的薄弱环节实现与自然人工接触（artificial contact），如通过大窗户人们可以看到室外，设计人员会寻求更直接的方式，把景观作为手段，促进人与自然在建筑场地上深入接触，这些景观工具包括——绿植、水体、风景、小径、围栏、室外家具、构筑物如遮阳棚和绿廊，甚至一些不寻常的设施，如迷宫和树屋等。也许建筑选址会通过日晷强调太阳的作用，通过水池强调水体的作用。即使城市中的建筑也能提供充满诗意的无限可能性，谦虚地讲就是与自然相连。

19.04　与自然世界相联系。

我们推测建筑设计的某些方面是希望在室内满足人们接触自然的重要需求。拱顶下的空间可能会让人产生一种在室外天穹下的感觉，不受顶棚的约束。大面积的房间同样会提供一种空旷的感觉，仿佛置身于室外。窗户和玻璃门有意让我们看到室外的风景和自然光。然而，当这些特性走向极端的时候，我们认为这样会导致通过人工环境才能接触自然，其最终结果是伤害我们希望靠近的自然世界，因为过度使用能源和材料造成环境污染和资源枯竭。

自然呈现给人们的浩瀚广博是一个悖论。人们需要躲避自然的力量，免受其侵害，但是人们在内心深处又渴望与自然相连，即使像我们这样冷酷的城市人也希望与自然联系。建筑能同时满足这两项要求，给人以保护同时保持人们与自然的联系。然而，从历史上看，缺陷重重、规模过大、采光过强、开窗过大、用能强度极高的建筑，既未提供足够的保护也没有与自然相连。我们现在开始朝更好的方向努力。绿色建筑提供了极端温度条件和其他不利自然环境中更好的保护，并且污染少、舒适度高，与自然之美紧密相连。

19.05 选择接触自然世界的方式。

结语 Closing

气候变化和其他环境问题带来的严重后果呼唤着新建筑，呼唤绿色建筑。与建筑相关的能耗已被证明是温室气体排放的主要原因，同时也是降低排放的主要途径。身在设计与建造领域的执业者面临抉择，或者承担建筑引起气候变化的责任，或者引领变迁，缓解建筑对气候变化的不良影响。

绿色建筑不是一种时尚，也不是一个可选项。在未来几年中，绿色建筑会变得与建筑防火安全和其他形式的生命安全一样重要。因此迫切需要推动绿色建筑的发展，使其不再是示范，不再是华而不实的奢侈品，不再是身份的象征，相反，应在建筑、施工和业主构成的基本脉络中推行绿色建筑产业。

绿色建筑运动在美国开始的时刻可能标志着开疆拓土运动的结束，在那场运动中所有的草原、所有的山川都被开发和占领，评价的标准是它会变成什么而不是它原本应该是什么。这场看似开放富足运动的结束可能会自觉艰难和受到制约。但是作为一种独特的人文精神，绿色建筑是如此胜任并富有吸引力，也许开疆拓土运动的结束和面临的挑战可以变成一个辉煌的开始。绿色建筑不是不着边际的幻象而是边际清晰的前沿领域，从这一角度来看，绿色建筑运动的未来是真正无可限量的。

LEED® 2009 Green Building Certification Program

For New Construction & Major Renovations
Available for optional use through June 1, 2015

Sustainable Sites (26 Possible Points)

SS Prerequisite 1 Construction Activity Pollution Prevention (Required)
SS Credit 1 Site Selection 1
SS Credit 2 Development Density & Community Connectivity 5
SS Credit 3 Brownfield Redevelopment 1
SS Credit 4.1 Alternative Transportation – Public Transportation Access 6
SS Credit 4.2 Alternative Transportation – Bicycle Storage & Changing Rooms 1
SS Credit 4.3 Alternative Transportation – Low Emitting & Fuel Efficient Vehicles 3
SS Credit 4.4 Alternative Transportation – Parking Capacity 2
SS Credit 5.1 Site Development – Protect or Restore Habitat 1
SS Credit 5.2 Site Development – Maximize Open Space 1
SS Credit 6.1 Stormwater Design – Quantity Control 1
SS Credit 6.2 Stormwater Design – Quality Control 1
SS Credit 7.1 Heat Island Effect – Non-Roof 1
SS Credit 7.2 Heat Island Effect – Roof 1
SS Credit 8 Light Pollution Reduction 1

Water Efficiency (10 Possible Points)

WE Prerequisite 1 Water Use Reduction–20% Reduction (Required)
WE Credit 1 Water Efficient Landscaping 4
WE Credit 2 Innovative Wastewater Technologies 2
WE Credit 3 Water Use Reduction 4

Energy & Atmosphere (35 Possible Points)

EA Prerequisite 1 Fundamental Commissioning of the Building Energy Systems (Required)
EA Prerequisite 2 Minimum Energy Performance (Required)
EA Prerequisite 3 Fundamental Refrigerant Management (Required)
EA Credit 1 Optimize Energy Performance 19
EA Credit 2 On-Site Renewable Energy 7
EA Credit 3 Enhanced Commissioning 2
EA Credit 4 Enhanced Refrigerant Management 2
EA Credit 5 Measurement & Verification 3
EA Credit 6 Green Power 2

Materials & Resources (14 Possible Points)

MR Prerequisite 1 Storage & Collection of Recyclables (Required)
MR Credit 1.1 Building Reuse – Maintain Existing Walls, Floors and Roof 3
MR Credit 1.2 Building Reuse – Maintain Existing Interior Nonstructural Elements 1
MR Credit 2 Construction Waste Management 2
MR Credit 3 Materials Reuse 2
MR Credit 4 Recycled Content 2
MR Credit 5 Regional Materials 2
MR Credit 6 Rapidly Renewable Materials 1
MR Credit 7 Certified Wood 1

LEED® 2009 绿色建筑认证项目

适用于新建和主要翻新项目
2015年6月1日前可选用

Indoor Environmental Quality (15 Possible Points)

EQ Prerequisite 1 Minimum Indoor Air Quality (IAQ) Performance (Required)
EQ Prerequisite 2 Environmental Tobacco Smoke (ETS) Control (Required)
EQ Credit 1 Outdoor Air Delivery Monitoring 1
EQ Credit 2 Increased Ventilation 1
EQ Credit 3.1 Construction IAQ Management Plan, During Construction 1
EQ Credit 3.2 Construction IAQ Management Plan, Before Occupancy 1
EQ Credit 4.1 Low-Emitting Materials – Adhesives & Sealants 1
EQ Credit 4.2 Low-Emitting Materials – Paints & Coatings 1
EQ Credit 4.3 Low-Emitting Materials – Flooring Systems 1
EQ Credit 4.4 Low-Emitting Materials – Composite Wood & Agrifiber Products 1
EQ Credit 5 Indoor Chemical & Pollutant Source Control 1
EQ Credit 6.1 Controllability of Systems – Lighting 1
EQ Credit 6.2 Controllability of Systems – Thermal Comfort 1
EQ Credit 7.1 Thermal Comfort – Design 1
EQ Credit 7.2 Thermal Comfort – Verification 1
EQ Credit 8.1 Daylight & Views – Daylight 1
EQ Credit 8.2 Daylight & Views – Views 1

Innovation & Design Process (6 Possible Points)

ID Credit 1 Innovation in Design 5
ID Credit 2 LEED Accredited Professional 1

Regional Priority (4 Possible Points)

RP Credit 1 Regional Priority 4

To receive LEED certification, a building project must meet certain prerequisites and performance benchmarks or credits within each category. Projects are awarded Certified, Silver, Gold, or Platinum certification depending on the number of credits they achieve.

- Certified 40–49 points
- Silver 50–59 points
- Gold 60–79 points
- Platinum 80 points and above

LEED® 4 Green Building Certification Program

For New Construction & Major Renovations
Introduced November 2013

LEED® 4 绿色建筑认证项目

适用于新建和主要翻新项目
2013年11月推出

Integrative Process

IP Credit 1 Integrative Process 1

Locations & Transportation (16 Possible Points)

LT Credit 1 LEED for Neighborhood Development Location 16 or
LT Credit 2 Sensitive Land Protection 1
LT Credit 3 High Priority Site 2
LT Credit 4 Surrounding Density & Diverse Uses 5
LT Credit 5 Access to Quality Transit 5
LT Credit 6 Bicycle Facilities 1
LT Credit 7 Reduced Parking Footprint 1
LT Credit 8 Green Vehicles 1

Sustainable Sites (10 Possible Points)

SS Prerequisite 1 Construction Activity Pollution Prevention (Required)
SS Credit 1 Site Assessment 1
SS Credit 2 Site Development – Protect or Restore Habitat 2
SS Credit 3 Open Space 1
SS Credit 4 Rainwater Management 3
SS Credit 5 Heat Island Reduction 2
SS Credit 6 Light Pollution Reduction 1

Water Efficiency (11 Possible Points)

WE Prerequisite 1 Outdoor Water Use Reduction (Required)
WE Prerequisite 2 Indoor Water Use Reduction (Required)
WE Prerequisite 3 Building-Level Water Metering (Required)
WE Credit 1 Outdoor Water Use Reduction 2
WE Credit 2 Indoor Water Use Reduction 6
WE Credit 3 Cooling Tower Water Use 2
WE Credit 4 Water Metering 1

Energy & Atmosphere (33 Possible Points)

EA Prerequisite 1 Fundamental Commissioning & Verification (Required)
EA Prerequisite 2 Minimum Energy Performance (Required)
EA Prerequisite 3 Building-Level Energy Metering (Required)
EA Prerequisite 4 Fundamental Refrigerant Management (Required)
EA Credit 1 Enhanced Commissioning 6
EA Credit 2 Optimize Energy Performance 18
EA Credit 3 Advanced Energy Metering 1
EA Credit 4 Demand Response 2
EA Credit 5 Renewable Energy Production 3
EA Credit 6 Enhanced Refrigerant Management 1
EA Credit 7 Green Power & Carbon Offsets 2

Materials & Resources (13 Possible Points)

MR Prequisite 1 Storage & Collection of Recyclables (Required)
MR Prequisite 2 Construction and Demolition Waste Management Planning (Required)
MR Credit 1 Building Life-Cycle Impact Reduction 5
MR Credit 2 Building Product Disclosure & Optimization – Environmental Product Declarations 2
MR Credit 3 Building Product Disclosure & Optimization – Sourcing of Raw Materials 2
MR Credit 4 Building Product Disclosure & Optimization – Material Ingredients 2
MR Credit 5 Construction & Demolition Waste Management 2

Indoor Environmental Quality (16 Possible Points)

EQ Prequisite 1 Minimum Indoor Air Quality Performance (Required)
EQ Prequisite 2 Environmental Tobacco Smoke Control (Required)
EQ Credit 1 Enhanced Indoor Air Quality Strategies 2
EQ Credit 2 Low-Emitting Materials 3
EQ Credit 3 Construction Indoor Air Quality Management Plan 1
EQ Credit 4 Indoor Air Quality Assessment 2
EQ Credit 5 Thermal Comfort 1
EQ Credit 6 Interior Lighting 2
EQ Credit 7 Daylight 3
EQ Credit 8 Quality Views 1
EQ Credit 9 Acoustic Performance 1

Innovation (6 Possible Points)

I Credit 1 Innovation 5
I Credit 2 LEED Accredited Professional 1

Regional Priority (4 Possible Points)

RP Credit 1 Regional Priority: Specific Credit 1
RP Credit 2 Regional Priority: Specific Credit 1
RP Credit 3 Regional Priority: Specific Credit 1
RP Credit 4 Regional Priority: Specific Credit 1

To receive LEED certification, a building project must meet certain prerequisites and performance benchmarks or credits within each category. Projects are awarded Certified, Silver, Gold, or Platinum certification depending on the number of credits they achieve.

- Certified 40–49 points
- Silver 50–59 points
- Gold 60–79 points
- Platinum 80 points and above

专业词汇 Glossary

ACH 每小时换气次数（air changes per hour）的缩写，用来衡量空气渗透能力。ACH50 表示建筑在正压或负压达到 50 帕斯卡气压时的渗透率，一般用于鼓风机试验中。ACHn 表示自然状态下平均渗透率的估算值。

改进的框架（advanced framing） 减少热桥和材料用量的框架技术。

隔气层（air barrier） 为了降低空气渗透而设置的薄膜、薄板或其他构件；隔气层可以是透气的也可以是不透气的。

空调（air-conditioning） 改变空气特性指标使空间更理想舒适的过程，主要是改变温度和湿度。

空气处理机（air handler） 一种设备装置，与风扇以及一个或多个热交换器一起，将暖气和/或冷气传送到管道系统，然后输送到建筑各处。

空气源热泵（air source heat pump） 向室外空气吸收或排除热量的热泵，参见“地源热泵”部分。

反射率（albedo） 0.3~2.5 微米波长范围内反射太阳能与入射太阳能的比值。也称作“太阳能反射率”（solar reflectance）。

面积系数（area ratio） 建筑表面积与建筑面积的比值。

人工照明（artificial light） 通过灯具获得的照明，通常要消耗电能。

设计依据（Basis of Design） 由专业设计人员完成的、描述建筑方案设想的文件；用于质量控制，以保证《业主的项目要求》、施工文件和施工过程的一致性。

基准测试（benchmarking） 将一栋建筑的能耗和水耗与类似建筑进行比较的过程，利用这类指标作为能源利用系数。

锅炉（boiler） 加热获得热水或利用热水获得蒸汽的设备。

锅炉/塔热泵系统（boiler/tower heat pump system） 使用主循环水的制热/制冷系统；热泵通过管道与循环系统相连，将冷或热输送到建筑空间；如果管网存在问题不能传热，锅炉会把热量传送到主循环系统和建筑；如果管网存在问题不能导冷，冷却塔会排出主循环系统和建筑中的热量。

呼吸区域（breathing zone） 人体周边用于吸气呼吸的空间，重要的是保证空气新鲜、经常通风。

棕地（brownfield） 被污染过的场地。

建筑性能（building performance） 用来广义地描述建筑满足节能和节水目标的能力以及满足舒适性、环境效益和耐久性的能力。

认证木材（certified wood） 来源于森林、被认证为以环境敏感的方式砍伐和处理的木材，主要是按照森林管理委员会的指南来砍伐和处理木材，符合可持续林业实践的要求，保护树木、野生环境、溪流和土地。

制冷机（chiller） 产生冷却水的机械装置，冷却水依次通过空气处理机或风机盘管最终用于空调。参见“直接膨胀系统”（direct expansion system）。

气候变化（climate change） 大气层空气温度及其相关影响因素的长期变化，比如极地冰峰的融化。气候变化归因于人类活动，比如大规模化石燃料的燃烧、碳氢化学物质的排放以及这些燃烧产物与化学物质在大气层中的相互作用。

废热发电（cogeneration） 同时发电又产热的工艺过程，比仅仅发电的效率要高很多。也被称为“热电联产”或“CHP”。

调试（commissioning） 验证建筑中消耗能量、影响能耗或影响室内环境质量的各个方面是否运转正常，该过程称为“调试”。调试是一个整体性的过程，是设计和建造中质量控制的主要工具，用《业主的项目要求》的各项初始规定来验证建筑建成后的性能表现。

分层（compartmentalization） 对建筑内部区域进行物理划分，以减少不同区域之间不必要的空气流动。

连续性（continuity） 热边界的特性之一，阻止渗透点和热桥的产生。

冷却塔（cooling tower） 从建筑向室外空气排热的装置。冷却塔一般用于制冷系统的一部分，或者锅炉/塔热泵系统。冷却塔与地源热泵系统的打井区、分离系统热泵的室外设备、或空调器的功能类似，但不能作为热源。

自然采光（daylight） 白天来自于太阳光的室内采光。

按需控制通风（demand-controlled ventilation） 一种限制通风气流的方法，在不需要最大气流量的时候可以实现节能，常以人居空间的二氧化碳含量作为衡量尺度，但是其他情况下可以选择应用，如在有显著水分来源的空间中用于控制湿度值。可以简单地通过开关可开启窗扇实现通风控制。

致密保温材料（dense pack insulation） 在某种压力下填充墙体空腔或其他建筑洞穴的保温材料，可以防止空腔产生并阻止热流和空气流。

拆解设计（design for deconstruction） 为最终建筑材料得到再利用而进行的设计，即项目之初就应考虑拟建的新建筑达到寿命终点时如何做到材料再利用。

直接膨胀系统（direct expansion system） 将温度调节后的空气通过蒸汽压缩机械系统直接传送到空气流中，而不是首先通过冷却水，这种系统称为"直接膨胀系统"。参见"冷水机"词条。该系统应用于多种普通空调器，包括室内空调器、分体系统空调器、大部分热泵以及组合屋顶系统。

输配损失（distribution losses） 源自制热/制冷和热水等管道系统的无效能耗，一般是这些输配系统经过非空调空间或室外造成的。这个词包括热传递损失、空气泄漏损失以及水或蒸汽泄漏。

干扰边界（disturbance boundary） 建设过程中受到干扰的场地区域。

滴灌（drip irrigation） 通过管网，在有效控制下缓慢低速放水到特定植株的灌溉方法。英文单词 trickle irrigation 也是同样的意思。

双冲式马桶（dual flush toilet） 用较低水量冲洗液体废物，用较高/标准水量冲洗固体废物的马桶。

物化能（embodied energy） 获取、处理和运输材料及建筑产品的能耗。

能耗模型（energy model） 预测建筑能耗的各种计算机模拟过程中建立的模型。

能源利用指数（energy use index，缩写"EUI"） 建筑物一年的总能耗除以建筑面积。EUI 用来确定基准，用来追踪低能耗或零能耗建筑的进展。

风机盘管（fan coil） 小型空气处理机，通常没有管道系统。

增压空气（forced air） 包含空气处理机、管道等用来将加热、制冷和/或通风气流输送到建筑空间的系统。

化石燃料（fossil fuel） 碳氢燃料，比如天然气、石油和煤，是生物体经过几百万年复杂的分解变化而成的。

截光型灯具（full cutoff luminaire） 一种在水平面之上不发光的灯具，其光照强度限于与水平面成 10° 角以内的范围，强度为 100 坎德拉/1000 流明。一般来讲，从水平面看时，这种灯具完全看不到。

全屏蔽灯具（fully shielded luminaire） 一种在水平面之上不发光的灯具，这种灯具不像截光型灯具那么严格，因为其光照强度在与水平面成 10° 角的范围内没有限制。

熔炉（furnace） 给加压空气加热的装置。

地源热泵（geothermal heat pump） 从地下吸取热量给建筑制热或者将热量排放到地下为建筑制冷的热泵。参见"空气源热泵"。

全球变暖潜能值（global warming potential） 用来衡量材料或系统针对全球变暖的负面影响；常用于制冷剂和其他化学物质。

灰水（grey water） 来自水槽、淋浴和洗衣机的废水，可以被回收、处理后再利用，用来冲洗马桶或绿化浇灌，或者可以从这些废水中回收热量用于建筑。

绿色建筑（green building） 能够有效降低环境负面影响并提供有益于人类身体健康的室内条件的建筑。

绿地（greenfield） 先前未开发的区域。绿地一词也指先前干净清洁、饲养动物或覆盖森林的土地。

溅绿（greensplashing） 名义上绿色，甚至已经获得绿色建筑认证的建筑设计，但实际上却远远不够，因为开窗面积过大、用于展示的人工照明过多或者是仅有一项吸引眼球的绿色措施。

刷绿行为（greenwashing） 表面上大张旗鼓宣称绿色的行为。

灰地（greyfield） 先前开发过的区域，未被污染但开发的痕迹清晰可见。

硬质景观（hardscape） 铺装区域，例如街道和人行道，土壤上层表面不暴露在大气环境中的区域。

热岛效应（heat island effect） 吸收和滞留入射太阳辐射，导致局部温度升高。

热泵（heat pump） 从一个主体向另一个主体转移热量的设备，比如从地下或室外转移到建筑室内，这一过程是可逆的。

热回收（heat recovery） 从一种流体中获得热量来加热另一种流体的过程，比如从建筑排出气流中获得热量来加热冬季从室外引进的通风气流。

家庭住宅能耗评级体系指数（Home Energy Rating System Index，简称"HERS Index"） 衡量住宅能耗的一项标准。0 分代表净零能耗住宅；100 分代表标准的新住宅；150 分代表一栋住宅的用能会比标准住宅高 50%。

循环式制热系统（hydronic system） 一个用于空间加热的热水系统。

室内空气质量（indoor air quality） 总体衡量室内空气污染状况的参量，比如悬浮颗粒物、烟草烟雾、二氧化碳、有害化学物质、气味、湿度以及生物污染物等。

室内环境质量（indoor environmental quality） 室内环境的整体质量，包括室内空气质量、热舒适度、噪声与声学环境、水质量等。

渗透（infiltration） 室外与建筑室内的空气交换。

内围护结构（inner envelope） 建筑的内层结构，包括阁楼地面、地下室屋顶、非调温空间的内墙等构件以及紧邻室内调温空间的构件。

保温型混凝土板（insulated concrete forms，缩写“ICF”） 钢筋混凝土模板系统，包括由模数化的刚性保温层连接起来的单元构件。

整合设计（integrated design） 由各利益相关方组成的合作设计方式，如建筑师、工程师、业主、建筑用户以及其他各方，从早期设计阶段开始整体参与到项目中。

保护层（layer of shelter） 抵御各种负载的建筑构件。

LEED®（Leadership in Energy and Environmental Design） 能源与环境设计先锋，一项绿色建筑认证标准。

荷载（load） 给建筑施加各类压力的外部要素，如温度。

灯光污染（light pollution） 在室外采用不必要的人工照明。

光线溢露（light spillage） 人工照明不必要地从室内扩散到室外。

光骚扰（light trespass） 人工照明不必要地从一户照到另一户。

灯具（luminaire） 等同于 light fixture。

运动传感器（motion sensor） 通过感知运动来自动控制照明的设施。也叫“人员占用传感器”（occupancy sensor）。

手动开启的运动传感器（manual-on motion sensor） 只能自动关灯的运动传感器，需要手动开灯，也叫“空置传感器”（vacancy sensor）。

延时运动传感器（motion sensor off-delay） 传感器已经感知不到动作后的一段时间内灯仍然亮着，然后自动关闭。设定的延迟时间越短越好。

净零（net zero） 建筑完全不需要外界提供能量或者向外释放二氧化碳的能力。净零可以指多种不同的能耗和碳排放指标。

外围护结构（outer envelope） 建筑的外壳结构，包括墙体、门窗、屋顶和基础等构件；是紧邻室外或地面的构件。

室外空气（outside air） 为了通风而引进的室外空气。

《业主的项目要求》（Owner's Project Requirements） 阐述了建筑业主的目标和建筑预期用途细节的文件。文件中提供的细节对绿色建筑设计有很大影响。

被动太阳得热（passive solar） 不使用热泵或风扇等机械电气设备获得太阳热量的方法。

与外墙垂直方向的进深（perimeter depth） 垂直于建筑外墙的空间方向的深度，也就是房间内垂直于外墙的长度。

透水表面（pervious surfaces） 场地上能让地表水渗透到下面土壤的地面，包括透水铺装、透水沥青、透水混凝土和种植景观。

消费后回收材料（postconsumer recycled materials） 来自于终端用户废弃物的材料，再生为新产品的原材料。

消费前回收材料（preconsumer recycled materials） 是制造过程中从废物流中分离出来的材料。

已开发场地（previously developed site） 表示不是绿地，也不是灰地或棕地的场地。

雨水收集（rainwater harvesting） 获取并使用雨水的一种方法，通常包括雨水收集面、运送雨水储存起来的系统、储水箱、过滤与消毒杀菌处理、在雨水不足时供水的备用系统、预防溢出的措施、将水送到用水地方的输送系统。

快速再生（rapidly renewable） 形容自然生长、可以在短短几年内获得的材料。例如，LEED 规定的周期是 10 年。

反射率（reflectance） 表面反射光与照射到同一表面入射光的比率。

可再生能源（renewable energy） 由可再生资源提供的能量，如太阳能或风能。

屋顶适合能力（roof receptivity） 指屋顶支持太阳能设备安装的能力，包括以下特征：屋顶无障碍物、连续的区域、无遮挡的区域、朝向赤道方向、有力的结构支撑。

敏感场地（sensitive site） 不能用于开发的场地，一般包括如下区域：基本农田、公园、蓄洪区、濒危物种栖息地、主要沙丘、古森林、湿地、其他水体和保护区。

侧面采光（sidelighting） 建筑侧面窗户提供的自然采光。

太阳能光伏发电系统（solar photovoltaic system） 由太阳辐射来生产电能、通过半导体展现光电效果的系统。

太阳能光热系统（solar thermal system） 将阳光转换成热能的系统，用来加热水或空气。

烟囱效应（stack effect） 在冬季，由浮力驱使的、建筑内部向上的气流。

结构型保温板（structural insulated panel，缩写“SIP”） 一种预制构件，两层结构板中央夹着刚性保温层，具有承重、保温和隔气层等作用。结构保温板常用于墙体，但是也可以用于地板和屋顶。

可持续性（sustainability） 事物具有持久性的特征。

热边界（thermal boundary） 包裹建筑物的保温层的连续表面。

热舒适性（thermal comfort） 表达对环境满意度的思想状态。其特征主要是不会出现因为过高或过低的空气温度、湿度、气流速度等导致的不舒适感，虽然热舒适感受还会受到其他因素，如表面温度、活动水平和衣着情况等的影响。

热桥（thermal bridging） 从建筑室内到室外的热损失，一般通过传导穿透固体建筑材料、绕过保温层。

热分区（thermal zoning） 一种采暖/制冷的设计方法。通过这种方法，建筑不同区域能够实现独立的温度控制，

热分区图（thermal zoning diagram） 在某一平面上详细描述不同热分区的施工图。

顶部采光（toplighting） 通过天窗或屋顶控制器，由建筑空间的屋顶提供的自然光。

非调温空间（unconditioned space） 既不采暖也不制冷的空间。

防潮层（vapor barrier） 阻止潮湿通过建筑围护结构的保护膜、保护板或其他构件。

可变制冷剂流量热泵（variable refrigerant flow heat pump） 带有变速压缩机的热泵。

变速驱动器（variable speed drive） 一种发动机控制器，通过控制马达供电频率来改变交流电动机的转速。一般用于大型的三项电动机。这个词包括变频驱动（variable frequency drives，缩写“VFD”）、调频驱动（adjustable frequency drives，缩写“AFD”）或调速驱动（adjustable speed drives，缩写“ASD”）。

种植屋面（vegetated roof） 装有防水膜的部分或全部被植物覆盖的屋面。也被称作“绿色屋顶”或“有生命的屋顶”。

通风（ventilation） 将室外空气引入建筑内部。这个词有时也宽松地用于从建筑内部排出气体，或引进室外气流达到降温的目的。

通风效果（ventilation effectiveness） 通风气流实际到达建筑使用者的部分。通风效果为零，意味着室外气流没有到达使用者，反之，通风效果为100%则意味着所有室外气流都能到达使用者。

挥发性有机化合物（volatile organic compound，缩写“VOC”） 参与大气中光化学反应的任何含碳化合物（存在某些例外，比如二氧化碳）。挥发性有机化合物在正常室内条件下会蒸发，是人们厌恶的室内空气污染物。

无水小便器（waterless urinal） 不需要冲水的小便器，通常采用油基液体封住下水道，防止异味回到建筑室内。

窗墙比（window-to-wall ratio） 窗框和玻璃占据建筑立面面积的比例。

风力涡轮机（wind turbine） 将风能转化为机械能的设施。与发电机一起使用，该系统会产生电能。

参考文献 Bibliography

Resources in the green building field are many and are growing rapidly. The following necessarily limited selection of books, reports, articles, standards, and web sites, most of which are primary sources, were found helpful in the preparation of this book and are recommended as potentially useful resources for professionals in the field.

American Society of Heating, Refrigerating and Air-Conditioning Engineers. 2010. *ANSI/ASHRAE Standard 55-2010 – Thermal Environmental Conditions for Human Occupancy*. Atlanta: ASHRAE.

American Society of Heating, Refrigerating and Air-Conditioning Engineers. 2010. *ANSI/ASHRAE Standard 62.1-2010 – Ventilation for Acceptable Indoor Air Quality*. Atlanta: ASHRAE.

American Society of Heating, Refrigerating and Air-Conditioning Engineers. 2010. *ANSI/ASHRAE Standard 62.2-2013 – Ventilation and Acceptable Indoor Air Quality in Low-Rise Residential Buildings*. Atlanta: ASHRAE.

American Society of Heating, Refrigerating and Air-Conditioning Engineers. 2013. *ANSI/ASHRAE/IES Standard 90.1-2013 – Energy Standard for Buildings Except Low-Rise Residential Buildings*. Atlanta: ASHRAE.

American Society of Heating, Refrigerating and Air-Conditioning Engineers. 2007. *ANSI/ASHRAE Standard 90.2-2007 –Energy-Efficient Design of Low-Rise Residential Buildings*. Atlanta: ASHRAE.

American Society of Heating, Refrigerating and Air-Conditioning Engineers. 2011. *ANSI/ASHRAE/USGBC/IES Standard 189.1-2011 Standard for the Design of High-Performance, Green Buildings (Except Low-Rise Residential Buildings)*. Atlanta: ASHRAE.

American Society of Landscape Architects, the Lady Bird Johnson Wildflower Center at the University of Texas at Austin, and the United States Botanic Garden. 2009. *The Sustainable Sites Initiative: Guidelines and Performance Benchmarks*. Austin: The Sustainable Sites Initiative.

Anis, Wagdy. 2010. *Air Barrier Systems in Buildings*. Washington, DC: Whole Building Design Guide, National Institute of Building Sciences (NIBS). http://www.wbdg.org/resources/airbarriers.php. Accessed 10/12/13.

Athena Sustainable Materials Institute: www.athenasmi.org/

BREEAM. 2011. *BREEAM New Construction: Non-Domestic Buildings, Technical Manual, SD5073-2.0:2011*. Garston: BRE Global Ltd.

Brown, E.J. 2008. *Cost Comparisons for Common Commercial Wall Systems*. Winston-Salem: Capital Building Consultants.

Building Green, Inc. 2013. http://www.buildinggreen.com/. Accessed October 13, 2013.

Building Science Corporation. 2013. http://www.buildingscience.com/index_html. Accessed October 13, 2013.

California Stormwater Quality Association. 2003. *California Stormwater BMP Handbook*: Concrete Waste Management. Menlo Park: CASQA.

Carpet Institute of Australia Limited. 2011. *Light Reflectance*. Melbourne: CIAL.

Center for Rainwater Harvesting. 2006. http://www.thecenterforrainwaterharvesting.org/index.htm

Center for Neighborhood Technology. 2013. http://www.travelmatters.org/calculator/individual/methodology#pmt. Accessed October 13, 2013.

Ching, Francis D.K. 2007. *Architecture: Form, Space, and Order*, 3rd Edition. Hoboken: John Wiley & Sons.

Ching, Francis D.K. and Steven Winkel. 2009. *Building Codes Illustrated: A Guide to Understanding the 2009 International Building Code*, 3rd Edition. Hoboken: John Wiley & Sons.

D'Aloisio, James A. 2010. *Steel Framing and Building Envelopes*. Chicago: Modern Steel Construction.

D&R International, Ltd. 2011. *Buildings Energy Data Book*. Washington, DC: U.S. Department of Energy.

DeKay, Mark and Brown, G.Z. 2013. *Sun, Wind, & Light: Architectural Design Strategies*, 3rd Edition. Hoboken: John Wiley and Sons.

Durkin, Thomas H. *Boiler System Efficiency*. ASHRAE Journal. Page 51. Vol. 48, July 2006.

Efficient Windows Collaborative: www.efficientwindows.org/

Fox & Fowle Architects et al. 2005. *Battery Park City – Residential Environmental Guidelines*. New York: Hugh L. Carey Battery Park City Authority.

Green Building Initiative. 2013. *Green Globes for New Construction: Technical Reference Manual*, Version 1.1. Portland: GBI Inc.

Gruzen Hampton LLP and Hayden McKay Lighting Design Inc. 2006. *Manual for Quality, Energy Efficient Lighting*. New York: NY City Department of Design and Construction.

Hagenlocher, Esther. 2009. *Colorfulness and Reflectivity in Daylit Spaces*. Quebec City: PLEA2009 - 26th Conference on Passive and Low Energy Architecture.

Hernandez, Daniel, Matthew Lister, and Celine Suarez. 2011. *Location Efficiency and Housing Type.* US EPA's Smart Growth Program, contract #GS-10F-0410R. New York: Jonathan Rose Companies.

Heschong, Lisa. *Thermal Delight in Architecture.* 1979. Cambridge: MIT Press.

Higgins, Cathy et al. 2013. *Plug Load Savings Assessment: Part of the Evidence-based Design and Operations PIER Program.* Prepared for the California Energy Commission. Vancouver: New Buildings Institute.

Hodges, Tina. 2009. *Public Transportation's Role in Responding to Climate Change.* Washington, DC: U.S. Department of Transportation.

International Dark-Sky Association. 2013. http://www.darksky.org/. Accessed October 12, 2013.

International Living Future Institute. 2012. *Living Building Challenge 2.1.* Seattle: International Living Future Institute.

IPCC, 2012: Summary for Policymakers. In: *Managing the Risks of Extreme Events and Disasters to Advance Climate Change Adaptation* [Field, C.B., V. Barros, T.F. Stocker, D. Qin, D.J. Dokken, K.L. Ebi, M.D. Mastrandrea, K.J. Mach, G.-K. Plattner, S.K. Allen, M. Tignor, and P.M. Midgley (eds.)]. A Special Report of Working Groups I and II of the Intergovernmental Panel on Climate Change. Cambridge University Press, Cambridge, UK, and New York, NY, USA, pp. 1-19.

International Code Council. 2012. *International Building Code.* Washington, DC: ICC.

International Code Council. 2012. *International Energy Conservation Code.* Washington, DC: ICC.

International Code Council. 2012. *International Green Construction Code.* Washington, DC: ICC.

International Code Council. 2012. *International Mechanical Code.* Washington, DC: ICC.

Lemieux, Daniel J., and Paul E. Totten. 2010. Building Envelope Design Guide—Wall Systems. http://www.wbdg.org/design/env_wall.php. Last updated October 8, 2013.

Keeler, Marian, and Bill Burke. 2009. *Fundamentals of Integrated Design for Sustainable Building.* Hoboken: John Wiley & Sons.

Lstiburek, Joseph. 2004. *Vapor Barriers and Wall Design.* Somerville: Building Science Corporation.

Masonry Advisory Council. 2002. *Cavity Walls: Design Guide for Taller Cavity Walls.* Park Ridge: MAC.

Munch-Andersen, Jørgen. 2007. *Improving Thermal Insulation of Concrete Sandwich Panel Buildings.* Vienna: LCUBE Conference.

NAHB Research Center. 1994. *Frost-Protected Shallow Foundations, Phase II—Final Report.* Washington, DC: U.S. Department of Housing and Urban Development.

NAHB Research Center. 2000. *Advanced Wall Framing.* Washington, DC: U.S. Department of Energy.

National Renewable Energy Lab. 2002. *Energy Design Guidelines for High Performance Schools: Temperate and Humid Climates.* Washington, DC: U.S. Department of Energy's Office of Building Technology, State and Community Programs.

National Electrical Contractors Association. 2006. *Guide to Commissioning Lighting Controls.* Bethesda: NECA.

Newman, Jim et al. 2010. *The Cost of LEED: A Report on Cost Expectations to Meet LEED 2009 for New Construction and Major Renovations* (NC v2009). Brattleboro: BuildingGreen.

Newsham, Guy, Chantal Arsenault, Jennifer Veitch, Anna Maria Tosco, Cara Duval. 2005. *Task Lighting Effects on Office Worker Satisfaction and Performance, and Energy Efficiency.* Ottawa: Institute for Research in Construction, National Research Council Canada.

O'Connor, Jennifer, Eleanor Lee, Francis Rubinstein, and Stephen Selkowitz. 1997. *Tips for Daylighting with Windows.* Berkeley: Ernest Orlando Lawrence Berkeley National Laboratory.

Pless, Shanti, and Paul Torcellini. 2010. *Net-Zero Energy Buildings: A Classification System Based on Renewable Energy Supply Options.* Golden: National Renewable Energy Laboratory.

Rainwater Harvesting Group. 2013. Dallas: Texas A&M AgriLife Extension Service. http://rainwaterharvesting.tamu.edu/. Accessed October 13, 2013.

RESNET. 2006. *Mortgage Industry National Home Energy Rating Systems Standards.* Oceanside: Residential Energy Services Network, Inc.

Sachs, Harvey M. 2005. *Opportunities for Elevator Energy Efficiency Improvements.* Washington, DC: American Council for an Energy-Efficient Economy.

Selkowitz, S., R. Johnson, R. Sullivan, and S. Choi. 1983. *The Impact of Fenestration on Energy Use and Peak Loads in Daylighted Commercial Buildings.* Glorieta: National Passive Solar Conference.

Slone, Herbert. 2011. *Wall Systems for Steel Stud / Masonry Veneer.* Toledo: Owens Corning Foam Insulation LLC.

Smith, David Lee. 2011. *Environmental Issues for Architecture.* Hoboken: John Wiley & Sons.

Straube, John. 2008. *Air Flow Control in Buildings:* Building Science Digest 014. Boston: Building Science Press.

Tyler, Hoyt, Schiavon Stefano, Piccioli Alberto, Moon Dustin, and Steinfeld Kyle. 2013. *CBE Thermal Comfort Tool.* Berkeley: Center for the Built Environment, University of California Berkeley. http://cbe.berkeley.edu/comforttool/. Accessed October 12, 2013.

Ueno, Kohta. 2013. *Building Energy Performance Metrics.* http://www.buildingscience.com/documents/digests/bsd152-building-energy-performance-metrics. Accessed October 13, 2013.

Urban, Bryan, and Kurt Roth. 2010. *Guidelines for Selecting Cool Roofs.* Prepared by the Fraunhofer Center for Sustainable Energy Systems for the U.S. Department of Energy Building Technologies Program and Oak Ridge National Laboratory under contract DE-AC05-00OR22725.

U.S. Department of Energy, the Federal Energy Management Program, Lawrence Berkeley National Laboratory (LBNL), and the California Lighting Technology Center (CLTC) at the University of California, Davis. 2010. *Exterior Lighting Guide for Federal Agencies.* Washington, DC: Federal Energy Management Program.

United States Green Building Council. 2012. *LEED 2009 for New Construction and Major Renovations Rating System.* Washington, DC: USGBC.

U.S. Environmental Protection Agency. 2011. *ENERGY STAR Performance Ratings: Methodology for Incorporating Source Energy Use* . Washington, DC: EPA.

Wang, Fan, Theadore Hunt, Ya Liu, Wei Li, Simon Bell. 2003. *Reducing Space Heating in Office Buildings Through Shelter Trees.* Proceedings of CIBSE/ASHRAE Conference, Building Sustainability, Value & Profit. www.cibse.org/pdfs/8cwang.pdf.

Whole Building Design Guide. 2013. http://www.wbdg.org/. Accessed October 13, 2013.

Wilson, Alex. 2013. *Naturally Rot-Resistant Woods.* National Gardening Association. http://www.garden.org/articles/articles.php?q=show&id=977&page=1. Accessed October 13, 2013.

Wray, Paul, Laura Sternweis, and Jane Lenahan. 1997. *Farmstead Windbreaks: Planning.* Ames: Iowa State University – University Extension.

Zuluaga, Marc, Sean Maxwell, Jason Block, and Liz Eisenberg , Steven Winter Associates. 2010. *There are Holes in Our Walls.* New York: Urban Green Council.

7group and Bill Reed. 2009. *The Integrative Design Guide to Green Buildings.* Hoboken: John Wiley & Sons.